제3판

조류질병학

제3판

조류질병학

조류질병학교수협의회

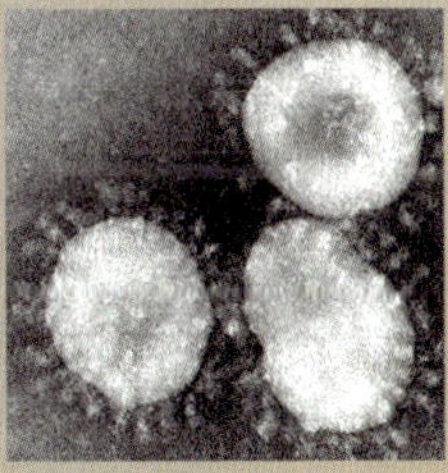

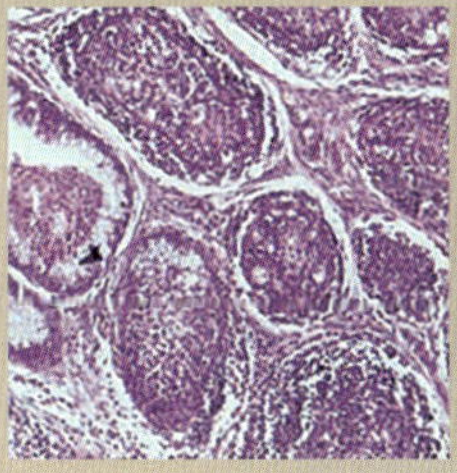
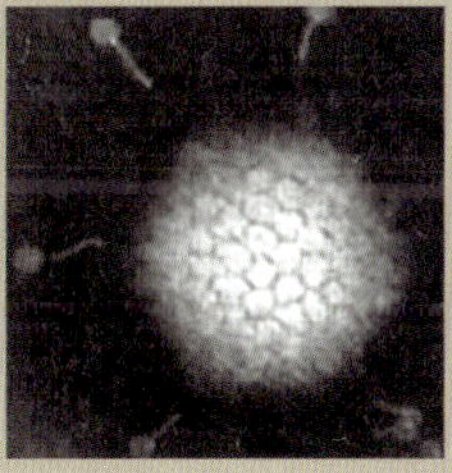
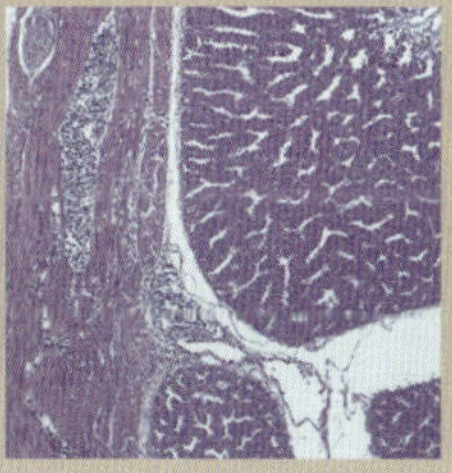

도서출판
한미의학

제3판

조류질병학

1판 1쇄 발행 2012년 3월 5일
2판 1쇄 발행 2016년 2월 20일
3판 1쇄 발행 2021년 2월 25일

지은이 조류질병학교수협의회
펴낸이 이광재
펴낸곳 도서출판 한미의학(2021 Printed in Korea)

책임편집 서영주
본문편집 오인택
책임교정 이순례, 전용찬
마 케 팅 이종희
경영지원 이종희, 박희숙

출판등록 1999년 7월 13일 제22-1586호
주소 서울시 마포구 동교로23길 36 리앤리빌딩
전화 02-336-3477
팩스 02-336-6762
메일 k_medical@hanmail.net
www.hanmibook.co.kr

ISBN 979-11-90322-19-5 93520
정가 40,000원

서문

조류는 날개가 달린 짐승입니다. 하늘을 날기 위하여, 중생대 익룡 때부터 체중을 줄이고 날갯짓의 부력을 최대화 하는데 진화의 승부를 건 동물입니다. 깃털은 물론, 가벼우면서도 상대적으로 견고한 뼈 구조, 기낭, 방광의 퇴화, 알에 의한 생명의 잉태 등 포유동물과는 해부학적으로나 생리학적으로 판이하게 다릅니다. 또한 집단적으로 서식하거나 대규모 밀집형태로 사육하다 보니 전염병의 종류도 어느 동물보다 다양하기 때문에 우리가 조류질병학을 별도로 공부하고, 또 연구해야 하는 이유이기도 합니다.

고병원성 조류 인플루엔자와 코로나바이러스에 의한 COVID-19을 비롯하여 사스(SARS), 메르스(MERS), 에볼라출혈열 등 동물에서 유래된 신·변종 전염병의 위험성이 해를 거듭할수록 인류의 건강을 위협하는 정도가 심화되고 있습니다. "One World One Health"의 구호가 상징하듯이, 인수공통전염병 예방에 있어서 사람과 동물은 물론 환경과 생태계를 망라한 총체적 관리의 중요성이 부각되고 있습니다. 시대적으로는, 동물복지에 대한 사회적 관심과 배려는 물론, 조류의 건강과 인류의 건강 및 축산물 위생과 안전성에도 더불어 기여해야 하는 높은 자질을 가진 조류질병 전문수의사를 필요로 하고 있습니다.

2012년에 조류질병학 교재의 초판이 발간된 이후 이를 개정하여 2016년에 2판이 나왔고, 이번에 3판을 발간하게 되었습니다. 3판에서는 이전 판들의 미흡하고 부족했던 내용을 대폭 보완하고 오류를 수정하였으며, 전국의 수의과대학에서 조류질병학을 강의하고 있는 모든 전임교수를 필진으로 추가 확대하여 다양하면서도 깊이 있는 내용을 담고자 노력하였습니다.

2020년 1월에 국내에 유입된 SARS-CoV-2에 의한 COVID-19가 전국적으로 유행하면서 집합금지 등 방역상의 여러 악조건 속에서도 함께 머리를 맞대고 개정판의 방향을 논의하고, 필수적으로 담아내어야 할 내용에 대하여 심도 있는 토론을 해 주신 필진들의 노고를 독자들이 느낄 수 있다면 다행이겠습니다. 이 책에서 미처 다루지 못한 사양관리, 사육시설과 환경, 영양 등의 분야는 조류질병 수의사로서 기본적인 소양이므로 개인적 노력으로 채울 수 있기를 권합니다.

3판이 완성되기까지 열성적으로 참여하고 원고를 작성해 주신 각 수의과대학의 조류질병학 전임교수님들과 바쁜 와중에도 모든 진행과정을 준비하고 독려해 주신 이영주 총무 교수님께 진심으로 감사드리며, 이 책을 출판하여 주신 도서출판 한미의학 이광재 사장님과 임직원 여러분께도 고마움을 전합니다.

2021년 2월

교재 집필위원장 김 재 홍

저자 소개

조류질병학교수협의회 (가나다순)

강 민 전북대학교 수의과대학

권혁준 서울대학교 수의과대학

김재홍 서울대학교 수의과대학

모인필 충북대학교 수의과대학

민원기 경상대학교 수의과대학

성환우 강원대학교 수의과대학

손원근 제주대학교 수의과대학

송창선 건국대학교 수의과대학

이영주 경북대학교 수의과대학

장형관 전북대학교 수의과대학

조경오 전남대학교 수의과대학

차세연 전북대학교 수의과대학

최강석 서울대학교 수의과대학

목차

I

SECTION

바이러스성 질병

1 CHAPTER

뉴캣슬병

Newcastle Disease

충북대학교 모인필

개요

뉴캣슬병(Newcastle disease; ND)은 전파가 빠르고 폐사율도 높은 바이러스성 질병으로 닭, 비둘기, 꿩, 메추리 등 대부분의 조류에서 발생되며 호흡기, 소화기 및 신경증상을 특징으로 한다. 고병원성 ND의 경우, 세계동물보건기구(World Organization for Animal Health; OIE)에 보고해야 하는 질병으로서 발생 시 수출입에 제한이 되며, 국내에서도 현재 제1종 법정가축전염병으로 관리하고 있다. 현재의 통일된 명칭인 ND로 사용하기 전까지는 pseudo-fowl pest, avian pest, avian distemper, Korean fowl plague, avian pneumoencephalitis 등과 같이 다양한 명칭을 사용하였다. 공중보건학적으로는 인체에 감염되어도 생명을 위협하지는 않는다. 하지만 사람의 눈 등 점막이 직접적으로 바이러스에 노출되었을 때는 결막염이 나타날 수 있지만 대부분 이러한 증상은 자연적으로 치유가 된다.

역사

ND는 1926년 인도네시아 자바섬에서 가장 먼저 보고가 되었다. 또한, 같은 해에 영국의 뉴캣슬 지방에서도 전염성 질병이 유행하였는데 이 질병이 과거에 유행하였던 질병과 매우 다르다는 것이 보고되면서 이후부터 현재의 ND로 불리게 되었다. 그러나 1926년 이전에도 유럽에서는 닭과 비둘기의 대량 폐사가 보고된 바 있는데 이 질병이 ND일 것으로 추정되고 있다. 한국에서도 인도네시아와 유럽에서 보고된 1년 뒤인 1927년에 처음으로 발생이 보고되었다. 이와 같이 ND는 국내에서도 매우 오랜 발생 역사를 가지고 있는 닭의 대표적인 전염성 바이러스 질병이다.

그림 1-1의 그래프에서 나타난 것 같이 국내에서의 ND 발생은 2000년대 초만 하여도 매우 높았지만, 2007년 이후 급격히 감소하여 2011년 이후 현재까지 발생이 보고되고 있지 않다. 실제로 2000년 이전에는 ND 발생이 국내 양계산업에서는 가장 큰 이슈였으며 최근의 고병원성 조류 인플루엔자와 같이 모든 국가방역이 ND에 집중되었다. 국제적으로는 ND가 발생하면 국가 간 가금 및 가금류의 수출입이 전면적으로 중단될 정도로 매우 중요한 닭의 전염성 질병으로 분류되고 있다.

원인체 특성

분류

과거에는 *Paramyxoviridae* 과(family)의 *Avulavirus* 속(genus), *AMPV-1* (ND virus) 종(species)

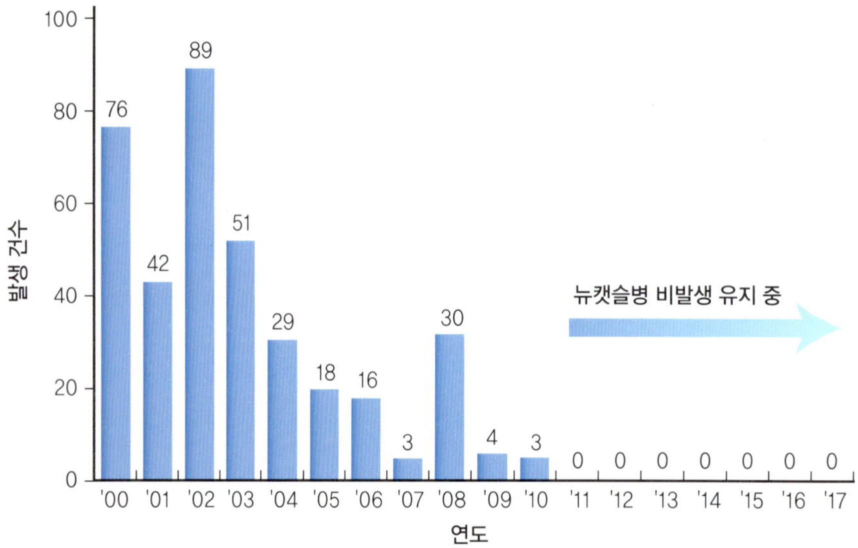

그림 1-1 2000년 이후 연간 뉴캣슬병 발생 건수

으로 분류하였으나 2019년 국제 바이러스 분류 위원회(International Committee on Taxonomy of Viruses; ICTV)에서 이를 대폭 수정하여 *Paramyxoviridae* 과, *Avulavirinae* 아과(subfamily)에 속하는 *Orthoavulavirus* 속, *Avian orthoavulavirus 1*(ND virus) 종으로 새롭게 분류하고 있다. 다음에 또 바뀔 가능성이 있기 때문에 현재로서는 분류체계가 절대적이지 않다.

형태 및 특징

ND 바이러스는 전자현미경으로 관찰하였을 때 약 100~500 nm 크기를 가지며 일반적으로는 둥근 형태이나 필라멘트(filamentous)와 같이 다양한 모양을 보일 수도 있다. ND와 같이 *Paramyxo viridae*에 속하는 바이러스는 숙주의 세포 내에서 증식할 때 숙주의 세포로부터 얻은 lipid bilayer를 가지고 있으며, 바이러스의 표면에는 17 nm 길이의 HN(hemagglutinin-neuraminidase)과 F 단백질(fusion protein)이 매우 촘촘하게 돌출되어 있다. ND 바이러스는 single stranded RNA 유전체로 구성되어 있으며, 외피막(envelope)을 가지고 있다. RNA 유전체로부터 모두 6개의 구조 단백질이 생성되며, 이 중 표면 단백질인 HN과 F는 매우 중요하다. HN 단백질은 적혈구 등 세포의 수용체인 sialic acid와 흡착하여 혈구응집을 일으킨 후 해리하는 특성이 있으며, F 단백질은 이미 흡착된 바이러스를 융합(fusion)을 통하여 세포에 감염시킬 수 있기 때문에 병원성과 매우 밀접한 관계가 있다. 이러한 ND 바이러스의 혈구응집능(hemagglutination)은 혈청검사에서 유용하게 사용하고 있다. HN 단백질의 또 다른 기능은 neuraminidase 효소 작용을 하는데 이 효소는 sialic acid로 구성되어 있는 세포의 수용체와 바이러스의 결합을 파괴한다. 이러한 파괴는 바이러스의 자가부착을 방해하여 궁극적으로 새롭게 증식된 바이러스가 서로 뭉치는 것을 방지하는 기능을 한다.

바이러스 복제

바이러스의 HN 단백질이 숙주세포에 부착이 된 후, F 단백질에 의하여 숙주의 세포질 내로 침투함으로써 바이러스의 nucleocapsid complex가 숙주의 세포 내로 들어가게 된다. 이와 같이 바이러스가 숙주세포 내로 들어가는 것은 endocytosis에 의하여 일어나며 이때 세포 성분인 콜레스테롤을 이용한다.

ND 바이러스의 병원성과 밀접한 관계가 있는 F 단백질은 세포에 감염 후 F0 단백질의 형태로 생산되며, 이 단백질은 감염세포 내에서 만들어진 ND 바이러스의 재감염을 위하여 F1과 F2로 나누어져야 한다. 이 분절 부위(cleavage site)는 감염된 숙주의 단백질분해효소의 종류에 따라 F0에서부터 F1과 F2로의 분리가 결정된다. 감염된 ND 바이러스의 F0가 대부분의 숙주세포 내에 존재하는 단백질분해효소(furin-like protease)에 의해 분리가 된다면 이 ND 바이러스는 광범위한 조직에 감염이 될 수 있어 병원성이 높아지게 되며, 호흡기 상피세포 등 제한된 세포에만 존재하는 단백질분해효소(trypsin-like protease)에 의해서만 분리된다면 호흡기 국소감염 등 병원성이 낮은 특성을 나타내게 된다. 중간독주나 강독주와 같이 병원성이 높은 ND 바이러스의 F 유전자에 대한 염기서열을 확인해 보면 특별한 구조를 포함하고 있다. 즉, ND 바이러스의 F 유전자(274bp)에 의하여 만들어진 F2 단백질의 C-terminus 분절 부위(112~116번)에 2개 이상의 연속된 염기성 아미노산(R, K)이 있다면 강독주 또는 중간독주이고, 이 경우 F2 분절 부위와 접하는 F1 단백질의 N-terminus(117번)는 phenylalanine(F)으로 되어 있다. 반면, 약독주의 경우에는 F 단백질 분절 부위(112~116번)의 염기성 아미노산이 연속되지 않은 단일 형태(monobasic)로 되어 있으며, 117번 부위는 주로 leucine(L)으로 되어 있다.

화학적, 물리적 요인에 대한 저항성

ND 바이러스는 외피막이 있어 일반적인 소독약제에 감수성이 높아 효율적인 차단방역이 가능하다. 다양한 종류의 화학적, 물리적 요인에 의하여 쉽게 파괴가 된다. 페놀, 4가 암모늄염 및 크레졸 등의 소독제 1% 정도의 농도면 대부분의 ND 바이러스는 파괴된다. 그러나 주의하여야 할 점은 소독대상에 유기물이 많게 되면 소독효과가 매우 떨어지기 때문에 적절한 소독제를 적용하기 전에 반드시 세척을 통하여 유기물을 제거하여야 한다.

유전자 특성 및 병원성

ND 바이러스의 유전적 특성을 규명하기 위하여 대부분의 실험실에서는 표준방법으로 phylogenetic analysis나 genome sequence를 사용하고 있다. F 단백질의 F0가 F1과 F2로 분절이 일어나는 분절 부위에서 274bp 크기의 F 단백질을 분석하면 ND 바이러스의 병원성을 용이하게 규명할 수 있다. ND 바이러스의 F 단백질은 세포에 침입할 때 활성화되어 F1과 F2로 분리되어야 한다. 이와 같이 F1과 F2로 분리된 바이러스만이 감염 대상의 세포막과 융합함으로써 감염이 가능하게 되는 것이다.

모든 ND 바이러스는 혈청형이 하나이며 이에 대한 항체는 대부분의 ND 바이러스 항원을 중하시킬 수 있다. ND 바이러스의 혈청형은 하나지만 더 세분하하면 항원성이 변이가 다소 있다는 것이 중화반응, 한천 내 침강반응, 교차반응, 단클론성항체 등을 통하여 밝혀진 바 있다. 이와 같이 항원성이 다양하기 때문에 백신접종을 할 때는 이러한 항원의 변이를 고려하는 것이 매우 중요하다. 항원성이 완전히 일치하여야 공격접종을 하였을 때 바이러스의 배출량을 적게 할 수 있으며 산란계에서의 산란율 저하 등을 최소화할 수 있기 때문이다. 동일한 바이러스로 제조된 백신도 동일한 효과를 보여주지 못하는 경우가 있으며 동일한 바이러스의 클론을 사용한 경우에도 백신의 효능은 달라질 수 있다. 백신의 효능을 평가할 때 백신에 따라 항체 형성능, 폐사 수, 바이러스 배출률 등이 공격접종 후에 차이가 날 수 있다.

이와 같이 모든 ND 바이러스는 항원적으로 동일하여 혈청형이 한 종류이지만 닭에서의 병원성은 바이러스에 따라 약독주(lentogenic), 중간독주(mesogenic), 강독주(velogenic)로 분류할 수 있다. 이러한 병원성의 분류는 다양한 방법에 의하여 확인할 수 있다. 가장 대표적인 방법은 발육란에 바이러스를 접종한 후에 폐사율, 평균치사시간(mean death time; MDT)에 따라 구분하는 것으로 60시간 이내는 강독주, 60~90시간은 중간독주, 90시간 이상이면 약독주로 구분한다. 1일령 병아리의 뇌내에 바이러스를 접종하는 경우에는 뇌내 병원성지수(intracerebral pathogenic index; ICPI)를 비교하게 된다. ICPI 가 0.7 이하인 경우는 약독주, 0.7~1.5는 중간독주, 1.5 이상은 강독주로 구분한다. 또 다른 방법으로 6주령 닭에 바이러스를 정맥 내로 접종하여 폐사율을 관찰하는 정맥내 병원성지수(intravenous pathogenic index; IVPI)도 가능하지만 최근에는 거의 사용되고 있지 않다.

약독주는 병원성이 낮거나 거의 없으며 대부분의 백신이 이 범주에 속한다. 중간독주는 감염되었을 때 폐사율은 높지 않으나 체중 감소나 산란율의 감소를 유발할 수 있으며, 강독주는 병원성이 가장 강한 바이러스로서 감염 시 100% 폐사를 유발할 수 있다. 강독주는 임상증상에 따라 아메리카형과 아시아형으로 나눈다. 국내에서 유행하는 강독주는 아시아형으로 병원성이 매우 높은 특징을 가지고 있다.

ND 바이러스는 대부분의 조류에 감염이 가능하며 실험실에서 계란에 접종을 하면 쉽게 증식을 하는 것으로 알려져 있다. 또한, ND 바이러스는 다양한 종류의 세포(primary cell이나 cell line)에서 증식이 가능하다. 가장 일반적으로 사용하는 세포로는 계태아 섬유아(chicken embryo fibroblast; CEF)세포, 계태아 신장(chicken embryo kidney; CEK)세포, DF1, BHK, Vero cell 등이 있다. CEF에 바이러스를 접종할 때 약독주의 경우에는 protease를 동시에 처리해 주어야 세포 내에서 증식을 하고 세포변성효과(cytopathic effect; CPE)를 형성할 수 있다.

역학

자연감염 숙주 및 발생 상황

ND는 전 세계적으로 발생하고 있으며 대부분의 나라에서 백신접종을 실시하고 있다. 과거 국내에서는 전국적으로 육계, 산란계 등 대부분의 닭에서 발생하여 경제적으로 막대한 피해를 주었으나, 차단방역 기술 향상, 대규모 백신접종 등의 영향을 받아 2011년 이후부터는 발생이 없고 현재는 청정국의 지위를 유지하고 있다. 하지만 지속적인 발생이 이루어지고 있는 중국 등의 국가와 근접해 있기 때문에 항상 유의하여야 한다. 과거에 ND가 발생할 때에는 주로 늦가을부터 봄까지 유행하였으며 그 중 4월, 5월의 봄 환절기에 가장 높은 발생률을 보였다. 사람에 감염되어 심각한 질병을 초래하지는 않지만, 대량의 바이러스에 직접 노출되었을 때는 결막염이 나타날 수 있다.

잠복기

자연감염이 되었을 경우의 잠복기는 2일에서 15일까지 범위가 넓지만 일반적으로 5일에서 6일로 생각하면 된다. 모든 질병에 해당되겠지만, 잠복기를 지나 임상증상이 나타날 때까지의 시간은 바이러스의 병력, 숙주의 종류, 그리고 면역 상태 등 다양한 조건에 따라 다를 수 있다.

전파

연구 보고에 따르면, 종계, ND 바이러스에 감염되었을 때 난계대전염에 의해 부화한 병아리에 바이러스가 이행된다는 직접적인 증거는 없으며, 만약 계태아에 감염이 되더라도 부화기 내의 발생과정 중에 폐사하므로 수직전파의 가능성은 매우 낮은 것으로 판단된다. 계란에서 바이러스가 확인된 경우에는 오염된 환경에 노출이 되거나 계란에 금이 갔을 때 이를 통하여 바이러스가 오염된 것으로 추정되고 있다. ND 바이러스의 전파에서 중요한 것은 수평전파이며 특히 사람, 차량, 기구에 의한 직접적인 전파가 대부분이기 때문에 양계장에서의 차단방역은 매우 중요하다. 감염된 닭은 바이러스를 코, 구강, 분변을 통해 체외로 배출하고 주위에 있는 닭들은 배출된 물질을 호흡하거나 섭식함으로써 감염이 된다. 따라서 이와 같이 ND 바이러스에 오염된 삼출물 및 분변 등을 통하여 수평전파가 일어나는 것을 차단하여야 한다. 특히 감염된 조류, 생산물, 기구 등의 이동을 막아야 하는 차단방역 조치는 ND가 발생되지 않는 국가, 지역, 농장에서는 매우 중요한 조치이다. 근접 거리 내의 공기전파 가능성은 있으나 계사와 계사, 농장과 농장 간의 전파는 매우 낮은 것으로 판단된다.

임상증상 및 병변

임상증상

임상증상은 감염된 바이러스의 병원성, 감염 숙주의 종류 등에 따라 다양하게 나타난다. 일반적으로 닭의 경우에는 약독형 바이러스가 감염되었을 때는 감염된 일령에 관계없이 특별한 임상증상을 나타내지 않는다. 물론 현재 사용하고 있는 대부분의 생백신도 이 범주에 속하기 때문에 백신접종 시 별다른 문제를 야기하지 않는다. 중간독주에 감염되었을 경우에는 호흡기 증상과 함께 산란율의 저하가 나타날 수 있으며 어린 병아리의 경우에는 폐사가 발생할 수 있다. 강독주에 감염되었을 경우에는 심각한 임상증상을 발현하며 두 가지 임상형으

그림 1-2 Newcastle disease 강독형 virus에 감염된 산란계의 임상증상으로서 머리를 가누지 못하며 기울어져 있는 모습(사경)을 보이고 있다.

로 구분할 수 있다. 첫 번째는 일반적으로 아메리카형으로 알려져 있으며, 신경증상을 특징으로 하면서 녹색 설사, 산란율 저하 및 폐사를 동반한다. 두 번째는 아시아형이라 불리고 있으며 항체 형성이 되어 있지 않은 감수성 닭에 감염이 되었을 경우에는 거의 모든 닭이 주령에 관계없이 100% 폐사를 한다. 폐사 전에 녹색 설사와 산란율 격감 혹은 산란 중지 등의 임상증상이 나타나지만 간혹 회복되는 경우에는 목이 돌아가는 사경(torticollis)이라는 특징적인 신경증상을 보인다(그림 1-2).

병변

병변도 임상증상과 마찬가지로 감염된 바이러스의 종류에 따라 다양하지만 ND를 확진할 만한 특징적인 부검소견은 없다. 약독형 바이러스나 중간독 바이러스의 경우에는 병변이 거의 없거나 기관 등 호흡기계에 약한 정도의 병변을 발견할 수 있으나 대부분 대장균 등과 같은 2차 감염 원인체에 의하여 형성된 것으로 판단된다. 강독주에 의한 ND 병변도 임상증상과 마찬가지로 아시아형과 아메리카형으로 구분할 수 있다. 아시아형의 특징적인 병변은 소화기관에서의 출혈이다. 선위에서는 주로 식도와의 경계부, 근위와의 경계부에서 출혈이 관찰되지만, 심할 경우 선위 점막 전 표면에 확대

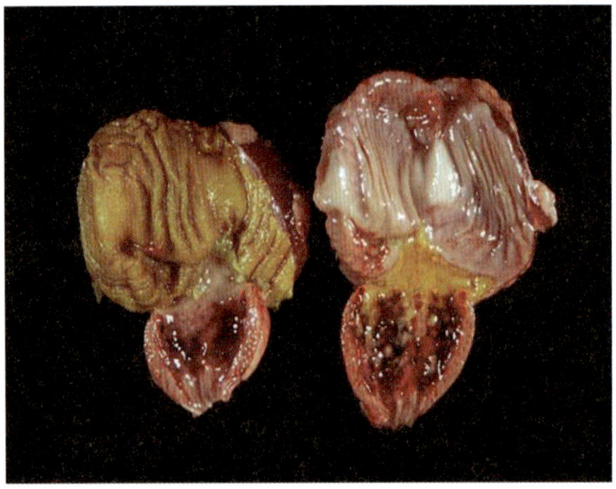

그림 1-3 뉴캣슬병 강독형 바이러스에 감염된 육계의 부검소견으로서 선위에서의 심한 출혈소견이 관찰되고 있다.

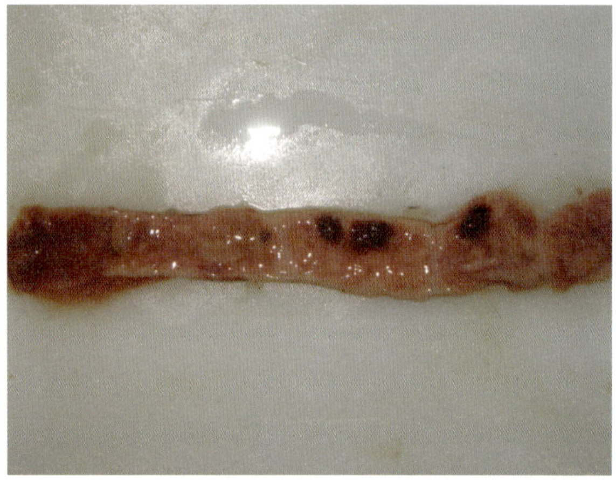

그림 1-4 뉴캣슬병 강독형 바이러스에 감염된 닭의 소장의 육안병변으로 출혈소견 및 궤양소견이 관찰되고 있다.

된다(그림 1-3). 장에서도 출혈이 특징적으로 나타나며 특히 부검 시 장막면에 암적색의 병변이 여러 곳에서 관찰되면 ND 감염을 의심할 수 있다(그림 1-4). 장의 점막면에서의 특징적인 소견은 궤양과 출혈이다. 궤양은 점막하층까지 침투하기 때문에 쉽게 제거되지 않으며 짙은 갈색의 단추모양(button ulcer)을 하고 있다. 하지만 백신을 접종한 닭의 경우에는 야외감염이 되었어도 방어가 되므로 특별한 병리학적 병변이 없을 수 있다. 그러나 백신을 접종하지 않은 닭의 경우에도 야외감염이 되었을 때 병의 경과, 숙주의 특이성 등 다양한 원인에 의하여 특별한 병리학적 소견을 보여주지 않는 경우도 있다는 것을 유의하여야 한다.

ND의 조직학적 소견은 부검소견과 마찬가지로 ND 바이러스의 병원성에 따라 다르게 나타나지만 가장 특징적인 소견은 뇌에서 발견할 수 있다. 감염된 닭이 신경증상을 보였다면 중추신경계에서 뇌혈관 주위에서의 perivascular cuffing, microgliosis, neuronal necrosis 등의 조직학적 병변을 관찰할 수 있다(그림 1-5). 또한, 다양한 장기에서의 괴사소견과 출혈을 관찰할 수 있지만 부검에서 관찰할 수 있는 궤양소견 이외에는 다른 질병과 구별할 수 있는 특징적인 조직학적 소견이 없다.

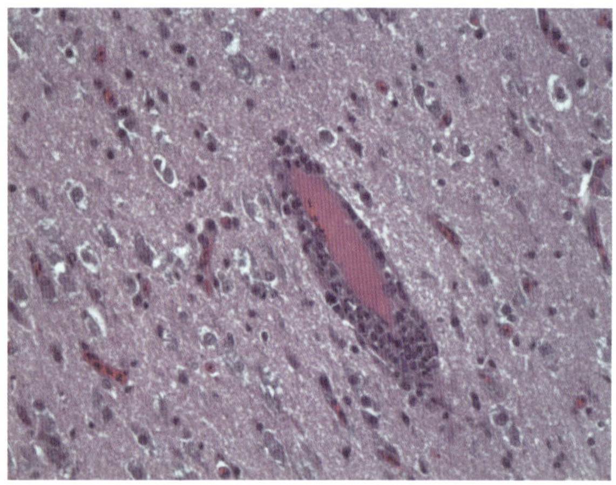

그림 1-5 뉴캣슬병 강독형 바이러스에 감염된 대뇌에서는 특징적으로 perivascular cuffing이 발견된다.

면역

어미로부터 이어받은 모체이행항체의 양, 유행하고 있는 야외 바이러스의 종류, 바이러스 감염량에 따라 방어 정도가 달라질 수 있을 것이다. 따라서 어린 일령에 있어서 모체이행항체의 수준은 매우 중요하다. 하지만 모체이행항체가 있는 상태에서 생백신이 어린 일령에 접종된다면 모체이행항체는 간섭현상(interference)으로 인하여 백신의 효능을 방해하며, 궁극적으로는 면역 실패로 이어질 수 있다. 따라서 어린 일령에 백신의 접종은 백신의 종류, 투여방법 등을 충분히 고려하여 수행해야 한다. 1일령의 모체이행항체 수준은 어미의 혈중항체 수준과 매우 높은 상관성이 있다. 이행된 모체이행항체의 반감기는 품종에 따라 다르지만 일반적으로 4~5일이 된다.

ND 방어기전으로서 선천면역(innate immunity)은 닭을 방어하기에 충분하지가 않다. 따라서 ND 바이러스가 선천면역 체계를 뚫고 감염되면 숙주에서는 체액성 면역과 세포성 면역이 형성되기 시작한다. ND 방어에 가장 중요한 것은 체액성 면역으로서 혈중항체 수준이 임상증상, 부검소견, 폐사율, 산란율 등과 매우 밀접한 연관성이 있다. 따라서 야외감염으로부터 숙주를 보호하기 위해서는 높은 수준의 혈중항체 수준을 유지하여야 한다.

혈구응집억제(hemagglutination inhibition; HI)반응은 ND에 있어서 가장 흔히 사용되는 혈중항체 검사로서 일반적으로 백신 후 항체역가를 검사하는데 사용되고 있으며, 그 이유는 검사의 편의성과 함께 중화항체 검사와 상관성이 높기 때문이다. HN과 F 단백질에 대한 중화항체는 바이러스를 중화시켜 바이러스가 세포에 침입하는 것을 막아준다.

진단

ND 진단은 다양한 방법으로 할 수 있다. 가장 확실한 방법은 원인체인 ND 바이러스를 분리하는 것이지만 그 외에도 병력청취, 임상증상, 부검소견, 조직소견, 혈청검사를 통하여 1차 진단이 가능하다. 바이러스의 분리는 확실한 방법이지만 많은 시간이 소요되는 단점이 있으며, 부검소견에 의한 진단은 야외현장에서 매우 유용한 방법이지만 전문적인 훈련을 필요로 한다. 최근에는 ND 바이러스의 특정 유전자를 검출함으로써 감염을 확인할 수 있고, 감염된 바이러스의 병원성을 구별할 수 있는 중합효소연쇄반응(polymerase chain reaction; RT-PCR) 방법이 개발되어 광범위하게 사용되고 있다. 그러나 유전자만을 검색하고 확인하는 것이기 때문에 그 결과를 활용하기 위해서는 임상증상, 부검소견, 조직소견 등과 연관하여 최종적으로 진단을 해야 한다.

바이러스 분리 및 동정

바이러스의 분리는 시료채취로부터 시작된다. ND 바이러스는 전신감염을 하기 때문에 대부분의 장기에서 분리가 가능하지만 병리학적 소견이 있는 기관, 장, 선위 혹은 맹장편도를 채취하는 것이 좋다. 살아 있는 조류의 기관, 구강, 총배설강, 폐사체의 뇌, 간, 비장, 신장 등의 조직을 항생제와 반응을 시켜 4℃에서 1~2시간 동안 처리하거나 냉동 후 필요할 때 접종하는 방법이 사용된다. 바이러스의 분리를 위해서는 무균 발육란 혹은 배양세포(계태아 섬유아세포)를 사용할 수 있다. 9~11일령된 무균(specific pathogen free; SPF) 발육란의 요막강 내에 시료 유제액을 접종한 후, 37℃ 부란기에서 약 5일 동안 배양하면서 매일 검란을 한다. 배양기간 중 발육 중지가 된 발육란은 제거하여 요막강액을 채취한 후 바이러스 동정시험을 해야 한다. 이때 분리되는 바이러스의 종류에 따라 계태아를 폐사시키는 시간이 다른 점을 이용하여 바이러스의 병원성을 평가할 수 있으며 이를 계태아 평균치사시간(MDT)이라 한다. 계란접종은 9~11일령의 SPF 종란을 사용하여야 하며 없을 때에는 ND에 대한 항체가 없는 일반 종란이어도 된다.

계란접종 후 24시간 내에 폐사되었거나 7일 동안의 접종기간이 지난 발육란에 대해서는 냉각시킨 후 요막강액을 추출하여 차후에 혈구응집(hemagglutination; HA) 검사를 하여야 한다.

조직배양방법은 배양세포에 바이러스를 접종하여 CPE를 관찰하는 것이다. ND 바이러스는 다양한 세포에서 CPE를 형성할 수 있으나 병원성이 약한 경우에는 CPE을 형성하지 못하기 때문에 접종 전에 효소(트립신) 처리를 하여야 한다. 가장 일반적으로 사용하고 있는 배양세포는 계태아 섬유아세포(CEF)로서 ND 바이러스에 대하여 감수성이 매우 높다.

SPF 발육란 혹은 조직배양 접종법에서 채취된 시료는 바이러스 동정을 하여야 한다. 일정기간 배양된 요막강액 혹은 세포배양액을 대상으로 적혈구응집능(HA activity)을 확인하여야 하며 양성일 경우에는 미리 준비된 ND 바이러스 특이 항혈청을 이용하여 중화(neutralization) 여부를 확인하여야 한다.

혈청학적 검사

혈청검사는 여러 가지 목적으로 이용된다. 모체이행항체, 백신접종 후 형성된 능동면역 항체 및 질병 감염 시 상승반전(seroconversion) 혹은 상승된 항체 등을 측정할 때 주로 사용된다. 질병 감염 시 조기진단 목적으로 혈청검사를 수행하는 것은 확진보다는 진단을 보조하는 수단으로 활용하는 것이 올바른 개념이다. ND에 있어서 유용한 항체검사 방법으로는 혈구응집억제 반응(hemagglutination inhibition; HI), ELISA(enzyme linked immunoabsorbent assay) 그리고 중화시험(neutralization test)이 있다. 현재 가장 많이 이용하는 방법은 비용 부담이 적고 단계희석을 함으로써 결과 오차가 적은 HI 반응이다. ELISA 방법도 대량으로 간편하게 검사를 할 수 있지만 비용 부담이 많고 중화반응과 상관성이 다소 낮기 때문에 활용도가 낮은 편이다.

감별진단

ND와 감별이 필요한 질병은 상황에 따라 다르다. 급격한 폐사가 있을 경우에는 고병원성 조류 인플루엔자 등과 같은 급성형 전염성 질병과의 감별이 필요하나 산란율 저하 혹은 호흡기성 임상증상이 주로 나타날 때에는 전염성기관지염, 저병원성 조류 인플루엔자, 신경증상이 나타날 때는 마렉병과 닭 뇌척수염과의 감별이 필요하다. 또한, 부검소견에서 선위의 출혈이 발견되었을 경우에는 전염성F낭병, 가금티푸스, 마렉병 등과 감별이 필요하고, 뇌에서 병리학적 조직소견이 있을 경우에는 닭 뇌척수염, 마렉병, 고병원성 조류 인플루엔자 등과 감별을 요한다. 물론 전염성 질병이 아닌 중독성 질병의 경우에도 급격한 폐사, 산란율 저하가 나타날 수 있으므로 감별이 필요하다.

예방 및 치료

기본적으로 바이러스성 질병이기 때문에 치료의 개념은 없으며 차단방역(biosecurity)과 백신접종이 가장 현명한 예방법이다. ND의 예방에 활용할 수 있는 백신은 생백신(live vaccine)과 불활화백신(inactvated 또는 killed vaccine)으로 구별할 수 있으며 ND 단일백신과 다른 전염성 질병을 포함하는 혼합백신이 있다. 생백신의 경우 병원성이 전혀 없는 비병원성 생백신과 다소의 백신접종 반응을 보이는 B1, *La Sota* 백신이 있다. 비병원성 백신은 접종반응이 거의 없기 때문에 부화 직후 부화장에서 분무용 백신으로 주로 활용하고 있다. 어린 일령의 닭은 모체이행항체 소실 후 야외감염을 막기 위하여 여러 번의 생백신을 접종하는데 이때는 주로 B1과 같은 약병원성 백신을 사용한다. 이는 백신접종 반응은 약하지만, 면역원성이 좋기 때문이다. 육계의 경우 대부분 생백신으로 일반적인 사육기간인 35일령 전후까지 예방을 하지만 종계 및 산란계의 경우에는 혈중항체수준을 올리기 위하여 생백신으로 기초접종한 후에 불활화백신을 보강접종한다. 이는 산란 전에 충분한 역가를 형성하여 산란에 영향을 받지 않게 하기 위함이다. 불활화

백신은 ND 단일 혹은 다른 질병 백신과의 혼합형태로 활용이 되는데 편의성과 함께 백신의 횟수를 줄이기 위하여 혼합백신을 사용하고 있다. 국내에서의 혼합백신접종 횟수는 농가, 수의사에 따라 다양할 수 있지만 최소 2회 이상 실시하며 산란 4주 전에는 반드시 접종을 하여야 한다.

참고문헌

Alexander, D.J. 2000. Newcastle disease and other avian paramyxovirus. *OIE Sci Technic Rev* 19:443-462

Burnet, F.M. 1942. The affinity of Newcastle disease virus to the influenza viru group. *Aust J Exp Biol Med Sci* 20:81-88

Collins, M. S., J. B. Bashiruddin, and D. J. Alexander. 1993. Deduced amino acid sequences at the fusion protein cleavage sitee of Newcastle disease viruses showing variation in antigenicity and pathogenicity. Arch Virol 128: 363-370

Doyle, T.M. 1927. A hitherto unrecorded disease of fowls due to a ilter-passing virus. *J Comp Pathol Therap* 40:144-169

Suarez, D.L. 2019. Newcastle disease, other avian paramyxoviruses, and avian metapneumovirus infection. In Diseases of Poultry. 14th ed. D.E. Swayne, Wiley-Black well, Iowa. 112-166

2
CHAPTER

조류 메타뉴모바이러스 감염증

Avian Metapneumovirus Infection

건국대학교 송창선

개요

조류 메타뉴모바이러스(avian metapneumo virus) 감염증은 1970년대 후반 남아프리카에서 처음 보고된 후 칠면조에서 가장 중요한 호흡기 질병 중 하나가 되었다. 조류 메타뉴모바이러스에 감염된 칠면조는 극심한 콧물(비루), 아래턱(하악) 및 눈확아래굴(안와하동, infraorbital sinus) 주위의 종창과 특징적인 비기관염(rhinotracheitis)을 보이며, 닭은 상대적으로 약한 임상증상을 나타낸다. 그러나 이러한 임상증상과 병변은 조류 메타뉴모바이러스 감염뿐만 아니라 다른 질병이나 혼합감염과 증상이 비슷하기 때문에 정확한 진단을 내리는데 있어 어려움이 따른다. 감염된 닭은 상부 호흡기 상피세포의 섬모운동이 손상되어 호흡기 질병 방어능력이 떨어지기 때문에 세균 등 2차 감염이 발생하는 경우가 많다. 임상증상 없이 항체상승반전(seroconversion)이 발생하는 경우도 존재하며, 2차 질병이 발생하지 않을 경우 감염 후 7~10일 사이에 회복된다.

조류 메타뉴모바이러스 감염증은 육계 및 육용종계의 두부종창증후군(swollen head syndrome)뿐만 아니라 산란율의 감소를 일으킨다. 1996년에 미국에서 대유행한 이래로 여러 해 동안 심각한 경제적 문제를 일으켜 왔다.

역사

조류 메타뉴모바이러스 감염증은 1978년 남아프리카의 칠면조에서 첫 발생이 보고된 질병이다. 당시 남아프리카의 칠면조 산업에 막대한 피해를 주었기 때문에 칠면조 비기관염바이러스(turkey rhinotracheitis virus; TRTV)라고 불리다가, 이후 영국과 프랑스에서 병원체를 분리하여 뉴모바이러스(avian pneumovirus)로 불리었다. 당시 조류 메타뉴모바이러스 감염증은 유럽 각지와 중동지방에서 발생했으며, 칠면조뿐만 아니라 닭에서도 상부 호흡기 증상을 보이는 계군 중 일부에서 머리가 붓는 증상이 나타남에 따라 두부종창증후군으로도 불리었다. 1990년대 초반 최초의 칠면조 분리주에서 유래한 약독화 백신이 개발되었다. 이후 조류 메타뉴모바이러스는 A형 및 B형의 아형으로 분류되었으며, 1997년 미국의 칠면조에서 C형(Colorado) 감염증의 발생이 보고되었다. 콜로라도에서의 발생은 근절되었지만 후에 이 바이러스는 미네소타와 인근 주에서 칠면조와 다양한 야생조류에서 발견되었다. 프랑스에서 실시된 후향적 연구(retrospective study)를 통해 1980년대 칠면조에서 조류 메타뉴모바이러스의 네 번째 아형인 D형이 보고되었다. 혈청학적 분석 결과 조류 메타뉴모바이러스는 40년 이상 유행하고 있었음이 밝혀졌다. 최근에는 네덜란드의 청둥오리, 회색기러기, 갈매기 등의 야생조류에서 C형 바이러스가 보고되었다. 2000년에는 소아에서 조류 메타뉴모바이러스와 유사한 사람 메타뉴모바이러스(human metapneumovirus; hMPV) 감염이 최초로 보고되었다.

원인체 특성

분류

메타뉴모바이러스는 *Peumoviridae* 과(family) *Metapneumovirus* 속(genus)의 *Avian Metapneumovirus* 종(species)에 속하며 조류(a)와 인간(h)바이러스로 분류된다. 조류 메타뉴모바이러스는 A, B, C, D의 네 가지 아형을 가지고 있으며, C형의 경우 다른 아형보다 인간 메타뉴모바이러스와 더 밀접한 관련이 있다.

형태 및 특징

조류 메타뉴모바이러스는 외피막이 있는 바이러스로 평균 직경이 80~200 nm인 구형 혹은 평균 직경이 80~100 nm이고 길이가 1000 nm에 달하는 실 모양(filamentous form)인 다형성의(pleomorphic) 바이러스이다(그림 2-1). 바이러스 핵산은 비분절단쇄음성(non-segmented single-stranded negative) RNA 구조로서 약 14 kb 염기로 구성되어 있다. 바이러스는 주요 단백질인 핵단백질(nucleoprotein; N), 인단백질(phosphoprotein; P), 기질단백질(matrix protein; M), 융합단백질(fusion protein; F), 표면 당단백질(surface glycoprotein; G), RNA 의존성 RNA 중합효소(RNA-dependent RNA polymerase; L) 외에도 2차 기질단백질(second matrix protein; M2), 작은 소수성단백질(small hydrophobic proteins; SH)이 있다. 바이러스는 계태아 유래 세포를 이용한 기관조직배양(trachea organ culture; TOC) 및 CEF 세포나 VERO, BS-C-1, MA104, QT-35 세포주에서 증식이 가능하며 6~8일령의 계태아 난황으로 접종할 경우에도 증식이 가능하다.

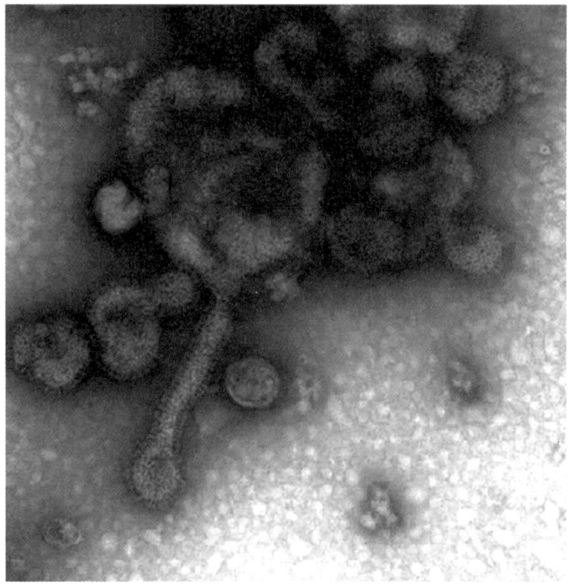

그림 2-1 조류 메타뉴모바이러스 국내 분리주의 전자 현미경 사진

바이러스 복제

조류 메타뉴모바이러스의 복제 기작은 호흡기 합포체 바이러스(respiratory syncytial virus)와 같이 음성 단일가닥 RNA 바이러스의 복제 기작과 비슷하다. 바이러스의 복제와 전사는 모두 3′의 선도서열(leader sequence)에서 시작한다. 조류 메타뉴모바이러스의 아형 A의 경우 최소 복제 단위가 뉴클레오캡시드 인단백질, M2 단백질, 바이러스 중합효소이다.

F 단백질과 G 단백질은 표적 세포 표면상의 분자와 상호작용을 한다. 그 후 바이러스는 세포막과 바이러스 외피의 pH 비의존적 융합을 통해 세포로 들어간다. F 단백질이 기능적으로 활성이 되려면 F0 전구체단백질은 세포성 단백질분해효소에 의해 F1 및 F2 단백질로 절단되어야 한다. 소수성 F1

단백질은 융합 과정의 진행을 촉진시킨다. 세포질에서 vRNA는 mRNA 및 cRNA로 전사된다. 이후 cRNA는 새로운 mRNA의 합성을 위한 주형으로 작용하는 항원 RNA로 조립된다. 새로 합성된 이들 vRNA는 게놈 RNPs(ribonucleoprotein)로 조립되고, 이후 비리온(virion)으로 포장된다. 새로 합성된 M 단백질은 비리온의 조립을 시작하는데 중요한 역할을 할 수 있으며, 내재성 막단백질(F, SH 및 G)은 소포체에서 합성되고 세포 분비 경로에 의해 세포 표면으로 운반된다. B형 바이러스의 경우, RNA 의존성 RNA 중합효소(RNA-dependent RNA polymerase; L)의 돌연변이는 상승된 온도에서 바이러스의 생존력과 독성을 증가시키며, 따라서 조류의 호흡기관에서 복제하는 능력이 상당히 올라가게 된다. 아형 C의 경우 표면 당단백질(surface glycoprotein; G)의 결손은 병원성 및 면역원성과 관련이 깊다. 세포배양과 칠면조에서 aMPV를 연속계대하면 새로운 숙주와 환경에 대해 바이러스가 생존하기 위하여 표면 당단백질의 유전자가 결손되는 것을 확인할 수 있다.

화학적, 물리적 요인에 대한 저항성

조류 메타뉴모바이러스는 pH 3.0~9.0 사이에서 안정적이며 56℃에서 30분 열처리에 사멸된다. 조류 메타뉴모바이러스 C형은 4℃에서 12주, 20℃에서 4주, 37℃에서 2일, 50℃에서 6시간이면 생존능력을 상실한다. 지질용매에 감수성이 높으며 4가 암모늄염, 에탄올, 요오드, 페놀 유도체 및 차아염소산나트륨(sodium hypochlorite)에 의해 효과적으로 사멸된다.

역학

자연감염 숙주 및 발생 상황

모든 연령의 칠면조와 닭이 조류 메타뉴모바이러스의 주요 자연감염 숙주이며, 이외에도 꿩, 호로조(guinea fowl), 베이징 종오리(Pekin duck), 머스코비 오리(Muscovy duck)에서 바이러스가, 타조와 재갈매기(herring gull)에서 항체가 확인되었다. 미국 중부의 참새, 오리, 거위, 제비, 갈매기, 찌르레기 등의 비갑개에서도 RT-PCR법 혹은 바이러스 분리에 의해 바이러스가 검출되었다. 또한 야생조류에서 C형 바이러스가 검출되어, 야생조류가 먼 거리로의 전파에 주요한 역할을 하는 것으로 추정되고 있다.

조류 메타뉴모바이러스는 호주를 제외한 대부분의 국가에서 감염이 이루어지고 있는 것으로 파악되고 있으며, 국내에서도 A형, B형에 의한 닭의 감염과 C형에 의한 꿩의 감염이 확인되었다. 2017년에는 캐나다 온타리오 주의 야생 물새들에서 C형 바이러스가 보고되었고, 2017~2018년 그리스, 이탈리아, 루마니아 등지에서 백신주와 구분되는 야외주 B형 바이러스의 육계에서의 감염이 보고되었다.

전파

조류 메타뉴모바이러스는 수평감염으로 전파되며 전파 속도가 호흡기 질병 중 비교적 빠른 편이다. 감염계와 직접 접촉한 감수성 있는 동거계로 전파되며, 감염계의 호흡기로부터 배출된 점액, 비루 등을 접종하였을 경우에도 감염된다. 실험적으로 칠면조에 바이러스를 감염시킨 뒤 감수성 있는 칠면조를 동거 사육할 경우 6~8일간 바이러스가 전파되었다. 바이러스에 감염된 산란계의 생식기계에서 높은 역가의 바이러스가 검출되었음에도 불구하고 현재까지 수직감염에 대한 증거는 확인되지 않고 있다.

호흡기 질병, 계사 내 높은 암모니아 수치, 밀사, 복합감염(*E. coli*, *Ornithobacterium rhinotracheale*, *Mycoplasma gallisepticum*, *Chlamydophila*) 등

의 요인에 의해서도 조류 메타뉴모바이러스 감염증의 증상이 악화될 수 있다.

임상증상 및 병변

조류 메타뉴모바이러스 감염증에 의한 임상증상은 칠면조와 닭에서 극명하게 차이가 나타난다. 칠면조의 경우 매우 심한 임상증상과 발현율을 나타내지만, 닭의 경우 경미한 정도의 임상증상을 나타내거나 무증상으로 경과한다.

칠면조

조류 메타뉴모바이러스는 어린 일령의 칠면조에서부터 급성 상부 호흡기 증상을 나타낸다. 가장 감수성이 높은 일령은 3~10주령으로 유병률은 최고 100%까지 도달할 수 있으며, 일령이 증가할수록 증상이 약화되는 경향을 보인다. 바이러스에 감염된 어린 일령의 칠면조는 기침, 콧물, 결막염, 안와하동 주위 종창, 하악부종 등의 증상을 보일 수 있으며, 성체에서는 기침, 머리 흔듦(head shaking) 등의 증상이 나타날 수 있다. 조류 메타뉴모바이러스 단독 감염의 경우, 10~14일 사이에 회복되며 폐사율이 낮거나 없을 수 있다. 하지만 대장균 등 2차 세균 감염이 동반되면 50% 이상의 높은 폐사율이 나타날 수 있으며, 폐사율은 사양관리의 정도와 일령에 따라 다르게 나타난다.

산란 중인 칠면조가 바이러스에 감염될 경우 산란율이 약 50%(최대 70%까지) 정도 감소한다. 산란율은 2~4주 후 정상으로 돌아오지만, 회복기 동안 내·외부의 난질 저하가 동반된다. 산란율 감소는 산란 시작 2~3주에 비기관염(rhinotracheitis)을 나타내는 계군에서 심할 수 있는데, 심한 기침으로 인해 수란관 탈출이 일어날 수 있기 때문이다. 부화율의 감소도 관찰될 수 있다.

부검 시 비공과 기관에서 많은 호흡기 삼출물이 관찰되며, 삼출물은 초기에는 투명하지만 시간이 지나거나 특히 2차 세균 감염이 있을 경우 점액농성(mucopurulent)으로 변한다. 산란 개체에서는 수란관에 진한 알부민 덩어리와 단단한 난황이 발견될 수 있다.

닭

닭이 조류 메타뉴모바이러스에 단독 감염되었을 경우, 임상증상의 발현 여부는 매우 불분명하며 무증상으로 경과할 수도 있다. 단독감염에 의한 증상은 비루, 부비동염 등 상부 호흡기에서 나타날 수 있다(그림 2-2). 콧물은 비공 뒤쪽을 눌러 확인이 가능하다. 이러한 임상증상이 나타난 경우라도 일시적이거나 일부 개체에서 나타난 후 바로 회복되는 경우가 대부분이나 육용종계의 경우 임상증상이 심하게 나타날 수 있다.

육용종계에서 바이러스 감염에 의한 상부 호흡기 증상이 있을 경우, 감염계의 사료 섭취가 저하될 수 있으며 이로 인해 계군 내 체중 균일도 감소, 산란율 저하 등 생산성의 손실이 발생할 수 있다.

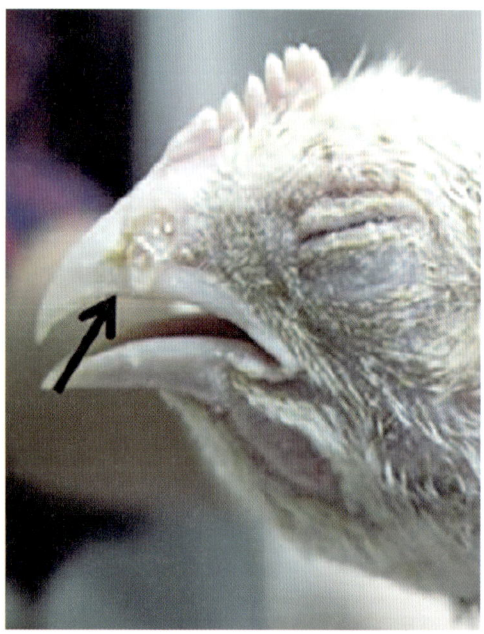

그림 2-2 조류 메타뉴모바이러스 감염으로 인한 병아리에서의 비루(화살표) 및 안와하동 부종.

두부종창증후군은 조류 메타뉴모바이러스와 대장균 등을 비롯한 호흡기성 세균성 질병의 복합감염으로 인해 발생하는 증상으로 육계나 육용종계에서 보통 4% 미만으로 발병할 수 있다. 두부종창증후군에 의한 증상은 두부 피하조직의 젤라틴성 또는 화농성의 부종으로 인한 두부 및 안와하동 부종 증상과 신경증상으로 인한 사경(torticollis), 활모양강직 등이 있다. 두부종창증후군이 발생한 경우라도 폐사는 2%를 초과하지 않는 것으로 알려져 있다. 조류 메타뉴모바이러스 백신이 두부종창증후군 예방에 효과적인 것으로 알려져 있다.

면역

세포성 면역

화학적으로 F낭을 제거한 1일령 병아리에 조류 메타뉴모바이러스 생백신을 투여했을 때, 항체반응은 양성으로 나오지 않았지만 여전히 바이러스 감염에 저항성이 있었다. 화학적으로 T세포가 손상된 칠면조는 정상 칠면조에 비해 임상증상 및 조직 병변이 더 심했고, 회복도 늦었다. 또한 T세포는 Harderian gland에 국부적으로 침투하여 IFN-γ의 발현을 증가시킴으로써 감염된 장기에서 바이러스의 증식을 억제하였다. 이는 조류 메타뉴모바이러스 감염증을 억제하는데 있어 T세포가 중요한 역할을 하며 T세포의 반응에 따라 닭과 칠면조의 발병기전에 차이가 나타날 수 있음을 뜻한다.

체액성 면역

조류 메타뉴모바이러스에 감염된 칠면조에서 바이러스 특이항체는 감염 후 7일에 검출 되었으며 최대 89일간 유지 되었다. 기관 세척 및 눈물에서 최대 중화항체역가는 감염 후 10~14일에 관찰된 후, 그 후부터 감소하였다. 또한 코 비갑개에서 국소적으로 B세포의 밀집도의 상승이 나타났고, 담낭, 눈물샘 및 기관 세척액에서도 바이러스에 특이적인 IgA의 수치가 증가했다.

수동면역

조류 메타뉴모바이러스의 항체가 있는 암탉의 경우 난황을 통해 후대 병아리에 항체를 전달할 수 있다. 그러나 1일령의 칠면조에서 모체이행항체의 역가가 높더라도 바이러스 감염증을 예방할 수는 없다는 보고가 있다. 또한 항체는 순환계뿐만 아니라 기관에서도 국소적으로 발견되지만 이 또한 역시 바이러스 감염증을 예방할 수 없다고 알려져 있다.

진단

바이러스의 분리 및 동정

조류 메타뉴모바이러스는 감염된 개체의 기관, 폐, 내장, 그리고 눈과 코의 분비물에서 분리할 수 있다. 그러나 이 바이러스의 분리 및 동정은 매우 까다로운 것으로 알려져 있다. 즉, 이 바이러스는 환경에 대한 저항성이 매우 낮고 배양이 까다로워서 분리 과정에서 바이러스가 소실될 가능성이 매우 높기 때문이다. 또한, 칠면조를 제외한 조류에서는 감염 후 임상증상이 발현되기 전까지 매우 단기간 동안(감염 후 7일 정도)만 이 바이러스가 생존하므로 검체의 채취 시기를 결정하기가 매우 어렵다. 실제로 국내 최초 보고에서도 바이러스 양성 검체 중에서 극히 일부에서만 바이러스가 분리되었다고 한다.

조류 메타뉴모바이러스에 의한 임상증상은 주로 2차 세균 감염에 의해 발생한다. 이러한 임상증상이 나타나는 시기는 이 바이러스의 감염과 배출이 종료된 후이므로 이 시기에 채취한 샘플로부터 바이러스 분리 동정의 가능성은 매우 희박하다. 바이러스가 배출되는 감염 초기에 검체를 채취하였다고 할지라도 숙주 외부에서 바이러스가 매우 빠르게 파괴되므로 저온 보관된 상태에서 검체가 수송되어야 하고, 단시간 내에 분리실험을 실시하여야만 바이러스의 분리 및 동정이 가능하다.

바이러스의 증식은 TOC를 사용하는 것이 가장 효과적인 것으로 알려져 있다. TOC는 부화 직전의 계태아 또는 1~2일령 병아리의 기관을 무균적으로 채취한 후, 기관륜 단위로 세절하여 바이러스의 배양에 사용하는 것으로 조류 메타뉴모바이러스에 의한 기관 내 섬모소실 여부를 판단하는데 유용하다. C형 바이러스는 섬모손실(ciliostasis)을 일으키지 않으므로 TOC를 이용한 분리 및 동정에 부적합하다. 바이러스의 유무는 TOC에서 형광염색, 바이러스 항혈청을 이용한 TOC에서의 중화항체 검사, 또는 RT-PCR을 통해 확인한다. 종란을 이용한 바이러스의 배양은 8일령 종란의 난황에 바이러스를 접종하는 방법이 가능하지만 연속계대를 필요로 하므로 시간과 노동력이 많이 소요되어 지금은 거의 사용되고 있지 않다.

칠면조 또는 닭 유래세포나 포유류 유래세포주는 검체에서 A형과 B형 바이러스의 1차 분리에는 부적합한 것으로 생각되지만, TOC에서 섬모소실을 일으키지 않는 C형 바이러스에 대해서는 성공적 분리가 가능하다. 배양에 사용되는 세포주는 Vero, QT-35 등이 있다. 최근에는 조류 메타뉴모바이러스에 특이적인 프라이머(primer)를 이용하여 특정 유전자를 검출하는 RT-PCR법이 바이러스 확인과 A, B, C형 바이러스의 구분에 널리 이용되고 있다. 이 방법은 특이성이 높고 속도가 빠르며, 바이러스의 핵산을 목표로 하므로 가검물에 감염력을 가지는 바이러스가 남아 있지 않아도 검출이 가능하다는 장점이 있다. 최근에는 A형과 B형 바이러스를 한 번에 검출할 수 있는 실시간중합효소연쇄반응(real-time RT-PCR)이 개발되어 보고되었다.

혈청학적 검사

앞서 설명한 바와 같이 병원체에 대한 분리와 동정이 매우 까다롭기 때문에 바이러스의 진단은 주로 혈청검사를 통해 이루어진다. 감염 의심시기 전후의 혈청으로부터 항체가를 측정하여 항체반전 유무를 확인하는 방법인 paired serum test가 진단에 유용하다. 혈청검사의 표준시험법(gold standard)은 중화시험(virus neutralization test)으로 알려져 있으나 검사에 전문 인력을 필요로 하고 시간이 많이 소요되기 때문에 실제진단에는 상용화된 효소면역측정법 키트(ELISA kit)가 주로 이용되고 있다.

ELISA를 사용하여 혈청검사를 실시할 때, 불활화백신을 접종한 계군에서는 고른 항체가를 보이는 데에 비해 야외주에 감염된 계군의 경우 계군 내 항체가가 고르지 않고 평균 항체가가 높은 경향을 보인다.

감별진단

조류 메타뉴모바이러스 감염증에 의한 증상인 호흡기증상과 산란율 저하를 일으키는 질병은 뉴캣슬병, 전염성기관지염, 조류 인플루엔자 바이러스 감염증 등이 있다. 뉴캣슬병바이러스와 조류 인플루엔자 바이러스는 조류 메타뉴모바이러스 감염증과 비슷한 구조를 가지고 있지만 hemagglutinin(혈구응집능)과 neuraminidase 활성을 지니고 있다는 점에서 쉽게 구분될 수 있다. 전염성기관지염의 경우 조류 메타뉴모바이러스와 바이러스의 형태, 구조적 차이 및 분자학적 진단에 의해서 감별될 수 있다.

이들은 조류 메타뉴모바이러스 감염증에 비해 증상의 정도가 심하게 나타나며 피해를 주는 기간도 길다. 닭에 감염하는 호흡기 질병 중 조류 메타뉴모바이러스 감염증과 가장 유사한 정도의 병원성을 가지는 질병은 마이코플라즈마 감염증이 있다.

조류 메타뉴모바이러스에 의한 감염과 마찬가지로 세균에 의한 2차 감염을 유발하며, 복합감염되지 않을 경우 증상 및 임상증상 발현율의 정도가 낮아 감별진단에 있어 주의가 필요하다. 칠면조에서 임상증상은 칠면조 코라이자 감염(infectious coryza)과 비슷하다.

예방 및 치료

사양관리를 통한 예방 및 치료

조류 메타뉴모바이러스는 환경 저항성이 약하여 매개체에 의해 전파될 가능성은 극히 낮다. 그러나 바이러스에 감염된 야생조류 등에 의해 계군으로의 전파가 가능하므로 차단방역을 철저히 하는 것이 중요하다. 이 바이러스는 소독제에 대한 저항성이 약하므로 주기적인 소독을 실시하면 바이러스의 전파를 감소시킬 수 있다. 또한 이 바이러스에 감염된 계군일지라도 단독감염 시 병원성이 강하지 않기 때문에 환기, 온도 조절, 적절한 수준의 사육수수 유지 및 깔짚 관리 등 기본적인 환경 요인을 충실히 관리한다면 2차 감염을 예방하여 큰 피해 없이 회복될 수 있다.

이 바이러스 감염에 대한 치료법은 없으며, 세균에 의해 2차 감염이 발생할 경우 원인균을 분리하여 항생제 감수성검사를 실시한 후, 적절한 광범위 항생제를 적용한다면 임상증상을 개선 할 수 있다.

백신

현재 상용화되어 사용되고 있는 백신은 생백신과 불활화백신이 있으며, 국내에서는 후자만이 허가되어 있다. 현재까지의 연구에서 A형 바이러스와 B형 바이러스는 서로 교차면역원성을 가지는 것으로 확인되었으며, 일부 C형 바이러스에서도 백신의 효과가 있다고 알려졌다.

현재까지는 조류 메타뉴모바이러스의 분리 및 동정이 어려워 생백신의 대량 생산에 한계가 있었지만 백신의 중요성이 강조되면서 활발히 연구가 진행되고 있다.

불활화백신은 주로 산란율 저하와 백색란 발생 등을 예방하기 위해 사용되고 있다. 하지만 불활화백신의 단독 사용 시 호흡기 감염까지 완벽히 차단할 수 없다고 한다.

조류 메타뉴모바이러스 감염증 방어에는 세포성 면역이 중요한 것으로 알려져 있다. 생백신을 접종한 후 공격접종을 실시하여 생백신의 효능을 평가한 연구에서 백신접종 후 항체 생성률이 낮았음에도 세포성 면역에 의해 바이러스 감염을 방어하는 것으로 확인되었다. 생백신은 주로 어린 일령에 사용된다.

혈중항체는 호흡기 증상을 예방할 수는 없지만 산란 중인 개체에서 수란관 감염을 방어하는 역할을 한다. 따라서 성계에서도 이 바이러스에 의한 감염을 완벽하게 차단하기 위해서는 생백신접종 후 불활화백신의 추가접종이 유효하다.

국내에서는 대부분 백신접종을 하고 있으나 완벽한 예방효과를 기대하기는 어렵다. 따라서 질병 예방의 효율을 높이기 위해서는 차단방역과 위생적인 사양관리가 중요하다.

차세대 백신 개발

최근 다양한 연구에서 백신 균주의 병원성 복귀가 보고되고 있어서 백신의 추가적인 개발이 요구된다. 또한, 기존 백신에 의해 완벽한 방어가 되지 않는 돌연변이 바이러스가 야외에서 발생하고, 기존 분리주에 비해 병원성이 높은 바이러스가 분리되고 있다.

브라질과 이스라엘에서 육계와 칠면조군에서 야외주와 백신주 A형 및 B형 바이러스의 동시감염이 보고되어, 개선된 백신과 프로토콜의 개발 필요성이 시사되었다. 개선된 백신 프로그램을 위해서는 새로운 분리주에 대한 기존 상업용 백신의 방어능을 주기적으로 점검할 필요가 있다.

생백신 및 불활화백신 등의 기존 백신 외에도 현재 연구되고 있는 차세대 백신으로는 DNA 플라스미드(plasmid) 또는 계두바이러스나 뉴캣슬병바이러스를 벡터(vector)로 사용하여 융합(F)단백질과 같은 특정 면역원을 포함한 재조합백신, 난 내 백신(*in ovo* vaccine), 리포좀(liposome)에 바이러스 표면 단백질을 코팅한 비로좀(virosome), 저온 적응 바이러스 백신주를 이용한 생백신 등이 있다.

참고문헌

Claudia Maria Tucciarone, Giovanni Franzo, Caterina Lupini, Carolina Torres Alejo, Valeria Listorti, Giulia Mescolini, Paulo Eduardo Brandão, Marco Martini, Elena Catelli, Mattia Cecchinato, circulation in Italian broiler farms, Volume 97, Issue 2, February 2018, Pages 503-509

Claudia Maria Tucciarone, Marianna Andreopoulou, Giovanni Franzo, Zoi Prentza, Ilias Chaligiannis, Mattia Cecchinato "First Identification and Molecular Characterization of *Avian metapneumovirus* Subtype B from Chickens in Greece", Avian Diseases, 61(3), 409-413

Giovanni Franzo, Claudia Maria Tucciarone, Mirel Enache, Violeta Bejan, Gema Ramon, Konstantinos C. Koutoulis, Mattia Cecchinato "First Report of Avian *Metapneumovirus* Subtype B Field Strain in a Romanian Broiler Flock During an Outbreak of Respiratory Disease", Avian Diseases, 61(2), 250-254

Jones R. C, Jones McNulty M. S. 2008. Pneumovirinae. Pages 309-355 In: Poultry Diseases, 6th edition. W. B. Saunders, London.

Kwon, J.S., Lee, H.J., Jeong, S.H., Park, J.Y., Hong, Y.H., Lee, Y.J., Youn, H.S., Lee, D.W., Do, S.H., Park, S.Y., Choi, I.S., Lee, J.B., and Song, C.S. 2010. Isolation and characterization of avian metapneumovirus from chickens in Korea. *J. Vet. Sci*, . 11:59-66.

Schat K. A, and V. L. van Santen. 2013. Avian metapneumovirus. Pages 112-119 In: Diseases of Poultry, 13th edition. Blackwell Publishing, Ames, Iowa.

3 CHAPTER 전염성기관지염

Infectious Bronchitis

서울대학교 최강석 권혁준 김재홍

개요

전염성기관지염(avian infectious bronchitis; IB)은 IB 바이러스(IBV) 감염에 의하여 일어나는 닭과 조류의 급성, 바이러스성 호흡기전염병으로서 전염력이 매우 빠르며 전 세계적으로 가장 광범위하게 발생하고 있는 질병 중 하나이다. 이환율은 거의 100%이며, 폐사율은 일령, 면역상태, 바이러스 종류, 2차 감염 여부 등에 따라 0~80% 정도까지 다양하다.

호흡기 증상 외에 산란율 저하, 증체율 저하 등 생산성에 크게 영향을 끼치기 때문에 경제적인 피해가 심하게 나타난다. 일례로, 브라질 사례연구에 의하면 IB 발생으로 육계 농가의 경제적 피해는 3,300원/수으로 평가되었다. 임상증상은 크게 호흡기형, 산란저하형, 신장형으로 구분된다. 어린 일령에서는 호흡기 증상과 신장염으로 인한 폐사가 주로 나타나고, 성계에서는 주로 다양한 산란 저하 및 난질 저하를 일으킨다. 수평전염은 호흡기를 통하거나 직, 간접 접촉전염에 의하여 쉽게 일어나며, 감염된 조류의 정관이나 수란관, 난각 표면 등에서 바이러스가 분리되고 있지만 수직감염이 일어난다는 보고는 없다.

바이러스의 빠른 증식과 높은 유전자 변이율 외에도 서로 다른 IBV 간 유전자 재조합이 빈번하게 일어나기 때문에 새로운 혈청형(serotype)이나 변이형(variant)이 자주 출현하며, 이들 간의 교차방어능이 약해서 백신에 의한 예방 전략을 어렵게 하고 있다.

폐사율은 높지 않으나 대장균 등에 의한 호흡기 2차 감염이 있을 경우에는 폐사율이 증가하고, 어린 병아리에 감염되면 산란 장기의 영구적 손상으로 인하여 성계가 되었을 때 무산란계(nonlayers)가 될 수 있다. 중국 신장형 IBV(QX type)가 90년대 말 중국에서 출현한 이후, 2000년대에 세계적으로 확산되어 양계산업에 많은 피해를 일으키고 있다.

과거에는 IBV가 닭에만 감염되는 것으로 알려졌으나 근래에 꿩, 공작 등 다른 조류에서도 바이러스가 분리되고 있다. 인체에 미치는 영향은 없는 것으로 보고되어 있다.

역사

IB는 1930년 미국에서 처음 발견되어 1931년 정식으로 보고되었다. 초기에는 어린 병아리에 나타나는 닭 전염성후두기관염(infectious laryngotracheitis; ILT)의 경미한 형태로서 인식되었으나 1936년에 ILT와 다른 종류의 바이러스에 의하여 발생하는 것으로 밝혀졌다.

1937년에는 발육란의 요막강에서 IBV를 증식

시킬 수 있음이 보고되었고, 1941년에는 발육란에서 증식시킨 IBV가 면역력을 발휘할 수 있음이 보고됨으로써 최초의 IB 백신 가능성이 확인되었다. 지금은 수많은 혈청형이 알려져 있지만 발생 초기의 IBV는 Massachusetts(Mass)형이 유일하였다.

1960년대 초 네덜란드에서 IB 발생이 확인되면서 H strain으로 만든 Mass형 백신이 개발되는 계기가 되었고, 이어서 세계적으로 가장 광범위하게 사용되고 있는 Mass형 생백신인 H120과 H52가 개발되었다.

그러나 1950년대 말에 Mass형 백신으로 방어가 되지 않는 Connecticut형 IBV가 분리, 보고되면서 여러 혈청형의 존재 가능성과 함께 IBV 혈청형 간에 교차방어가 안 될 수도 있다는 중요한 개념이 발표되었다.

1960년대에는 IBV와 뉴캣슬병바이러스(Newcastle disease virus)를 발육란에 동시 배양 시 간섭현상으로 인하여 NDV 증식성이 현저히 떨어진다는 사실이 밝혀졌고, 미국에서는 Holte와 Gray strain 등 최초의 신장형 IBV가 분리, 보고되었다.

1970년대와 1980년대는 조기진단 기술과 함께 혈청형 및 변이형 동정을 위한 다양한 진단 기술과 분자생물학적 기법이 개발된 시기이다. 현재는 너무 많은 혈청형과 변이형이 존재하기 때문에 중화시험에 의한 혈청학적 분류보다 유전자형(genotype)의 분류가 대세이지만, 2000년대 이전까지는 IBV 혈청형 동정과 분류에 많은 연구가 이루어졌다. 진단 기술의 발전에 비하여 백신 개발 기술에는 약독화 생백신과 불활화백신 이외에는 비약적인 발전이 이루어지지 않았다.

국내에서는 1986년에 호흡기형 IB 발생이 처음으로 보고된 이후 1990년에는 신장형(nephropathogenic) IB 발생이 보고되었다. 그 이후 국내 특유의 혈청형 또는 변이형과 Mass형 IBV가 다양하게 존재함이 보고되었고, 호흡기형에 속하는 K-I형, 중국 신장형(QX 유사형)으로 분류되는 K-II형, 이들 유전자간의 재조합에 의한 다양한 변이형(variant)과 유전자형이 분포하고 있음이 밝혀졌다.

원인체 특성

분류

IBV는 코로나바이러스의 일종으로서 *Coronaviridae* 과(family), *Orthocoronavirinae* 아과(subfamily), *Gammacoronavirus* 속(genus)으로 분류되며, 이 속에는 IBV 외에도 turkey coronavirus, pheasant coronavirus, pigeon coronavirus 등 조류에서 분리된 다양한 코로나바이러스 종(species)이 보고되어 있다. 과거에 비하여 조류에서 분리되는 코로나바이러스 종이 점점 많아지는 추세에 있다. 근래에 발생한 신종 바이러스인 SARS 코로나바이러스(SARS-CoV), MERS 코로나바이러스 및 COVID-19과 관련된 SARS-CoV-2는 모두 *Betacoronavirus* 속으로 분류되어 IBV와는 다른 속의 코로나바이러스이다.

형태 및 분자생물학적 구조

외피막이 있는 단쇄(single stranded)의 positive sense RNA 바이러스로서 약 27.5~28 kb의 염기로 구성되어 있고, 바이러스 직경은 약 120 nm 정도이다. 원형을 나타내지만 모양은 다양하며, 바이러스 표면에 곤봉 모양의 돌기(spike; S)가 많이 돌출되어 있다(그림 3-1).

바이러스의 주요 구조단백질로는 외피막(envelope; E), 돌기(spike; S), 막(membrane; M), 뉴클레오캡시드(nucleocapsid; N) 단백질이 있으며, 1a, 1ab, 3a, 3b, 5a, 5b 등 15개의 비구조단백질이 존재하는 것으로 알려져 있다.

S 단백질은 삼량체(trimer)의 형태를 하고 있으며, 외피 밖으로 드러나 있는 S1 단백질과 M 단백질

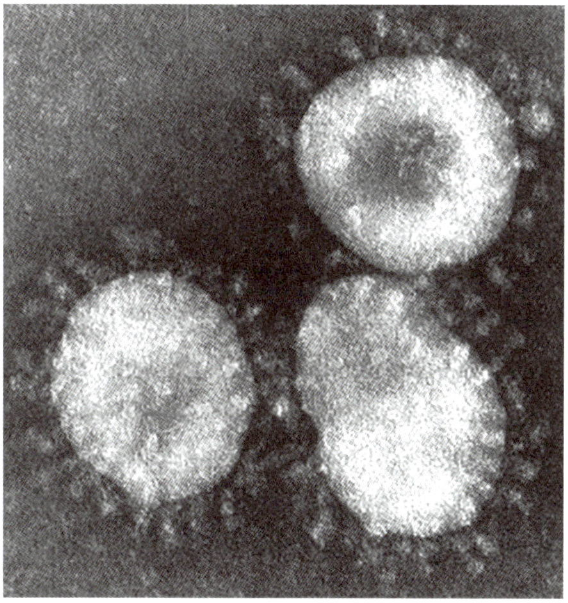

그림 3-1 전자현미경으로 본 코로나 모양의 IBV 형태: 원형의 바이러스와 곤봉 모양의 바이러스 표면 돌기.

에 결합되어 있는 S2로 구성되어 있다. 그 중 S1 단백질이 중화항체, 혈구응집억제 항체 형성 등의 면역원성과 항원성을 발휘하는 결정적 역할을 하므로 혈청형별로 특이적(type-specific)으로 반응하며, 혈청형 동정에 이용된다. 이와 함께 세포 표면 부착과 세포질내 융합(fusion) 및 세포 내 침투성과 연관이 있다. 반면, M 단백질이나 N 단백질은 공통항원으로서 모든 IBV 감염 항체와 공통적(group-specific)으로 반응한다.

IBV는 점 변이와 유전자 재조합 등이 쉽게 일어나기 때문에 전 세계적으로 매우 많은 혈청형과 변이형이 존재한다. 매사추세츠형(Mass형), 중국 신장형(QX형) 등 세계적으로 광범위하게 분포하고 있는 타입이 존재하며, 특정 지역에서 국소적으로 유행하는 지역형도 다양하게 존재한다. 다른 혈청형끼리는 대부분 혈청학적 교차반응이나 교차면역 반응이 거의 일어나지 않는다.

화학적, 물리적 요인에 대한 저항성

IBV는 56℃에서 15분이면 불활화될 정도로 열에 약하므로 −20℃에서 장기간 보관하면 역가가 저하되지만, 감염 요막액은 −30℃에서도 수년간 감염력을 유지할 수 있다. 동결건조 시에는 5℃에서 30년 이상 감염력을 유지한다고 보고되었다. 에테르 등 지방용해제나 계면활성제 성분의 소독제에 매우 약하며 일반적 소독제에도 쉽게 불활화된다. pH에 따른 바이러스 안정성은 바이러스 종류에 따라 약간의 차이는 있으나 pH 3의 조건으로 실온에서 4시간 처리했을 때 대부분의 IBV는 10배에서 100배 정도의 역가 감소가 일어난다.

바이러스 및 혈청형 분류

IBV의 분류에는 혈청형, 유전자형 등 여러 방법이 이용되어 왔는데 S 단백질에 대한 항원-항체 반응의 차이를 이용한 바이러스 중화시험이나 혈구응집억제(HI) 반응이 가장 정확한 혈청형 분류 방법으로서 장기간 사용되어 왔다. 그러나 발육란이나 세포배양법을 이용한 중화시험은 정확하지만 술식이 복잡하고, HI 반응은 IBV마다 혈구응집능(HA)에 차이가 있을 뿐만 아니라 IBV가 HA능을 나타내기 위해서는 뉴라미디다제(neuraminidase) 효소를 별도로 처리해야 하는 번거로움이 있어서 광범위한 사용에 제약이 있다. 혈청학적 검사에 광범위하게 이용하는 ELISA의 경우, IBV 공통항원에 대한 항체를 이용하여 검사하므로 혈청형 분류에는 이용되지 않는다. 특정한 혈청형이나 IBV 종류별로 특이적으로 반응하는 단클론 항체를 이용한 ELISA 검사법은 혈청형 동정에는 유효하지만 사용 범위가 제한적이라는 제약이 있다.

근래에는 세계적으로 100여 종 이상의 많은 혈청형과 변이형이 보고되고 있기 때문에 중화시험이나 HI 검사에 의하여 교차반응을 수행하는 것은 모든 표준 양성혈청을 구비해야 하는데다 매우 번잡하고 어려운 작업을 거쳐야 한다. 따라서 S1 유전자에 대한 RT-PCR, 유전자 서열분석 또는 RFLP (restriction fragment length polymorphism) 등과 같이 IBV 유전자형(genotype) 분류로 대체되는 추세이다.

바이러스 복제

IBV 유전체(genome) 구조는 그림 3-2와 같다.

5′ untranslated region(UTR)을 시작점으로 하여 5′ UTR-leader-1a/1ab-S- 3a-3b-E-M-5a-5b-N-3′ UTR의 배열을 가지는데 UTR은 바이러스의 RNA 전사 및 증식과 관련성이 있고, replicase 1a와 replicase 1b로 표시된 ORF 1a와 1ab는 단백분해효소 등 15종의 비구조단백질 형성에 관여한다. RNA 중합효소도 이러한 비구조단백질에 의하여 만들어진다. 3a, 3b, 5a, 5b는 아직 그 기능이 완전히 밝혀지지 않은 비구조단백질이다.

IBV 구조단백질은 각각 S, E, M 및 P 유전자에 의하여 만들어지며, 바이러스 복제와 증식은 세포질 내에서 이루어진다. S 당단백이 숙주세포의 수용체에 결합한 후 세포의 단백분해효소에 의해 S 단백질 전구체(S0)가 S1과 S2로 분절되면서 세포막과 융합(fusion)이 이루어진 다음 바이러스 RNA게놈이 세포질 내로 들어간다. 복제 초기단계에서는 골지체(golgi body)에서 바이러스 중합효소가 만들어진 후 이를 이용한 각 subgenomic mRNA 전사를 통하여 구조단백질이 만들어진다.

바이러스 유전자 복제과정을 구체적으로 살펴 보면, 전체 RNA로부터 5종의 subgenomic mRNA가 먼저 만들어지고, 이들의 유전자 정보에 의하여 각각의 구조단백질에 대한 전사가 일어난다. 즉, full length genome RNA로부터 바이러스의 polymer 단백질이 만들어지면 이 polymer에 의하여 subgenomic mRNA 2, 3, 4, 5, 6은 각각 S, 3a/3b/E, M, 5a/5b 및 N 단백질의 유전자를 생성한다.

만들어진 S, E, M 구조단백질은 골지체의 막으로 이동해서 들어가지만 N 단백질은 새롭게 합성된 바이러스 유전자와 결합하여 핵산단백질을 형성하게 된다. 그 후 N, E, M 단백의 상호작용으로 소포체(endoplasmic reticulum)의 세포막 표면에서 실질적인 바이러스 입자의 출아(budding)가 일어나고 이 바이러스는 소낭(vesicle)의 막으로 이동하여 세포막과의 융합에 의하여 감염세포 외부로 방출된다.

동일 세포 또는 동일 개체에 두 종류 이상의 IBV가 동시에 감염되면 RNA 바이러스 특유의 유전자 점변이 외에 두 바이러스 간의 유전자 재조합(genetic recombination)에 의하여 변이가 촉진된다.

실험실 숙주와 배양

IBV는 무균(specific pathogen free; SPF) 발육란의 요막강이나 SPF 계태아 또는 병아리 신장세포에 접종하면 증식성이 매우 좋다. 9~10일령 SPF 발육란의 요막강으로 IBV를 접종한 후 18일령에 깨어서 보면 계태아가 만곡되고(curling) 왜소화(dwarfing)된 병변이 전형적으로 나타난다. IBV의 종류에 따라 증식성에 상당한 차이를 보이며, 발육란에서 충분히 적응(adaptation)된 IBV

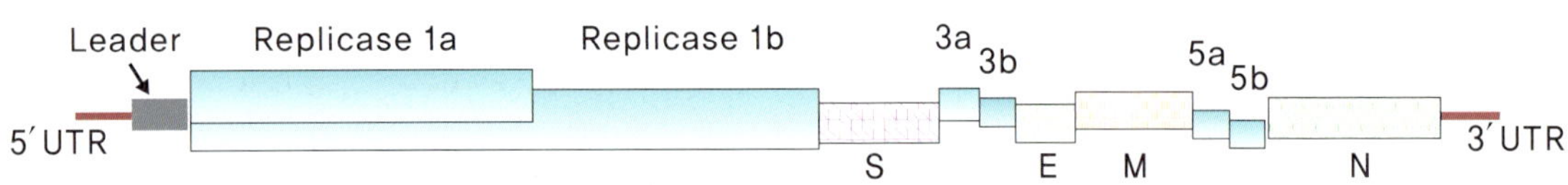

그림 3-2 IBV 유전체 구조

는 요막강 접종 후 1~2일 만에 최고 증식농도에 도달할 수도 있다. 반면, 야외바이러스는 발육란에 적응되기 전까지 병변이 잘 안 나타날 수 있으므로 병변을 확인하기 위해서 3~5대 맹목계대(blind passage)가 필요한 경우가 많다.

발육란에 적응이 되지 않은 야외주를 신장세포 배양에서 직접 분리하는 방법은 성공하기 어렵다. 충분히 적응된 IBV를 신장세포 단층배양에 접종하면 증식성이 좋으며, 감염으로 인한 세포변성효과(CPE)가 잘 나타난다. 감염세포는 시간이 지날수록 점점 원형의 형태를 보이면서 단층세포로부터 떨어져 나오게 되며 더 큰 합포체(syncytia)를 형성하게 되는데 현미경상에서 보면 빛이 굴절되어 밝게 보인다. 일부 IBV는 Vero 세포주에서도 잘 자란다.

세포배양 외에도 병아리의 기관 조직배양법(tracheal organ culture; TOC)도 IBV 분리와 동정에 효과적인 방법이다. TOC는 바이러스의 세포에 대한 적응과정이 별도로 필요 없으므로 IBV 야외수를 바로 TOC에 접종하더라도 기관섬모 운동의 정지가 나타난다. 따라서 일반 광학현미경만으로도 기관섬모 운동성의 변화를 관찰할 수 있고, 특정 혈청형의 항체와 중화시켜 혈청형 동정까지 가능한 장점이 있다. 하지만 TOC를 위하여 기관절편을 얇게 자르기가 쉽지 않고, 원형의 기관절편 내에 점액 등 이물질이 많이 끼어 이를 제거한 후 관찰해야 하는 단점이 있다.

병원성

IBV 병원성은 바이러스 종류와 숙주에 따라 매우 다양한 차이가 있다. 즉, 바이러스 자체의 병원성(virulence)과 혈청형, 감염 닭의 품종, 일령, 성별 및 면역 상태, 대장균 등 세균성 호흡기 질병과의 복합감염 여부에 따라 다르며, 계사 내 온도나 환기, 암모니아 가스 농도, 먼지 등 환경 요인에 따라서도 임상증상이 다르게 나타날 수 있다.

감염은 항상 눈, 코, 기관 등의 호흡기 점막으로부터 시작되며, 하더선(harderian gland)을 포함한 상·하부 호흡기와 함께 신장, 생식기관(수란관, 고환)의 점막 상피세포에서 주로 증식하여 병변을 형성한다. 바이러스에 따라서는 식도를 포함한 위장관 상피세포 계통에서 증식될 수 있고, 특히 맹장편도나 F낭에서도 병변은 거의 없더라도 바이러스가 분리될 수 있다.

IB와 같은 바이러스성 호흡기질병 감염 시에는 항상 세균의 2차 감염을 촉발할 수 있다. 즉, 대장균증, 마이코플라즈마 감염증(*M. gallisepticum*과 *M. synoviae* 등), 전염성코라이자 등의 호흡기 질병에 대한 감수성을 높이거나 병세를 악화시켜 IB 피해를 증가시킨다. 특히 육계에서 이로 인한 생산성 감소와 폐사 증가 등의 피해가 많이 나타난다. IB 감염 시 나타나는 산란율이나 난질의 저하도 바이러스 종류와 감염 일령에 따라 다양한 차이가 나타난다.

신장형으로 분류되는 IBV는 신장염 병변을 강하게 유발하며, 결과적으로 높은 폐사를 일으킨다. 신장형 IB 피해는 한경조건이나 영양, 병아리의 일령에 따라서 상당한 영향을 받는 것으로 알려져 있는데 2주령 이하의 어린 일령일수록 폐사가 많고, 고단백 사료나 고칼슘 사료가 신장염 피해를 증가시키는 것으로 보고되어 있다. 실제로 신장형 IBV 국내분리주 KM91을 1일령 SPF 병아리에 감염시켰을 때의 폐사율은 53%, 2주령 병아리에서는 7%의 폐사율을 나타낸 결과로 보아 감염 일령이 가장 많은 영향을 미치는 것으로 추정된다. 또한 고칼슘 사료 급이군에 신장형 IBV를 감염시켰을 때 요로결석증(urolithiasis) 발생과 신장 병변이 증가하였다는 보고도 있다.

근래에는 야생조류로부터 코로나바이러스 분리 보고가 점점 증가하고 있지만 꿩과 칠면조 및 야생

조류의 코로나바이러스는 IBV와 종(species)이 다르고 닭에 병원성을 유발하지 않는 것으로 알려져 있다.

발병학 및 역학

발생 및 분포

IB는 전 세계적으로 광범위하게 분포되어 있는 질병으로서 육계, 산란계 및 종계의 생산성에 심대한 피해를 일으키고 있다. 1970년대까지만 해도 보고된 혈청형이 많지 않았으나 지금은 분류가 어려울 정도로 많은 혈청형과 유전자형이 알려져 있다. 세계적으로 만연된 혈청형과 미국, 유럽과 같이 대륙별 유행형, 특정 국가 또는 지역에만 유행하는 지역형 등 다양하게 존재한다. 2000년대 이후부터 중국의 신장형 IBV인 QX-like IBV가 세계적으로 확산되어 많은 피해를 일으키고 있으며, 국내에는 세계에서 가장 공통적인 Mass형뿐만 아니라 신장형, 재조합 변이형, 지역형 등이 혼재하고 있는 상황이다.

자연 숙주 및 실험동물

과거에는 닭이 조류 코로나바이러스의 유일한 자연 숙주로 알려졌으나 점점 다른 가금류나 야생 조류에서도 코로나바이러스가 광범위하게 분리, 보고되고 있다. 그러나 현재까지 닭에 병원성을 나타내는 것은 IBV가 유일하다.

IBV의 경우, 닭의 일령에 따른 감수성에 있어서 병원성에 따라 다양한 차이가 있는데 산란 생산성 외에는 병아리일수록 피해가 많다. 특히, 신장형 IB와 어린 병아리에서의 IB 감염으로 인한 수란관 영구손상 발생에 대해서는 일령이 증가할수록 저항성이 강해지며, 중추기 이후의 병아리에서는 신장염이나 수란관 영구손상 피해가 거의 나타나지 않는다.

전파 및 매개체

IBV는 전염성이 매우 높고 전파가 빠르며, 잠복기가 가장 짧은 질병 중 하나이다. 감염된 닭의 콧물, 기침 시 비말, 눈물, 점액, 분변 등이 전염원으로 작용한다. 전염은 호흡기 흡입 및 경구감염을 통한 직접 접촉전염과 분변과 비말 또는 바이러스가 오염된 사람, 사양기구, 신발 등의 매개체를 통한 간접 접촉전염 경로로 이루어지며, 동일 계사 또는 계군과 같은 아주 가까운 거리에서는 비말에 의한 공기전염도 가능하다.

기관에서는 감염 후 3~5일 동안 다량의 바이러스가 배출되다가 1주일이 경과하면 바이러스 검출이 어려워진다. 반면, 분변과 맹장편도에서는 호흡기보다 훨씬 장시간 동안 바이러스가 분리될 수 있다. 감염 후 2~7개월까지 IBV가 분리되었다는 여러 연구결과가 보고되어 있으며, 맹장편도와 신장 내의 바이러스 지속감염으로 인하여 계군 간에 일어나는 교대감염이 장기간 후에도 IBV가 분리되는 원인일 것이라는 가설이 제시되어 있다.

잠복기는 매우 짧아서 IBV를 기관 내 접종 시 18시간, 점안 접종 시 36시간이며, 감염계와 동거감염은 24~48시간 내에 이루어진다.

임상증상

이환율은 거의 100%이나 임상증상과 폐사율은 상황에 따라 다르다. 감염 일령이 어릴수록 병원성이 높게 나타나며, 어린 일령에서는 호흡기 증상과 신장염, 성계에서는 산란 저하가 주증상인 경우가 많다. 호흡기 감염으로부터 증상이 시작될 때에는 초기에는 기침, 재채기, 헐떡거림, 기관 수포음, 비루 등 일반적인 호흡기 증상을 관찰할 수 있다. 이때 침울증상과 함께, 따뜻한 곳으로 몰리는 현상이 나타나며, 눈물이나 안검 주위의 종창이 나타나기도 한다. 사료 섭취량 감소와 증체량 저하도 일반적으로 나타나는 임상증상 중 하나이다. 6주령 이후부터 성 성숙 전의 병아리는 IB에 감염되어도 호흡기 증상이 약하거나 미미하게 지나가므로 주의 깊게 관찰하지 않으면 인지하기 어렵다.

호흡기 증상만으로는 폐사율이 낮은 편이지만, IBV 감염시 기관 상피세포의 섬모운동이 정지되거나 약해지기 때문에 대장균의 2차 감염이 흔히 일어나므로 증세 악화와 함께 폐사가 증가할 수 있다.

어린 병아리에서 신장형 IB 감염시에는 호흡기 증상이 지나간 후 다시 침울증상이 나타나면서 깃털이 꺼칠하게 역립(ruffled feather)되며, 음수량 증가와 설사 및 급격한 폐사율의 증가가 뒤따른다. 심각한 신장의 손상과 함께 신장염과 요산침착이 높은 폐사의 원인으로 작용한다. 추위 스트레스나 고단백 사료 급이 등 사양관리 오류는 신장형 IB 피해를 증폭시키는 요인이 될 수 있다. 국내의 신장형 IBV 중에서는 1일령 병아리에 공격접종 시 87%에 이르는 높은 폐사를 유발한 것도 있다.

산란 중인 닭에 감염되면, 가벼운 호흡기증상이 먼저 나타난 후 바이러스의 종류, 감염 시기, 면역상태, 다른 질병과의 혼합감염 여부, 계사 내부 환경 요인 등에 따라서 산란 저하와 산질 저하가 매우 다양하게 나타난다. 산란율은 미약한 감소에서부터 심하면 정상보다 70%까지 떨어질 수 있으며, 정도가 약한 경우 1~2주 후면 회복되지만 심한 경우 6~8주 후에야 회복되거나 원상회복이 안 되는 경우도 있다.

시산을 하기 전의 성 성숙기에 감염되면 수란관의 위축으로 인하여 초산이 늦어지며, 산란피크(peak)에 도달하지 못하거나 피크가 지연되어 경제적으로 큰 손실을 유발한다.

난질 저하는 탈색란, 연각란, 난각이 쭈그러지거나 우툴두툴한 기형란, 소형란 등 이상란을 산란할 뿐만 아니라(그림 3-3) 난백의 탄력과 점도가 물처럼 묽어지는 등 난각과 내용물에 있어서 심각한 질적 저하를 수반한다. 종란의 경우 부화율이 떨어진다.

그림 3-3 IB 감염에 따른 이상란(탈색란, 연각란, 기형란)

4주령 이하의 병아리에 IBV가 감염되면 수란관의 손상과 위축으로 인하여 성계가 되었을 때 외관상으로는 완전 정상이지만 산란을 하지 못하는 무산란계(false layer)가 되기도 한다. 국내에서는 1일령 병아리에 IBV 공격접종 시 약 30%의 무산란계가 발생함이 확인된 바 있다.

병리조직학적 소견

육안적 소견

비강, 기관 등 호흡기 내 카다르성(catarrhal) 염증과 점액이 있으며 하부 기관 또는 기관지에서 치즈 모양의 물질이 관찰되기도 한다. 대기관지를 중심으로 폐렴 병변이 나타나며, 대장균과 복합감염 시에는 기낭염이 흔히 나타난다.

산란장기 병변으로는 수란관의 위축과 다양한 크기의 수란관 내 낭종(cyst)이 나타날 수 있고(그림 3-4), 수란관 손상으로 인하여 난황이 수란관으로 들어가지 못하고 복강 내로 떨어짐으로써 복막염이나 복강의 난황 색소 침착이 보일 수도 있다. 그러나 이런 형태의 복막염은 IB만의 특징적 병변은 아니다. 수란관의 낭종과 위축은 어린 일령에 조기 감염되었을 때 전형적으로 나타나며, 어린 병아리일수록 미성숙 수란관의 상피세포에 손상이 심하고, 손상된 세포가 결합조직으로 대체되면서 수란관의

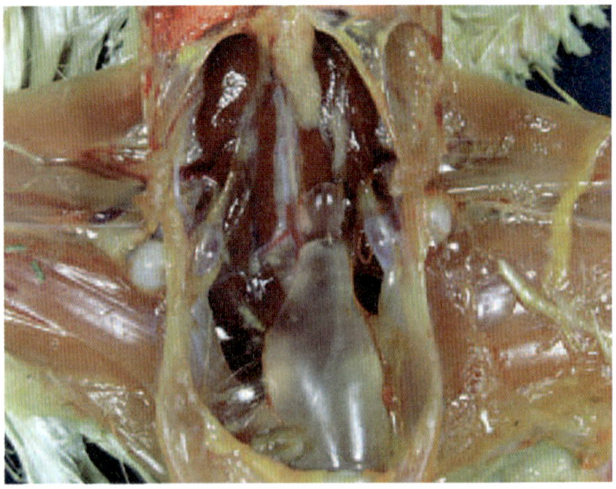

그림 3-4 1986년도 IBV 야외분리주의 공격접종에 의하여 유발된 병아리의 왼쪽 수란관 낭종(cyst)

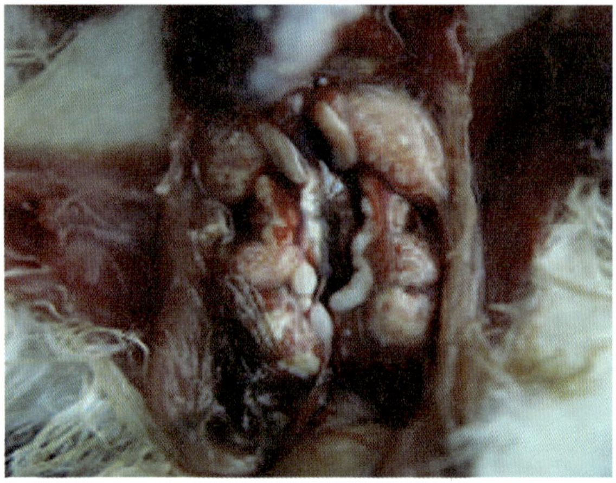

그림 3-5 병아리에 신장형 IB 감염시 나타나는 신장염과 요산염 침착증

영구적 손상이 일어난다. 이와 함께, 총배설강으로 연결되는 수란관 질부(vagina)의 유착으로 폐색(non-patent)이 일어날 수 있기 때문에 무산란계 발생의 원인이 된다.

신장형 IB로 인한 폐사체에는 신장염과 함께 요산염(urate) 침착으로 인하여 수뇨관과 세뇨관이 확장되면서 신장이 전체적으로 심하게 종창되고 색깔이 옅어지는 병변이 나타난다. 심한 경우, 요산염 침착증(urate deposition)이 전신적으로 심하게 나타나는 사례도 있다(그림 3-5).

조직학적 소견

기관 점막의 부종과 기관 섬모의 운동성 저하 또는 소실이 일어나고, 심하면 기관 상피세포의 탈락이 나타난다. 기낭염(airsacculitis)이 있을 경우, 기낭의 부종, 상피세포의 탈락과 함께 섬유소성 삼출물이 관찰된다. 하더선(harderian gland)에는 형질세포가 급격히 증식하고, 충혈과 함께 광범위한 림프여포(lymphoid follicle)가 형성된다. 또한 감염된 산란계의 수란관 상피세포에서는 섬모가 탈락하거나 길이가 짧아지며, 관상샘(tubular gland)의 이완, 림프구와 여러 단핵세포 침윤, 부종 등이 나타난다. 위장관 내에는 병변이 미약하거나 거의 나타나지 않는 경우가 대부분이지만, 장 친화성이 있는 IBV도 보고되고 있다.

신장의 주요 소견으로는 간질성 신장염이며, 신장 수질(medulla)의 세관(tubule)에 병변이 가장 현저히 나타난다.

면역

IB의 면역과 방어에는 세포성 면역과 체액성 면역이 모두 관여하지만 후자가 더 강조되어 왔고, 특히 국소면역의 역할이 매우 중요한 것으로 인식되어 왔다. IBV에 대한 면역 형성은 S1 단백질과 관련이 있으며, 여러 혈청형이나 변이형 간에는 일반적으로 교차면역이 없으나 일부 혈청형 간에는 부분적 교차면역이 있는 것으로 알려져 있다.

IgG에 의한 전신면역보다는 IgA에 의한 호흡기 국소면역이 1차 감염 방어에 매우 중요한 역할을 하며, 눈물로 분비되는 IgA는 상당 부분이 하더선에서 만들어진다. 따라서 하더선은 IBV의 국소면역에 있어서 중요한 장기로서 많은 연구가 이루어져 왔다.

IgG에 의한 모체이행항체는 어린 병아리의 호흡기 감염 방어에는 미약한 영향력을 미치지만, 호흡기의 국소감염 이후 일어나는 전신감염의 단계에서는 모체이행항체가 상당한 방어력을 발휘한다. 즉, 어린 병아리의 IB 감염에 따른 신장염 발생이

나 미성숙 수란관에 대한 감염 방어에는 혈중 IgG가 중요한 역할을 할 수 있다. 그러나 ELISA 항체역가와 신장형 IBV에 의한 신장 감염 방어와는 연관성이 낮다는 연구결과도 있다. 1일령 어린 병아리에 대한 생백신접종 시 모체이행항체의 간섭현상이 상당하다는 주장과 백신효과를 발휘한다는 주장이 상존하지만 백신주의 종류와 공격접종 바이러스, 접종량 등에 따라 차이가 있을 것으로 추측된다.

진단

병력과 발생 양상, 임상증상 및 병변에 따른 임상진단이 야외에서 통용되고 있지만 다른 호흡기 질병이나 산란 저하 질병과의 감별이 쉽지 않다. 호흡기증상의 경우 임상증상 만으로는 진단이 어렵고, 신장형과 수란관 손상, 기형란이 관찰될 경우에는 임상적 추정이 가능할 수도 있다. 따라서 항체역가의 상승반전(seroconversion)을 확인하는 혈청학적 검사와 IBV 분리 및 IBV 항원 검출법, IBV RNA 검출법 등이 널리 사용되고 있다. 혈청형이나 변이형 동정을 위한 진단법은 특수한 목적 외에는 통상적으로 사용되지는 않는다.

바이러스 분리 및 동정

IBV는 감염 초기에 호흡기, 산란장기, 신장, 맹장편도 및 분변에서 쉽게 분리되지만 호흡기와 산란장기에서는 감염 후 1주일 경이 지나면 분리가 어려워진다. 따라서 바이러스 분리 시료로는 초기에는 기관 자체 또는 도말 시료, 1주일 이상 경과 시에는 신장이나 맹장편도가 권장된다. 특히 맹장편도에서는 장기간 바이러스가 분리될 수 있어 감염이 상당히 지난 계군에서 바이러스를 분리할 수 있는 좋은 방법이다.

산란계처럼 감염 개체를 골라내기 어려운 IBV 감염 계군으로부터의 바이러스 분리를 위해서는 IB 항체 음성의 감시계(sentinel chicken)를 계군 내에 투입하여 이들로부터 바이러스 분리를 시도하는 것도 유효한 방법이 될 수 있다.

유제한 시료는 9~10일령 SPF 발육란의 요막강 내로 접종하거나 계태아 신장세포(chichen embryo kidney; CEK) 또는 병아리 신장세포(chicken kidney; CK)에 접종한다. 발육란 접종의 경우, 야외주에서는 48시간 간격으로 3회 내지 5회 계대배양(blind passage)이 필요하며, 그 후 18~19일령의 계태아에 나타나는 특유의 병변을 관찰하고(그림 3-6), 세포의 경우 세포변성효과를 관찰한다.

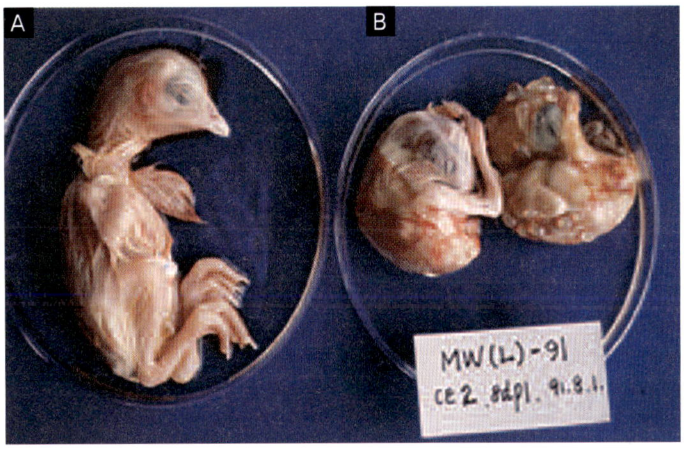

그림 3-6 IBV 야외분리주 접종시 나타난 19일령 계태아의 왜소화(dwarfing) 병변과 원형 민곡현상(curling). (A) 정상, (B) IB 감염 계태아

바이러스 분리후 IBV 동정이나 IBV 항원 검출법으로는 주로 IBV에 특이적인 프라이머를 이용한 역전사 중합효소연쇄반응(reverse transcription-polymerase chain reaction; RT-PCR)이나 실시간 역전사 중합효소연쇄반응(real time RT-PCR, rRT-PCR), 간접형광항체법, 면역화학염색법, 항원 검출 ELISA, 감염 기관을 이용한 직접형광항체법 등이 이용되고 있다. 또한 특정한 IBV 혈청형이나 유전자형에 특이적인 프라이머를 이용하여 RT-PCR 법으로 동정과 함께 유전자형까지 확정하는 방법도 개발되었고, 다양한 제한효소를 이용하여 바이러스 유전자의 절단양상을 비교, 감별하는 방법(RFLP)도 알려져 있다.

분리된 바이러스의 혈청형은 혈청형별 표준 양성혈청을 이용하여 바이러스 중화시험이나 혈구응집억제반응으로 동정한다.

혈청학적 검사

IBV에 대한 혈청검사법은 다른 질병에서와 마찬가지로 보조적 진단법으로 인식하는 것이 바람직하다. 그러나 문제가 된 계군의 감염 전과 회복후의 혈청을 확보할 수 있다면 감염 전후의 항체역가 상승반전(seroconversion) 확인만으로도 확진이 가능할 것이다.

IBV에 대한 항체는 S1 단백에 대한 혈청형 특이항체와 S2 및 M, N 단백이 나타내는 공통항원에 대한 항체로 구분된다. IBV에 최초로 감염되었을 때는 S1에 대한 특이항체가 발현되어 혈청검사에 의한 혈청형(type-specific) 감별이 가능하지만, 감염이 반복될 경우 각종 항원들에 대한 광범위한 항체가 생겨 혈청검사로서는 감염된 IBV의 혈청형 감별이 불가능해 진다.

중화시험이나 혈구응집억제반응(hemagglutination inhibition; HI) 반응은 혈청형-특이(type-specific) 검사법으로 사용되고 있고, ELISA와 한천겔침강(agar gel precipitation; AGP) 반응은 IBV 공통항원에 대한 항체를 검출하는 방법이다. 따라서, 혈청형을 모르는 상태에서 IBV 감염을 진단하기 위한 혈청검사법으로는 ELISA나 AGP 검사법이 권장된다. 중화시험과 HI시험은 혈청형 감별이 가능한 장점이 있지만, 혈청형이 일치하지 않으면 IB 감염항체를 검출할 수 없는 단점이 있다.

농장의 혈청학적 모니터링을 위한 혈청검사법으로는 ELISA가 가장 널리 사용되고 있다. HI 검사의 경우, 유행하는 IBV 혈청형과 일치하는 항원을 사용해야 감염된 개체로부터 항체를 검출할 수 있기 때문에 오진을 하기 쉽다. AGP로 검출되는 항체는 대부분 IgM이기 때문에 존속기간이 매우 짧고 민감도가 낮아서 감염후 2~3주 이상이 경과한 계군에 대하여는 AGP 검사법은 권장되지 않는다.

감별진단

IB의 일반적인 호흡기 증상은 뉴캣슬병(ND), 전염성후두기관염(ILT), 저병원성 조류 인플루엔자(LPAI), 전염성코라이자(IC)의 증상과 유사한 경우가 많으므로 특별한 사례를 제외하고는 감별이 쉽지 않다. ND의 경우 호흡기 증상 외에 실질장기의 출혈과 괴사, 마비와 같은 신경증상 등 IB에서는 관찰할 수 없는 심한 병변이 나타나고, 급성형 ILT에서는 개구호흡, 기관 내 출혈과 위막 형성 등의 특이적인 병변이 나타나므로 임상적 감별이 비교적 용이하다. IC에서는 안면부종을 수반하므로 감별 시 참고가 된다.

산란 저하 증상은 ND, ILT, LPAI, 뉴모바이러스(aMPV) 감염증, IC 등 다른 산란 저하 질병과 감별하기는 어렵다. 임상증상에서 설명한 기형란이 전형적으로 나타난다면 IB를 의심할 수 있으나 여러 장기에 나타나는 증상과 병변을 종합하여 추정해야 한다. 산란저하증후군(EDS)은 산란 저하와 함께 연란과 물알이 많이 발생한다는 점에서 임상적으로도 감별이 가능하다.

예방 및 치료

방역/위생 관리

일반적인 위생적 사양관리와 철저한 차단방역(biosecurity)이 가장 중요하며, 동시입식-동시출하(all-in all-out) 방식의 계군관리를 통하여 새로운 계군 도입에 의한 바이러스 유입 경로를 최대한 차단해야 한다. IB는 가장 전파가 빠른 조류의 전염병 중 하나이므로 농장 내로 들어오는 각종 사람과 차량의 통제를 철저히 해야 하고, 불가피할 경우 완전히 소독 후 출입시킨다. 특히 계분 처리차량이나 백신접종팀 등 계사 내부로 들어갈 수 있는 사람이나 사양기구, 백신접종 용구 등은 높은 위험요인이므로 소독 후 반입을 허용해야 한다.

백신접종

IB의 면역과 방어는 모두 IBV의 S1 단백질과 관련이 있으며, 일부 혈청형 간에는 부분적 교차면역이 있는 것으로 알려져 있지만 일반적으로 S1의 차이에서 비롯되는 여러 혈청형이나 변이형 간에는 교차면역이 없는 경우가 대부분이다. 따라서 백신접종은 유행하는 바이러스와 동종 또는 동일 혈청형의(homologous) 백신을 사용하는 것이 바람직하며, 이종의(heterologous) 백신을 사용할 경우에는 바이러스에 따라 효과가 다르므로 결과를 장담할 수 없다.

IB 백신접종프로그램은 다양한 혈청형과 변이형의 IBV에 대하여 항원성 범위와 면역대(spectrum)를 최대로 넓게 형성할 수 있도록 설계하는 것이 좋다. 즉, 백신의 혈청형이 야외주와 일치하지 않으면 단일 혈청형의 백신으로는 그 야외주를 방어하기 어렵지만, 서로 다른 2종의 IBV 백신을 접종한 닭은 백신과 야외주 뿐만 아니라 다른 여러 혈청형의 IBV에 대하여 훨씬 넓은 면역대를 형성하기 때문이다. 그런 면에서 보면, 다른 혈청형의 백신을 교대로 접종하거나 2종 이상의 혈청형으로 제조된 IBV 혼합백신을 접종하는 것이 바람직하다.

백신 종류(type)

백신으로는 생백신과 불활화백신이 사용되고 있다. 생백신은 산란계와 종계에 기초면역 또는 기초접종용으로 1~2차 접종 때 사용하며, 육계에도 호흡기 증상이나 신장형 IB 예방을 위하여 사용할 수 있다. 이 백신은 대부분 야외주를 장기간의 계대를 통하여 병원성을 약화시킨 것이므로 제조단계에서 계대배양을 수차례 이상 반복하면 면역원성도 약화될 위험성이 있다. 또한 병아리에서 백신주의 역계대가 계속되면 병원성을 회복할 잠재적 위험성이 있기 때문에 백신접종 시 한 계사 내 모든 개체가 동시에 접종될 수 있도록 해야 한다. 백신접종 오류로 일부 개체들에게만 접종될 경우, 생백신 주가 백신접종이 되지 않은 동일계사 내의 다른 닭들에 순환감염 되면서 약한 호흡기증상이 끊이지 않고 나타날 수 있으며(rolling effect) 병원성 회복의 요인을 제공할 수 있으므로 피해야 한다.

생백신은 Mass 형에 속하는 백신이 세계적으로 통용되고 있으며, 그 중 H120 생백신이 가장 널리 사용되고 있다. 최근 국내에서 분리한 바이러스를 약독화한 생백신(신장형, 호흡기형)도 개발되어 농장에서 적용되고 있다.

IB 생백신 주는 ND 바이러스, 뉴모바이러스 등의 생백신 주와 동시에 접종했을 때나 짧은 간격을 두고 접종했을 때, 서로 간에 일어나는 간섭현상으로 인하여 어느 한 쪽의 면역형성이 낮고, 지속기간이 짧아지는 현상이 나타난다. 정도의 차이는 백신 바이러스의 종류, 접종 농도, 접종 간격과 방법,

각각에 대한 모체이행항체 수준이나 능동면역에 의한 항체 수준에 따라 차이가 난다. 일례로서, ND와 IB 생백신을 병아리에 동시접종 시에는 ND 면역형성능이 낮아지므로, ND-IB 혼합백신의 경우 ND 바이러스 역가를 높여 주어 이를 보완하기도 한다.

불활화 오일백신의 경우 세계적으로 Mass 형 백신이 가장 널리 사용되고 있으며, 국내에서는 국내 분리주 항원을 포함하는 2~3종의 혈청형을 혼합한 다가백신도 유용하다. 불활화 오일백신(사백신 또는 사독백신)은 최종 보강접종용으로 사용되고 있으며, 근육접종 또는 피하접종 방법으로 반드시 성 성숙이 시작되기 3~4주 전까지 접종을 완료해 주어야 한다. 따라서, 계군의 품종별 산란시기에 따라서 10~18주령 때 접종하는 것이 일반적이다. 그 이유는 산란 전의 성 성숙 기간 중에 IBV 야외감염이 일어날 경우 산란장기 손상, 산란피크 도달 지연, 산란피크 미달 등 IB 감염으로 인한 생산성 저하가 심각할 수 있기 때문이다. 불활화 오일백신은 생백신에 의한 기초면역이 얼마나 잘 되었는가에 따라 보강접종효과에 결정적 영향을 받으므로 생백신에 의한 기초면역 형성도 매우 중요하다. 불활화백신의 단점은 호흡기 감염 방어에 1차적인 방어막 역할을 하는 국소면역 형성능이 없다는 점이다.

불활화 오일백신의 경우에도 국가별로 유행하는 혈청형 또는 변이형의 바이러스로 자체백신을 만들어 사용하거나 Mass 형과 혼합백신을 만들어 사용하는데 국내에서는 1990년대 초반 이후 한국형 신장형 바이러스인 KM91과 Mass 형을 혼합한 불활화백신을 개발하여 사용해 왔다. 또한 백신 개발 기간이 오래 소요되는 생백신의 경우, 2011년부터 신장형 분리주를 약독화한 생백신(K2)이 개발되어 효과적으로 사용되고 있다. 최근에는 기존의 KM91에 비하여 유전자 및 항원 특성이 상당히 변한 변이형 IBV가 많이 유행하고 있기 때문에 이를 이용한 불활화백신이 개발되어 사용되고 있다.

백신접종 방법

생백신은 병아리 때 점안접종, 비강접종, 분무접종 또는 음수접종 방법으로 투여하여 전신면역과 함께 눈, 비강, 기관 등 호흡기의 국소면역을 유도하므로 IB 예방에 큰 장점을 가진다. 특히 농장환경에서는 대량접종이 가능한 음수접종과 분무접종법이 널리 이용되고 있다. 생백신은 바이러스의 증식으로 인한 호흡기 반응 등 부작용이 발생할 수 있고, 백신접종시 균일하게 접종이 되지 않으면 접종개체에서 미접종개체로 백신바이러스가 수평전파 됨으로써 호흡기 접종반응이 지속적으로 발생하는 롤링(rolling) 현상이 나타날 수 있다. 야외에서는 생백신접종 후 광범위 항생제를 투여하여 부작용을 최소화 하는 방법도 이용되고 있다. IB 생백신을 이용한 분무접종법은 면역 형성능은 좋으나 호흡기 접종반응이 과다하게 나타날 수 있기 때문에 야외 적용 시에는 전문가에 의하여 여러 요인들이 면밀히 검토되어야 한다.

백신접종 프로그램의 경우, 어린 연령에서 생백신접종으로 기초면역이 형성된 계군은 6~8주령 경에 생백신을 2차 접종하고, 그 후 불활화 오일백신의 보강접종을 통하여 성 성숙이 개시되기 전까지 고도면역을 형성해 주는 것이 기본 백신 프로그램이다.

IB에 대한 방어기전은 IgA에 의한 1차적 호흡기 국소감염 방어와 IgG에 의한 2차적 전신감염 방어이다. 따라서 IB에 대한 모체이행항체(IgG)는 어린 병아리의 야외감염은 충분히 막아주지 못하지만 백신접종 면역 형성에는 간섭현상으로 인하여 다양한 감소 효과를 미치는 것으로 보고되어 있다.

앞으로도 IBV는 그 혈청형과 변이형이 더욱 다양

하게 변이될 것으로 예상된다. 따라서 미래의 IBV 백신은 다양한 항원성을 발현할 수 있는 역유전학(reverse genetics) 기술과 벡터를 이용한 재조합 백신을 개발하는 방향으로 발전할 것으로 예상된다. 1~2회의 대량접종만으로, 다수의 혈청형과 변이형을 장기간 동안 모두 방어할 수 있는 백신의 등장은 모든 조건을 충족할 수 있는 이상적 백신이 될 것이다.

치료법

IB는 바이러스성 질병인 만큼 이에 대한 근본적 치료방법은 아직 없다. 사양관리 면에서 적절한 환기와 계사 내부온도 관리, 밀사 방지, 좋은 사료를 통한 영양 관리 등은 질병 피해를 최소화 할 수 있는 방법이다. 그리고, IBV 감염 후의 기관 섬모운동 정지로 인한 대장균의 호흡기 2차 감염 예방과 피해 경감을 위하여 유효한 광범위 항균약제를 사용하는 것도 좋은 대안이 될 수 있다. 신장형 IB 발생 피해를 낮추기 위해서 사료내 단백질 수준을 낮추고, 전해질을 음수로 투여해 주는 방법이 권장되기도 한다.

참고문헌

Jackwood M.W. and Sjaak de Wit. 2013. Infectious bronchitis. Pages 139-159 In: Diseases of Poultry, 13th edition. Wiley-Blackwell Publishing, Ames, Iowa.

Lim, T.H., H.J. Lee, D.H. Lee, Y.N. Park, J.K. Youn, H.N. Kim, M.S. Lee, J.B. Park, S.Y. Choi, I.S. and Song, C. S. 2011. An emerging recombinant cluster of nephropathogenic strains of avian infectious bronchitis virus in Korea. Infect. Genet. Evol. 11: 678-685.

OIE Biological Standards Commission and the Consultant Editor. 2015. Chapater 2.3.2. Avian infectious bronchitis. In: Manual of Diagnostic Tests and Vaccines for Terrestrial Animals. OIE.

김재홍, 송창선, 모인필, 김상희, 성환우, 윤호식. 1992. 닭 전염성 기관지염 신장형의 국내 발생. 농사시험연구논문집(가위편) 34(1): 28-31.

김재홍. 1994. 국내 분리 닭 전염성기관지염 바이러스의 혈청형, 병원성 및 면역원성(Serological differentiation, pathogenicity and immunogenicity of avian infectious bronchitis viruses isolated in Korea). Ph.D. thesis. 서울대학교 대학원 수의학과.

이영옥, 김재홍, 김재학, 모인필, 윤희정, 최상호, 남궁선. 1986. 닭 전염성기관지염의 국내 발생. 대한수의학회지 26(2): 279-282.

조류질병교수협의회. 2016. 조류질병학 제2판. 도서출판 한미의학.

4
CHAPTER

전염성후두기관염

Infectious Laryngotracheitis

건국대학교 송창선

개요

전염성후두기관염(infectious laryngotracheitis; ILT)은 바이러스성 호흡기계 닭 전염병으로서 ILT virus(ILTV)가 그 병원체이다. ILT는 1925년에 미국에서 처음 보고된 질병으로 주로 성계에서 발생하여 산란 저하와 폐사로 인한 심각한 생산성 저하를 유발하는 질병이다. 급성형 ILT는 호흡곤란, 호흡촉박, 혈액이 섞인 점액성의 객담 및 높은 폐사율을 특징으로 하며, 만성형 ILT는 섬액성 기관염, 부비동염, 결막염, 전반적인 악액질 등 다양한 증상을 특징으로 한다.

ILT의 경제적인 중요성은 발생 국가별로 다르지만 해마다 미국의 양계산업에서는 ILT로 인한 산란율 감소와 폐사율로 인해 수백만 달러의 경제적인 손실이 유발되는 것으로 알려져 있으며, 주변의 다른 나라에서도 비슷한 양상으로 발생하고 있다. 국내에서는 1982년에 경기도 강화군의 산란계 농장에서 처음으로 발생이 보고되었으며, 이후 전국적으로 확산되었고 현재는 백신접종을 통하여 예방 관리되고 있다.

역사

ILT는 1925년에 처음으로 미국에서 보고되었지만, 1925년 이전에 발생하였다는 기록이 있다. 후두기관지염과 조류 디프테리아 등 초기에는 다른 이름으로 불렸으나, ILT란 명칭이 1931년에 미국수의사협의회(Poultry Diseases Special Committee)에 의해 결정되었다. ILT의 병원체는 여과성 바이러스로 처음 소개되었으며, ILT는 조류 바이러스 질병 중 최초로 효과적인 백신이 개발된 질병이다.

원인체 특성

분류

병원체는 *Herpesviridae* 과(family) *Alphaherpesvirinae* 아과(subfamily) *Iltovirus* 속(genus)에 속하는 ILTV이며 계통학적으로 Gallid herpesvirus-1에 속한다. 바이러스 입자의 크기는 평균 직경이 약 195~250 nm이며, 뉴클레오캡시드(nucleocapcid)를 감싸고 있는 외피막(envelope)을 가지고 있다. ILTV는 선형(linear form)의 두 가닥의 DNA핵산(double-stranded DNA)을 가지고 있으며 총 약 155 kb 염기로 UL영역, US영역, 도치반복배열(inverted repeats; IR)로 구성되어 있다. 77개의 ORF(open reading frame)를 가지며, 이 중 62개는 UL영역, 9개는 US영역, 3개는 도치반복배열 영역에 존재한다. 유전자 전체를 이용하여 다른 herpesvirus 들과의 상동성

을 비교했을 때 *Psittacid herpesvirus-1*(PsHV-1)과 같은 계통에 속하는 것으로 밝혀졌다. 외피막에는 당단백 돌기(glycoprotein spike)를 가지며, 이들은 개체의 세포성 면역과 체액성 면역을 자극하는 역할을 한다. 이 중 glycoprotein B(gB), gC, gN, gM, gG, gJ는 사람의 herpes simplex virus와 상동성이 높은 것으로 알려져 있다.

바이러스 복제

숙주세포에서의 ILT 바이러스 복제(replication)는 숙주세포의 원형질막에 있는 수용체(receptor)에 바이러스가 부착된 후 융합함으로써 시작된다. 바이러스의 게놈(genome)과 캡시드가 결합된 형태인 뉴클레오캡시드는 숙주세포의 세포질로 방출되고, 이어서 숙주세포의 핵막의 핵공(nuclear pore)을 통해 핵 내로 들어가게 된다. 바이러스의 DNA는 뉴클레오캡시드로부터 빠져나와 숙주세포의 핵 내에서 전사(transcription)와 증폭이 일어난다. 유전자의 전사는 유전자 발현의 순서대로 즉시(IE), 초기(E), 후기(EL), 마지막(L)으로 발현된다. DNA 복제 후 바이러스의 DNA는 핵막 내부의 라멜라(lamellae)를 통해 이동하며 외피를 획득한다. 이러한 입자는 소포체를 통해 이동하고 세포질 내에서 축적 및 성숙되어 2차 봉입단계를 거친다. 조립된 바이러스는 세포 융해 또는 액포막 융합 및 세포 외 배출작용(exocytosis)을 통해 방출되게 된다.

ILTV는 단일혈청형으로 혈청중화(serum neutralization; SN)시험, 간접형광항체(indirect fluorescence antibody; IFA) 반응 등에 의해 교차반응을 나타낸다.

화학적, 물리적 요인에 대한 저항성

ILTV는 13~23℃에서 닭의 사체와 기관 삼출물에서 최대 100일 동안 감염력을 가지며 4℃에서도 감염력을 가진 채 몇 달 동안 생존이 가능하다. 그러나 55℃에서 15분 또는 38℃에서 48시간의 열처리에 의해 쉽게 불활화되며, 클로로포름과 에테르와 같은 지방용해성 물질에 감수성이 있다. 또한 3% 크레졸 또는 1% 수산화나트륨은 최소 1분 이내에 바이러스를 불활화시킬 수 있으며, 미세분무용 5% 과산화수소는 농장 계사 내부의 소독제로 쓰여 바이러스 감염력을 완전히 상실시킨다는 보고가 있다.

배양

ILTV는 종란에서 증식이 가능하며 주로 장뇨막(chorioallantoic membrane; CAM)으로 접종하게 된다. 접종한 종란에 바이러스가 증식하게 되면 세포의 괴사로 인해 접종 부위에 불투명한 포크(pock)를 형성하게 된다. 또한 ILTV는 계태아(chicken embryo; CE), 계태아간(chicken embryo liver; CEL)세포, 계태아 신장(chicken embryo kidney; CEK)세포, 닭 신장(chicken kidney; CK) 세포 등 조류 유래의 다양한 초대배양세포와 LMH cell, Vero cell 등의 세포주(cell line)에서도 증식이 가능하다.

면역

ILT에 대한 초기 연구 결과, 바이러스에 대한 중화항체는 5~7일 이후부터 확인이 가능하며, 21일 이후 최대치에 도달하여 이후 지속적으로 감소하는 경향을 보였으나 1년 이상이 지난 후에도 검출이 가능했다. 기관에 대한 국소 항체의 경우 약 7일부터 검출이 가능했으며, 10~28일에 최대치에 도달했다.

하지만 혈청과 점막의 항체 역가와 계군의 방어능력은 큰 상관관계가 없는 것으로 나타났다. F낭을 제거한 닭의 경우에도 질병의 방어에 큰 영향을 미치지 않았다. 한편, 기관(trachea) 부위의 국소적인 세포성 면역이 ILT 방어에 주요한 영향을 미치며, 비장세포나 말초혈액의 백혈구 전달을 통해 ILT에 대한 저항성을 발현할 수 있다는 것이 증명되어 세포성 면역의 중요성이 더욱 강조되고 있다.

ILTV에 대한 모체이행항체가 종란을 통해 후대 병아리에 전달되지만, 감염에 대한 방어 또는 백신 간섭에 영향을 미치지 않는 것으로 확인되었다.

ILTV의 감염진행 및 결과는 여러 요인에 따라 결정된다. 유전적 내성 및 ILTV의 감염에 대한 감수성은 주조직적합성복합체(major histocompatibility complex)에 따라 차이가 나타날 수 있음이 닭을 이용한 근친교배 시험에서 확인되었다. 1일령 병아리에서 ILTV 감염을 효율적으로 방어할 수 없는 이유는 적은 수의 CD8+세포와 관련이 있다. 1일령 병아리에 백신접종을 하게 되면 백신 바이러스가 폐로 퍼져서 심각한 반응을 일으킨다. ILTV의 당단백질은 체액성 및 세포성 면역반응을 모두 유발할 수 있는 가장 중요한 항원 역할을 수행한다. ILTV의 초기 실험에서 항체를 수동으로 옮기거나 면역혈청을 수동으로 옮기는 것으로는 질병을 막지 못한다고 알려져 있다. ILTV의 백신접종 또는 공격접종 후에 혈청에서 중화 및 IgG 항체가 증가한 반면, 기관점막에서 IgA, IgM 및 IgG의 항체는 간헐적으로 증가하는 것으로 확인되었다. 그러나 이러한 항체들의 생산은 기관에서 바이러스가 사멸되는 시기와 관련이 없다. 또한, 백혈구를 제거한 닭이 정상적인 닭보다 공격접종 했을 때 항체 생산 수준이 훨씬 낮은 것으로 확인되었다. 이러한 결과들은 ILTV는 세포 매개 면역이 매우 중요하다는 것을 말해주고 있다. ILTV 감염에 대한 숙주의 염증 반응은 바이러스 복제를 제어하고 질병의 병리에 기여하며 숙주의 적응 면역 반응을 조절함으로써 질병에 대한 저항에 매우 큰 역할을 한다. ILTV는 기관으로 면역세포를 모집하고 면역 반응을 일으키는데 중요한 역할을 하는 당단백질 G를 가지고 있다. 당 단백질 G가 결실된 ILTV의 감염은 기관으로 CD4+ 및 CD8+ 세포의 유입을 증가시키는 반면 B 림프구의 동원은 감소시키는 것으로 확인되었다.

역학

자연감염 숙주 및 발생 상황

닭이 ILTV의 주요 자연감염 숙주이다. 모든 연령에 감수성이 있음에도 불구하고 대부분의 임상 증상은 주로 성계에서 관찰된다. 농장에서는 닭과 꿩 사이에 질병이 교차된다는 보고가 있으며, 칠면조는 연령에 따라서 저항성이 있기 때문에 감수성이 떨어지지만 어린 칠면조의 상부 호흡기도에 병변을 유발한다는 보고가 있다. 또한 공작의 기관지에서 ILTV가 분리되기도 하였다. 찌르레기, 참새, 까마귀, 비둘기, 오리, 뿔닭 등은 ILTV에 저항성을 보이지만 오리에서는 무증상 감염이 보고된 바 있다. ILTV에 감염되어 회복된 개체도 계속 잠재적인 보균체(carrier)가 될 수도 있다. ILTV는 대부분의 국가에서 발견되고 있으며, 특히 대량 사육하는 양계농장에서는 심각한 질병이다. 영국, 호주 등의 국가에서는 1930년부터 발생하여 피해를 겪었으며, 1960년대와 1970년대에 일본도 큰 피해를 본 바 있다. 국내에서는 1982년에 경기도 강화군에서 산란 저하와 폐사를 보이는 산란계에서 처음 분리가 되었고, 이후 3~4개월 만에 강원도와 제주도를 제외하고 전국적으로 확산되었다. 이후 꾸준한 예방백신접종으로 피해가 감소하였으나 2019년 현재까지도 경기, 충남, 전북 등에서 만성형과 급성형이 산발적으로 보고되고 있다.

잠복기

일반적으로 ILTV의 잠복기는 바이러스의 용량, 접종 경로, 바이러스의 병원성 정도 및 조류의 연령에 따라 달라지기 때문에 광범위하다. 보통 자연 감염 시 6~14일 후에 임상증상이 나타난다. 실험 감염 시에는 보다 짧은 잠복기를 가지며, 기관을 통해 접종하면 보통 2~7일 후에 임상증상이 나타나는 것으로 보고되었다. ILTV의 감염에서 회복된 조류는 바이러스의 보균체(carrier)가 된다. 잠복기 동안 바이러스는 안구 감각 신경의 3차 신경절에서 재활성화될 때까지 잠복감염 상태(latent infection)로 지내게 된다. 보균동물의 이동 등으로 인한 스트레스는 잠복감염 상태의 바이러스를 재활성화하여 바이러스 증식과 배출을 유발할 수 있다.

전파

ILTV의 자연감염은 주로 상부 호흡기계와 눈을 통한 수평전파로 이루어진다. 또한 사료나 물의 섭취 중에 닭의 비강 상피세포에 바이러스가 노출되면 감염이 이루어질 수 있다. 전파는 회복된 개체와 접촉하는 것보다 급성 감염된 개체를 통해서 쉽게 일어난다. ILT는 계군 내에서 2~4주 동안 지속될 수 있으며, 이는 닭의 일반적인 바이러스성 호흡기 질병보다 긴 기간이다. 또한 간접 전염으로는 오염된 장비, 인력, 차량 등으로도 전파되며 감염된 육계를 운송하는 도중에도 질병이 전파될 수 있다. 실험적으로 감염된 닭의 배설물 및 먼지에 있는 높은 역가의 바이러스가 딱정벌레류의 작은 벌레를 통하여 질병을 퍼트릴 수 있다. 한편 종란을 통한 수직감염은 보고되지 않았다.

분리

ILTV는 일반적으로 질병의 급성기인 2~6일 사이에 기관 상피에서 분리되지만 7~8일이 지나면 기관에서는 바이러스가 분리되지 않는다. 그러나 PCR를 사용하면 기관에서 백신접종 후 20~60일까지 소량의 바이러스 DNA가 검출될 수도 있다. ILTV의 주요 감염 장기인 기관 외에도 식도, 인두, 후두, 결막, 비강, 기낭, 폐 및 기관지의 점막에서도 검출될 수 있다. 또한 실험 조건에서 뇌, 비장, 신장, 흉선, 췌장 및 맹장에서도 분리되었다. 또한 바이러스의 DNA는 심장, 간, F낭, 선모, 십이지장, 소장, 맹장 편도, 대장, 총배설강 및 깃털에서도 검출될 수 있다. 광범위한 조직내 분포로 인해 ILTV가 바이러스 혈증을 일으킬 수 있다고 추정되고 있다. 그러나 말초혈액 림프구 또는 활성화된 T 세포가 ILTV의 복제를 증가시킨다는 증거는 확인되지 않았다.

임상증상

ILTV의 감염 시 호흡곤란, 개구호흡, 기침, 객담 및 호흡곤란을 동반한 습한 수포음 등이 특징적으로 나타난다. ILT는 병의 경과와 증상에 따라 급성형과 만성형으로 나눌 수 있으며, 급성형의 경우 목을 길게 늘어뜨리며 심한 호흡곤란을 보이고 피가 섞인 점액성 혈담이 특징이다(그림 4-1). 만성형은 원기저하, 안와하동(infraorbital sinus) 부종에 의한 안면부종, 결막염, 지속적인 눈물 및 콧물을 보이며 산란 저하를 일으키기도 한다(그림 4-2). 일반적으로 대부분의 닭들은 발병 후 10~14일 이내

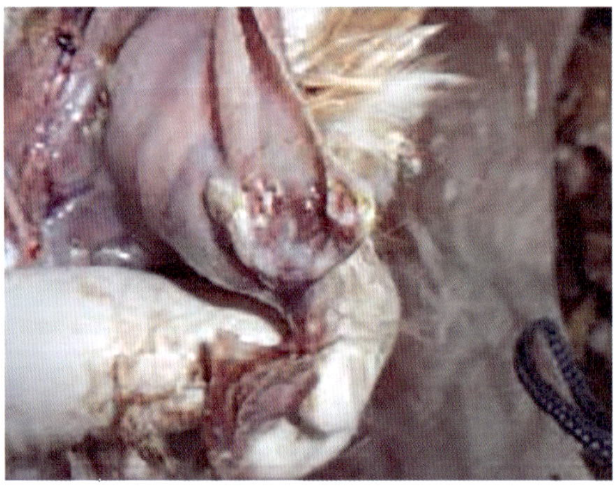

그림 4-1 ILTV 감염에 의한 기관 내 점액성 혈담

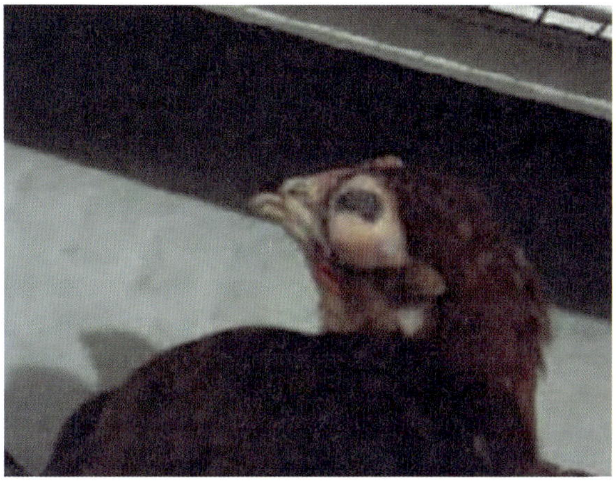

그림 4-2 ILTV 감염에 의한 안면부종

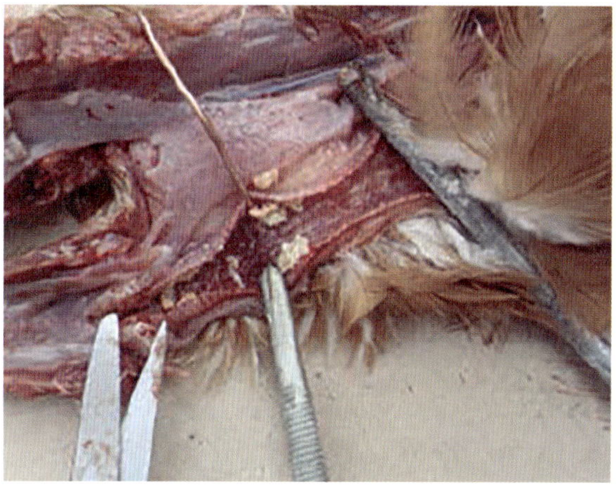

그림 4-3 ILTV 감염에 의한 기관 내 삼출물 및 심한 출혈

에 회복을 하지만, 1~4주간 심각한 임상증상이 지속되는 경우도 보고되어 있다. 또한 회복된 닭이라 하더라도 바이러스가 삼차신경절에 잠복감염(latent infection) 상태로 남아있어 닭의 건강상태가 좋지 않거나 환경에 따른 스트레스로 인해 재발할 가능성도 있다. 병의 이환율(morbidity)은 낮게는 5% 내외이지만 심각한 유행성 ILTV의 경우 90~100%에 이른다. 폐사율(mortality)은 평균 10~20%이다.

병변

ILTV에 감염되어 나타나는 특징적인 병변은 주로 호흡기계와 결막에서 볼 수 있다. 특히 후두와 기관에서 대부분 지속적으로 관찰되며 과도한 삼출물 또는 출혈을 동반한 디프테리아성 변화(위막; pseudomembrane)를 보인다(그림 4-3). 급성형은 감염 초기에 퇴행성 괴사와 함께 점액성 염증이 나타나며 이후에 출혈이 나타나게 된다. 디프테리아성 변화는 흔하게 관찰되며 기관지 진빈으로 확산된 점액을 볼 수 있다. 경우에 따라서는 기관 내의 심한 출혈로 혈괴를 형성하거나 혈액이 점액과 섞이며 괴사성 조직을 형성할 수 있다. 만성형 ILT의 경우, 지속적인 안면부종 및 결막 울혈이 나타나고 점액성 기관지염의 형태를 보이기도 한다. 또한 조직학적인 관찰 시 병의 경과에 따라 변화가 다르게 나타난다. 감염 초기에는 기관 점막에 술잔세포(goblet cell)의 소실과 염증세포들의 침윤이 관찰되고, 질병이 진행될수록 호흡기 상피세포의 비대, 섬모세포(cilia)의 소실과 부종이 나타난다. 감염 초기에는 호흡기 및 결막 등의 점막상피세포에 합포체와 핵내봉입체(intranuclear inclusion body)가 관찰되고, 림프구(lymphocyte), 조직구(histocyte), 형질세포(plasma cell)의 이주가 관찰된다(그림 4-4), 감염후기에는 점막세포의 붕괴와 박리가 일어나면서 기저세포(basal cell)의 얇은

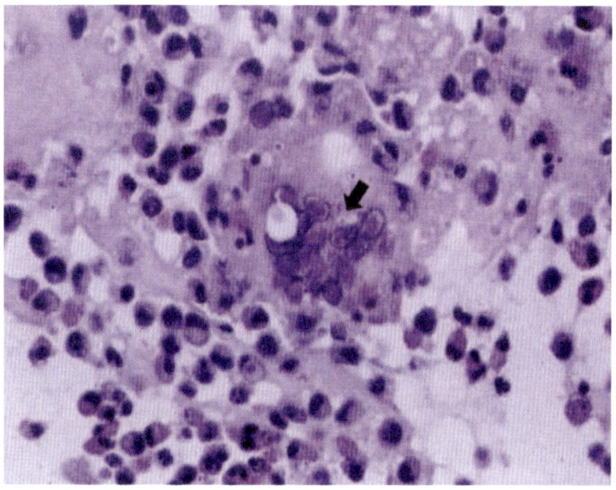

그림 4-4 ILTV 감염에 의한 기관강 내 합포체(화살표)와 핵내봉입체

층으로 덮이게 된다. 고유판층(lamina propria)의 혈관은 기관강 내로 돌출되어 있으며 출혈은 상피세포가 심하게 박리될 경우 혈관의 노출 및 파열로 인해 나타난다. 폐사 원인은 후두부나 기관에 치즈 모양의 황색물질(tracheal plug)이 부착하여 쌓임으로써 기도가 폐쇄되어 호흡불능으로 질식사하게 된다. 폐사는 발병한지 3~5일 이내에 일어나는 경우가 많다.

진단

바이러스 분리 및 동정

ILTV는 의심되는 호흡기계 삼출물, 결막 삼출물 혹은 임상증상이 있는 기관, 후두, 폐, 결막 등 적절한 조직 유제액을 9~12일령 계태아의 장뇨막(CAM) 또는 감수성이 있는 세포에 접종하여 분리할 수 있다. 시료는 감염초기에 채취해야 하며, 실험감염 사례에서 감염 후 6일이 경과되면 바이러스를 분리할 수 없다는 보고가 있다. CAM의 접종경로는 다른 접종경로보다 더 높은 바이러스 역가를 얻을 수 있으므로 ILTV의 분리·동정에 가장 많이 이용된다. 또한 계태아 간세포와 닭 신장세포도 ILTV 분리에 선호되는 세포이며 계태아 간세포가 ILTV분리에 가장 민감한 것으로 보고되어 있다. 세포주로는 닭 간세포 유래인 LMH cell과 원숭이 신장세포 유래의 Vero cell에서 배양이 가능하다고 알려져 있다. 이러한 세포에 바이러스가 존재하면 대형 융합성의 세포변성효과(cytopathic effcet; CPE)가 관찰되며 여기서는 조직학적으로 핵내봉입체가 관찰된다. ILTV의 동정에는 중합효소연쇄반응(polymerase chain reaction; PCR), 간접형광항체(indirect fluorescence antibody; IFA) 반응, 한천겔침강(agar gel precipitation, AGP) 반응, ELISA(enzyme-linked immunosorbent assay), DNA 혼성화(DNA hybridization) 등 다양한 진단방법이 사용되고 있다.

이 중 ILTV의 신속 진단을 위해 가장 많이 사용되는 방법은 중합효소연쇄반응 기반의 분석법으로 다른 미생물에 오염된 시료에서도 ILTV 검출이 가능하기 때문에 바이러스 분리, 동정법보다 민감하게 진단에 사용될 수 있다. 예를 들어 아데노바이러스에 오염된 ILTV의 경우 세포 배양과 계태아를 이용한 바이러스 분리 시험법에 간섭현상이 일어날 수 있지만 PCR 진단의 경우 간섭현상을 피할 수 있다는 장점이 있다.

혈청학적 검사

ILTV는 단일혈청형으로서 감염항체의 검출은 혈청중화시험, ELISA, 한천겔침강반응, 간접형광항체반응 등을 통해 가능하다. 바이러스 중화항체는 감염 후 5~7일에 확인되기 시작하며 감염 후 21일 정도에 최고역가에 이르고 이후 몇 개월 동안 점차적으로 소멸된다. 혈청중화시험, 한천겔침강반응, 간접형광항체반응에 비해 ELISA가 ILTV에 대한 특이적인 감염 항체를 진단하는데 유용한 방법으로 알려져 있다. 그러나 항체 수준과 방어력과의 상관성이 없기 때문에 백신접종 항체 모니터링은 무의미하며, 특별한 목적이 없는 한 ILT에 대한 혈청학적 검사는 실시하지 않는다.

감별진단

본 질병과 감별되어야 할 질병으로는 호흡곤란과 눈물, 콧물 등의 유사한 증상을 보이는 뉴캣슬병, 조류 인플루엔자, 아데노바이러스 감염증, 계두의 디프테리형 등이 있다. 뉴캣슬병과 조류 인플루엔자는 호흡기 증상과 산란율 저하를 일으킨다는 점이 유사하지만, 두 질병은 전파가 매우 빠르고 폐사율이 50~80%로 상당히 높으며 신경증상을 나타내는 것이 특징이다. 반면 ILT는 전파 속도가 상대적으로 느린 편이며 신경증상을 보이지 않는다. 또 다른 질병으로 닭 아데노바이러스 감염증 역시 호흡기 증상과 함께 급작스러운 산란율 저하를 보이기도 하지만, 피부병변을 보면 빈혈로 인해 창백하고 황달이 나타나며 특히 다리와 가슴 부위 근육에 심한 출혈을 동반하므로 ILT와 1차적으로 감별이 가능하다. 급성형 ILT의 경우 개구호흡, 기침, 재채기와 함께 혈담을 토해내기도 하므로 케이지나 그 주변에 혈담의 흔적이 있다면 ILT를 의심해 볼 수 있다. 하지만 확진을 위해서는 조직학적 핵내봉입체 진단, 바이러스 분리, 항원진단, 혈청학적 분석 등 1~2종 이상의 실험실적 감별진단이 필요하다.

예방 및 치료

예방

ILTV는 소독제에 약하고 계사 간의 전파가 느린편이므로 바이러스가 들어오는 경로를 차단하고 계사의 주기적인 소독과 함께 차량소독조 및 발판 소독조를 설치하면 효과적이다.

백신접종

ILT는 생백신(live vaccine)의 접종으로 예방이 가능하며, 점안(eye drop)이나 비강 점막상피 세포에 높은 농도의 바이러스가 도달할 수 있는 비강접종법이 음수(drinking water) 접종보다 효과가 좋은 것으로 보고되어 있다. 어린 병아리는 ILT에 대한 감수성이 낮은데다 백신접종 부작용이 높게 나타날 수 있기 때문에 백신은 14일령 이후(보통 4주령)에 접종하는 것이 좋으며, 백신접종 6~8일 이후부터 높은 예방효과를 기대할 수 있다. 산란계의 경우 12~16주령때 다시 보강 접종을 하여야 산란기간 중의 감염을 막을 수 있다. 3주령 이전에 ILT가 발생하는 육계 농장에 있어서는 2~3주령에 백신을 접종하기도 하지만 완전한 효과를 기대하는 어렵다. ILT가 발생한 농장에서는 증상을 나타내지 않는 감염초기의 닭들에게 백신접종을 통하여 바이러스의 확산과 질병 이환기간을 줄일 수 있다. 드물게 백신접종 1~4주 후, 야외 감염 증상과 동일한 증상이 나타날 수 있다. 하지만 백신에 의한 증상은 대부분의 경우 낮은 이환율과 폐사율을 보인다.

따라서 야외농장에서 백신접종 시에는 한 계사 내의 모든 닭을 한 번에 접종해야 하며, 동시에 백신접종이 불가능할 시 접종된 계군과 접종되지 않은 계군을 철저히 나누는 것이 중요하다. 현재 사용되고 있는 ILTV 백신은 크게 3종류가 있으며, 1960년대부터 개발되어 사용되고 있는 연속계대(serial passage)를 통한 약독화 백신 2종[계태아 계대 백신(chicken embryo origin; CEO), 조직배양 계대 백신(tissue culture origin; TCO)]과 최근에 개발되어 사용되고 있는 gB 또는 gD 단백질을 발현하는 계두 또는 칠면조 허피스 바이러스(herpesvirus of turkeys; HVT)를 이용한 벡터 백신이 판매되고 있다. 약독화 백신의 경우 야외주로부터 발육란 및 조직배양에서 순차적 계대를 통해 개발되었다. 전 세계적으로 생산된 다양한 CEO ILTV 백신이 존재한다. 그러나 TOC ILTV 백신은 한 종류 밖에 없다. CEO 백신의 경우 수평전파를 일으킬 수 있으며 접종된 닭 간에 전파 시에는 병원성이 복귀될 수도 있다. 그러나 TOC의 경우 수평으로 퍼지는 능력이 비교적 적기 때문에 병원성이 회복될 가능성이 낮다. 약독화 생백신의 경우 점안, 음수 접종 및 에어로졸 스프레이를 통해 대량으로 백신접종을 할 수 있지만 TOC는 오직 점안 접종을 통해서만 백신의 효과를 얻을 수 있다. 미국에서 육계의 경우에는 대량 접종을 통해 백신을 접종하지만 다른 많은 국가에서는 점안 백신을 통해 개체 별로 접종하고 있다. 약독화 백신에서 불충분한 약독화 과정으로 인해 백신 부작용이 일어날 수 있으며, 잠복 감염으로 인해 면역력이 떨어졌을 때 질병이 다시 발생할 수 있다는 단점이 있어 백신접종 개체와 감염 개체를 구분(Differentiated Infected from Vaccinated Animals; DIVA)하기 위하여 일부 유전자 제거 백신 등의 차세대 백신연구가 지속적으로 이루어지고 있다. ILTV의 벡터 백신은 10여년 전에 미국에서부터 도입되었으며 북미, 남미, 중동 및 아시아에서도 점차 도입되고 있다. 현재 두 가지 유형의 벡터 백신이 이용되고 있다(fowlpox virus; FPV, turkey herpesviurs; HVT). FPV 벡터는 ILTV의 당단백질 B 및 UL32 단백질을 발현한다. 이 벡터백신은 미국에서 피하접종으로 허가 되었다. 최근에는 ILTV의 당단백질 I 및 D를 발현하는 HVT 벡터백신도 개발 되고 있다. HVT 또한 미국에서 피하 접종으로만 허가가 되어있다. HVT 벡터 백신은 육계에서 임상증상을 감소시키며 폐사를 예방한다고 밝혀져 있다. 그러나 CEO 백신만큼 바이러스에 대한 방어정도는 아직 효과적이지 않다. 최근에 병원성 복귀 가능성이 감소된 보다 안정적인 백신을 개발하기 위해 많은 연구가 진행되고 있다. 앞서 말한 HVT, FPV 벡터백신 이외에 뉴캣슬병바이러스(NDV)의 La Sota 백신주 및 마렉병바이러스(MDV)를 이용한 벡터 백신도 개발되고 있다.

한편, ILT가 감염되면 대장균증 등의 2차 감염으로 큰 피해를 입는 경우도 종종 보고되고 있으므로 농장의 청결을 유지하고 사육환경 및 방역 프로그램을 개선하는 것이 중요하다. 이미 오염된 농장의 경우 추가적인 전파를 예방하기 위해 오염된 폐사체, 깃털, 사료, 물, 깔짚 등을 농장 밖으로 이동하는 것을 삼가고, ILTV는 따뜻한 온도에서 쉽게 불활성화되므로 38℃에서 72시간 이상 가온하여 소독하는 것이 권장된다. 또한 감염 후 회복된 닭일지라도 바이러스가 잠복 감염되어 있을 수 있어 계군의 이동은 바람직하지 않다. 현재 효과적으로 임상증상을 완화시키는 치료방법은 없다.

박멸

ILTV의 백터 백신이 처음 도입되었을 때의 전략은 육계 및 산란계에서 CEO백신의 예방 접종을 벡터 백신으로 서서이 바꾸는 전략이었다. 이러한 방법은 백신으로 인한 ILT의 발생을 막을 있는 방법이라 예상했지만 벡터 백신이 CEO백신보다 효과적이지 않기 때문에 지금도 CEO백신은 널리 이용되고 있다. 미국에서는 ILTV가 산란계보다 육계에서 더 많은 문제를 일으키고 있다. 육계산업에서는 백터백신이 CEO백신에 버금가는 효과를 지녀야 하며 대량 백신접종으로 쉽게 관리할 수 있어야 한다. 효과적인 질병 관리는 항상 예방 접종뿐만 아니라 기타 환경적인 요인도 신경 쓰는 것도 중요하다. ILTV가 전 세계적으로 조금씩 증가하고 있지만, 지난 10년간 밝혀낸 사실을 바탕으로 미래에 ILTV의 근절 가능성을 향하여 조금씩 나아가고 있다.

참고문헌

Daniel Maekawa, Sylva M Riblet, Linnea Newman, Rik Koopman, Taylor Barbosa, Maricarmen García, Evaluation of Vaccination Against Infectious Laryngotracheitis(ILT) With Recombinant Herpesvirus of Turkey(rHVT-LT) and Chicken Embryo Origin(CEO) Vaccines Applied Alone or in Combination, *Avian Pathol*. 2019 Dec;48(6):573-581.

Diseases of Poultry, 14th Edition

Maricarmen García, Guillermo Zavala, Commercial Vaccines and Vaccination Strategies Against Infectious Laryngotracheitis: What We Have Learned and Knowledge Gaps That Remain, *Avian Dis*. 2019 Jun 1;63(2):325-334.

Vagnozzi AE, Beltrán G, Zavala G, Read L, Sharif S, García M. Cytokine Gene Transcription in the Trachea, Harderian Gland, and Trigeminal Ganglia of Chickens Inoculated With Virulent Infectious Laryngotracheitis Virus(ILTV) Strain, *Avian Pathol*. 2018 Oct;47(5):497-508.

5 CHAPTER

조류 인플루엔자

Avian Influenza

건국대학교 송창선

개요

인플루엔자 바이러스(influenza virus)는 *Orthomyxoviridae* 그룹에 속하는 RNA 바이러스로서 혈청형은 A, B, C 3형으로 구분되어 왔다. 그 중 B형과 C형은 사람에게서만 감염이 확인되고 있으며, A형은 사람, 말, 돼지, 기타 포유류 및 다양한 종류의 가금과 야생조류에서 감염이 확인되고 있다. 그러나 A형 인플루엔자 바이러스의 정상적인 자연숙주는 오리, 갈매기 등과 같은 야생 물새류로 알려져 있어 일반적으로 A형 인플루엔자는 조류 인플루엔자(avian influenza; AI)로 통용된다. 조류 인플루엔자 바이러스는 일반적으로 자연 숙주인 야생 물새류 사이에서 감염환을 유지하다가 종종 물새류 서식지 주변의 가금류나 포유류 등으로 전파된다. 이러한 전파는 대부분 일시적이지만, 일부 바이러스들은 유전적 변이에 의해 특정 동물 종에 적응하도록 진화되기도 한다. 표면 항원인 hemagglutinin(HA) 및 neuraminidase(NA) 항원에 의해 subtype이 결정되며, 현재까지 총 16종의 H 항원과 9종의 N 항원이 확인되어 이론적으로 총 144종의 서로 다른 아형(subtype)의 인플루엔자 바이러스가 존재할 수 있다. 일반적으로 조류 인플루엔자 바이러스는 조류 이외의 동물에는 감염되지 않는다고 알려져 있으나, 드물게 바다 포유류, 가축, 사람에게 감염되는 사례가 보고되었다.

현재 조류 인플루엔자 바이러스는 '닭'에 대한 병원성에 따라 가벼운 호흡기 증상을 유발하는 비병원성 조류 인플루엔자, 1~30% 내외의 폐사와 산란 저하를 유발하는 저병원성 조류 인플루엔자(low pathogenic avian influenza; LPAI), 그리고 95% 이상의 높은 치사율을 보이는 고병원성 조류 인플루엔자(highly pathogenic avian influenza; HPAI) 등 크게 세 가지 병형으로 구분하고 있다. 이 중 HPAI는 H5와 H7형의 바이러스 감염에 의해서만 발생하며, 세계동물보건기구(OIE)에서는 두 가지 혈청형의 HPAI를 notifiable avian influenza(NAI)로, 국내에서는 제1종 가축전염병으로 분류하고 있다.

역사

조류 인플루엔자는 1878년에 이탈리아에서 Perroncito에 의해 가금 역병(fowl plaque)이라는 명칭으로 보고된 것이 최초이다. 처음에 이 질병은 급성 패혈성 형태의 가금 콜레라와 혼동되다가 1880년 Rivolto와 Delprato에 의해 임상 병리학적 특징을 바탕으로 두 가지 질병을 구별하게 되었다. 1901년에는 Centanni와 Savonuzzi에 의해 여과 멸균이 가능한(filterable) 병원체임이 확인되었고,

1955년이 되어서야 인플루엔자 바이러스로 동정되었다.

1894년 이탈리아 북부에서 시작된 HPAI는 유럽 지역의 닭 수송 경로에 따라 오스트리아, 독일, 벨기에, 프랑스 등지로 퍼져나갔다. 이후 1901년 독일에서 열린 가금전시회를 통해(Brunswick Fowl Exposition) 독일 전역으로 전파되었다. 20세기 초기에 이르러 HPAI는 스위스, 루마니아, 러시아, 네덜란드, 헝가리, 영국, 이집트, 중국, 일본, 브라질 및 아르헨티나에서 발생하였다. 20세기 중반에는 유럽, 러시아, 북아프리카, 중동, 아시아 지역뿐만 아니라 아메리카 대륙에까지 이르러 전 세계 대부분의 지역에서 발생이 확인되었다.

1901년부터 1950년대 중반에 발병한 HPAI는 H7N1, H7N7 형의 바이러스에 의해 발생하였으며, 1959년 스코틀랜드와 1961년 남아프리카에서 발생한 HPAI는 각각 H5N1형과 H5N3형의 바이러스에 의해 일어난 것으로 확인되었다. 이후 H5와 H7형의 인플루엔자 바이러스는 모두 HPAI 바이러스라는 잘못된 정설이 생기게 되었다.

반면, LPAI의 존재는 20세기 중반이 되어서야 알려졌다. LPAI에 대한 최초의 기록은 독일의 Dinter strain(A/chicken/Germany/49[H10N7])에 대한 것으로 1949년에 닭으로부터 분리되었다. 이후 1953년에서 1963년 사이에 캐나다, 체코슬로바키아, 영국, 우크라이나 등지에서 호흡기 질병을 보이는 집오리로부터 LPAI 바이러스가 분리되었다. 1960년대 초반에는 캐나다와 미국에서 LPAI 바이러스가 칠면조 호흡기 질병과 산란율 저하를 일으킨 것으로 밝혀졌다. 1960년대 후반 캐나다와 미국 위스콘신지역에서 H5형의 LPAI 바이러스가 동정되었고, 1971년 미국 오레건주 칠면조 농장에서 설사를 동반한 호흡기 질병을 일으킨 것이 H7N3형의 바이러스에 의한 것임이 알려진 이후로 H5형과 H7형의 바이러스는 모두 HPAI를 일으킨다는 정설이 수정되었다.

다수의 인플루엔자 바이러스가 야생 물새류로부터 분리되면서 인플루엔자 바이러스의 새로운 역사가 시작되었다. 철새의 혈청학적 검사를 통해 인플루엔자 감염 사실을 확인한 다음, 1972년에 뉴캣슬병 바이러스 예찰 프로그램을 통하여 오리류 철새로부터 바이러스를 분리하였다.

이후 오리목(*Anseriformes*)과 도요목(*Charadriiformes*)에 속하는 야생조류가 인플루엔자 바이러스의 불현성 숙주의 역할을 하는 것이 알려졌다. 야생조류에서 유래한 인플루엔자 바이러스는 대부분 가금류에서 병원성이 없거나 낮은 병원성을 보였다. 그러나 일부 야생조류로부터 유래한 바이러스는 가금류에서 HPAI를 일으키기도 하며, 중국 칭하이 호수(Qinghai lake)에서 2005년 발견된 H5N1 바이러스를 비롯한 일부 H5Nx 바이러스는 야생조류에서도 병원성을 나타내는 것으로 확인되었다(H5Nx: 고병원성 H5의 다양한 아형을 통틀어 지칭한다. 예로서 H5N1, H5N2, H5N6, H5N8 등이 있다.).

HPAI H5N1형의 경우 치명적인 인수공통전염병의 원인체로 알려져 있으며, WHO 발표에 따르면 1997년 최초 인체 발생 이후 2020년 12월까지의 확진 환자 862명 중 455명이 사망하여 치사율 약 53%로 보고되었다. 또한, 중국의 경우, 2013년 2월 이후 H7N9에 의한 5번의 인체 감염증 대유행(epidemic)이 보고되었으며, 5차 유행증의 경우 바이러스가 저병원성에서 고병원성으로 변이되어 심각한 공중보건상의 위협이 되고 있다. 2018년 4월 FAO의 발표에 따르면, H7N9 감염 확진환자 1,625명 중 623명이 사망하여 치사율 약 38%로 보고되었다. 이외에도 H5N6, H7N4 등 다양한 아형의 조류 인플루엔자 인체 감염증이 보고되었다.

국내에서는 2020년까지 총 8차례의 고병원성 조류 인플루엔자가 발생하였으며 국내 연구팀을 포함한 국제적인 연구를 통하여 야생조류가 바이러스 전파에 큰 영향을 미치는 것으로 확인되었다. 2003~04년, 2006~07년, 2008년, 2010~11년에는 H5N1형, 2014~16년에는 H5N8형이 발생하였다. 2014년 국내 유행 H5N8 바이러스의 경우 야생조류를 통해 유럽, 아프리카 외에도 북아메리카까지 전파되었으며, 이는 유라시아 대륙에서 유행한 바이러스가 북아메리카로 전파된 최초의 사례가 되었다. 2016~17년에는 시간차를 두고 H5N6, H5N8의 동시 발생이 이루어졌으며, 역대 최대 규모의 발생으로 인해 살처분 약 3,787만 수, 직접 피해액 4,000억 원 이상으로 추산되었고 계란값 파동 등 사회 전반에 큰 영향을 미쳤다. 2017~18년의 경우 H5N6 바이러스가 재유입되었으며 약 120일간 지속되었다. 2020~2021년에는 H5N8형의 HPAI가 발생하였다. 현재까지 국내에서 HPAI의 인체 감염 사례는 보고되지 않았다.

원인체 특성

분류

조류 인플루엔자 바이러스는 negative sense RNA로 이루어진 *Orthomyxoviridae* 과(family)에 속한다. 2019년도 분류에 따르면, 과거와 달리 *Orthomyxoviridae*에는 7 속(genus)이 있고, Influenza A virus 종(species, 과거 type A)은 *Alphainfluenzavirus*, B virus 종은 *Betainfluenzavirus*, C virus 종은 *Gammainfluenzavirus* 속으로 잠정적으로 분류하고 있다. 이 중 type A에 속하는 조류 인플루엔자 바이러스는 가장 널리 분포하고 있으며 type B와 C는 사람에게서만 분리되며 다른 종에서는 거의 발견되지 않는다.

형태

조류 인플루엔자 바이러스는 형태학적으로 매우 다양하며 80~120 nm의 구형에서부터 몇 ㎛단위의 분절에 이르는 모양을 나타낸다. 임상적 분리 시에는 분절형이 흔한 형태이지만, 세포 배양이나 종란에서 계대를 한 후에는 다른 형태를 나타내기도 한다. 조류 인플루엔자 바이러스는 나선형의 뉴클레오캡시드(nucleocapsid)를 가지고 있으며 10~12 nm 길이의 당단백질로 된 돌출부들이 바이러스 입자 표면을 덮고 있다. 바이러스는 총 8개의 유전자 분절을 가지며, 이 8개의 유전자 분절(RNA segment)이 11개의 바이러스 단백질을 생산한다. 생산되는 단백질은 8개의 바이러스 구성물질(구조단백질; PB1, PB2, PA, HA, NP, NA, M1, M2)과 3개의 바이러스 비구조단백질(NS1, NS2, PB1-F2)로 나뉜다. 표면의 돌출부는 HA와 NA로 이루어지며, HA는 막대 모양의 삼량체(trimer)이고, NA는 버섯 모양의 사량체(tetramer)이다. M2 단백질은 바이러스의 uncoating시 방아쇠 역할을 하는 중요한 이온 채널로서 작용한다. M1 단백질은 NP, viral RNA, polymerase complex로 구성되는 viral core와 지질막 사이의 1차적인 다리 역할을 한다.

구성

조류 인플루엔자 바이러스는 적어도 11개의 단백질을 생산한다. 그중에서 성숙한 바이러스 입자의 외부구조단백질은 HA와 NA, 표면 이온 채널(M2)이 있으며, 또한 nucleoprotein(NP), matrix(M1) 단백질, 그리고 polymerase basic protein 1 (PB1), PB2와 polymerase acidic protein 2 (PA)로 구성되는 내부 단백질이 존재한다. 인플루엔자 바이러스에 의해 생산되는 또 다른 비구조단백질은 NS1, NS2, PB1-F2가 있으며 NS1과 NS2는 핵산 배출 관련 단백질(nuclear export protein; NEP)로 알려져 있다. NS1의 경우는 바이러스 내부에서는 보이지 않으나 숙주세포 내에서 방대한 양이 생산되는 것으로 알려져 있으며, NS2도 1차적으로는 숙주세포에서 생산되나 일부분 바이러스 입자 내에서 발견되기도 한다. PB1-F2는 PB1단백질로부터 다른 reading frame을 통해서 만들어지는 87개의 아미노산으로 구성된 단백질로서 인터페론 길항효과(IFN antagonistic acitivy)를 통해 바이러스의 병원성과 관계된다.

바이러스 증식

조류 인플루엔자 바이러스의 증식은 바이러스가 공기를 통하여 호흡기(기관지) 상피세포에 부착함으로써 시작된다. HA 단백질이 세포의 수용체(sialic acid)에 부착하게 되면 HA 단백질은 HA1과 HA2로 나뉘어 세포의 수용체와 특이적으로 결합하게 된다. 결합 후 수용체 매개 내포작용(receptor-mediated endocytosis)을 통하여 세포 내로 들어간다. 세포 내로 이동한 후에 일어나는 pH의 저하는 외부의 수용체에 구조적 변화를 일으키게 한다. 이 구조적 변화를 거치면서 바이러스의 융합펩타이드(fusion peptide)가 노출되고 막융합(fusion)이 일어나게 된다. 융합과 동시에 내포낭(endosome) 안에서 바이러스의 uncoating이 일어나게 된다. 그 후에 방출된 nucleocapsid는 세포질에서 핵 내로 들어가게 된다. 핵 내로 들어간 viral RNA는 (+) RNA와 단백질들을 생산하도록 한다. HA와 NA 단백질은 소포체(endoplasmic reticulum)에서 생산되어 골지체에서 당화(glycosylation)된 후 세포질로 이동한다. 세포질로 이동된 두 단백질은 세포막에 삽입되어 새로운 바이러스의 막을 형성하고 숙주에서 budding되어 방출된다.

화학적, 물리적 요인에 대한 저항성

조류 인플루엔자 바이러스는 외부 환경에서 비교적 불안정하다. 열이나 산도, 고삼투 환경, 건조 등의 물리적 요인들은 바이러스를 불활화시킨다. 그 이유는 조류 인플루엔자 바이러스가 지질막 외피(envelope)를 가지고 있기 때문이다. 그렇기 때문에 유기용매나 계면활성제에 의해서도 불활화되기 쉽다.

유기물이 존재하는 환경에서는 aldehyde나 beta propiolactone 및 binary ethylenimine(BEI) 등에 국한된 일부 불활화제들만 인플루엔자 바이러스를 파괴할 수 있다. 유기물이 없는 환경에서는 페놀이나 암모늄이온(4급 암모늄염), 산화제, 산성제, hydroxylamine에 의해 바이러스가 파괴된다.

명명법

명명법은 모든 인플루엔자 바이러스를 위해 표준화되어 있다. 새로운 인플루엔자 바이러스는 (1) 항원형(A, B 또는 C), (2) 바이러스가 분리된 숙주동물, (3) 분리된 지질학적 장소, (4) 분리주에 대한 식별번호, (5) 분리된 연도, (6) (HA와 NA sub-type) 등이 표기되어야 한다.

> 예시) 1983년에 Pennsylvania의 닭에서 발견된 H5N2 아형의 Type A 인플루엔자 바이러스
> A/chicken/Pennsylvania/1370/1983 (H5N2)

최근 들어 계속해서 새로운 종류의 H5형 HPAI 바이러스가 발견되면서 다양한 HPAI 바이러스 간의 비교 연구가 더욱 중요해지고 있다. 같은 H5형 내에서도 HA의 유전적, 단백질적인 차이에 따라 바이러스의 특성이 달라질 수 있기 때문에, HPAI H5형 바이러스에 대한 비교와 역학적 논의를 좀 더 쉽게 하고자 WHO, OIE, FAO 등의 국제기구들은 HPAI 바이러스 명명법에 대한 추가적 논의를 지속해 왔다. 그 결과 지난 2007년부터 HPAI 바이러스 H5형에 한하여 병원성에 가장 큰 영향을 나타내는 HA 단백질을 기준으로 유전자 계통(genetic clade)이라는 새로운 명명법을 채택하였

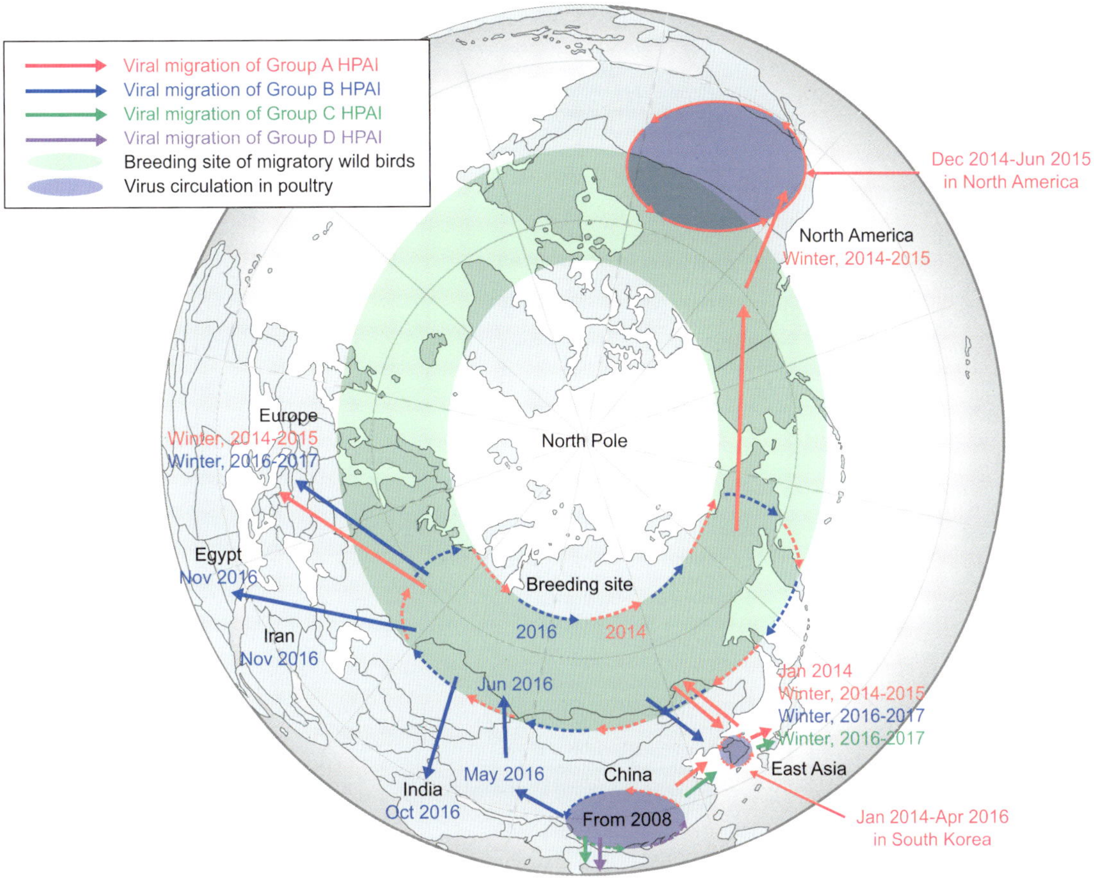

그림 5-1 H5 clade 2.3.4.4 바이러스의 전세계적 전파

Lee DH, Bertran K, Kwon JH, Swayne DE. Evolution, global spread, and pathogenicity of highly pathogenic avian influenza H5Nx clade 2.3.4.4. J Vet Sci. 2017 Aug;18(S1):269-280.

다. 이를 통해 계속해서 새롭게 발견되고 있는 HPAI 바이러스의 HA 염기서열을 기존의 HPAI 바이러스와 비교하여 기존 계통에 포함시키거나 새로운 계통으로 분리함으로써 HPAI 바이러스 사이의 유전적 차이를 이해하는 데 도움을 주고 있다.

이를 이용하여 국내에 2003년 이후 유입된 HPAI 바이러스를 분석해 보면, H5형은 동일하더라도 2003/2004년의 경우 clade 2.5, 2006/2007년의 경우 clade 2.2, 2008년의 경우 clade 2.3.2, 2010/2011년 발생의 경우 clade 2.3.2.1, 2014/2016년의 경우 clade 2.3.4.4A, 2016/2017년의 경우 clade 2.3.4.4C/2.3.4.4B 동시 유입, 2017/2018년의 경우 clade 2.3.4.4B가 발생하는 등 지속적으로 다른 유형의 HPAI 바이러스가 유입되었음을 확인할 수 있다(그림 5-1, 그림 5-2).

바이러스의 배양

조류 인플루엔자 바이러스의 분리와 증식에 있어서 가장 선호되는 방법은 9~11일령의 SPF 발육란의 요막강(allantoic cavity)에 접종하는 것이다. 대부분의 조류 인플루엔자 바이러스는 발육란에 접종 시 높은 역가를 나타내며 증식하지만, 세포

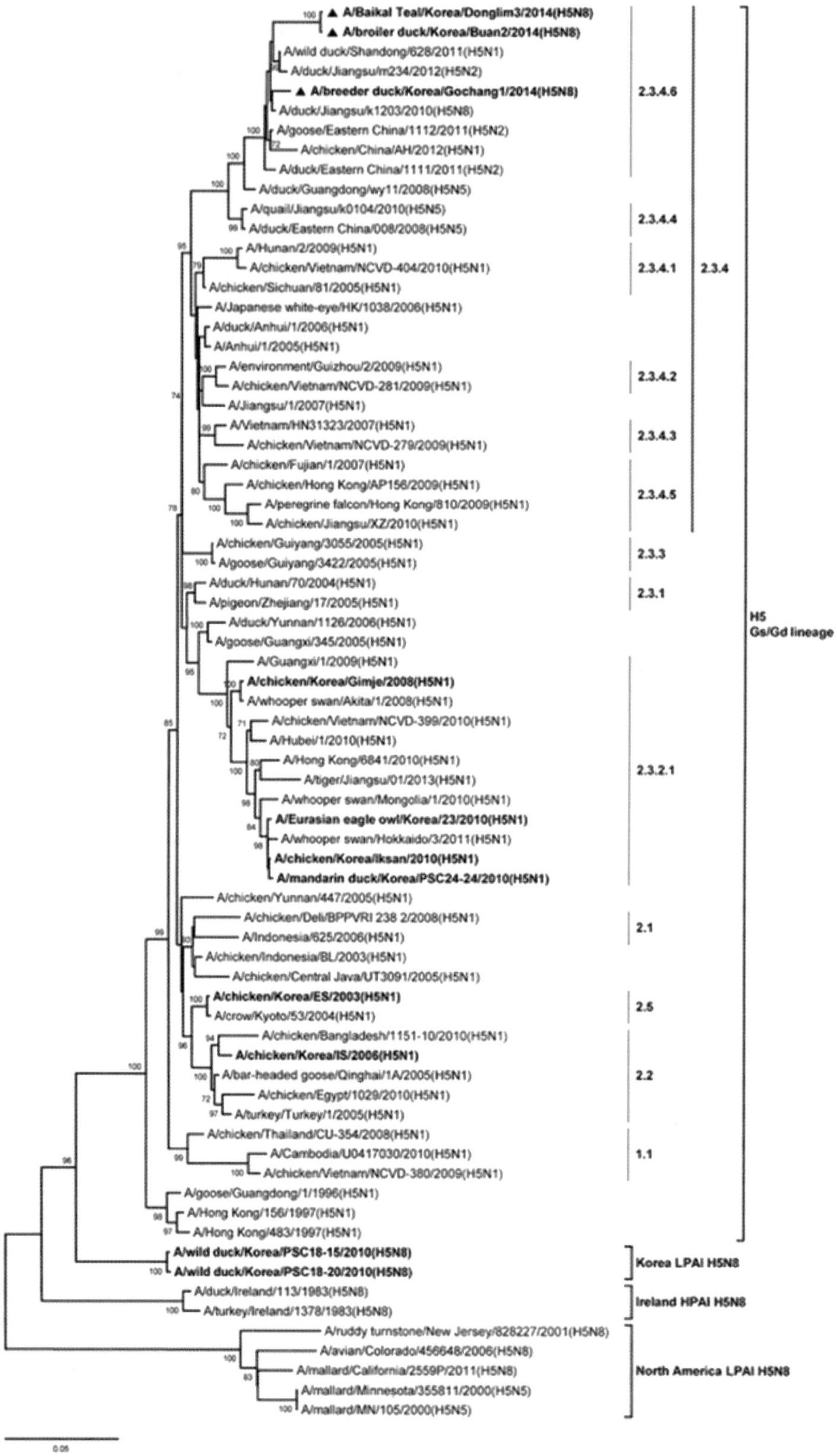

그림 5-2 2003년 이후 한국에서 분리된 HPAI 바이러스의 유전자 계통(clade) 분석

배양 시에는 제한된 종류의 세포에서만 증식할 수 있다. 조류 인플루엔자 바이러스가 증식 가능한 세포에는 계태아 섬유아세포(chicken embryo fibroblasts; CEF)와 계태아 신장세포(chicken embryo kidney cells; CEK)의 1차 배양 세포 및 세포주로서 Madin-Darby canine kidney(MDCK) 세포와 Douglas Foster-1(DF-1) 세포가 있으며, plaque assay 및 바이러스 중화 시험에 사용되고 있다. 그러나 이러한 세포들에서조차 저병원성 조류 인플루엔자 바이러스증식을 위해서는 접종 전에 트립신(exogenous trypsin)으로 바이러스를 먼저 처리해 주어야 한다. 반면에 HPAI의 경우에는 트립신 사전 처리가 불필요하다.

바이러스의 항원성 변이

조류 인플루엔자 바이러스는 RNA 바이러스이고 분절화된 유전자를 가지고 있는 특성으로 인해 변이가 굉장히 많은 것으로 알려져 있으며, 그에 따라 표면 단백질인 HA와 NA의 항원성이 변한다. 대표적인 항원 변이 현상으로는 항원 소변이(antigenic drift)와 항원 대변이(antigenic shift)라는 두 가지 종류가 있다. 항원 소변이는 점 돌연변이(point mutation)의 누적 등으로 일어날 수 있는 소규모의 변이이며, 항원 대변이는 서로 다른 두 아형의 바이러스가 동일 세포에 감염하였을 경우 HA와 NA의 유전자 재편성(genetic reassortment)에 의해 새로운 조합의 인플루엔자 바이러스가 생성되는 것을 의미한다. 항원 대변이가 발생할 경우, 기존에 면역력을 가지고 있지 않은 새로운 인플루엔자 바이러스가 생성되는 것을 의미하며, 세계적 대유행(pandemic)을 일으키는 요인이 될 수 있다.

저병원성 조류 인플루엔자 바이러스 H5형과 H7형은 몇 가지 상황(보통 가금 숙주가 감염된 경우)에서 HA 유전자 분절 부위(cleavage site)의 염기서열 변화에 의하여 고병원성으로 될 수 있다. (1) 비염기성 아미노산이 염기성 아미노산으로 치환, (2) HA cleavage site에서 복제된 코돈으로부터 다수의 염기성 아미노산의 삽입, (3) 알 수 없는 출처에서의 짧은 염기와 비염기성 아미노산의 삽입, (4) 염기성 아미노산을 포함할 수도 있는 유전자 삽입으로 인하여 HA cleavage site가 연장되는 경우가 있다.

역학

자연감염 숙주

조류 인플루엔자 바이러스는 전 세계적으로 분포되어 있으며 가금류, 야생조류뿐만 아니라 사육조류 등의 다양한 조류 종에 감염되는 것으로 알려져 있다. 감염률이 가장 높은 조류 종은 기러기목(*Anseriformes*)과 도요목(*Charadriiformes*)으로 일반적으로는 감염 시에도 질병이 나타나지 않지만 바이러스를 배출하는 보균동물(natural reservoir)로 역할을 한다. 저병원성 조류 인플루엔자는 밍크, 물개, 고래에 감염되면 호흡기 질병을 유발할 수 있으며, H5N1 등 최근의 HPAI 바이러스의 경우 기러기목과 도요목 조류에서 폐사를 일으키고, 포유동물인 호랑이, 고양이, 돼지, 사람 등에서도 감염이 보고되고 있다. 특히, 꿩과 메추리와 같은 가금류는 HPAI 바이러스의 포유동물로의 전파에 중요한 역학적 역할을 하는 것으로 알려져 있다.

조류 인플루엔자의 병원성과 병인론 구명을 위한 실험동물로 가장 일반적으로 사용되는 동물은 닭(*Gallus gallus domesticus*)이다. 이 외에도 칠면조, 집오리, 생쥐, 흰족제비(ferret)가 사용되며, 특히 생쥐와 흰족제비는 조류 인플루엔자 바이러스의 포유류에 대한 종간 전파의 위험을 연구하는 모델로서 활용되고 있다.

감염 실험에서 조류 인플루엔자 바이러스는 2일에서 5일 사이에 바이러스 배출량이 최고에 도달하며, 감염 7일 후부터 항체가 생성되기 시작할 때 바이러스 배출량이 급격하게 줄어든다. 바이러스 배출 유형은 조류 종에 따라 다를 수 있기 때문에 장기간 감염 사례도 드물게 보고된다.

조류 인플루엔자는 국제적인 관심의 대상이 되고 있으며, HPAI는 세계동물보건기구(World Organization for Animal Health; OIE)에서도 보고 대상 질병으로 정의 내리고 질병의 전파를 막기 위해 축산물의 국가 간 이동을 규제하는 요건으로 관리하고 있다. 조류 인플루엔자의 해결을 위해서는 국제적인 노력과 협조가 뒷받침되어야 하므로 각 국가의 지속적인 관심과 예찰이 필요하다.

야생조류의 경우 조류 인플루엔자의 전파에 큰 역할을 하고 있어 지속적으로 예찰 사업이 이루어지고 있다. 포획 후 구강인두나 총배설강에서 면봉으로 시료를 채취하여 바이러스 유무 및 아형의 분석이 이루어지고 있으며, 이외에도 야생조류 분변에서 바이러스 검사를 진행하여 바이러스가 검출된 경우, 분변 내 미토콘드리아의 DNA를 바코딩법으로 검출하여 야생조류 종을 밝힘으로써 야생조류 종별로 조류 인플루엔자 전파에 미치는 영향에 대한 분석 연구가 진행되고 있다.

잠복기

조류 인플루엔자 바이러스의 잠복기는 OIE에서 최대 21일로 규정하고 있다. 하지만 실제적인 잠복기는 바이러스의 양, 노출 경로, 숙주의 종류에 따라 차이가 있으며, 저병원성 조류 인플루엔자의 경우 임상증상이 대부분 나타나지 않으므로 바이러스 감염 후 바이러스 배출이 종료되는 시기까지를 잠복기로 보는 경우도 있다.

전파

조류 인플루엔자 바이러스의 감염 기전은 정확하게 알려져 있지 않으나, 조류에서 조류로의 전파 기전은 매우 복잡하며 바이러스의 종류, 숙주의 종류, 환경적 요소에 의해 결정된다. 자연감염 경로 및 실험적 감염 결과로 보면 고병원성 바이러스가 저병원성의 바이러스에 비해 전파가 용이하지 않다. HPAI의 경우 조류에서 급성 폐사를 일으키기 때문에 감염기간 동안 매우 적은 양의 바이러스가 배출된다. 전파가 쉽게 일어나는 바이러스의 경우, 호흡기 또는 장관에서의 바이러스의 배출량이 많으며 분변에 의한 직접적 전파 또는 비말에 의한 간접적 전파가 주요 전파 경로이다. 야생조류에서 존재하고 있는 모든 혈청형의 저병원성 바이러스는 일반적으로 임상증상을 나타내지 않지만, H5와 H7형의 경우 가금류로 전파된 후에는 가금류 사이에서 바이러스의 순환감염 중에 드물지만 HPAI로 변이가 일어나는 것으로 알려져 있다. 이전의 HPAI 바이러스는 전파 지역이 제한되어 있어 야생조류 사이에서 순환하지 않았다. 하지만 2014년에 전 세계적으로 발생한 H5N8 바이러스의 경우 시베리아 지역에서 야생조류 사이에서의 바이러스 순환이 확인되었다. 이를 통해 야생조류의 이동경로를 따라 유럽, 아프리카, 아시아 및 북아메리카 지역 80개국 이상으로 확산되었으며, 이후 발생한 clade 2.3.4.4 형태의 바이러스들이 야생조류 사이에서 지속적으로 확산되고 있다.

야생 물새류에서의 감염은 새들이 이동하기 전에 모여드는 호수에서 주로 성체에서 어린 개체로 감염이 이루어지며, 매우 많은 양의 바이러스가 분변으로 배출되어 호수와 강물에 존재하게 된다. 배출된 바이러스는 4℃에서 30일 이상, 20℃ 물에서 7일, 25℃의 그늘진 곳에서 약 4일까지 감염력이 있으며, 이로 인해 호수 또는 강에 모여든 물새류들이 분변-경구 경로(fecal-oral route)로 감염되게 된다. 저병원성 바이러스의 분변-경구 경로와는 달리 HPAI 바이러스의 경우에는 주로 호흡기를 통하여 바이러스가 전파된다.

닭, 칠면조 등의 순계류(gallinaceans)는 인플루엔자 바이러스의 정상 숙주는 아니지만, 양계장, 생가금 유통시장(live bird market), 방사 조류(backyard poultry) 등 인위적인 환경에 의해 특이한 감염 체계가 만들어졌다. 양계장으로의 조류 인플루엔자의 유입경로는 생가금 유통시장 또는 사육 가금류, 철새 등의 야생조류, 돼지, 애완조류 등이 바이러스의 원천이 되고, 작업자, 작업용품, 조류의 직·간접 접촉에 의해 바이러스가 유입될 수도 있다.

임상증상

조류 인플루엔자 바이러스의 임상증상은 저병원성과 고병원성 바이러스에 따라 차이가 크며 숙주의 종류, 나이, 성별, 면역상태, 환경 등에 의해 영향을 받는다. LPAI에 감염된 닭의 주요 증상으로는 기침, 비말, 비루, 호흡기음 등의 호흡기 증상이 있으며, 산란계의 산란율 저하와 종계의 수태율 저하가 관찰된다. 또한, 우모 역립, 침울, 식욕저하, 설사 등이 일어날 수 있다. 일반적으로 가금류에서의 저병원성 조류 인플루엔자 바이러스는 높은 이환율과 5% 이하의 낮은 폐사율을 보이며, 2차감염이나 다른 병원체와의 혼합감염 시에는 폐사율이 증가할 수 있다. HPAI의 경우, 대부분의 닭과 칠면조 농장의 감염 증례에서는 아무 증상도 없이 갑자기 폐사한 개체들이 발견될 수도 있다. 급격한 폐사가 진행되지 않는 경우엔 3~7일 생존하며, 신경증상(두경부 진전, 균형 감각 소실, 사경 등)을 보이게 된다. 계사 내부는 침울 증상을 동반하므로 매우 조용하며 식욕 및 음수량 저하, 산란율 저하가 관찰된다. 일반적으로 가금류에서의 HPAI 바이러스는 매우 높은 이환율과 폐사율(50~89%)을 보이며, 조건에 따라서 100%의 폐사율에 도달하는 경우도 있다.

병변

저병원성 조류 인플루엔자의 병변으로는 가금류의 부비동에서 카타르성, 섬유소성, 점액성 염증이 보이고 기도의 점막이 비후되면서 충혈과 출혈이 관찰되며, 삼출물에 의한 폐색이 관찰된다. 기낭염과 함께 2차 세균 감염에 의한 염증이 동반될 수 있다. 복강 내에는 카타르성, 섬유소성 염증과 난황성 복막염(egg yolk peritonitis)이 관찰되며 또한 장염이 수반될 수 있다. 수란 장기에서는 염증성 삼출물이 관찰되며 난소의 위축 및 난각의 질 저하가 보이고 신장의 종창 및 내부의 요산침착이 관찰된다.

HPAI의 병변으로는 가금류에서 내부 장기와 피부에 부종, 출혈, 괴사가 관찰된다. 점상 출혈을 동반한 피하 부종이 두경부에 나타나고, 육관과 육수에 출혈 및 괴사소와 청색증이 나타난다. 바이러스의 종류에 따라 내부 장기의 장막과 점막에 출혈을 일으키며 괴사소가 관찰된다. 특히 심외막, 흉근, 선위, 근위에 출혈 병변이 보인다. 또한, 대부분 심장, 비장, 췌장에 괴사소가 관찰되고, 때때로 간과 신장에서도 괴사소가 관찰된다. 신장병변이 관찰된 경우 요산의 침착이 동반되기도 한다. 폐는 충출혈과 부종을 동반한 간질성 폐렴이 관찰되며 F낭과 흉선은 위축된다(그림 5-3~5-6).

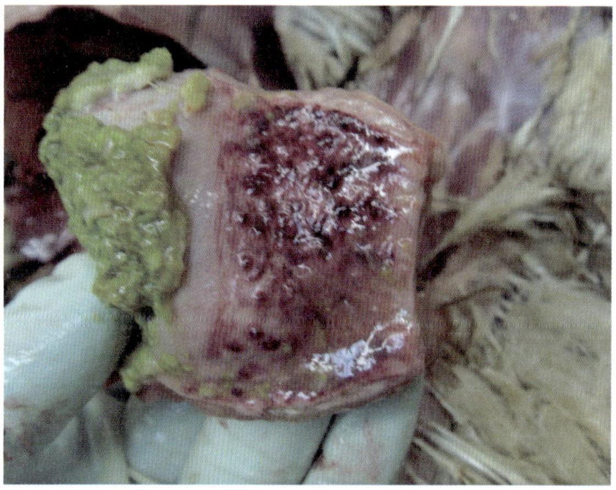

그림 5-3 HPAI 바이러스에 감염된 토종닭의 선위·근위 연접부 출혈

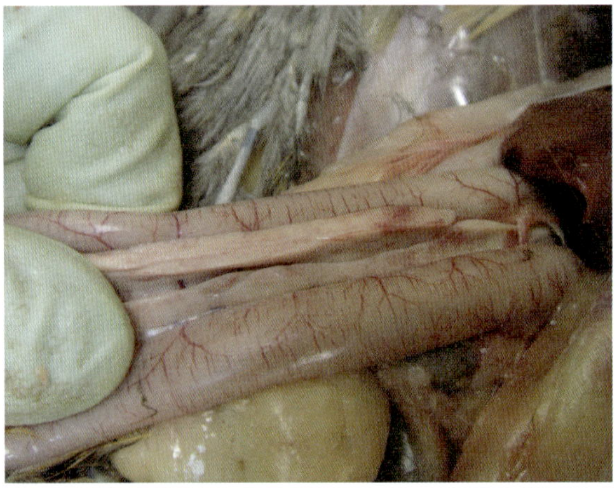

그림 5-4 HPAI 바이러스에 감염된 토종닭의 췌장 괴사소

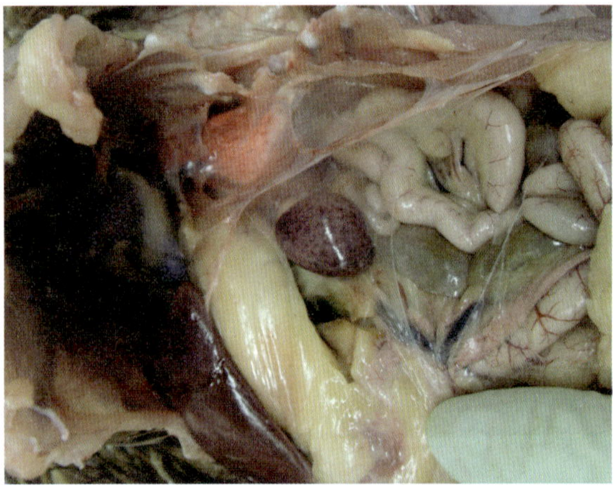

그림 5-5 HPAI 바이러스에 감염된 토종닭의 비장 괴사소

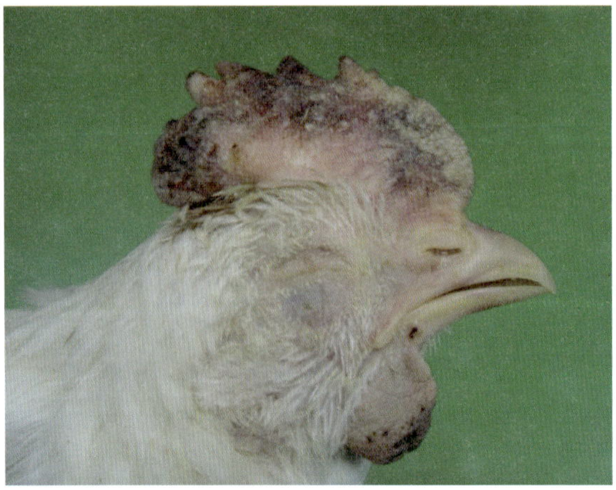

그림 5-6 HPAI 바이러스에 감염된 SPF 산란계의 볏과 육수 출혈

면역

능동면역

조류 인플루엔자 바이러스에 감염되거나 백신접종을 받은 경우 전신 및 점막에서 체액성 항체 반응이 유도된다. 항체 반응에 대한 정도는 개체의 나이, 면역억제 바이러스 감염 여부, 바이러스의 숙주 적응 정도, 바이러스 자체의 항원성 등에 영향을 받는다. 종별 항체 반응의 정도를 비교해보면 산란계 종의 닭에서 가장 항체가 잘 생성되며 꿩, 칠면조, 메추라기, 오리 순으로 조류 인플루엔자 바이러스에 대한 항체 생성능이 낮아지는 것으로 알려져 있다. 표면 단백질인 HA와 NA를 타깃으로 하는 항체의 경우 두 종류의 항체 모두 중화능을 가지지만, HA에 대한 항체가 NA에 대한 항체보다 더 높은 중화능을 가진다. 백신의 방어능은 백신 바이러스와 감염 바이러스의 HA 단백질의 유사 정도에 따라 영향을 받으며, 유사도가 낮을 경우 폐사는 막을 수 있지만 감염 및 바이러스의 배출을 막을 수 없는 경우도 있다. 백신에 대한 방어능의 지속기간은 확실히 밝혀진 바가 없지만, 산란계의 경우 실험적인 감염에 대해 백신 단회접종으로도 30주 이상 임상증상과 폐사를 막았다는 보고가 있다. 하지만 일반적인 농장 조건에서 적절한 항체를 유지하기 위해서는 육계, 칠면조 등 육용 가금류의 경우 2회, 장기간 사육하는 산란계 및 종계의 경우 3회 이상의 예방접종이 요구된다.

수동면역

모체이행항체는 부화 후 점차 감소하며, 동일한 HA 또는 NA를 가진 바이러스를 감염시킨 경우 부화 후 10~21일 동안 방어능을 나타내었다. 그러나 모체이행항체는 생백신이나 불활화백신(사독백신) 투여 시 간섭현상을 나타낼 수 있다.

진단

바이러스 분리 및 동정

조류 인플루엔자는 고병원성과 저병원성 모두 호흡기와 소화 장기로부터 분리 및 동정이 가능하다. 각종 분비물 및 장기들의 도말(swab) 시료를 9~11일령의 항체 음성 발육란에 접종한 후, 37℃에서 4~7일간 배양한 다음 요막액을 채취하여 혈구응집반응 검사(hemagglutination test; HA test)를 실시한다. HPAI의 경우, 접종 후 24시간 이내에 대부분의 종란이 폐사하는 특징을 나타낸다.

시료 선택 및 보관

대부분의 조류 인플루엔자 바이러스(HPAI와 LPAI 바이러스)는 호흡기 및 장에서 증식하기 때문에 일반적으로 살아있거나 혹은 죽은 조류의 기관, 인두 또는 총배설강에서 면봉으로 회수한다. 채취한 면봉은 항생제 함유량이 높은 멸균 수송 배지에 넣어 박테리아의 성장을 억제하거나, 채취 즉시 얼음에 넣어 실험실로 신속히 수송한다.

바이러스 분리

9~11일령의 SPF 또는 항체 음성 종란에 0.2 mL의 시료를 계태아 요막강에 접종한다. 일부 경우에서는 요막각 접종으로 바이러스 증폭 실패 시에 난황 접종으로 바이러스 증폭에 성공한 사례가 있다. 24시간 내에 계태아가 사망할 경우는 일반적으로 박테리아 오염으로 인해 발생하거나 접종 부상으로 발생한다. 24시간 내에 계태아 사망 시 종란을 폐기해야 한다. 소수의 조류 인플루엔자 바이러스는 48시간 내에 빠르게 증폭되어 계태아를 죽이는 경우도 있지만, 저병원성 바이러스의 경우 48시간 전에는 계태아가 폐사되지 않는다. 접종 72시간이 경과하거나 폐사 시에는 종란을 37℃ 배양기에서 꺼내어 4℃에 냉각시킨 후에 요막액을 채취한다. 바이러스 존재 유무는 닭 적혈구를 이용한 혈구응집반응으로 밝혀낸다.

일반적으로, 바이러스가 시료에 존재하면, 1차 접종만으로도 혈구응집반응을 위한 충분한 증폭이 되기 때문에 반복적인 계대가 불필요하다. 반복적인 계대는 실험실에서의 교차 오염의 위험을 증가시킨다.

또한, 신속한 진단을 위하여 감염 조류의 조직 유제액에서 직접 RT-PCR 및 실시간 RT-PCR (real time RT-PCR)기법을 이용한 진단법이 바이러스 확인에 널리 이용되고 있다.

그러나 종란 접종법과 유전자 검사법은 시간이 오래 걸리는 단점이 있어 신속한 초기 대응이 어려운 문제가 있다. 이에 대응하여 AI에 감염된 닭이나 오리가 배출하는 바이러스를 항원-항체 결합 반응을 통해 검출하는 신속진단키트(Rapid kit)를 국내 기술로 개발하여 사용하고 있으며, 바이러스 아형과 고병원성 여부를 빠르게 검사할 수 있는 기술에 대한 개발이 이루어지고 있다.

혈청학적 검사

혈청학적 검사는 한천겔 침강반응(agar gel precipitation; AGP)과 혈구응집억제반응(hemagglutination inhibition; HI)이 사용되고 있으며, 효소면역측정법(enzyme linked immunosorbent assay; ELISA)을 이용한 진단법도 사용된다. 한천겔 침강반응을 이용하여 A형 인플루엔자 바이러스에 대한 공통 항체를 검출할 수 있으며, 각 혈구 응집원(H1-H16)을 항원으로 하여 혈청형 특이적인 혈구응집억제반응을 실시함으로써 특정 혈청형에 대한 항체 존재 유무를 검사할 수 있다. 백신접종을 실시하는 일부 국가에서는 백신 항체와 감염 항체를 구별하는 효소면역 측정법 키트의 개발 및 사용이 필수적이다.

감별진단

HPAI 바이러스의 감별진단 대상 항목은 높은 치사율을 유발할 수 있는 질병인 강독형 뉴캣슬병, 가금 콜레라, 열사병, 음수 부족 및 중독증 등이 있으며, 저병원성의 경우 호흡기 질병을 유발하고 산란율을 저하시킬 수 있는 약독형 뉴캣슬병, 조류 뉴모바이러스(pneumovirus) 감염증, 전염성기관지염, 클라미디아, 마이코플라즈마(mycoplasma) 감염증 및 여러 세균 감염과 감별해야 한다.

예방 및 치료

조류 인플루엔자의 예방을 위해서는 가금 농장의 차단방역과 위생관리가 매우 중요하며, 일부 국가에서는 불활화 백신접종을 사용하고 있다. 현재 우리나라는 혈청형 H9N2의 저병원성 조류 인플루엔자에 대하여는 2007년부터 백신정책을 적용하여 불활화백신이 사용되고 있으며, HPAI에 대하여는 백신접종 금지 정책에 따른 살처분과 보상비 지급정책을 적용하고 있다. H5 및 H7형에 대해서는 백신접종이 금지되어 있기 때문에 그에 대한 항체가 검출될 경우 바이러스에 감염된 것으로 판단하여 살처분 정책을 적용하고 있다. 반면, 중국, 홍콩, 인도네시아의 경우 지속적으로 HPAI의 발생이 문제가 되고 있어 살처분 정책을 적용하는 것이 불가능하므로 H5형 조류 인플루엔자 불활화백신을 사용하고 있다. 백신접종 지역에서는 백신접종 후 형성된 항체와 감염에 의해 형성된 항체를 구별하는 것이 역학적으로 중요하다. 이탈리아(H7N1)와 홍콩(H5N1)에서는 H 혈청형은 동일하나 N 혈청형이 다른 이종 혈청형의 바이러스(H7N3, H5N2)로 불활화백신을 제조하여 백신접종 항체와 야외 감염 항체의 감별(DIVA strategy; differentiating infected from vaccinated animals)을 시도하였다. 불활화백신 단독으로는 충분한 항체 역가를 나타내기 위해서 다회 접종이 필요하므로 기초접종용으로 계두 바이러스, 마렉 바이러스 등을 이용한 생독 벡터백신이 개발되어 있다.

국내에서는 HPAI의 지속 발생으로 인한 피해를 최소화하기 위하여 긴급 백신을 위한 AI 항원뱅크 비축 및 긴급 백신접종 시스템 구축 방안을 마련하였고, 닭, 오리 등 다양한 축종에 대하여 긴급 백신의 효능 평가를 실시하고 있으며, 질병 발생에 대한 국제적인 예찰사업을 통하여 신규 변이주에 대해 정보를 공유함으로써 백신 개발 및 사용에 대한 효과를 상승시키려는 노력을 하고 있다. 치료법의 경우 가금류에서는 효과적인 방법이 존재하지 않으며, 인체 감염 시 타미플루(Oseltamivir), 자나미비르(Zanamivir) 같은 항바이러스제의 사용이 이루어지고 있다.

참고문헌

D. E. Swayne and D. A. Halvorson 2013. Viral Diseases: Influenza. Disease of Poultry 13th Edition. 6:153-184.

Dennis J. Alexander 2008. Orthomyxoviridae-avian influenza. Poultry Diseases Sixth Edition. 26: 317-332.

Dong-hun Lee, Alice Fusaro, Chang-Seon Song, David L. Suarez, David E. Swayne,

KIST ORP, Yuk SS, To EO, Kwon JH, Noh JY, Hong WT, Jeong JH, Gwon GB, Song CS, Optimization of inactivated H5N9 highly pathogenic avian influenza vaccine and inactivated Salmonella enterica serovar Typhimurium vaccine with antigen dose and prime-boost regimen in domestic ducks. Poultry Science 2017, Sep 1;96(9):3079-3085

Lee D, Lee H, Lee Y, et al. Application of DNA barcoding technique in avian influenza virus surveillance of wild bird habitats in korea and mongolia. avdi. 2010;54(s1):677-681. doi: 10.1637/8783-040109-ResNote.1.

Lee DH, Bertran K, Kwon JH, Swayne DE. Evolution, global spread, and pathogenicity of highly pathogenic avian influenza H5Nx clade 2.3.4.4. J Vet Sci. 2017 Aug;18(S1):269-280.

Lee DH, Bertran K, Kwon JH, Swayne DE. Evolution, global spread, and pathogenicity of highly pathogenic avian influenza H5Nx clade 2.3.4.4. J Vet Sci.

2017;18(S1):269-280.

Peter Palese and Megan L. Shaw 2013. Orthomyxoviridae: The Viruses and Their Replication. Fields Virology 6th Edition.

Poultry vaccination directed evolution of H9N2 low pathogenicity avian influenza viruses in Korea, Virology, Volume 488, 2016, Pages 225-231.

The Global Consortium for H5N8 and Related Influenza Viruses. Science, 2014. Role for migratory wild birds in the global spread of avian influenza H5N8

Youn-Jeong Lee 2014. Novel Reassortant Influenza A (H5N8) Viruses, South Korea, 2014. Emerg Infect Dis. 2014 Jun;20(6):1087-9.

6 CHAPTER

계두
Fowl Pox

서울대학교 최강석 권혁준 김재홍

개요

계두는 닭을 비롯한 가금류, 애완조류 및 야생조류의 바이러스성 전염병으로서 전염속도는 느린 편이나 숙주 범위가 너무 넓어서 232종(species) 이상의 조류가 이 병에 자연감염 될 수 있는 매우 흔한 조류질병 중 하나이다. 질병은 두 가지 형태로 구분되며, 털이 없는 피부에 결절성 증식을 형성하는 피부형(cutaneous form)과 상부 호흡기 및 구강, 식노의 점막에 결질을 형성하는 점막형(디프테리형, diphtheritic form)으로서 발육부진, 산란저하와 같은 생산성 삼소와 폐사 등 다양한 경제적 피해를 일으킨다. 전자는 폐사율이 경미하나 후자의 경우 폐사율이 높을 수도 있다. 조류의 poxvirus는 사람이나 포유동물에는 질병을 일으키지 않는다.

역사

매우 오래된 질병으로서 최초의 발생연도는 불확실하다. 1929년에 원인체가 보링거소체(Bollinger bodies) 내에 있는 보렐소체(Borrell bodies)임이 보고되었으나 현재의 관점에서 보면 전자는 계두 바이러스의 A형 세포질내봉입체(inclusion body), 후자는 기본소체(elementary bodies, 완전성숙 바이러스)에 해당한다. 또한 과거에는 모든 조류의 pox를 fowl pox라고 하였으나 지금은 닭에서 발생하는 질병을 계두라 하고, 그 외 조류의 질병은 총칭해서 avian pox라고 부른다. 감수성 조류의 명칭을 붙여 pigeon pox, canary pox 등으로 세분화해서 명명하고 있다.

원인체 특성

분류

가금류를 포함한 각종 조류에 감염되는 avian pox 바이러스는 모두 family *Poxviridae*, genus *Avipoxvirus*에 속하며, 그 중 계두 바이러스는 species *Fowlpox virus*(FPV)로 분류된다. *Avipoxvirus* 속에는 FPV 외에 *Quailpox virus*, *Canarypox virus*, *Pigeonpox virus*, *Psittacinepox virus* 등 총 12종이 보고되어 있다.

형태 및 분자생물학적 구조

FPV는 double-stranded DNA 바이러스로서 330×280×200 nm 크기의 벽돌 모양을 하고 있으며, 바이러스 입자 직경이 가장 큰 바이러스 중 하나로서 유전자는 254~300 kb이다. 다른 바이러스와 달리, 표면에 가는 섬모 모양의 세관(surface tubules)을 많이 가지고 있고, 외피막과 2개의 외측소체(lateral body)가 있으며, 중심부가 오목한

도넛 모양의 특이한 형태를 하고 있다.

FPV의 구성은 선상으로 된 254~300 kb의 DNA와 단백질, 지방으로 이루어져 있고, 구조단백질은 30여 종 이상이며 그 대부분이 면역원성을 나타낸다. 또한 유전자에 DNA ligase, DNA polymerase, ATP-GTP binding protein 등 다양한 효소와 단백질을 생성하는 기능이 포함되어 있어 매우 복잡한 바이러스의 일종이다.

화학적, 물리적 요인에 대한 저항성

외피막이 있기 때문에 지방용매나 계면활성제에 매우 약하지만 FPV 종류에 따라 다르다는 보고도 있다. 1% 페놀이나 1:10,000 포르말린 용액에는 9일간이나 생존할 수 있으며, 50℃에서 30분간 처리 시에 불활화된다. 그러나 건조한 피부 가피 내에서는 저항성이 매우 강하여 수개월 또는 수년간 생존할 수 있다.

DNA 복구 효소인 CPD photolyase를 생성하는 유전자가 있기 때문에 자외선에 바이러스 DNA가 손상되더라도 빛의 에너지를 이용하여 손상된 DNA를 복구함으로써 환경에서의 생존력을 높이는 독특한 특성이 있다.

바이러스의 항원성 및 면역원성

핵단백질(nucleocapsid protein) 침강항원은 모든 pox virus에 대한 공통항원이며, 조류의 종과 FPV 분리주 종류에 따라 매우 다양한 항원성과 유전자 차이를 보여준다. 그만큼 교차항원성이나 교차면역반응도 다양하게 나타나므로 FPV에 대하여는 항원형이나 유전자형을 일관성 있게 정리하여 구분하기가 어렵다. FPV는 다양한 조류에 감염될 수 있지만 canary pox, quail pox, mynah pox 바이러스처럼 뚜렷하게 독립적인 유전자 구성을 보이는 것도 있다.

또한 poxvirus는 다양성과 함께 특정한 조류에 숙주 특이성을 가질 수 있도록 진화되어 왔고, 숙주에 따라서 바이러스의 항원성과 면역원성도 다르게 나타난다. 근래에는 닭 세망내피증(reticuloendotheliosis; RE) 프로바이러스(provirus) 유전자가 FPV 유전자 내에 삽입된 변이형 FPV가 많이 출현하여 실제적인 피해를 일으키고 있다. 이 경우, 기존의 백신이 방어효과를 충분히 발휘하지 못할 뿐만 아니라 바이러스의 병원성도 변할 수 있다고 보고된 바 있다. 공교롭게도 백신을 접종하여 면역이 된 계군에서 FP가 발생하여 분리된 FPV에는 모두 RE 바이러스의 provirus가 삽입되어 있는 것으로 나타났다.

바이러스 복제

바이러스 감염 단계는 세포 수용체에 대한 흡착(adsorption), 세포질 내 침투(penetration), 탈외피(uncoating), 바이러스 DNA의 전사와 번역, 바이러스 구성 단백질의 합성과 조립, 바이러스 완전체 합성 및 출아(budding)의 전형적인 과정을 거친다. 다만, DNA 바이러스이지만 핵산의 합성과 바이러스 복제가 모두 세포질내에서 이루어진다는 것이 특징이며, 결과적으로 A형 세포질내봉입체가 형성된다.

감염 피부에서의 바이러스 복제는 2단계로 나누어 이루어진다. 1차적으로, 감염 후 72시간 동안 나타나는 숙주 자체의 반응으로서 피부 감염세포의 현저한 증식이 일어난다. 이 과정에서는 바이러스 유전자가 감염된 숙주세포를 이용하여 세포의 외피세포 증식인자(epidermal growth factor)와 유사한 단백질을 생성하도록 유도하며, 이 인자에 의하여 피부 외피세포의 수가 정상세포의 2.5배까지 증가하게 된다.

2차적으로는 수가 급격히 증가한 외피세포를 이용하는 과정으로서 감염 후 72~96시간 동안 외피세포에서 바이러스 유전자의 대량 복제와 합성이 일어남으로써 바이러스 체외 배출량을 높이는 기능을 한다.

실험실 배양

avianpox 바이러스는 매우 넓은 숙주 범위의 조류에 대하여 감염을 일으킨다. 이것은 진화과정에서 장기간 동안 조류에 대하여 적응이 일어났음을 의미하며, 같은 맥락에서 FPV 유전자에도 숙주세포의 유전자와 동일한 유전자가 다수 발견되고 있다. 조류 종(species)이 다를 경우 특정 avianpox 바이러스에 대한 항원성이 완전히 다를 수 있으며, 따라서 다른 조류에서 분리된 pox 바이러스는 닭에서 FPV에 대한 방어능을 발휘하지 못할 수 있다.

avianpox 바이러스는 9~12일령 발육란의 장뇨막(CAM)에서 쉽게 증식하여 5~7일 만에 접종 부위에 다양한 크기의 회백색 포크(pock)를 형성한다. 포크는 불규칙한 원형을 나타내거나 원형 주위에 작은 포크가 흩어진 다양한 형태를 나타낼 수 있다. 계태아 섬유아세포(chicken embryo fibroblasts; CEF), 계태아 간세포(chicken embryo liver cells; CEL) 및 계태아 신장세포(chicken embryo kidney cells; CEK)에서도 증식이 잘 되고, 감염 후 플라크(plaque) 등 세포변성효과를 나타낸다.

역학

발생 상황

가금을 사육하는 모든 나라에서 발생하며 감염되는 조류도 232종 이상일 정도로 매우 다양하다. 특히 사육밀도가 높고 다일령(multiple-age) 계군을 사육하는 지역 또는 농장일수록 연중 다발하고, 모기 등 흡혈곤충이 매개체로 작용할 수 있기 때문에 여름과 초가을에 다발하는 양상을 보인다.

감염 숙주

FP의 경우 닭이 가장 중요한 자연감염 숙주이며, turkeypox virus에 대하여는 칠면조가 주요 숙주이다. 따라서 FPV 감염연구나 병원성 시험에서는 감수성이 있는 다양한 일령의 닭이 사용되고 있으며, 바이러스 특성에 따라 피내(intradermal) 또는 기관 내(intratracheal) 접종법을 많이 이용한다.

전파

계두는 크게 기계적 전염과 공기전염, 생물학적 매개체에 의한 전염의 세 가지 유형으로 전염된다. 창상이나 손상된 피부를 통한 기계적 전염은 계사를 출입하는 관리인이나 오염된 기구에 의하여 일어나거나 바이러스가 오염된 파리 등의 곤충에 의하여 눈 점막이나 상처 부위를 통한 감염도 가능하다. 눈 점막을 통하여 감염된 바이러스는 눈물샘을 따라 후두에 이르러 상부 호흡기 감염을 일으킨다.

공기전염은 밀접한 거리에서 일어날 수 있는 전염 경로로서 오염된 깃털이나 가피, 닭비듬 등이 날리면서 눈 점막이나 상부 호흡기 또는 손상된 피부에 감염되어 일어난다.

생물학적 메개체에 의한 전염은 모기, 진드기 등 흡혈 곤충에 의하여 일어나며, 감염 개체를 흡혈한 모기의 체내에서는 계두바이러스가 생물학적으로 대량 증식할 수 있기 때문에 2차 흡혈을 통하여 수많은 닭을 감염시킬 수 있다. 실제로 야외에서는 모기를 통한 전염이 가장 흔히 나타나는 경로이다.

임상증상

숙주의 종류, 발생 부위 등의 차이에 따라서 일반적으로 4~10일의 잠복기를 보인다.

이환율은 조건에 따라 다양하며, 임상증상은 숙주의 감수성, 바이러스의 병원성, 발생 부위 및 전염경로에 따라 두 가지 형으로 구분된다. 그 중 피부형

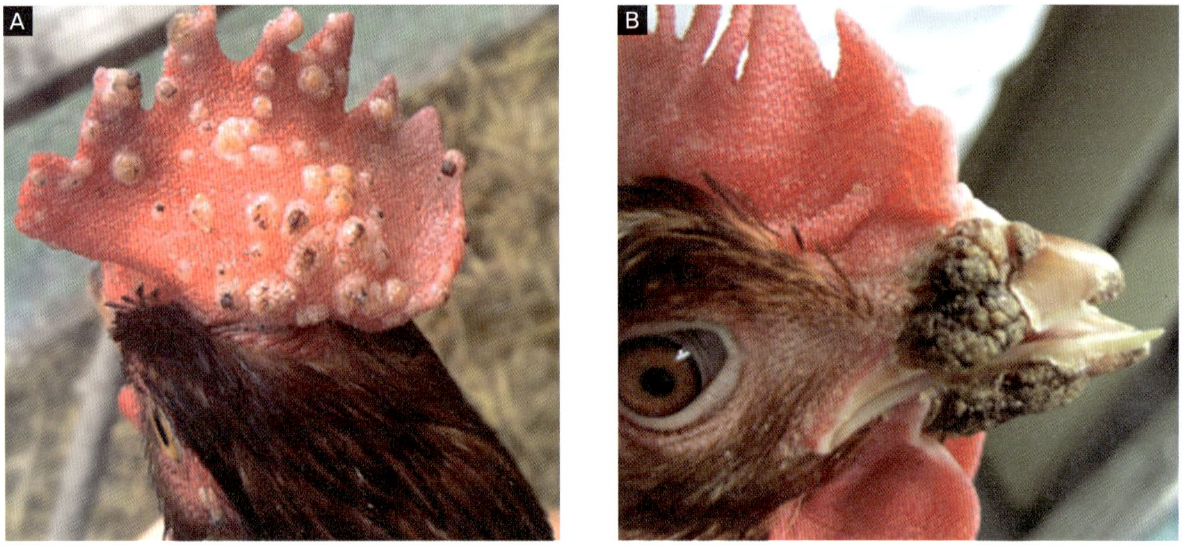

그림 6-1 (A) 피부형 계두 감염에 의한 볏의 결절, 구진, 수포 및 농포가 나타난 다양한 병연, (B) 부리 주위에 생긴 가피

이 가장 흔하게 발생하며 볏(comb), 아랫볏(wattle), 눈꺼풀, 입 주위는 물론 날개와 다리의 털이 없는 피부에 육안적으로 확연한 결절성 병변이 나타나는 것이 특징이다.

점막형(디프테리형)은 흔하지 않지만 구강, 식도, 기관 내에 궤양과 황색의 디프테리성 병변이 생기며, 경증 또는 중증의 호흡기 증상과 호흡곤란이 뒤따른다. 피부형의 경우, 포도상구균 등 2차 세균 감염이 없다면 보통 3~4주가 지나면 회복되기 시작하고 폐사율도 낮은 편이지만, 점막형은 폐사율도 상대적으로 높고 예후도 악화되기 쉽다.

카나리아의 canary pox는 국소성이 아닌 전신성 질병이므로 카나리아에 매우 치명적이고 폐사율도 80~100%에 이르기 때문에 애완조류 사양가에게는 대단히 중요한 질병중 하나이다. 메추리에서도 quailpox virus에 의한 감염으로 폐사가 상당히 높게 나타날 수 있다.

병변

육안적 소견

피부형에서는 표피와 모낭을 포함한 피부 상피세포의 과다한 증식이 특징이며, 임상증상에서 언급한 대로 감염 부위에 결절성 병변이 단계적으로 진행된다. 처음에는 흰색의 작은 결절(nodule) 병소가 나타나는데 그 크기가 빠르게 커지면서 4일째에는 황색의 결절 병소가 육안적으로 확인된다. 5~6일 째는 구진(papule)과 수포(vesicle)의 단계를 거쳐서 감염 후 2주 정도가 되면 염증과 농포(pustule)를 형성한다. 그 후 1~2주가 지나면 가피가 형성되어 탈락하면서 회복되는 경과를 취한다(그림 6-1).

점막형에서는 구강과 식도, 혀, 기관 상부에 황백색의 불투명한 결절 또는 패치(patch)가 다양한 크기로 형성되고 이것을 억지로 떼어내면 조직의 손상과 함께 출혈이 일어날 수 있다(그림 6-2). 기관 개구부에 생긴 결절은 닭 전염성후두기관염(infectious laryngotracheitis; ILT) 감염 시 나타나는 기관 개구부의 폐색(tracheal plug) 병변과 매우 유사하므로 감별을 요한다. 또한 이러한 염증반응은 두부의 안와하동(infraorbital sinus)까지 확장되어 나타날 수 있고, 인두나 후두까지 병변이 진행되면 호흡곤란을 초래하게 된다. 야외에서는 피부형과 점막형이 동시에 나타나는 경우도

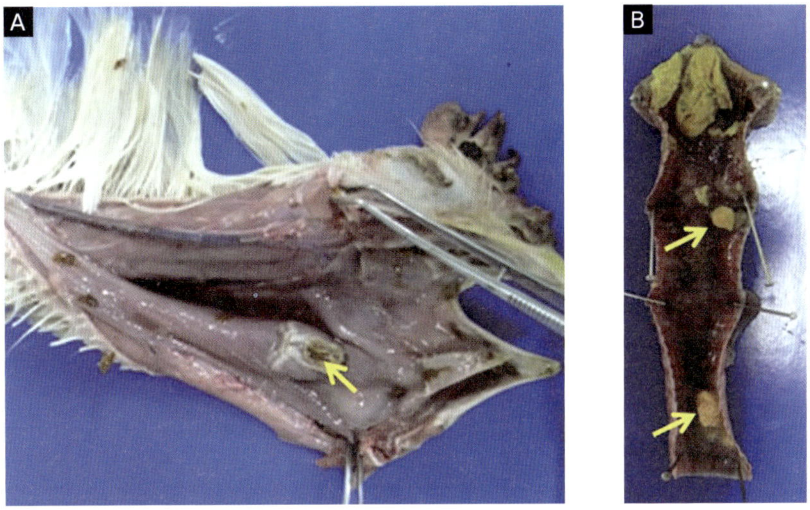

그림 6-2 (A) 점막형 계두에서 나타난 기관 개구부 결절(화살표), (B) 기관 내에 형성된 디프테리성 결절(화살표)

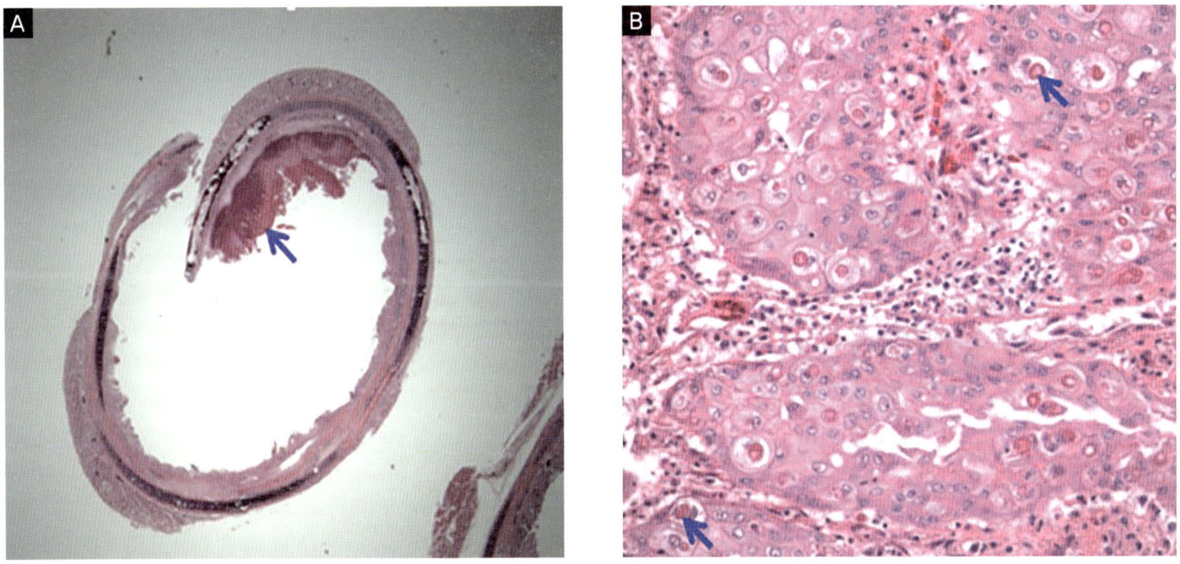

그림 6-3 (A) 계두의 기관 내 결절(화살표)의 현미경 사진(×40), (B) 왼쪽 조직병변의 확대 사진(×400), 세포질내봉입체(화살표)

드물지 않다.

Canary pox에서는 눈꺼풀의 모양이 일그러지면서 두꺼워지고 머리와 목의 얇은 피부에 작은 결절이 생기면서 흉선이 비대해지며, 중등도 이상의 폐 경화가 나타남으로써 폐사율이 매우 높아지게 된다.

조직학적 소견

조직학적으로는 병변 부위 상피세포의 이상증식과 세포의 종대가 일어나며 감염세포에서는 바이러스 증식 산물인 세포질내봉입체(cytoplasmic inclusion bodies, Bollinger body)가 관찰된다(그림 6-3). 이 봉입체는 감염 시기별로 다양한 단계의 형태를 나타내며, 거의 세포질 전체를 차지할 수도 있다. 또한 FPV는 매우 크기 때문에 병변 부위를 도말하여 기메네츠 염색(Gimenez staining) 또는 라이트 염색(Wright straining) 염색을 하면 기본소체를 관찰할 수도 있다.

진단

계두의 임상진단은 비교적 용이한 편이다. 피부형 또는 점막형에서 나타나는 임상증상 및 병변과 질병의 진행상태, 계절성 등 여러 병인생물학적 요인을 고려하면 현장에서 잠정 진단이 가능한 경우가 많다.

조직학적 진단

FPV 감염에 의하여 나타난 피부나 기관 조직의 결절을 haematoxylin & eosin(H&E) 염색한 후 세포질내봉입체가 관찰되거나(그림 6-3) 도말표본으로부터 기본소체가 관찰되면 조직학적 진단이 가능하다.

바이러스 분리 및 동정

바이러스 분리·동정을 위해서는 병변 조직의 시료를 채취하여 9~12일령 발육란의 장뇨막(chorioallantoic membrane; CAM)에 접종하여 5~7일경에 접종 부위에 형성된 포크를 확인한다. CEK, CEL, CEK 세포배양을 이용하여 분리할 수도 있으나 야외주의 경우 적응이 되기 전에는 세포변성효과가 나타나지 않아 오진의 위험성이 있다. 분리된 바이러스에 대한 동정은 PCR이나 바이러스 중화시험, 간접형광항체반응 등 다양한 방법으로 할 수 있다.

혈청학적 검사

계두는 방어기전이 주로 세포성 면역이고 대부분 어린 일령에 예방접종을 하므로 혈청검사에 의한 항체 역가로 진단을 하거나 혈청학적인 모니터링을 하는 것은 실제적인 의미가 없다. 다만, 백신의 면역형성능을 보거나 전혀 백신접종을 하지 않은 계군의 진단을 위해서는 제한적으로 활용될 수 있으며 ELISA, 바이러스 중화시험이 주로 이용된다. 감수성은 낮지만 한천겔침강반응(agar gel precipitin test)도 이용될 수 있다.

감별진단

계두의 점막형은 기침, 재채기, 호흡곤란 등의 증상이나 기관내 위막(pseudomembrane)과 병변이 ILT와 유사하기 때문에 육안적으로는 감별이 쉽지 않다. 하지만 감염 초기의 기관상피세포에 계두는 세포질내봉입체, ILT는 핵내봉입체를 형성한다는 점에서 조직학적으로 확실한 감별이 가능하다. 피부형의 경우, 다른 호흡기 질병과 쉽게 감별될 수 있지만 비오틴(biotin) 결핍증, 판토텐산(panthotenic acid) 결핍증, T-2 독소 중독증에서도 유사한 병변이 나타날 수 있다.

예방 및 치료

방역/위생 관리

계두의 예방은 세포성 면역이 주된 면역기전이지만 체액성 면역이 동시에 관여하므로 예방과 백신접종 효과의 모니터링에 있어서 차별화된 접근이 필요하다. 일반적인 예방법으로는 철저한 차단방역(biosecurity)과 함께 전파 매개체인 모기 등의 흡혈곤충을 구제해 주도록 한다. 또한 다일령 계군 및 밀집사육을 피하고 동시입식-동시출하(all-in all-out) 방식의 계군관리를 통하여 바이러스의 순환 감염을 차단해 주어야 한다.

백신접종

계두의 예방접종법은 독특하다. 불활화백신(inactivated vaccine)은 효과가 없기 때문에 사용되지 않으며, 생백신(live vaccine)으로만 예방접종을 실시하고 있다.

생백신은 fowlpox virus 백신과 pigeonpox virus 백신의 두 종류가 있으며, 이들은 발육란의 장뇨막(CAM)에 접종하여 배양한 계태아 백신(chick embryo origin vaccine)과 CEF 세포에서 증식시켜 생산한 조직배양백신(tissue culture origin vaccine)으로 제조할 수 있다. 일반적으로 조직배양백신은 계태아백신보다 병원성이 더 약하여 백신접종반응이 덜한 반면, 면역원성도 약한 특성을 보인다.

계두 백신주(vaccine strain)는 부적절하게 사용할 경우 오히려 질병을 유발할 가능성이 있기 때문에 매우 조심스럽게 사용해야 한다. 백신접종 시기는 통상적으로 4주령 이후의 병아리부터 산란을 시작하기 1개월 전까지 하는 것이 바람직하며 산란 중에는 백신을 접종하지 않아야 한다.

예방접종법으로는 접종용 특수침(stick, 단침 및 쌍침)에 생백신을 묻혀서 날개 밑의 털이 없는 피부에 찔러서 접종하는 익막접종법(wing-web method)이 사용되고 있다.

백신접종 효과는 일반적인 혈청검사가 아니라 접종반응(발두, vaccine take)을 점검하여 확인해야 한다. 즉, 백신접종 10~14일 후에 접종 부위를 검사하여 약 90% 이상에서 접종반응이 있으면 백신접종이 바르게 된 것으로 평가할 수 있다. 주로 fowl pox 백신과 pigeon pox 백신을 사용하고 있는데 전자는 병원성이 약하지만 살아있는 FPV이므로 제조회사의 권장방법을 준수해야 하며, 후자는 비둘기 유래 바이러스이므로 닭에서는 병원성이 없지만 비둘기에는 질병을 일으키므로 주의해야 한다.

백신접종 일령은 보통 4주령 경 1차 접종하고 시산 1~2 개월 전에 2차 접종하며, 그 후 매년 재접종 하지만 일령에 상관없이 접종할 수 있다. 그러나 모기가 번성하는 여름 전까지 면역이 형성되도록 예방접종해 주는 것이 원칙이다. 근래에는 약독화 생백신을 이용하여 마렉병 백신과 혼합백신 형태로 1일령 병아리에 접종하는 방법과 18일령 발육란의 양막강 내 접종(in-ovo vaccination)하는 방법이 개발되어 효과적으로 사용되고 있다.

참고문헌

Bolte, A. L., J. Meurer, E. F., and Kaleta. 1999. Avian host spectrum of avipox viruses. Avian Pathol. 28: 415-432.

OIE Biological Standards Commission and the Consultant Editor. 2015. Fowlpox. Chapter 2.3.10. In: Manual of Diagnostic Tests and Vaccines for Terrestrial Animals. OIE.

Pratik S., W. M. Schnitzlein and D. N. Tripathy. 2003. Reticuloendotheliosis virus sequences within the genomes of field strains of fowlpox virus display variability. Journal of Virology 77(10): 5855-5862.

Tripathy D. N. and W. M. Reed. 2013. Pox. Pages 333-349. In: Diseases of Poultry, 13th edition. Wiley-Blackwell Publishing, Ames, Iowa.

조류질병교수협의회. 2016. 산란저하증후군. Pages 45-49 In: 조류질병학, 제2판. 도서출판 한미의학.

7
CHAPTER

전염성F낭병

Infectious Bursal Disease

전북대학교 장형관

개요

전염성F낭병(infectious bursal disease; IBD)은 전 세계적으로 어린 닭에 발병하는 면역억제성 질병이다. 이는 열악한 환경에서 강한 저항성을 보이는 IBD 바이러스(IBDV)에 의해 유발된다. 이 바이러스에는 두 종의 혈청형(1형, 2형)이 존재하며, 두 혈청형 모두 항원성 변이를 보인다. 그러나 혈청형 1형의 바이러스만 닭에 병원성이 있으며, 다수의 혈청형 1형에 대한 병원성형(pathotype)이 존재한다. 이 질병은 높은 발병률과 폐사율을 초래할 수 있다. 더욱이 이 질병의 면역억제로 인해 다른 질병에 대한 닭의 저항성을 저하시키며, 상용화 백신에 대한 면역반응도 저하시킨다.

IBD는 특징적인 임상증상으로 확진할 수 없지만, 육안 및 조직병변을 통해 비교적 쉽게 추정할 수 있다. 육안병변은 주로 F낭에서 관찰되며, 종대, 변색, 출혈을 동반한 위축이 나타난다. 다른 육안병변으로는 가슴과 다리 근육에 출혈이 나타날 수 있다. F낭의 조직병변에는 림프구 괴사 및 염증세포 출현이 관찰된다. 또한, IBDV에 감염된 F낭의 병리조직에는 출혈성 공포가 종종 발견된다. IBDV는 닭의 계태아 종란과 다양한 초대배양세포 및 연속계대 세포주에서 증식한다. 그러나 일반적인 진단 목적으로 바이러스 분리는 실시하지 않는다. 바이러스 검출시료는 F낭 유제액이 가장 적합하며, 검출법으로는 역전사 중합효소연쇄반응(reverse transcriptase polymerase chain reaction; RT-PCR)이 흔히 사용되고 있다. ELISA(enzyme linked immunosorbent assay) 키트는 항체검출에 널리 이용되고 있지만, 혈청형과 그 변이주를 구분하기 위해서는 바이러스중화(virus neutralization; VN) 시험이 유일한 방법이다.

IBD의 경제적 손실은 두 가지 방식으로 나타난다. 첫 번째는 3주령 이상의 병아리에 감염되어 60% 이상에 육박하는 높은 폐사를 일으킨다. 두 번째로는 3주령 이하의 어린 병아리에 감염되어 폐사는 상대적으로 적지만 면역억제 유발로 인해 임상증상이 매우 다양하고 장기적으로 지속되는 등 더욱 심각한 연쇄적인 피해를 일으키는 것이다. 즉, 대장균증, 괴저성피부염, 봉입체성간염, 닭 전염성 빈혈 등 2차 기회 감염증 증가와 함께 백신접종 실패 등이 나타날 수 있다. 따라서 어린 병아리의 조기감염 방어가 가장 중요하다. 이를 위해 보통 모체이행항체에 의한 수동면역과 함께 부화 직후 또는 어린 시기에 능동면역을 부여한다. 후대병아리에 높은 수준의 모체이행항체를 전달하기 위해서는 종계군에 백신을 집중적으로 접종하여야 한다. 후대병아리의 백신접종 일정은 품종, 백신 유효성 등에 따라 다양하다. 현재 IBD 상용화 백신에는 순화(attenuated)생백신, 재조합 벡터 생백신 및 불활화백신이 있다. IBDV의 인체 감염 및 발병 관련 위험성은 없다.

역사

IBD는 1957년에 미국 Delaware주 Gumboro 지역의 양계농장에서 최초로 발생한 이후, 1962년에 F낭 병변과 더불어 극심한 주요 병변이 신장에서 관찰되어 조류신장증(avian nephrosis)으로 보고되었다. 초창기에는 임상증례에서 신장에 병변을 보이는 전염성기관지염 바이러스로 오인되어감별에 어려움을 겪었다. 이후 신장의 병변은 전염성기관지염 바이러스에 의한 것이었고, F낭의 병변은 종란을 이용해 새롭게 분리에 성공한 전염성 F낭 인자(infectious bursal agent)에 의한 것으로 밝혀졌으며, 같은 해인 1962년에 최초 발생한 지역명을 따서 감보로병이라는 병명으로 재차 보고되었다. IBD라는 병명은 1970년에 'F낭에 특이적인 병변을 유발하는 질병'이라는 의미로 제안되었고, 현재까지 이 질병은 'IBD' 또는 '감보로병'이라 명명되고 있다.

1972년에 어린 일령에 IBDV 감염에 의한 면역억제 현상이 알려지면서 이를 제어하기 위한 관심이 급격히 고조되었다. 1982년에는 두 번째 혈청형(2형)이 분리되면서 기존의 표준형(classic 또는 standard type) 바이러스는 혈청형 1형으로 분류되었다. 이후 병원성에 차이를 보이는 표준형 바이러스의 변이주로 추정되는 두 가지 유형의 야외주가 보고되었다. 첫 번째 유형은 표준형 바이러스 감염에 비해 폐사율 등 외관상의 임상증상은 경미하나 특이적으로 매우 심한 면역억제를 유발하는 '변이형(variant type)' 바이러스로서 1985년에 미국에서 처음으로 분리되었다. 두 번째 유형은 1987년경부터 주로 유럽 중심으로 발생했으며, 표준형 바이러스 감염보다 폐사 및 면역억제 등 병원성이 더욱 높아진 '고병원성형(very virulent type)' 바이러스(vvIBDV)로 1989년에 네덜란드에서 처음으로 보고되었다. 이들 변이주는 기존 표준형 바이러스 백신접종으로 형성된 모체이행항체로는 방어력이 불충분하고, 생물학적 특성도 표준형 바이러스와는 차이를 보이는 등 IBD의 효과적인 방어 문제는 더욱 복잡해졌다. 이들 변이형 또는 고병원성형은 이미 표준형과 같이 자연계에 존재하고 있었지만 뒤늦게 인지했거나, 또는 표준형에 대한 생체 면역압력(immune pressure)으로 인해 새로운 돌연변이가 유발되어 선택적으로 증식이 가능한 새로운 유형의 바이러스로 출현했을 것으로 추정된다.

특히, vvIBDV는 1990년 전후로 아시아, 아프리카, 남미 등지로 빠르게 전파되었고, 2008년 말경부터는 미국의 분리 보고도 이어졌다. 현재까지 vvIBDV는 호주와 뉴질랜드에서는 보고된 바 없다. 한편, 국내에서는 1980년에 표준형 바이러스의 감염으로 인한 첫 IBD 발생이 보고되었다. 1991년 전후에 일부 양계농장에서 높은 폐사를 보이는 vvIBDV의 유행이 인지되다 1992년에 바이러스 분리가 이루어졌다. 또한, 2000년에는 vvIBDV와는 다른 변이형 바이러스의 분리도 보고되었다.

원인체 특성

분류 및 형태

IBDV는 *Birnaviridae* 과(family)에 속하며, 과명은 이에 속하는 바이러스들의 유전체 속성이 이중나선 RNA(dsRNA)가 두 개의 분절(segment)로 구성되어 있는 데서 유래되었다. 이 과에는 4종의 속(genus)이 있다. 어류, 연체동물, 갑각류에 감염되는 전염성췌장괴사바이러스(infectious pancreatic necrosis virus; IPNV)가 속해있는

Aquabirnavirus, 얼룩무늬가물치바이러스(blotch snakehead virus; BSHV)가 속해있는 *Blosnavirus*, 조류에 감염되며 IBDV가 속해있는 *Avibirnavirus*, 곤충에 감염되며 초파리 X 바이러스가 속해있는 *Entomobirnavirus*가 있다. 다른 가금류 Birnavirus 및 닭의 선위괴사바이러스(chicken proventricular necrosis virus)는 현재 특정의 속으로 분류되어 있지 않다.

이 바이러스는 외피막(envelope)이 없는 정이십면체 대칭구조의 단층막 입자 형태이며, 직경은 55~65 nm로 다양하다. 염화세슘 밀도구배원심에 의한 완전한 바이러스 입자의 부력밀도는 1.31~1.34 g/mL이며, 불완전한 바이러스 입자의 부력밀도는 이보다 낮다.

유전체 및 단백질 조성

IBDV의 유전체는 dsRNA로 된 2개의 독립된 분절, 약 3.3 kb의 A분절과 약 2.9 kb의 B분절로 구성되어 있으며, 1995년에 두 혈청형 1형과 2형 분리주에 대한 전 유전체 염기서열이 밝혀졌나. IBDV의 완전한 바이러스 입자에는 최대 4개의 dsRNA 분절이 내재되어 있다. 4개 미만의 유전체 분절이 내재되면, 염화세슘 밀도구배원심에서 다중 밴드로 보이며, 부력밀도가 줄어든 불완전한 바이러스 입자가 생성된다.

A분절과 B분절 내의 바이러스 단백질(viral protein; VP) 암호화 영역은 각각 5′ 및 3′ 말단 모두에 79~111 bp의 짧은 비번역영역(untranslated region; UTR)으로 싸여있다. 특히, 3′ 말단의 UTR은 IBDV의 효율적인 복제에 중요한 역할을 한다. A분절에는 VP2~VP5가, B분절에는 VP1이 암호화되어 있다. 특히, A분절 내의 VP2~VP4는 부분적으로 중첩된 ORF로 암호화되어 있고, 110 kDa의 디단백질(polyprotcin) 형태로 동시에 번역이 이루어져 VP4에 의해 절단되어 VP2~VP4가 생성된다. 5종의 바이러스 단백질 VP1~VP5의 각 분자량은 약 97, 41, 32, 28, 21 kDa이며, 이외에 VP2의 전구체 단백질(pre-VP2, pVP2 또는 VPX로 표기) 및 작은 펩타이드(small peptide) 등이 검출된다(그림 7-1).

VP2, VP3, VP1은 IBDV의 구조단백질로서 혈청형 1형인 경우, 이들은 각각 바이러스 단백질의 51%, 40%, 3%의 비중을 차지한다. 한때 IBDV 구조단백질의 6% 비중을 차지하는 것으로 여겨졌던 VP4는 바이러스 입자 내에 존재하는 비구조단백질로 밝혀졌다. 구조단백질에 추가하여, 성숙한 바이러스 입자 표면에는 pVP2의 성숙과정에서 형성된 4개의 작은 펩타이드(pep46, pep11, 2종의 pep7)가 VP2와 함께 조립된다. 특히, pep46과 pep11은 바이러스 입자의 조립 과정에서 기하학적 구조 형성을 조절하는 중요한 결정체이며, 또한 pep46은 세포막을 불안정하게 하는 효과(cellular membrane translocation)도 있다.

VP1은 바이러스 RNA-의존성 RNA 중합효소(RNA dependent RNA polymerase; RdRp)로서 다른 RNA 바이러스 유래의 RdRp와 마찬가지로 선형적인 RdRp 단백구조를 보인다. VP1은 바이러스 캡시드(capsid) 내의 유전체와 결합되어 있거나 혹은 독립적으로 존재한다. VP2는 캡시드 단백질로서 바이러스 입자의 3차원구조를 나타내며, 바이러스 외각의 기본단위인 260개의 삼량체(trimer)를 형성한다. 또 다른 주요 구조단백질인 VP3는 캡시드 내부에 위치하며 바이러스 입자의 다른 모든 성분과 상호작용하고, 바이러스 입자의 형태 형성, 캡시드 내부형성 및 복제에 중요한 역할을 한다. VP3는 바이러스 입자 표면에는 노출되지 않지만 핵산단백질(nucleoprotein)로서 dsRNA와 단단히 연결되어 섬유소성 구조를 유지하며, VP1 바이러스 중합효소의 활성화에 도움을 준다. 또한, VP3 C 말단영역은 VP2가 정확히 조립되어

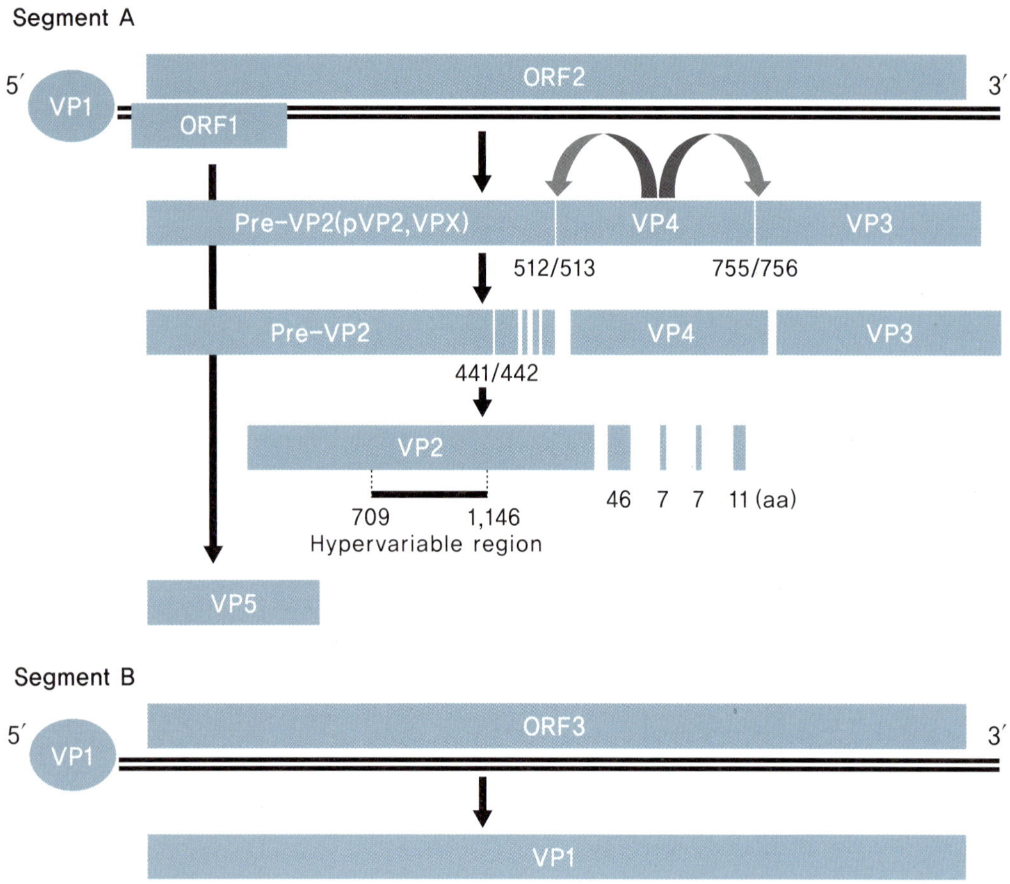

그림 7-1 IBDV의 유전체 및 유전자 모식도

적절한 대칭구조를 이루게 하는 캡시드 형성에도 중요하게 작용한다. VP4는 바이러스 유래의 단백분해효소(protease)로서 Ser-Lys 잔기 부위에 특이적으로 작용한다. VP4는 바이러스 입자의 조립과정에서 VP2 C말단 끝의 몇몇 펩타이드를 지속적으로 절단하며 VP2 단백의 성숙과정에 중요한 역할을 한다. 이와 더불어 VP2의 완전한 성숙에는 전구체 pVP2 내 431번째 잔기에 대한 자가단백분해활성이 수반된다. Birnavirus VP4 단백분해효소의 3차원구조는 얼룩무늬가물치바이러스(BSHV)에서 확인되었다. VP5는 감염초기 단계에서 세포자살(apoptosis)을 저해하여 바이러스 증식을 돕는 기능과 함께 성숙 바이러스 입자 방출 및 확산 조절 기능을 한다.

IBDV의 항원성에 대한 분자수준의 이해는 많은 진전이 있었다. IBDV의 중요 항원으로 주로 VP2와 VP3가 주목을 받았다. 초창기에는 VP3가 먼저 IBDV의 주요 면역원으로 알려졌으나, VP3는 대부분 바이러스 중화나 방어와는 무관한 항체를 유도한다. 실제로 VP3에 위치한 네 곳의 항원 부위(antigenic domain)는 두 혈청형 모두에 공통적인 항원결정기(group-specific epitope)를 포함하고 있으며, 이중 두 곳의 항원 부위에는 혈청형에 특이적인 항원결정기(serotype-specific epitope)도 포함하고 있음이 밝혀졌다.

반면, VP2는 IBDV의 방어면역원으로 두 곳의 항원 부위가 존재한다. 첫 번째 VP2의 C말단에 위치한 항원 부위는 항원구조에 비의존적이며(conformation-independent), 바이러스 중화와는 무관한 군(group) 특이적인 항체와 일부 분리주에 특이적인(strain-specific) 항체가 동시에 유도된다. 두 번째 VP2의 주요 항원 부위는 항원구조에 의존적이며(conformation-dependent), VP2 유전자의 약 2/3 위치에 암호화되어 있다. 이 영역은 아미노산 변이가 높은 빈도로 나타나기 때문에 'VP2 가변영역(hypervariable region)'으로 알려져 있다. 이 영역은 바이러스 중화 및 수동방어면역이 가능한 항체를 유도하며, 혈청형 또는 분리주에 특이적인 항원결정기를 포함하고 있다. 그러나 일부 두 혈청형을 동시에 중화 가능한 군 특이적(group-specific)인 항원결정기의 존재도 보고되었다.

VP2의 항원성에 영향을 미치는 아미노산 변이는 주로 친수성이 높은 네 곳의 아미노산 잔기영역(hydrophilic peak; hot spot)에서 다발하는 것으로 알려져 있다. 친수성 정도가 가장 높은 A영역(aa 212~224)과 B영역(aa 314~324) 및 두 영역에 비해 상대적인 친수성 정도는 낮지만 친수성을 띠는 두 아미노산 잔기영역(1영역, aa 248~252; 2영역, aa 279~290)은 VP2 난백실 구조상 가장 바깥쪽으로 노출된 루프(loop) 부위에 해당하며, 결과적으로 바이러스 입자의 가장 외측 표면으로 표출된다.

IBDV의 병원성을 이해하기 위한 분자 수준의 연구가 많은 진전도 있었으나 명확한 기전은 아직까지 규명되지 못했다. 2000년대에 접어들어 IBDV 두 혈청형에 대한 역유전학기법(reverse genetics system)이 시도되어 혈청형 1형의 A분절이 바이러스의 F낭 친화적 감염(bursal tropism)에 관여하고 있음이 입증되면서 분자 수준의 연구기반이 한층 더 공고해졌다. 고병원성형 바이러스와 순화시킨 약병원성형 바이러스 간의 VP2 유전자를 상호 치환한 재조합바이러스의 동물접종 실험을 통해 VP2가 고병원성형 바이러스의 유일한 병원성 결정인자는 아닌 것으로 확인되었다. 그러나 병원성 바이러스가 세포배양에 적응하기 위해서는 VP2 내의 아미노산 변이를 필요로 하며, 변이의 결과로 병원성이 감소함이 보고되었다. 결론적으로 역학 및 실험 연구를 통해 고병원성형(vv type) 또는 병원성 표현형(phenotype) 등 IBDV의 병원성 발현에는 유전체의 두 분절 모두 관련되어 있는 것으로 밝혀졌다. 따라서 서로 다른 IBDV 유행주 간 유전체 분절의 재배열(reassortment)로 인해 vvIBDV가 출현했을 가능성도 배제할 수 없다. 실제로 전형적인 vvIBDV 보다 병원성은 모두 낮지만 vvIBDV의 A분절과 다른 병원성 혈청형 1형 또는 비병원성 혈청형 2형의 B분절로 재배열된 야외 분리주가 보고되었다. 이와 함께 서로 다른 IBDV 유행주 간 동일 분절 내에서 일어나는 상동성 재조합(homologous recombination)에 의한 표현형 바이러스의 병원성 발현 관련성도 계통발생학적 연구를 통해 제기되었다.

바이러스 복제

계태아 신장(chicken embryo kidney; CEK) 세포에 접종한 IBDV는 75분 이내에 세포에 부착하여 4~6시간의 잠복기를 거쳐 10~36시간의 증식주기를 갖고 새로운 감염성 바이러스 입자로 방출된다. Vero 및 BGM-70 세포에서는 더 긴 48시간의 증식주기를 갖는다.

혈청형 1형과 2형은 세포종류에 따라 공통적인 또는 혈청형 특이적인 몇 종의 수용체(receptor)를 이용한다. 그러나 Vero 세포에서는 증식적응 여부와 관계없이 어느 IBDV 분리주도 동일한 수용체와 결합하지만, vvIBDV는 적응 과정 없이는 Vero 세포에서 증식이 용이하지 않다. 이는 세포 부착단계 이후 vvIBDV 증식 과정에 작용하는 미지의 장해요인이 존재하기 때문인 것으로 추정된다. 1998년에 처음으로 병원성 IBDV의 수용체가 IgM을 발현하는 미성숙 B 림프구 세포막상의 당단백질로 동정되었다. 이후 조류 유래의 DT40 세포주 표면에 발현하는 IgM의 λ light chain, 조류 유래의 DF1 세포주 표면의 chicken heat-shock protein 90, 설치류 유래의 3T3 세포주 표면의 $\alpha4\beta1$ integrin이 각각 IBDV의 수용체로 추가적으로 동정되었다. 특히, $\alpha4\beta1$ integrin 수용체는 모든 IBDV VP2의 가장 외측으로 노출된 영역에 공통적으로 보존되어 있는 인테그린-결합 부위(integrin-binding motif)와 상호작용한다.

표적세포로의 침투는 바이러스 부착단백질(antireceptor)이 세포막의 수용체와 결합한 후 짧은 시간 내에 이루어진다. 부착과는 달리 세포 침투는 에너지를 필요로 하는 과정이며, 침투가 되려면 세포대사가 활성을 띠어야 한다. 세포막에 결합된 IBDV 입자의 침투는 몇몇 세포성 인자의 작용으로 가장 일반적인 세포내유입(endocytosis) 기전에 의한 소낭(endosome) 형태로 이루어진다. 칼슘이온(Ca^{2+})은 바이러스 입자의 구조를 안정화시키는 효과가 있지만 소낭 내 낮은 농도의 칼슘이온으로 바이러스 입자의 치밀한 구조가 소실됨과 동시에 pep46의 방출이 촉진된다. 이후 pep46은 소낭막에 구멍을 내어 바이러스의 유전체가 세포질로 나갈 수 있는 통로를 형성하는 등 일련의 과정은 IBDV의 세포 내 감염에 중요하게 작용한다.

IBDV의 RNA 합성기전은 명확히 밝혀져 있지 않지만, VP1이 RdRp로서 유전체에 결합되어 통상적인 dsRNA 유전자 가닥의 변위기전을 통해 핵산을 복제하고 있음을 나타내고 있다. 외피막을 갖지 않는 IBDV는 탈각과정 없이 세포 내 침투와 동시에 RdRp가 활성화되어 전사와 복제가 이루어진다. 먼저 감염된 세포의 세포질 내에서 (+)가닥과 (-)가닥으로 나뉜다. (+)가닥은 mRNA로 활용되고, (-)가닥은 mRNA를 생산하기 위한 주형으로 활용됨과 동시에 자손입자를 위한 유전체 합성에 활용된다. 특히, 3′ 말단의 UTR은 RdRp가 특이적으로 결합하여 효율적인 핵산복제를 하는데 중요한 역할을 한다. 유전체와 결합되어 있지 않은 VP1은 VP3의 VP1-결합 부위와 상호작용을 통해 구조적 변화가 유도되어 활성화된다.

IBDV에 감염된 계태아 섬유아(chicken embryo fibroblasts; CEF)세포에서 숙주 단백질의 합성은 계속 이루어진다. 체외에서(in vitro) 배양한 닭의 F낭 림프구에서 바이러스 유래 항원은 감염 후 90분만에, 배양 상층액에서는 6시간 후에 검출된다. VP1이 IBDV RNA의 번역에도 관여하고 있음을 암시하는 세포 유래 번역개시인자 4AII와의 상호작용이 보고되었다. 감염된 세포에서 바이러스성 다단백질의 축적이 미미한 것은 다단백질 형태의 번역과 동시에 절단되고 있음을 의미한다. IBDV 입자 조립에는 대부분의 바이러스 단백질이 관여하고 있으나 특히, VP1이 바이러스 RNA와 가장 먼저 상호작용한다. 이후 VP3은 VP3 자체, pVP2, VP1 및 유전체와 각각 상호작용하여 바이러스 입자의 부분적 형태 조립 및 완전한 캡시드 형성에 중요한 역할을 한다. pVP2의 최종 성숙은 조립이 완성된 캡시드 내에서 C말단 펩타이드의 순차적인 절단에 의해 이루어진다.

바이러스 입자는 감염된 세포의 세포질 내에 축적된다. 이는 VP5가 숙주세포의 감염 초기단계에 카스파아제(caspase)와 NF-κB의 경로를 방해하여 세포자살(apoptosis)을 막아주기 때문으로 여겨진다. 그러나 VP5 혹은 VP2 역시 감염된 세포의 세포자살을 유도한다는 보고도 있다. 한편, VP5는 감염된 세포의 세포막에 구멍을 형성하여 바이러스의 방출에도 관여하고 있다.

화학적, 물리적 요인에 대한 저항성

IBDV는 물리적·화학적 외부 환경에 매우 안정적인 속성을 지닌 바이러스로 환경저항성이 매우 높다. 바이러스는 에테르(ether)와 클로로포름

(chloroform) 처리에 저항성을 보이며, pH 12.0의 알칼리에서는 사멸되지만, pH 2.0의 산성에서는 감염성에 영향을 미치지 못한다. 또한, 0.5% 페놀(phenol)과 0.125% 티메로살(thimerosal)에 30℃, 1시간 처리해도 감염성에 영향을 미치지 못한다. 3종의 소독제(요오드복합체, 페놀유도체, 4급 암모늄화합물) 각각을 23℃, 2분간 처리해도 요오드복합체에 한해서만 일부 소독효과를 보인다는 연구 결과도 있다. 그러나 0.5% 포르말린(formalin)에 6시간 처리하거나 0.5% 클로라민(chloramine)에 10분간 처리할 경우, 그리고 0.05% 수산화나트륨(sodium hydroxide)이 함유된 역성비누로 처리하면 완전히 사멸되거나 감염성이 현저히 감소된다. 또한, 고농도의 메틸 이소티오시안산염(methyl isothiocyanate) 화합물이 주성분인 훈증제를 오염된 깔짚에 1시간 접촉시키면 바이러스를 사멸시킬 수 있다.

IBDV의 감염성 입자는 열에도 비교적 안정적이다. 바이러스에 감염된 F낭 유제액을 70℃, 75℃, 80℃에 열처리하면 바이러스 역가가 초기에는 급격히 하락하지만, 이후 단계적인 역가(log_{10}) 감소에는 각각 18.8, 11.4, 3.0분이 소요되는 등 고온에서도 바이러스의 감염성이 서서히 감소하는 양상을 보인다. 바이러스를 접종한 닭고기 제품의 심부온도를 71~74℃로 조리하면 감염성 바이러스가 잔존한다는 보고도 있다. 또한, 농장의 감염된 폐사체는 8.8일간 55°C 이상에 노출시키고 14일간 퇴비화 처리해야 감염조직 내의 바이러스를 완전히 사멸시킬 수 있다. 따라서 IBD 발생 농장은 세척 및 소독을 철저히 실시해도 환경저항성이 강한 속성을 지닌 바이러스가 오염된 사육 환경에 장기간 생존하므로 재발 가능성이 높아 세척 및 소독과 더불어 충분한 휴지기를 갖는 등 철저한 후속조치가 필요하다.

야외주 분류

IBDV의 분리주를 분류하기 위한 다양한 표현형 및 분자유전학 분석법이 개발되어 왔다. 바이러스를 발견한 이래로 혈청형 분류와 같이 표현형의 항원적 특성에 기초한 분류체계가 효율적으로 이용되고 있다. 실제로 항체와 교차 중화시험(VN)을 이용한 분리주의 혈청형 분류는 방어면역과 높은 상관성을 보인다. 그러나 분자유전학적 분류는 진단 및 역학에는 유용하지만, 새로운 유전형의 끊임없는 출현 가능성 때문에 현재의 바이러스 분류체계로는 한계가 있다.

IBDV에는 두 종의 혈청형(1형, 2형)이 존재하며, 두 혈청형 모두 항원성 변이를 보인다. 혈청형 1형과 2형 간의 교차반응은 30%에 불과하다. 동일 혈청형 2형에 속하는 두 종의 바이러스 간에도 33%에 불과한 항원적 관련성을 보이고 있어, 혈청형 1형과 마찬가지로 2형의 바이러스 간에도 항원적 다양성을 나타낸다. 혈청형 1형과 2형은 VN 시험으로는 구별되나, 형광항체반응이나 ELISA로는 구별할 수 없다. 혈청형 2형은 병원성이 없으며, 닭에 병원성이 있는 혈청형 1형을 방어하지 못한다. 혈청형 2형의 바이러스는 1982년에 칠면조에서 처음 분리되었고, 이후 1990년에 닭에서의 존재도 확인되었다. 또한, 혈청형 2형에 대한 항체는 닭과 칠면조 모두에서 흔히 검출된다.

혈청형 1형의 변이형 바이러스의 존재는 1984년에 미국에서 처음으로 확인하고, 이듬해 1985년에 분리·동정되었다. 현재 표준형으로 분류하고 있는 당시의 상용화 백신주는 변이형을 완전히 방어해 내지 못했다. 단클론항체와 교차 VN 시험으로부터 이 변이형 바이러스는 기존 혈청형 1형 바이러스의 주요 항원 부위에 야외에서 변이가 발생하여 출현한 것으로 추정한다. 또한, 유전자 염기서열 분석을 통해 VP2 친수성 잔기영역에서 몇몇 아미노산 잔기의 변이가 확인되었고, 이는 변이형 바이러스에서 보이는 항원변이와 상관성이 있다. 한편, 변이형 바이러스로 분류되는 닭에서 유래한 각국의 분리주가 호주(2000년), 유럽(2004년) 및 중국(2019년)에서 동정되었지만, 미국의 변이형 바이러스와는 유전적·항원적으로 서로 상이하다. 또한, 이들 변이형 바이러스의 항원적 변이가 교차방어에 미치는 영향은 조사되어 있지 않다.

1989년에 유럽에서 처음 보고된 vvIBDV는 항원적으로 표준형의 혈청형 1형 바이러스와 유사하다. 요약하면, 현재까지 IBDV의 '항원형(antigenic type)'은 표준형과 변이형의 혈청형 1형 및 2형 등 세 종으로 분류할 수 있다. 또한, 이들 항원형별 아형(subtype) 역시 다수 보고되어 있다.

IBDV의 교차공격접종시험은 항원형 분류에 이용되는 교차 VN 시험과 유사한 결과를 보인다. 표준형의 혈청형 1형 바이러스는 표준형을 방어하고, 변이형의 혈청형 1형을 부분적으로 방어한다. 변이형의 혈청형 1형 바이러스는 변이형과 표준형 모두를 방어한다. 혈청형 2형 바이러스는 병원성이 없어 공격접종이 무의미하며, 혈청형 1형 바이러스의 공격접종으로부터 방어하지 못한다. 따라서 현재까지 IBDV의 '방어형(protective type)'은 혈청형 1형에 속하는 표준형과 변이형 등 두 종으로 분류할 수 있다.

IBDV의 분자유전학적 분석법은 민감도가 높고 신속하며, 비정제 또는 불활화 시료도 사용 가능하고, 바이러스 증식도 불필요하다는 장점 등으로 널리 활용된다. 가장 보편적인 방법은 RT-PCR과 제한효소단편다형성(restriction enzyme fragment length polymorphisms; RFLP) 분석법이며, 주로 'VP2 가변영역'의 분자유전학적 특성분석을 목적으로 이용되고 있다. 또한, B분절의 제한효소 절단 양상에 따른 IBDV 야외주 분류를 위해서도 RT-PCR/RFLP가 이용되었다. 현재까지 알려진 분자수준의 분류는 항원형 및 방어형의 분류와는 일치하지 않기 때문에 분자수준의 유전학적 의미를 해석할 때는 신중해야 한다. 더욱 명확한 바이러스의 분자특성 규명은 바이러스 전유전체 염기서열분석과 기존에 분석된 바이러스와의 계통발생학적 관계를 밝힘으로써 가능하다. 유전학적 근연성을 최적으로 평가하기 위해서는 유전체 두 단편 모두의 분자특성 규명이 필요하다. 병원성에 대한 유전학적 기초가 아직은 정립되어 있지 않기 때문에 유전 정보로부터 표현형을 추정하는 것은 여전히 잠정적일 수밖에 없다.

역학

자연숙주 및 발생분포

닭, 칠면조, 오리, 메추라기 등 가금류를 포함한 다양한 야생조류가 IBDV의 자연감염 숙주이며, 현재까지 닭이 임상적으로 감수성이 가장 높은 것으로 알려져 있다. 혈청형 1형의 바이러스가 타조와 물새에서 분리되었으며, 특히 닭에서 병원성이 확인된 물새 분리주는 vvIBDV의 유전학적 특성을 보였다. 또한, vvIBDV 관련 바이러스는 국내에서도 까치 폐사체로부터 분리되었으며, 비둘기와 뿔닭에서는 RT-PCR을 통해 검출되었다. 닭 유래 vvIBDV의 공격접종으로부터 꿩, 자고, 뿔닭은 질병이 유발되지 않고, 어떠한 임상증상 및 병변도 나타나지 않는다. 그러나 메추라기의 경우는 vvIBDV의 접종주에 따라 감염되지 않거나 혹은 무증상감염으로 수 일간 분변으로 바이러스가 배출되고 중화항체가 유도되는 사례도 있다. 혈청형 2형 IBDV도 닭과 칠면조 이외에 무증상의 야생 펭귄에서 분리되었다. 또한, 혈청학적 예찰로부터 오리, 꿩, 까마귀, 매, 갈매기, 펭귄 등 다양한 야생조류에서 IBDV의 항체가 검출되었다.

모든 품종의 닭은 병원성 IBDV에 자연감염되면 영향을 받게 되며, 임상적으로 감수성이 가장 높은 시기는 2~6주령이다. 2주령이하의 어린 닭은 임상증상은 경미하지만, 심각한 면역억제로 인해 막대한 경제적 피해를 초래할 수 있다. IBDV에 대한 닭의 일령별 감수성은 바이러스의 표적장기인 F낭의 기능 여부와 연관되어 있다. 3일령 병아리에 면역억제제(cyclophosphamide)를 처치한 후, 4주령 때 바이러스를 접종하면 매우 심각한 임상증상 및 병변이 유발되었다. 4주령 닭의 F낭을 외과적으로 절제한 직후 또는 1주 경과 후 접종하면 어떠한 임상증상도 보이지 않는 반면, F낭 절제를 하지 않은 닭은 100% 폐사한 논문도 있다. 또한, F낭 절제술을 시행한 닭은 그렇지 않은 대조군에 비해 1,000배 정도 적은 양의 바이러스가 검출되었고, 5일째에는 중화항체가 유도되었다.

F낭의 출혈성 조직병변은 아더스반응(Arthus reaction; 괴사, 출혈, 다수의 다형핵 백혈구 침착)과 같은 면역복합체의 형성결과와 유사하다. 이 반응은 항원-항체-보체 복합체에 의해서 생기는 국소 면역손상의 일종으로 화학주성인자(chemotactic factor)가 유도되어 출혈 및 백혈구 유주가 일어난다. 2주령의 닭은 감염 후 72시간이 되어도 8주령 닭과는 달리 보체가 거의 검출되지 않고 있어, 2주령 닭이 아더스 유형의 병변을 일으키지 않는 이유는 보체가 충분하지 않기 때문으로 추정된다. 또한, 급성 IBDV로 인한 F낭 병변 유발에 비만세포(mast cell)의 활성도 관여하고 있다.

혈청형 1형 IBDV 감염은 세계적으로 분포되어 있고, 모든 주요 가금류 생산지에서 발생하고 있다. 이들 생산지의 감염 빈도는 자연감염이나 백신접종으로 바이러스에 노출되는 등 사육단계의 초기부터 긴 기간에 걸쳐 높게 나타난다. 대다수의 생산자들이 실시하고 있는 백신접종 프로그램으로 거의 모든 닭은 IBDV에 혈청 양성반응을 보인다. 따라서 vvIBDV와 같은 변이주에 노출되어도 항체에 의해 임상증상이 변형되어 나타나기 때문에 전형적인 임상증례는 흔하지 않다. 그러나 vvIBDV는 여전히 세계적으로 지배적인 바이러스로 여겨지며, 경제적 피해 발생의 주요 요인으로 작용하고 있다. 또한, 생백신의 빈번한 접종으로 병원성을 회복한 백신주의 지속적인 순환감염 및 면역억제로 인한 2차 감염 등도 생산자의 경제적 피해에 크게 작용하고 있다.

전파

IBD는 전염성이 매우 강하며, 바이러스는 계사 환경에서 장기간 생존이 가능하다. 오염된 깔짚 및 분변에서는 54~122일간, 음수, 사료 및 환기팬의 분진 등에서는 52일간 감염성 바이러스가 생존할 수 있다. 또한, 딱정벌레, 모기, 쥐 등은 질병 전파 매개체로 작용할 수 있다. IBDV에 감염된 폐사체를 사료로 섭취한 개는 2일간 분변으로 감염성 바이러스를 배출할 수 있다. 최근에는 도계 과정에서 수집한 F낭에 야외주가 높은 비율로 오염된 사례가 보고되면서 가금육 유통 과정을 통해서도 전파될 수 있다는 우려가 커지고 있다.

잠복기

잠복기는 짧으며, 감염 후 2~3일 이내에 임상증상을 보인다.

이병률 및 폐사율

감수성이 높은 계군의 경우, 질병이 갑자기 발생하며, 보통 이병률이 100%에 이른다. 평균 폐사율은 20~30%이며, vvIBDV의 경우 표준형에 비해 높은 폐사율을 보인다. 폐사는 보통 감염 후 3일째에 나타나기 시작하여 5~7일 사이에 가장 높은 폐사율을 보이다가 점차 감소한다. 1980년대 후반, vvIBDV는 유럽에서 문제가 되었으며, 4주령의 레그혼에서 90~100%에 이르는 폐사율을 나타냈다.

일반적으로 IBD는 처음 발생을 경험하는 농장에서 가장 심각하다. 이후 재발이 흔히 나타나지는 않지만 후대병아리에 재발해도 첫 발생에 비해 비교적 덜 심각하다. 농장 감염에 있어서 많은 경우는 3주령 미만의 일령에, 비병원성 야외주에, 또는 모체이행항체가 있는 상태의 감염 등으로 불현성 경과를 나타내는 사례가 많다.

임상증상

임상증상은 일령에 따라 매우 다르며, 크게 준임상형과 임상형으로 구별할 수 있다. 준임상형은 F낭이 미성숙한 2주령 이하의 병아리에 감염된 경우로 폐사 또는 특징적인 임상증상은 현저하지 않으나, F낭의 손상으로 면역능력이 크게 저하되는 경우이다. 감염 시기가 빠를수록 면역억제가 심하게 나타난다. 이러한 면역억제로 인해 뉴캣슬병 및 마렉병 백신 등의 면역반응이 충분히 유도되지 못하고, 대장균증, 살모넬라 감염증, 닭 아데노바이러스 감염증, 콕시듐증 등 2차적인 질병이 속발하는 경우가 많다.

임상형은 F낭이 상대적으로 성숙한 시기인 약 2~6주령에 감염되는 경우이다. 감수성이 있는 계군에서는 갑작스런 질병의 발생 시 이병률은 거의 100%에 이른다. 감염된 닭은 깃털이 헝클어지고 사료와 물을 섭취하지 않으며 몸을 웅크리는 임상증상이 나타난다. 또한, 수양성 또는 백색 설사로 인한 항문 주위 깃털의 오염 및 탈수증세를 보이고, 이러한 경과로 저체온증이 나타나기도 한다. 질병의 경과로 심한 체중감소와 함께 운동실조, 심한 허탈 등이 나타나고 마침내 폐사한다. 폐사율은 평균 20~30%이다. 고병원성형의 경우는 표준형에 비해 높은 폐사율을 보이며, 2주령 이전이나 14주령 전후에도 감염되어 60~100%의 폐사율을 나타내는 경우도 있다. 폐사는 보통 감염 후 3일째에 나타나기 시작하여 5~7일 사이에 가장 높은 폐사율을 보인다. 농장에서 처음 발생하는 경우에 가장 급성경과를 보이고, 이후 재발하는 경우는 발병 정도가 약해지고 진단에서 검출되지 않는 경우가 많다. 변이형의 경우 뚜렷한 임상증상을 보이지 않지만 표준형 이상의 심각한 면역억제가 나타난다.

병리

육안병변

IBDV는 주요 표적장기인 F낭에 감염 후 경과에 따라 특징적인 병변을 나타낸다. 보통 감염 후 3일째에는 수종과 충혈로 F낭의 크기와 무게가 증가하고, 4일째에는 무게가 원래보다 2배정도 증가한 후, 크기가 급격히 줄어들기 시작한다. 5일째에는 F낭의 무게는 정상으로 회복되지만, 크기가 지속적으로 위축되며, 8일째부터는 크기와 무게가 원래의 1/3 혹은 그보다 더 감소한다. 감염 2~3일째에는 F낭 점막표면을 덮는 젤라틴성 노란 삼출물이 생기고, F낭 표면은 세로줄무늬가 현저히 두드러지며, 정상적인 흰색이 황백색(연노랑)으로 변하는 등 염증소견을 보인다(그림 7-2). 삼출물은 F낭이 정상적인 무게를 회복하면서 사라진다. IBDV에 감염된 F낭의 점막 표면에는 괴사반점과 더불어 점상 및 반상 출혈을 보인다. 병원성이 강한 경우, F낭 전체에 심한 출혈을 동반하기도 하며(그림 7-3), 이러한 경우 혈변이 관찰되기도 한다.

폐사한 닭은 탈수상태를 보이며 흉근이 암적색으로 변색되어 있다. 소장 내 점액의 증가로 심각한 탈수가 야기되어 폐사가 촉발된다. 부검 중에 흔히 대퇴근과 흉근에 출혈을 보이는 경우가 있다(그림 7-4). 비장은 약간 종대되고 표면에 균일하게 분포한 회색반점이 관찰된다. 때로는 선위와 근위 연접 부위 점막에 출혈을 보이며, 출혈에 의해 혈액이 위산과 반응하여 생긴 흑색변(melena)이 생길

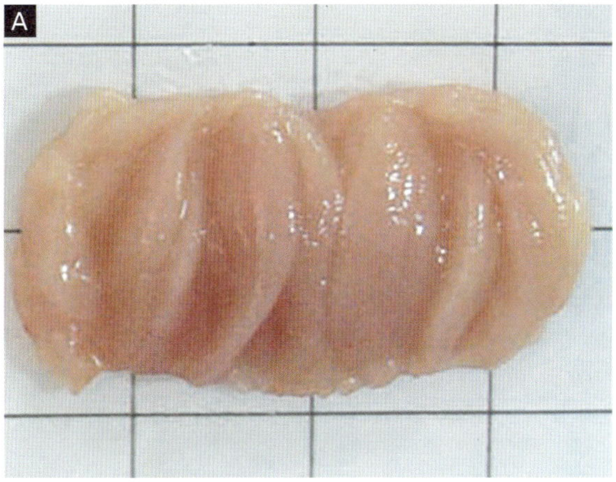

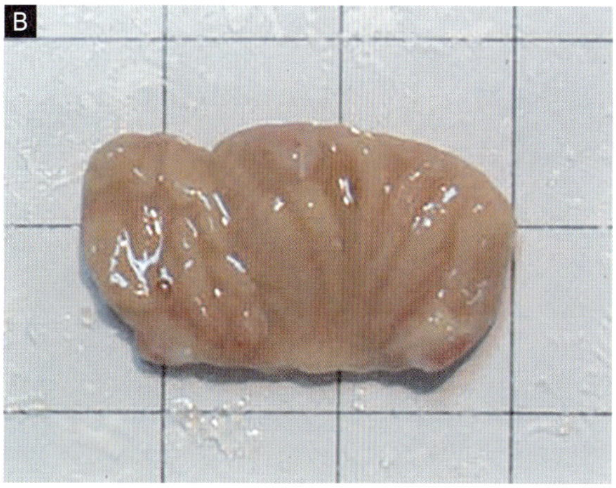

그림 7-2 정상 F낭(A)과 IBDV 감염에 의한 F낭의 황백색 삼출물을 함유한 염증반응(B)

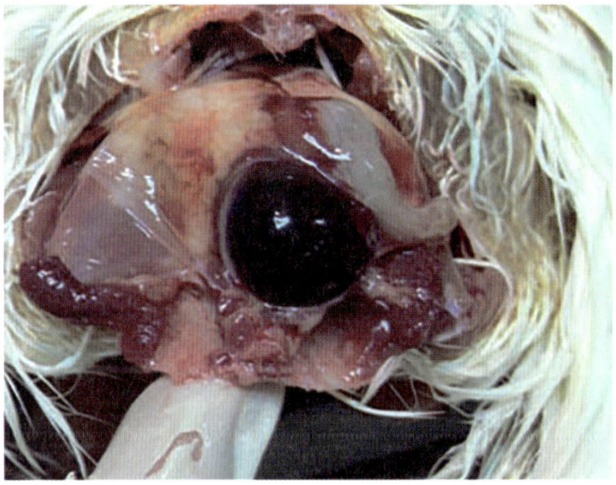

그림 7-3 vvIBDV 감염에 의해 심한 출혈을 보이는 F낭

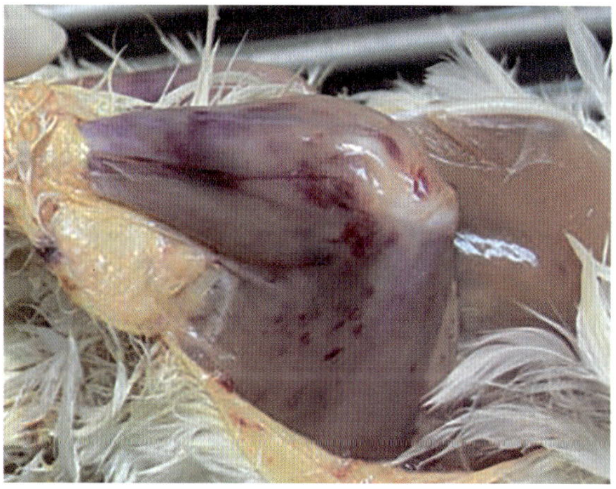

그림 7-4 IBDV 감염에 의한 대퇴근 출혈

수 있다.

vvIBDV는 중간수준의 병원성을 보이는 바이러스에 비해 흉선지수(thymic weight index; 체중 대비 흉선무게)를 크게 감소시키고, F낭 병변은 유사한 수준이지만 맹장편도, 흉선, 비장, 골수에는 더욱 심한 병변을 일으킨다. 이는 vvIBDV의 병원성이 F낭 이외의 림프장기와도 연관이 있으며, 이러한 림프장기 내의 항원분포와도 연관되어 있을 것으로 추정된다.

조직병변

IBDV에 의한 조직학적 변화는 F낭에서 가장 심하며, 주된 조직병변은 F낭, 비장, 흉선, 하더선(Harderian gland, 눈꺼풀깊은샘), 맹장편도와 같은 림프조직에 나타난다. 바이러스 감염 후 1일째에 F낭의 림프여포(lymphoid follicle)의 수질부위에 림프구 변성과 괴사가 나타나며, 모든 림프여포는 감염 후 3~4일째에 병변을 보인다. 이 시점에서 심한 수종, 충혈 및 현저한 염증세포 출현 등으로 F낭의 무게도 증가한다. 이후 염증반응이 감소함에 따라 림프여포의 수질 부위에 공포(cystic cavity)가 형성되며, 호중구와 형질세포의 괴사와 식작용이 일어난다. 또한, 림프여포 사이의 결합조직에 섬유조직이 형성된다(그림 7-5).

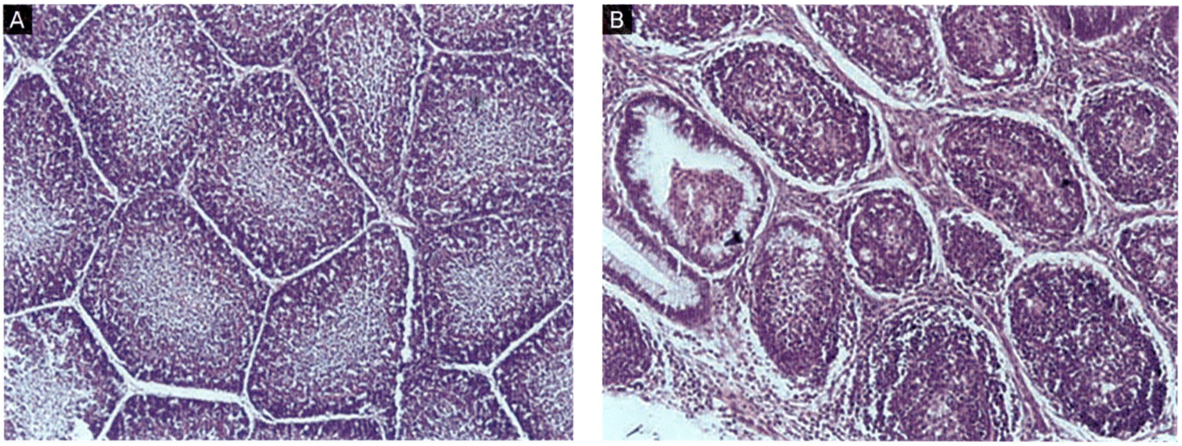

그림 7-5 IBDV 감염에 의한 F낭 조직의 림프구 괴사로 인한 림프여포 위축과 염증세포 침윤 및 공포형성. (A) 정상, (B) 감염

변이형 IBDV는 염증반응의 유무와 관계없이 F낭에 광범위한 손상을 일으킨다. 표준형 IBDV에 감염된 어린 닭의 F낭 병변이 회복되는 경우에 두 가지 유형의 F낭 림프여포를 관찰할 수 있다. 첫 번째는 바이러스 감염으로부터 생존한 내재성 F낭 줄기세포에 의해 재구성된 크기가 큰 여포로서 말초 B 세포를 생산하는 정상적인 기능을 하게 된다. 두 번째는 작고 발달 정도가 미약하여 피질과 수질을 식별하기 어려운 크기가 줄어든 여포로서 말초 B 세포를 생산하지 못하므로, 이러한 여포를 가진 닭은 항체반응이 일어나지 않는다. 흉선에 병변을 유발하는 vvIBDV에 의한 F낭 병변은 표준형과 유사하거나 혹은 더욱 심하고 지속적인 조직병변을 유발한다.

비장은 감염초기에 동맥 주위의 세망내피계세포(reticuloendothelial cell) 과다증식이 나타난다. 3일째에 림프소절의 림프구 괴사를 보이다 림프소절의 손상 없이 빠르게 회복된다. 또한, 흉선과 맹장편도 역시 감염 초기에 림프조직 내 세포반응을 보이나 F낭 보다 병변 부위가 넓지 않고 비장과 마찬가지로 빠르게 회복된다. 1일령 병아리가 IBDV에 감염되면 하더선은 심각한 영향을 받을 수도 있다. 일반적으로 하더선은 일령에 따라 형질세포가 침윤되어 상재하는 곳으로 바이러스 감염으로 인해 형질세포의 침윤이 저해를 받거나 침윤된 형질세포의 괴사가 유발된다.

면역억제

IBDV가 1일령의 병아리에 감염되었을 경우, 뉴캣슬병 백신에 대한 체액성 면역반응의 억제가 가장 크게 나타난다. 7일령의 경우에는 약간의 면역억제를 보이며, 14일령 혹은 21일령의 경우에는 뉴캣슬병을 비롯한 다른 백신에 대해서도 매우 낮은 수준의 면역억제를 보인다. IBDV에 조기에 감염된 병아리는 백신에 대한 면역반응이 억제될 뿐만 아니라 봉입체성간염, 닭 전염성빈혈, 전염성기관지염, 마렉병, 전염성후두기관염, 괴저성피부염, 대장균증, 살모넬라 감염증, 캠필로박터 감염증, 콕시듐증 등에 감수성이 높아진다.

감염에 영향을 받는 다른 림프장기로 하더선은 상부 호흡기관의 국소면역에 관여한다. 1~5일령 어린 병아리가 IBDV에 감염되면 하더선의 혈장세포 함량은 7주간 지속적으로 현저히 감소한다.

IBDV에 감염된 1일령 병아리는 혈중 IgG가 완전히 결여되어 있고 IgM만을 생성한다. 감염 개체는 말초혈액 내의 B 림프구는 감소하지만, T 림프구는 크게 영향을 받지 않는다. 바이러스는 주로 닭의 B 림프구, 특히 성숙한 B 림프구보다 미성숙 혹은 전구체 B 림프구에서 증식한다.

감염에 따른 림프구 용해 외에도 세포자살(apoptosis)은 면역억제의 또 하나의 기전이다. 세포자살은 병변 발생의 기전임과 동시에 다양한 조직과 장기를 형성하는 기전이기도 하다.

발병기전

IBDV는 F낭 조직에 24시간 이내에 감염한다. 닭의 경구를 통해 접종된 바이러스는 4시간 후에 맹장의 대식세포와 림프구에서 처음으로 검출되며, 1시간 더 경과한 후에는 십이지장과 공장의 림프구에서도 검출된다. 또한, 바이러스는 접종 5시간 후에 간에서 검출되며, 이후 혈류로 유입되어 F낭을 비롯한 여러 조직으로 퍼져가서 다량의 바이러스 혈증을 일으킨다. 그러나 비림프구 조직 내의 바이러스는 F낭에 비해 몇 단계 낮은 역가(log_{10})를 보이고, 바이러스 혈증을 보이는 시기에 국한되어 나타난다.

IBDV 감염은 SPF(specific pathogen free) 닭의 F낭 조직 내에서는 최대 3주까지 지속되지만 모체항체가 있는 육계에서의 감염 지속기간은 더욱 짧다.

진단

IBD는 감수성 닭에 급성으로 발병할 경우, 비교적 쉽게 인지가 가능하며, 추정진단이 용이하다. 빠른 발병, 높은 이병률, 급격한 폐사 곡선(spiking mortality curve), 빠른 회복(5~7일) 등 특징적인 임상증상을 보인다. 확진은 부검을 통한 F낭의 육안병변을 확인함으로써 가능하다. 육안병변으로는 염증반응에 의한 F낭의 크기 증가 후 급격한 위축과 변색이 나타난다.

바이러스 분리 및 동정

시료

F낭은 바이러스 역가가 높고 감염이 지속되기 때문에 바이러스 분리에 가장 적합하다. 다른 장기에도 바이러스가 존재하지만 역가가 낮고 감염기간도 비교적 짧다.

계태아 배양

초창기에 계태아를 이용한 바이러스 분리는 어려움이 많았고, 성공해도 연속해서 배양하기도 어려웠다. 바이러스 분리에 주의가 필요한 세 가지 요인은 다음과 같다. (1) 질병에서 회복한 닭의 부화란은 바이러스 증식을 강하게 저해한다. (2) 초기 분리주 계대시, 요막강액(allantoic fluid; AF)에는 매우 낮은 수준의 바이러스가 장뇨막(chorioallantoic membrane; CAM)과 배아에는 높은 수준 혹은 동일 수준의 바이러스가 존재한다. (3) CAM, 요막강(allantoic cavity; AC), 난황낭(yolk sac; YS) 등 접종 경로별 바이러스 역가는 CAM이 가장 높고, AC는 CAM에 비해 1.5~2.0 log_{10}/EID_{50}이 낮은 역가를, YS는 그 중간수준의 역가를 보인다. 일반적으로 계대이에 적응한 바이러스는 감염 후 72시간만에 최고 역가에 도달한다. 따라서 야외주에 감염된 F낭 유제액을 9~11일령 계태아의 CAM 경로로 접종하여 분리하는 것이 가장 민감하고 효과적이다.

10일령의 계태아에 바이러스를 접종하면 보통 3~5일 후에 폐사한다. 계태아의 육안병변으로는 복부의 부종성 팽창, 피부울혈과 점상 출혈(특히 날개 부위), 때때로 발가락관절과 대뇌 부위 출혈, 발생 후기 단계에서는 간의 괴사 및 반상 출혈, 살짝 데친(parboiled) 형태의 창백한 심장, 신장의 울혈과 반상 출혈, 폐의 심한 울혈, 작은 괴사반점을 동반한 창백한 비장 등이 관찰된다. CAM의 접종부위에 플라크(plaque)는 나타나지 않지만,

종종 작은 출혈 부위가 나타난다. IBDV 변이형에 의한 계태아의 병변은 표준형에 의한 병변과는 상이하다. 변이형에 의한 병변은 비장 종대 및 간 괴사가 특징적이며, 폐사는 거의 없다. 반면에 vvIBDV는 표준형과 마찬가지로 계태아에 유사한 병변을 유발하며, CAM이 vvIBDV가 계태아에 감염되는 가장 민감한 경로이지만, YS를 통한 바이러스 접종도 대안이 될 수 있다. 보통 혈청형 2형을 CAM 경로로 계태아에 접종하면 전형적인 병변은 유발되지 않으며, 유일한 징후는 약간 창백해진 황백색(연노랑)의 계태아가 관찰된다.

세포배양

IBDV는 주로 B 림프구에서 증식하므로 F낭 초대세포배양(primary cell culture) 또는 B 림프구 유래의 연속계대 세포주(continuous cell line)가 바이러스 분리에 이용될 수 있다. 그러나 몇몇 야외주는 분리가 까다롭고, 바이러스가 계태아나 B 림프구에서 증식할 수 있다고 해도 CEF 또는 신장이나 간과 같은 다른 장기에서 유래한 세포에 쉽게 적응(adaptation)되지 않는다.

많은 IBDV 분리주는 계태아 유래의 초대세포배양을 통해 적응시켜 왔으며, 세포변성효과(cytopathic effect; CPE)를 형성하므로 플라크 분석 또는 역가측정이 가능하다. 야외주를 순화생백신주로 개발하기 위하여 계태아의 F낭 초대세포배양도 이용되었고, 이후 CEK에 적응·순화 과정을 거쳐 CEF에서 증식시키기도 하였다. IBDV는 닭 유래 세포 이외의 칠면조와 오리 유래의 배아세포에서도 배양이 가능하다.

IBDV 분리주 증식을 위해 조류 유래의 몇몇 세포주도 이용되었다. 조류의 섬유아세포주인 DF1과 QT35, 조류 백혈병 바이러스 유래의 DT40 림프종 세포주와 B-림프아구세포주인 LSCC-BK3 등이 대표적이다. DT40 및 LSCC-BK3 세포주는 CEF에 적응 과정 없이 병원성 IBDV의 배양이 가능하며, 특히 DT40 세포주의 경우는 IBDV의 지속감염도 가능하다고 알려졌다.

포유류 유래의 세포주 또한 IBDV 증식에 사용되었다. 토끼 신장세포(RK-13), 마우스 배아세포(BALB/c 3T3), 원숭이 신장세포(Vero, MA104), 어린 긴꼬리원숭이 신장세포(BGM-70) 등이 대표적이다. Vero, MA104, BGM-70 세포주는 변이형의 혈청형 1형 바이러스를 포함한 혈청형 1형 및 2형 모두의 증식이 가능하지만, CPE는 BGM-70 세포주에서 가장 확연히 나타난다. BGM-70 세포주에 적응한 바이러스의 성장곡선 및 VN 역가는 CEF 세포에서와 모두 유사한 결과를 보였다는 보고도 있다. BGM-70 세포주는 자연적으로 감염된 닭의 F낭에서 IBDV를 분리하는데 사용되었고, 보통 2~3회 맹목계대(blind passage)를 통해 CPE를 확인할 수 있었다. BGM-70 세포주 또는 CEF에서 6회 내외 계대배양하면 병원성이 상실되지만, 유사한 횟수의 계대배양을 계태아 종란에서 할 경우 바이러스 병원성은 영향을 받지 않는다. BGM-70 세포주에 적응된 바이러스는 F낭에서 증식력이 현저히 저하된다.

세포배양을 이용해 바이러스를 증식할 경우, 한 가지 고려해야 할 점은 결손입자가 생길 가능성이다. 계태아 세포에 희석 과정 없이 바이러스를 연속계대 배양하게 되면 바이러스의 감염력이 일정하지 않고, 본래 바이러스의 복제·증식은 저해를 받고 결손입자의 생성이 우위를 차지하게 되어, 결과적으로 안정적으로 작아진 크기의 플라크를 형성하는 결손입자가 생기게 된다. 결손입자에는 dsRNA의 A분절이 결여되어 있다.

항원검사

IBDV의 항혈청을 이용한 한천겔침강(agar gel precipitation; AGP) 반응 또는 간접형광항체

(indirect fluorescence antibody; IFA) 반응으로 F낭의 바이러스 및 항원을 검출할 수 있다. 조직에서 직접 야외주를 신속히 검출하고 바이러스 유형을 구별하기 위해 단클론항체를 이용한 효소면역측정법도 이용된다. 또한, VP2 유전자를 표적으로 하여 감염조직에서 직접 바이러스 유무 확인과 동시에 바이러스 유형(표준형, 변이형, vvIBDV)을 구별하기 위한 목적으로 RT-PCR 또는 실시간(real time) RT-PCR과 같은 유전자분석법도 많이 이용되고 있다. 실시간 RT-PCR은 감염조직 내 바이러스의 정량분석도 가능하다.

병원성 평가

IBDV에 노출되었을 때 특징적인 병변과 함께 임상증상을 나타내는 것으로 알려진 동물은 닭이 유일하다. 서로 다른 분리주의 병원성을 평가하기 위한 목적의 비교실험을 실시할 때는 병원성이 잘 규명된 대조군 표준주를 공시하여야 한다. 비교실험의 경우 표준화되어야 할 주요 점검사항으로는 닭의 품종 및 유전적 계통, 일령, 면역상태와 바이러스의 접종 경로, 접종시료의 오염 가능성 및 특히 중요한 접종량 등이다. 야외주의 경우는 닭에서 서로 다른 수준의 병원성을 나타낸다. 예를 들어, 동일 품종의 백색 레그혼 SPF 닭에 급성 IBD를 유발시킨 재현실험의 결과에서 '변이형' IBDV는 F낭에 현저한 병변을 유발한 것 이외에는 임상증상과 폐사를 거의 나타내지 않았다. '표준형' IBDV는 전형적인 임상증상 및 병변 유발과 함께 10~50%의 폐사율을 보였으며, 'vvIBDV'의 경우는 전형적인 임상증상 및 병변과 함께 약 50~100%의 폐사율을 유발했다. 병원성 평가를 위한 비교실험의 경우, 병원성의 기준치(cut-off value)를 정하는 것은 어려울 수 있으며, 특히 A 분절의 유전학적 분석 결과만으로 vvIBDV로 추정된 바이러스는 병원성 수준이 매우 다양하게 나타날 수 있다. 순화생백신주 역시 닭에서 다양한 수준의 병원성을 나타낼 가능성이 있다.

닭과 칠면조에 대한 혈청형 2형 바이러스의 병원성 평가도 이루어졌다. 결론적으로 닭 또는 칠면조 등 분리된 숙주 유래와 관계없이 혈청형 2형 바이러스는 닭에 어떠한 임상증상도, 육안 및 조직병변도 나타내지 않는다. 칠면조에서 분리한 혈청형 1형 또는 2형 바이러스는 1~8일령의 어린 칠면조에 무증상이며, F낭, 흉선, 비장 등에 어떠한 병변도 나타내지 않는다. 단지, 무증상 감염의 3~6주령 칠면조의 F낭에서만 미약한 병변이 관찰되었다. 그러나 감염 일령에 관계없이 바이러스는 전염성을 보이며, 개체는 혈청학적 감염반응을 보인다.

혈청학적 검사

ELISA는 계군의 항체가(antibody titer) 측정을 위한 혈청학적 검사법으로 가장 널리 이용되며, 컴퓨터 프로그램을 이용해 결과를 쉽게 도출할 수 있어 실험 과정을 신속하게 진행할 수 있다. 이러한 결과로 종계군의 항체역가 추이의 체계적 관리가 가능하며, 종계군의 면역수준은 물론 종계군과 후대병아리 모두에 적합한 백신접종 프로그램 개발 및 관리 정보로 활용할 수 있다. 백신접종 프로그램의 효과를 평가하기 위한 항체검사에는 계군당 최소 20~30개 내외의 혈청 시료가 적절하다. 이와 같은 검사에 종계군 또는 1일령 후대병아리에 대한 혈청검사가 이루어지며, 후대병아리의 항체가가 종계군에 비해 보통 60~80% 정도 낮은 수치를 보인다. 현재 상용화 ELISA 키트는 혈청형 1형과 2형을 구분하지 못하며, 키트별 민감도와 특이도가 다양하게 나타날 수 있기 때문에 사용상 주의가 필요하다.

ELISA를 사용하기 이전에 항체검출을 위해 가장 일반적으로 사용한 검사는 일정량 바이러스에 대한 혈청중화(serum neutralization; SN) 시험이다. SN 시험은 IBDV의 혈청형을 구별할 수 있는 유일한 혈청학적 방법이며, 분리주간에 항원변이를 식별할 수 있는 방법으로 여전히 사용되고 있다. SN 검사에 사용되는 지표바이러스에 따라 결과에 중요한 차이를 보일 수 있어 사용상 주의가 필요하다. 대부분의 양계 혈청은 누적된 야외주 노출, 백신접종 및 높은 항체가의 교차반응 등으로 인하여 항원성이 다양한 다수의 바이러스에 대해 높은 수준의 중화항체를 갖고 있다. 다른 IBDV 항체검출법으로 AGP 반응이 있으며, 혈청형 구분 없이 군(group) 특이 항체를 검출한다.

감별진단

때때로 혈변을 보이며 발증 초기에 갑작스러운 발병과 이병률, 깃털 역립, 침울한 모습 등은 급성 콕시듐증과 매우 유사하다. 그러나 IBD의 F낭 병변 및 근출혈 등과 같은 특징으로 감별이 가능하다.

IBD 발병으로 인한 폐사체에 급성 신장증(nephrosis)을 보일 수 있다. 그러나 신장증이나 신장에 병변을 일으키는 요인은 다양하기 때문에 IBD는 항상 F낭 병변과 연계하여 감별해야 한다. 탈수현상은 신장에 변화를 일으키고, IBD 감염과 유사한 회색의 위축된 F낭을 보인다. 그러나 이러한 현상이 계군 전체에 나타나지 않는다면, 상대적으로 소수의 개체에서만 보일 수 있다. 따라서 계군의 감염이력은 이와 같은 증례의 감별진단에 많은 도움이 된다. 신장증을 유발하는 신장형 전염성기관지염 바이러스의 감염은 F낭 조직에는 변화가 없고, 호흡기 증상이 지속되며 폐사하기 때문에 IBD와 감별할 수 있다. 또한, 이 두 질병은 한 계군 내에 동시에 발생할 수 있다는 사실을 간과해서는 안 된다.

마렉병 바이러스 감염에 의한 F낭 위축은 12일 경과 후 나타나며, 조직 변화도 IBD와는 확연히 달라 쉽게 감별할 수 있다. 조류 아데노바이러스 감염증에 의한 F낭 위축은 감염 2주 후에 나타나며, 이외에 간의 괴사반점, 심낭수종, 췌장출혈 및 이들 조직의 핵내봉입체 등으로 IBD와 감별할 수 있다.

예방 및 치료

차단방역

감염된 개체 및 오염된 매개체와 접촉하게 되면 쉽게 감염전파가 일어난다. IBDV는 다수의 물리적·화학적 요소에 저항성이 높아 오염된 계군을 통해 지속적으로 전파될 가능성도 높다. 따라서 대부분의 가금류 감염증 확산을 막기 위해 적용되는 차단방역 조치는 IBD의 경우 특히 엄격하게 실시해야 한다. 이를 위해 사람 및 물자의 이동통제 및 격리가 기본이 되어야 한다. 유럽의 vvIBDV 확산과 밀접히 관련된 역학사례로서 농장 간 전파의 가장 큰 위험요소는 단기간 내 또는 인근 지역 발생에 따른 차량과 사람, 사양기구의 이동이었다. 또한, 앞서 기술한 바와 같이 딱정벌레, 모기, 쥐, 개 등도 질병 전파 매개체로 작용할 수 있기 때문에 이들의 통제관리도 소홀히 해서는 안 된다.

면역원

두 종의 혈청형 IBDV는 IFA 반응과 ELISA로 검출 가능한 공통항원을 VP2(40 kDa)와 VP3(32 kDa)에 공유하고 있다. 또한, VP2에는 VN 항체를 유도하는 혈청형 특이 항원도 존재한다. 그러나 VP3에 의해 유도된 항체는 어떠한 방어효과도 보이지 않고, 현재는 VP2가 방어유도 관련 주요 항원을 가지고 있는 것으로 알려져 있다.

통상적으로 혈청형 1형 바이러스는 IBDV의 면역반응 연구에 사용되어 왔다. 알려진 혈청형 2형의 모든 바이러스는 닭과 칠면조에 비병원성이거나 칠면조에 매우 미미한 수준의 병원성을 나타내며, 혈청형 1형에 대한 VN 항체가 있는 닭에서 최초로 변이형이 분리되어 관심이 높았다. 변이형 유래의 불활화백신 및 생백신은 변이형 혹은 표준형 모두 방어가 가능하다. 그러나 표준형 유래의 불활화백신 및 생백신은 표준형은 방어하지만 변이형은 방어하지 못하거나 부분적인 방어력만 보인다.

방어에 있어서 체액성 면역의 역할은 모체이행항체에 의한 방어로 잘 알려져 있다. IBDV 감염에 의한 세포 매개성 면역반응은 일시적이며 체액성 면역반응보다 불분명하다. 이집트 토종닭 등 vvIBDV에 자연적으로 저항성을 보이는 닭 품종도 존재한다.

능동면역

능동면역은 야외주에 노출되거나 혹은 생백신 또는 불활화백신접종으로 유도된다. 항체반응은 ELISA, SN 시험, 또는 AGP 반응으로 측정한다. 항체수준은 보통 야외주에 노출된 경우 또는 백신접종 후 높게 나타나며, SN 역가는 1:1,000 이상이 일반적이다.

성계는 경구접종에 대하여 저항성을 보이지만, 근육 또는 피하로 접종하면 항체를 생성한다. VP2 새조합 세두백신을 접종한 닭에서 중화항체가 검출되지 않았음에도 부분방어가 유도된 것은 세포 매개성 면역 역시 IBD 방어에 역할을 하고 있음을 보여준다.

수동면역

모체에서 난황을 통해 전달된 항체는 병아리의 조기감염을 막아주며, 결과적으로 바이러스에 의한 면역억제를 방지한다. IBDV에 대한 모체이행항체의 반감기는 3~5일이다. 따라서 후대병아리의 중화항체가를 알면 감염될 수 있는 시기를 예측할 수 있다. 항체가가 1:100 이하로 떨어질 경우, 병아리는 100% 감염될 수 있으며, 항체가가 1:100~1:600을 나타내면 감염에 대해 약 40%는 방어될 수 있다. 보통 IBDV 순화생백신주의 예방접종 시기는 항체가가 1:64 이하로 떨어졌을 경우에 실시하면 효과적이다. 임상 현장에서는 높은 수준의 모체면역을 끌어올리기 위해 불활화 오일백신을 광범위하게 사용한다. 여러 질병들과 마찬가지로 IBDV에 대한 수동면역은 능동면역 유도에 방해가 될 수 있다.

백신 및 예방접종

IBD는 급성으로 진행되는 질병이므로 발병 후 치료는 크게 의미가 없고 예방이 중요하다. 실용계에서는 종계면역에 의한 높은 수준의 균일한 모체이행항체가 전달됨으로써 어린 병아리의 조기감염을 예방할 수 있으며, 또한 유행하는 야외주에 유효한 백신접종을 통해 예방이 가능하다.

모체이행항체를 보유한 어린 병아리에 순화생백신에 의한 능동면역을 부여하려고 할 때 중요한 문제는 적절한 접종 시기를 결정하는 것이다. 물론, 시기결정에 영향을 미치는 요인으로 모체이행항체 수준, 백신접종 경로 및 접종량, 백신주의 병원성 등 다양하다. 또한, 사육환경에 의한 스트레스 및 관리 수준도 시기 결정에 중요한 요소이다. 종계군 또는 후대병아리에 대한 항체수준의 정기모니터링은 적절한 백신접종 시기를 결정하는 데 도움이 된다. 그러나 종계군의 항체 역가와 실제 후대병아리의 ELISA 및 SN 항체역가에 차이가 있어서 백신접종 시기가 서로 다르게 예측될 수 있다. 따라서 백신접종 시기를 계산하기 위해 사용되는 공식은 여러 요인을 염두에 두고 평가되어야 한다.

생백신은 병원성과 항원성을 염두에 두고 선택해 사용한다. 세계적으로 상용화 생백신은 백신주의 병원성에 따라 'mild'(비/약병원성형), 'mild intermediate'(약/중간병원성형), 'intermediate'(중간병원성형), 'intermediate plus'(중간플러스

병원성형, hot type) 등 네 유형으로 분류하고 있다. 백신은 표준형 단독 또는 vvIBDV 변이형과 표준형이 혼합되어 있다. 고병원성형, 중간병원성형, 비병원성형 백신주는 각각 1:500, 1:250, 1:100 수준의 모체이행 중화항체역가에 영향을 받지 않고 백신면역반응을 유도한다. 중간병원성형 백신에 의해 유도되는 F낭 위축 및 면역억제 등의 병원성은 1일령과 3주령 SPF 닭에서 서로 다르게 나타난다. 따라서 모체이행항체 역가(VN 항체)가 1:100 미만의 어린 병아리에는 비병원성형 백신을 접종하는 것이 안전하다. 일부 백신주는 F낭 이외에도 흉선, 비장에서 증식이 2주간 지속된다. 모체이행항체가 소실된 이후부터 백신주에 대한 초기 항체반응이 나타난다.

불활화백신은 일반적으로 어린 닭의 초기 면역반응을 유도하기 위한 목적으로는 사용하지 않는다. 불활화 오일백신은 생백신주의 접종이나 야외주에 노출되어 초기 면역이 활성화된 닭에 접종하면 효과적이다. 대부분의 현행 불활화 오일백신은 표준형과 vvIBDV 변이형이 혼합된 형태로 사용되고 있다. 종계군의 정기 혈청모니터링은 백신접종 효과를 평가하여 항체 지속성을 관리하는 데 도움이 된다.

18일령 부화란의 난내(in ovo) 접종은 노동 절약적이며, 모체이행항체의 영향을 최소화하여 초기 면역반응을 유도하기 위한 목적으로 이루어지고 있다. 중간병원성형 단독 생백신주를 난내 접종한 병아리의 F낭 병변은 부화 이후에 접종한 병아리보다 더 빠르게 회복되며, 공격접종으로부터 유사한 수준의 방어력을 보였다는 사례가 있다.

마지막으로, IBDV의 면역원을 발현하는 재조합벡터 생백신이 있다. 이들 벡터 바이러스로는 계두바이러스, 칠면조허피스바이러스(herpesvirus of turkey; HVT), 마렉병바이러스, 닭아데노바이러스(CELO virus) 및 뉴캣슬병바이러스가 있다. 이와 함께 항원성을 더욱 확장하고 백신주로 유도된 항체의 구별이 가능한 재조합벡터백신 개발도 시도되고 있다. 현재 상용화 재조합백신으로는 IBDV VP2 단백을 발현하는 HVT 재조합백신이 안전성이 우수하며, 높은 수준의 중화능을 보이는 모체항체가 이행된 1일령의 병아리에 접종해도 모체이행항체의 간섭영향을 받지 않고 IBDV 항체반응이 유도되는 등 IBD 생백신의 단점을 보완할 수 있는 백신으로 사용되고 있다.

동일한 보편적인 백신접종 프로그램을 현장에 적용하기 어려운 이유는 모체 면역력, 관리 및 운영 여건 등이 농장마다 제각기 다르기 때문이다. 모체항체의 이행율이 높고 야외주의 감염이 없으면 육계에 대한 예방접종은 필요 없을 것이다. 순화한 중간병원성형 백신의 접종시기는 빠르면 7일령부터 2~3주령까지는 서로 상이하다. IBD 백신을 1일령 육계에 접종할 경우는 보통 마렉병 백신과 함께 실시한다. 백신에 의한 종계의 초기 면역자극은 보통 2주령 정도에 필요할 수 있으며, 이후 10~14주령에 생백신을 추가 접종하고, 16~18주령에 불활화 오일백신을 보강접종한다. 종계에 대한 정기 혈청모니터링을 실시하여 항체가가 현저히 낮으면 재접종이 필요할 수 있다.

치료

IBDV 감염 치료에 효과적이며 임상적으로 적용 가능한 치료제 또는 보조제는 개발되어 있지 않다. IBDV를 공격접종 후 면역혈청을 복강내에 주입하여 임상증상를 현저히 줄일 수 있었다는 실험적인 면역요법이 시도된 바 있다. 또한, 항알레르기제제(Ketotifen)를 공격접종 1시간 이전에 투여했을 때, vvIBDV 감염으로 인한 F낭 손상을 막을 수 있었고, 임상증상 및 폐사도 줄일 수 있었다는 보고가 있으나 상용화 연구는 수행되지 않았다.

참고문헌

Eterradossi N. and Y. M. Saif. 2013. Infectious Bursal Disease. Pages 219-246 In: Diseases of Poultry, 13th edition. Wiley-Blackwell, Ames, Iowa.

Eterradossi N. and Y. M. Saif. 2020. Infectious Bursal Disease. Pages 257-283 In: Diseases of Poultry, 14th edition. Wiley-Blackwell, Hoboken, New Jersey.

조류질병학교수협의회. 2016. 전염성F낭병. Pages 51-56 In: 조류질병학, 제2판. 도서출판 한미의학.

8 CHAPTER

닭 전염성빈혈

Chicken Infectious Anemia

강원대학교 성환우

개요

닭 전염성빈혈(chicken infectious anemia; CIA)은 1979년 Yuasa 등에 의해 일본에서 처음 보고된 질병으로 어린 병아리에서 무형성 빈혈(aplastic anemia)과 면역능력 저하를 초래하는 질병이다. 감염된 닭은 흉선과 F낭 등의 면역장기 위축으로 면역능력이 저하되어 다른 병원체의 2차적인 감염이 일어나는 경우가 많다. CIA로 인한 피해는 감염 일령에 따라 다양하게 나타난다. 어린 병아리가 감염될 경우에는 빈혈과 면역능력 저하 등 심한 피해가 나타날 수 있으나 큰 닭은 감염되어도 피해가 거의 없다. 닭 전염성빈혈 바이러스(CIA virus; CIAV)는 일본에서 처음 분리 보고되었지만 한국, 미국, 독일, 영국 등 양계산업이 있는 대부분의 국가에서 분리된다. 과거에는 닭 빈혈 인자(chicken anemia agent; CAA), 닭 빈혈 바이러스(chicken anemia virus; CAV) 등으로 불리기도 하였으나 지금은 닭 전염성빈혈 바이러스(CIAV)로 부르고 있다.

어린 병아리에 CIAV 감염이 있을 경우 경제적 피해가 크게 나타난다. 2~4주령 계군에서 CIA가 발생할 경우 성장률이 저하되고, 폐사율은 대개 10~20% 정도이지만 심할 경우에는 60%까지 폐사되는 경우도 있다. CIAV 감염으로 인한 피해는 특히 육계농장에서 흔하게 발생된다. 15개 육계농장 감염 사례를 조사한 결과 성장 저하 및 3주령 전후의 폐사율 증가 등으로 순수익의 약 18.5%가 감소한 것으로 조사된 바도 있다. CIAV는 외부 환경에서 생존력이 매우 강하고 농장에 광범위하게 오염되어 있는 바이러스이기 때문에 SPF 계군에도 흔하게 감염이 보고된 바 있다. CIAV에 감염된 SPF 계군은 생산 종란을 양계용 백신이나 인체용 백신 생산 용도로 사용할 수 없기 때문에 피해가 발생될 수 있다. 혈청학적 조사 결과, 현재까지 사람에서는 CIAV 항체가 검출된 적이 없는 것으로 나타나 CIAV의 사람 감염 위험성은 없는 것으로 간주되고 있다.

역사

닭 전염성빈혈은 1970년대 후반 일본에서 마렉병 예방백신에 세망내피증(reticuloendotheliosis) 바이러스가 오염된 백신 오염 사건을 조사하던 중에 알려지게 되었다. 1979년 일본에서 Gifu-1주가 처음 분리되었을 당시에는 이 병원체가 정확하게 동정되지 않아 닭 빈혈인자(chicken anemia agent; CAA)라고 불렸다. 이후 이 병원체가 바이러스로 확인됨에 따라 닭 빈혈 바이러스(chicken anemia virus; CAV)로 불리게 되었다. CIAV는 일본에서 1979년 처음 분리 보고되어 질병 발생이 확인되기 시작하였지만, 그 이전부터 있었던 것으로 추정되고 있다. 미국에서 CIAV에 대한 항체가 1959년 보관 혈청 시료에서도 확인되는 것으로 보아 이 질병은 미국에서는 적어도 1959년에도 발생하고 있었던 것으로 추정되고 있다.

1983년 병원체가 마렉병 혹은 백혈병 유래 일부 세포주(cell line)에서 증식이 가능하다는 사실이 확인된 이후 병원체 및 질병 연구에 많은 진전이 있었으며 *Circoviridae*과에 속하는 CIAV로 확인되었다. 국내에서는 1991년 괴저성피부염(gangrenous dermatitis)과 면역능력 저하가 있는 닭으로부터 병원체가 분리되어 국내 발생이 처음으로 확인되었다.

원인체 특성

분류

CIAV는 *Circoviridae* 과(family) *Gyrovirus* 속(genus)에 속하는 바이러스로 분류되었으나 최근에는 *Anelloviridae*과 *Gyrovirus*속으로 재분류되었다. CIAV는 *Gyrovirus*속에 속하는 유일한 종(species)으로 알려져 있었으나 최근 닭에서 기존 CIAV와 염기서열 상동성이 40% 정도밖에 되지 않는 avian gyrovirus 2(AGV2)가 분리되어 CIAV와 더불어 AGV2도 *Gyrovirus*속에 속하는 바이러스로 분류된 바 있다. 그러나 AGV 2는 추후 분류체계가 변경될 가능성이 있다.

형태

CIAV는 외피막이 없는 바이러스로 평균 직경이 25~26.5 nm인 정20면체 바이러스이다. CIAV를 전자현미경으로 관찰하면 I형과 II형 두 가지 형태로 관찰된다. I형은 바이러스 표면 돌기(projection)가 뚜렷하지 않고 중앙의 1개 구멍(hollow)을 중심으로 주변에 6개의 구멍이 있는 형태로 관찰된다. 반면 II형은 바이러스 입자에 10개의 돌기가 명확하게 관찰되는 형태로 마치 톱니바퀴 모양의 구조를 보인다. cesium chloride 매질에서의 바이러스 부유밀도(buoyant density)는 1.33~1.34 g/mL 혹은 1.35~1.37 g/mL 정도이다.

핵산

CIAV 핵산은 단쇄 환상 음성 가닥(single-stranded, circular, negative sense) DNA 구조이다. 염기 수는 2,298 bp로 4개의 21 bp direct repeat(DR)를 가지고 있으며 2번째와 3번째 DR 사이에 12 bp 염기가 삽입되어 있다. 바이러스가 MSB1 세포에 30대 계대되면 12 bp 삽입부 앞쪽에 5번째 DR이 생겨 전체 염기 수가 2,319 bp로 늘어난다는 보고도 있다. 감염된 세포에서의 DNA는 단쇄와 중쇄(double-strand) 형태 모두 존재하지만 바이러스에서는 단쇄 환상 음성 가닥 DNA 구조로만 되어 있다.

바이러스 유전자는 부분적으로 겹치는 세 개의 open reading frame(ORF) 즉 ORF1, ORF2 및 ORF3가 존재한다. ORF1은 VP1(52 kD), ORF2는 VP2(24 kD), 그리고 ORF3는 VP3(13 kD) 단백질을 암호화한다(그림 8-1). promoter enhancer 유전자는 4개의 21 bp DR과 12 bp 삽입부로 구성되어 있으며, ORF2 앞 부위에 위치하면서 각 ORF를 인식하는 부위를 가지고 있어서 이들 DR과 12 bp 삽입부 모두가 전사(transcription)를 위해 필요하다. 앞에 있는 DR 2개가 결손되면 전사 활성도가 40~50% 감소하기도 한다.

단백질

바이러스 관련 단백질은 유전자에 의해 VP1, VP2 및 VP3 세 종류의 단백질이 합성된다. 이 중 바이러스를 순수하게 정제하여 바이러스 단백질을

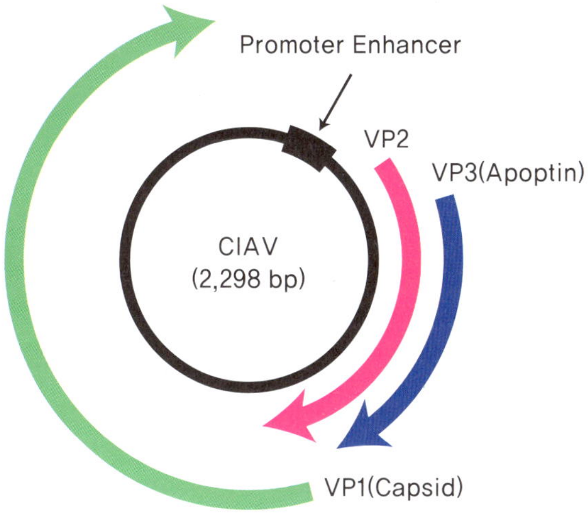

그림 8-1 CIAV 유전자 ORF 및 생성 단백질

검출하면 유일하게 VP1만 검출되는데, 이는 VP1만이 바이러스 캡시드(capsid)를 구성하는 구조단백질이고 나머지 두 단백질은 바이러스 구조와는 관련이 없는 비구조단백질이기 때문이다. VP1의 N 말단 40개의 아미노산은 히스톤(histone) 단백질과 유사한 구조로 되어 있기 때문에 이 부위가 DNA와 결합하는 역할을 하는 것으로 추정되고 있다. 비구조단백질인 VP2는 바이러스 증식 과정 중 합성된 바이러스 단백질이 조립될 때 바이러스 단백질을 모이게 하는 골격 역할을 하는 것으로 알려져 있다. VP3는 감염된 세포 핵 내에서 검출되는 단백질로서 아폽틴(apoptin)이라고도 불리며 닭의 흉선 세포(thymocyte)나 암세포에 세포자살(apoptosis)을 유도할 수 있는 단백질로도 알려져 있다. 바이러스 중화항체는 VP1 단백질에 의해 유도되며 VP1 단백질의 중화 에피톱(epitope)은 입체적인 반응 특성을 보인다.

바이러스 복제

CIAV는 흡착(adsorption) 및 침투(peneration) 과정을 거쳐 감염세포로 들어간다. 세포 감염 8시간 후 2.1 kb의 mRNA가 나타나기 시작하여 48시간 때 최고 수준을 보인다. 바이러스 DNA 복제는 이중쇄 증식 형태(double-stranded replicative form; RF)를 거쳐 rolling-circle 증식 기전(그림 8-1 참고)으로 복제되는 것으로 추정되고 있다. VP3와 VP2는 감염 후 6시간과 12시간에 각각 검출될 수 있으나 VP1은 이들보다 늦게 합성되기 때문에 감염 후 30시간 이전에는 검출되지 않는다.

VP2 단백질의 포스파타제(phosphatase) 활성은 CIAV 복제와 많은 관련이 있다. 즉, VP2 단백질의 serine/threonine 및 tyrosine 포스파타제 활성이 없는 변이 바이러스는 복제 장애가 생겨 바이러스 증식이 10,000배가 줄어들기도 한다. VP2 단백질은 바이러스 복제뿐만 아니라 VP3 단백질의 핵 내 이동을 조절하는 기능이 있다. VP3는 정상적인 세포에서는 세포자살 유발기능이 없으나 종양세포에서는 세포자살을 유도하는 단백질로 알려져 있다. VP3는 감염세포 핵 내에 존재할 경우에만 세포자살(apoptosis)을 유도하는 단백질인데 정상적인 세포에서는 VP3가 핵 내로 이동하지 못하고 세포질 내에만 있기 때문에 세포자살을 유도하지 못한다. 그러나 종양세포에서는 핵 내로 VP3가 이동하여 세포자살을 유도할 수 있는데 이러한 핵 내 이동은 VP2와 관련이 있는 것으로 알려져 있다.

화학적, 물리적 요인에 대한 저항성

CIAV는 외부 환경에서 생존력이 매우 높다. 바이러스는 50% 페놀로 5분 처리하면 불활화되지만 5% 페놀로 37℃에서 2시간 처리해도 사멸되지 않는다. 50% 에칠 에테르에 18시간, 90% 아세톤에 24시간, 클로로포름에 15분 노출되어도 생존할 수 있다. CIAV는 요오드(iodine)나 차아염소신염(hypochlorite)을 처리할 경우 일반적인 권장 농도(2%)에서는 죽지 않고 10% 농도로 37℃, 2시간 처리하여야만 사멸된다. 포름알데히드 혹은 에틸렌옥사이드로 24시간 훈증 소독해도 완전히 사멸되지는 않는다. pH 3에 3시간 처리에도 생존하지만 pH 2의 산성 소독제를 처리하면 사멸된다. CIAV는 56℃와 70℃에서 1시간, 80℃ 15분 열처리에도 생존하며 100℃에서 15분 이상 열처리하여야만 사멸될 정도로 열에 대한 저항성이 높다. 병원체가 외부 환경에서 오래 생존할 수 있기 때문에 농장 내 감염된 계군이 있을 경우에는 농장 전체가 오염되는 경우가 많다.

항원성, 분자학적 및 병원성 차이

CIAV는 분리주간 항원성 차이가 없기 때문에 일반적으로 단일 혈청형만 존재하는 것으로 알려져 있다. 그러나 일부 분리주는 단클론성 항체 반응 양상이나 유전자 염기서열에서 차이를 보이기도 한다. 분리주간 염기서열은 VP1 유전자에서 일부 다양성이 있으나 상동성 차이는 대개 5% 미만이며, 주로 VP1 고변이 부위(139~151번 아미노산, hypervariable region)에서 차이를 보인다. 분리주의 유전자 정보가 점차 많이 알려지면서 최근에는 분리주들의 유전자형(genotype)을 3~4개 group으로 분류하기도 하지만 이들이 생물학적으로 차이가 있는지는 아직 확인되지 않고 있다. CIAV 분리주간 아미노산 차이는 주로 VP1의 고변이 부위에서 관찰되지만 VP2와 VP3의 C 말단 부위에서도 관찰된다.

CIAV 분리주간 병원성 차이는 일반적으로 거의 없는 것으로 알려져 있지만 일부 분리주간에는 약간의 차이도 있다는 보고도 있다.

바이러스 배양

CIAV는 일부 세포주, 닭, 종란 접종을 통하여 배양할 수 있다. CIAV는 MDCC-MSB1(그림 8-2), MDCC-JP2, MDCC-CU147 등 마렉병 유래 닭 T 세포주나 LSCC-1104B1 등 백혈병 유래 B 세포주

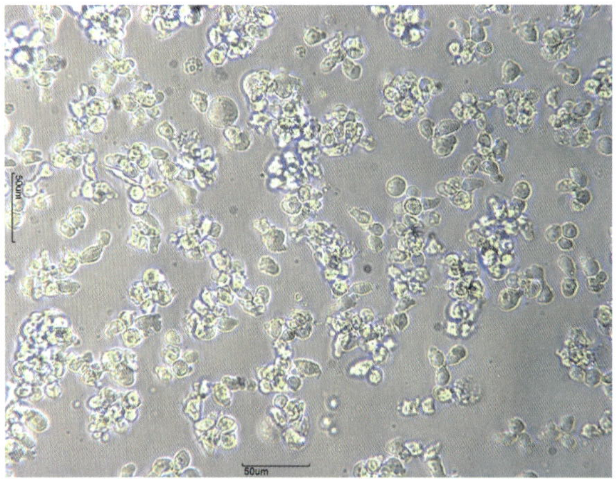

그림 8-2 마렉병 유래 세포주인 MDCC-MSB1 세포에서의 CIAV 증식. CIAV 감염 MDCC-MSB1 세포는 종대되다가 죽게 되는 세포변성효과(CPE)가 나타남.

에서 증식한다. 과거에는 MDCC-MSB1 세포주를 바이러스 배양에 주로 이용하였으나 일부 바이러스가 이 세포주에서 증식되지 않는 경우도 있기 때문에 최근에는 MDCC-CU147를 바이러스 배양에 많이 이용한다. 바이러스 역가 측정은 이들 세포에 접종하여 2~4일마다 연속 계대하여 세포 변화를 관찰하는 방법이 이용될 수 있으나 많은 시간이 소요되기 때문에 PCR 혹은 면역형광 염색법을 이용하기도 한다.

닭을 이용하여 바이러스를 배양할 경우에는 CIAV 모체이행항체가 없는 1일령 병아리에 접종하여 배양한다. 감염된 병아리는 12~16일 후 빈혈 증상이 나타나고 면역기관과 골수에 병변이 형성된다. 종란에서 바이러스를 증식시킬 경우에는 5~6일령의 계태아 난황으로 접종하여 배양한다. 접종 14일 후 계태아 대부분의 부위에서 바이러스를 회수할 수 있으나 난황과 장뇨막(chorioallantoic membrane)에서는 바이러스가 검출되지 않는다. 난황으로 접종할 경우에는 16~20일령 때 계태아의 폐사 및 병변이 관찰될 수도 있으나 바이러스에 따라 폐사나 병변이 나타나지 않을 수도 있다.

역학

자연감염 숙주 및 발생 상황

CIAV의 자연감염 숙주는 닭이 유일한 것으로 알려져 있다. 모든 일령의 닭이 감염될 수 있으나 빈혈 등 임상증상은 1~3주령 이후에 감염될 경우에는 거의 나타나지 않는다. 일부 분리주는 10주령 닭에 실험적으로 감염시킬 경우 적혈구 용적률(hematocrit)이 낮아지게 한다는 보고가 있으나 대부분은 3주령 이상 닭에 감염할 경우에는 병원성이 나타나지 않는다. 그러나 전염성F낭병 바이러스(IBDV), 세망내피증 바이러스(REV) 등과 같은 다른 면역억제 유발 병원체와 복합감염될 경우에는 3주령 이상의 병아리에 감염되어도 임상증상이 나타날 수 있다.

일본 메추라기(Japanese quail), 갈가마귀(jackdaw), 떼까마귀(rook)에서 CIAV에 대한 항체 양성이 보고된 바 있으나 오리, 비둘기 등에서는 항체가 검출되지 않는다. 인공감염 시험에서 칠면조는 감염되지 않는 것으로 확인되있으며 야외 칠면조 계군에서는 CIAV와 유사한 다른 circovirus 감염이 있는 것으로 확인되고 있다.

CIAV는 우리나라뿐만 아니라 일본, 독일, 스웨덴, 네덜란드, 영국, 브라질, 미국 등 많은 국가에서 분리되고 있으며 닭을 사육하는 대부분의 국가에서 감염이 일어나고 있는 것으로 알려져 있다. 그러나 질병감염으로 인한 피해는 감염 일령, 농장 위생상태 등에 따라 다양하게 나타난다.

전파

CIAV는 수평감염 혹은 수직감염(난계대전염)으로 전파된다. 수평감염은 감염된 닭의 분변으로 배설된 바이러스가 동거 사육 닭의 구강으로 감염하는 형태가 일반적이지만 호흡 기도를 통한 수평전파도 가능한 것으로 알려져 있다. 바이러스는 주로 감염된 닭의 분변으로 배설되지만 우모낭 상피세포(feather follicle epithelium)로도 배설되기도 한다. 야외 계군에서 수평감염으로 인한 항체는 보통 2~4주가 지나면 대부분의 개체에서 형성된다.

수직감염은 종란을 생산하는 어미닭이 CIAV에 감염되거나 감염된 수탁의 정액을 이용하여 수정할 경우 발생된다. 실험적으로 감염시킨 어미닭은 감염 8~14일 때 생산된 종란에서 난계대전염이 일어난다. 감염 종계의 난계대전염은 감염 종계군의 질병 전파 속도나 항체 형성 여부에 따라 난계대전염 기간과 비율이 다르지만 일반적으로 감염 후 1~3주 사이에 가장 잘 일어나고, 감염 후 3~9주에도 난계대전염이 일부 가능하다.

잠복기

비경구적으로 실험 감염시킨 닭에서 빈혈 증상과 조직학적 병변은 접종 8일 후부터 나타나기 시작한다. 임상증상은 일반적으로 접종 10~14일 후부터 나타나며 폐사는 12~14일 후에 시작된다. 경구적으로 감염시키면 임상증상이 근육으로 접종한 경우보다 늦게 나타나고 증상 발현 정도도 약하게 나타난다. 야외에서 난계대전염 형태로 감염되었을 경우, 임상증상과 폐사는 10~12일령부터 시작하여 17~24일령 때 가장 높게 나타나며, 심하게 감염된 계군은 수평감염이 추가로 일어나서 30~34일령 때 2차 폐사가 나타나기도 한다.

임상증상

CIAV에 감염된 병아리의 특징적인 임상증상은 빈혈 증상으로서 감염 후 14~16일에 가장 심하게 발생한다. 빈혈 증상이 나타난 닭들은 적혈구 용적률(hematocrit)이 6~27% 정도로 낮아지기 때문에 매우 창백해 보이고 침울 증상도 나타난다. 1일령 병아리에 실험적으로 감염시켰을 경우 10~20일령 때 체중 감소가 나타나며 폐사는 주로 12~28일령에 발생한다. 폐사율은 대개 30%를 초과하지 않는다. 감염 후 생존한 병아리는 빈혈 및 침울 증상이 빠른 속도로 호전되어 20~28일령 경에는 완전히 회복된다.

일반적으로 닭에서 적혈구 용적률이 27% 이하일 경우 빈혈 증상이 있는 것으로 간주된다. CIAV에 감염된 닭은 감염 8~10일 후 적혈구 용적률이 27% 이하로 감소하기 시작하여 14~20일 후에는 10~20% 정도를 보이다가 죽기 직전에는 6%까지 떨어지기도 한다. CIAV에 감염된 닭에서 빈혈 증상이 나타나는 것은 CIAV가 혈구모세포(hemocytoblast)에 감염하여 손상을 유발하기 때문이다. 감염 닭은 조혈모세포(hematopoietic cell) 파괴로 인하여 적혈구, 백혈구, 혈소판 등이 모두 감소하는 범혈구감소증(pancytopenia)이 나타난다. 혈소판 감소로 인해 혈액응고 시간이 증가하기 때문에 피하나 근육 등에 출혈이 관찰되기도 한다.

CIAV 감염으로 인한 폐사는 감염 바이러스 농도, 숙주 및 환경 요인 등에 따라 다르게 나타날 수 있다. CIAV 감염으로 인한 이병률과 폐사율은 면역능력을 저하시키는 다른 병원체 즉, 마렉병 바이러스(MDV), 세망내피증 바이러스(REV), 전염성F낭병 바이러스(IBDV) 등과 복합감염될 경우에는 크게 증가한다. 면역억제 유발 능력이 있는 일부 레오 바이러스와 복합감염될 경우에도 CIAV로 인한 병원성이 증가되며, 크립토스포리디움 병원체와 복합감염될 경우에도 CIAV 병원성과 크립토스포리디움 병원성이 모두 증가하는 것으로 알려져 있다.

병변

육안 및 조직학적 병변

CIAV 감염으로 인한 닭의 병변은 감염 경로, 감염 일령, 감염 바이러스 농도, 감염 닭의 면역상태 등에 따라 다르게 나타날 수 있다. 감염 초기에는 주로 흉선 피질의 림프모구(lymphoblast)나 골수 혈구모세포(hemocytoblast)에 바이러스가 감염하여 세포를 파괴하기 때문에 주요 병변은 이들 면역장기와 골수에서 관찰된다. 흉선은 림프구 감소로 심한 위축이 나타나서 육안적인 크기가 줄어든다(그림 8-3). F낭의 위축도 관찰되지만 위축 정도는 흉선보다는 심하지 않다. 골수는 조혈세포들이 지방세포로 대체되기 때문에 황색 혹은 백색을 띠기도 한다(그림 8-4).

CIAV 감염 닭에서 관찰되는 조직학적 병변은 골수와 면역기관에서 가장 특징적으로 관찰된다. 골수에서는 조혈세포의 위축과 무형성(aplasia)으로 인해 조혈세포가 지방조직으로 대체되는 소견이 관찰된다(그림 8-5). 흉선에서는 림프구 괴사와 감소로 인한 위축소견이 관찰된다. 흉선 위축은 피질 부위에서 시작하다가 진행되면 수질 부위에도 림프구 감소로 인한 위축소견이 나타난다. F낭에서는 림프구 괴사로 인한 위축이 나타날 수 있으나 (그림 8-6) 일반적으로 흉선보다는 위축 정도가 심하지 않다.

출혈성 빈혈증후군

야외 계군에서의 CIAV 감염은 괴저성피부염(gangrenous dermatitis)이 자주 동반되는 출혈성 빈혈증후군(hemorrhagic anemia syndrome) 형태로 나타나거나 봉입체성간염(IBH) 혹은 전염성F낭병(IBD)과 함께 발생되는 경우가 많다. 출혈성 빈혈증후군에서는 날개, 대퇴부 등의 피내, 피하 혹은 근육 내 출혈소견이 가장 특징적으로 관찰되며(그림 8-7) 선위 점막에서의 출혈도 자주 나타난다. 날개 부위의 피내 혹은 피하 출혈은 종종 심한 부종과 피부염이 속발하고 세균 감염이 동반되는 경우가 많다. CIAV 감염 닭은 흉선, F낭 등

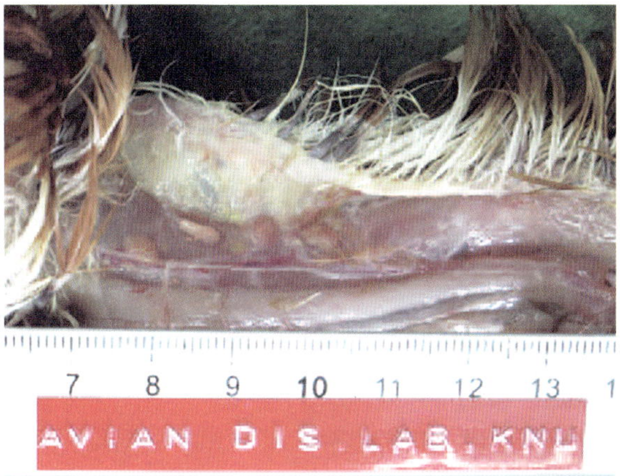

그림 8-3 CIAV 감염닭에서 관찰되는 흉선의 심한 위축소견

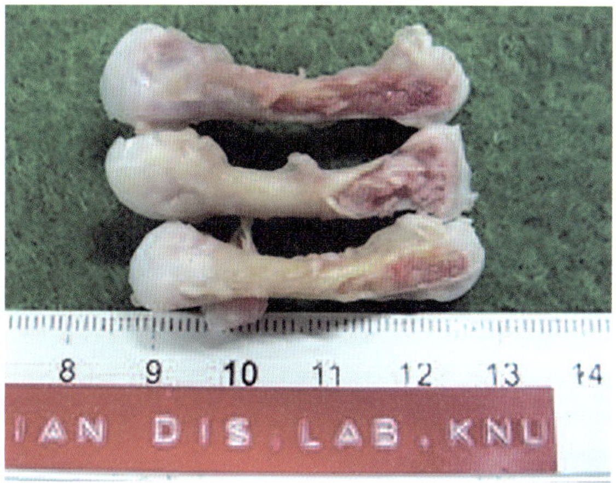

그림 8-4 CIAV 감염 닭에서의 황백색의 골수소견

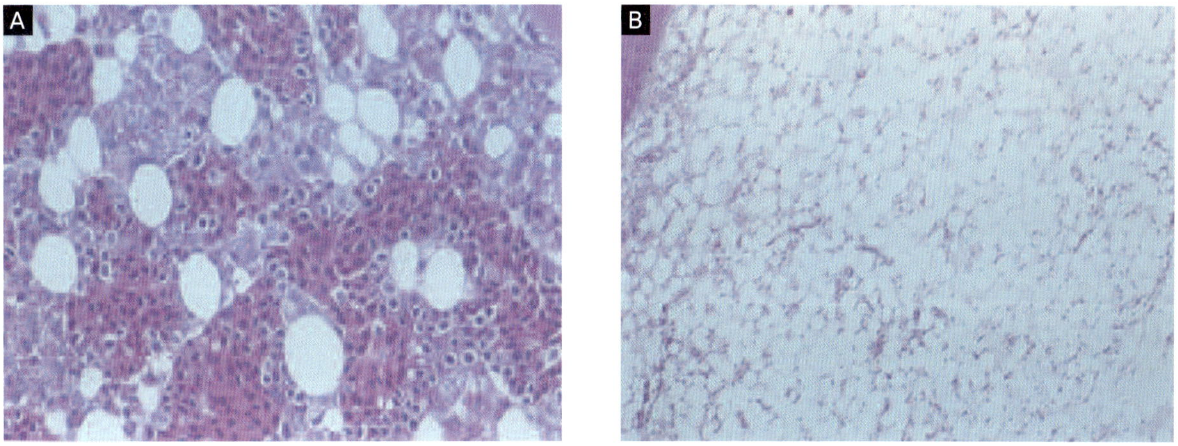

그림 8-5 CIAV 감염 닭에서 골수 조혈세포가 지방조직으로 대체된 조직학적 소견. (A) 정상 닭, (B) CIAV 감염 닭

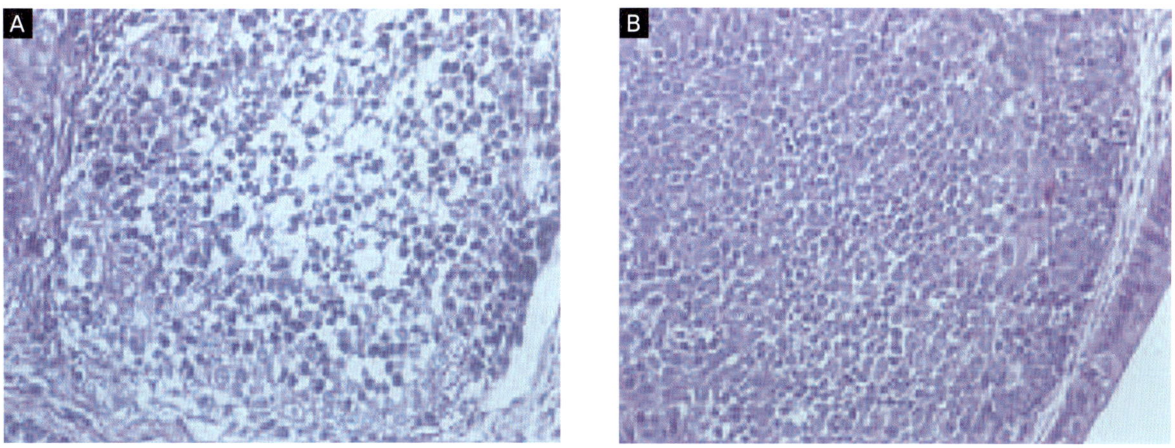

그림 8-6 CIAV 감염닭에서의 F낭 면역세포 소실. (A) CIAV 감염 닭, (B) 정상 닭

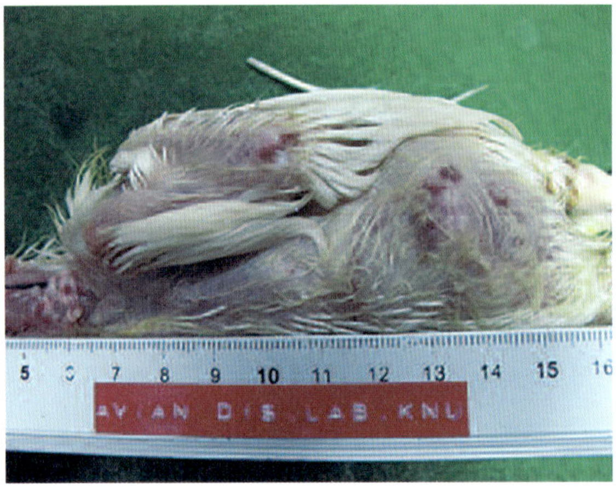

그림 8-7 CIAV 감염 닭에서 자주 관찰되는 피부 출현소견

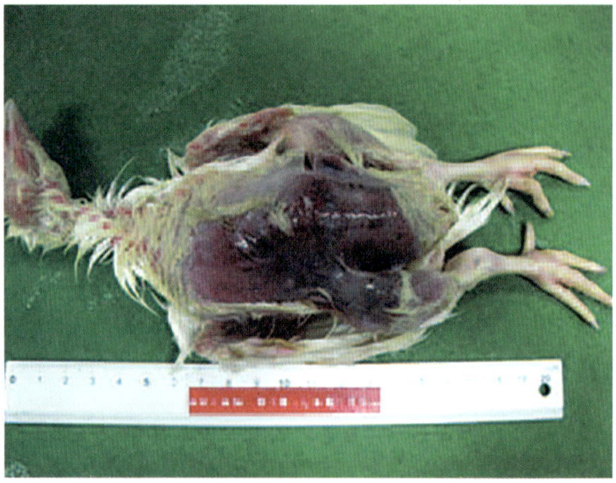

그림 8-8 CIAV 감염 닭에서 2차 세균 감염으로 발생한 괴저성피부염 소견

면역기관의 손상으로 면역능력이 저하되며 이로 인해 세균, 바이러스, 곰팡이 등 다른 병원체가 2차 감염되는 경우가 많다. CIAV 감염 계군에서 괴저성피부염(그림 8-8)이 자주 발생하는 것은 면역능력 저하로 계사에 흔하게 있는 포도상구균이나 클로스트리듐균이 복합감염되기 때문이다.

발병기전

CIAV에 감염되면 감염 6~8일경에 골수의 혈구모세포나 흉선의 림프모구에 세포 용해성 감염이 일어나서 세포자살(apoptosis)에 의한 이들 세포의 빠른 감소가 일어난다. 감염 닭은 감염 후 16일부터 흉선 림프구 재생과 골수세포 재생이 일어나면서 조혈 기능이 정상으로 회복되기 시작하며, 동시에 항체도 생기기 시작해서 감염 후 32~36일에는 완전히 회복된다. 바이러스는 여러 면역장기의 림프구 조직뿐만 아니라 신장, 폐장, 선위, 십이지장 등에도 감염하기 때문에 감염 닭의 분변으로도 바이러스가 배설된다. CIAV는 림프구 계통, 특히 흉선세포(thymocyte)에 감염 친화성이 높기 때문에 주로 T 림프구에 감염하여 세포를 손상시킨다. CIAV는 CD4 혹은 CD8 마커를 가지는 T 림프구에 모두 감염하여 이들 세포를 파괴하기 때문에 감염 닭은 면역능력 저하가 나타난다.

CIAV에 감염될 경우 빈혈 증상 발현 여부는 감염 일령에 따라 차이가 심하다. 즉, 1일령 때 감염되면 높은 비율로 빈혈이 발현되지만, 1주령 이후 감염되면 빈혈 발현율이 크게 감소하고 3주령 이후 감염될 경우에는 빈혈이 거의 나타나지 않는다. 연령 증가에 따른 감염 저항성 증가는 감염 닭에서의 CIAV 항체 형성과 관련이 있는 것으로 알려져 있다. 항체 형성 반응은 감염 일령에 따라 차이가 있다. 즉, 1일령에 감염된 병아리는 3주령에도 중화항체가 나타나지 않아서 질병으로 인한 피해가 크게 나타나며, 2~6주령에 감염된 병아리는 감염 4~7일 후부터 중화항체가 검출될 정도로 항체 형성 반응이 빠르게 나타나기 때문에 CIAV로 인한 피해가 잘 나타나지 않는다. F낭이 제거되어 항체 생성 능력이 없는 병아리는 5주령에 CIAV를 감염시켜도 심한 빈혈이 나타난다는 연구 결과는 나이에 따른 감염 저항성이 항체 형성과 관련이 있다는 사실을 뒷받침한다. 면역능력이 저하된 병아리 감염되면 항체 형성이 지연되어 바이러스가 체내에 오랫동안 증식할 수 있으며 이로 인해 감염 피해는 증가하게 된다. IBDV와 CIAV가 동시에 감염된 닭은 6주령 후에도 감염 닭 혈중에 CIAV가 남아 있고 분변으로도 바이러스가 계속 배설되기도 한다. CIAV에 대한 모체이행항체를 가지고 태어난 병아리는 CIAV 조기 감염으로 인한 피해가 발생되지 않는다. 야외 계군에서 CIA가 어린 일령에서 발생한 계군은 그 종계군이 CIAV에 대한 항체가 없는 경우가 많은 것도 이러한 이유와 관련이 있다.

면역억제

CIAV 감염으로 초래되는 면역능력 저하는 조혈세포 손상과 림프구 감소와 관련이 있다. 감염된 닭의 비장세포는 항원자극(mitogen)에 대한 반응이 저하되고, 대식세포(macrophage)는 Fc 수용체 발현, interleukin-1 생산, 탐식 기능, 세균 살해 기능 등이 감소하여 기능이 저하된다. CIAV에 감염된 닭은 항원 특이적인 세포독성 T 세포(CTL) 기능이 심하게 감소하며 이로 인한 면역능력 저하, 특히 세포성 면역이 저하된다.

이러한 면역능력 저하로 인하여 CIAV에 감염된 닭은 세균, 곰팡이, 바이러스 등 다른 병원체에 대한 감수성이 증가한다. CIAV 감염된 닭은 아네노바이러스, 레오바이러스, 닭 전염성기관지염 바이러스의 병원성이 증가되어 나타나는 것으로 알려져 있다. CIAV에 감염된 야외 계군에서 국시듐증, 괴저성피부염, 호흡기성 질병 발생이 증가하는 요인도 CIAV 감염으로 인한 면역능력 저하와 관련이 있다.

CIAV와 IBDV가 복합감염될 경우에는 IBDV 단복 감염보다 F낭 위축이 더 심하게 나타난다. CIAV와 마렉병 바이러스 복합감염의 경우에도 초기 폐사율과 마렉병 종양 발생률도 높아진다. 2주령에 CIAV에 감염될 경우 1일령 때 접종하는 마렉병 백신의 방어능이 감소하게 되는데, 이는 CIAV 감염 닭은 MDV 특이(specific) CTL 반응이 감소하기 때문인 것으로 알려져 있다.

진단

바이러스 분리 및 동정

CIAV는 감염 닭의 대부분 조직, 백혈구층 세포(buffy coat cell), 분변 등에서 분리될 수 있다. 감염 닭에서의 바이러스 역가는 감염 1주일 경에 최고 수준을 보이다가 항체가 생기면서 감소한다. 그러나 전혈(whole blood), 백혈구층 세포, 및 흉선에서는 중화항체가 생기더라도 감염 14일경에도 바이러스가 분리될 수 있다. 세포 접종법으로 바이러스를 분리하고자 할 경우, 시료 유제액 상층액을 70℃ 5분 열처리하거나 클로르포름으로 처리하여 시료에서 다른 오염 병원체를 제거한 후 세포에 접종한다. 바이러스 분리에 사용하는 세포는 마렉병 유래 세포주인 MDCC-CU147 혹은 MDCC-MSB1이 일반적으로 많이 사용되고 있다. 세포 접종 후 바이러스 유무는 2~4일 간격으로 10대까지 계대 배양하여야 알 수 있으며, 바이러스가 있을 경우 세포가 종창되면서 죽게 되는 세포변성효과(CPE)가 관찰되지만, 시간이 오래 걸리기 때문에 최근에는 CIAV 특이적인 프라이머(primer)를 이용한 중합효소 연쇄반응(polymerase chain reaction; PCR)법이 주로 이용된다. PCR법은 감염 닭의 조직, 배양세포, 백신 등에서 CIAV DNA를 검출하는 방법으로 세포 접종법보다 민감하고 검사 시간도 단축되어 많이 활용되고 있다.

CIAV는 감수성이 있는 1일령 병아리에 접종하는 방법으로도 분리될 수 있다. 병아리에 접종 14~21일 후 빈혈증상 발현 여부를 관찰하여 시료 내 바이러스 존재를 확인하는 방법이다. 이 방법은 세포 접종법보다 바이러스 분리 민감도가 100배 이상 높은 방법으로 CIAV 감염이 의심되지만 세포 접종법에서 바이러스가 분리되지 않을 경우 이용할 수 있다.

혈청학적 검사

CIAV 감염 항체는 ELISA, 간접형광항체법(indirect fluorescent antibody test) 및 혈청중화시험법(serum neutralization test) 등으로 검출할 수 있다.

ELISA법은 상용화된 ELISA 키트를 이용해 시료를 대량 검사할 수 있기 때문에 백신 항체 검출, 감염 계군 검출 등 CIAV에 대한 항체 검사법으로 많이 활용된다. 세포에서 배양한 바이러스 항원을 사용하여 ELISA 키트를 제조하였을 경우에는 일부 MDV 항원이 포함될 수 있기 때문에 비특이 양성반응(MDV 항체반응)이 나타날 수도 있으나 최근에는 재조합 단백질 항원으로 사용한 키트들도 개발되고 있다.

간접형광항체법은 CIAV가 감염된 MDCC-MSB1 혹은 MDCC-CU147 세포를 항원으로 사용하여 검사하는 방법이다. CIAV를 감염시킨 이들 세포를 아세톤으로 고정하여 항원을 제조하고 여기에 검사 혈청 및 형광 항체를 반응시켜 양성 여부를 조사하는 방법으로서 역시 MDV 항체에 의한 비특이 반응이 나타날 수 있는 단점이 있다. 간접형광항체법은 ELISA법이 개발되면서 CIAV 감염 항체를 대량으로 검사하는 방법으로는 잘 사용되지 않고 있다.

바이러스 중화시험법은 표준 바이러스를 검사 혈청으로 중화시킨 후 MDCC-MSB1 등에 접종하여 확인하는 방법이다. 이 방법은 ELISA법이나 간접형광항체법보다 민감도가 높으나 세포 배양을 통해 확인해야 하므로 검사 시간이 많이 걸리는 단점이 있다.

감별진단

CIAV는 계사 환경 등에 흔하게 오염되어 있기 때문에 검사 닭에서 바이러스가 분리된다고 해서 CIA 발병으로 진단해서는 안 된다. 6주령 이하 닭에서는 바이러스 분리, 빈혈 증상, 육안 및 현미경적 병변소견 및 역학사항을 종합적으로 판단하여 CIAV 감염을 진단해야 한다. 조류 백혈병/육종 바이러스(avian leukosis/sarcoma virus; ALSV) 감염으로 나타나는 골화석증(osteopetrosis)에서도 CIAV 감염과 유사하게 흉선과 F낭이 위축되면서 무형성 빈혈이 나타날 수 있기 때문에 감별진단이 필요하다. ALSV로 인한 골화석증은 빈혈이 나타나지만 범혈구감소증이 없다는 점에서 CIAV 감염증과 구별된다. ALSV 감염으로 나타나는 적혈구모세포증(erythroblastosis)에서도 빈혈이 나타나기 때문에 감별이 필요하다. 적혈구모세포증에서는 빈혈과 더불어 혈액도말 시료에서 암세포가 나타나기 때문에 CIAV 감염증과 구별할 수 있다. MDV도 CIAV와 유사하게 흉선과 F낭의 위축을 유발할 수 있으나 일반적으로 빈혈 증상이 나타나지 않는 점에서 CIAV 감염과 구별된다. IBD 바이러스도 F낭을 위축시키지만 흉선에서의 위축이 많지 않은 점이 CIAV 감염과 구별된다. 고농도의 설폰아미드(sulfonamide) 혹은 아플라톡신과 같은 곰팡이 독소에 의한 중독증에서도 CIAV 감염에서와 유사한 무형성 빈혈과 출혈성 빈혈증후군이 발생할 수 있으므로 이들 질병과도 감별이 필요하다.

예방 및 치료

CIAV 감염으로 인한 피해를 예방하기 위해서는 다른 면역억제성 질병 혹은 환경 요인에 의한 면역능력 저하가 발생되지 않도록 하여야 하며, 특히 CIAV가 어린 일령 때 조기 감염이 일어나지 않도록 해야 한다. CIAV는 외부 환경에서 생존력이 높고 소독제 저항성도 높을 뿐만 아니라 난계대전염도 가능하기 때문에 야외 계군에서 CIAV를 완전히 근절하는 것은 매우 어렵다.

CIAV 감염으로 인한 피해는 난계대전염이나 조기 감염될 경우 주로 나타나기 때문에 이에 대한 예방대책이 중요하다. 조기 감염은 CIAV에 대한 모체이행항체가 없는 병아리가 오염된 농장에 입식될 경우 주로 나타난다.

종계군 백신접종은 종계군 감염으로 인한 수직전파를 예방할 수 있을 뿐만 아니라 종계에서 형성된 항체가 후대 병아리로 이행되어 어린 일령 때의 CIAV 조기 감염을 예방할 수도 있다. 현재 활용되고 있는 생백신은 9~15주령의 종계를 대상으로 음수 혹은 근육으로 접종할 수 있다. 생백신 바이러스는 종란으로 이행될 수도 있기 때문에 종란을 생산하고 있거나 종란 수집 전 3~4주 이내의 종계에게는 접종해서는 안된다. CIAV 감염에 특이적인 치료법은 없으나 광범위항생제를 투여할 경우 2차 세균감염으로 인한 피해는 줄일 수 있다.

참고문헌

McNulty M. S. 1991. Chicken anemia agent: a review. *Avian Pathol*, 20:187-203.

Schat K. A, and V. L. van Santen. 2020. Chicken infectious anemia and circovirus infections in commercial flocks. Pages 284-320 In: Diseases of Poultry, 14th edition. John Wiley & Sons, Inc. Hoboken, NJ, USA.

Todd D. and M. S. McNulty. 2008. Circoviridae. Pages 398-404 In: Poultry Diseases, 6th edition. Saunders, London.

Yuasa N, T. Noguchi, K. Furuta, and I. Yoshida. 1980. Maternal antibody and its effect on the susceptibility of chicks to chicken anemia agent. *Avian Dis*, 24:197-201.

Yuasa N, T. Taniguchi, and I. Yoshida. 1979. Isolation and some characteristics of an agent inducing anemia in chicks. *Avian Dis*, 23:366-385.

9 CHAPTER 조류 아데노바이러스 감염증

Avian Adenovirus Infection

서울대학교 최강석 권혁준 김재홍

개요

조류 아데노바이러스는 가금류 및 야생조류에서도 흔히 발견되며 많은 종류의 아데노바이러스가 증상이 거의 없거나 건강한 개체에서 분리되고 있다. 따라서 대부분의 경우 다른 병원체가 동시 또는 2차 감염되면 발병하는 기회감염 병원체(opportunistic pathogen)의 특성을 지닌다. 그러나 닭의 산란저하증후군(egg drop syndrome; EDS), 심낭수종증후군(hydropericardial syndrome; HS), 메추라기기관지염(quail bronchitis), 칠면조 출혈성장염(hemorrhagic enteritis; HE)과 같이 조류의 아데노바이러스 단독 감염에 의한 질병 유형과 봉입체성간염(inclusion body hepatitis; IBH)과 같이 면역억제성 요인 원인들과 복합적으로 발생하는 질병 유형으로 구분된다. 사람에 대한 공중보건학적 위험성은 없는 것으로 알려져 있다.

역사

최초로 보고된 조류의 아데노바이러스는 1949년에 소 전염병바이러스를 닭의 발육란에서 증식시켜 연구하는 과정에서 우연히 발견되었다. 그 이후 1960년 이전까지 CELO(chick embryo lethal orphan), GAL(Gallus adeno-like) 바이러스 등이 병아리를 이용한 세포배양이나 발육란에서 우연히 분리되어 이들을 이용한 조류 아데노바이러스 연구가 이루어졌다. 최초의 병원성 조류 아데노바이러스는 1950년에 보고된 메추라기기관지염(quail bronchiti) 바이러스였으며, 가장 대표적인 병원성 조류 아데노바이러스 감염증으로는 닭 EDS와 칠면조 HE를 들 수 있다.

가금뿐만 아니라 사람과 척추동물에서도 매우 다양한 종류의 아데노바이러스가 분리되면서 아데노바이러스 I, II, III 등의 대분류체계가 도입되었지만 근래에는 표 9-1과 같이 genus에 기준하여 새로운 분류체계를 적용하고 있다.

한편, 가금에서는 매우 다양한 종류의 비병원성 가금 아데노바이러스(fowl adenovirus; FAdV)가 분리되거나 질병을 유발할 수 있는 다수의 FAdV가 보고되고 있다. FAdV 역시 여러 분류체계를 거쳐 현재는 5종의 species와 11종의 혈청형으로 분류되고 있다(표 9-2).

1976년 네덜란드에서 최초로 보고된 EDS는 오리 유래의 아데노바이러스(*Atadenovirus*)가 일으키는 질병으로서 닭에서 심한 산란 저하를 유발하며 혈구응집능이 있음이 밝혀졌다. 국내에서 조류 아데노바이러스 감염증 발생 역사는 EDS로부터 시작되었고, 당시 산란 저하로 인하여 전국적으로 막대한 경제적 손실을 유발하였다.

최근 국내에서도 유행하여 어린 병아리에서 많은 경제적 손실을 일으키고 있는 심낭수종증후군(HS)은 1987년 파키스탄의 앙가라에서 처음 알려진 이후 인도, 이라크, 쿠웨이트, 칠레, 멕시코, 일본, 러시아 등 전세계적 발생이 보고되었고, 양계산업에 큰 경제적 피해를 유발하였다. 전염성F낭병(infectious bursal disease) 등 면역억제성 질병이 걸렸을 때 기회감염을 일으키는 봉입체성간염(IBH)은 발생이 빈발하거나 경제적 피해가 큰 것은 아니지만 지속적인 관심을 받아 왔다.

이후의 내용은 *Aviadenovirus* 감염증에 대하여 집중적으로 기술하기로 한다.

원인체 특성

분류

아데노바이러스 과(family *Adenoviridae*)에는 포유류에 감염되는 *Mastadenovirus*, 주로 조류에 감염되는 *Aviadenovirus*, *Siadenovirus* 및 *Atadenovirus*, 어류에 감염되는 *Ichtadenovirus* 와 같이 5개의 속(genus)이 있다(표 9-1). *Aviadeno virus* 속에는 대부분의 조류 아데노바이러스가 포함되어 있으며, 그 중 가금류에 감염되는 종류를 FAdV라고 한다. *Siadenovirus*에는 칠면조의 출혈성장염 바이러스 등이 속해 있다. 닭 EDS 바이러스는 *Atadenovirus*에 속하는 것으로서 독특한 특성을 보이기 때문에 다음 장에서 별도로 기술하기로 한다.

FAdV에는 A~E의 5개 종(species)이 있으며, 이들은 총 11종의 혈청형(serotype)으로 세분할 수 있다(표 9-2). 대부분의 FAdV는 병원성이 미약하거나 불현성 감염을 하는데 비하여, FAdV C, D, E에 속하는 일부 특정한 혈청형의 FAdV는 그 자체만으로 질병을 유발할 수 있는데 HS, IBH 등의 질병이 이 유형에 속한다. 현재 몇 종의 조류 아데노바이러스 게놈의 전장(full length) 염기서열이 밝혀졌고, 다수의 분자유전자적 비교연구 결과가 보고되고 있다.

형태 및 분자생물학적 구조

double-stranded DNA 바이러스에 속하며, 전체적으로는 직경 70~90 nm의 정20면체(icosahedral) 구조를 하고 있다. 바이러스 표면에는 외피막이 없고, capsid는 총 252개의 capsomeres (hexon) 단백질로 구성되어 있으며, 정20면체 구조의 모서리마다 위치하는 12개의 capsomeres

표 9-1 Adenoviruses(AdoneV.)의 분류와 감염 숙주

Genus	Old classification	Host affected
MasteradenoV. (50 species)	MastadenoV.	Humans, bovine *etc.*
Aviadenovirus (15 species)	Group I avian adenoV.	Chickens, ducks *etc.*
Siadenovirus (6 species)	Group II avian adenoV.	Chickens, pheasants *etc.*
Atadenovirus (8 species)	Group III avian adenoV.	Ducks, chickens *etc.*
Ichtadenovirus		White sturgeon (fish)

표 9-2 *Aviadenovirus* 중 FAdV 종류

Species	Serotypes	Strain (disease)
Fowl adenovirus (FAdV) A	FAdV-1	CELO, *etc (quail bronchitis)*
FAdV B	FAdV-5	
FAdV C	FAdV-4	HS
FAdV D	FAdV-2 FAdV-3 FAdV-9 FAdV-11	GAL-1
FAdV E	FAdV-6 FAdV-7 FAdV-8a FAdV-8b	(IBH)

(penton base)에는 fiber로 알려진 돌기가 돌출되어 있다(그림 9-1). fiber 단백질은 바이러스-세포 간 상호작용에 중요한 기능을 하면서 병원성 인자로도 기능하는 것으로 추측되고 있다. 감염세포의 핵에는 전자현미경상으로 결정체 모양(crystalline array)의 수많은 바이러스 입자가 촘촘하게 채워져 있고, 이 구조는 광학현미경으로 보면 핵내 봉입체(intranuclear inclusion body)로 관찰된다.

화학적, 물리적 요인에 대한 저항성

조류 아데노바이러스는 종류에 따라 DNA 크기와 염기의 구성 비율에 약간씩 차이가 있는 것으로 밝혀져 있다. 외피막이 없기 때문에 에테르, 클로로포름 등의 지질 용매(lipid solvent)와 세정제(detergent) 계통의 소독제에 매우 강하다. 또한 트립신, 2% 페놀, 50% 알코올에도 저항성이 크며, pH에 대한 저항성도 pH 3~9 사이에서는 매우 크다. 반면, 1:1,000 농도의 포르말린에는 쉽게 사멸된다.

조류 아데노바이러스는 온도에 대한 저항성이 비교적 약해서 56℃에서 30분간 처리 시 불활화되지만, FAdV의 경우 60~70℃에서 30분간 처리해도 생존할 정도로 온도에 대한 저항성이 다양하면서 상대적으로 강한 것으로 보고되고 있다.

FAdV-1에 속하는 아데노바이러스는 양 또는 랫트의 적혈구를 응집하는 특성이 있으나 그 외 FAdV는 혈구응집능이 없다.

바이러스의 항원성 및 면역원성

바이러스의 capsomeres 중 바이러스 구조에서 설명한 hexon은 주요 외곽 단백질로서 혈청형 및 공통항원 그룹에 대한 항원성을 모두 나타낸다. 따라서 혈청형 특이(type-specific) 및 공통(group-specific) 항원이 hexon 단백질에 존재하며, 혈청형 특이 항원에 대한 항체는 바이러스 중화능이 있어서 방어면역에 관여하지만 항원결정기 등 세부적인 항원 단백질에 대한 연구는 매우 부족하다. 아데노바이러스에 대한 공통항원은 *Aviadeno virus* 속 내에서만 존재하며 *Atadnovirus* 등 다른 속과는 교차반응이 없다.

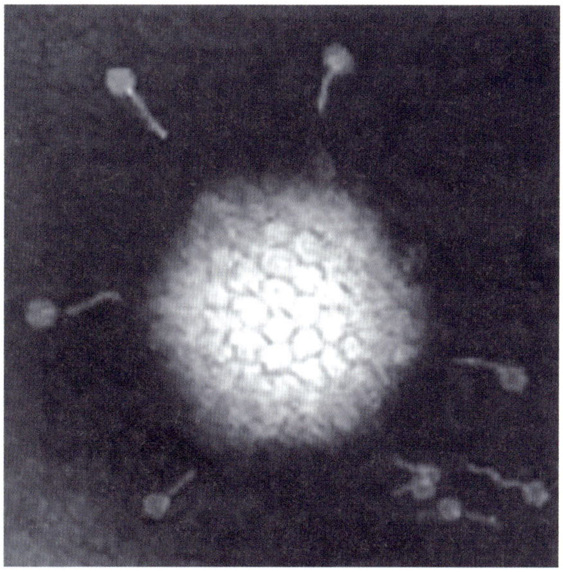

그림 9-1 아데노바이러스의 전자현미경 사진과 돌출된 fibers

바이러스 복제

아데노바이러스의 복제는 두 단계로 나눌 수 있다. 전기 단계(early phase)에서는 바이러스가 숙주세포 내로 감염된 후 바이러스 DNA가 핵내로 이동하여 'early(E) gene'을 전사하고 번역한다. 후기 단계(late phase)에서는 E 유전자에서 발현된 단백질에 의하여 바이러스 DNA 복제를 위한 세포기능 활성화와 'late(L) gene'의 전사와 번역이 이루어진다. 그 후 L 유전자에 의하여 바이러스의 구조단백질이 만들어지면서 최종적으로 핵내에서 완전한 바이러스 입자가 생성된다. 이 바이러스 입자는 순차적으로 핵막과 세포막의 파괴를 통하여 감염세포 밖으로 나오게 된다.

실험실 숙주와 배양

닭에서 분리된 대부분의 아데노바이러스는 실험실에서 배양된 병아리 신장세포나 계태아 간세포에서 잘 자라며, 계태아 섬유아세포 단층배양에서는 증식성이 상대적으로 낮다. 모든 종류의 *Aviadenovirus*는 부화중인 발육란에서 잘 자라며, 접종 경로는 장뇨막(chorioallantoic membrane)이나 난황낭(yolk sac)내 접종이 권장된다. 요막강 내 접종은 상대적으로 증식성이 낮은 것으로 평가되고 있다. 계태아의 병변과 폐사는 분리주에 따라서 많은 차이가 있다. 폐사, 발육 부진, 간염, 비장 비대, 체표면의 울혈 및 출혈, 신장의 요산 침착 등이 주요 병변으로 밝혀져 있다.

병원성

FAdV는 불현성 감염을 일으키거나 1차 병원체가 아닌 기회감염 병원체가 대부분이기 때문에 병원성 결정인자는 명확하게 밝혀져 있지 않다. 혈청형 또는 바이러스 종류(strain)에 따라 다양한 병원성의 차이가 있으며, 특정 유전자형(genotype)과 병원성에 연관이 있다는 연구결과도 있다.

또한, 접종 일령, 접종 경로, 접종량도 질병 발현의 중요한 요인으로 작용한다. 병원성이 높은 FAdV라 하더라도 자연감염 경로나 직접 접촉전염으로는 질병 발현이 어려우며, 경구접종, 점안 또는 비강접종 시에는 심한 폐사와 증상을 일으키는 것으로 보고되어 있다. 닭 전염성빈혈, 전염성F낭병 등의 면역억제성 질병과 복합감염되면 FAdV의 병원성이 증가한다.

역학

감염 숙주 및 발생 상황

조류 아데노바이러스는 전 세계적으로 발생하고 있으며, 사육하는 조류는 모든 일령에서 감수성이 있다. 닭, 오리, 칠면조 등 대부분의 가금뿐만 아니라 야생조류에서도 분리되고 있으며, 임상증상이 없는 건강한 조류에도 매우 많은 아데노바이러스가 존재하고 있음이 확인되고 있다.

국내에서 아데노바이러스에 의한 질병 피해는 IBH, HS, EDS로 구분할 수 있으며, HS로 인한 경제적 손실이 가장 큰 것으로 알려져 있다. FAdV-4에 의한 HS 발병이 보고된 이후 어린 일령의 육계뿐만 아니라 산란계, 종계, 토종닭 등 모든 계종에서의 발생이 보고되었고, 1~50%의 폐사율로 인해 경제적 피해를 초래하고 있다.

IBH의 경우, 일반적으로 전염성F낭병 감염 후 2차 감염의 형태로 많이 발생하였지만 최근에는 집중적인 전염성F낭병 백신접종으로 발생이 대폭 줄어든 상태이다.

전파 및 매개체

아데노바이러스 감염증의 전파와 확산에는 수직전파가 중요한 역할을 한다. 감염종계로부터 나온 종란의 난황이나 난백으로부터 바이러스가 쉽게 검출되고, 무증상 세대 간의 전파 사례도 보고되었다. 육계에서는 감염 후 4~6주, 산란계에서는 감염 후 5~9주 때 바이러스 배출률이 가장 높았다는 연구결과가 있으며, 서로 다른 FAdV 간 교차방어는 일어나지 않는 것으로 추측되고 있다. 또한, 난계대 전염이 일어났을 때에는 바이러스가 육추 및 육성기간 중에는 잠복해 있다가 산란피크에 도달했을 때 생리적 스트레스와 성 호르몬의 변화로 인하여 재활성화 되는 것으로 추측되고 있다.

야외 양계농가에서는 종계의 HS 감염에 따른 병아리의 난계대전염 피해가 가장 크게 일어난다. 이 경우, 병아리의 품질이 불량하고, 육계에서는 폐사와 함께 발육 지연으로 인하여 출하체중 미달, 출하일령 지연, 사료효율 감소, 출하수 감소 등의 막대한 경제적 손실을 입게 된다. 산란계의 경우, 지속적인 폐사와 함께 표준체중 곡선에 도달하지 못함으로써 산란 시기에 적정한 산란지수를 채우지 못하는 경우가 많다.

수평전파 경로도 질병의 전파에 매우 중요하게 작용한다. 바이러스는 주로 분변, 호흡기점막 및 신장에 존재하기 때문에 이들로부터 배출된 바이러스를 통하여 직접접촉에 의한 수평전파가 일어나며, 특히 분변을 통하여 다량의 바이러스가 배출된다. 감염된 수컷의 정액에도 바이러스가 존재하므로 인공수정 시 수평 및 수직전파의 요인이 된다. 또한, 바이러스가 오염된 사람이나 사양기구, 차량, 난좌 등의 매개체를 통한 간접전파도 가능하다.

야외 상황에서 수평전파로 인하여 HS가 발생하면, 계군 전체가 도태될 때까지 지속적인 폐사가 나타나는 경우가 많으나 초기의 폭발적인 폐사 이후에 폐사수는 급격히 줄어드는 경향을 보인다.

자연감염 잠복기는 24~48시간으로 매우 짧다.

임상증상

봉입체성간염(Inclusion Body Hepatitis; IBH)

IBH에 대한 이병률은 낮은 편이다. 감염되면 3~4일 후 폐사율이 갑자기 증가하다가 5일째에 급감하는 경우가 대부분이나 때로는 2~3주간 폐사가 지속되는 사례도 있다. 감염 병아리는 깃털이 역립되어 부스스하게 보이고, 간의 통증으로 인하여 웅크리고 있는 자세(crouching position)를 취하며, 48시간 이내에 폐사하게 된다. 폐사율은 통상 10% 이내이나 드물게 30%에 이르기도 한다. 국내에서는 발생이 많지 않으나 육계농장에서 간혹 발생하며, 1주령 전후에서 발생이 시작될 수 있다.

IBH를 일으킬 수 있는 혈청형은 주로 FAdV D 또는 E 중에서 FAdV-2, 3, 6, 7, 8a, 8b, 9, 11의 단독감염 또는 복합감염으로 발생하고 있다. 특히 호주와 뉴질랜드에서는 FAdV E에 속하는 6, 7, 8 혈청형이 1일령 병아리에서 전형적인 IBH를 유발하는 것으로 밝혀졌으며, 일부 사례에서는 어린 병아리에 실험적으로 경구감염시켰을 때 임상증상과 함께 봉입체성 간염 및 여러 장기에 병변을 일으킨다는 사실이 확인되었다. 성계에서는 정맥 내 접종 등 자연감염 경로가 아닌 경우, 병변은 있지만 뚜렷한 임상증상은 없었다는 보고도 있으며, 분리주 및 연구조건에 따라 무증상부터 질병 발현까지 다양한 차이가 있음이 보고되었다.

위에서 기술한 것처럼 FAdV 중 일부는 그 자체가 IBH의 원발성 인자로 작용하지만, 전염성F낭병, 닭 전염성빈혈 등의 면역억제성 질병과 아플라톡신 중독증은 IBH 발생에 대한 선행인자(predisposing factor)로서 복합감염 시 IBH 발생과 피해를 매우 증폭시키는 역할을 하는 것으로 알려져 있다.

심낭수종증후군 (Hydropericardium Syndrome; HS 또는 HPS)

HS는 1987년 파키스탄에서 최초로 알려진 후 전 세계적으로 발생 피해가 보고되고 있다. 때로는 HS와 IBH의 혼합형으로 발생하기도 하여 보고자에 따라서는 간염 심장수종증후군(hepatitis-hydropericardium syndrome; HHS)으로 부르기도 하였다.

HS와 IBH의 임상증상과 병변은 매우 유사하지만 유일한 임상적 차이는 HS의 경우에 폐사율과 심낭수종의 발생이 훨씬 높다는 점이다. HS에서는 IBH보다 폐사율이 훨씬 높아서 20~80%에 이르며, 3주령의 병아리 때부터 시작하여 4~5주령 사이에 4~8일 동안 가장 높은 폐사율이 나타난다. 반면, 산란 중인 종계와 채란계 등 성계에서는 폐사율이 낮게 나타나지만 종종 질병 피해가 장기간 지속되기도 한다.

HS는 특히 어린 육계에서 높은 폐사율을 유발하여 육계 산업에 많은 피해를 일으켜왔다. 주로

3~6주령의 육계에서 발생하는 것으로 알려져 있지만, 국내는 출하기간이 5주령 이하로 짧고, 난계대전염된 경우가 많아서 어린 병아리 때부터 출하시기인 30일령 전후까지 계속 발생하는 사례가 흔하다. 어린 일령에서 발생하면, 폐사 직전까지 별다른 임상증상 없이 급사하는 것이 특징이며, 바이러스 종류에 따라 폐사율이 다양하나 최고 75%까지 폐사를 일으키기도 한다.

종계는 후대 병아리에 난계대전염을 일으키기 때문에 다른 계종에 비하여 매우 중요한 의미를 가진다.

바이러스 종류별로 보면, FAdV C 에 속하는 혈청형 FAdV-4(표 9-2)가 닭에서 전형적인 HS를 유발하는 것으로 밝혀져 있다. 또한, 비둘기와 메추리에서도 FAdV-4로 인한 질병 발생 보고가 있었고, 그 분리주를 육계에 접종했을 때 HS를 유발하였으며, 닭의 FAdV-4 백신을 접종받은 비둘기는 그 분리주의 공격접종에 방어되었다는 보고가 있다.

근위 미란(Gizzard Erosions; GE)

일본과 유럽에서 FAdV-1(표 9-2)로 인하여 GE가 발생하였다는 수많은 보고와 어린 육계 또는 산란계 병아리에 FAdV-1을 구강 또는 비강으로 접종했을 때 3~18일 만에 GE가 발생하였다는 다양한 실험실 연구결과는 FAdV-1로 인한 원발성 GE 발생을 증명하는 결과이다. GE 발생 시 체중 감소, 폐사 증가와 함께 나타나는 주요 증상과 병변으로는 출혈성 액체를 수반한 근위의 확장(distension), 근위 내막의 황색 koilin 층의 다양한 반점 모양의 미란이 특징이다.

이 외에도 괴사성 췌장염(necrotizing pancratitis) 등이 실험적으로 재현되었다는 것은 근위뿐만 아니라 다양한 소화장기에도 FAdV-1의 감염이 확산될 수 있음을 시사하고 있다.

이상과 같은 증상 외에도 산란 저하, 사료효율 및 증체량 감소, 가벼운 호흡기 증상 등이 보고되고 있으나 증상이 전혀 없는 건강한 개체의 호흡기에서도 아데노바이러스가 분리되는 사례가 대단히 많기 때문에 직접적 연관성은 매우 낮다고 할 수 있다.

병리조직학적 소견

IBH

간의 색깔이 옅어지면서 유약(friable), 종창, 백색의 작은 괴사소, 점상 또는 반상 출혈 등이 나타나며(그림 9-2), 간세포(hepatocyte)의 괴사와 함께 핵내봉입체(intranuclear inclusion body)가 관찰된다(그림 9-3, 9-4).

자연감염 사례에서는 간염과 함께 F낭과 흉선, 골수의 위축도 보고되었으나 다른 질병과의 복합감염으로 인한 결과일 가능성도 배제할 수 없다.

HS

주요 병리조직학적 소견은 심낭 내 황색조의 투명한 액체의 저류(그림 9-4), 폐수종, 간의 탈색과 종창(그림 9-1), 간과 심장에 나타나는 점상 출혈과 단핵구 침윤을 수반한 다수의 괴사소(그림 9-2) 및 IBH 때와 같은 간세포의 핵내봉입체(그림 9-3),

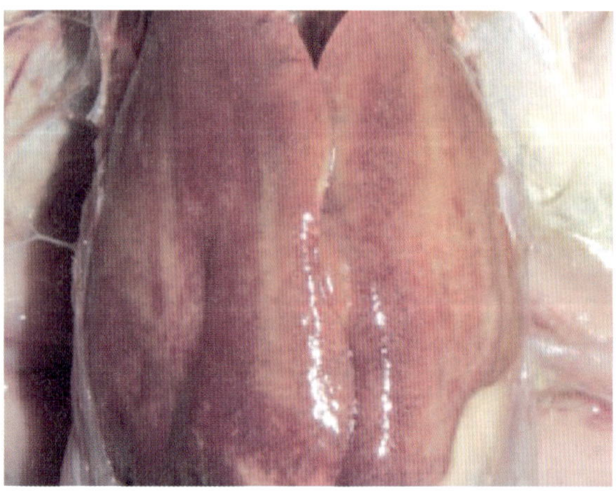

그림 9-2 감염계의 간에 나타난 병변: 황색 괴사반점과 출혈 반점 산재

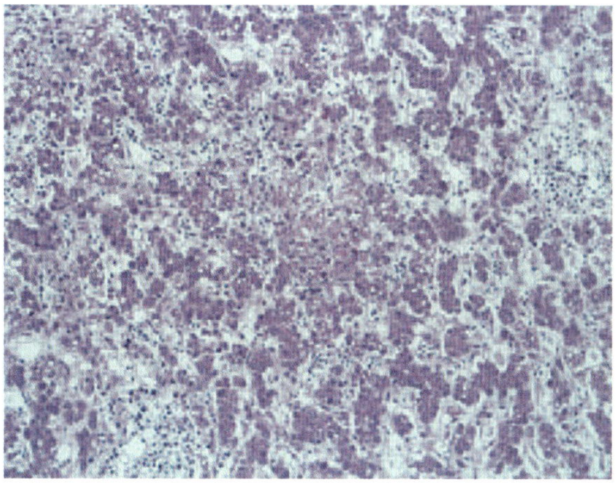

그림 9-3 FAdV 감염계의 간 조직에서 관찰되는 광범위한 간세포의 괴사

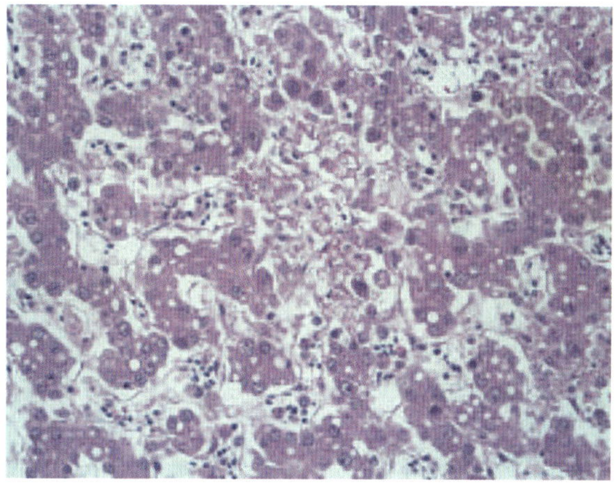

그림 9-4 괴사된 간 조직 내 핵내봉입체 사진

비장 종대, 퇴행성 변화를 수반한 신장 세뇨관의 확장과 신장의 비대이다. 실험적으로 감염시킨 병아리에서는 심한 면역저하와 함께 림프기관에서 B 림프구 및 T 림프구의 소실이 나타났다는 보고가 있지만 감염된 FAdV 종류에 따라 다를 수 있으므로 신중한 접근이 필요해 보인다.

면역

*Aviadenovirus*는 공통항원과 특이항원을 보유하며, 감염이 되면 후자에 대한 중화항체가 1주일 만에 체내에 생성되어 3주 때 최고 역가를 보인다.

그러나 1차적인 감염 방어에는 지속기간이 약 8주 정도로 짧은 국소면역이 결정적으로 관여하고, 장기간 지속되는 혈중 중화항체는 국소감염 후 전신감염 단계에서 바이러스가 여러 내부장기에 광범위하게 감염되는 것을 방어해 준다고 밝혀져 있다. 따라서, 혈중 중화항체에 속하는 모체이행항체는 어린 병아리의 야외감염을 근원적으로 방어해 주지 못한다. 실험적으로도 면역 형성에 의한 재감염 방어는 1차 감염 후 45일까지는 가능하였지만, 8주 후에는 동일한 FAdV에 의한 재감염이 일어났으며, 중화항체가 존재하는 상태에서도 감염 후 바이러스 체외 배출을 막을 수 없었다.

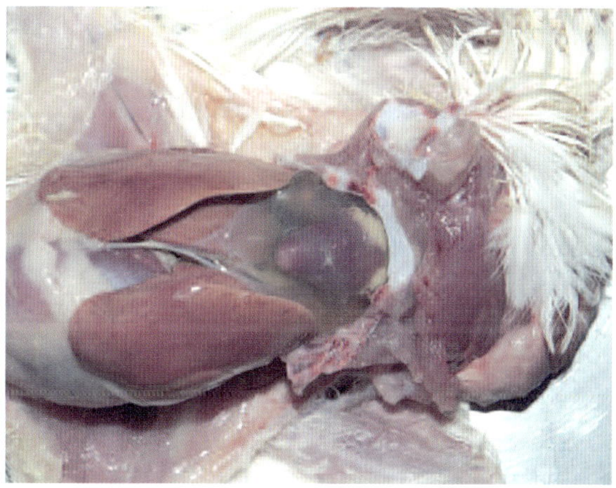

그림 9-5 육계의 심낭 수종: 노란색조의 맑은 심낭액의 저류가 심하게 관찰됨

따라서 FAdV에 대한 면역기전은 국소면역과 중화항체가 함께 작용하여 총체적인 방어면역을 형성하는 것으로 볼 수 있다.

진단

바이러스 분리 및 동정

바이러스 분리를 위해서는 감염계의 분변, 맹장편도(cecal tonsil), 신장, 인두, 간이나 감염장기 등을 이용하며, 배양을 위해서는 계태아 간세포나 신장세포를 사용하는 것이 효율적이다. 그러나 세포변성효과를 유발하기 위해서는 대부분 2~3번의 연속 계대가 필요하다. 계태아 발육란을 이용한 배양은 감수성이 낮기 때문에 1차 분리를 위한 방법으로는 적합하지 않다.

바이러스 동정법으로는 전자현미경에 의한 바이러스 입자 확인, 면역화학염색법, 형광항체법 등이 사용되어 왔고, 혈청형 동정을 위해서는 바이러스 중화항체법이 사용된다. 근래에는 번거로운 바이러스의 분리 동정법보다 아데노바이러스의 hexon 유전자를 특이적으로 증폭하는 primer로 감염 바이러스의 유전자를 직접 검출하는 PCR 방법이 보편적으로 이용되고 있다. 또한 최근에는 PCR을 이용하여 바이러스의 개별적인 혈청형이나 유전자형을 검출하는 방법도 개발되어 있다.

혈청학적 검사

그룹 공통항원을 검출하는 방법으로는 한천겔침강반응(agar gel precipitation test; AGP)이나 현재 판매되고 있는 상업용 ELISA 키트를 사용할 수 있으나 AGP의 경우 민감도가 낮으므로 ELISA 방법이 권장되고 있다. ELISA의 경우, FAdV 전체의 공통항원에 대한 항체를 검출할 수 있으므로 혈청학적 진단에는 유리한 면이 있는 반면, 목표로 하는 FAdV가 아닌 다른 종류의 FAdV 감염항체를 검출함으로써 오진의 가능성이 높기 때문에 검사결과의 해석에 신중한 접근과 전문성이 필요하다.

혈청형 동정을 위해서는 혈청중화시험이 필요하며, 최근에는 특정 혈청형의 항체만 검출할 수 있는 ELISA 방법이 개발되기도 하였으나 상업용으로 구하기 어려운데다 가격이 비싸고, 여러 혈청형의 FAdV가 혼합감염된 상태에서는 해석이 어렵다는 단점이 있다.

혈중항체 수준은 국소면역 수준과 별개이고, 감염 방어력과의 연관성도 부족하기 때문에 특별한 목적이 아닌 농장에 대한 정기적인 FAdV 혈중항체 모니터링은 의미가 없다.

감별진단

HS의 경우에는 높은 폐사율과 함께 심장과 간에 특징적 병리소견이 있기 때문에 다른 질병과의 감별이 비교적 쉽다. 부검 시에 과다한 심낭수종이 관찰된다면 부검 소견 만으로도 1차적인 임상진단이 가능하다. 그러나 상당수의 HS 감염사례에서는 심낭수종 병변이 없이 간에 괴사소견만 나타나기도 하므로 살모넬라 감염증, E형 간염바이러스(Hepatitis E virus) 감염증 등 간의 병변을 주로 하는 질병과 감별진단이 필요하다. 따라서 정확한 진단을 위해서는 간에서 핵내봉입체를 확인할 수 있는 조직병리학적 검사가 뒷받침 되어야 한다.

근위 미란의 경우에도 사료 중 곰팡이독소 오염, 어분 사료의 고열처리 등 사양관리 요인이 많으므로 바이러스 분리 동정이나 조직학적 검사가 필요하다.

예방 및 치료

방역/위생 관리

IBH나 HS 감염에 따른 피해 감소나 예방을 위해서는 양계농장의 환경관리와 철저한 차단방역 및 위생적 사양관리를 병행하면서 지속적인 모니터링을 통하여 감염계를 도태시키거나 백신을 이용하는 방법이 있다. 하지만 현재 국내 양계산업에 있어서 HS가 지속적으로 발생을 하는 이유는 종계에서의 광범위한 감염이 중요한 원인 중의 하나이다. 결과적으로 후대 병아리에 대한 광범위한 수직감염이 일어나고 있고, 이로 인하여 부화 후 병아리간의 수평감염이 다시 이루어짐으로써 계군에서의 지속적인 순환감염이 일어나게 된다.

효과적인 예방법으로는 국내 종계군에 대한 대대적인 모니터링과 수직감염 최소화 방안이 최선이다. 그러나 여러 현실적 이유에서 종계에 대한 모니터링에는 한계가 있다. 추백리와 같이 종계군 혈청검사를 통하여 감염된 개체만을 선별 도태할 수 있다면 수직감염을 예방할 수 있겠지만, 현재의 ELISA검사법은 건강한 개체에서의 FAdV 감염 항체도 검출하기 때문에 현실적으로 선별이 불가능하다.

따라서 백신접종을 통한 예방이 더 효과적인 대안으로 선택될 수 있을 것이다. HS의 경우, FAdV 지역분리주를 포르말린으로 불활화시킨 사백신(inactivated vaccine)을 개발하여 접종하거나, 세포배양법 또는 계태아 발육란을 이용한 생백신(live vaccine)이 개발되었고, 최근에는 메추리 유래인 QT35 세포주를 이용하여 약독화시킨(attenuated) 생백신이 방어효능이 양호하다는 결과가 보고된 바 있다.

국내에서도 HS 발생에 따른 경제적 피해가 많고, 감염을 예방할 적절한 수단이 없어 FAdV-4 국내 분리주를 이용한 불활화백신이 개발되어 사용되고 있다. 그러나 피해를 본 종계장에서만 일부 사용되고 있을 뿐, 백신의 사용률이 낮고 야외에서의 효능이 객관적으로 분석된 자료가 부족해서 현장에서의 효능을 정확히 평가하기는 쉽지 않다.

또한, FAdV 면역을 위해서는 국소면역과 중화항체를 이용한 체액성 면역은 물론 세포성 면역의 역할도 강조되고 있기 때문에 야외에서의 백신 효능 예측은 매우 어려운 과제 중 하나이다. 이와 함께, 모체이행항체는 어린 병아리의 야외감염 방어에 별로 역할을 못하는 것으로 알려져 있다.

FAdV 백신의 사용과 함께 유념해야 할 사항은 IBD나 CIA와 같은 면역억제성 질병에 대한 종계의 백신접종도 철저히 병행해야 하는 것이다. 면역억제성 질병 감염은 IBH와 HS 발생 피해를 유발하거나 증폭시킬 수 있고, 어린 병아리에서의 FAdV 감염 피해를 촉발할 수 있기 때문이다.

참고문헌

Choi, K.S., S.J. Kye, J.Y. Kim, W.J. Jeon, E.K. Lee, K.Y. Park and H.W. Sung. 2012. Epidemiological investigation of outbreaks of fowl adenovirus infection in commercial chickens in Korea. *Poultry Science 91*: 2502-2506.

Fitzgerald. S.D. 2013. Adenovirus Infection. Pages 289-300. In: Diseases of Poultry, 13th edition. Wiley-Blackwell Publishing, Ames, Iowa.

Lim T.H., B.Y. Kim, M.S. Kim, J.H. Jang, D.H. Lee, Y.K. Kwon, J.B. Lee, S-Y. Park, I.S. Choi, and C.S. Song. 2012. Outbreak of gizzard erosion associated with fowl adenovirus infection in Korea. *Poultry Science* 91 :1113-1117.

McFerran J.B. and J.A. Smyth. 2000. Avian adenoviruses. Rev. Sci. Tech. Off. Int. Epiz., 19(2). 589-601.

Schachnera Anna, M. Matosb, B. Grafib and M. Hessa. 2018. Fowl adenovirus-induced diseases and strategies for their control-a review on the current global situation. *Avian Pathology* 47(2): 111-126.

조류질병교수협의회. 2016. 조류질병학 제2판. 도서출판 한미의학.

10 CHAPTER 산란저하증후군

Egg Drop Syndrome

서울대학교 최강석 권혁준 김재홍

조류 아데노바이러스 감염증 중에서 *Aviadenovirus* 감염증에 대하여는 앞 장에서 상세히 기술하였으므로 이 장에서는 독특한 질병 특성을 나타내는 *Atadenovirus* 감염증에 대하여 별도로 기술한다.

개요

산란저하증후군(egg drop syndrome; EDS) 바이러스는 subgroup 3에 속하는 아데노바이러스 감염증으로 알려져 왔으나, 지금은 아데노바이러스의 분류체계가 바뀜에 따라 genus *Atadenovirus*에 속하는 EDS 바이러스(EDSV) 감염증으로 정의되고 있다. EDS는 닭의 전형적인 산란 저하 질병으로서 다른 바이러스성 질병에 비하여 상대적으로 전염 속도가 늦다. 산란 저하, 난질 저하 등 산란장기와 관련된 증상과 병변 외에는 다른 임상증상이 없는 비교적 단순한 질병이지만 난계대전염병에 속한다. 사람에 대한 공중보건학적 위험성은 없다.

역시

EDS는 1976년 네덜란드에서 처음으로 보고되었지만 실제로는 같은 해에 북아일랜드에서 먼저 발생한 것으로 알려져 있다. 그 당시에는 EDS-1976 또는 EDS'76으로 불리었으며, 발생원인은 오리 아데노바이러스가 닭으로 감염되어 발생한 것으로 보고되었다.

초기에는 수평전염이 주요 감염 경로로 알려졌으나, 그 후 감염종계로부터 부화된 병아리로 수직감염이 밝혀짐으로써 난계대전염병으로 분류되고 있다. 국내에서는 1978년 네덜란드에서 수입한 병아리에서 최초로 발생된 이후 1980년에 전국으로 확산되면서 1990년대 초반까지 많은 피해가 있었다. 감수성이 높은 갈색 산란계가 백색계보다 더 심한 임상증상과 산란 저하 피해를 입었다. 백신이 사용되면서 1990년대 후반 이후 발생보고가 없다가 2006년도에 다시 재발생하였으며, 드물지만 최근에도 산발적으로 발생하고 있다. 재출현 이유는 밝혀지지 않았다.

원인체 특성

분류

EDSV는 family *Adenoviridae*, genus *Atadenovirus*에 속하는 species *Duck Atadenovirus A*로 분류된다. 오리의 Duck adenovirus type 1 (DAdV-1)에 의하여 닭에 발생한 것이기 때문에 EDSV와 DAdV-1은 근본적으로 동일한 병원체이다. 한편, 닭에서 봉입체성 간염과 심낭수종을

일으키는 아데노바이러스는 *Aviadenovirus* 속으로서 EDSV와 다른 종류이므로 구분되어야 한다. EDSV는 유전자 크기 면에서도 앞장에서 기술한 *Fowl adenovirus-1*(FAdV-1)이 43.8 kb인데 비하여 33.2 kb로서 더 작은 편이고, 상당수의 아데노바이러스에서 나타나는 전기 유전자(early gene)가 결손되어 있다. 또한 유전자 구성 면에서도 다른 조류 아데노바이러스와 비교할 때 높은 AT 함량을 보인다.

형태 및 분자생물학적 구조

EDSV의 전체적인 형상은 다른 조류의 아데노바이러스와 거의 동일하며, 외피막이 없는 정이십면체(icosahedral)의 DNA 바이러스로서 약 33.2 kb의 염기로 구성되어 있다. 크기는 직경이 약 76~80 nm이며, 분자량은 FAdV가 28.9×10^6 Da인데 비하여 22.6×10^6 Da이고 핵산의 AT 구성 비율이 매우 높다.

화학적, 물리적 요인에 대한 저항성

EDSV는 13개의 구조단백질로 이루어져있고, 그 중 적어도 7개는 FAdV 구조단백질과 연관성을 가진다. 다른 속의 아데노바이러스와는 달리 닭, 오리, 칠면조, 거위, 비둘기 등의 조류 적혈구에 대하여 혈구응집능(hemagglutination; HA)을 가진다. EDSV는 열에 대한 저항성이 강한 편이며, 60℃에서 30분간 열처리 시에 불활화되지만 56℃에서 3시간동안 처리 시에는 생존할 수 있고, 5℃에서는 장기간 생존 가능하다. 또한 56℃에서 30분간 열처리 시에도 HA능은 유지되기 때문에 혈청검사용 항원제조법으로 사용되고 있으며, HA 항원은 냉장 보관할 경우 장기간 동안 항원성이 유지된다.

또한, pH 3.0에서 pH 10.0 사이의 조건에서 저항성이 강하며, 트립신은 물론 클로로포름과 같은 지방 용매에도 저항성이 강하다. 소독제에 대한 저항성은 0.5% 포르말린 용액이나 0.5% glutaraldehyde 용액에서 감염력을 소실한다.

바이러스의 항원성 및 면역원성

EDSV는 단일 혈청형이기 때문에 항원성이 동일하므로 백신 대응 및 진단이 용이한 측면이 있다.

바이러스 복제

감염세포에서의 바이러스 복제는 8장에서 기술한 FAdV와 유사하며, 핵내에서 증식이 일어나면서 핵내봉입체를 형성한다. 감염된 닭에서의 바이러스 복제는 자궁(shell gland 또는 uterus)을 포함한 수란관(oviduct) 내 상피세포에서 주로 증식한다.

실험실 숙주와 배양

바이러스 증식은 오리 유래 세포배양에서 매우 잘 증식하며, 특히 오리 태아(duck embryo) 간세포 및 섬유아세포와 오리 신장세포에서 높은 증식성과 감염 역가를 보인다. 또한 오리 발육란에서도 증식성이 매우 높아서 10일령 발육란의 요막강에 접종시 16,000~32,000에 이를 정도로 높은 HA 역가를 나타낸다. 닭의 발육란에서는 증식하지 않으며, 계태아 섬유아세포에서는 증식성이 매우 낮다.

역학

발생 상황

네덜란드, 벨기에를 비롯한 유럽국가에서 발생이 보고되었으며, 중국, 인도, 일본 등의 아시아국가와 호주, 뉴질랜드, 남아프리카공화국 등의 국가에서도 발생보고가 있었다.

우리나라에서는 1980년에 최초로 발생하였다. 백신 사용으로 인하여 1990년대 후반 이후 발생

보고가 없었지만 2006년도에 다시 재출현 하였고, 이에 대한 역학적인 원인은 밝혀지지 않은 상태이다. 최근에도 지역에 따라 산발적으로 발생하고 있다.

감수성 숙주

모든 일령의 닭이 감수성을 가지며, 산란 중인 닭에서는 대부분 임상증상이 나타난다. 오리나 거위도 자연감염 숙주이기 때문에 사육하는 오리 또는 거위 농장에서 광범위하게 항체가 검출될 뿐만 아니라 야생오리나 기러기에서도 광범위하게 항체가 검출되고 있으며 바이러스도 분리되고 있다.

EDSV는 건강한 오리나 거위에서 우발적으로 분리되는 사례가 많으며, 오리에서는 감염 시 일시적으로 난각 표면이 거칠어지거나 얇아지고 산란율이 낮아지는 증상이 나타날 수 있다. 거위에서는 산란장기의 임상증상이 보고된 바 없다. 메추리도 감수성이 있으며, 임상증상이 나타난 사례가 있다. 그 외 칠면조, 꿩, 호로새 등도 감염될 수 있지만 야외감염으로 인한 증상 발현 보고는 매우 드물다.

전파

모계로부터의 난계대전염에 의한 수직전파와 직접 또는 간접 접촉에 의한 수평전파가 모두 일어나며 EDS 발생 유형은 크게 세 가지로 분류할 수 있다.

첫 번째 고전형(classical)의 경우, 감염종계로부터 낮은 비율이지만 수직전파가 일어난 후, 일정 기간이 지나면 난계대전염된 이들을 중심으로 2차적인 수평전파가 확대되는 유형이다. 수직감염된 어린 일령의 병아리에서는 바이러스 배출이나 항체 형성이 일어나지 않지만, 일단 성계가 된 후 산란율이 50% 이상에 이르면 체내에 잠복해 있던 EDSV가 활성화되고 바이러스의 체외 배출이 활발하게 일어나면서 급격한 수평전파의 주요 원인으로 작용한다. 산란율 상승에 따른 생리적 스트레스와 성 호르몬 변화 등의 체내 유발인자에 의하여 바이러스 복제가 재활성화 되면서 산란 저하와 함께 바이러스가 배출되고 항체역가의 상승이 나타나는 것이라는 가설이 유력하다.

두 번째는 수평전파가 주로 일어나는 경로인데 이 병이 토착화된 지방에서는 야외계군의 감염률이 상당히 높기 때문에 감염계군 또는 농장에서 사용한 난좌나 포장재 또는 계란 수송상자에 오염된 바이러스에 의하여 확산되는 경우가 이에 해당한다. 감염된 닭의 수란관과 자궁에서는 다량의 바이러스가 증식함으로써 계란 속이나 난각을 통하여 체외로 배출되며, 오염된 계란과 수란관 내용물을 통하여 직접 또는 간접전파가 일어난다. 소화장기를 통한 바이러스 배출은 일어나지 않지만 수란관 배출물과 계란에 오염된 EDSV가 분변에 재오염됨으로써 분변을 통해서도 감염역가는 낮지만 바이러스가 전파될 수 있다. 일단 체외로 배출된 바이러스는 사람, 차량, 사료, 물, 사양기구 등을 통하여 수평전파가 일어난다.

EDSV의 경우 수평전파 속도는 매우 늦고 간헐적이며, 케이지에서 사육했을 때는 전체 계사에 확산되기까지 11주가 걸렸다는 보고도 있다. 즉, EDSV에 감염되어 나타나는 물알이나 연란 발생 현상이 일자별로 매우 서서히 옆으로 확산되어 가는 것을 확인할 수 있을 정도이다.

세 번째 경로는 가능성은 낮지만, 자연감염된 오리나 거위 또는 야생조류의 배설물에 있는 바이러스가 오염된 물이나 매개체를 통하여 농장내로 유입되는 경우이다. 오리나 거위에서 닭으로 감염되는 매우 중요한 전파 경로이지만 실제적인 발생은 매우 산발적으로 일어나는 것으로 추정되고 있다. 그러나 야생오리나 거위의 FAdV-1 감염률이 높고, 방사농장의 존재 등 닭으로의 감염 경로가 일어나기 쉬운 특정 지역에서는 중요한 전염 경로가 될 수 있다.

임상증상

잠복기는 일반적으로 7~9일이며, 그보다 더 늦은 경우도 있다.

산란 전의 병아리에는 감염되어도 아무런 증상이 없으며, 산란 중인 성계에 감염 시에는 산란 저하와 난질 저하가 나타난다. 그 외에 다른 증상은 없다. 육용종계나 갈색 계통의 고체중 품종이 백색 계통의 저체중 품종보다 감수성이 훨씬 높고, 산란 저하 피해도 심하다. EDS 감염 초기에는 탈색란이 나타나기 시작하면서 연각란(thin-shelled egg), 연란(softshelled egg), 물알(shell-less egg, 무각란) 이 점차 증가하게 되고, 이로 인한 산란율의 저하가 일어난다(그림 10-1).

연각란은 표면이 거칠거나 끝 부분이 모래를 뿌려 놓은 것처럼 점점이 색깔을 나타내면서 거친 형태를 보인다. 연란의 경우, 난각막이 찢어지면서 계분판으로 계란 내용물이 바로 떨어지기도 하므로 계분판에 난황이나 계란 내용물이 많이 흩어져 있기도 한다.

산란 저하는 보통 4~10주간 지속되며, 알을 낳기 시작한 시산 때 감염되면 산란극기(peak)에 도달하지 못하거나 도달 시기가 지연되고, 산란극기가 지난 후에는 후기에 감염될수록 산란 저하가 급격히 일어난다. 감염 시 통상적으로 40% 정도의 산란 저하가 나타나며, 산란 저하 계군을 강제환우시키면 정상 회복된다.

종계의 경우, 감염기에 있더라도 정상적인 형태의 계란은 수정률과 부화율에 아무런 이상을 보이지 않는다. 난계대전염 시에는 산란율이 상승하는 중에 체내에 잠복해 있던 EDSV가 활성화되면서 질병이 발현되는 경우가 많다.

병변

육안병변

실험적으로는 감염 9~14일에 자궁 주름내 수종과 자궁 내강의 삼출물, 가벼운 비장 비대, 난소의 유약 등이 관찰되었다. 야외 감염사례에서는 육안적 병변이 거의 나타나지 않는 것이 일반적이지만

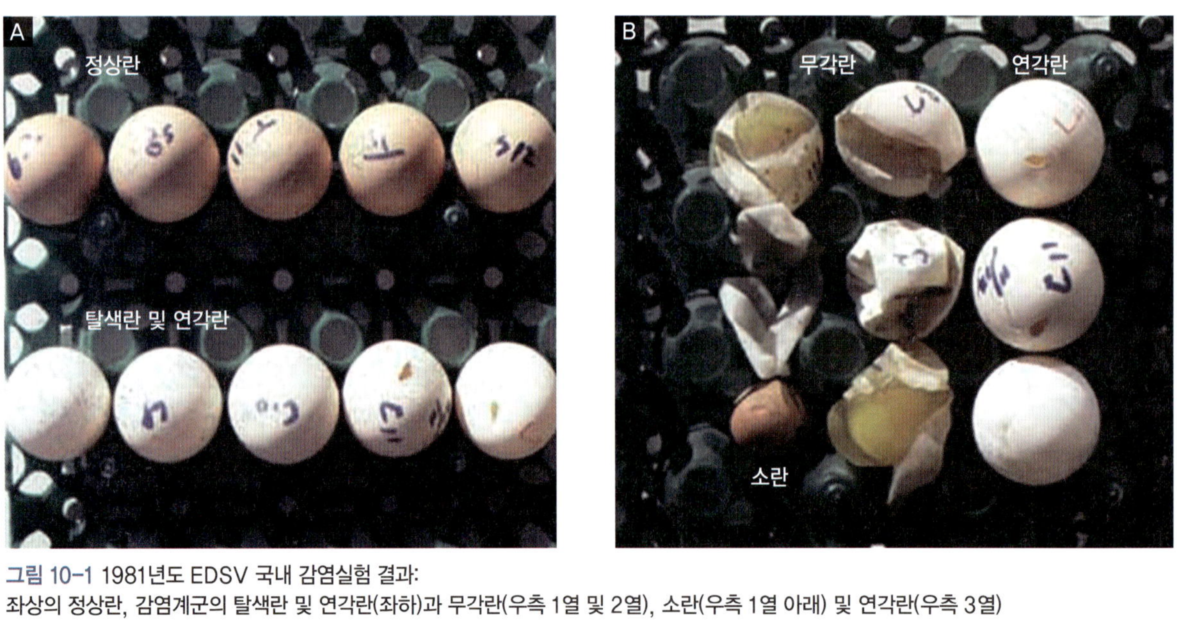

그림 10-1 1981년도 EDSV 국내 감염실험 결과:
좌상의 정상란, 감염계군의 탈색란 및 연각란(좌하)과 무각란(우측 1열 및 2열), 소란(우측 1열 아래) 및 연각란(우측 3열)

가끔 난소의 미성숙과 수란관 위축이 나타나기도 한다. 그 외 내장 장기에는 육안적 병변이 없다.

조직학적 병변

주로 자궁(shell gland) 내에 병변이 형성되며, 자궁 내막 상피세포의 핵에서 바이러스가 증식한다. 감염 7일까지 수란관 및 자궁의 상피세포에 핵내봉입체가 관찰되고, 자궁 내막 상피세포 및 고유판(laminar propria)에 대식세포, 형질세포, 림프구 등의 침윤이 있으며, 자궁 내강에 심한 염증 소견이 관찰된다. 핵내봉입체는 산란 저하 증상 발현 3일 이후에는 관찰이 어려울 수도 있다.

자연감염 사례에서는 감염개체를 검출하기가 어렵고, 일과성으로 지나가기 때문에 핵내봉입체나 급성 염증반응이 있었다는 보고가 없다.

발병기전

성계의 구강으로 EDSV를 접종하였을 때에는 비강 점막에서 약하게 바이러스가 증식되고, 그 후 바이러스혈증(viremia)이 나타나면서 감염 3~4일에는 비장과 흉선 등의 림프조직에서 바이러스가 증식된다. 수란관과 난각이 형성되는 자궁은 EDSV의 종착점으로서 특히 자궁에서는 감염 7~20일에 바이러스가 대량으로 증식하며, 이에 따라 자궁 내에서의 난각 형성에 이상을 초래하게 된다. 수란관에서의 바이러스 증식은 상대적으로 덜한 편이다.

면역

실험적으로는 감염 5일 후부터 항체가 검출되기 시작하여 4~5주 때에 가장 높은 항체역가를 나타내었으며, 항체역가가 높은 상태에서도 바이러스 배출이 일어날 수 있다. 후대 병아리는 모체이행항체를 통하여 수동면역을 획득하며, 모체이행항체의 반감기는 약 3일로 보고되어 있다. 감염된 모계로부터 난계대전염된 병아리에서는 육추기 및 육성기에 아무런 증상 없이 경과하지만, 성계가 되어 산란이 개시되었을 때 잠복감염(latent infection) 상태로 있던 바이러스가 활성화되기 시작하면서 증상 발현과 함께 바이러스 배출이 시작된다. 이 시점에 모든 감염 개체에서 항체가 형성되는지는 불확실하다.

잠복감염 상태의 계군이라 하더라도 백신을 접종하여 산란 전까지 모든 개체에 충분한 항체가 형성되었을 경우에는 질병이 발현되지 않는다.

진단

감염개체 선별

EDS 진단을 위한 바이러스 분리 동정에 있어서의 가장 큰 문제점은 산란 저하와 난질 저하 외에는 증상이 없기 때문에 다수의 개체들 중에서 감염개체를 정확히 선별해 내기가 어렵다는 점이다. 또한 산란 저하 증상을 나타낸 개체일지라도 감염 시기가 상당히 경과하였거나 항체 형성 여부에 따라 바이러스 분리가 안 될 수도 있기 때문에 바이러스 분리에 실패할 가능성이 매우 높다. EDS에 걸린 닭의 비정상란을 항체 음성의 산란계에 먹여서 재분리하는 방법도 있으나 준비와 사육에 번거로움이 있어 실용적인 방법은 아니다.

혈청검사용 개체 선발을 위해서는 케이지 사육의 경우 비정상란이 나타난 칸에 있는 닭 전체를 채혈하는 것이 권장되고, 평사 사육의 닭이라면 이 방법도 어려우므로 확률적으로 검사수수를 늘리는 방법이 최선이다.

바이러스 분리 및 동정

감염된 개체의 자궁이나 수란관 조직을 이용하여 항원 검출 ELISA 또는 PCR 법으로 EDSV 항원이나 특이 유전자를 검출함으로써 진단이 가능하다. 그러나 가장 유효한 방법은 EDS 미감염 오리 또는 거위 유래 발육란에 직접 접종하거나 이를 이용한 세포배양법이다. 그렇지 않을 경우 닭의 간세포(chicken liver cell)배양을 이용할 수도 있지만 감수성이 상대적으로 떨어지며, 닭의 신장세포 배양이나 계태아 섬유아세포(chicken embryo fibro blast cell) 배양, 닭의 발육란(embryonated egg) 접종법은 EDSV 분리에 적절하지 않다.

오리나 닭 유래 세포배양법을 이용할 경우, 적응이 덜 되어 바이러스 증식성이 낮기 때문에 각각 최소 2대 또는 2~5대의 맹목계대(blind passage) 배양이 필요하다. 계대 시마다 접종란의 요막강액 또는 접종세포의 상층액을 채취하여 0.8% 병아리 적혈구 용액과 반응시킨 후 나타나는 혈구응집반응을 보고 바이러스 존재 여부를 판단한다.

분리된 바이러스는 혈구응집반응과 표준 양성혈청에 대한 바이러스 중화 여부, 형광항체법 및 polymerase chain reaction(PCR)법 등으로 동정한다.

혈청학적 검사

간접형광항체법이나 ELISA, 혈청중화시험 등을 이용할 수도 있지만 혈구응집억제반응(hemagglutination inhibition test; HI test)이 가장 널리 이용된다. EDSV는 단일 혈청형이며 생백신이 없기 때문에 백신 미접종 계군에서 양성 항체가 검출된다면 야외감염으로 판단해도 무방하다. 난계대전염된 닭에서는 산란 개시 후 임상증상이 나타나기 전까지는 항체 검출이 안되기 때문에 이 경우 항체 음성의 결과만으로 미감염 계군으로 섣불리 판단해서는 안된다.

감별진단

전염성기관지염, 뉴캣슬병, 저병원성 조류 인플루엔자 등에 의한 산란 저하와 감별이 필요하다. EDS의 경우 물알(무각란)이 현저히 많다는 점과 산란장기에 나타날 수 있는 약한 병변 외에는 다른 장기에 증상이나 병변이 전혀 없다는 것이 임상적 감별진단의 단서가 될 수도 있다. 또한 EDS 백신 접종 여부에 대한 검토도 반드시 필요하다.

예방 및 치료

방역/위생 관리

철저한 차단방역(biosecurity)과 소독에 의하여 바이러스의 농장 유입을 막고, 닭이 오리나 거위, 야생조류와 접촉하지 않도록 양계장을 격리하여 운영해야 한다. 난계대전염을 막기 위한 종계관리는 현실적으로 매우 어려우므로 감염 종계군이 있다면 완전 회복시까지 해당 종란의 부화장 수송과 부화를 금지하고, 다른 계군과 접촉하지 않도록 조치해야 한다.

백신접종

EDSV는 단일 혈청형만 존재하고, 백신면역이 잘 이루어지기 때문에 백신접종 전략은 매우 단순하다. 생백신은 난계대전염이 되기 때문에 사용되지 않고 불활화백신이 사용되고 있다. 생백신으로 기초접종하지 않아도 12~16주령경 불활화 오일백신 1회 접종으로 충분히 예방할 수 있다. 대부분 뉴캣슬병, 전염성기관지염 등과 혼합백신의 형태로 접종하며, 필요에 따라 매년 재접종하면 된다. EDS 백신에 따라서는 접종 후 항체역가 형성이 낮은 경우도 상당하므로 백신접종 약 3주 후에 혈청검사를 실시하여 항체역가를 확인하는 것이 안전하다.

참고문헌

McFerran J. B., R. M. McCracken, E. R. McKillop, M. S. McNulty and D. D. Collins. 1978. Studies on a depressed egg production syndrome in Northern Ireland. *Avian Pathology*. 7: 35-47.

Schachnera A., M. Matos, B. Grafl and M. Hess. 2018.

Fowl adenovirus–induced diseases and strategies for their control - a review on the current global situation. *Avian Pathology.* 47: 111–126.

Smyth, J. A. 2013. *Atadenovirus* (Egg Drop Syndrome and Related Infections). Pages 301–309 In: Diseases of Poultry, 13th edition. Wiley–Blackwell Publishing, Ames, Iowa.

Smyth, J. A., M. A. Platten and J. B. McFerran. 1988. A study of the pathogenesis of egg drop syndrome in laying hens. *Avian Pathology.* 17: 653–666.

이영옥, 유병문, 김순복, 김순재, 박근식. 1978. 닭 아데노바이러스의 감염상황 조사. 가축위생시험연구보고서. 165–183.

이영옥, 박봉균, 진영화, 김재학, 김순재. 1982. 국내에서 분리한 EDS'76 바이러스의 성상에 관한 연구. 가축위생시험연구보고서. 146–158.

조류질병교수협의회. 2016. 산란저하증후군. Pages 69–73 In: 조류질병학, 제2판. 도서출판 한미의학.

CHAPTER 11

닭 뇌척수염

Avian Encephalomyelitis

충북대학교 모인필

개요

닭 뇌척수염(avian encephalomyelitis; AE)은 주로 어린 병아리에서는 진전, 운동실조와 같은 신경증상, 성계에서는 산란율 저하를 일으키는 바이러스성 전염성 질병이다.

1932년에 미국에서 처음으로 보고된 이래 현재는 전 세계적으로 발생을 하고 있으며, 감염이 되었을 때 특징적인 임상 소견과 조직 소견으로 인하여 진단이 용이한 질병이다. 과거에는 흔하게 발생을 하였으나 백신접종 등 예방활동으로 인하여 최근에는 그 발생이 현격히 줄어든 상태이다. 국내에서도 과거에는 어린 병아리에서의 운동실조 등의 임상증상을 보이는 경우와 산란계에서의 산란율 저하 등이 흔하게 보고되었으나 최근에는 백신접종의 실수 등에 의하여 발생되는 경우를 제외하고는 매우 드물게 보고되고 있다. 일반적으로 백신이 보급되기 시작한 1960년대 이전에는 양계산업에서 경제적으로 손실이 매우 큰 전염성 질병 중 하나였다.

역사

AE는 최초로 미국 메사추세츠주에서 보고되었을 때 신경증상을 나타내는 특징적인 임상증상에 근거하여 유행성 진전병(epidemic tremor)으로 불리기도 하였다. 국내에서도 오래전부터 보고된, 역사가 오래된 병이지만, 최근에는 다른 나라와 마찬가지로 백신접종으로 인하여 급격히 감소한 실정이다. 간혹 산란기간 중에 실시한 생백신접종으로 인하여 산란 저하가 발생하거나, 산란 저하 기간 동안에 생산된 병아리의 폐사 혹은 도태로 인한 경제적 피해가 보고되기도 한다.

원인체 특성

AE의 원인체는 피코나바이러스 과(family *Picornaviridae*), 엔테로바이러스 속(genus *Enterovirus*)으로 분류된다. AE 바이러스는 항원적으로 거의 동일하지만, 병리학적 특성을 기준으로 분류하면 야외에서 분리되는 바이러스(field virus)와 실험실에서 지속적으로 발육란에서 계대를 하여 백신 검증 등의 실험에 활용하고 있는 실험실 바이러스(laboratory virus)로 구분할 수 있다. 야외에서 분리되는 AE 바이러스는 장 친화성 바이러스로서 장관에서 증식하며, 분변으로 배출된다. 바이러스의 특성상 외피막이 없기 때문에 소독제나 열처리에도 쉽게 사멸되지 않는 특징을 가지고 있다. 실험실 바이러스는 신경 친화적 특성을 지니고 있어 병아리에 대뇌 접종(intracerebral injection)을 하면 특징적인 신경증상을 관찰할 수 있다. 실험실 바이러스 접종에 의하여 발생되는 병아리에서의 신경증상과 부화란에서의 병변을 바탕으로 AE 백신에 대한 역가 검정을 실시할 수 있다.

AE 바이러스는 약 26 nm의 크기를 가지고 있으며, single-stranded RNA 바이러스로서 유전자의 크기는 약 7000 nt이며 ORF를 가지고 있다. AE 바이러스는 클로로포름, 산, 트립신, 펩신에는 저항성이 있으나 포름알데하이드에는 감수성이 있다.

대부분의 AE 바이러스는 혈청학적으로 동일하지만 바이러스 특성상 크게 두 가지 종류로 나눌 수 있다. 첫 번째는 야외에서 흔히 볼 수 있으며 자연감염을 일으키는 바이러스(field virus)로 강한 장친화성 특성을 가지고 있다. 이 바이러스는 야외에서 쉽게 닭의 구강으로 감염이 되며 증식된 바이러스는 분변으로 배출된다. 대부분 병원성이 낮으나 계란을 통한 난계대전염이 되거나 어린 일령에 수평감염이 된 경우에는 신경증상을 보이는 등의 임상증상을 발현한다. 두 번째는 실험실에서 인공적으로 계대하여 항상 일정한 임상증상이나 병변 특성을 표현하는 실험실 바이러스(fixed laboratory virus)이다. 신경친화성이 강하여 대뇌에 직접 접종할 경우 심한 신경증상을 나타내며, 근육이나 피하로 접종하였을 경우에도 비슷한 증상과 병변을 보이지만 야외바이러스와 다른 점은 경구로 접종하였을 때는 감염이 되지 않는다는 점이다. 야외바이러스 및 실험실 계대 바이러스 모두 계태아(chicken embryo)에서 증식이 잘되지만, 야외바이러스는 계태아에서 인정할 만한 뚜렷한 임상증상이나 병변을 보여 주지 않아 증식 여부를 알기 위해서는 중합효소연쇄반응(polymerase chain reaction; PCR) 등 다른 실험을 수행하여야 한다. 그러나 실험실 계대 주는 계태아에 매우 병원성이 높아서 태어난 병아리는 대퇴근육괴사로 인하여 잘 걷지 못하는 등의 임상증상을 보인다. 병리조직학적으로도 실험실 계대 바이러스는 근육괴사, 뇌 연화 등의 병변을 유발하며, 특히 신경과 관련된 병변으로는 뇌수종, gliosis, vascular proliferation, pyknosis를 관찰할 수 있다.

AE 바이러스를 증식하기 위해서는 앞에서 언급한 계태아를 비롯하여 어린 병아리 또는 세포 등 다양한 방법이 가능하다. 일반적으로는 5~7일령 된 감수성이 있는 계태아의 난황에 접종하는 방법이 이용되고 있다. 앞에서 언급하였듯이 야외바이러스 접종 계태아에서는 병변이 관찰되지 않으며, 실험실 계대 바이러스 접종 계태아에서만 병변을 관찰할 수 있다. 접종하여 증식된 바이러스의 역가는 일반적인 바이러스보다 낮은 $10^{3.5}$ 50% egg infective dose(EID_{50}) 정도이다. 처음으로 실험실 계대 바이러스를 계태아에 성공적으로 접종하여 증식을 시킨 것은 1967년도이다. 세포에 AE 바이러스를 증식시키기 위하여 접종하였을 경우 IFA(indirect flouorscence assay) 등을 이용하여 확인한다.

역학

자연감염 숙주 및 발생 상황

AE는 칠면조, 꿩, 메추리에서도 발생보고가 있었지만 주로 닭에서 발생한다. 대부분의 닭은 사육 과정 중에 감염이 되는 것이지만, 백신접종 실시 후 바이러스에 의한 발병은 특수한 경우를 제외하고는 매우 드물다. 그러나 AE 바이러스에 감염된 종계에서 산란율이 급격하게 하락된 시기에 수거된 종란으로부터 부화된 병아리 경우에는 부화 후에 신경증상 등 전형적인 AE 임상증상을 나타내기도 한다.

잠복기

잠복기는 대체적으로 5~40일령으로 확인되고 있으나 바이러스의 종류, 접종 경로, 접종 숙주에 따라 다를 수 있으며 일반적으로 난계대전염되었을 경우에는 7일 이내이다.

전파

AE 바이러스는 수직 및 수평감염이 가능하다. 종계가 감염되었을 경우에 바이러스는 혈류를 통하여 후대 병아리로 이행을 하여 AE의 특징적인 신경증상을 부화 후에 관찰할 수 있다. AE 바이러스는 분변으로 배출되며, 외부 환경에 저항성이 강한 특성이 있기 때문에 계군 내에서 매우 빠른 전파가 가능하다. 그러나 수직, 수평전파 모두 백신 접종 또는 야외감염에 의하여 항체가 형성되어 있다면 감염이 되어도 임상증상이 발현되지 않는다. 그러나 항체 역가가 충분히 형성되지 않은 산란 중인 닭에 생백신을 접종할 경우 산란 저하 등의 임상증상이 나타날 수 있다.

일반적으로 자연조건에서 AE 바이러스는 장을 통하여 내부로 감염이 된다. 바이러스가 구강 등을 통하여 몸속으로 들어오게 되면 1차적으로 후두(larynx)와 같은 상부 호흡기에 접촉을 하지만 상피세포에 대한 친화성이 낮아 증식을 할 수 없다. 따라서, 바이러스가 증식을 할 수 있는 장 상피세포와의 접촉이 가장 중요하다. 장 상피세포를 통하여 감염이 이루어지면, 뇌 등 증식하기 좋은 장기로 혈관 혹은 림프관을 통하여 전파된 후 신경증상 등의 관련된 임상증상을 발현한다. 장에서 증식된 바이러스는 결국 분변을 통하여 외부로 배출이 되며, 환경에 강하기 때문에 외부에서 오랜 기간 살아남을 수 있어 지속적인 수평전파를 할 수 있다. 일반적으로 어린 일령에 감염된 병아리의 경우 감염 후 2주 이상 바이러스를 외부에 배출할 수 있지만, 3주령에 감염된 병아리는 감수성이 낮기 때문에 바이러스의 증식이 원활하지 않아 감염 후 5일 정도만 바이러스를 배출할 수 있다. 이때 감염되어 바이러스를 배출하는 계군으로부터 오염된 분변, 깔짚은 수평전파의 쉬운 전염원이 된다. 이러한 이유로 농장에 감염이 되면 계사 간에 쉽게 전파가 된다. 일반적으로 동일한 일령을 사육하는 농장에서의 감염이 다양한 일령의 계군을 사육하는 다일령 계군의 농장보다는 전파 속도가 느린 것으로 확인되고 있다. 물론 평사보다는 케이지에서의 전파 속도가 늦다.

난계대 전파는 자연감염이든 실험실적 감염이든 매우 중요한 감염방식임에는 틀림이 없다. 미국에서의 조사결과를 보면, 조사대상 닭의 57%가 20주령에 이미 양성이었으며 72주령에는 96%가 혈청학적으로 AE 바이러스에 대하여 양성이었다. AE 바이러스의 부화율에 미치는 영향에 대해서는 다양한 보고가 있어 일률적으로 그 영향을 가늠하기는 어렵다. 하지만 AE 바이러스에 감염된 계군 중에서 부화율이 낮아진 계군에서 부화된 병아리들에서만 AE이 특징적인 임상증상을 확인할 수 있다는 사실은 부화율과 매우 밀접한 관계가 있다는 것을 의미한다. 실험적으로 AE 바이러스가 감염된 계군에 감염되지 않은 닭을 투입하면 약 10일 후에 투입된 닭의 80% 이상에서 임상증상을 관찰할 수 있다는 실험보고도 있다. 계태아에 접종하였을 경우 잠복기간은 1~7일이며, 접촉 혹은 경구감염의 경우에는 임상증상이 발현되기까지는 최소 10일이 필요하다.

임상증상

AE 바이러스는 모든 일령의 닭에 감염될 수 있지만, 특징적인 신경증상을 보이는 어린 병아리와는 달리 성계에서는 감염되면 V자 형의 일시적인 산란율 저하가 있은 후 대부분 2주 이내에 회복된다. 하지만 산란율이 저하되고 회복되는 기간에 바이러스가 생식기 계통으로 이동함으로써 이 시기에 생산된 종란에는 난계대전염이 가능하다. 수직 감염된 종란에서는 부화율의 저하가 나타날 수 있으며, 부화된 병아리에서는 부화 직후 별다른 증상이 없을 수도 있으나 1~2주일 이내에 머리를 떠는 등의 AE의 특징적인 신경증상을 나타낸다. 임상증상을 보인 병아리들은 감염되지 않은 다른 건강한 병아리에 바이러스를 수평전파시키는 역할을 한다.

난계대전염된 병아리의 경우, 부화 직후 임상증상이 관찰되는 경우도 있지만 대부분 1~2주령 때 뚜렷한 증상을 보인다. 처음으로 관찰되는 증상으로 눈이 침체(dullness)된 모습을 볼 수 있으며, 더 진행되면 다리를 저는 등의 운동실조 증상을 발견할 수 있다(그림 11-1). 이러한 증상은 특히 병아리가 움직이고자 할 때, 혹은 강제로 움직이게 만들면 두드러지게 나타난다. 이러한 운동실조 증상이 심해지면 병아리는 다리를 쓰지 못하고 관절로 몸을 지탱하거나, 더 진행 되면 움직이지 못하고 옆으로 눕게 된다. 이때 손가락으로 병아리를 툭툭 건드리면 두부에 미세한 떨림(fine tremor)과 경련이 나타나는 경우도 있다. 임상증상은 일령이 증가함에 따라 약해지며, 일반적으로 2~3주령 이후에는 별다른 특이증상을 보이지 않는다. 성계의 경우, 어린 병아리에서 쉽게 관찰되는 운동실조나 신경증상은 나타나지 않고 일시적으로 5~10%의 산란율 저하를 보여준다. 어린 일령에서 발병률은 40~60%이며 이때 폐사율은 25% 정도이나 50%까지 되는 경우도 있다.

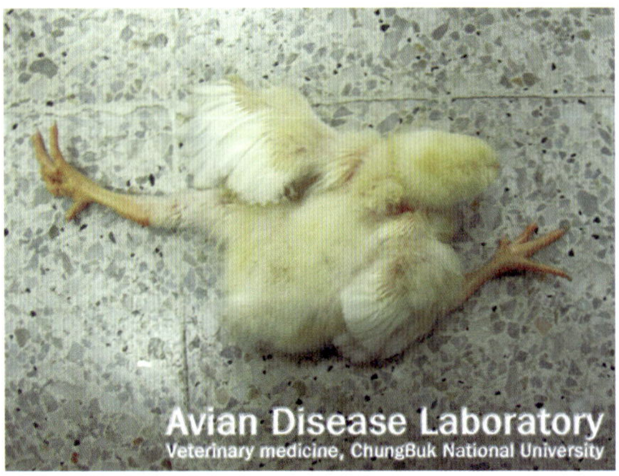

그림 11-1 AE 바이러스에 감염된 종계로부터 부화한 병아리가 다리를 못쓰거나 옆으로 쓰러지는 등의 신경증상을 보이고 있다.

병변

일시적인 산란 저하를 일으킨 성계의 경우에는 병리학적 소견은 관찰되지 않는다. 신경증상을 보인 병아리에서도 내부 장기의 병리학적 소견이 관찰되지 않지만, 간혹 뇌수종, 선위종대 등의 병변이 보고되기도 한다. AE 바이러스에 감염되었을 경우 가장 특징적인 병리학적 소견은 조직검사를 통해서 발견된다. 조직병리학적 진단을 위해서는 위해서는 뇌, 척수, 선위, 췌장 등의 조직이 가장 적절하다. 특징적인 병리조직학적 소견은 주로 중추신경계에서 발견이 되지만 선위, 췌장 등의 장기에서도 병변을 관찰할 수 있다. 중추신경에서의 소견은 다른 뇌염과 마찬가지로 혈관주위의 세포 침윤(perivascular cuffing), 신경교세포의 증식(gliosis) 및 신경세포의 Nissel 소체(Nissel body)의 융해(central chromatolysis)가 있다(그림 11-2). 특히, central chromatolysis는 닭의 다른 질병에서 발견되는 소견이 아니기 때문에 AE 진단에 큰 도움이 된다. central chromatolysis는 다음과 같은 과정으로 진행이 된다. 신경세포의 특징적인 구조인 Nissel 소체가 세포의 중심 부분부터 융해하기 시작하여 변연부만 남게 되면 핵이 세포의 가장자리로 이동을 한다. 이때 세포는 전반적으로 둥글게 커지며, 시간이 경과하면 Nissel 소체와 핵도 사라지게 되어 세포막만 남게 된다. 선위와 췌장에서의 병변은 림프구의 과도한 침윤 혹은 증식

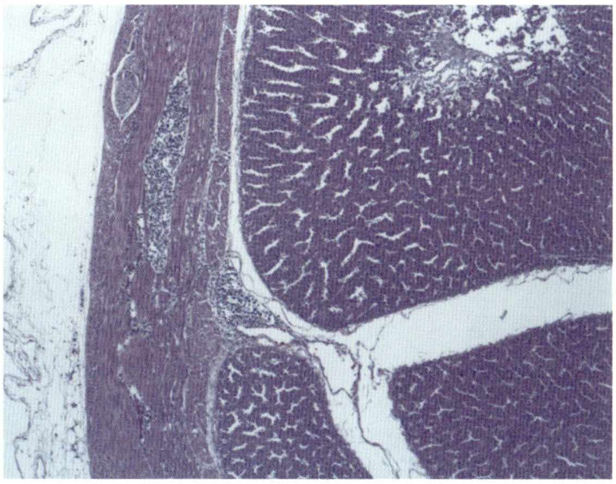

그림 11-2 AE 바이러스에 감염되어 신경증상을 보인 병아리의 대뇌. 신경세포의 Nissel body 소실에 의한 central chromatolysis를 확인할 수 있다.

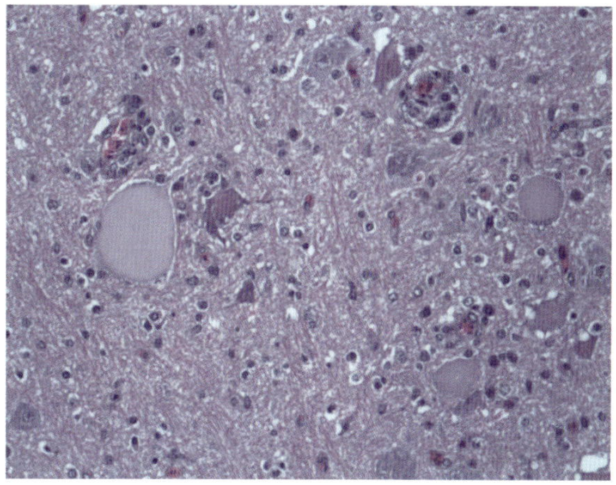

그림 11-3 AE 바이러스에 감염된 병아리의 선위. 근육층에서 과도하게 증식된 림프구의 침윤을 확인할 수 있다.

이다(그림 11-3). 일반적으로 조류는 림프절이 없이 림프소절(lymphoid follicle)로 구성되어 있는데, 이러한 소절이 AE 감염 시 증가하게 된다. 특히 췌장에서 두드러지게 나타나며(그림 11-4), 이는 AE를 진단하는 데 매우 도움이 된다. 췌장에서의 림프구 소절은 정상적으로 관찰되지만 AE 바이러스에 감염된 경우에는 그 숫자가 급격히 늘어나므로 정상과 쉽게 구별할 수 있을 것이다. 림프구의 증식은 췌장뿐 아니라 닭의 전신에서 발견할 수 있으며 선위, 근위, 심근에서 용이하게 관찰할 수 있다. 선위의 경우 이러한 림프구의 침윤은 근육층에서 쉽게 관찰이 되며, 간혹 소절의 모양을 형성하기도 하는데, 이러한 병변은 AE를 진단하는 데 결정적 요인이다. 마렉병에서도 림프구 침윤 혹은 소절의 형성이 관찰될 수 있으나, 전반적인 임상증상이나 실험실적 진단을 통하여 감별진단이 용이하다. 이와 같은 조직학적 소견은 실제로 임상증상과 매우 밀접하게 연계되어 있다. 따라서 임상증상이 발현된 병아리의 경우에는 반드시 조직학적 검사가 이루어져야 할 것이다.

병인론

야외 AE 바이러스와 실험실 계대 바이러스 간

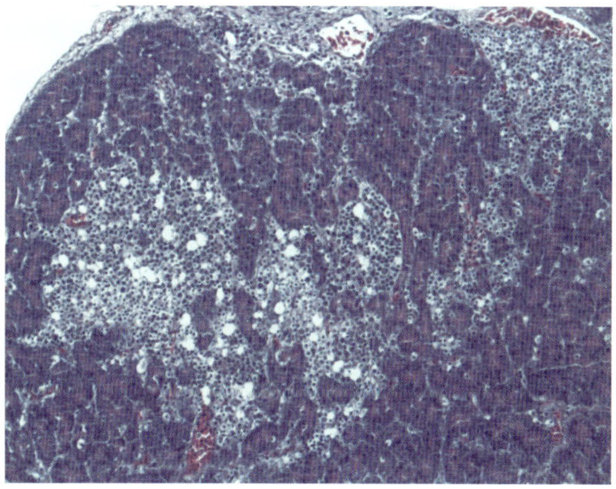

그림 11-4 AE 바이러스에 감염된 병아리의 췌장에서 림프소절(lymphoid follicle)의 증식을 확인할 수 있다.

의 특성이 다른 것은 병인론의 차이에 의한 것이다. 어린 병아리에 야외주가 감염이 되면 주로 소화기계를 통하여 감염이 된다. 일반적으로 십이지장의 상피세포를 통하여 감염이 되면 바로 혈관 혹은 림프관으로 출현하는데 이를 바이러스혈증(viremia)이라고 한다. 이후 AE 바이러스가 증식이 용이한 췌장, 간, 심장, 신장, 비장, 근육에 감염이 되며, 최종적으로 뇌 감염에 의한 신경증상을 동반할 수 있다. AE 바이러스에 감염된 병아리에서 항원 분포를 면역화학적 방법 등을 통하여 살펴보면, 심장, 신장, 간, 비장보다는 췌장과 뇌에 대다수가 분포하고 있음을 알 수 있다. 이는 AE 바이러스의 조직 친화성의 차이에 따른 것으로 AE 바이러스는 주로 중추신경계, 소화기계, 췌장에서 오랜 기간 존재하는 것으로 알려져 있다.

성계에 야외 AE 바이러스를 접종하면 주로 소화기계의 상피세포 및 근육세포에서 바이러스 항원이 검출되지만, 어린 병아리에 감염시켰을 때와 비교하면 매우 적은 양이며 중추신경계에서는 바이러스 항원이 전혀 검출되지 않는다. 이는 AE 바이러스의 일령에 따른 감수성의 차이에 기인하는 것으로 알려져 있다. 또한, AE 바이러스에 노출되는 시기는 질병의 발현과 매우 밀접한데 실험실내 실험 결과, 1일령에 접종을 하면 대부분 폐사를 보이며, 8일령에 접종을 하면 초기에는 임상증상을 보이나 일정시간이 지난 후에는 대부분 회복을 하고, 28일령에 접종을 하였을 경우에는 아무런 임상증상도 나타내지 않는 것으로 보고된 바 있다. 이와 같이 일령에 따른 AE 바이러스에 대한 감수성은 본 질병을 진단하는 데 참고해야 할 사항이다.

질병에 감염된 후 회복을 하면 일반적으로 항체를 형성하게 되며 AE 바이러스에 감염된 경우에도 항체가 형성되는데, 가장 중요한 중화항체는 VP1 단백질에 대한 항체이다. VP3와 VP0에 대한 항체도 쉽게 형성이 되지만 이 항체는 AE 바이러스를 중화해서 방어하는 데 매우 제한적이다. 또한, AE 바이러스의 경우 체액성 면역이 세포성 면역보다 매우 중요한 것으로 밝혀져 있다. 백신 혹은 외부 감염에 의하여 항체가 형성된 어미로부터 모체이행항체를 이행 받은 어린 병아리는 생후 8~10주령까지 외부의 감염에 저항성을 가지고 항체역가도 4~6주령까지 존재하는 것으로 알려져 있다.

진단

다른 질병과 마찬가지로 AE의 진단에 있어서 계군의 병력 청취와 임상증상은 매우 도움이 된다. 특히 산란을 하는 계군의 경우에는 V자형의 산란율 저하곡선은 진단하는 데 매우 도움이 된다. 종계의 경우, 산란 저하 기간 중에 생산된 종란에서 부화된 병아리가 신경증상을 보인다면 본 질병을 진단하는 데 큰 도움이 될 것이다. 다른 질병과 달리 AE의 진단에서 가장 활용도가 높은 것이 조직검사로서, 중추신경에서의 central chromatolysis 병변은 본 병을 확진하는 데 결정적 도움이 되며, 췌장과 선위에서의 조직 소견도 충분히 활용할 수 있다. 물론 확진을 위해서는 바이러스 분리와 동정이 필요하지만 현실적으로 용이하지 않으며, 감염된 계군의 혈청검사도 백신항체와 야외감염항체를 구별할 수 있는 진단법이 아직은 개발되어 있지 않아 혈청검사에 의한 진단이 쉽지 않다. 종계군의 경우 과거에는 계군의 면역상태를 알기 위하여 검사대상 계군의 종란을 수거하여 실험실바이러스를 접종한 후 방어력을 확인하는 종란 감수성검사(egg susceptibility)도 사용하였으나 최근에는 사용하지 않으며, 오히려 AE 바이러스의 특이 유전자에 대한 PCR(polymerase chain reaction) 검사가 많이 활용되고 있다. 그러나 PCR 검사는 검사 대상 계군의 AE 관련 임상증상 등 병리적인 소견이 동일계군에서 발견되어야 진단가치가 있다.

바이러스 분리 및 동정

바이러스 분리 시료로서는 임상증상을 보인 병아리의 뇌가 적절하다. 채취된 시료를 어린 병아리의 뇌에 접종을 할 수도 있으나, 일반적으로 5~8일령의 발육란에 난황 내로 접종한다. 이 검사는 감수성이 높은 방법으로 시료가 접종된 부화란을 부화시킨 후 어린 병아리의 임상증상을 관찰한다. 어린 병아리에 시료를 접종할 경우에는 발육란에 접종하는 방법보다 오랜 기간 관찰을 해야 하는 단점이 있다. 일반적으로 한 번의 부화란 접종으로 앞에서 이야기한 특징적인 임상증상이나 병변이 관찰되지 않을 수도 있기 때문에 여러 번 계대를 해야 할 경우도 있다. AE 바이러스 유전자를 검출하는 PCR 방법이 개발되었으나 제한적으로 사용되고 있으며, 아직 그 효용성은 검증이 되지 않았지만 현재 실험실에서 바로 실시할 수 있는 방법 중의 하나이다.

혈청학적 검사

AE에 대한 혈청검사는 세 가지가 있다. 가장 기본적인 혈청검사는 중화시험이며, 그 이외에 실험실에서 계대한 실험실바이러스를 이용한 종란 감수성 검사(egg susceptibility test) 및 효소결합면역흡착검사(enzyme-linked immunosorbent assay; ELISA)가 있다. 중화시험은 대부분 실험실 바이러스를 이용하여 발육란을 이용하지만 실험기간이 많이 소요되고 방법이 복잡한 단점이 있어 특수한 목적이 아니면 최근 사용되지 않고 있다. 종란 감수성검사는 종계군의 항체역가를 측정하기 위한 방법으로서 종계의 종란을 이용하는 방법이다. 실험실 바이러스를 종란에 접종 한 후 감염 계태아의 병리학적 소견을 기본으로 감염 여부를 측정하여 방어력을 확인하는 것이다. 감염 계태아가 50% 이하이면 그 종계군은 면역이 된 것으로 간주한다. 이 방법 또한 종계장의 종란을 사용하여야 하는 단점이 있으므로 과거에는 사용되었지만 현재에는 거의 사용되고 있지 않다. 마지막으로 ELISA 검사는 현재 가장 널리 쓰이는 방법이며 상업적으로 대단위 생산을 하고 있기 때문에 혈청검사로서 실험실에서 쉽게 활용할 수 있다. 다른 질병에 대한 ELISA 방법과 마찬가지로 대상 닭의 혈청을 채취하여 항체수준을 측정하면 되고 역기수준에 따라 백신역가와 감염역가를 구분할 수 있다.

감별진단

신경증상을 주증으로 하는 뉴캣슬병(Newcastle disease; ND), 고병원성 조류 인플루엔자(highly pathogenic avian influenza; HPAI), 마렉병(Marek's disease) 등과 감별을 하여야 한다. 이때 본 질병의 특징인 일령에 따른 감수성의 차이가 도움이 될 수 있다. 부검 소견에서는 특이적인 병변이 없기 때문에 다른 질병과 감별이 어렵지만, 조직 소견에서는 뉴캣슬병, 마렉병, 세망내피증(reticuloendotheliosis)과 비슷한 조직 소견을 보여 현미경적 소견으로 감별할 수 있으며, 각 질병별로 특이 병변이 있기 때문에 충분히 가능하다. 이들 질병은 공통적으로 중추신경계에서 혈관주위림프구침윤, 신경교세포의 침윤 등이 있지만, AE의 경우 중앙부 염색질융해(central chromatolysis)와 같은 특징적인 병변이 있기 때문이다. 또한, 임상증상만을 생각하면 영양성 뇌연화증, 구루병 등과도 감별을 하여야 하지만 조직 소견 등을 감안할 때 그리 큰 문제는 되지 않는다.

예방 및 치료

어린 병아리에서의 예방은 종계에 생백신을 접종하는 것이 가장 효과적이다. 현재 국내에서 사용되고 있는 생백신은 AE 바이러스를 접종하여 감염된 병아리의 뇌 조직으로 만든 것으로, 주로 10~12주령에 음수접종을 하며 계두백신과 혼합된 형태로 접종을 하기도 한다. 백신접종은 산란 4주전까지 완료하여야 산란에 영향을 주지 않게 된다. 백신접종을 하면 산란기간 동안 AE 감염에 의한 산란 저하를 방지할 수 있으며, 모체이행항체를 통해 어린 병아리를 최소한 2~3주령까지 방어를 해 줄 수 있다. 하지만 생백신을 할 때 고려하여야 할 사항이 있다.

생백신은 앞에서 설명한 것과 같이 실제로 야외바이러스와 비슷한 특성을 가지고 있다. 따라서 매우 쉽게 전파가 가능하여 백신접종 대상 계군의 일부만 백신을 해도 전체적으로 백신효과를 가질 수 있을 정도이며, 케이지보다는 서로 접촉이 용이한 평사에서 수평전파가 용이하여 효과가 더욱 크다. 하지만 야외바이러스와 같은 성격을 가지고 있기 때문에 백신접종 시 접종계군에서 야외감염과 같은 임상증상이 발현될 수 있다는 점을 유의하여야 한다. 또한, 생백신의 음수접종 대신 익막접종(wing web vaccination)할 수 있으며 침에는 한 개의 침이 있는 단침과 두 개의 침이 있는 쌍침으로 구별할 수 있다. 이러한 방법도 효과는 좋은 것으로 알려져 있으나, 생백신이기 때문에 접종 후 수평전파에 의한 감수성 계군의 임상증상 발현을 주의하여야 하며, 일반적으로 8주령 이후부터 산란 4주령 이전에 백신접종을 완료하여야 한다. 만약 산란계군에 접종을 하거나 접종계군 주위에 산란을 하는 계군이 있다면 산란율 저하 등 백신바이러스로 인한 임상증상을 보일 수 있다. 계태아에서 계대를 하여 약독화시킨 백신도 한동안 사용이 되었는데, 이 백신바이러스는 경구감염 시 장을 통한 감염이 효율적으로 성립되지 않아 경구감염이 안 되고 침으로 접종을 하면 일반 생백신과 동일하게 임상증상을 야기 시킬 수 있어 현재로서는 사용되고 있지 않다.

만약 종계가 AE에 걸렸을 경우, 산란기간 동안 생산된 종란을 부화시켜서는 안 된다. 이 병아리들은 임상증상을 보이다 폐사로 이어지는 경우가 많기 때문이다. 일단 AE가 발병되었을 경우 특별한 대책은 없으며, 바이러스가 환경에 저항성이 강하여 오래 지속될 수 있으므로 계사 내의 철저한 소독으로 전파를 막아야 한다. AE 바이러스를 사멸시키기 위해서는 포름알데하이드 훈증이 가장 효과적이다.

참고문헌

Calnek,B.W., P.J.Taylor, and M. Sevoian. 1960. Studies on avian encephalomyelitis. V. Development and application of an oral vaccine. *Avian Dis.* 5: 297-312.

Calnek, B. W. 1998. Control of avian encephalomyelitis. A historical account. *Avian Dis.* 42:632-647

Jones, E.E. 1932. An encephalomyelitis in the chicken. *Science* 76:331-332.

Smart, I.J., D.C. Grix, and D. A. Barr. 1986. The application of the ELISA in the diagnosis and control of avian encephalomyelitis. *Aust Vet. J* 63: 297-299.

Van Roekel, H., K. L. Bullis, and M. K. Clarke, 1938. Preliminary report on infectious avian encephalomyelitis. *J. Am. Vet. med. Assoc.* 93: 372-375.

12
CHAPTER

레오바이러스 감염증

Reovirus Infection

건국대학교 송창선

개요

조류 레오바이러스(avian reovirus)는 1954년 처음 보고되었으며, 세계적으로 널리 퍼져있는 바이러스로서 닭, 칠면조, 그 외에도 다양한 조류에 발생하는 것으로 알려져 있다. 이 바이러스에 단독으로 감염되었을 때, 병원성이 높은 경우에는 주로 육계에서 바이러스성 관절염(viral arthritis) 또는 건초염(tenosynovitis)을 유발한다. 하지만 병원성이 낮은 경우에는 뚜렷한 임상증상을 보이지 않는 경우가 대다수이다. 조류 레오바이러스는 그 외에도 숙주의 연령이나 면역상태, 바이러스의 병원형(pathotype), 노출 경로 등의 여러 요인에 따라 발육부전증후군(stunting syndrome), 호흡기 질환(respiratory disease), 장 질환(enteric disease), 면역억제(immunosuppression), 흡수장애증후군(malabsorption syndrome) 등을 유발하는 것으로 알려져 있다.

역사

바이러스성 관절염을 일으키는 조류 레오바이러스는 1954년에 만성 호흡기질환을 가진 닭의 기도에서 최초로 분리되었다. 이 바이러스를 감수성이 있는 닭에 접종하였더니 중등도의 호흡기 질환과 간 괴사, 건(tendon)과 활막(synovial membrane)에 염증을 보였다. 이 바이러스는 이후 1957년에 활액막염(synovitis)이 발생한 닭에서 분리되어 "바이러스성 관절염 인자(viral arthritis agent)"라 불리게 되었고 1972년 레오바이러스로 밝혀졌다. 첫 번째로 상용화된 S1133 생백신은 야외주를 발육란(embryonated chicken eggs)에 235회 연속 계대 후, 계태아 섬유아세포(chicken embryo fibroblast cell)에서 다시 100회 연속 계대하여 만들어졌으며, 현재까지 사용되고 있다.

국내의 경우에도 관절 증상이 나타난 개체에서 PCR을 통한 바이러스 유전자가 검출되거나 조류 레오바이러스가 분리되고 있다. 최근에는 국내 유래 레오바이러스의 유전자 분석을 통해 바이러스가 전세계 각지의 바이러스와 RNA 분절 간의 유전자 재편성(reassortment)이 일어나고 있으며, 각 RNA 절편 내에서도 유전자 재조합(recombination)이 일어나고 있음이 확인되었다.

원인체 특성

형태학

병원체는 *Reoviridae* 과(family) *Orthoreovirus* 속(genus)으로 분류되는 조류 레오바이러스(*Avian reovirus*; ARV)이다. 외피막이 없으며, 바이러스

입자는 평균 직경이 80 nm로서 45 nm의 중심부(core)와 두 겹의 껍질을 가진 75 nm의 캡시드(capsid)로 구성되어 있고, 이 캡시드는 92개의 캡소머(capsomer)로 구성된 정이십면체의 형태를 가진 바이러스이다. 바이러스 핵산은 10개의 분절(segment)로 이루어진 이중가닥 RNA 구조이며, 전기영동(polyacrylamide gel electrophoresis)에 의해 large(L1-L3), medium(M1-M3), small(S1-S4)의 3종으로 구분된다. L1-L3는 λa, λb, λC 구조단백질에 대한 정보를, M1-M3는 μA, μB 구조단백질에 대한 정보를, S1-S4는 σA, σB, σC 구조단백질에 대한 정보를 암호화하고 있다(그림 12-1).

이들 중 σC 구조단백질은 바이러스와 세포의 접합에 관여하며, 중화항체의 형성에 중요한 역할을 하는 것으로 알려져 있다.

레오바이러스는 σC 단백질을 이용하여 세포의 수용체와 결합한 후, 엔도솜(endosome)에 의해 세포 내로 유입된다. 이후, 외층 캡시드 단백질이 파괴되고 나온 바이러스 RNA 분절의 음성가닥을 주형으로 하여 dsRNA-dependent RNA 중합효소를 통해 10개의 mRNA를 합성한다. S1 분절을 제외한 나머지 전사물은 모두 단일시스트론(monocistron)이며 서로 비슷한 비율로 번역이 이루어진다. 바이러스의 내부 구조는 λa, λb, μA, σA 구조단백질로 이루어져 있으며, 외피(capsid)는 μB 및 σB 구조단백질로, λC 구조단백질은 내부와 외피를 연결하는 역할을 한다. σC 구조단백질은 바이러스와 세포의 접합에 관여하며, 중화항체 형성을 유도하는 것으로 알려져있다. 재조립된 바이러스는 세포 용해를 통해 세포 밖으로 나가게 된다.

분류

조류 레오바이러스의 외부 캡시드 단백질인 λB 단백질과 σC 단백질은 숙주의 중화항체 형성 반응을 유도하며, 특히 λB 단백질은 광범위한 혈청학적 반응을 보인다. σC 단백질은 레오바이러스에서

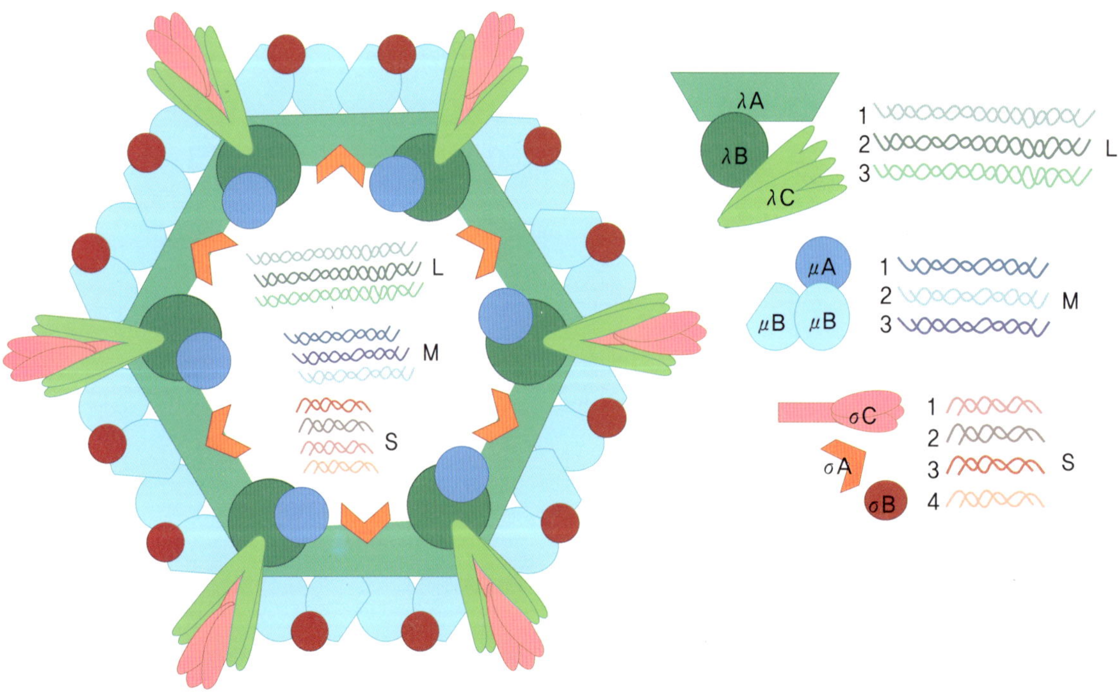

그림 12-1 도식화한 조류 레오바이러스의 구조

가장 변이가 많은 단백질이므로 균주 간 유전학적 상동성을 비교하기 위한 기준으로 이용되고 있다. 또한 백신주와 최근에 분리된 야외주의 σC 유전자 염기서열의 상동성이 낮은 점은 현재 사용 중인 백신이 모든 야외주에 대하여 충분한 방어능을 발휘하기 어려울 것이라는 추정의 근거가 되고 있다.

화학적 및 물리적 요인에 대한 저항성

조류 레오바이러스는 열에 저항성이 높은 바이러스로 60℃에서 8~10시간, 56℃에서 22~24시간, 37℃에서는 15~16주, 22℃에서는 48~51주, 4℃에서는 3년간 생존할 수 있는 것으로 알려져 있으며, 깃털, 깔짚, 난각과 사료에서 적어도 10일, 음수 내에서는 10주 이상 생존이 가능한 것으로 보고되었다. 또한 이 바이러스는 클로로포름에 중등도의 저항성을 보이며, pH 3.0의 강산과 실온에서 과산화수소수에 1시간 반응시켰을 때도 저항성을 보인다. 그 외에도 2% 리졸(lysol), 3% 포르말린 등에도 저항성을 보이지만, 70% 에탄올과 0.5% organic iodine 및 5% 과산화수소를 이용하여 불활화시킬 수 있다.

독력 (virulence) 인자

조류 레오바이러스는 항원적 유사성이 높은 분리주들 사이에서도 병원성이 다양하기 때문에 혈청형 뿐만 병원성을 기준으로 분류하기도 한다. 즉, 항원성이 유사한 바이러스들을 무균(specific pathogen free; SPF) 닭에 여러 경로에 따라 접종한 다음, 폐사, 체중 감소, 조직소견, 바이러스의 지속성 정도 등을 관찰한 후, 정도에 따라 저(low), 중(intermediate), 고(high) 병원성으로 분류한다. 높은 병원성을 가진 ARV는 감염된 닭의 조직에서도 오랫동안 존재하여 빠르고 지속적인 항체 형성을 유발한다. 최근 백신주와 항원의 유전학적 상동성이 낮은 야외주가 발견되고 있으며, 특히 중국에서 분리되고 있는 레오바이러스의 경우 병원성의 변이가 심각한 것으로 연구되어 질병 방제에 어려움을 주고 있다(그림 12-2).

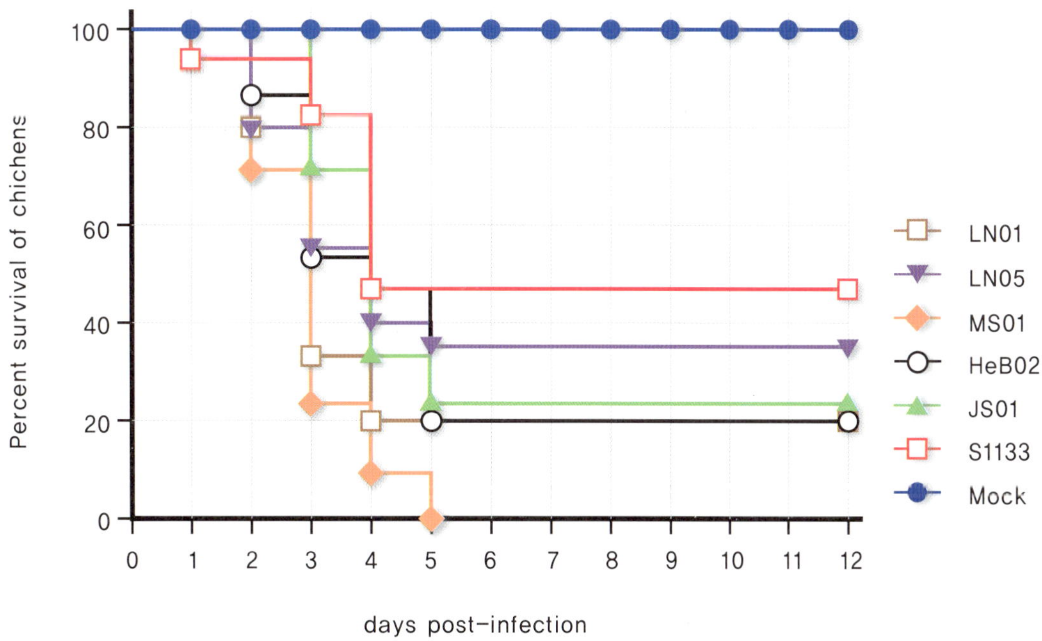

그림 12-2 중국에서 분리된 레오바이러스의 병원성 시험 결과 그래프

역학

자연감염 숙주 및 발생 상황

레오바이러스는 대부분의 조류에서 발견되지만 레오바이러스로 인한 관절염의 자연적, 실험적 감염 숙주는 닭과 칠면조뿐이다. 닭과 칠면조에서 모두 보이는 관절염 및 건초염, 건막염 또는 건활막염의 경우 임상적인 증상은 비슷해 보이나 두 종에 감수성이 있는 바이러스 간의 뚜렷한 유전학적 차이가 보인다. 레오바이러스로 인한 관절염의 경우, 어미닭으로부터 모체이행항체를 받지 못한 1일령 병아리에서 주로 나타나는데, 보통 2주령 이전에 감염된 개체일수록 뚜렷한 임상증상을 보이며, 이후에는 바이러스에 대한 저항성이 생겨 증상이 잘 나타나지 않는다. 그리고 콕시듐 또는 전염성F낭병에 동시감염된 개체에서는 임상증상의 정도가 심한 것으로 알려져 있다. 바이러스의 환경 저항성이 강해서 전파 시 농장에 상재 위험성이 높으므로 입추 초기에 더욱 관리가 필요하다. 레오바이러스는 전 세계적으로 분포하고 있는 것으로 알려져 있지만 닭에서 분리되는 80% 이상의 바이러스가 병원성을 나타내지 않는 것으로 보고되고 있다. 또한 조류 레오바이러스로 인한 공중보건학적 문제도 보고된 적이 없다.

잠복기

잠복기는 주로 바이러스(strain) 종류에 따른 병원성과 숙주의 일령, 감염 경로에 따라 달라지는데, 2주령 닭의 발바닥에 접종하였을 때는 1일, 근육이나 정맥, 부비강을 통한 접종이 이루어졌을 때는 11일의 잠복기를 보였으며, 기관을 통한 접종 시 9일, 접촉감염 시 13일의 잠복기를 갖는 것으로 알려져 있다.

관절의 병변은 비교적 느리게 진행되기 때문에 4~7주령 이전의 개체에서는 뚜렷한 임상증상을 관찰하기 어렵다. 바이러스에 대한 숙주의 일령 저항성이 있음을 고려해 볼 때, 성숙기에 병변의 발현된다는 것은 흥미로운 점이다.

전파

레오바이러스는 수평감염이 주를 이루며 바이러스의 종류에 따라 전파력의 차이가 크다. 감염은 크게 호흡기와 소화기를 통해 이루어지나 분변을 통한 바이러스의 배출이 비교적 오래 지속되는 것으로 보아, 수평감염은 주로 오염된 분변의 섭취를 통해 이루진다고 추측할 수 있다. 바이러스는 어린 일령에 감염될수록 맹장편도(cecal tonsil)나 비절(hock joint)에 오랫동안 존재하며, 이는 보균체(carrier)가 감염의 주요 원인이 될 수 있음을 의미한다. 전파율이 높지는 않지만 분변에 의해 오염된 계란으로의 수직감염도 가능하다. 이 사실은 낮은 확률로 수직전파된 바이러스가 함께 부화한 병아리들 내에서 수평전파를 통해 감염 확산을 일으킬 수 있음을 시사하므로 종계 백신접종을 통한 수동면역을 부여하는 일은 매우 중요한 의미를 가진다. 또한, 레오바이러스는 감염된 닭 숙주 안에서 최대 289일 동안 장기간 생존할 수 있다고 알려져 있다.

임상증상

관절염 및 건막염, 건초염

특정한 병원성을 가진 레오바이러스는 바이러스성 관절염(viral arthritis)과 건초염(tenosynovitis; 건막염 또는 건활막염)을 유발할 수 있다. 급성 감염의 경우 편측 혹은 양측성으로 비절(hock joint)에서 관절염과 건초염으로 인한 부종이 발생하며, 이로 인하여 감염된 개체는 파행(lameness)과 함께 잘 움직이려하지 않는 성향을 보이는데, 이는 사료섭취 부족으로 인한 영양실조 문제를 야기한다. 따라서 일부 개체에서는 성장위축(stunt)이 일어나기도 하며, 만성 감염의 경우 파행증상은 더욱 악화되어 일부 개체에서는 관절이 굳어져 움직이지 못하게 되기도 한다. 이환율(morbidity)은 편차가 큰데, 일반적으로 10% 미만이지만 100%까지 나타나는 경우도 있으며, 폐사율은 일반적으로 6% 미만이지만 경우에 따라서는 10%에 달하기도 한다. 레오바이러스 감염이 육계에서 발육부전(runting), 깃털의 기형(abnormal feather development), 선위염(proventriculitis), 설사, 골격의 변화 등으로 특징지어지는 흡수장애증후군(malabsorption syndrome)과 연관이 있다는 연구결과가 있지만 연관성을 뒷받침하기 위한 추가 연구가 필요할 것으로 생각된다.

호흡기 감염

어린 일령에 레오바이러스에 감염된 개체에서 호흡기 질병의 증세를 보인 보고들이 있음에도 불구하고, 레오바이러스는 호흡기 질환의 주요 병원체로 고려되지 않는다. 또한, 저병원성의 마이코플라즈마 갈리셉티균(*Mycoplasma gallisepticum*)과 동시감염될 경우 호흡기 증세를 보인 경우가 있다.

장관계 감염

닭에서의 장관계 질병은 레오바이러스를 포함한 여러 병원체에 의해 발생할 수 있으며, 이는 성장 위축(delayed growth), 균일도 불량(low uniformity) 및 수양성 설사 등의 특징적인 임상증상과 관련되어 있다. 위와 같은 임상증상을 보인 개체에서 아스트로바이러스(astrovirus), 코로나바이러스(coronavirus), 레오바이러스(reovirus) 및 로타바이러스(rotavirus)에 대한 검사를 실시해 본 결과, 코로나바이러스가 56.4%의 양성률로 가장 일반적이였으며 레오바이러스의 경우 5.6%로 가장 적은 양성률을 보였다. 또 다른 연구에서는 레오바이러스가 장 상피세포에 감염하여 소장 융모의 탈락 등을 포함한 병변들을 유발함에도 불구하고 체중 증가에는 영향을 주지 않는 것으로 보고 되었다. 이 결과로 볼 때, 레오바이러스의 단독 감염으로는 장관계의 심각한 병변을 유발하지 않는 것으로 보인다.

병변

육안병변

레오바이러스가 닭에 자연감염될 경우 종아리의 장딴지근인대(gastronemius tendon), 발가락 굽힌근인대(digital flexor tendon), 발허리뼈 폄근인대(metatarsal extensor tendon)에서의 부종이 관찰된다. 심하면 인대가 파열되기도 한다. 이러한 증상은 비절 바로 위를 촉진함으로써 진단할 수 있으며, 깃털을 제거할 경우 쉽게 관찰할 수 있다. 건초염이 생기면 초기에 발목뼈(tarsal), 발허리뼈(metatarsal)의 힘줄집(건초, tendon sheath)에 특징적인 부종(그림 12-3)이 생기며, 비절 위쪽의 윤활막(synovial membrane)이나 관절낭(그림 12-4)에 점상 출혈이 발생하는 경우가 많다. 힘줄 부위의 염증은 힘줄집의 경화 및 융합(fusion) 같은 만성적인 병변으로 진행된다. 또한 발가락정강발목뼈(distal tibiotarsus)의 관절 연골에서는 미란

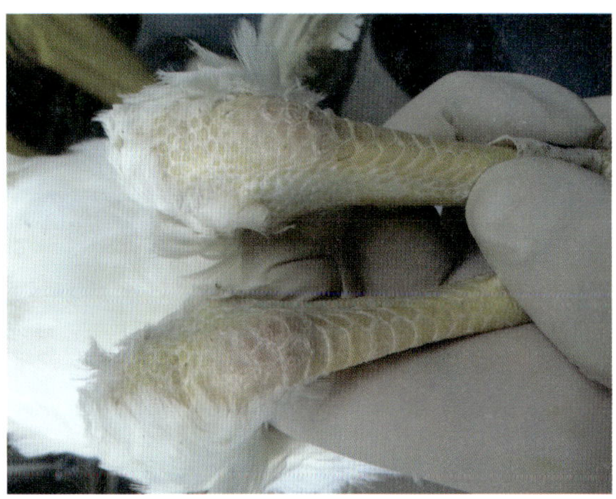

그림 12-3 비절(hock joint)의 부종

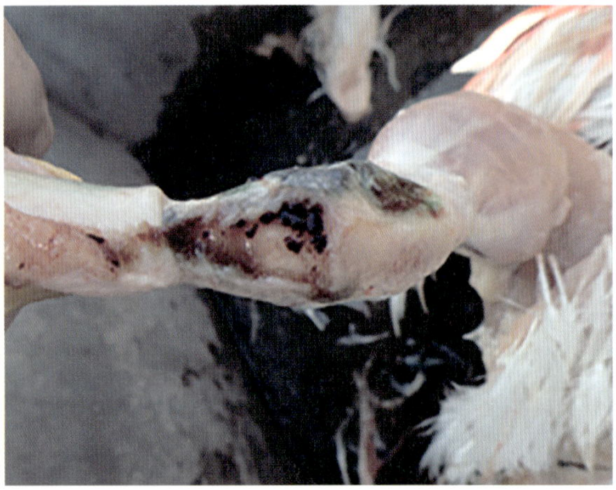

그림 12-4 관절낭의 점상 출혈

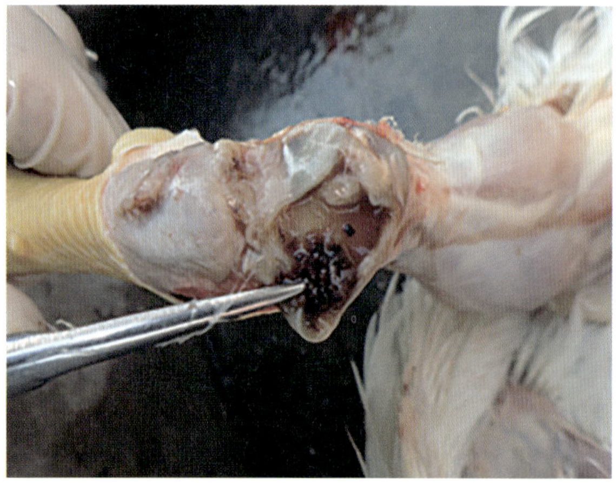

그림 12-5 인대 파열

(erosion)이 발생하기도 하며, 이러한 병변은 점차 진행되어 근처의 뼈에서까지 관찰되거나 무릎관절을 지탱하는 인대들이 파열(그림 12-5)되기도 한다. 병변이 나타난 쪽의 다리에서는 몸쪽발허리뼈(proximal metatarsal)의 뼈몸통(diaphysis)이 커지는 소견을 보인다.

조직학적 소견

레오바이러스가 닭에 감염할 경우, 급성기에는 관절 혈관주위에 호중구 및 면역세포의 침윤과 활막세포가 과증식하여 뚜렷한 힘줄집(건초, tendon sheath) 비대소견을 보인다. 윤활강에는 호중구, 대식세포, 활막세포가 채워져 있으며 파골세포 발달로 인한 골막염 또한 발병한다. 만성기(감염 후 15일)에는 활막에 림프절 결절이 보이며 30일 이후에는 섬유성 결합조직의 증가와 세망세포, 림프구, 대식세포 및 혈장세포의 뚜렷한 침윤소견을 보인다.

위와 같은 유사한 염증성 변화는 발목발허리관절(tarsometatarsal joint)과 비절(hock joint) 부위에서도 관찰된다. 일부 힘줄은 불규칙한 육아조직으로 대체되며 종자뼈(sesamoid bones)의 발육은 억제된다. 경구감염 54일 이후에는 만성 섬유증을 보이며 관절유착증으로 인하여 움직이기 어려워진다. 몸쪽발목허리(proximal tarsometatarsal) 연골세포의 성장은 좁아지고 불규칙해진다. 비절(hock joint) 연골조직은 부식으로 인한 과립 판누스(granulation pannus)를 동반한다.

진단

바이러스 분리 및 동정

조류 레오바이러스는 야외에서 많은 감염사례를 볼 수 있는 바이러스이지만, 대부분의 경우 병원성이 없기 때문에 장관계 조직에서만 바이러스가 분리된다면 관절 병변의 원인체로 해석하는 것은 무의미하다. 따라서 관절조직에서 바이러스를 분리하는 것이 질병과의 인과관계를 파악하는 데 도움이 된다. 하지만 병변이 많이 진행된 상태라면 조직으로부터 바이러스의 분리가 불가능할 수도 있다. 조류 레오바이러스는 도말(swab sample) 시료를 이용하는 것보다 조직시료(tissue sample)에서 직접 바이러스를 분리하는 것이 추천된다. 바이러스는 발목뼈 아래의 종자뼈(hypotarsal sesamoid bone)와 인접한 인대에서 함께 채취한 시료에서 주로 분리하며, 윤활막(synovial membrane), 관절연골 등도 바이러스 분리를 위한 시료로 추천된다.

채취한 시료를 6~7일령 발육란의 난황 내로

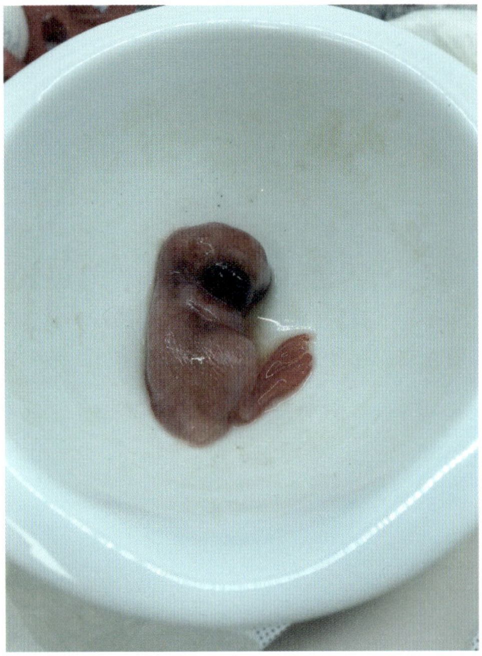

그림 12-6 계태아 난황 내 접종 후 폐사 병변

접종하거나 계태아 간세포(chicken embryo liver cell)에 접종한 후 5~7일 동안 배양하여 분리할 수 있다. 레오바이러스를 계태아에 접종할 경우 특징적으로 5~6일 내에 접종란의 폐사(그림 12-6)가 일어나며, 계태아 간세포에서는 합포체 형성을 관찰할 수 있다.

분자생물학적 진단

조류 레오바이러스를 확인하는 분자생물학적 진단 방법 중, 역전사 중합효소연쇄반응(reverse transcriptase polymerase chain reaction; RT-PCR)은 빠르고 정확한 장점을 가지고 있기 때문에 가장 일반적으로 사용한다. 또한 백신 바이러스의 스크리닝(screening)이나 여러 바이러스 중 레오바이러스에 대한 특이적 진단을 목적으로 사용되기도 한다. 균주 간 유전적 특성을 확인하기 위하여, 주로 σC 유전자를 기준으로 생물정보학을 이용한 방법을 적용하고 있다.

이외에도 RFLP 및 multiplex-PCR법과 σC 유전자의 고유 부분을 대상으로 하여 실시간 역전사 중합효소연쇄반응(real time RT-PCR)을 이용하는 방법이 개발되어 있다. 최근에는 차세대 염기서열 분석(next-generation sequencing; NGS) 방법을 이용하여 새로운 조류 레오바이러스 분리주의 유전체에 대한 특성을 연구한 결과도 있다.

병원성 확인

여러 분자생물학적 연구 결과가 있음에도 불구하고, 조류 레오바이러스의 병원성과 관련된 인자에 대해 알려진 것은 없다. 따라서, 검체로부터 분리한 바이러스의 병원성을 확인하기 위해서는 1일령 병아리의 발바닥에 접종하여 증상을 관찰하여야 한다. 병원성이 있는 경우, 72시간 이내로 발바닥의 염증을 관찰할 수 있다.

혈청학적 검사

조류 레오바이러스에 대한 혈청학적 검사는 백신접종 혹은 감염으로 인한 항체 형성 유무 평가에 있어 유용한 척도가 될 수 있다. 상용화된 ELISA 검사 키트의 경우, 계군의 바이러스에 대한 항체 형성 정도를 평가하기 위해 널리 사용되고 있다. ELISA에 사용되는 바이러스의 항원은 재조합(recombinant) σC단백질 및 σB단백질 혹은 σA 단백질을 기준으로 한다. 하지만 조류 레오바이러스에 대한 항체는 확인을 할 수 있으나 칠면조 레오바이러스는 검출할 수 없는데, 이는 항원의 유전학적 상동성에 차이가 있기 때문으로 보인다. 또한 레오바이러스 감염증은 만연되어 있으므로 숙주는 둘 이상의 혈청형에 동시감염되어 있을 수 있으나, 현재 ELISA 키트의 성능으로는 확인할 수 없다. 다만 σC 단백질의 가변영역 부위(variable region)를 항원으로 적용하여 백신접종으로 인한 항체 형성과 감염으로 인한 항체 형성의 유무를 감별할 수 있다.

레오바이러스 group에 특이적인 항체는 한천겔

침강법(agar gel precipition test) 혹은 간접형광항체법(indirect fluorescent antibody test)을 이용하여 검출할 수 있는데, 이 중 간접형광항체법이 보다 민감한 검출법으로서 항체의 정량분석에도 이용될 수 있다. 또한 계태아 신장세포(chicken kidney cell) 또는 계태아 간세포(chicken embryo liver cell)를 이용한 플라크측정법(plaque assay)을 통하여 바이러스 중화시험으로 레오바이러스 특이항체를 검출하기도 하지만, 이들 방법은 다량의 시료를 검사하기에는 적합하지 않다. 따라서 레오바이러스에 특이적인 항체를 검출하기 위한 방법으로는 많은 양의 시료분석이 가능한 ELISA 키트를 주로 사용한다.

감별진단

조류 레오바이러스 감염에 의한 임상증상이 발현 될 경우 특이적으로 관절염 증상이 나타나지만 이는 마이코플라즈마(*Mycoplasma synoviae*) 및 포도상구균(staphylococcus) 등의 병원체에 감염되었을 때에도 발생할 수 있다. 발가락굽힌근인대(digital flexor tendon), 발허리뼈폄근인대(metatarsal extensor tendon)에서의 부종, 심장에서의 이염색 백혈구(heterophil) 침착 등이 발생한다는 점에서 다른 질병들과 감별이 가능하기도 하지만, 확진을 위해서는 병변이 나타난 시료에서 바이러스를 직접 분리하는 것이 필요하다. 세균성 질병과의 복합감염도 가능하다.

예방 및 치료

차단방역

레오바이러스는 수평 및 수직감염이 모두 성립하며, 환경에 널리 퍼져 있고 소독제에 대한 저항성이 강하여 기계적인 전파에 의한 감염이 발생하기 쉽다는 특성을 가지고 있다. 이로 인하여 축산농가에 광범위하게 분포하고 있으므로, 현대의 집약적 사육시설에서 감염을 완벽히 차단하는 것은 매우 어렵다. 하지만 차단방역을 철저히 함으로써 질병의 유입을 감소시킬 수는 있다. 이러한 과정에는 바이러스에 오염된 사료와 물을 제거함으로써 분변-구강경로(fecal-oral route)를 통한 바이러스의 감염을 차단하고, 어린 일령의 닭과 성계간의 순환감염을 유발하는 다세대사육(multi-age farms) 환경을 피하도록 한다. 이와 함께 레오바이러스에 유효한 소독제를 사용하여 정기적으로 농장을 소독하도록 한다.

백신

레오바이러스 감염에 특이적인 치료제는 없으므로 감염을 막기 위하여 백신접종이 주로 사용되고 있다. 닭의 경우 1일령 병아리의 감수성이 가장 높고, 백신접종 시 면역 형성기간이 2주 정도 필요하므로 어린 일령에서는 모체이행항체를 통해 1일령 시기에 방어능을 획득하도록 하는 것이 중요하다. 병아리에서 모체이행항체의 반감기는 약 5일 정도이며, 10~15일령이 되면 병원체에 대한 방어를 할 수 없는 정도로 낮아지게 된다. 백신의 종류에는 생백신 및 불활화백신이 개발되어 있으며, 이를 모계군에 접종하여 모체이행항체를 통하여 후대 병아리에 방어력을 부여하는 방법 또는 백신을 직접 1일령의 병아리에 접종하는 방법이 사용되고 있다. 최초의 상용화된 생백신은 조류 레오바이러스의 S1133 주(strain)를 이용하여 개발되었으며, 이 백신주로 불활화백신을 만들어 단독으로 사용하거나 다른 병원형(pathotype) 바이러스를 이용하여 만든 백신과 혼합하여 접종하는 방법이 사용되고 있다. 그러나 백신과는 다른 변종 바이러스가 최근에 출현하고 있으며 이에 대응하기 위하여 불활화 자가백신(inactivated autogenous vaccine)을 사용하기도 한다. 자가백신의 경우, 새로운 변이체의 출현에 발맞추어 정기적인 개발을 하는 것이 중요하며, 따라서 현장에서 분리된 바이러스가 현재 유행하고 있는 대부분의 바이러스와 유사한 유전자형(genotype)을 가지고 있는지, 이에 대한 방어능을 가지고 있는지에 대한 유전학적 및 혈청학적 연구가 필요하다. 여러 유전자형을 혼합한 백신의 경우 야외주에 대한 폭 넓은 방어능을 가질 수 있으므로 더욱 광범위한 연구가 필요하다.

레오 바이러스의 백신에 대한 합의된 의견은 없으나 생백신과 불활화백신의 혼합 사용은 높은 수준의 항체역가를 형성한다. 종계에 생백신을 접종할 경우, 백신 바이러스의 난계대전염이 발생할 수 있으므로 산란을 시작하기 전에 실시하여야 한다. 육용종계에 사용하는 일반적인 백신접종 프로그램은 12주령까지 1~3번의 생백신을 접종한 후, 추가적으로 1~3번의 불활화백신을 접종한다. 실제로 야외에서는 백신접종을 하는 농가에서도 1회 접종 정도에 그치고 있다. 접종 경로는 대부분 근육주사 및 피하주사로 실시하며 건관절염 및 흡수장애증후군의 예방을 목적으로 한다.

면역

조류 레오바이러스에는 겔 침윤법(gel diffusion technique)을 통한 침전 항체로 식별할 수 있는 그룹 특이적(group-specific) 항원과 플라크 감소 시험(plaque reduction assay) 또는 계태아 시험(chicken embryo assay)에서 중화항체로 검출 가능한 혈청형 특이적(type-specific) 항원이 있다.

중화항체는 감염 7~10일 이후에 검출되며 침전 항체는 약 2주 후에 검출된다. 높은 수준의 항체를 유지하는 개체에서도 레오바이러스 지속 감염이 나타날 수 있어, 레오 바이러스에 대한 방어에서 항체의 중요성은 완전히 밝혀지지 않았다. 하지만 모체이행항체의 경우 바이러스가 장에서 관절로 전파되는 것을 차단함으로써 1일령의 병아리에서 질병의 방어 역할을 하는 것으로 알려져 있다. 항체에 의한 방어 수준은 바이러스의 혈청형, 병원성, 숙주의 나이 및 항체역가 등 다양한 요소와 연관이 있는 것으로 보인다.

F낭 절제(bursectomy) 및 흉선 절제(thymectomy)를 통해 면역 억제를 유도하여 레오 바이러스 감염 회복계에서의 B세포 및 T세포의 역할을 조사해 본 결과, B세포 및 T세포 모두 감염 회복에서 역할을 하지만 B세포는 바이러스 감염에 대한 방어에서 더 중요한 역할을 하는 것이 확인되었다. F낭과 흉선 모두 절제된 개체에서는 바이러스 감염이 더 오래 지속되었다. 사이클로스포린 A(cyclosporine A)에 의한 T세포 매개 면역 억제는 폐사율을 증가시키지만 힘줄의 병변 중증도에는 영향을 주지 않는 것으로 보고되었다.

레오 바이러스의 잠재적 병원성과 전파력을 제한하는 데 장내 바이러스 특이 IgA가 큰 역할을 하며, IgA 면역 반응은 노출 경로, 나이, 트립신에 대한 감수성의 영향을 받는다. 1일령에 레오바이러스에 노출되었거나 트립신에 감수성이 있는 레오바이러스에 구강 경로로 감염된 경우 장에서 충분한 IgA 면역반응이 나타나지 않는다.

조류 레오바이러스는 혈청형과 병원형으로 분류하는 방법 이외에도 여러 분자생물학적 방법을 통해 분류하는데, σC 유전자와 단백질의 비교를 통해 주로 이루어진다. 유전자 계통학적 연구를 통해 조류 레오바이러스를 여러 그룹으로 분류하였으나 메타분석학적(meta-analysis)으로 동일한 패턴을 보이지는 않았으며, 이는 유전체 각각의 단편(segment)들이 독립적인 방식으로 진화하였음을 시사한다. 23년간 분리된 바이러스들의 S-단편들의 염기서열을 분석해 본 결과, σC 단백질을 암호화한 S1 단편에서는 유전적 다양성이 매우 높은 것으로 나타났다. 이를 기준으로 볼 때, 분리된 바이러스들은 3~6개의 유전적 클러스터(cluster)로 분류할 수 있었으며 백신주(S1133, 1733, 2048)와 유전적 상동성이 있는 조류 레오바이러스의 비율은 22%이었다.

참고문헌

Jones R. C. 2013. Reovirus infections. Pages 351-374 In: Diseases of Poultry, 13th edition. Blackwell Publishing, Ames, Iowa.

McNulty M. S., R. C. Jones and R. Gough. 2008. Reoviridae. Pages 338-347 In: Poultry Diseases, 6th edition. W. B. Saunders, London.

Diseases of Poultry 14th Edition, David E. Swayne., Zhong, L., Gao, L., Liu, Y. et al. Genetic and pathogenic characterisation of 11 avian reovirus isolates from northern China suggests continued evolution of virulence. Sci Rep 6, 35271(2016). https://doi.org/10.1038/srep35271

13 CHAPTER

마렉병

Marek's Disease

전북대학교 장형관

개요

마렉병(Marek's disease; MD)은 *Mardivirus* 속(genus)으로 분류되고 있는 *Gallid alphaherpersvirus* 2 종(species)에 속하는 전염성이 강한 MD 바이러스(MDV)에 의해 유발된다. MD는 말초신경계, 홍채, 피부를 포함해 다양한 조직과 내장기관에 단핵구 침윤 및 빠른 림프종 형성, 면역억제, 마비가 특징으로, 닭에 널리 퍼져있는 질병이다. 다수의 MD 분자진단법은 바이러스 핵산 및 단백질 검출을 기반으로 하고 있지만, 바이러스가 사육환경 내에 흔히 산재되어 있어 특징적인 임상증상이나 내장종양 및 말초신경 병변 등과 관련성이 없으면 바이러스 검출만으로 확진하기 어렵다. MD는 병인학적 관점에서 조류의 다른 림프증식성 종양질병과 명확히 구별된다. MDV는 감염개체에 잠복감염을 하며 바이러스 배출이 지속되고, 사육환경 내의 바이러스 감염력이 장기간 유지되기 때문에 질병관리가 매우 어렵다. 따라서 MD를 효과적으로 관리하기 위해서는 백신 예방접종과 동시에 철저한 농장 차단방역이 상시 이루어져야 한다.

한편, MD에 대한 연구는 수의학, 기초의학 및 비교종양학에 크게 기여했다. MD는 염증성 및 종양성 병변이 혼재된 매우 복잡한 질병으로서 질병의 양상도 숙주의 유전적 계통에 따라 다르다. MDV는 주로 림프구에 국한해 감염되는 γ-herpesvirus와 같은 생물학적 속성을 지닌 α-herpesvirus로서 바이러스 입자는 감염세포 내에 높은 비율로 존재하지만 세포 간 감염으로 주변 세포로 쉽게 확산되며, 병원성도 다양하고 지속적으로 진화하고 있다. MDV에는 자연적으로 닭과 칠면조에 감염되는 비종양원성인 두 종의 독특한 자매 바이러스가 존재한다. 이들 바이러스에 감염된 개체는 보통 복잡한 생체 면역반응이 유도되며, 이 면역반응으로 인해 종양원성 MDV에 대한 높은 수준의 방어가 가능하다. 결과적으로 MD는 수의학 분야에서 예방접종에 의하여 질병 관리에 성공한 최초의 대표적인 사례이며, 더욱이 MD 백신은 인간을 비롯한 모든 동물종에 있어서 최초의 효과적인 암 예방백신이다. 또한, 백신면역을 회피하기 위한 MDV의 끊임없는 병원성 변이는 백신접종에 따른 병원체들의 생물학적 생존경쟁의 대표적인 사례가 되기도 한다. MDV의 인체 감염 및 발병 관련 사례나 보고는 없다.

역사

'마렉병'이라는 병명은 헝가리 수의학자 József Marek의 이름에서 유래되었다. 그는 1907년에 4마리 수탉의 다리와 날개 마비증상이 말초신경의 염증 때문이라는 원인을 알아내고 다발성신경염(polyneuritis)으로 이 질병을 처음으로 보고하였으며, 이와 함께 당시에는 신경염, 신경림프종증, 닭마비증이라는 동일한 의미의 병명도 사용되었다. 이후 말초신경 및 척추신경절의 림프증식성 종양병변이 아닌 난소 및 여러 내장기관의 림프증식성 종양병변이 보고되면서 림프종증(lymphomatosis)이라는 병명을 신경형, 내장형, 안구형으로 세분화하여 20년 넘게 사용되었다. 결과적으로 신경 및 안구 림프종증은 MDV에 의한 것으로, 그리고 내장기관의 림프종증은 MDV와 조류 백혈병 바이러스 모두에 의해 유발되는 것으로 병인학적 원인체 구분이 밝혀지게 되었다. 이후 이 질병을 병인학적 원인체가 다른 림프증식성 종양질병과 명확히 구별하기 위해 '마렉병(MD)'이라는 병명이 1961년에 제안되었고, 1960년대 중반에 이르러 명칭이 MD로 통일되었다.

또한, MD는 1950년대 이전에 유행한 말초신경 및 난소생식선 등에 병변을 보이는 질병의 형태인 고전형(classical form)과 1950년대 중반에 인지된 피부, 근육 및 여러 내장기관에 종양병변을 일으키는 급성형(acute form)으로 구분한 적도 있다. 더욱이 MDV는 고전형과 급성형에서 보이는 병변 이외에도 일과성 마비(transient paralysis), 조기폐사증후군, 세포용해성감염, 죽상동맥경화증(atherosclerosis) 및 지속적 신경질환 등 MD 고유의 림프증식성 종양과는 임상적으로 뚜렷이 구별되는 다른 여러 증후군 유발에도 관여하고 있다. 그러나 MDV의 인체 감염 및 암 유발 관련 근거는 없다.

양계농장에서는 1914년에 미국에서 최초로 발생보고가 있었으며, 이후 네덜란드, 영국 등 여러 나라에서도 발생보고가 이어졌다. MD 발생은 서서히 증가하여 1922년 미국의 어린 병아리의 20%가량이 신경마비로 인한 폐사로 보고되었으며, 1925~1937년간에 현저히 증가한 실용계 폐사의 절반가량이 MD에 의한 마비 및 종양이 원인이었다. 특히, 전 세계적으로 백신을 사용하기 이전인 1960년대의 MD는 약 60%정도의 산란계 폐사와 약 10%에 육박하는 육계의 도축장 폐기를 야기하는 등 양계산업 전반에 걸쳐 심각한 경제적 위협으로 작용했다. 1970년부터 미국을 시초로 세계적으로 실시한 MD 백신접종에 의해 심각한 경제적 손실은 격감할 수 있었지만 백신이 100% 효과적이지는 못하였고, 더구나 야외 바이러스가 변이되어 병원성이 더 강해짐으로써 현재까지도 지속적인 피해가 발생하고 있다. 일례로서 국가별 수치의 입증은 어렵지만, MD로 인한 전 세계의 손실액이 2004년도 한 해에 약 1~2조원에 이르렀다는 보고가 있다. 이처럼 MD는 발병 예측이 불가능하고 야외 바이러스의 병원성이 높아지는 방향으로 진화하고 있기 때문에, 궁극적으로 백신예방이 실패할 가능성이 높아 양계현장에서는 현재도 위협적인 질병으로 관리하고 있다.

국내에서는 1976년부터 MD 백신의 도입으로 MD 발생률이 현저히 줄었으나, 1997년부터 백신접종 계군에서 MD 발생이 증가하는 양상을 보였다. 특히, 20주령 이상의 성계에서 주로 발생하는 등 그 이전과는 다른 발병양상이 있는 것으로 알려졌다. 또한, 최근 유행주는 증체율 저하, 면역기관 위축 및 종양 발생률 증가 등 과거보다 병원성이 높아진 것으로 보고되고 있다.

원인체 특성

분류 및 형태

MDV는 γ-herpesvirus의 전형적인 특성과 같이 주로 림프구를 표적세포(lymphotropism)로 하고 있고, 바이러스 입자는 감염세포 내에 높은 비율로 존재하면서 주변 세포로 쉽게 확산되는 세포수반성(cell-associated)의 생물학적 속성을 지니고 있다. 그러나 MDV의 유전체 특성은 α-herpes virus의 유전체 구조 및 유전자 구성과 유사한 성상을 지니고 있으며, 이들 분자적 특성에 근거하여 2011년에 국제바이러스분류위원회(International Committee on Taxonomy of Viruses; ICTV)는 *Mardivirus* 속(genus)의 MDV 3종 혈청형을 공식적인 종(species)으로 분류하였다(혈청형 1형: *Gallid α-herpesvirus* 2, 혈청형 2형: *Gallid α-herpesvirus* 3, 혈청형 3형: *Meleagrid α-herpes virus* 1). 혈청형 1형 MDV는 3종의 혈청형에 속하는 모든 MDV의 원형(prototype) 바이러스이며, 달리 구분하여 표기하지 않는 한 MDV는 혈청형 1형 바이러스를 의미한다. 그러나 종래와 같이 MDV는 병원성을 보이는 닭 유래 분리주는 혈청형 1형(MDV-1), 비병원성인 닭 유래 분리주는 혈청형 2형(MDV-2), 비병원성인 칠면조 유래 분리주는 혈청형 3형(MDV-3 또는 herpesvirus of turkey; HVT)으로 구분하여 표현하는 것이 보편적이다. 또한 MDV-1의 야외 분리주는 병원성의 차이에 따라 mild(m), virulent(v), very virulent(vv), very virulent plus(vv+)와 같이 4종의 병원성형(pathotype)으로 구분하고 있다.

MDV 입자는 보통 감염세포의 핵내에서 관찰되며, 세포질 내(그림 13-1) 또는 드물게는 비세포성(cell-free, 세포유리성) 상태로도 관찰된다. MDV의 육각형 모양의 뉴클레오캡시드(nucleocapsid)는 직경이 85~100 nm이고, 외피막(envelope)으로 싸여있는 입자는 직경이 150~160 nm이다. 한편, 모낭 상피세포(feather follicle epithelium; FFE) 내에서 외피막에 싸여있는 MDV 입자는 불규칙적인 무정형의 형태이며, 직경이 273~400 nm이다. 이들 감염성 MDV 입자의 대다수는 모낭 내 각질화(keratinizing) 상피세포의 세포질 내에 존재한다. 염화세슘 밀도구배원심에 의한 MDV-1 성숙입자의 부력밀도는 1.706 g/mL이며, MDV-2 및 HVT도 이와 유사하다.

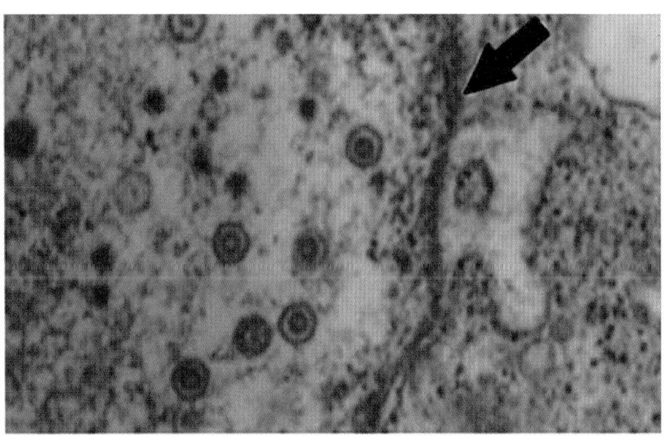

그림 13-1 MDV 감염 계태아 섬유아세포 핵내의 바이러스 입자 (화살표: 핵막)

유전체 및 단백질 조성

2000년대 초에 3종의 혈청형 MDV에 대한 전유전체 염기서열이 밝혀졌으며, 그들 유전체는 상호 유사한 약 160~180 kb의 선형 이중나선 DNA (linear dsDNA) 분자로 구성되어 있다. 세포 수반성 속성을 지닌 MDV의 유전체를 숙주세포로부터 분리하기가 쉽지 않았지만, MDV 전유전체를 세균인공염색체(bacterial artificial chromosome; BAC)에서 클로닝이 가능해지면서 MDV 유전체 확보가 매우 편리해졌다. 또한, 다수의 MDV에 대한 감염성 BAC 클론 구축을 통해 신속한 유전자 조작이 가능해졌으며, 이로 인해 유전자 기능 및 바이러스와 세포 간 상호작용 등 MDV의 생물학적 특성 규명에 많은 진전이 있었다.

MDV의 유전체 구조는 전형적인 α-herpesvirus와 같이 두 특이배열 영역인 U_L(unique long) 및 U_S(unique short)와 이를 둘러싸고 있는 각각의 반복배열 영역인 IR_L/IR_S(internal repeat long and short)와 TR_L/TR_S(terminal repeat long and short)로 구성되어 있다. 뉴클레오캡시드 조립과정의 유전체 절단 및 패키지에 중요한 역할을 하는 알파-유사서열(α-like sequences)은 TR_L과 TR_S 각 말단과 IR_L/IR_S 사이에 위치한다(그림 13-2).

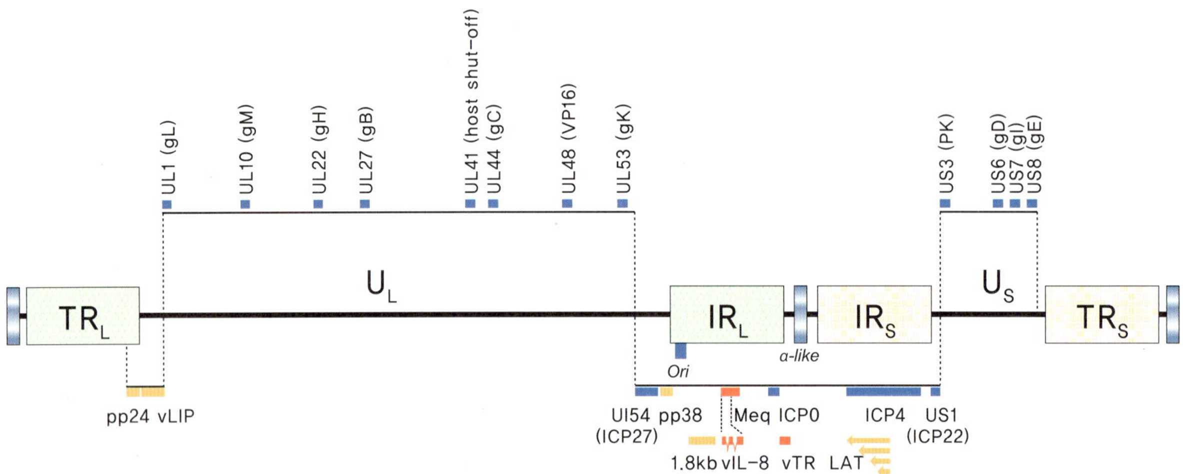

그림 13-2 MDV의 유전체 구조 및 주요 유전자 모식도(■: Herpesvirus 상동유전자, ■: MDV 공통유전자, ■: MDV-1 특이유전자)

MDV 유전자는 α-herpesvirus와 상동성을 갖는 유전자와 MDV 고유의 특이 유전자로 크게 두 가지 범주로 구분할 수 있다. MDV의 U_L과 U_S 영역의 대다수 유전자는 α-herpesvirus와 상동성을 갖고 있으며, 감염과 더불어 유전자 산물의 발현 시기에 따라 전초기(immediate early; IE), 초기(early; E) 및 후기(late; L) 유전자로 나눌 수 있다. IE/E 상동성 유전자로는 세포내 국재성 단백질(intracellular protein; ICP)4, ICP0, ICP22, ICP27 등 네 가지가 있으며, 이들 MDV 유전자 산물은 일부를 제외하고(ICP22) 바이러스 복제·증식에 필수적인 전사조절인자로 작용한다. 후기(L) 상동성 유전자 산물로는 뉴클레오캡시드 단백질, 캡시드와 외피막 내층 단백질(tegument protein)인 VP16 및 외피막에 발현하는 당단백질(glycoprotein) 등이 있다. 특히, MDV U_L 영역의 당단백질 gB, gC, gH, gK, gL, gM 및 U_S 영역의 gD, gE, gI 등은 바이러스 세포감염, 주변 세포로의 바이러스 확산 및 면역반응에 중요한 역할을 한다.

한편 MDV 고유의 특이 유전자 동정도 이루어졌으며, 이들 유전자의 일부는 유일하게 MDV-1에만 존재하고, 일부는 MDV-2 또는 HVT에도 상동성을 보이는 유전자가 존재한다. 이러한 유전자의 기능(function), 즉 감염 및 종양 형성, 발병기전 등에 대한 유전자 차원의 기능이 상당 부분 밝혀졌으며, 이를 요약하면 다음과 같다. (1) 잠복 관련 전사체(latency associated transcripts; LAT)는 ICP4 DNA 영역의 (-)사에 해당하는 다종의 전사체군으로 대부분은 크기가 작지만 10 kb에 달하는 큰 전사체도 존재한다. 잠복감염과 형질전환에 LAT의 역할은 불분명하지만, LAT는 세포용해성감염 및 QT35와 같은 형질이 전환된 세포주 모두에서 발현된다. (2) Meq(Marek's *Eco*RI-Q) 유전자는 jun/fos 발암유전자군(oncogene family)에 속하며, Meq 단백질(339 aa)은 감염림프구 핵 내에서 발현되면서 전사조절인자로 작용하여 MD 종양형성에 결정적인 역할을 한다. 비종양원성인 MDV-2 및 HVT는 Meq 상동성 유전자 자체가 존재하지 않으며, mMDV-1에 속하는 CVI988 백신주도 Meq 단백질을 발현하지 않는다. 따라서, Meq 유전자가 결손된 vvMDV-1(Md5주)에 감염된 닭의 면역억제효과는 현저히 감소했고, 종양형성도 나타나지 않았다. (3) vIL-8 유전자는 3개의 엑손(exon)으로 구성된 Meq 변이체(spliced Meq variant)로서 세포용해성감염의 후기에 발현된다. vIL-8는 IFN-γ에 의해 발현이 증가한 IL-8 수용체를 매개로 T 림프구를 유인하여 B 림프구에서 T 림프구 감염으로 전환하는 역할을 하는 것으로 추정한다. (4) MDV-1 IR_L/TR_L 영역에서 동정한 telomerase RNA(vTR, 말단복원효소) 유전자는 닭의 telomerase RNA(ChTR) 유전자와 88%의 높은 상동성을 보인다. vTR은 ChTR과 경쟁적으로 또는 ChTR 보다 더욱 효과적으로 닭의 telomerase 역전사효소(ChTERT)와 상호작용하여 telomerase 활성을 통해 림프종양 유도 및 전이에 관여한다. (5) MicroRNA(miRNA)는 다양한 세포 유형에서 유전자 발현에 영향을 주는 약 22개 염기(nucleotide)로 이루어진 독특한 부류의 작은 조절 분자로 알려져 있다. 여러 herpesvirus를 포함한 다양한 생물체에서 확인된 바와 같이 MDV에 암호화된 다수의 miRNA가 동정되었다. 이들 miRNA는 매우 높은 수준으로 발현하고 있으며, 일부는 MDV의 발병기전(pathogenesis)에 직접적으로 관여하고 있다. (6) 이외에도 3종의 혈청형 모두에 공통으로 존재하는 MDV 특유의 유전자로서 감염 숙주 내 세포용해성 감염과 증식에 필요한 바이러스성 리파제(viral lipase; vLIP)와 기능이 충분히 밝혀지지 않은 인산화단백복합체(pp38/pp24) 및 132 bp 반복배열과 관련한 1.8 kb 유전자군(1.8 kb gene family) 등이 있다.

바이러스 복제

3종 혈청형의 MDV 복제는 세포 수반성 속성을 지닌 다른 herpesvirus와 같은 전형적인 방식을 따르고 있다. 그러나 MDV의 감염에 따른 증식, 잠복, 형질전환 등 감염유형별 바이러스 복제와 관련된 숙주 또는 세포 간 상호작용에 대한 분자기전은 현재도 대부분 연구대상으로 남아있다. 또한, 병원성이 현저히 다른 혈청형 또는 병원성형 MDV의 감염세포 내 복제기전의 차이도 불분명한 부분이 많다.

비세포성(cell-free) MDV가 닭 또는 세포에 처음 감염이 이루어질 때, MDV gB는 당단백질의 일종인 세포 수용체(heparan sulfate)와 결합하여 바이러스 흡착에 관여한다. 또한, MDV gE, gI, gM 및 PK(protein kinase, 단백인산화효소)는 감염세포에서 감염되지 않은 주변 세포로 바이러스를 확산시키는 역할을 한다. 생체 내 세포에서 세포로의 바이러스 확산은 상피세포에서도 이루어지지만, 대부분은 림프구에서 가장 빈번히 일어나며, 이때 감염 림프구와 비감염 림프구 간의 밀접한 접촉이 필요하다.

MDV 감염은 보통 3단계의 감염유형으로 나뉜다. 즉, 세포용해성감염(또는 증식성감염), 잠복감염, 형질전환감염이며, 이들은 각각 바이러스와 세포 간 상호작용으로 이루어진다. (1) MDV UL41 유전자 산물(VP16)은 감염세포의 활성을 차단하여(host shut-off) 세포용해성감염을 개시하게 한다. 세포용해성감염이 진행되는 동안에는 바이러스의 DNA 복제가 일어나고 단백질이 합성되며, 바이러스 입자가 생성된다. 복제는 바이러스의 병원성과 상관성이 있으며, 어느 혈청형이든 세포 당 유전체의 복제(copy) 수는 100배 내외로 증가하는데 HVT의 경우 1,200배를 상회하기도 한다. 세포용해성 감염에는 두 가지 유형이 존재한다. 첫 번째는 FFE에서의 감염인 경우로서 외피막으로 싸여있는 온전한 감염성 바이러스 입자를 생성한다. 두 번째는 바이러스 증식이 제한적인 세포배양에서의 감염인 경우로서 대부분의 입자는 외피막이 없고 비감염성이다. 그러나 세포배양에서도 여러 유형의 입자가 외피막으로 싸여 세포를 파괴하고 비세포성의 감염성 바이러스로 회복될 수 있다. 모든 감수성 세포에서 세포용해성감염 결과로 핵내봉입체를 형성하거나, 또는 세포를 파괴하게 되어 뚜렷한 괴사

병변을 유발한다. (2) Herpesvirus의 잠복감염은 LAT 관련 전사체의 존재가 알려져 있지만, 바이러스의 전사체 및 단백질은 발현하지 않고 바이러스 유전체만 존재하는 상태로 정의하고 있다. 이 정의는 비종양원성인 MDV-2와 -3에는 적합하지만, MDV-1의 경우는 잠복과 형질전환 감염유형의 구분이 사실상 어렵다. MDV-1의 두 감염유형 모두에 바이러스 유전체는 존재하지만, 두 감염유형 간의 전사조절의 차이는 알려진 바가 없다. 즉 비감염세포로부터 형질전환 이전의 잠복감염 세포만을 분리해 낼 수 없기 때문이며, 결과적으로 MDV-1의 잠복감염 기전연구는 MD 형질전환 세포주를 이용하고 있다. MDV-1의 잠복감염은 주로 $CD4^+$ T 세포에서 일어나며, 일부 $CD8^+$ T 세포 및 B 세포에서도 이루어진다. 보통 잠복감염 상태의 세포 내 바이러스 유전체 복제(copy) 수는 5개 이하로 존재하며, 이를 닭에 접종하거나 감수성 세포와 동시에 배양하면 잠복감염 상태로부터 MDV 유전체가 재활성화 될 수 있다. (3) 형질전환 감염은 MDV-1에 감염된 세포에서만 나타난다. 형질전환 세포의 표면에는 세포용해성(증식성)감염 세포에는 존재하지 않는 다수의 'MD 종양관련 표면항원(MD tumor-associated surface antigen; MATSA)' 이 검출된다. 또한, MD 림프종 세포는 형질전환 및 종양화에 관여하는 CD30을 다량 발현하고 있음이 새롭게 밝혀졌다. 이러한 MD 형질전환 세포주는 다양한 종양세포 및 형질전환 세포주 간의 비교연구에 활용된다.

환경저항성

감염세포 내 MDV의 안정성은 전적으로 세포의 활력(viability)에 달려있다. 따라서 세포의 활력에 영향을 미치는 모든 조처는 MDV의 감염력에 직접적인 영향을 미치게 된다. 닭의 피부에서 분리한 비세포성 MDV의 감염력은 일반 소독제 및 pH 3.0 또는 pH 11.0에서 10분간 처리하면 비교적 쉽게 상실된다. 또한, 비세포성 MDV를 4℃에서 2주간, 25℃에서 4일간, 37℃에서 18시간, 56℃에서 30분간, 60℃에서 10분간 처리하면 감염력을 상실하는 등 온도에도 영향을 받는다. 그러나 오염농장의 비세포성 바이러스는 보통 FFE 내의 각질(keratin) 등 보호막에 둘러싸여 배출되므로 계사 내 바이러스의 감염력은 상대적으로 장기간 지속된다. 이들 오염원인 비듬, 깃털, 먼지, 깔짚, 분변 등에 내포된 바이러스의 감염력은 상온(20~25℃)에서 4~8개월, 4℃에서 최소한 10년 정도 장기간 유지될 수 있다. 따라서 MD 발생농장은 재입식 이전에 청소·세척 및 반복적인 소독과 함께 충분한 휴지기를 취하는 등 철저한 후속조치가 필요하다.

야외주 분류

2000년대 초에 3종 혈청형의 MDV에 대한 전 유전체 염기서열이 결정되었으며, 이들 유전체 성상에 기초하여 2011년에 ICTV는 3종의 MDV 혈청형을 공식적인 α-herpesvirus에 속하는 종(species)으로 분류하였다. 그러나 그 이전의 MDV는 림프구 감염친화성, 증식양상, 숙주 유래 및 단클론항체를 이용한 항원성상 등 생물학적 속성의 차이에 기초하여 1975년에 처음으로 3종의 MDV 혈청형으로 분류되었고, 현재에 이르기까지 가장 보편적으로 통용되고 있다. MDV 혈청형간 구별이 가능한 특유의 몇몇 생물학적 특성의 일례로서 감수성 세포 및 바이러스 증식에 차이를 보인다. 계대수가 적은 MDV-1은 오리태아섬유아(duck embryo fibroblast; DEF) 세포 또는 닭신장(chicken kidney; CK) 세포에서 가장 잘 자라고 서서히 증식하면서 작은 플라크(plaque)를 생성한다. MDV-2는 계태아 섬유아세포(chicken embryofibroblast; CEF)에서 가장 잘 자라고, 서서히 증식하며 약간

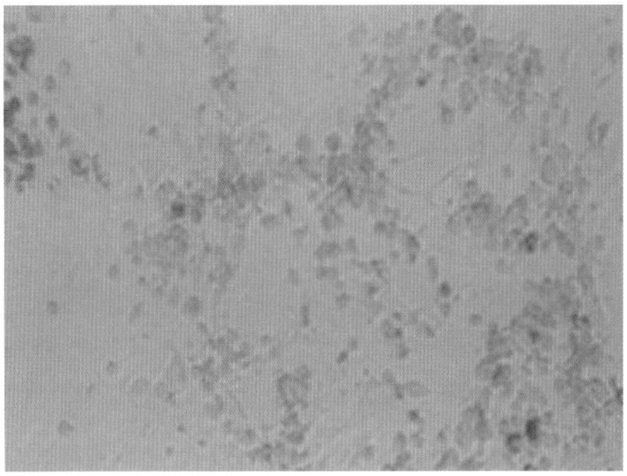

그림 13-3 MDV 감염 CEF 세포에 형성된 전형적인 플라크

의 합포체(syncytium)가 혼재된 중간 크기의 플라크를 생성한다. HVT는 CEF에서 가장 잘 자라고, 빠르게 증식하며 가장 큰 플라크를 생성한다. 플라크는 감염세포에 형성된 뚜렷한 국소적인 세포변성효과(cytopathic effect; CPE)를 의미하며 둥근 퇴행성의 세포군집이다. 또한, 플라크의 크기는 분리주나 배양시간 등 여러 요인에 따라 다르게 나타난다(그림 13-3).

MDV 병원성형에 대한 개념은 야외에서 백신면역의 실패와 상관성을 보이는 병원성이 증가된 변이주의 존재를 인식하게 되면서 제시되었다. 병원성 또는 종양원성은 MDV-1만 관련이 있다. 그러나 MDV-1의 잠재적인 병원성 변화의 폭은 매우 크고, 실제로 거의 비병원성부터 병원성이 매우 높은 바이러스까지 연속적으로 나타나고 있다. 따라서 병원성형의 분류체계는 지난 30년 넘게 병원성이 지속적으로 증가하는 추세와 함께 변해왔다. 현재의 분류체계는 4종의 병원성형으로 구분하고 있으며, mMDV, vMDV, vvMDV, vv+MDV로 표기하고 있다. 야외 분리주에 대한 기본적인 병원성형의 분류는 원형(prototype) 바이러스를 기본으로 하여 이들 바이러스를 다양한 접종방식으로 백신면역을 부여한 닭에 접종하여 림프증식성 병변유도 등에 기초한 병원성 비교평가를 통해 이루어진다. 병원성 비교평가는 림프증식성 병변 이외에도 신경병변, 림프장기 위축 및 면역억제, 바이러스 증식양상, 병원성 관련 유전자 분석 등도 병행한다. 그러나 MDV-1의 병원성이 진화하고 있다는 사실은 확인되었고, 또한 몇몇 관련 MDV 전유전체 염기서열도 밝혀졌지만, 진화에 의한 병원성 표현형(phenotype)에 관여하는 뚜렷한 분자수준의 마커는 밝혀지지 않았다.

역학

자연숙주 및 발생분포

투계(game fowl)를 포함해 사실상 모든 닭은 MDV 감염 및 종양형성에 감수성이 있으며, 가장 중요한 자연숙주이다. 메추라기, 칠면조, 자고(partridge), 꿩 및 오리와 거위의 일부 종 역시 MDV 감염 및 발병에 감수성이 있다. 실용 메추라기 및 칠면조 농장의 발생사례가 상대적으로 많고, 이 경우, 내장기관에 림프종을 나타내며 비교적 높은 폐사율(메추라기: 10~20%, 칠면조: 40~80%)을 보이지만 말초신경 병변은 거의 나타나지 않는다. MD는 메추라기 및 칠면조 농장의 토착질병은 아니지만, 닭과 메추라기, 또는 닭과 칠면조 간에 수평전파가 이루어진다. HVT 백신에 의한 메추라기의 방어효과가 보고되었고, 칠면조는 HVT에 의한 방어효과는 없으나 CVI988에 의한 방어효과는 있다. 실험 접종한 오리는 무증상 감염상태를 보이지만, 항체검출 및 바이러스 재분리가 가능하다. 따라서 실용 오리와 닭 간의 수평전파 보고사례는 없지만, 가능성은 남아있다. 꿩은 내장기관 림프종 유발과 더불어 메추라기와 칠면조와 달리 마비 등의 신경병변도 나타난다. 그러나 참새, 비둘기, 공작 등 대부분의 다른 조류는 감염되지 않을 가능성이 높다. 또한, 영장류를 포함한 포유류도 실험접종에 감염되지 않는다.

MD는 가금을 생산하는 모든 국가에 매우 흔하게 존재하므로 MD 발생률을 정확히 예측하기는 매우 어렵다. 감수성이 있는 닭에서도 항상 임상증상이 나타나는 것이 아니며, 유전적으로 내성을 가졌거나 백신을 접종한 닭에서도 드물게 발병할 수 있기 때문이다. MD 발생에 영향을 미칠 수 있는 요인은 혈청형, 병원성형, 유전형질(품종) 및 성별, 모체이행항체, 백신 유형 및 접종 여부, 감염 일령, 환경 요인 및 스트레스, 다른 면역억제 질병 감염 여부 등 다양하다.

백신을 접종하지 않은 개체는 빠르게는 3~4주령에도 MD가 종종 발병한다. 대부분의 심한 발병은 8~9주령에 나타나지만, 특히 육용종계의 경우는 산란초기 또는 환우 이후에 나타나기도 한다. 또한 MD 감수성 품종의 닭에 있어서도 수탉보다는 암탉에서 발생률이 높은 편이다. 백신을 접종한 계군의 MD 발병에는 고병원성형 MDV 감염 이외에도 다른 면역억제질병의 감염도 관여하고 있다. MD 발생 양상은 매우 다양하고 복잡하지만, 대부분은 백신을 접종하지 않은 계군에서 발병한다.

국내의 경우, 부화 후 2주 이내에 MDV 감염이 다발하며, 잠복기가 길기 때문에 일반적으로 감염 후 3~4주 동안에는 외관상의 특별한 징후를 발견하기 어렵다. 따라서 대부분 8~9주령 이후부터 16주령 사이의 닭에서 다발하며, 근래에는 4~6주령의 닭에서도 간혹 발생하고 있다. 백신을 접종한 산란계의 MD 피해는 보통 5%이하로 적은 편이지만, 백신을 접종하지 않으면 피해는 약 30% 전후로 더욱 크게 나타나며, 50~60%에 달하기도 한다.

전파

MDV는 공기를 통해 개체 간 직간접 접촉에 의해 쉽게 전파한다. 비세포성의 감염성 바이러스 입자는 감염 2주 후부터 평생 동안 FFE에서 생산되어, 각질(keratin)로 둘러싸인 비듬형태로 방출된다. 따라서 닭털의 모낭 부위나 비듬에는 많은 양의 감염성 바이러스 입자가 내포되어 있고, 이런 닭의 비듬이 먼지와 함께 부유하면서 감염원으로 작용한다. 오염된 계사의 먼지는 상온(20~25℃)에서 최소 수 개월간, 4℃에서 최소 수 년간 감염원으로 작용한다. 보통 육성기의 어린 닭은 육성사에 잔존하는 오염된 비듬과 먼지, 인접계사에서 에어로졸 형태로 날아온 오염된 먼지, 또는 오염된 기구 및 사람 등과 접촉하여 바이러스에 노출된다. 일단 계군 내에 바이러스가 감염되면 백신접종 여부와 관계없이 개체 간에 빠르게 전파된다.

MDV는 수직전파는 일어나지 않는다. 또한, 부화 중의 온도 및 습도에 바이러스의 감염력이 상실되기 때문에 부화 중 난각 오염으로 인한 전파도 거의 불가능하다. 딱정벌레에 의한 기계적 전파는 가능하지만, 진드기, 모기, 콕시듐 원충 등에 의한 전파는 일어나지 않는다.

잠복기

잠복기는 비종양원성 감염인 경우가 상대적으로 짧다. 세포용해성감염은 3~6일 후에 일어나며, 6~8일 이내에 흉선과 F낭 위축이 동반한다. 조기폐사증후군은 감염 8~14일 후에 폐사하는 것이 특징이다. 일과성 마비증상은 보통 감염 8~18일 후에 나타나며, 주로 6~12주령에서 다발한다. 죽상동맥경화증의 발병에는 3~7개월이 걸린다. 형질전환 세포를 접종하면 10~14일 후에 종양이 유도된다. 감염된 닭의 CK 세포를 동일품종의 익막(wing web)에 접종하면 3~4일 후에 국소병변이 나타난다.

이병률 및 폐사율

실용계의 MD 발생률은 국가 간·지역 간 매우 다양하지만, 전 세계적으로 백신이 도입되면서 전반적으로 낮은 편이다. 임상질환으로 발병하는 경우에는 대부분 폐사하며, 일부 외관적으로 회복한 것처럼 보여도 완치되는 경우는 극히 드물다. 미국의 경우, 백신을 사용하기 이전에는 감염계군의 폐사율은 어림잡아 약 30%에 달했고, 종종 약 60%에 육박하는 경우도 있었다. 또한, 1970년 한 해의 육계 도체 폐기율이 평균 1.0%에 달했고, 계군에 따라서는 10% 내외를 상회했지만 백신접종 이후 도체 폐기율도 급격히 감소했다. 그러나 일부 계군에서는 백신접종에도 불구하고 심각한 MD 발병을 겪기도 한다. 일단 발병하게 되면 폐사율은 점차 증가하고 보통 4~10주간 지속된다.

그림 13-4 MDV 감염에 의한 다리의 마비증상

임상증상

림프증식성 병변, 즉 림프종이 MD와 임상적으로 관련성이 가장 높고, 실질적으로 가장 중요하다. 일시적 마비, 지속적 신경질환, 눈 병변, 조기폐사 증후군, 급성 세포용해성감염, 면역억제, 피부종양, 죽상동맥경화증 등은 림프증식성 또는 림프퇴행성(lymphodegenerative) 진행과정에서 나타나는 부수적인 임상증후군이다. 대부분의 실용계는 모체항체가 존재하거나 또는 백신접종이 이루어지고 있다. 따라서 실험적으로 유도되는 일부 증후군은 사육현장에는 거의 없거나 존재하지 않을 수 있으며, 또한 특정 증후군에 따라 변형된 형태의 증상이 다양하게 나타날 수 있다.

MD 림프종 또는 마비증에 이환된 닭은 증상을 보일 수 있지만, MD로 특정할 수 있는 증상은 거의 없다. 일반적으로 말초신경 기능장애와 관련된 증상들은 비대칭 진행성 마비와 관련된 증상으로 나중에 한 곳 이상의 사지(다리, 날개, 목)에 경련성 마비가 나타난다. 또한, 미주신경과 관련된 증상으로 소낭(crop, 모이주머니)의 마비와 확장 또는 헐떡거림이 나타난다. 초기에 보이는 마비증상으로 부자연스러운 자세나 걸음걸이 등 운동장애를 보이므로 비교적 쉽게 식별할 수 있다. 특히, 특징적인 마비증상으로 한쪽 다리를 앞쪽으로 뻗고, 다른 쪽 다리는 편측성 마비로 뒤로 뻗거나 혹은 다리 자체에 마비가 나타난다(그림 13-4).

그러나 MD 림프종으로 진행된 닭은 임상적으로 정상으로 보일 수 있지만, 안락사 후 부검해 보면 광범위한 종양이 있거나 혹은 일부 개체는 폐사 전에 활기가 없고 침울하며, 혼수상태의 졸음에 빠져 있다. 특히, 질병의 경과가 오래 지속된 경우에는 체중감소, 창백함, 식욕부진, 설사 등과 같은 비특이적인 증상들도 보인다. 실제 실용계군 내 발병 개체는 사료나 물을 섭취할 수 없어 굶거나 탈수 또는 밟혀서 대부분 죽게 된다. 한편, 일부 개체는 일시적인 마비에서 회복되어 감염 18~26일 후에 신경성 경련이나 사경을 나타낸다. 지속적 신경질환으로 불리는 이 증후군은 부분적으로 병원성이 약화된 MDV 감염에 의해 유발된다. 그러나 이들의 중추신경계 관련 증상은 일과성 마비 등의 MD 신경병변과 관련된 증상과 거의 구별할 수 없다(그림 13-5).

눈과 관련된 증상으로 실명이 나타날 수 있다. 90% 이상의 실명을 보이는 실용계군 유래의 분리주를 이용한 실험감염에서도 실명이 재현되었다.

그림 13-5 MDV 감염에 의한 일과성 마비로부터 회복한 개체의 사경

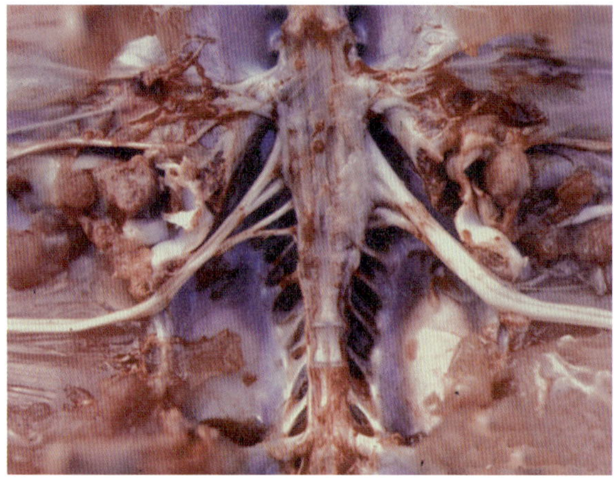

그림 13-6 정상 크기의 좌골신경(좌)과 MDV 감염에 의해 종대된 좌골신경(우)

실명은 한쪽 또는 양쪽 눈 모두에 나타날 수 있지만, 실명한 개체의 눈에 항상 육안병변이 존재하지 않으므로 임상적으로 실명 여부를 판단할 때는 주의 깊게 관찰해야 한다. 감염된 눈은 빛의 세기에 반응하는 능력을 서서히 상실하게 된다.

조기폐사증후군은 병원성 MDV가 어린 일령에 감염 후 8~14일경에 높은 폐사율을 보이는 경우로서 증상을 보이기 시작한지 48시간 이내에 활기가 없고 침울하며, 혼수상태의 졸음에 빠져있다 폐사한다. 일부의 개체는 폐사 전에 목을 가누지 못하는 목 마비를 나타내기도 한다. 감염 3~6일 후에 급성 세포용해성감염을 겪는 개체는 활기를 잃고 침울하지만, 이 기간에 폐사는 거의 나타나지 않는다. 오히려 일부 개체는 조기폐사증후군보다 더 늦게 폐사할 수 있다. 면역이 억제된 개체는 부수적인 감염을 겪을 수 있고, 일부 개체는 미약한 증상을 보이다 감염 20~50일 후에 폐사한다.

병리

육안병변

MD의 병리학적 변화는 주로 신경병변과 내장기관의 림프종으로 대별된다. 뇌의 육안병변은 보

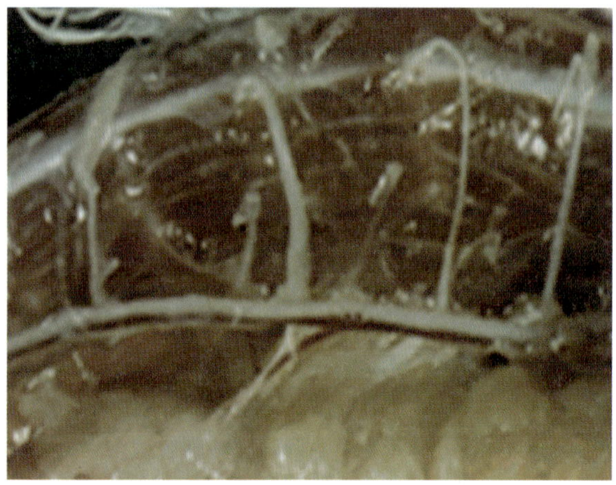

그림 13-7 정상 크기의 경추신경(아래)과 MDV 감염에 의해 종대된 경추신경(위)

이지 않지만, 척추신경절은 종대되어 있다. 심하게 감염된 말초신경은 횡문소실, 회색 또는 황색으로 퇴색, 때로는 부종을 나타낸다. 보통 좌골신경이나 상완신경에 다발하며, 감염된 부위는 정상 크기보다 2~3배 종대되어 있다(그림 13-6). 또한, 질병진단에 복강신경총이나 경추신경의 병변도 크게 도움이 된다(그림 13-7). 대칭을 이루는 신경의 한쪽 또는 약간의 종대로도 질병진단에 중요한 지표가 될 수 있으므로 반대편 신경과 비교하거나, 또는 실험감염의 경우에는 감염개체의 일령과 일치하는 대조개체를 비교한다. 감염된 부위에 따라 노출시켜

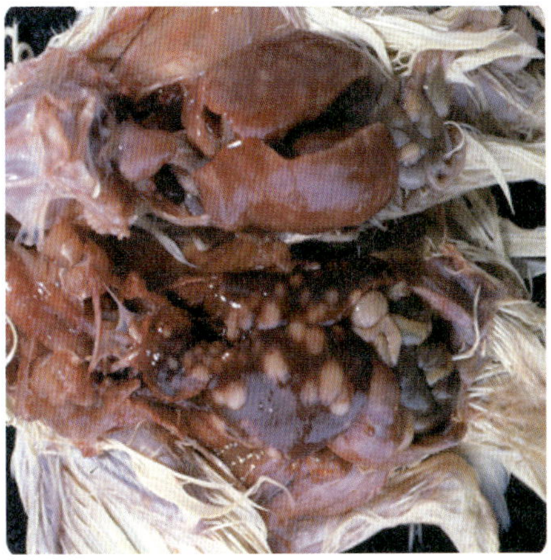

그림 13-8 MDV 감염에 의한 폐 및 간 등에 형성된 림프종

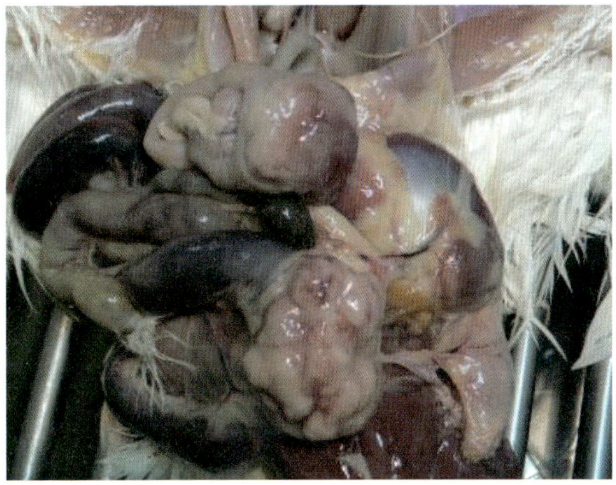

그림 13-9 MDV 감염에 의한 장 및 장간막 등에 형성된 림프종

비교할 필요가 있으며, 또한 종대의 빈도나 정도도 다양할 수 있으므로 여러 신경분지는 주의 깊게 검사한다.

림프종성 병변은 폐, 간, 심장, 신장, 췌장, 흉선, 비장, F낭, 선위, 장 및 장간막, 부신, 생식선(특히 난소), 홍채, 골격근, 피부 등 하나 이상의 다양한 장기 및 조직에 나타난다. 닭의 유전적 계통 및 바이러스에 따라 장기의 병변분포에 영향을 미칠 수 있다. 내장종양은 병원성이 높은 질병의 형태일수록 빈번히 나타나며, 또한 일부 닭 품종은 신경에 육안병변 없이도 나타날 수 있다. 대부분 내장기관의 MD 림프종은 정상 크기보다 몇 배로 종대되어 침습된 형태(넓게 퍼진 모양)를 띠며, 백색 또는 회백색으로 퇴색되어 나타난다. 이와 더불어 MD 림프종은 다양한 크기의 결절성 증식이 국소적으로 나타나기도 한다. 결절은 백색 또는 회색이고 딱딱하며 절단면은 부드럽다. 괴사는 거의 없지만, 증식이 빨랐던 병소 중심부에 나타날 수 있다(그림 13-8, 13-9).

육계의 도체 폐기에 가장 중요한 원인이 되는 피부병변은 대개는 깃털 모낭(羽胞)과 관련이 있다. 그러나 깃털 모낭이 없는 닭에서도 비세포성 바이러스가 생산되고, 피부종양도 유발되기 때문에 비세포성 바이러스 생산 또는 피부종양 형성에 FFE가 유일하게 관여하고 있지는 않다. 실제로 피부의 결절병변에는 수많은 모낭이 단독으로 또는 유착되어 존재하지만, 모낭이 거의 없는 경우도 있다. 피부결절은 대퇴부 안팎 및 등의 경추 부위를 따라 주로 나타난다. 특히, 병원성이 높은 MD에 이환된 육계에서는 대퇴부에 결절성 홍반을 보이며(그림 13-10), 지육(dressed carcass)에서도 흰색 결절을, 심한 경우에는 갈색의 딱딱한 딱지를 볼 수 있다. 육관(comb) 및 육수(wattle)의 하부조직에 림프종이 증식하면 부종이 나타난다.

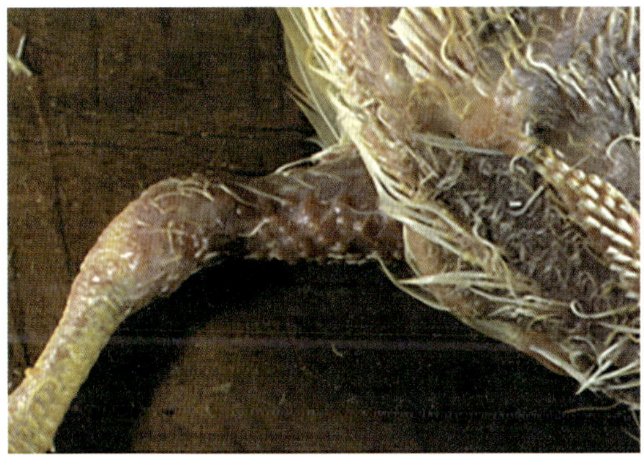

그림 13-10 MDV 감염에 의한 피부에 형성된 림프종(결절성 홍반)

눈(안구)의 변화는 홍채에 단핵구 침윤의 결과

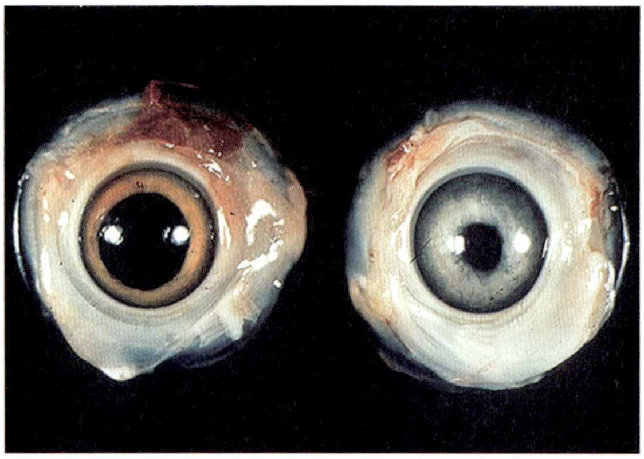

그림 13-11 정상 홍채(좌)와 MDV 감염에 의한 홍채퇴색 및 동공 변형(우)

로 동공의 변형과 홍채의 탈색(일명 '회색 눈, gray eye')이 나타나며, 광선에 대한 반응이 둔해지고 심하면 실명하기도 한다(그림 13-11). 거의 모든 야외주는 백신 미접종 또는 HVT만을 단독 접종한 닭에 눈 병변을 유발할 수 있으며, 때때로 다발성 출혈과 각막 부종을 동반한 결막염도 나타낸다.

이외에 림프장기의 세포용해성감염과 관련한 림프퇴행성증후군은 보통 F낭과 흉선에 심한 위축을 나타내는 것이 특징이다. 세포용해성감염은 감염 초기인 3~6일 후에 나타나며, 8~14일 후에 더욱 뚜렷이 나타날 수 있다. 고병원성형 야외주를 접종한 일부 닭은 F낭과 흉선의 심한 위축소견 이외의 어떠한 육안병변도 보이지 않고 감염 20~50일 후에 폐사하기도 한다.

조직병변

MD에 의한 주요 중추신경계의 조직병변은 경미하지만, 보통 신경아교증(gliosis)을 동반한 지속적인 혈관주위세포침윤을 나타낸다. 말초신경의 림프증식성 조직병변은 A형과 B형 등 크게 두 유형으로 대별한다. A형 병변은 대부분의 $CD30^{+}CD4^{+}$ T 세포와 일부 B 세포로 구성되며, 종양으로 간주한다. B형 병변은 본질적으로 염증반응을 나타내며, 작은 림프구와 형질세포가 침윤되어 대개는 부종성(edema)이고 침습된(diffuse) 형태를 띤다. 일부 대식세포의 침윤도 나타난다. 두 유형의 병변은 동일 개체의 서로 다른 신경이나 동일 신경의 서로 다른 부위에 나타날 수 있다.

내장기관의 림프종성 조직병변은 신경계보다 더 균일한 형태로 나타나며, 외형상 A형 병변과 유사하다. A형 병변은 증식중인 작은 크기부터 중간 크기의 T 림프구 및 림프아구, NK 세포, B 세포, 대식세포 등으로 구성되지만, 형질세포는 거의 존재하지 않는다(그림 13-12). 종양의 육안적 형태는 다양하지만, 세포의 구성은 어느 장기의 종양이든 서로 유사하다. 종양세포는 핵소체가 뚜렷하고 큰 다형성 핵(pleomorphic nuclei)이 특징이다. 또한, 종양세포는 다량의 CD30을 발현한다. MDV에 의한 형질전환 T 세포는 MHC class II와 T 세포 수용체(T cell receptor; TCR)를 발현하는 $CD4^{+}CD8^{-}$ 유형의 세포가 대다수를 차지하고, 일부 $CD4^{+}CD8^{+}$, $CD4^{-}CD8^{+}$, $CD4^{-}CD8^{-}$와 같은 유형의 T 세포도 존재한다.

피부에 발생한 림프증식성 결절 내의 FFE에 바이러스 입자와 핵내봉입체가 관찰된다. 이들 피부 병변의 대개는 염증을 나타내지만, 림프종양을 나타내기도 한다. 대량의 림프증식성 병변이 표피를 파괴하게 되면 궤양이 생긴다. 염증성 및 림프증식

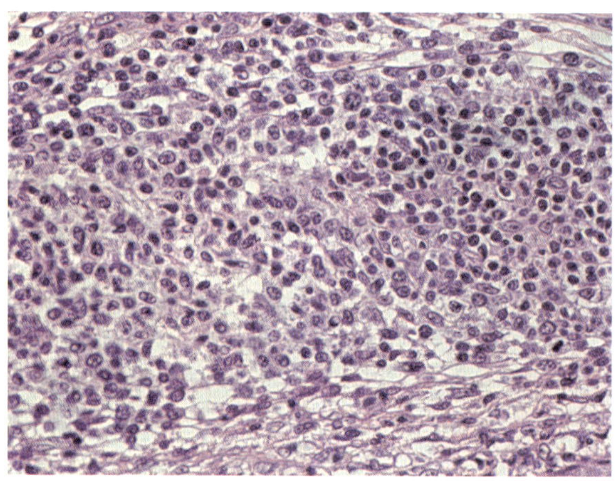

그림 13-12 다양한 크기의 림프구로 구성된 MD 림프종

성 병변을 보이는 깃털 끝(feather pulp, 羽毛根)은 MD 분포 역학조사 등 생검시료로 유용하다.

눈의 조직병변은 감염경과에 따라 침윤되는 면역세포의 구성비에 약간의 차이가 있지만, 기본적으로 염증반응이 나타난다. 감염 초기인 6~11일에는 내피세포 비대, 혈관염 등을 보이며, 주로 $CD8^+$ T 세포, 형질세포, 대식세포 등이 침윤한다. 감염 후기인 26~56일에는 포도막염, 각막 부종 및 염증, 망막괴사 등을 보이며, 주로 $CD8^+$ T 세포, 형질세포, 대식세포를 비롯해 $CD4^+$ T 세포 및 과립성 백혈구의 침윤도 나타난다.

MDV가 F낭과 흉선에서 증식하게 되면 위축을 동반한 급성 세포용해성 조직병변이 나타난다. F낭 병변에는 림프여포의 퇴행 및 공포형성, 림프구 괴사 및 소실 등이 주로 나타난다. 특히, 흉선 위축이 빈번히 심하게 나타나며, 수질과 피질 모두에서 뚜렷한 림프구 소실을 보인다. 조기폐사증후군은 심한 림프장기의 퇴행, 비장 종대 및 괴사, 중추신경 증상 및 일시적 마비 등과 밀접한 관계가 있다.

발병기전

2000년대에 접어들어 특히, BAC 기법을 이용한 MDV 특정 유전자 결손이 용이해지면서 발병기전의 이해에 많은 진전을 보였다. 일반적인 MDV 생체 내 감염은 4단계로 이루어진다(그림 13-13). (1) 초기(1차) 세포용해성감염 단계로서 주로 림프퇴행성 변화를 동반한다. 세포 수반성의 바이러스 입자는 세포 간 접촉에 의해서만 비감염 세포로 전이되기 때문에 초기 바이러스 증식 및 감염조직은 제한적이다. (2) 잠복감염 단계, (3) 후기(2차) 세포용해성감염 단계로서 영구적인 면역억제를 동반한 바이러스의 2차 증식 및 제한적인 감염이 나타

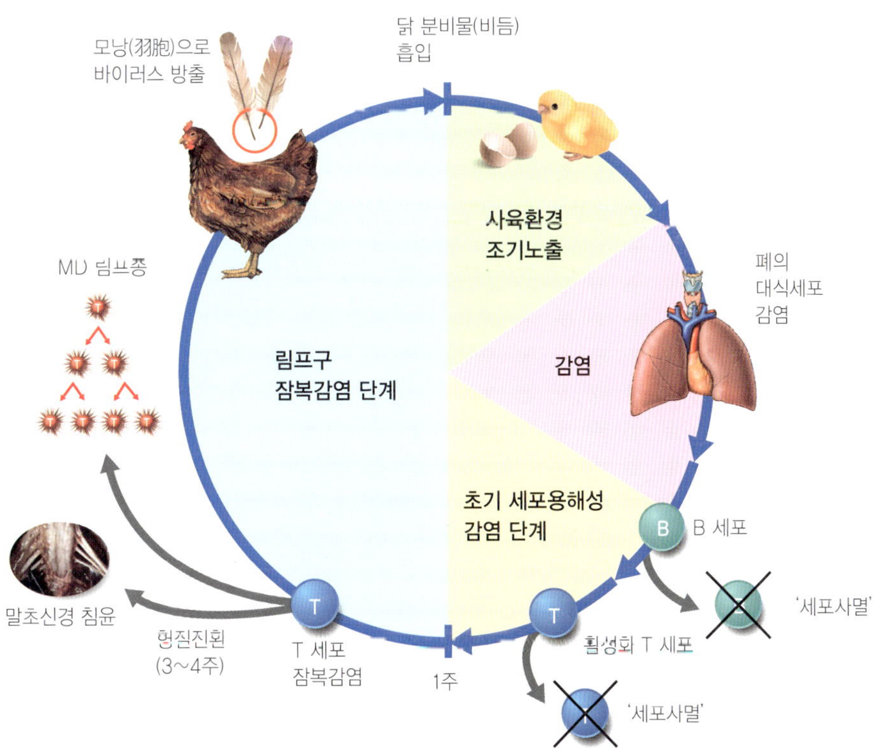

그림 13-13 MDV 감염 및 MD 발병 단계별 모식도

난다. (4) 종양화 단계로서 감염림프구가 림프종 형성 단계로 진행될 수도, 혹은 진행되지 않을 수도 있다. 종양화 단계는 감염개체에 항상 수반되는 단계가 아닌 다소 임의적인 단계이며, 또한 (2)~(4) 단계도 동일 감염개체의 서로 다른 세포에 공존하며 나타날 수 있다. 일례로서 일부 vv+MDV는 잠복감염을 보이지 않으며 폐사를 일으키는 등 일반적인 감염단계로 진행되지 않을 수 있다.

비세포성 MDV의 생체 내 감염은 주로 호흡기계의 흡입에 의해 이루어지며, 폐의 대식세포에 감염(탐식) 24~36시간 후에 흉선, F낭, 비장 등 림프장기로 전이되어 3~6일 사이에 세포용해성감염을 뚜렷이 나타낸다. 이들 흉선, F낭, 비장의 초기 세포용해성감염은 주로 B 림프구가 주요 감염표적이 되며, T 림프구에는 거의 감염하지 않는다. 이 결과로 림프장기(특히 흉선, F낭)는 일시적으로 위축하게 되며, MDV의 병원성에 따라 감염 8~14일 후에 회복하는 개체가 있는 반면 영구적 위축으로 면역억제 상태의 개체로 지속될 수 있다. vvMDV나 vv+MDV가 더욱 심한 림프장기의 위축을 일으키며, 결과적으로 조기폐사증후군을 유발하는 경향이 많다. 세포용해성감염 방어를 위해 T 림프구가 활성화되면 B 림프구와 T 림프구의 상호작용을 통해 감염이 전이된다.

잠복감염은 감염 약 6~7일 후부터 나타날 수 있다. 대부분의 잠복감염 세포는 활성화 $CD4^+$ T 세포이며, 일부 활성화 $CD8^+$ T 세포 및 B 세포도 존재한다. 잠복감염이 형성되면 숙주세포와 바이러스 요인이 연관된 복합적인 상호작용을 통해 바이러스가 재활성화 되어 후기 세포용해성감염이 주로 림프장기와 일부 내장기관(신장, 췌장, 부신, 선위 등)의 상피조직에서 국소적으로 나타난다. 한편, 현재까지 완전한 감염성 바이러스 입자를 생성하는 유일한 부위로 알려진 FFE에서의 세포용해성감염은 감염 14일 전후에 나타난다. FFE에서는 MDV의 혈청형 및 병원성형, 또는 닭의 유전적 계통과 무관하게 비세포성의 감염성 바이러스 입자가 생성된다. MDV의 자연적 순환감염은 감염림프구에서 FFE로 전이된 후, 비세포성 바이러스가 자연계로 방출되어 이루어진다. MD의 궁극적인 반응인 림프증식성 변화는 종양형성으로 진행된다. 림프종을 보인 개체는 약 3주 전후부터 언제든지 폐사할 수 있다.

진단

MDV 감염에 대한 진단법은 MD 질병의 진단에 필요한 임상술기와 다르다. 감염은 매우 흔하지만, 임상적인 발병은 그렇지 않다. 먼저 MDV 감염 여부를 확인하는 기본적인 진단법은 바이러스 분리, 바이러스 DNA 또는 항원 유무 확인, 항체검출 등이 있다.

바이러스 분리 및 동정

시료

MDV는 접촉감염 후 빠르게는 1~2일 또는 5일 이내에 분리될 수 있고, 닭의 일생동안 분리될 수도 있다. 감염된 닭의 피부, 비듬, 깃털 뿌리(羽毛根) 등에 존재하는 비세포성 바이러스 시료를 이용해 분리할 수도 있지만, 대부분은 혈중림프구, 혈액응고방지제(heparin)가 처리된 전혈, 비장세포, 신장세포, 종양세포 등 감염세포 시료를 이용해 분리하는 것이 일반적이다. 시료는 4℃에서 24시간 보관 후에도 분리가 가능하기 때문에 시료 수송이 용이한 편이다.

세포배양

MDV-1을 처음 분리하기 위해서는 DEF 및 CK 세포가 적합하며, MDV-1 백신주를 포함해 MDV-2 또는 -3(HVT) 분리는 CEF를 이용하는 것이 보편적이다. 계대수가 적은 MDV-1은 CEF에서 상대적으로 증식이 더디지만, 일부는 처음 분리할 때에도 또는 계대수가 적어도 CEF에서 잘 증식하는 경우가 있다. 감염세포는 보통 1×10^6개를 접종하며, 8×10^6개 이상 과량의 감염세포를 접종하면 오히려 플라크 형성이 저하될 수 있다. MDV는 감염된 CK 세포만을 직접 배양하여 분리할 수 있으며, 또한 이에 정상의 신장세포를 일부 혼합하여 동시에 배양해서 분리할 수도 있다.

처음 분리할 때 플라크가 형성되는 시기는 세포 종류나 분리주에 따라 다양하지만, 전형적인 플라크는 보통 3~14일 이내에 나타나며, 이후 세포배양에 적응하면서 플라크 형성이 빨라진다. 플라크 크기는 분리주, 배양시간, 세포밀도 등 여러 요인에 따라 변할 수 있으나 보통은 직경이 1 mm 미만이다. 또한, 플라크의 주된 형태로서 초대배양 섬유아세포에는 다핵세포(polykaryocytosis)를 형성하며, 감염세포에는 2개에서 많게는 수백 개의 핵이 포함된 핵내봉입체를 흔히 볼 수 있다. 플라크가 성숙함에 따라 합포체(syncytium) 형태의 원형세포가 배지로 방출되나, 용해된 세포영역은 거의 보이지 않는다. 숙련자는 플라크의 형태로도 혈청형 구분이 가능하나 혈청형 특이 단클론항체를 이용한 형광항체반응으로 더욱 정확히 구분할 수 있다.

항원검사

항원검출은 세포배양을 통해 바이러스를 분리하지 않고도 감염개체의 MDV 조기검색에 유용하다. 3종 혈청형의 MDV에 공통적이거나 특이적인 항원결정기(epitope)에 대한 단클론항체는 깃털뿌리 및 모낭 침출액(FFE), 세포용해성감염 림프조직, 뇌, 또는 세포배양 등의 항원검출에 흔히 이용된다. 따라서 항원검출 마커는 세포배양을 통한 잠정적 분리주 동정에도 유용하다. 바이러스 항원은 적절한 항체를 이용한 형광항체반응, 면역조직화학검사, 한천겔침강(agar gel precipitation; AGP) 반응, dot-ELISA 등으로 검출할 수 있지만, 항원검출결과를 MD 확진의 진단지표로 활용할 때는 세심한 주의가 필요하다. 그러나 MD 림프종은 종양조직에 일관되게 발현하는 Meq 항원을 검출하며, MD의 진단지표로 활용될 수 있다.

3종의 MDV 혈청형에 대한 전유전체 염기서열을 비롯해 수많은 MDV의 서로 다른 유전자 염기서열을 폭넓게 이용할 수 있게 되어 PCR을 이용한 특정 MDV DNA 검출이 한층 용이해졌다. 일례로서 132 bp 반복배열 증폭양상에 기초해 종양원성 MDV와 야외 순화주 또는 백신주를 상호 구별할 수 있다. 그러나 적절한 면역이 이루어져 MD 발병이 없는 개체도 종양원성 MDV에 노출되어 MDV 항원 또는 DNA가 검출될 수 있지만, 항원 또는 유전자 검출만으로는 확진할 수 없기 때문에 항원검출 및 PCR 분석결과를 진단지표로 활용할 때는 세심한 주의가 필요하다. 그러나 MD 림프종 세포 및 조직에서 검출된 MDV 종양유전자 Meq 또는 특이적으로 높은 수준으로 발현하는 MDV DNA 등은 MD의 진단지표로 활용될 수 있다.

한편, 다양한 프라이머(primer)를 이용한 정량 PCR(quantitative PCR; qPCR) 분석법은 감염조직 내 바이러스 양을 측정하는 데 이용되며, MD 진단 및 역학연구에 필수적인 분석법으로 활용된다. 종래 PCR과 달리, qPCR은 혈액, FFE, 림프조직, 먼지 등에 내포된 MDV 증식양상의 차이를 구별할 수 있으며, MD 백신접종 모니터링 등 MD 진단에도 매우 유용하다.

스톡 보관

일반적으로 MDV 또는 HVT 스톡(stock)은 세포배양을 통해 수확한 감염세포 자체를 액체질소(-196℃)에 보관한다. 이들 스톡 바이러스의 감염력은 세포의 활력(viability)에 좌우되며, 세포의 활력은 최적의 동결(freezing) 및 해동(thawing) 기술에 달려있다. MDV 분리주 또는 백신주 감염 세포 스톡을 이상적인 조건에서 해동했을 경우라도 바이러스의 감염력이 유지되는 반감기는 2~6시간으로 비교적 짧다.

한편, MDV-1 분리주는 분리과정 중 세포배양 계대로 인해 낮아진 병원성을 회복시켜 보관하기 위해 어린 닭에 재접종을 실시하기도 한다. 이를 위해 보통 3주령 이하의 닭에 정맥주사를 통해 급성 감염을 유발시켜 MD 임상증상을 보이면서 폐사직전의 감염개체로부터 전혈을 채취한 후, 전혈 상태로 또는 말초혈단핵구(PBMC, buffy coat)를 분리하여 액체질소(-196℃)에 보관한다.

비세포성 MDV-1 또는 -2는 FFE나 계대수가 많은 바이러스의 세포배양을 통해 확보할 수 있다. 계대수가 적은 바이러스는 감염세포를 SPGA (sucrose·phosphate·glutamate·albumin) 완충액으로 용해하여 얻을 수 있다. HVT도 고역가로 감염된 세포배양을 통해 비세포성 바이러스를 다량 확보할 수 있다. 이들 비세포성 바이러스는 초저온냉동고(-70℃)나 동결건조하여 냉장(4℃) 상태로 보관한다. 한편, 이들 모두의 바이러스 감염력은 보관온도, 희석액, 동결·해동 시간 및 온도, 숙련도 등에 영향을 받기 쉬우므로 취급에 각별한 주의가 필요하다.

혈청학적 검사

닭 혈청 내 특이항체의 존재유무를 확인하기 위한 검사는 MDV 발병기전연구 및 SPF(specific pathogen free) 계군 모니터링에 유용하다. 그러나 실용계에 대한 항체검사는 MD의 발증과 관계없이 진단적 가치가 거의 없기 때문에 보편적으로 실시하지 않는다. MDV 항체검출은 AGP, 형광항체반응, 중화시험 등이 주로 이용된다.

임상진단

MD의 병리진단지침이 오래 전에 확립되어 있음에도 불구하고, MD로 특정할 수 있는 육안병변이 부재하고, 바이러스 속성상 사육환경에 널리 퍼져있으며, 조류 백혈병 바이러스나 세망내피증바이러스와 같은 다른 병원체와 종종 동시에 감염되어 병인체 구별에 의존한 복잡한 진단과정 때문에 실제로 MD 임상진단은 여전히 어려운 문제로 남아있다. MD 진단은 MD와 연관된 림프증식성 세포군집의 특성을 가장 먼저 고려해야 한다. 또한, 다른 MD 특이적인 역학적 요인 등도 MD 진단에 유용하다. 실제로 실용계는 MDV에 흔히 노출될 수 있고 백신면역으로 중감염을 방어할 수 없기 때문에 종양유전자 Meq를 제외한 바이러스나 바이러스의 DNA 또는 항원검출은 MD 진단에 가치성을 두기 어렵다. 그러나 종양병변에서 MDV DNA 정량은 MD 진단을 확인할 수 있는 진단지표로 활용된다. MD 진단은 계군의 병력과 MD로 의심되는 병변 또는 증상을 보이는 충분한 생체 가검물이나 폐사체(5~10수)를 확보하여 일련의 과정으로 진행한다.

(1단계) 임상병력과 육안병변검사

말초신경 종대와 내장기관 림프종은 MD에서 흔하고 통상 어느 하나 또는 모두가 나타나지만, 항상 일관되게 나타나는 병변은 아니다. 따라서 부검할 때는 일령이나 병변분포 등 다른 진단지표도 고려해야 한다. (1) 말초신경의 림프증식성 종대, (2) 16주령 미만 닭의 여러 장기 및 조직(간, 심장, 생식선, 피부, 근육, 선위 등)에 림프증식성 종양, (3) 16주령 이상 닭의 F낭에 종양 관련 병변이 없고, 내장기관에 림프증식성 종양, (4) 그림 13-11과 같이 홍채퇴색 및 동공변형 등 상기 조건 중 하나 이상 충족되는 닭은 잠정적으로 MD로 진단할 수 있다. F낭에 대한 적절한 검사가 특히 중요하며, 상피표면을 절개하여 면밀히 검사한다. 그러나 육안병변지표에만 의존하여 MD를 진단하는 것은 명확하지 않으며 추가적인 다음 단계의 진단이 필요하다.

(2단계) 림프증식성 종양의 세포, 조직 및 조직화학적 검사

포르말린 고정 또는 신선한 상태에서 동결한 감염조직은 파라핀과 동결절편을 준비하는 데 이용한다. 병리조직검사는 림프종 확진 및 종양세포의 형태와 분포를 평가하는 데 매우 유용하다. MD 종양세포는 크고 작은 림프구, 림프아구, 형질세포 및 대식세포 등이 혼재된 세포군집(pleomorphic lymphoblast cells infiltration)으로 구성되어 있다. 신경에 이와 같은 침윤(A형 병변)을 나타내는 것은 MD가 유일하며, MD로 특정할 수 있는 병변이다. 그러나 MDV는 부종 및 형질세포 등의 침윤(B형 병변)을 나타내는 염증성 병변을 유도할 수 있으므로 MD 림프종과 반드시 관련이 있다고 판단할 수 없으며, 말초신경병증으로 혼동할 수 있다. 마찬가지로 말초신경에 소소한 림프구 침윤도 MD 림프종은 아니지만 잠정적으로 MDV 감염으로 판단될 수 있다. 면역조직화학검사(immunohisto chemistry)에 의한 세포 표현형(phenotype) 동정은 MD 림프종 감별진단에 도움이 된다. MD 종양세포는 MHC class II 및 T 세포 마커(특히 CD4)를 발현한다. CD30과 MATSA는 조류 백혈병 바이러스나 세망내피증바이러스로 유도된 B 세포 림프종 및 활성화된 T 세포에도 존재하지만, MD 종양세포에 공통적으로 나타난다.

(3단계) 비이러스 진단지표

1단계와 2단계의 MD 진단지표를 충족하는 종양 또는 비정형 종양이 MDV와 연관되어 있음을 최종적으로 확인할 필요가 있다. MDV Meq 항원은 면역조직화학검사나 형광항체반응 등을 통해 종양세포에서 일관되게 검출되며, 이는 MD 종양을 확진하는 진단지표로 이용된다. 그러나 산발적인 발현양상을 보이며, 형질전환 세포에서 바이러스 재활성화에 관여하는 것으로 알려진 MDV pp38 항원검출은 MD 종양을 확진하는 적절한 진단지표는 될 수 없다. 또한, PBMC, 비장세포, 깃털 뿌리 등의 시료로부터 바이러스 분리 및 PCR 등을 이용한 항원검출은 닭에 있는 바이러스의 존재를 입증할 수 있지만, 종양과는 무관할 수 있다. 그러나 바이러스의 양과 MD 종양 간에는 정량적 연관성이 있다. 즉 비종양성 닭의 림프구에는 바이러스나 바이러스 DNA 양이 낮은 수준으로 검출되지만, 대부분 종양이 내재된 닭은 바이러스혈증 역가가 높고, 실제로 qPCR에 의해 높은 수준의 MDV DNA가 검출된다. 따라서 1단계 및 2단계의 진단지표와 함께 종양세포에서 높은 수준의 MDV DNA와 다른 종양원성 바이러스의 부재를 증명하면 MD 확진 근거로 충분하다. 이와 더불어 21일령 어린 닭의 깃털 뿌리 시료의 혈액으로부터 qPCR에 의한 MDV DNA 정량평가는 해당 계군의 MD 발생 조기예측에 매우 유용하게 이용할 수 있다.

감별진단

MD와 감별진단이 필요한 주요 질병은 조류 백혈병이며, 일부 세망내피증과도 감별이 필요하다. MD와 조류 백혈병 또는 세망내피증은 발생 일령, 신경증상, 육안병변 및 종양조직 등의 차이로 감별할 수 있다. 조류 백혈병은 16주령 이상 닭의 결장과 F낭에 림프종을 나타내며, 이는 드물게 세망내피증에서도 나타날 수 있다. 조류 백혈병 발병 개체는 보통 F낭에 종양병변을 가지고 있고 종양세포는 다양한 림프아구로 구성(pleomorphic lymphoblast cells infiltration)된 MD와는 달리 균일(uniform lympoblast cells infiltration)하며, 배아(blast) 유사세포이고, 피로닌 호염세포

(pyroninophilic)로 B 세포 마커와 IgM을 발현한다. 또한, 조류 백혈병 종양세포에는 c-myc 유전자 근처에 프로바이러스(proviral) DNA가 삽입되어 있다.

한편, 세망내피증바이러스에 의해서도 신경종대, 발육부전, F낭 이외의 장기에 T 림프종이 유도될 수 있지만, 이는 현재까지 실험조건, 또는 오염 백신을 접종한 닭에서만 관찰되었다. 세망내피증바이러스에 의해 유도된 신경병변 또는 종양 유래의 림프구는 MDV Meq 및 MHC class II 항원을 발현하지 않으며, 주로 $CD8^+$ T 림프구로 구성되어 있다. 육안병변 및 병리조직 비교검사에 의한 감별진단 이외에도 PCR, 항원검사, 항체검사 등 바이러스 진단지표도 병행하면 MD 감별진단에 유용하다.

말초신경병증은 병인체가 불확실한 신경질환으로 실용계에 발생빈도는 낮지만 6~12주령의 닭에 마비와 신경종대를 나타내고, 발병 개체의 면역계가 체액성 면역(Th1)에서 세포매개성 면역(Th2)으로 전환된 특징을 보인다. 감염된 개체는 내장 림프종 형성은 없고, 신경병변은 균일하게 B형을 나타내지만, 이들 병변으로부터 현재까지 MDV의 존재가 확인된 바는 없다. 말초신경의 육안병변 또는 마비증상을 나타낼 수 있는 다른 질병들로는 골수종증(myeloid leukosis, 골수성 백혈병), 골수아세포증, 적혈구모세포증, 조직구육종, 난소상피성 암종, 다양한 다른 비바이러스성 종양, 리보플라빈(riboflavin) 결핍증, 결핵, 히스토모나스증, 유전형질의 회색 눈, 뉴캣슬병, E형 간염, 관절 감염 또는 손상 등이 있다. 골수성 백혈병은 흔히 육용종계에 종양을 나타내며 피상적으로 MD와 유사하지만, 종양세포는 본질적으로 골수성이며, MD의 T 세포 마커(CD4, MHC class II, TCR 등) 및 바이러스 마커(Meq, MATSA 등) 발현이 없는 등 조직학적으로 감별할 수 있다.

예방 및 치료

MD 방제를 위한 성공적인 백신개발은 중요한 업적이다. 예방접종은 현재 및 가까운 미래에도 MD 예방 및 관리를 위한 핵심전략으로 보인다. 이와 더불어 엄격한 차단방역 대책과 유전적 내성계통 품종개발은 현행 예방백신의 최적화를 위한 보조수단으로 중요하다. 따라서 가장 이상적인 MD 관리는 조기감염을 막아주고, 야외주의 병원성 획득을 지연시키며, 최상의 백신면역을 부여하는 것이다.

차단방역

MDV의 조기노출 정도를 최소화하기 위한 엄격한 차단방역이 최우선 질병통제수단으로 실용적이지 못하더라도 백신접종 효과에 크게 영향을 미치며, 경제적인 측면에서 효율적이다. 현대 가금산업의 경영관리는 흔히 비용분석에 따라 결정되므로 MD도 이러한 비용부분을 감안한 최선의 관리방안이 마련되어야 한다. 비용절감을 위해 다일령 계군을 동일농장 내에 사육하고, 백신접종량을 줄이거나 또는 깔짚 등이 재사용된다. 이와 같이 질병 노출에 취약한 사육환경은 조기에 노출될 가능성이 높고, 이는 백신면역 실패의 가장 중요한 원인으로 작용할 수 있다. 환경위생 수준의 향상은 MD로 인한 백신접종 계군의 과도한 손실 개선에 핵심적인 역할을 하고, 결과적으로 비용측면에서 더욱 효과적이다.

SPF 계군의 경우는 더욱 높은 수준의 차단방역이 요구되며, 비용측면에서도 효과적이다. 대부분의 SPF 계군은 엄격한 차단방역 대책과 함께 여과된 공기로 양압계사에서 사육하며, 성공적으로 MDV 부재의 대단위 계군으로 유지할 수 있다. 이와 같은 경우는 차단방역이 백신접종을 대체하게 되고, 최소한 MDV 감염이 특수조건에서는 방어될 수 있다는 실증인 셈이다.

백신면역

MD 백신은 야외 바이러스의 감염은 방어하지 못하지만 종양발생은 방어하므로, 본질적으로 항종양원성 면역반응을 나타낸다. 또한 백신면역은 초기 세포용해성감염도 분명히 감소시켜 림프장기의 심각한 손상을 막아주고 T 세포의 잠복감염 빈도도 줄이는 역할을 한다. 현재까지 알려진 지견을 토대로 전형적인 야외상황과 같이 부화 후 3일 이내 조기노출(공격접종)에 대한 백신으로 유도되는 면역반응을 요약한다.

백신접종 3일 후에는 폐와 비장에서 비특이적인 염증성 면역반응의 일부로 나타나는 INF-γ, IL-8, IL-18, iNOS 등의 생성이 촉진된다. 백신접종 3~7일 사이에는 INF-γ가 공격접종 바이러스의 증식을 저해하며, 동시에 iNOS 전사개시에 따른 NO(nitric oxide) 생산을 위한 대식세포를 자극한다. 그 결과로 공격접종 바이러스의 증식 저해가 더욱 활성을 띠며, 곧바로 NK 세포가 활성화되어 더욱 많은 INF-γ를 생산하며, 동시에 공격접종 바이러스에 감염된 B 세포를 공격하여 제거한다.

한편, 백신을 접종한 개체는 1~2주 이내에 중화항체를 생성한다. MDV는 세포 수반성 속성을 지니고 있기 때문에 중화항체는 생체방어에 제한적이다. 그러나 비세포성 바이러스가 생성되는 모낭(FFE)의 바이러스 방출을 감소시키는 효과가 있다. 또한, 감염세포에 바이러스 단백이 발현할 때에는 백신에 의해 유도된 중화항체가 보체 또는 항체의존 세포매개성 세포독성(antibody-dependent cell-mediated cytotoxicity; ADCC)으로 상호작용하여 감염세포를 용해하는 역할을 한다. 마찬가지로 백신면역으로 이행된 모체항체는 어린 일령의 세포용해성감염을 방지하는 효과가 있지만, 세포 수반성 또는 비세포성 백신접종에 따른 간섭효과로 백신효능도 저하시킬 수 있다.

백신 및 예방접종

백신 유형

여러 유형의 MD 백신이 단독으로 혹은 혼합으로 통용되고 있다. 가장 널리 사용되는 제품은 세포배양에서 순화한 mMDV-1(CVI988)과 자연적으로 비종양원성인 MDV-2(SB-1)와 -3(HVT FC126)가 있다. 이들 모든 백신주는 방어효과를 보이지만, 방어정도는 서로 상이하다. 특히, MDV-2는 단독보다는 HVT와 주로 혼합하여 사용되며, 이는 백신면역에 상승효과를 보인다. HVT는 CVI988주와도 혼합하여 광범위하게 사용된다. MDV-1과 -2 백신은 모두 세포 수반성 제품으로만 이용되고 있지만, HVT는 비세포성 또는 세포 수반성 등 두 유형의 제품 모두 이용할 수 있다. 그러나 HVT의 세포 수반성 백신이 모체항체 존재 하에 더욱 효과적이기 때문에 단독으로 혹은 혼합으로 가장 널리 사용된다. 미국을 시작으로 1970년에 도입된 HVT는 수 년 내에 세계적으로 범용하게 되었고, HVT와 SB-1(또는 301B/1)으로 구성된 2가 혼합백신은 1980년대 중반부터 도입되었다. 또한, CVI988주는 1970년대 초반부터 네덜란드와 일부 국가에서 사용되었지만, 국내를 비롯해 미국 등 세계적으로는 1990년대 초반부터 본격적으로 도입되었다.

이들 전통적인 백신 외에도 최근 몇 년 동안 몇몇 재조합백신이 개발·허가되어 현재 상용화되었다. HVT 또는 계두바이러스를 벡터로 이용한 재조합백신에 대한 개발 노력은 1990년대 초반부터 시작되었다. 그러나 HVT를 벡터로 여러 질병(전염성F낭병, 뉴캣슬병, 조류 인플루엔자, 전염성후두기관염)을 재조합한 몇몇 제품은 지난 수 년 전에 허가되어 단독 또는 다른 혈청형의 MD 백신에 혼합하여 널리 사용되기에 이르렀다. HVT 벡터 백신에 더하여, MDV-1을 벡터기반으로 순화주(특히 CVI988) 자체를 이용하거나 또는 여러 야외주의 유전자 변형 및 결손 등을 이용한 재조합백신도 개발되었다. 현재까지 MDV-1을 벡터기반으로 상용화된 재조합백신은 매우 제한적이며, 세망내피증바이러스 LTR(long terminal repeat) 영역을 CVI988주에 삽입한 것으로 일부 국가에서 허가된 것이 유일하다. 이 CVI988 재조합백신은 CVI988 원형백신보다 바이러스 증식력 및 방어효과가 우수하며, 모체항체 부재의 감수성 닭의 림프장기 위축도 유발하지 않는다. 한편, 종양유전자 Meq의 두 복사체(copy)를 결손시킨 vvMDV(Md5주) 기반의 재조합 실험백신이 어린 일령의 vv+MDV 공격접종에 대하여 가장 높은 방어효과를 보였으며, 더욱이 다른 가금질병의 벡터백신으로도 활용될 수 있는 것으로 알려졌다. 그러나 모체항체 부재의 1일령 병아리에 흉선 및 F낭 위축을 일으키는 등 상용화를 위한 연구가 지속되고 있다. MDV 벡터 백신은 MD와 재조합 병원체의 동시방어가 가능한 장점 이외에 평생 잠복감염이 가능하여 재활성화에 의해 면역반응을 더욱 강화할 수 있다.

백신접종

MD 백신은 보통 부화장에서 분양 전 1일령 병아리 경부의 피하 또는 근육에 접종하며, 18일령 부화란의 난내(in ovo)로도 접종한다. 난내접종은 현재 자동화장비로 이루어지며, 대다수의 실용육계에 실시하고 있다. 난내접종은 작업비용의 절감효과가 있으며, 정확한 백신접종이 가능하고, 어린 일령의 시기에 MDV 공격접종에 대하여 1일령 병아리 백신접종보다 더욱 우수한 방어효과를 보인다. 더욱이 난내접종(HVT 접종사례)은 배아의 면역계 성숙을 앞당겨 부화할 때 더욱 강한 면역력을 부여하는 것으로 알려져 있다. 최적의 백신면역을 부여하기 위해서는 양막 또는 태아 접종경로를 통한 정확한 백신접종이 필수적이다. 또한, 적합한 양(dose)으로 접종될 수 있도록 백신 해동 및 희석 등 적절한 취급도 중요하다.

MD 백신은 비상식적이라 할 만큼 효과적이며, 실용계군에서 종종 90% 이상의 방어효과를 보인다. 그러나 백신접종에도 불구하고 MD로 인한 손실이 과도하다고 여겨질 때에는 신중히 주의를 기울일 필요가 있다. 백신면역이 실패할 경우(vaccine break)에 몇 가지 중요한 점검사항으로, (1) 부화장의 부적절한 백신접종시술, (2) 접종한 백신 배치(batch)의 역가검정, (3) 접종개체 내 백신주 증식, (4) 종양원성 MDV에 조기감염, (5) 면역억제 유발 다른 병원체 동시감염(특히 닭 전염성빈혈바이러스), (6) 병원성이 증가한 새로운 야외 MDV 출현 등이 있다. 특히, CVI988 백신접종 계군 등에서 병원성이 증가한 vv+ 야외주 출현을 1990년대 후반부터 인지하기 시작한 이래, 지난 20년 넘게 MD 백신의 효과는 분명히 감소하였다. 따라서 백신접종 자체가 완전한 질병관리 프로그램이 되거나 궁극적인 MD 해결책이 될 수 없다. 최선의 효과적인 백신접종 프로그램을 운영하기 위해서는 조기감염 등을 줄이기 위한 엄격한 차단방역 대책이 필수적인 보조수단으로 병행되어야 한다.

백신효과 저해요인

일반적으로 고병원성 MDV에 대해 백신면역을 부여하기 위해서는 병아리 당 2,000~6,000 PFU(plaque forming unit)로 상당히 높은 역가의 백신접종을 권장하고 있다. vv+MDV에 대한 백신방어효과는 1일령에 1회 접종했을 때보다 7일령에 한 번 더 추가로 접종했을 때가 더욱 상승한다는 보고도 있지만, 7일째 추가접종으로 인해 첫 번째 접종한 백신주의 증식이 현저히 저해를 받기 때문에 권장하지 않는다. 현재는 최선의 추가접종 프로그램으로서 방어효과가 낮은 백신(가령 HVT)을 난내접종 이후에 1일령 병아리에 상대적으로 방어효과가 높은 백신(HVT+SB-1 또는 CVI988)을 추가로 접종하는 것을 권장하고 있다.

백신효과에 영향을 미치는 다른 요인으로는 백신주의 계대수준이다. 계대수가 증가하면 생체 내 백신주의 증식이 감소하게 되고, 결국에 면역력도 저하된다. 그러나 통상 상용화백신의 계대수준은 알 수 없으며, 대부분의 1일령 실용계는 세 혈청형 모두에 대한 모체항체를 보유하고 있다. 따라서 이들 모체항체에 의한 세포 수반성 백신의 효과가 저하될 수 있지만, 충분한 역가의 PFU를 접종하면 방어효과를 유도할 수 있다.

부적절한 백신접종시술 이외에도, 조기노출은 백신접종 계군의 MD 발병에 있어 의심할 여지없이 가장 중요한 원인으로 작용한다. 일반적으로 1일령 병아리는 입식 후 곧바로 야외주에 빈번히 노출되며, 백신면역이 형성되기 위해서는 최소한 5~7일이 소요된다. 따라서 백신효과에 영향을 미치는 주요인 중의 하나는 어느 백신주 바이러스로 접종했는지가 중요하다. HVT와 같이 상대적으로 약한 면역력을 유도하는 백신은 병원성이 낮은 vMDV에 대해서는 방어효과가 우수하지만, vvMDV나 vv+MDV에 대해서는 방어효과가 거의 없다. 반면에 CVI988 백신주는 다른 혈청형 백신주에 비해 MDV 병원성형과 상관없이 상대적으로 우수한 방어효과를 나타낸다. 그러나 야외상황의 백신효과 저하 및 MD 발병 원인으로 바이러스의 병원성형 이외에도 다른 여러 요인들도 함께 고려해야 한다.

사육 중 스트레스 또한 백신면역의 유지에 저해요인이 된다. 부화 후 적절한 백신접종으로 공격접종에서 방어가 이루어진 개체도 면역력이 저하되면 MD 병변과 폐사가 유도됨이 증명되었다. 알을 낳기 시작할 때에도 극심한 스트레스로 인해 백신실패의 원인으로 작용할 수 있다. 또한, 전염성F낭병바이러스, 세망내피증바이러스, 닭 전염성빈혈바이러스, 레오바이러스 등 다른 병원체에 감염되면 MD 백신면역 유도가 저해를 받는다. 이외에 닭의 유전적 계통도 백신효과에 큰 차이를 보인다. MDV에 감수성이 높은 계통보다 내성을 보이는 계통에서 백신면역이 더욱 강하게 유도된다.

치료

감염 개체 및 계군에 효과적인 MD 치료제는 없다.

참고문헌

Nair V., I. Gimeno and J. Dunn. 2020. Marek's Disease. Pages 550-587, 658-684 In: Diseases of Poultry, 14th edition. Wiley-Blackwell, Hoboken, New Jersey.

Schat K. A. and V. Nair. 2013. Marek's Disease. Pages 515-552 In: Diseases of Poultry, 13th edition. Wiley-Blackwell, Ames, Iowa.

조류질병학교수협의회. 2016. 마렉병. Pages 87-95 In: 조류질병학, 제2판. 도서출판 한미의학.

14 CHAPTER 조류 백혈병/육종

Avian Leukosis/Sarcoma

강원대학교 성환우

개요

조류 백혈병/육종(avian leukosis/sarcoma)은 18주 이상의 큰 닭에서 간장, 비장, 신장, 심장 등 각종 내부 장기에 종양성 세포의 침윤 혹은 증식으로 발생하는 종양성 질병이다. 감염하는 바이러스와 감염되는 닭의 계통에 따라 림프구성 백혈병(lymphoid leukosis), 적혈모세포증(erythroblastosis), 골수모세포증(myeloblastosis), 골수세포종(myelocytoma), 혈관종(hemangioma) 등 다양한 형태의 종양이(표 14-1) 나타나지만 닭에서는 림프구성 백혈병이 가장 흔하게 발생된다. 조류 백혈병/육종 바이러스(avian leukosis/sarcoma virus; ALSV)에 감염된 계군은 종양 발생으로 인한 폐사율 증가와 생산성이 떨어지는 피해가 같이 나타날 수 있다. 종양 발생으로 인한 폐사율은 일반적으로 1~2% 수준이나 경우에 따라 20% 정도의 높은 폐사율이 나타날 수도 있다. 1990년대 육용 종계군에서 주로 발생한 골수세포종은 육용 종계군에 막대한 피해를 초래하였으며 일부 육종회사가 파산하기도 하였다. ALSV의 인체 감염 위험성에 대한 연구결과, 사람에서 항체 양성이 확인된 바 있었으나 감염으로 인한 것인지 혹은 다른 요인에 의한 것인지는 확인되지 않았으며 현재까지 사람 감염의 명백한 증거는 확인되고 있지 않다. 조류 백혈병/육종은 주로 난계대전염되었을 경우 발생하므로 철저한 종계관리를 통해 예방할 수 있다. 최근에는 종계 품종 개발 단계에서 조류 백혈병/육종 음성계군이 작성되어 유지되고 종계 위생관리가 많이 개선됨으로써 국내에서는 조류 백혈병/육종 발생으로 인한 피해는 크게 감소하였다.

역사

조류 백혈병은 "lymphosarcomatosis", "fowl leukemia"라는 사례가 각각 1868년과 1896년에 보고되면서 밝혀지기 시작하였다. 1908년에 Ellermann과 Bang에 의해 세포여과액을 닭에 접종할 경우 erythroid leukosis가 전염된다는 사실이 확인된 이후 백혈병이 바이러스에 의한 질병이라는 사실이 알려지게 되었다. 1911년 Rous는 육종(sarcoma)도 바이러스에 의한 것으로 닭에서 전염이 가능하다는 사실을 확인하였다. ALSV는 세포배양 방법으로 쉽게 실험실 조작이 가능해진 1960년대 이후부터 수의학 분야뿐만 아니라 의학 및 기초과학 분야에서 바이러스에 의한 종양 발생기전 연구에 널리 이용되었다. 1970년 Temin과 Mizutani는 Rous sarcoma virus(RSV)로부터 RNA에서 DNA 합성이 가능한 역전사효소(reverse transcriptase; RT, RNA-dependent DNA polymerase)를 발견

표 14-1 조류 백혈병/육종 바이러스들의 감염으로 나타나는 종양

종양구분	종양명
백혈병(Leukoses)	림프구성 백혈병(Lymphoid leukosis) 적혈모세포증(Erythroblastosis) 골수모세포증(Myeloblastosis) 골수세포종(Myelocytoma)
결재조직 종양 (Connective tissue tumors)	섬유종 및 섬유육종(Fibroma and fibrosarcoma) 점액종 및 점액육종(Myxoma and myxosarcoma) 조직구육종(Histiocytic sarcoma) 연골종(Chondroma) 골종 및 골육종(Osteoma and osteosarcoma)
상피세포 종양(Epithelial tumors)	신장종(nephroma) 신장모세포종(Nephroblastoma) 간암종(Hepatocarcinoma) 췌장의 선암종(Adenocarcinoma of the pancreas) 난포막종(Thecoma) 과립층세포 육종(Granulosa cell carcinoma) 고환종(Seminoma) 편평세포 육종(Squamous cell carcinoma)
내피세포 종양(Endothelial tumors)	혈관종(Hemangioma) 혈관육종(Angiosarcoma) 내피종(Endothelioma) 중피종(Mesothelioma)
기타	골화석증(Osteopetrosis) 수막종(Meningioma) 신경아교종(Glioma)

하였다. Varmus, Bishop과 Vogt 등은 1976년에 닭에서 세포 종양유전자인 *src*를 처음으로 확인하였다. ALSV에 대한 이들의 연구 업적으로 Rous, Temin, Bishop, Varmus 박사 등이 노벨상을 수상하였다.

원인체 특성

분류

병원체는 *Retroviridae* 과(family) *Alpharetrovirus* 속(genus)에 속하는 avian leukosis/sarcoma virus(ALSV)이다. *Retroviridae* 과의 바이러스들은 역전사효소를 가지고 있다. 따라서 ALSV는 RNA 바이러스이지만 증식 과정 중에 DNA 합성이 가능하여 감염 세포의 게놈(genome)에 삽입된 DNA provirus 형태로 존재할 수 있다.

형태 및 핵산

ALSV는 직경이 80~120 nm정도인 구형의 바이러스로 외피막을 갖고 있다. 바이러스 외피막은 이중 지질층막으로 여기에 두 종류의 당단백질 즉, transmembrane(TM, gp37)과 surface(SU, gp85) 당단백질을 가지고 있다. 바이러스 내부에는 p19 matrix(MA), p29 capsid(CA), p12 nucleocapsid(NC), p15 protease 단백질들이 존재한다(그림 14-1).

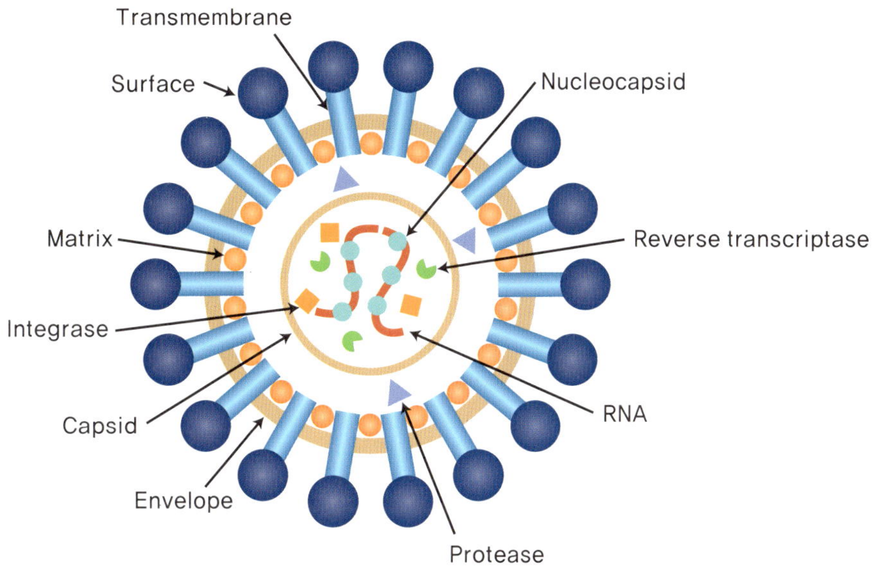

그림 14-1 ALSV 형태 모식도

바이러스의 sucrose 부력밀도(buoyant density)는 1.15~1.17 g/mL 정도이다. 바이러스는 30~35% 지질, 60~65% 단백질(이중 5~7%는 당단백질), 2.2% RNA로 구성되어 있다. 바이러스 핵산은 단쇄 RNA(single-stranded RNA) 구조로 되어있으며 5′ 말단이 서로 연결된 이배수체(diploid) 형태로 존재한다. ALSV 유전자는 약 7.3 kb 크기로 5′-*gag/pro-pol-env*-3′ 순으로 배열되어 있다. *gag/pro* 유전자는 matrix, capsid 및 nucleocapsid와 같은 ALSV 공통 항원(group-specific antigen)과 protease를 합성한다. *pol* 유전자는 바이러스 증식에 중요한 역전사효소와 integrase를 합성한다. *env* 유전자는 바이러스 외피막에 돌출된 TM 당단백질(gp37)과 SU 당단백질(gp85)을 합성하는데, 이중 surface 당단백질의 염기서열은 ALSV 분리 주간에 차이가 나타난다.

바이러스 증식

바이러스는 감염 세포 수용체(receptor)에 부착(adsorption)된 후 세포 내로 침투(penetration)하여 증식을 시작한다. 바이러스의 세포막 부착은 비특이적으로 나타날 수도 있지만 세포 내 침투는 반드시 바이러스 외피막 성분 아군(subgroup)이 특이성이 있는 세포의 수용체에 결합하여야만 가능하다. 단쇄 RNA 핵산 구조로 되어 있는 ALSV는 감염 세포의 세포질 내에서 바이러스의 역전사효소에 의해 RNA:DNA 잡종(hybrid)이 만들어진 후 RT RNase H 활성으로 RNA가 제거된다. 나머지 남은 DNA 주형으로부터 이중쇄 DNA(double-stranded DNA)가 형성된다. 이중쇄 DNA가 형성될 때 유전자 양쪽 말단에 약 350 bp로 구성된 long terminal repeat(LTR)가 만들어지며, 이렇게 형성된 LTR은 바이러스 DNA가 감염 세포 DNA로 삽입될 때 중요한 역할을 한다. 이중쇄 DNA는 감염 세포 핵 내로 이동하여 바이러스 integrase에 의해 감염 세포 DNA로 삽입된 후, provirus 형태로 존재하면서 전사(trascription)가 일어나 자손(progeny) 바이러스가 만들어진다. 즉, 감염 세포에서 새로운 바이러스의 생성은 감염 세포 DNA에 삽입된 proviral DNA의 전사 및 번역(translation)으로 만들어지게 된다(그림 14-2).

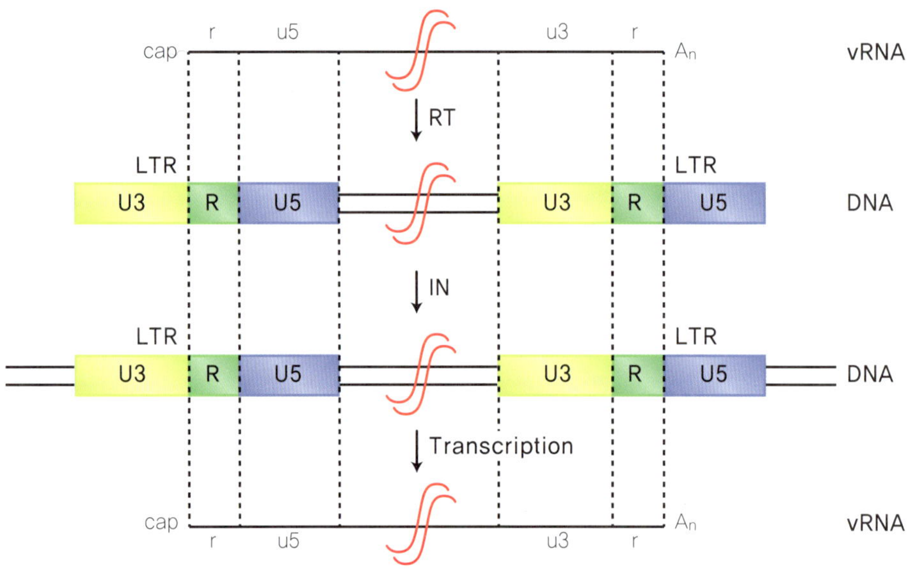

그림 14-2 ALSV 증식과정. 역전사효소(RT)에 의해 바이러스 RNA(vRNA)로부터 DNA가 형성되면서 long terminal repeat(LTR)가 만들어지고 integrase(IN)에 의해 숙주 DNA에 삽입된 후 숙주 DNA 전사(transcription)로 바이러스 RNA가 증식

결손 바이러스(defective virus)

ALSV는 증식 중 일부 유전자가 결손되는 바이러스(defective virus)가 생기기도 한다. 예를 들어 Rous 육종 바이러스(Rous sarcoma virus; RSV) 중 일부 주(strain)는 *env* 유전자 부위 결손으로 증식결손(replication defective; rd) 바이러스가 생기는데, Bryan high-titer RSV(BH-RSV)가 대표적인 바이러스이다. BH-RSV는 증식과 관련된 *env* 유전자가 결손되어 있기 때문에 혼자서는 증식하지 못하고 다른 도우미(helper) 바이러스가 있을 경우에만 증식할 수 있다. 결손되는 부위는 *env* 유전자뿐만 아니라 다른 부위 유전자에서도 나타날 수 있다. 즉, MC29 바이러스는 *pol* 유전자와 *env* 유전자가 같이 결손된 바이러스이며, RSV 중 일부 바이러스는 종양(v-*onc*) 유전자가 결손되어 종양 유발능이 없어지기도 한다. BH-RSV는 증식 결손 바이러스이기 때문에 도우미 바이러스가 있어야만 종양을 유발할 수가 있다. 따라서 BH-RSV의 이러한 증식 결손 특성을 이용하여 백혈병 진단에서의 표현형 혼합(phenotype mixing; PM) 검사법이나 내성유발인자(resistance-inducing factor; RIF) 검사법 등에 BH-RSV를 사용하기도 한다. 결손 바이러스인 RSV 증식을 도와주는 도우미 바이러스를 Rous-associated virus(RAV)라고 하며, 표기는 결손 바이러스 뒤에 괄호하여 표기한다. 예를 들어, 결손 바이러스인 BH-RSV의 도우미 바이러스가 RAV-1일 경우 그 바이러스를 BH-RSV(RAV-1)로 표기한다.

내인성(endogenous) 백혈병 바이러스

ALSV는 전파되는 형태에 따라서 외인성(exogenous) 백혈병 바이러스와 내인성(endogenous) 백혈병 바이러스로 구분된다. 외인성 백혈병 바이러스는 감염능력이 있는 바이러스가 생성되어 전파되는 경우로 일반적인 ALSV가 여기에 속한다. 내인성 백혈병 바이러스는 병원성이 없는 바이러스로서 정상 닭 게놈(genome)에 삽입되어 있는 백혈병 바이러스의 일부 혹은 전체 유전자 DNA 형태로 멘델의 유전법칙에 따라 후대 병아리도 전달된다.

내인성 백혈병 바이러스는 게놈에 존재하는 위치에 따라 endogenous viral(*ev*) loci로 구분하는데 현재까지 닭에서는 적어도 29종의 *ev* loci가 알려져 있다. 내인성 백혈병 바이러스는 발현 형태에 따라 네 가지 표현형으로 구분될 수 있다. 즉, 백혈병 바이러스의 공통 항원 또는 외피막 단백질이 전혀 검출되지 않는 표현형인 gs^2chf^2, 바이러스 외피막 항원(envelope antigen)만 발현되는 표현형인 gs^2chf^1, 바이러스 공통 항원(group-specific angtigen)과 외피막 항원이 함께 발현되는 표현형인 gs^1chf^1, 감염능력이 있는 E 바이러스가 발현되는 V-E^1 표현형으로 구분된다(표 14-2).

표 14-2 흰색 레그혼 닭에서 관찰되는 내인성 백혈병 바이러스의 표현형

ev	표현형	레그혼 계통
1	gs^2chf^2	대부분 계통
2	V-E^1	RPRL72
3	gs^1chf^1	RPRL63
4	gs^2chf^2	SPAFAS
5	gs^2chf^2	SPAFAS
6	gs^2chf^1	RPRL151
7	V-E^1	RPRL15B
8	gs^2chf^2	K18
9	gs^2chf^1	K18
10	V-E^1	RPRL1514
11	V-E^1	RPRL1514
12	V-E^1	RPRL151
14	V-E^1	H&N
15(C)	없음	K28 3K16
16(D)	없음	K28 3K16
17	gs^2chf^2	RC-P
18	V-E^1	RI
19	V-E^1	RW
20	V-E^1	RW
21	V-E^1	Hyline FP

백혈병 바이러스 분류

닭에 감염하는 ALSV는 바이러스 외피막의 당단백질 항원성 차이에 따라 A, B, C, D, E 및 J 등 6개 아군(subgroup)으로 구분된다. 이중 A, B, C, D 및 J 바이러스는 외인성 백혈병 바이러스로서 닭에서 병원성이 발휘되나, E 바이러스는 내인성 백혈병 바이러스로 병원성이 나타나지 않는다. 기타 F, G, H 및 I 아군은 꿩, 지고(partridge), 메추라기에서 관찰되는 내인성 백혈병 바이러스이다.

subgroup을 구분하는 기준인 외피막의 당단백질 차이는 바이러스 항원성 차이, 다른 subgroup 바이러스와의 간섭 형태(interference pattern) 및 계태아 섬유아세포(chicken embryo fibroblast; CEF)에서의 숙주범위 형태(host range pattern) 등으로 결정된다. 바이러스 항원성 차이는 중화항체 혹은 subgroup 특이 항체를 이용한 중화시험 등으로 구별하지만 subgroup간에 일부 교차 중화능이 있어 subgroup 분류의 결정적 기준은 되지 못한다. subgroup 분류는 대개 바이러스와의 간섭 형태 및 CEF에서의 숙주 범위 형태 실험으로 구분한다. 세포에 감염된 백혈병 바이러스(avian leukosis virus; ALV)는 동일한 subgroup의 RSV를 감염시킬 경우 RSV 감염이 일어나지 않게 하는 간섭현상을 유발한다. 즉 A subgroup ALV가 감염된 CEF 세포에 A subgroup RSV를 접종할 경우 간섭현상으로 RSV 감염이 일어나지 않지만, A subgroup 이외의 B, C 형 등의 다른 RSV를 접종할 경우에는 간섭현상이 없어 감염이 일어난다(표 14-3). CEF 세포에서의 숙주범위 형태로 subgroup을 구분하는 방법은 각기 다른 표현형의 CEF 세포에 각각의 subgroup 바이러스를 접종한 경우 subgroup마다 감염의 차이를 보이는데 이러한 차이로 subgroup을 분류하는 방법이다(표 14-4).

바이러스 외피막 단백질인 SU(gp85) 단백질을 암호화하는 *env* 유전자를 분석하면 subgroup

표 14-3 RSV 아군 A~E 및 J 바이러스와 ALV의 간섭현상

간섭 ALV subgroup	공격접종 RSV subgroup					
	A	B	C	D	E	J
A	1	2	2	2	2	2
B	2	1	2	1	1	2
C	2	2	1	2	2	2
D	2	2	2	1	2	2
E	2	2	2	2	1	2
J	2	2	2	2	2	1

1) 감수성이 있는 CEF 세포에 ALV를 먼저 감염시키고 며칠 후에 각각의 subgroup RSV를 공격 접종하여 RSV로 인한 foci가 간섭현상으로 줄어드는지 여부를 판단하여 subgroup을 구분함
2) 1: 간섭현상 있음, 2: 간섭현상 없음

표 14-4 각기 다른 표현형을 발현하는 CEF 세포에서의 각 subgroup ALSV의 숙주범위 형태

CEF 표현형	CEF 유래	subgroup					
		A	B	C	D	E	J
C/0	15B1	S	S	S	S	S	S
C/AE	C, alv6	R	S	S	S	R	S
C/ABDE	7_2	R	R	S	R	R	S
C/E	0,15I,BrL	S	S	S	S	R	S
C/EJ	DF-1/J	S	S	S	S	R	R

S(감수성), R(저항성)

바이러스 간에는 유전자 염기서열의 차이를 확인할 수 있다. SU(gp85) 유전자 염기서열 중 subgroup 바이러스 간 고변이부위(hypervariable region) 두 곳(hr1과 hr2)과 변이부위(variable region) 세 곳(vr1, vr2 및 vr3)의 염기서열은 바이러스 subgroup 간에 차이가 많다. 이러한 염기서열 차이를 이용하여 각각의 subgroup 바이러스를 구분할 수 있는 PCR 시험법이 개발되기도 하였다.

ALSV는 매우 다양한 strain이 있는 것으로 확인되고 있다. 주요 종양 유발 형태에 따라 바이러스 이름을 명명하는데 림프구성 백혈병(lymphoid leukosis)을 주로 유발할 경우는 lymphoid leukosis virus(LLV), 적혈모세포증(erythroblastosis)을 주로 유발할 경우에는 avian erythroblastosis virus(AEV), 골수모세포증(myeloblastosis)을 주로 유발할 경우에는 avian myeloblastosis virus (AMV), 육종(sarcoma)을 주로 유발할 경우에는 avian sarcoma virus(ASV) 등으로 명명하고 있다(표 14-5). 그러나 대부분은 주요 종양 형태뿐만 아니라 다른 형태의 종양도 유발할 수 있다. 예를 들어, ALV RPL12주는 림프구성 백혈병뿐만 아니라 적혈모세포증, 골화석증, 혈관종(hemangioma) 및 육종을 유발하기도 하며, AMV BAI A주는 골수모세포증 뿐만 아니라 림프구성 백혈병, 골화석증, 신장모세포종(nephroblastoma), 육종, 혈관종, 난포막종(thecoma), 과립층세포육종(graulosa cell tumor) 및 상피세포종(epithelioma) 등을 유발하기도 한다.

표 14-5 주된 종양 유발 형태 및 subgroup에 따른 ALSV 분류

유발 종양에 따른 바이러스 분류	Subgroup에 따른 바이러스 분류						결손 바이러스
	A	B	C	D	E	J	
Lymphoid leukosis virus(LLV)	RAV-1 RIF-1 MAV-1 RPL12	RAV-2 RAV-6 MAV-2	RAV-7 RAV-49	RAV-50 CZAV	RAV-60		
Avian erythroblastosis virus(AEV)							AEV-ES4 AEV-R AEV-H
Avian myeloblastosis virus(AMV)							AMV-BAI-A
Avian sarcoma virus(ASV)	SR-RSV-A PR-RSV-A	SR-RSV-B PR-RSV-B	B77 PR-RSV-C	SR-RSV-D CZ-RSV	SR-RSV-E PR-RSV-E		BH-RSV BS-RSV
Myelocytoma virus						HPRS-103 ADOL-Hc1	MC29 966
Endogenous virus(EV)					EV21 ILV-E		

ALSV는 급성으로 종양을 유발하는 바이러스와 만성으로 종양을 유발하는 바이러스로 구분된다. 급성으로 종양을 유발하는 바이러스는 바이러스 종양 유전자(viral oncogene; v-*onc*)를 가지고 있는 바이러스다. 만성으로 종양을 유발하는 바이러스는 바이러스 종양 유전자는 갖고 있지 않으나 숙주세포에 감염 시 숙주의 세포 종양 유전자(cellular oncogene; c-*onc*)를 활성화하여 종양을 유발하기도 한다.

백혈병 바이러스 증식

RSV는 닭에 접종할 경우 급성 종양을 유발한다. RSV를 분리하거나 증식하고자 할 경우에는 닭의 익막(wing web)에 피하로 접종하거나 근육으로 접종하는 방법이 사용되기도 한다. 익막에 고농도의 RSV를 접종할 경우 접종 후 약 3일경부터 종양이 만져질 정도로 종양 발생이 빠르게 관찰된다. ALV는 1일령의 감수성 닭에 복강이나 정맥내로 접종할 경우 종양을 유발할 수 있다. ALV RPL12주를 1일령 15I 계통의 닭에 접종할 경우 만성으로 경과한 후(약 200~270일 후) 종양 발생을 확인할 수 있다. 이러한 닭 접종방법은 야외에서 처음 바이러스를 분리하는 방법으로 사용하기도 하였으나 오랜 시간이 걸리는 단점이 있다.

ALSV는 계태아(chicken embryo)나 계태아 섬유아(CEF)세포 등에서 증식되지만 사용되는 계태아나 CEF 세포 유전계통에 따라서 subgroup 바이러스들 간에 증식성 차이가 있다. 대부분의 ALSV는 계태아나 CEF 세포 접종시 병변이나 세포변성효과(cytopathic effect; CPE)가 나타나지 않는다. 그러나 바이러스 종양 유전자를 가지고 있는 RSV를 감수성이 있는 10~11일령 계태아 장뇨막(chorioallantoic membrane; CAM)에 접종하면 pock가 형성되며, CEF 세포에 접종할 경우에도 급성 종양 형태의 CPE인 foci가 유발된다(그림 14-3).

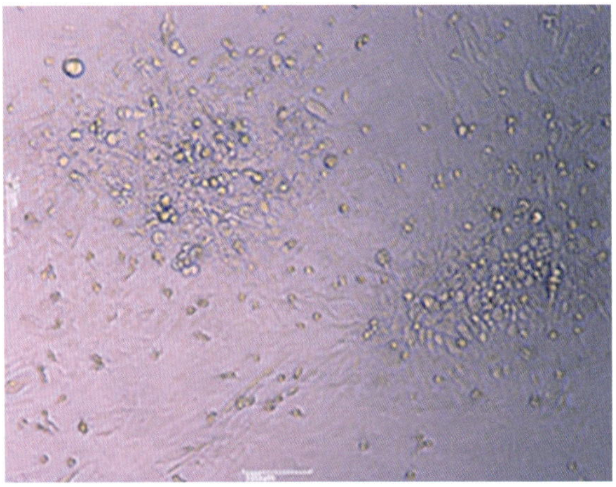

그림 14-3 RSV 접종 CEF 세포에서 나타난 급성 종양 foci

역학

자연감염 숙주 및 발생 상황

ALSV는 조류 중에서 닭, 꿩, 자고(partridge), 메추라기에서만 분리된다. 하지만 일부 ALSV는 실험적으로 매우 다양한 조류에 감염할 수 있다. RSV는 닭, 꿩, 호로조(guinea fowl), 오리, 비둘기, 일본 메추라기(Japanese quail), 칠면조 등에 접종하면 종양을 유발한다. ALSV는 육종회사 근절프로그램을 통해 순계(pure line)나 원종계(grand parent stock)의 청정화 유지에도 불구하고 실용계(commercial chicken) 농장에서는 바이러스가 상재하는 경우가 많아 여러 국가에서 발생되고 있다. ALSV는 난계대전염될 경우에 피해가 주로 나타나기 때문에 실용계 농장에서 바이러스 오염에 의한 감염이 있다하더라도 종양으로 인한 피해는 일반적으로 낮은 수준이다.

잠복기

ALSV 감염 닭에서의 종양 발현 잠복기는 감염 바이러스 종류, 감염 일령, 감염 닭의 유전계통 등에 따라 다양하다. ALSV RAV-1주를 계태아나 1~14일령 닭에 실험적으로 감염시키면 백혈병 종양은 14~30주령에 발생한다. 야외 농장에서는 14주령 이후부터 종양이 나타날 수 있으나 성 성숙 무렵에 많이 발생된다. 종양발현 잠복기에 영향을 주는 중요한 요소는 바이러스 종양유전자(v-*onc*) 보유 여부이다. 종양유전자가 없는 바이러스들은 감염 세포 게놈에 삽입하여 세포 종양 유전자(c-*onc*)를 활성화시켜야만 종양을 유발할 수가 있기 때문에 통상적으로 오랜 잠복기를 거친 후에 종양이 발생된다. 반면에 v-*onc* 유전자를 갖고 있는 바이러스는 닭에 감염하면 급성으로 종양을 유발할 수 있으며 접종 10일 후부터도 종양을 유발할 수 있을 정도로 잠복기가 매우 짧은 경우도 있다.

전파

외인성 백혈병 바이러스의 전파는 감염 어미닭이 생산하는 종란을 통하여 후대 병아리로 질병이 이행하는 난계대전염뿐만 아니라 감염 닭과 동거 사육되는 닭에도 수평전파가 쉽게 일어난다. 난계대전염된 병아리 중 일부는 바이러스에 대한 면역학적 반응이 나타나지 않아 항체가 형성되지 않고 바이러스가 체내에 지속적으로 남아 있는 내성 감염(tolerant infection)이 나타나기 때문에 오랜 기간 동안 바이러스를 배설하는 주요 전염원이 되기도 한다(그림 14-4). 수평전파된 닭의 대부분은 감염 이후 바이러스에 대한 항체가 형성되어 체내의 바이러스가 소실되며, 질병으로 인한 피해도 부화과정 중에 조기 수평감염 되는 경우를 제외하고는 거의 나타나지 않는다. 어미닭에서 외인성 백혈병 바이러스의 감염 형태는 혈중의 바이러스 및 항체 유무에 따라 크게 네 가지, 즉 바이러스와 항체가 모두 검출되지 않는 감염 형태(V-A-), 바이러스는 검출되지 않으나 항체가 검출되는 감염 형태(V-A+), 바이러스와 항체가 모두 검출되는 감염 형태(V+A+), 바이러스는 검출되나 항체가 검출되지 않는 감염 형태(V+A-)로 구분된다. 외인성 백혈

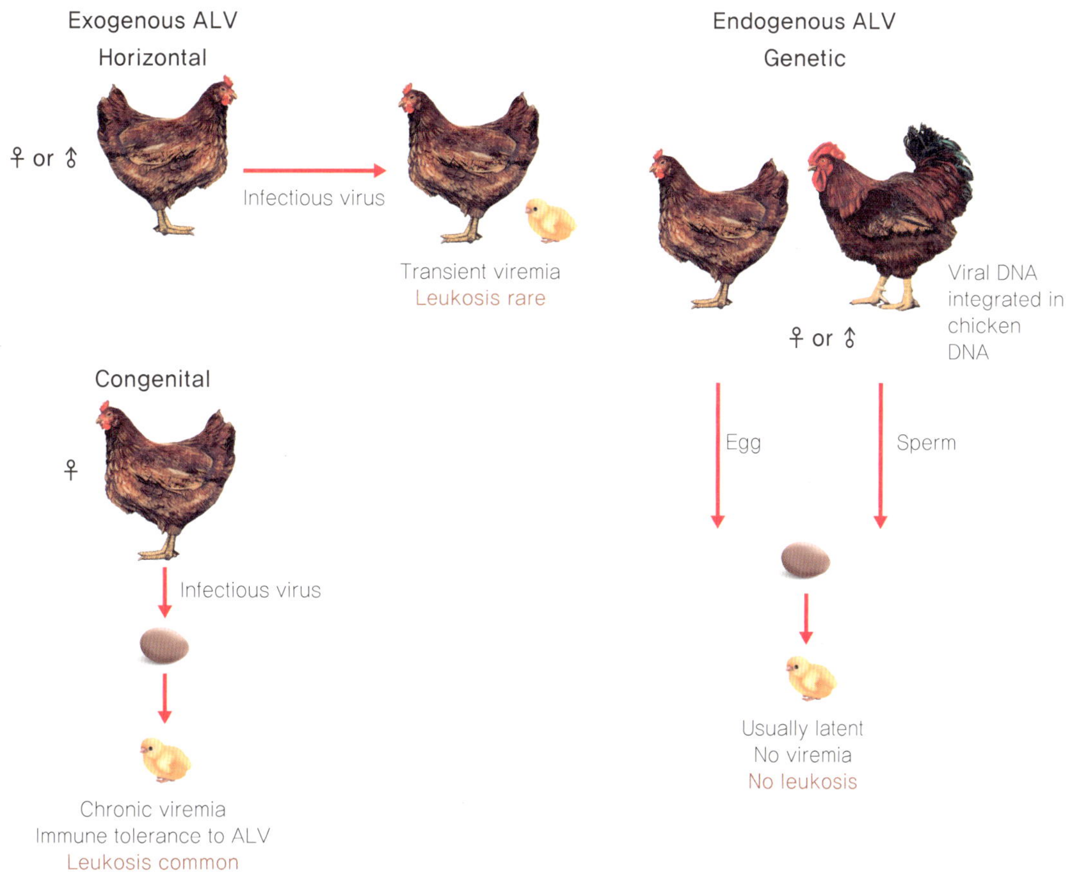

그림 14-4 외인성 및 내인성 조류 백혈병 바이러스의 전파 경로

병 바이러스에 감염된 경우에는 세 가지 감염 형태(V-A+, V+A+, V+A-)중 대부분은 V-A+ 감염 형태이며 10% 미만이 V+A- 감염 형태로 나타난다. 난계대전염은 V+A- 감염 형태의 어미닭으로부터 일어나지만 V-A+ 감염 형태인 어미닭에서도 항체수준이 극히 낮은 일부에서는 간헐적으로 드물게 일어날 수도 있다. V+A- 감염 형태의 어미닭은 비교적 높은 비율로 난계대전염이 일어나 바이러스를 후대 병아리로 전파시킨다. 바이러스는 감염 닭 난관(oviduct)의 난백 분비선(albumen-secreting gland)에 증식하여 계란의 난백에 이행하여 후대 병아리로 전파한다.

내인성 백혈병 바이러스는 염색체 유전체에 삽입된 형태로 존재하기 때문에 전파는 멘델 유전법칙에 따라 전파된다. 그러나 감염능력이 있는 바이러스가 배설될 수 있는 일부 내인성 백혈병 바이러스(V-E[1])는 외인성 백혈병 바이러스 전파와 유사한 경로로 전파될 수도 있다.

임상증상

ALSV 감염으로 인한 임상증상은 발현 종양 형태나 종양 발현 장기 등에 따라 다양하게 나타난다. 식욕부진, 무기력, 설사, 탈수 및 쇠약 등의 임상증상이 흔하게 나타나며 복부가 팽만해지거나 빈혈 증상이 나타나기도 한다. 적혈구모세포증이나 골수모세포증의 경우에는 우모근(feather follicles)에서 출혈이 관찰되기도 한다. 골수세포종(myelocytoma)에서는 골수종으로 인한 머리, 가슴, 다리뼈 부위의 돌출이 나타나기도 한다. 혈관종이 피부에 나타날 경우에는 혈액 물집(blood blister)이 생기며 혈액 물집 파열로 심한 출혈이 관찰된다. 신장 종양이 심하게 나타났을 경우에는 신장 종대로 인한 좌골신경 압박으로 다리마비 증상도 나타날 수 있다.

병변

발현되는 종양은 감염하는 ALSV에 따라 백혈병, 결합조직 종양, 상피세포 종양, 내피세포 종양 등 다양하게 발생한다. 백혈병 형태로는 림프구성 백혈병, 적혈구모세포증, 골수모세포증 및 골수세포종 등이 발생된다. 결합조직 종양으로는 섬유종(fibroma)과 섬유육종(fibrosarcoma), 점액종(myxoma)과 점액육종(myxosarcoma), 조직구성육종(histiocytic sarcoma), 연골종(chondroma), 골종(osteoma) 및 골육종(osteogenic sarcoma) 등이 발생된다. 상피세포성 종양으로는 신장종(nephroma), 신장모세포종(nephroblastoma), 간암종(hepatocarcinoma), 췌장의 선암종(adenocarcinoma) 등이 발생하며, 내피세포 종양으로는 혈관종(hemangioma), 혈관육종(angiosarcoma), 내피종(endothelioma), 중피종(mesothelioma) 등이 발생한다. 그 외에도 골화석증(osteopetrosis)이나 수막종(meningioma) 등이 발생되기도 한다.

림프구성 백혈병 (lymphoid leukosis; LL)

ALSV 감염으로 가장 흔하게 나타나는 종양 형태로 16주령 이상에서 주로 관찰된다. 종양은 간장(그림 14-5), 비장(그림 14-6), F낭에서 자주 나타나며 신장, 폐장, 난소, 정소, 심장, 골수, 장간막 등에서도 관찰된다. 종양세포가 침윤한 장기 조직은 부드럽고 취약하며 단면의 색조는 회색 또는 백색조를 띤다. 종양병소는 결절성 혹은 미만성으로 형성된다. 종양조직을 현미경으로 관찰하면 림프모구(lymphoblast) 계통의 큰 세포들이 종양세포로 구성되어 있다.

적혈구모세포증 (erythroblastosis, erythroid leukosis)

야외 농장에서 자연발생된 적혈구모세포증은 주로 12~24주령 사이에서 관찰된다. 간장과 신장은 중정도로 종대를 보이지만 비장은 심하게 종대되는 경우가 많다. 종대된 장기는 선홍색 혹은 짙은 적갈색을 띠면서 조직이 연약하고 취약하다. 골수

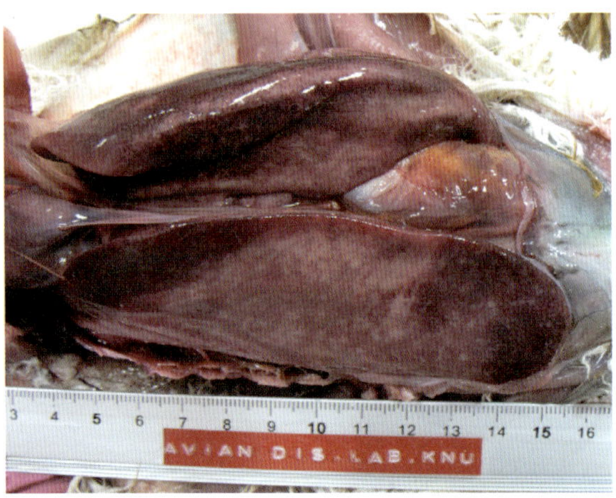

그림 14-5 백혈병 종양으로 인한 간의 심한 종대

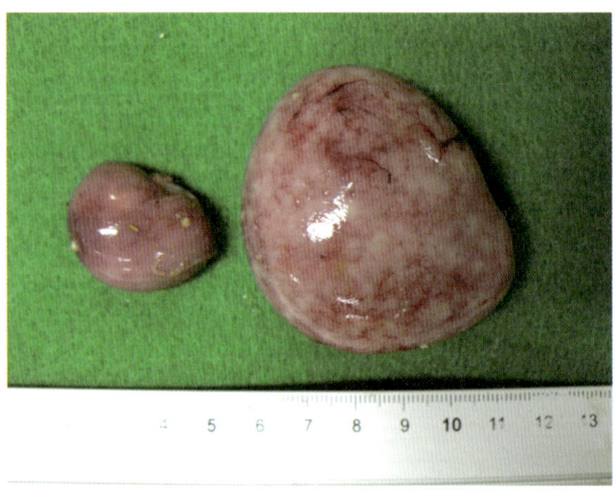

그림 14-6 백혈병 종양으로 인한 비장의 심한 종대

는 반 액화된 상태로 붉은 색깔을 띈다. 근육, 피하, 내장 등에 점상 출혈이 있으며 간과 비장에서는 혈전, 경색, 파열 등의 병변도 나타날 수 있다. 심한 빈혈 병변이 관찰되기도 한다. 조직학적 소견으로는 적혈구모세포가 전신조직에 증가되어 있다. 특히 간의 동모양 혈관(sinusoid)나 비장 적수, 골수 및 다른 장기의 동모양 혈관에서도 적혈구모세포가 많이 증가함으로써 동모양 혈관이 확장되어 그로 인해 실질조직이 압박으로 위축되는 경우가 많다.

골수모세포종(myeloblastosis, myeloid leukosis)

간이 심하게 종대되고 미만성으로 회황색조를 띈다. 비장과 신장은 중정도로 종대되며 골수는 황회색조의 종양조직 침윤으로 고형화 된다. 조직학적으로는 종양세포가 골수모세포로 구성되어 있고, 비장에서는 적수에 종양세포가 주로 침윤하며 골수에서는 동모양혈관 외부쪽에 주로 침윤한다.

골수세포종

(myelocytomatois, myelocytic myeloid leukosis)

골수세포종은 골막(periosteum)이나 연골주변과 관련된 뼈의 표면에 종양이 형성되는 특징이 있으나 다른 장기나 조직에도 종양이 나타난다. 골수세포종은 갈비연골관절(costochondral joint), 복장뼈(흉골, sternum)와 골반뼈의 내부, 머리뼈(두개골) 등에서도 관찰되며 구강과 기관연골에서도 나타날 수 있다. 조직학적으로는 종양세포는 분화가 잘된 균일한 골수세포로 이루어져 있다.

혈관종(hemangioma)

혈관종은 다양한 일령의 닭에서 관찰되며 종양은 주로 장관막이나 피부 등에서 관찰된다(그림 14-7). 혈액으로 가득찬 낭포가 형성되는 것이 특징이며 파열로 인한 심한 출혈이 나타나기도 한다.

기타 종양

신장에서 특이적으로 신장종(nephroma)과 신장모세포종(nephroblastoma)이 나타날 수 있다. 결합조직에서도 산발적으로 섬유육종, 점액종, 점액육종, 연골종 등이 발생할 수 있다. 골화석증은 넓적다리뼈(대퇴골), 위팔뼈(상완골), 골반, 갈비뼈(늑골) 등에서 관찰될 수 있으며 병변은 주로 편측성보다는 양측성으로 나타난다. 골화석증이 나타난 뼈는 스펀지(sponge) 질감과 유사하며 쉽게 부러진다.

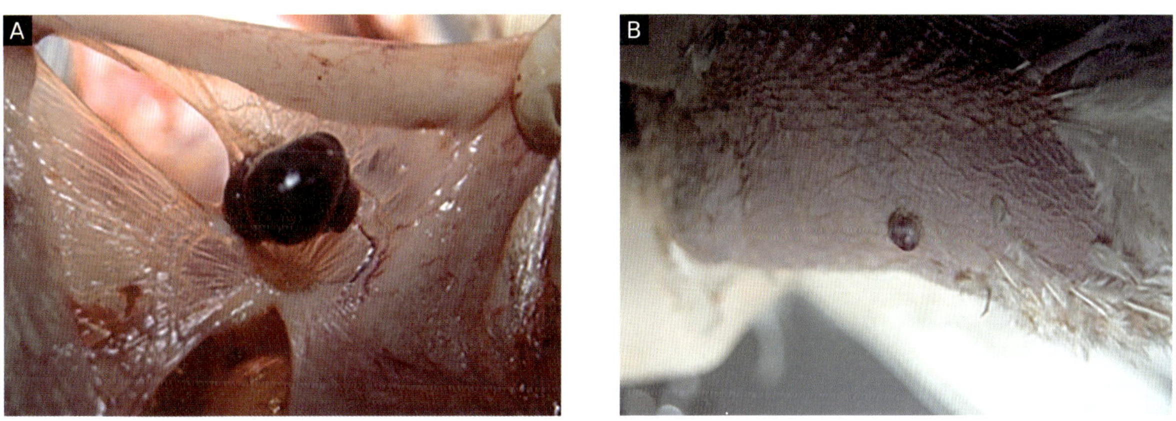

그림 14-7 장간막(A) 및 피부(B)에 형성된 혈관종

진단

바이러스 분리 및 동정

ALSV는 감염되었더라도 종양으로 발생되지 않는 경우가 많기 때문에 바이러스 분리나 항원 검출은 진단적 가치가 별로 없다. 바이러스 분리 및 항원 검사는 진단 목적보다는 원종계나 종계의 음성계군 유지 등에 활용하기 위하여 검사하고 있다. 바이러스 분리용 시료는 혈액, 혈장, 혈청, 총배설강 도말(swab), 난백, 종양 등을 사용할 수 있다. 또한 수직 감염된 종계가 생산한 종란의 난백 및 10일령 발육 계태아 등에서도 바이러스가 분리될 수 있고, 우모근 내용물(feather pulp)과 정액 등에서도 분리된다. ALSV는 열에 매우 약한 바이러스이기 때문에 바이러스 분리용 시료를 장기간 보관할 경우에는 반드시 −60℃ 이하에서 보관하는 것이 좋다. 바이러스 분리는 모든 subgroup 바이러스의 감염이 가능한 C/0 CEF 세포에 접종하여 분리한다. 외인성 백혈병 바이러스와 내인성 백혈병 바이러스의 구분은 분리주를 내인성 백혈병 바이러스에 저항성이 있는 C/E CEF 세포에 접종하면 구분할 수 있다. 일반적으로 RSV와 달리 ALV는 세포에 감염되어도 세포변성효과를 일으키지 못한다. 따라서 감염 세포에서의 ALV 유무를 확인하기 위해서는 RSV를 중복 감염시키는 내성유발인자(RIF) 검사법이나 표현형 혼합(PM) 검사법을 사용하기도 한다. RIF 검사법은 subgroup이 같은 ALSV가 서로 간섭현상이 나타나는 특성을 이용하여 바이러스를 동정하는 방법으로서, 분리 바이러스의 subgroup까지도 확인이 가능한 검사 방법이다. 즉, 바이러스 의심시료를 C/0 CEF에 접종한 후 3~4일 간격으로 3회 계대 배양한 다음, 각각의 subgroup RSV를 접종하여 생성된 foci가 대조군 세포 접종 foci의 10배 이상이 감소하는 경우 바이러스가 있는 것으로 확인하는 방법이다. 따라서 RIF 검사법은 바이러스 동정까지 시간이 많이 걸리는 단점은 있으나 분리 바이러스의 subgroup까지도 확인이 가능한 검사 방법이다. 표현형혼합(PM) 검사법은 증식 결손 바이러스인 RSV(예, BH-RSV)를 활용하여 백혈병 바이러스 유무를 확인하는 검사 방법이다. 즉, C/E CEF 세포에 BH-RSV(RAV-E)를 먼저 접종하고 24시간 후에 바이러스 의심시료를 접종하여 배양한다. 만약 의심시료에 subgroup A(RAV-A) 바이러스가 있다고 가정할 경우 배양액에는 3종류의 후대 바이러스 즉, BH-RSV(RAV-E), RAV-A 및 두 바이러스 표현형이 혼합된 BH-RSV(RAV-A)가 생성된다. 이 배양액을 C/E CEF에 접종하면 당초의 BH-RSV(RAV-E)는 foci를 유발할 수 없으나 표현형 혼합 바이러스인 BH-RSV(RAV-A)는 foci를 유발할 수 있기 때문에 바이러스 유무를 알 수 있다. 표현형 혼합(PM) 검사법은 의심시료에서 ALV 유무를 확인할 수 있지만 바이러스 subgroup은 확인할 수 없는 방법이다.

최근에는 바이러스 항원 검출용 ELISA 기법이 개발되어 바이러스 분리 및 동정에 ELISA 방법이 많이 활용되고 있다. 즉, 내인성 백혈병 바이러스에 저항성이 있는 C/E CEF 세포에 의심시료를 접종하여 7~9일간 배양하여 배양액 혹은 세포 유리액에서 ELISA 방법으로 백혈병 항원을 검출하는 방법으로서 검사방법이 간단하여 많이 이용되고 있다. 바이러스 핵산을 검출하는 방법으로 ALSV의 RNA 혹은 proviral DNA를 검출하는 PCR법이 개발되어 바이러스 감염 확인에 이용되고 있다.

혈청학적 검사

ALSV 감염을 검사할 수 있는 혈청검사법은 중화시험과 ELISA법이 활용되고 있다. RSV를 이용한 중화시험법은 subgroup 바이러스에 대한 항체 검출도 가능한 장점이 있으나 검사 시간이 오래 걸린다. ELISA법은 상용화된 ELISA 키트 이용이 가능하고 검사시간도 짧은 장점이 있다. 최근에는 subgroup 바이러스 감별도 가능한 ELISA 키트도 개발되어 있기 때문에 ALSV에 대한 항체검사법으로 많이 이용되고 있다. 그러나 항체 검출법도 바이러스나 항원검사와 마찬가지로 질병진단 가치는 별로 없다.

감별진단

ALSV로 인한 종양은 발현되는 종양형태에 따라 구성세포가 다르기 때문에 조직학적 방법에 의한 종양세포 확인으로 최종 진단하여야 한다. 특히 ALSV로 인한 종양 중에서 LL은 마렉병이나 세망내피증과 같은 다른 종양성 질병과 육안적으로 감별하기 어렵다. LL은 종양구성세포가 B 림프구 유래로 크기가 상대적으로 크면서 일정한 림프모구(uniform lymphoblast cells infiltration)로 구성되어 있기 때문에, 종양세포 유래가 T 세포이고 종양세포 구성이 비교적 다양한(pleomorphic lympho blast cells) 마렉병과는 소식학적으로 쉽게 감별된다. 그러나 세망내피증바이러스로 인한 종양 형태 중 F낭성 종양(bursal lymphoma)은 B 세포 유래이며 종양 구성세포도 LL 종양 세포와 비슷하여 두 질병은 조직학적으로도 구별이 매우 어렵다.

예방 및 치료

ALSV 감염으로 인한 피해는 난계대전염이나 부화 시 조기 감염될 경우에만 주로 나타나기 때문에 이에 대한 예방대책이 필요하다. ALSV에 대한 효과적인 예방백신은 아직 개발되어 있지 않다. 품종 개발 단계에서 번식용으로 사용되는 원종계에서 ALSV를 검사하여 양성계를 지속적으로 제거함으로써 음성 종계군을 생산하는 방법이 ALSV를 가장 효과적으로 예방하는 방법인 것으로 알려져 있다.

참고문헌

Fadly A. M. Avian leukosis virus (ALV) infection, shedding, and tumors in maternal ALV antibody-positive and -negative chickens exposed to virus at hatching. *Avian Dis*, 32:89-95, 1988.

Fadly A. M. Isolation and identification of avian leukosis viruses; A review. *Avian Pathol*, 29:529-535, 2000.

Nair V. 2020. Leukosis/Sarcoma group. Pages 587-625 In: Diseases of Poultry, 14th edition. John Wiley & Sons, Inc. Hoboken, NJ, USA.

Payne L. N. 2008. Retroviridae. Pages 276-293 In: Poultry Diseases, 6th edition. Saunders, London.

15 CHAPTER 세망내피증

Reticuloendotheliosis

강원대학교 성환우

개요

세망내피증(reticuloendotheliosis; RE)은 면역능력이 저하되고 간장, 비장, 신장 등 각종 내부 장기에 종양이 나타나는 질병이다. RE는 수평전파(horizontal transmission) 혹은 수직전파(vertical transmission)로 전염되지만 질병으로 인한 피해는 수직전파 때 주로 나타난다. 어린 일령 때 조기 감염되는 수평감염일 경우에도 질병으로 인한 피해가 나타날 수도 있으나 대부분의 수평감염에서는 질병으로 인한 피해가 나타나지 않는다.

RE는 별칭으로 왜소병증후군(runting disease syndrome)이라 할 정도로 감염 닭에서 증체율 저하가 심하게 나타난다. 야외 계군에서 RE 바이러스(RE virus; REV) 감염은 간혹 백신 오염 사건으로 발생되기도 하였다. 미국, 일본, 호주 등 일부 국가에서는 마렉병, 계두 등의 백신 제조 과정 중에 REV가 오염되어 백신접종으로 인해 오히려 RE가 발생하여 피해가 일어나기도 하였다.

REV는 포유류 세포를 포함하여 광범위한 감염 숙주 영역을 가지고 있고 진화상으로도 포유류 retrovirus와 관련이 있다. 또한 사람에서의 일부 혈청학적 양성을 근거로 인체 감염 가능성이 있는 것으로 의심되어 왔으나 아직 인체 감염이 가능하다는 확실한 증거는 부족한 실정이다.

역사

세망내피증은 1957년 림프종(lymphoma)이 나타난 칠면조에서 T주(strain T)가 분리되면서 확인되었다. 세망내피증이라는 질병명은 T주를 닭, 칠면조, 일본 메추라기(Japanese quail)에 접종하면 급성종양이 발생되며, 이들 종양구성 세포의 주요 특징에 근거하여 1966년부터 사용하기 시작하였다. T주는 닭에 접종 시 6~21일 후 급성종양을 유발할 수 있는데 이 바이러스가 가지고 있는 급성 종양유전자인 *v-rel* 유전자 때문이라는 것이 이후 확인되었다. 1967년부터 T주를 REV로 부르기 시작하였으며, T주는 이전에 확인된 종양원성이 없는 병아리 합포체 바이러스(chick syncytial virus)와 오리 전염성빈혈 바이러스(duck infectious anemia virus)와 항원적 관련성이 있다는 사실이 1973년에 확인되면서 REV도 다양한 종류가 있음이 알려지게 되었다.

1976년 일본과 1977년 호주에서는 마렉병 백신 제조 과정 중에 REV가 오염된 마렉병 백신접종으로 세망내피증이 전파되기도 하였으며 1996년에 미국에서는 계두백신에 REV가 오염되어 세망내피증이 확산되기도 하였다. 국내에서는 1991년 괴저성피부염(gangrenous dermatitis)과 면역능력 저하가 있는 닭으로부터 병원체가 분리되어 국내 발생이 처음 확인되었다.

원인체 특성

분류 및 형태

REV는 *Retroviridae* 과(family)에 속하는 바이러스이지만 형태학적인 특징과 항원적 특징은 조류 retrovirus인 조류 백혈병/육종바이러스(ALSV)와는 차이가 있다. REV는 조류 retrovirus 보다는 포유류 C-type retrovirus와 관련성이 높아서 바이러스 분류학상으로는 *Retroviridae* 과 *Gammaretrovirus* 속(genus)으로 분류된다. REV group에 속하는 바이러스는 T주(strain T), 병아리 합포체 바이러스(chick syncytial virus), 비장 괴사 바이러스(spleen necrosis virus), 오리 전염성 빈혈 바이러스(duck infectious anemia virus) 등이 있다. REV는 직경이 100 nm 정도인 구형의 바이러스로 외피막을 갖고 있다. 바이러스 표면에는 길이 6 nm, 직경 10 nm인 돌기(projection)가 있다(그림 15-1). 바이러스 sucrose 부력밀도(buoyant density)는 1.16~1.18 g/mL로 ALSV와 매우 유사하다.

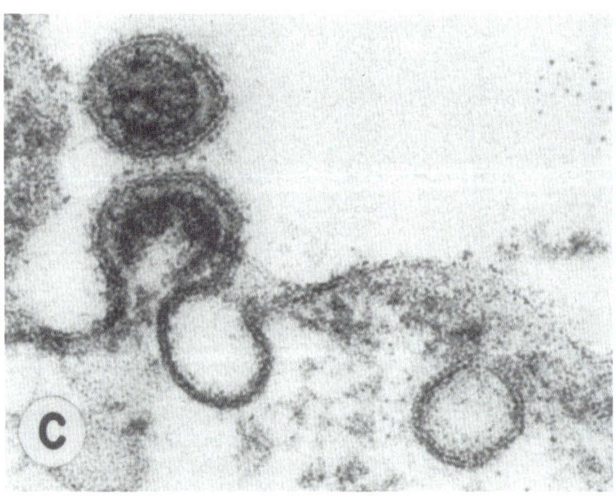

그림 15-1 감염 CEF 세포의 세포질막으로부터 출아(budding) 중인 REV(Kang et al., 1975). 바이러스 외피막의 표면 돌기를 볼 수 있음

핵산구조 및 바이러스 단백질

바이러스 핵산은 단쇄 RNA(single-stranded RNA) 구조로 되어 있으며, 5′ 말단이 서로 연결된 이배수체(diploid) 형태로 존재한다. 단쇄 RNA 핵산구조로 되어 있는 REV는 증식 과정 중에 이중쇄 DNA(double-stranded DNA)로 변하며, 이러한 증식형의 DNA는 감염 숙주세포의 염색체 유전자에 삽입되어 증식한다. REV 유전자는 5′-*gag*-*pol*-*env*-3′으로 배열되어 있다. *gag* 유전자는 REV의 공통 단백질인 matrix, capsid, nucleocapsid 및 protease를 합성하는 유전자이다. *pol* 유전자는 바이러스 증식에 중요한 역전사효소(reverse transcriptase)와 integrase를 합성하는 유전자이다. *env* 유전자는 바이러스 외피막에 돌출된 당단백질을 합성하는 유전자로 REV간에 서로 많은 차이를 보인다.

REV는 증식능력에 따라 증식 관련 일부 유전자 결손 때문에 단독으로는 증식할 수 없는 증식-결손(replication-defective; *rd*) REV와 스스로 증식이 가능한 증식-비결손(nondefective) REV로 구분된다. *rd* REV는 증식하기 위하여 도우미(helper) 바이러스가 필요하다. *rd* REV와 nondefective REV는 유전자 크기에서도 차이를 보인다. *rd* REV로 분류되는 T주는 *gag*-*pol* 유전자의 많은 부분과 *env* 유전자 일부에서 유전자 결손이 있고, 유전자 결손 부위는 종양유전자인 *v-rel* 유전자로 대체되어 전체 유전자는 약 5.7 kb의 염기로 구성되어 있다. 반면, 유전자 결손이 없는 증식결손 REV는 약 9.0 kb의 염기로 구성되어 있다.

REV 종양 유전자인 *v-rel* 유전자는 감염세포에서 phosphoprotein($pp59^{v\text{-}rel}$)을 생성한다. 이 단백질은 nuclear factor kappa B(NFkB)와 관계되는 단백질로서 DNA-binding transcription factor로서 기능을 하며 세포에 존재하는 *c-rel* protein과는 구조나 종양유발 능력에서 차이를

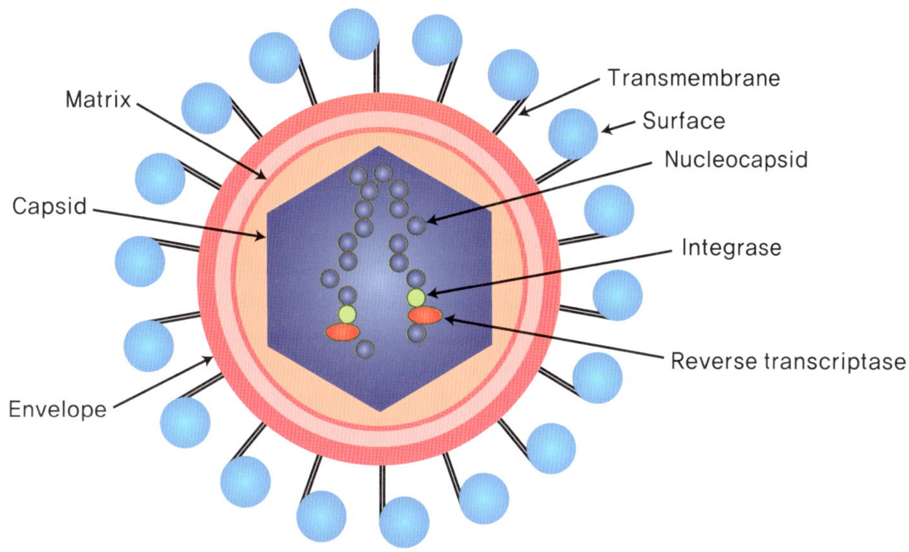

그림 15-2 REV 형태 모식도

보인다. 또한 *v-rel* oncogene 단백질은 대부분의 다른 oncogene 단백질과는 다르게 종양이 발현된 세포의 핵과 세포질 양쪽 모두에서 검출된다.

바이러스 단백질로는 gag 유전자에 의해 합성되는 구조단백질인 nucleocapsid(p10), matrix(p12), capsid(p30) 및 pp18, pp20이 생성되며 이중 p30이 바이러스 주요 구성 단백질이다. *env* 유전자에 의해 합성되는 외피막 단백질로는 surface(gp90)와 transmembrane(gp20) 단백질이 있으며 이 중 gp90 단백질이 바이러스 항원성과 관련되는 부위이다(그림 15-2). *pol* 유전자에 의해 합성되는 REV polymerase(reverse transcriptase)는 구조와 항원적으로 ALSV polymease와 차이가 있으며, 활성 조건도 ALSV polymease보다 더 높은 농도의 Mg^{2+} 이온이 요구된다는 점에서 차이를 보인다.

바이러스 증식

nondefective REV의 세포 내 증식 과정은 다른 retrovirus와 유사하다. 즉, 바이러스는 외피막 당단백질이 감염세포의 특이 receptor와 결합한 후 membrane fusion 과정을 거쳐 세포내로 침투한다. 세포질 내에서 바이러스 reverse transcriptase에 의해 단쇄 RNA 주형으로부터 RNA:DNA과정을 거친 후 이중쇄 DNA가 형성된다. 이중쇄 DNA가 형성될 때 유전자 5′ 과 3′ 말단에 각각 569 bp로 구성된 long terminal repeat(LTR)이 만들어지며, LTR은 감염 숙주세포 DNA에 바이러스 DNA가 삽입되는 과정에서 중요한 역할을 할뿐만 아니라 효율적인 promoter 역할을 하기도 한다. 이중쇄 바이러스 DNA는 감염 세포 핵 내로 이동하여 바이러스 integrase에 의해 감염 세포 DNA에 삽입된다. 그 후 숙주의 DNA 내에서 provirus 형태로 존재하면서 LTR의 promoter 및 enhancer sequence들에 의해 바이러스 RNA 전사와 번역이 개시되어 후대 바이러스들이 만들어진다(그림 15-3).

증식-결손(*rd*) REV는 helper virus(증식-비결손 REV)가 있어야만 증식이 가능하다. *rd* REV의 종양원성은 닭에서 helper virus와 같이 계대될 경우에는 유지되지만, 계태아 섬유아(chicken embryo fibroblast; CEF) 세포에서는 도우미 바이러스만 증식하고 *rd* REV는 증식하지 못하기 때문

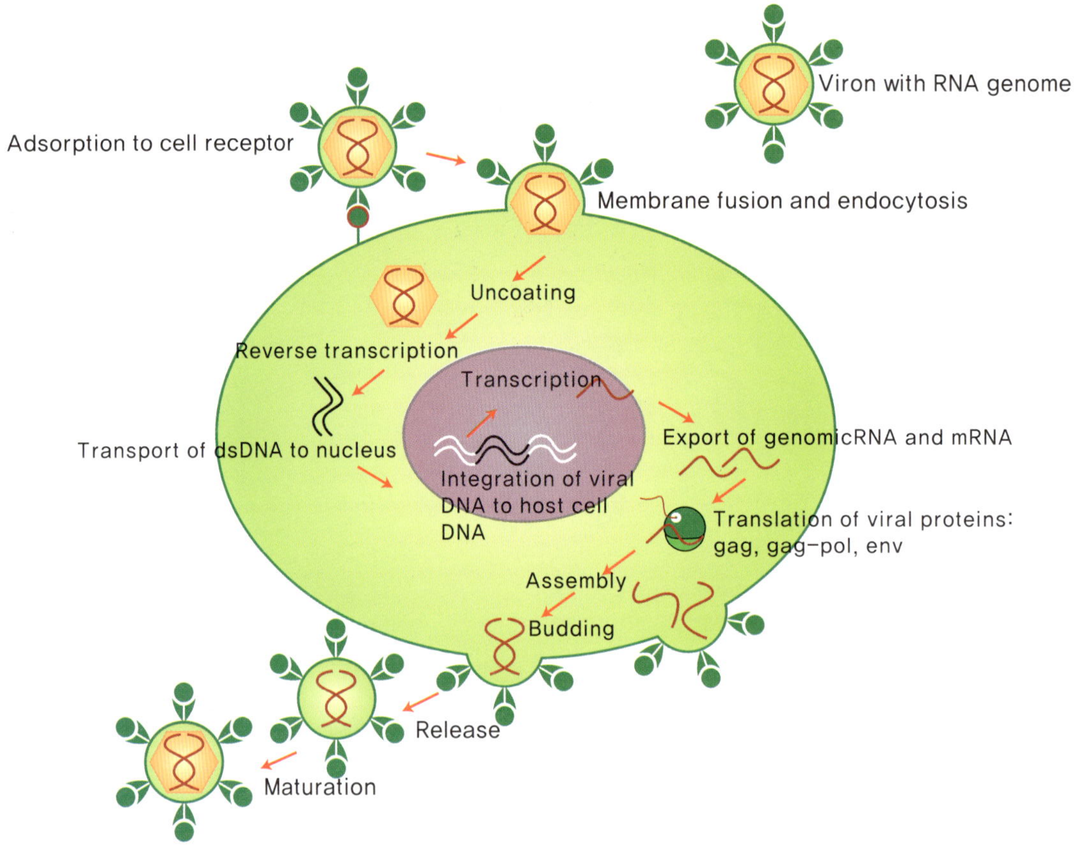

그림 15-3 REV의 세포 내 감염 및 증식 과정

에 종양원성이 유지되지 않는다.

증식-비결손 REV의 외피막 성분은 라우스육종 바이러스(Rous sarcoma virus) 혹은 수포성구내염 바이러스(vesicular stomatitis virus)와 가짜형(pseudotype) 바이러스를 형성하기도 한다. REV 가짜형 바이러스는 REV 항체에 의해 중화될 수 있기 때문에 pseudotype 바이러스는 REV 항체 측정에 사용될 수도 있다.

REV는 증식 과정 중에 proviral DNA가 숙주세포 게놈에 삽입될 수 있다. 이와 유사하게 REV proviral DNA는 마렉병 바이러스(Marek's disease virus)나 계두 바이러스(fowlpox virus)와 같은 유전자가 큰 다른 DNA 바이러스에 삽입되기도 한다. REV proviral DNA가 이들 바이러스에 삽입될 때 LTR 혹은 일부 유전자만 부분적으로 삽입되는 경우도 있으나 REV 전체 유전자가 삽입되어 감염능이 있는 바이러스가 생성되는 경우도 있다.

바이러스 strain 분류

REV는 분리주 간에 항원성 차이가 많지 않아 단일 혈청형 바이러스로 분류된다. 증식결손 strain T를 제외하고는 바이러스 구조, 화학적 조성 및 유전자 염기서열이 분리주 간 매우 유사하다. 그럼에도 불구하고 일부 분리주 간에는 중화항체 정도 차이, 단클론성 항체에 대한 반응성 차이 등으로 subtype을 구분하기도 한다. REV 분리주 간에는 생물학적 특성이나 병원성 및 세포에서의 증식 능력 등에서 일부 차이가 나타나는 경우도 있으나 strain

이 구분될 정도의 차이는 아니다.

바이러스 배양

REV는 다양한 조류 세포 및 포유류 유래 세포에서 배양 가능하다. 계태아 섬유아세포(chicken embryo fibroblast; CEF), 오리 태아섬유아세포(duck embryo fibroblast; DEF), QT35(quail sarcoma cell line) 등에서 증식가능하다. CEF 세포에 증식할 경우, 대부분 세포변성효과가 나타나지 않지만 일부에서는 감염세포가 변성(degeneration)되는 세포변성효과가 나타나기도 한다. 증식-결손(*rd*) REV는 D17(개 육종세포주), 개 흉선세포, 래트 신장세포, 밍크 허파세포 등에서도 증식한다.

REV는 계태아(chicken embryo)에서 증식하며 닭, 일본 메추라기(Japanese quail), 오리, 거위, 칠면조, 꿩, 호로조(guinea fowl)에 접종할 경우에도 증식된다.

역학

자연감염 숙주 및 발생 상황

REV는 칠면조, 닭, 오리, 거위, 꿩, 일본 메추라기, 공작 등에서 자연감염되며 호로조(guinea fowl)는 실험적으로 감염된다. RE는 한국뿐만 아니라 일본, 호주, 미국, 이집트, 이스라엘 등 많은 국가에서 발생 보고되고 있다. 일본, 미국, 호주 등에서는 백신 오염으로 인해서 RE가 발생된 경우도 보고된 바 있다. 야외 계군에서 REV 감염으로 인한 임상증상 발생은 다양하며 급성 종양(strain T 감염으로 인한 종양) 발생은 거의 나타나지 않는다. 야외 계군에서 왜소병증후군(runting disease syndrome)은 REV가 어린 일령에 조기 감염된 계군에서 나타나며 왜소병증후군 감염이 나타날 경우에는 피해가 크게 나타난다. 야외 계군에서 REV 감염으로 인한 만성 종양 발생은 흔하지 않다. 칠면조에서 만성 종양 발생으로 인한 피해는 미국, 영국 등 일부 국가에서 보고된 바 있다. 닭에서도 만성 종양 발생으로 인한 피해가 일부 보고되었으나 흔하지 않으며 REV 오염 백신접종 계군에서 일부 보고되고 있다.

전파

RE는 수평전파(horizontal transmission) 혹은 수직전파(vertical transmission)로 전파된다. REV는 감염된 닭의 분변이나 체액으로 배설된다. 수평전파는 감염된 닭과 동거 사육될 경우 일어나지만 질병으로 인한 피해는 거의 나타나지 않는다. REV는 침노린재(*Triatoma infestans*), 연진드기(*Ornitodoros moubata*), Culex 종 모기(*Culex annulirostris*) 등 감염 닭을 흡혈한 곤충에서도 바이러스가 분리되는 것으로 보아 이들 흡혈 곤충에 의한 기계적인 전파도 가능한 것으로 추정된다.

질병으로 인한 피해는 감염 어미닭으로부터 후대 병아리로 바이러스가 수직전파(난계대전염)될 경우 주로 나타난다. 난계대전염된 일부 개체는 조류 백혈병/육종에서와 유사하게 바이러스에 대한 면역학적 반응이 나타나지 않고 항체가 형성되지 않아 바이러스가 체내에 지속적으로 남아 있는 내성 감염(tolerant infection)이 나타난다. 내성 감염된 닭은 거의 일생동안 바이러스를 배설하면서 주요 전염원이 되기도 한다.

REV는 백신 오염으로 전파되기도 한다. REV가 오염된 계두 백신이나 마렉병 백신으로 전파된 사례들이 확인되기도 하였다.

잠복기

닭에서 세망내피증의 잠복기는 감염하는 바이러스와 발현 병증 형태에 따라 다양하다. 비종양성 형태의 왜소병증후군의 경우 흉선과 F낭의 위축

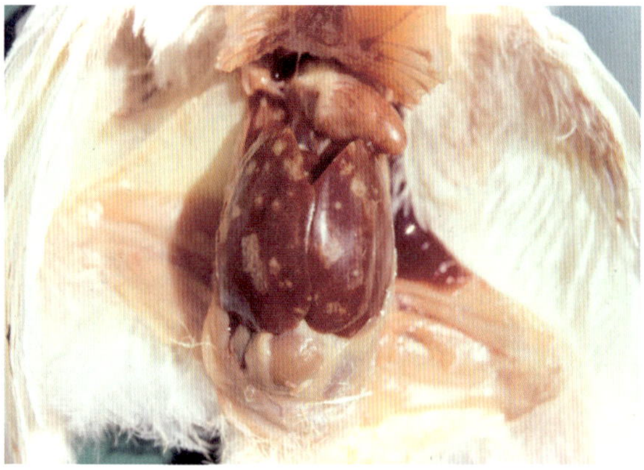

그림 15-4 REV T주 감염 닭의 간에 형성된 급성 종양소견

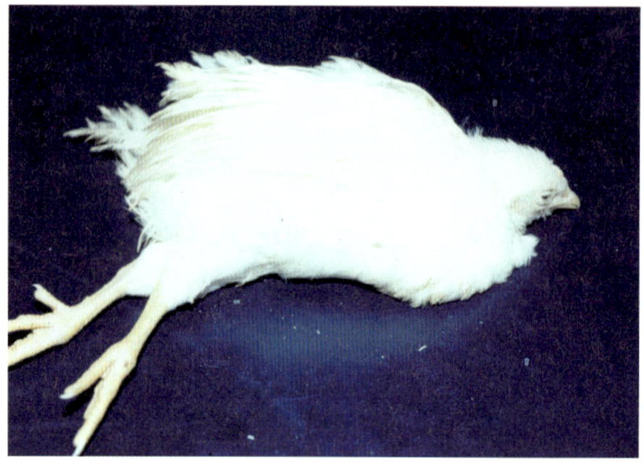

그림 15-5 REV 감염 닭에서 관찰되는 다리 마비증상

소견은 감염 3일경부터 나타나며 증체 저하는 감염 6일 후부터 나타난다. 신경증상과 면역능력 저하는 감염 2주령 경부터 나타난다. 만성 종양 형태의 병증은 오랜 잠복기를 거친 후 발생하는데 F낭성 림프종(bursal lymphoma)은 잠복기가 17~43주령으로 길지만 비F낭성 림프종(non-bursal lymphoma)은 잠복기가 6주령 정도로 짧게 나타나는 경우도 있다. F낭성 림프종과 비F낭성 림프종의 종양 발현 기전은 모두 RE provirus가 감염 세포 DNA에 삽입됨으로써 세포 종양 유전자인 *c-myc* 발현에 영향을 미치기 때문에 종양이 발생하는 것으로 알려져 있다. 또한 *c-myc* 발현 활성 기전은 F낭성 림프종과 비F낭성 림프종에서 차이가 있는 것으로 알려져 있다. T주는 자체적으로 종양 유전자(*v-rel*)를 갖고 있기 때문에 닭에 감염 시 급성으로 종양이 나타나는데, 종양 발현의 잠복기가 3일 정도로 매우 짧을 수도 있으나 보통은 6~21일 정도이다(그림 15-4).

임상증상

세망내피증에 감염된 닭의 임상증상은 크게 두 가지 형태 즉, 왜소병증후군과 종양으로 구분될 수 있다. 왜소병증후군은 심한 증체 저하와 면역능력 저하의 임상증상이 주로 나타난다. 왜소병증후군을 앓는 개체들은 흉선과 F낭 등 면역기관 손상으로 면역기능이 크게 저하된다. REV 감염된 닭은 체액성 면역과 세포성 면역 반응이 저하된다. 따라서 REV에 감염된 닭은 마렉병 바이러스(MDV), 뉴캣슬병 바이러스(NDV) 등 다른 바이러스 감염에 대한 항체 생성 능력이 저하된다. 또한 대장균증이나 콕시듐증과 같은 세균성 및 원충성 질병의 2차 감염이 잘 일어날 뿐만 아니라 계두나 전염성후두기관염과 같은 다른 바이러스성 질병에도 잘 감염된다. 세망내피증에 감염된 야외 닭에서는 괴저성 피부염(gangrenous dermatitis)이 흔하게 발생하는데 이는 면역능력 저하 때문에 피부 상처를 통해 포도상구균이나 클로스트리디움균 감염이 쉽게 일어나기 때문이다. 왜소병증후군에서는 좌골신경 등 말초신경 손상이 유발될 수 있으며 이로 인해 다리마비 등의 신경증상이 나타나기도 한다(그림 15-5).

종양형태로 나타나는 임상증상은 닭에서 감염하는 바이러스 종류나 감염되는 닭의 종류에 따라 두 가지 종양 형태, 즉 F낭성 림프종(bursal lymphoma)과 비F낭성 림프종(non-bursal lymphoma)으로 구분된다. 닭의 F낭성 림프종은 chick syncytial virus나 nondefective T 바이러스에 감염된 닭에서 발생한다. 종양은 주로 간과

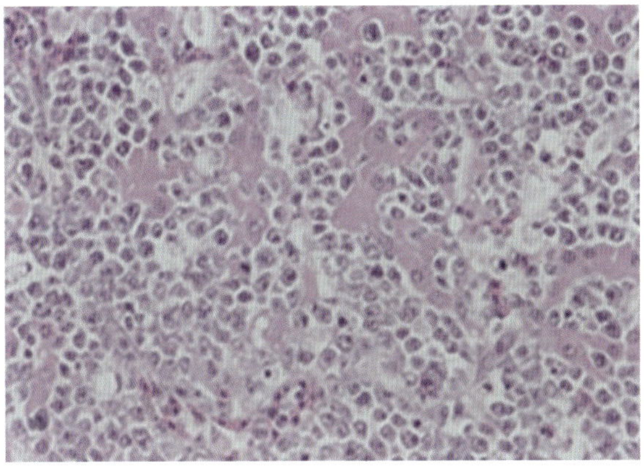

그림 15-6 REV 감염 닭의 F낭성 림프종이 발병된 개체의 간 조직 소견

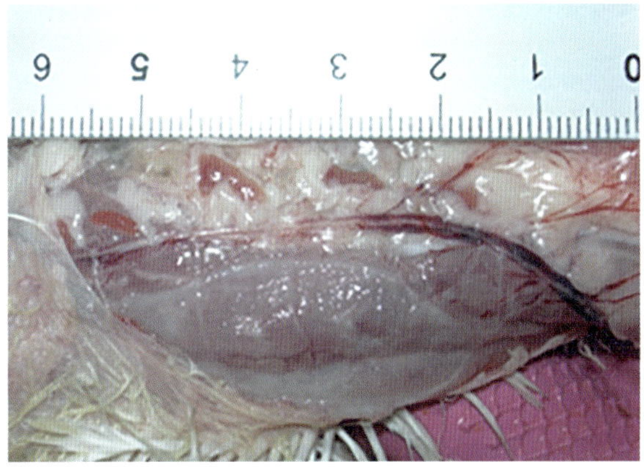

그림 15-7 REV 감염 닭에서 흔하게 관찰되는 흉선의 심한 위축 소견

F낭에서 나타나며, 종양 구성 세포도 B세포 유래 림프모세포(lymphoblast)로만 구성되기 때문에 조류 백혈병/육종 바이러스로 인한 림프구성 백혈병(lymphoid leukosis)과 매우 유사하다(그림 15-6). 비F낭성 림프종은 병아리 합포체 바이러스(chick syncytial virus)나 비장괴사 바이러스(spleen necrosis virus)가 일부 계통 닭에 감염될 경우 나타나는 종양 형태로서 F낭에서는 종양이 거의 나타나지 않으나 간, 비장, 흉선, 심장, 신경 등에 종양이 형성된다. 종양세포는 T 세포(CD8+) 유래의 미성숙 림프망세포(lymphoreticular cell)로 구성되어 있어 F낭성 종양과 구별된다.

병변

왜소병증후군으로 폐사한 닭에서 가장 특징적으로 관찰되는 병변은 발육 부전과 함께 흉선과 F낭이 심하게 위축된 병변이다. 병변이 심한 개체들은 흉선과 F낭에서 면역세포가 완전히 파괴되고 고갈되어 부검하면 면역기관 특히, 흉선은 거의 관찰되지 않을 정도로 위축되어 있다(그림 15-7).

왜소병증후군에서는 선위염(proventriculitis) 병변이 많이 동반된다. 선위염으로 인해 선위에서 염증과 출혈 병변이 관찰되는데 출혈은 선 조직 주위로 나타나는 특징이 있다. 세망내피증에 조기 감염된 닭에서는 날개 깃털의 이상발육이 관찰되기도 한다. REV 감염 닭은 깃털 생성 세포가 괴사되어 발육이 안 되기 때문에, 깃털 중간 부위가 익축에 말림으로써 날개를 펼치면 중간 부위가 구멍이 난 것처럼 관찰되는 나카누케(Nakanuke)라는 병변이 관찰되기도 한다(그림 15-8).

그림 15-8 REV 조기 감염으로 발생한 깃털 중간 부위 발육이상 소견

세망내피증 종양으로 폐사한 닭에서는 간장, 비장, 신장, 심장, F낭, 흉선, 신경 등 각종 장기 및 조직이 암세포 침윤으로 심한 종대 병변이 관찰된다(그림 15-9). 종양 병변이 나타나는 장기 및 조직은 종양 형태(F낭성 림프종과 비F낭성 림프종 등)에 따라 다양하게 나타난다.

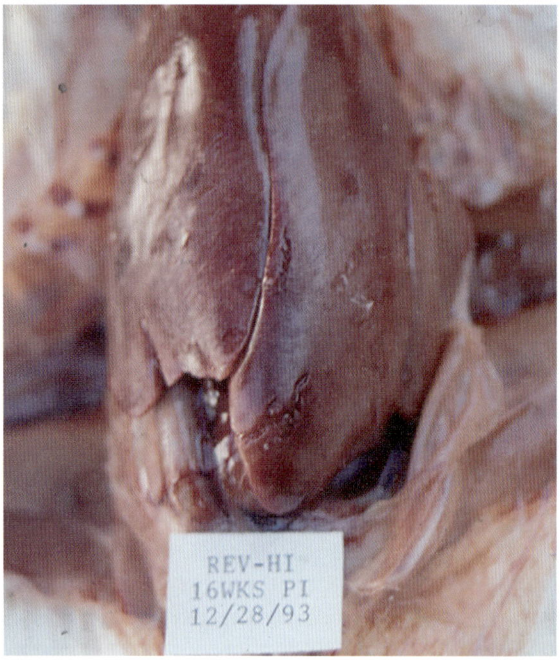

그림 15-9 REV 감염 닭에서 16주령 후에 발생한 만성 간 종양소견

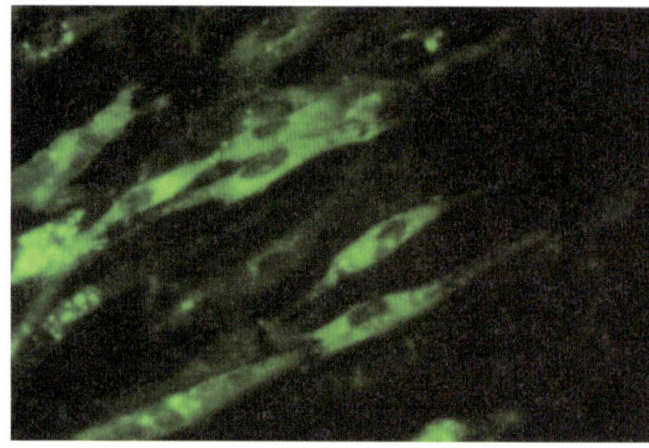

그림 15-10 계태아 섬유아세포에서 형광항체법으로 검출되는 REV 항원

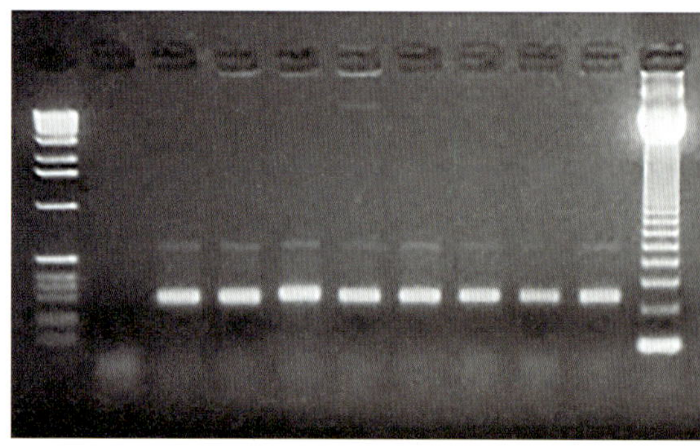

그림 15-11 PCR법을 이용한 REV 유전자 확인

진단

바이러스 분리 및 동정

REV는 감염 닭의 혈액, 간, 선위, 흉선, F낭 등의 다양한 조직으로부터 분리된다. 바이러스는 계태아 섬유아세포에 접종하여 2대 정도 계대배양하면 분리될 수 있지만 뚜렷한 세포변성효과는 나타나지 않는다. 감염된 세포에서의 REV 확인은 REV 특이 항체를 이용한 형광항체법(그림 15-10) 혹은 면역염색법(immunoperoxidase staining) 등으로 확인가능하다. 최근에는 중합효소연쇄반응(PCR)법(그림 15-11)을 이용하여 REV proviral DNA를 검출하는 진단법이 개발되어 많이 이용되고 있는데, 이 검사법은 민감도와 특이도가 높아서 감염세포, 혈액, 종양 조직 등에서 REV를 확인할 수 있는 유용한 방법으로 사용되고 있다.

혈청검사

REV에 대한 항체는 간접형광항체법(indirect fluorescent antibody test), 혈청중화시험법(serum neutralization test), 한천겔침강반응법(agar gel precipitation test), ELISA법 등 다양한 방법으로 검출할 수 있다. 간접형광항체법은 REV로 감염시킨 계태아 섬유아세포를 항원으로 사용하여 검사한다. 바이러스 중화시험법은 바이러스와 검사혈청을 반응시킨 후 계태아 섬유아세포에 접종하여 확인하는 방법으로 검사시간이 많이 소요된다. 한천겔침강반응법은 검사방법은 간단하지만 민감도가 낮고 검사시간이 오래 걸린다. ELISA법은 상용화된 ELISA 키트 이용이 가능하고 검사시간도 짧아 REV에 대한 항체검사법으로 가장 많이 사용되고 있다.

감별진단

왜소병증후군에서 관찰되는 흉선 및 F낭 위축소견은 닭 전염성빈혈과 감별이 필요하다. 왜소병증후군에서는 흉선과 F낭 모두 심하게 위축되는 소견이 주로 나타나지만, 닭 전염성빈혈에서는 F낭보다는 흉선이 심하게 위축된다는 점에서 다소 차이가 있다. 왜소병증후군으로 다리마비 등의 신경증상이 나타날 경우에는 일과성 마비(transient paralysis)가 있는 마렉병과 감별진단이 필요하다.

세망내피증으로 인한 종양은 마렉병 및 백혈병과 감별이 필요하다. 마렉병과 백혈병의 종양 세포는 각각 T 세포와 B 세포 유래이나 세망내피증으로 인한 종양 유래세포는 T와 B 세포 모두 될 수 있다. 종양 형성 장기에서도 F낭성 림프종은 백혈병과 유사하며 비F낭성 림프종은 마렉병과 유사하게 나타기 때문에 감별진단이 필요하다.

예방 및 치료

REV 감염으로 인한 피해는 난계대전염이나 조기 감염될 경우에만 주로 나타나므로 이에 대한 예방대책이 중요하다. REV *env* 유전자 재조합 계두 백신이나 기타 방법으로 제조한 백신 등이 개발되고 있으나 백신접종법은 RE 예방을 위해 권장되지 않고 있다. 종계는 REV에 감염되지 않도록 위생적으로 관리하여야 하며 감염 계군은 종계로 사용하지 말아야 한다. REV는 마렉병과 계두 백신 등에 오염되어 전파될 수도 있으므로 이들 백신 제조시 REV가 오염되지 않도록 관리하여야 한다.

참고문헌

Kang C.Y., T.C. Wong, K.V. Holmes. Comparative ultra-structural study of four reticuloendotheliosis viruses. *J. Virolol.* 16(4):1027–1038, 1975.

Motha MXJ. Effects of reticuloendotheliosis virus on the response of chickens to infectious laryngotracheitis virus. *Avian Pathol.* 11:475–486, 1982.

Mussman HC, Twiehaus MJ. Pathogenesis of reticuloendotheliosis virus disease in chicks – an acute runting syndrome. *Avian Dis.* 15:483–502, 1971.

Payne L. N. 2008. Retroviridae. Pages 276–293 In: Poultry Diseases, 6th edition. Saunders, London.

Witter R. L. and L. B. Crittenden. 1979. Lymphomas resembling lymphoid leukosis in chickens inoculated with reticuloendotheliosis virus. *International J of Cancer*, 23:673–678.

Zavala G. and V. Nair. 2020. Reticuloendotheliosis. Pages 625–637 In: Diseases of Poultry, 14th edition. John Wiley & Sons, Inc. Hoboken, NJ, USA.

II
SECTION

세균성 질병

16
CHAPTER

살모넬라 감염증

Salmonella Infections

경북대학교 이영주

개요

Salmonella, 특히 가금류에 급성 또는 만성적인 질병을 유발하는 주요 원인균인 *Salmonella* Pullroum(*S.* Pullorum)과 *Salmonella* Gallinarum(*S.* Gallinarum)은 많은 국가에서 양계산업에 경제적으로 큰 손실을 일으키고 있기에 질병 자체의 발생을 억제하는 것이 가장 중요하다. 그러나 이외 *Salmonella*는 가금에 감염시 가금 자체에는 큰 피해를 유발하지 않으나 계란이나 계육 등 food-chain을 통하여 사람에게 전파되어 위해를 가할 수 있기에 공중보건학적으로 매우 중요하다.

Daniel E. Salmon(1850~1914)의 이름에서 명명된 *Salmonella* 속(Enterobacteriaceae의 계통)은 크게 *Salmonella enterica* 및 *Salmonella bongori*의 species로 나뉘어져서 현재 2,500종 이상의 혈청형으로 분류되나 가금류와 관련된 모든 살모넬라균은 *Salmonella enterica*에 속하는 것으로 알려져 있다(**그림 16-1**).

*Salmonella*의 가금류 감염은 크게 세 가지 범주로 나눌 수 있다. 첫 번째는 앞서 말한, *S.* Pullorum과 *S.* Gallinarum 감염으로 조류에 대하여 숙주특이성(host-specific)을 보이는 비운동성의 *Salmonella*이며, 두 혈청형 모두 가금류에 급·만성의 전신성 질병을 유발하면서 가금산업에 큰 경제적 피해를 초래한다. 두 번째는 paratyphoid salmonellae(파라티푸스 감염증)로 통칭하는 수많은 운동성을 가지는 숙주 비의존성(non-host-adapted) *Salmonella*로서 야생 동물과 가축에서 거의 보편적으로 발견되는 혈청형으로 주로 사람에게 식중독을 유발하는 주요 원인체가 되고 있다. paratyphoid salmlonellae는 가금류에 쉽게 감염이 이루어지지만, 면역력이 약한 어린 조류를 제외하고는 급성 전신성 증상은 거의 발생하지 않으며, 대부분 무증상이면서 장관이나 내부 장기에 집락을 형성하여 도체를 오염시키는 특징이 있다. 또한 일부 혈청형, 특히 *S.* Enteritidis의 경우는 감염된 암탉이 낳은 계란의 난황까지 오염을 유발할 수 있기에 공중보건학적으로도 매우 중요하다. 따라서 paratyphoid salmonellae는 공중보건학적 측면에서 가금류에 유입되는 것을 방제하기 위한 효과적인 방법들이 농장에 적용되어야 한다. 세 번째는 *S. enterica* subpsecies *arizonae*로, 최근 몇 년간 어린 칠면조에 급성 패혈증을 유발하여 경제적으로 중요한 질병으로 재등장하고 있다.

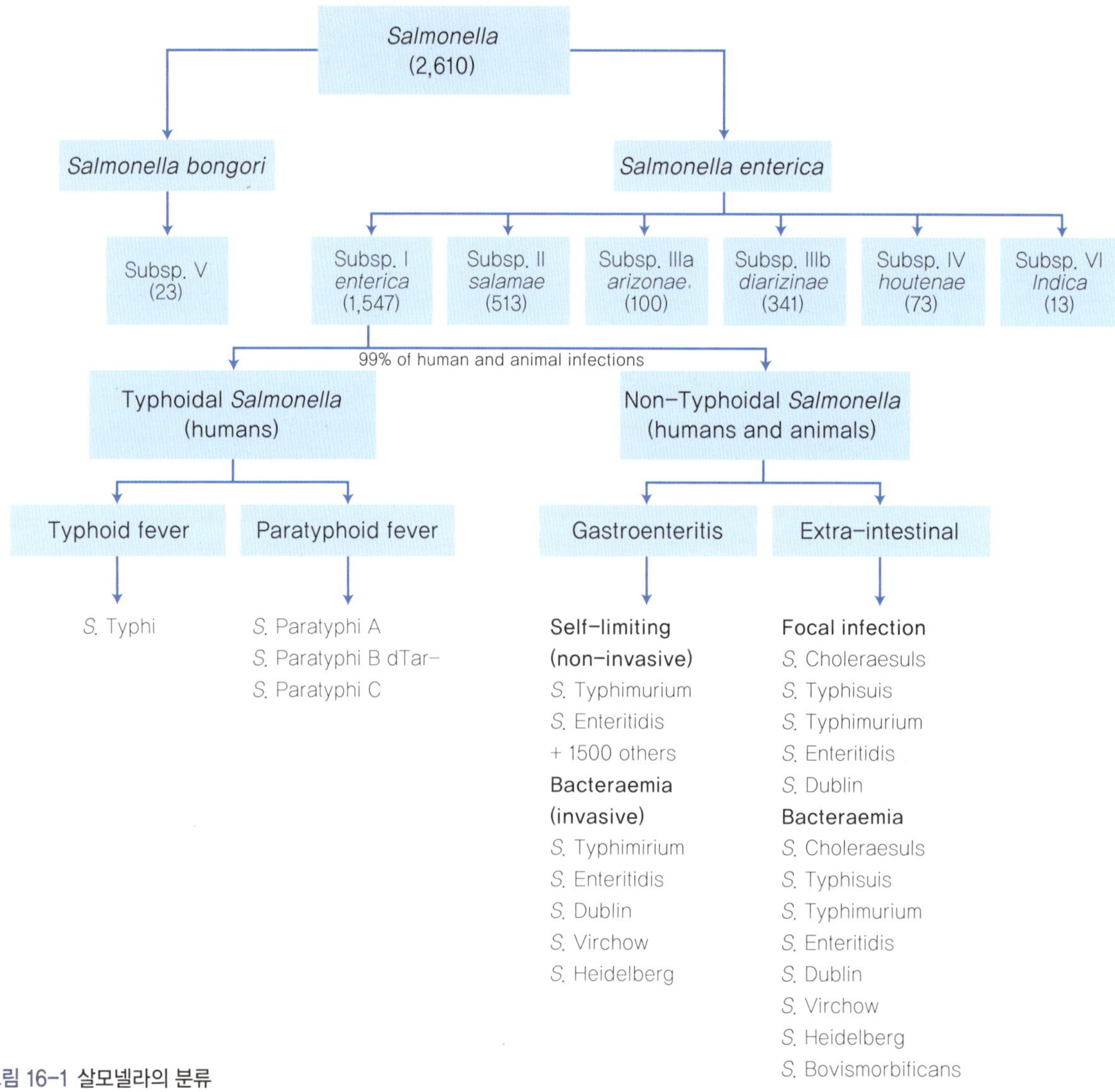

그림 16-1 살모넬라의 분류
doi:10.1371/journal.ppat.1002776.g001

추백리 및 가금티푸스

Pullorum disease & Fowl typhoid

개요

추백리(Pullorum disease; PD)와 가금티푸스(Fowl typhoid; FT)는 역사, 임상증상, 발병 원인, 병변 및 박멸에서 많은 유사성을 가지고 있다. 그러나 이 두 질병은 *S.* Pullorum과 *S.* Gallinarum이라는 서로 다른 세균에 의해 발병된다. 최근에는 이 두 *Salmonella*가 단일종에 위치하고 있다고 보고되고 있으나, *S. enterica* subspecies *enterica serovar* Pullorum-Gallinarum이 같은 혈청형 내에서 단일인지 아니면 다른 분류군인지에 대한 논쟁은 지금도 계속되고 있는 상황이다.

PD와 FT는 주로 닭과 칠면조에 영향을 미치는 패혈증성 질병이지만 메추라기, 꿩, 오리, 공작새 등 다른 조류도 감염될 수 있으며, 두 질병 모두 난계대전염(egg transmission)으로 전파될 수 있다. 그러나 이들 두 질병의 원인체는 사람에게 직접적인 감염은 이루어지지 않기에 공중보건학적인 중요성은 없다.

역사

PD는 1899년 Rettger에 의해 처음으로 알려졌으며, 어린 병아리에 치명적인 패혈증을 유발한다고 보고하였다. 이 후 병아리의 다른 질병과 구별하기 위해 세균성 설사(bacillary white diarrhea)로 명명되었고 미국 등 전 세계적으로 발병하였다. 특히 어린 병아리에서 발병 시 폐사율이 최대 100%까지 달하였기에 닭 산업에 심각한 피해를 유발하기도 하였다. 1900년에서 1910년 사이에 PD가 난계대전염(egg transmission)으로 전파되는 것이 확인되었으며, 1913년에 시험관응집항체검사법(tube agglutination antibody test)이 개발되어 진단에 응용되다가 1932년 미국가축보건협회(United States Animal Health Association; USAHA) 에서 표준 진단법으로 채택되었다. 또한 염색된 항원을 이용한 전혈검사법(whole blood test method)도 1932년에 개발되었으며, 검사방법의 간편함으로 널리 사용되었다.

PD와 매우 유사한 질병인 FT의 원인체는 1888년에 *Bacillus gallinarum*으로 처음 보고되었으며 이후 *B. sanguinarium*으로 변경되어 명명되다가 추후에 *S.* Gallinarum으로 확립되었다. FT란 이름은 1902년부터 불리었으며 독일과 네델란드 등의 유럽에서도 이후 동일한 질병명으로 불리었다.

1935년 미국은 자발적으로 National Poultry Improvement Plan(NPIP, 국가가금위생발선계획)을 설립하였고, USDA와 협력하여 주 정부기관의 관리 하에 PD에 대한 박멸프로그램을 적용하였으며, 1954년에는 FT도 NPIP에 포함시켜 Pullorum-Typhoid를 동일한 범주로 근절하기 시작하였다. 이 후 유럽 또한 유사한 프로그램을 도입하였으며 그 결과, 현재 Pullorum-Typhoid는 이들 국가에서는 가금류보다 야생조류에서 종종 발병이 보고되고 있다.

원인체 특성

분류

PD와 FT는 각각 *S.* Pullorum과 *S.* Gallinarum에 의해 유발된다. 최근 들어 두 세균을 Enterobacteriaceae 계통의 *S. enterica* subsp. *enterica serovar* Pullorum-Gallinarum로 명명하면서 동일한 균주로 분류하고 있는 것이 일반적이며, 숙주 의존성(host-adapted)이 매우 높다. 이들은 운동성이 없고 Kauffman White의 분류에 따라 *S.* Enteritidis와 동일한 혈청군인 D group에 속하지만, *S.* Pullorum 및 *S.* Gallinarum은 생화학적 및 유전학적 성상에는 차이를 보인다. 즉, *S.* Pullorum과 *S.* Gallinarum은 비운동성(non-motile) *Salmonella*이지만, *rfbS* 및 *glgC* 유전자를 이용한 PCR법이나, *EcoRI* 제한효소(restriction enzyme)를 이용한 ribotyping 및 single strand conformational polymorphism을 이용한 phase I flagellin C 유전자의 분석에 의하여 *S.* Pullorum과 *S.* Gallinarum 균주를 구분할 수 있다. 또한 random amplified polymorphic DNA assay에 의하면 *S.* Pullorum 균주 간에도 유전학적 차이가 있음이 밝혀졌다.

형태학 및 염색법

*Salmonella*는 그람 음성균의 통성혐기성균으로, 너비가 0.3~1.5 ㎛ 및 길이가 1.0~2.5 ㎛인 간균이다. 또한 앞서 설명한 바와 같이, *Salmonella* 중 대표적인 비운동성(non-motile) *Salmonella*로 분류된다.

배양

S. Pullorum과 *S.* Gallinarum은 MacConkey agar와 같은 일반 영양배지에서 쉽게 잘 자라며, selenite-F broth, tetrathionate broth, bismuth sulfite, brilliant green agar에서도 배양이 가능하다. 그러나 야외 분리주(field strain)를 brilliant green agar나 salmonellla-shigella agar와 같은 선택배지에 곧바로 배양시 다른 *Salmonella* 와는 달리 잘 자라지 못하는 경우도 있다.

생화학적 성상

S. Pullorum과 *S.* Gallinarum의 생화학적 성상은 차이점보다 유사점이 더 많다. 이들 두 세균 모두 arabinose, starch, gallactose, manitol, mannose, rhamnose 및 xylose를 발효(ferment) 시키며, gas의 발생유무와는 상관없이 acid를 산생한다. 또한 lactose, sucrose 및 salicin은 발효시키지 않는다. 이 두 세균의 중요한 차이점 중 하나는 *S.* Gallinarum은 dulcitol와 maltose를 발효시키지만 *S.* Pullorum은 dulcitol을 발효시키지 못하고 maltose 또한 거의 대부분 발효시키지 못한다. 또 하나는 *S.* Pullorum은 ornithine을 탈카복실화(decarboxylation)하지만, *S.* Gallinarum은 그러지 못한다는 것으로, 이러한 차이점은 *S.* Pullorum과 *S.* Gallinarum을 구분하는 데 매우 유용하게 사용된다(표 16-1).

화학적 및 물리적 요인에 대한 저항성

일반적으로 *S.* Pullorum과 *S.* Gallinarum의 화학적 및 물리적 인자에 대한 감수성은 paratyphoid salmonellae와 거의 유사하다. 그러나, *S.* Pullorum과 *S.* Gallinarum은 적당한 환경에서 수년 동안 생존할 수는 있지만, paratyphoid salmonellae에 비해 열, 화학물질 및 환경적 요인에 대한 저항성은 일반적으로 낮다. 예를 들어, *S.* Gallinarum은 60℃에서 10분 이내, 햇빛에 직접 노출 시는 몇 분 이내 사멸하며, 1:1000으로 희석된 페놀, 1:20,000으로 희석된 염화수은 또는 1% 과망간산칼륨에서는 3분, 2% 포르말린에서는 1분 이내에 사멸한다. 고체배지에서만 지속적으로 배양된 *S.* Gallinarum의 경우는 독력(virulence)이 사멸될 수도 있으며, 매일 동결과 해동을 반복될 경우에는 43일 이후에는 생존력(viability)이 사라진다고 보고되기도 하였다. 또한 *S.* Gallinarum은 감염된 닭의 배설물에는 최대 11일까지 생존이 가능하다고도 보고되었다. *S.* Pullorum의 경우, *S.*

표 16-1 *S.* Pullorum과 *S.* Gallinarum 성상 비교

Characteristics	*S.* Pullorum	*S.* Gallinarum
Dextrose	Fermented with no gas	Fermented with no gas
Lactose	Not fermented	Not fermented
Sucrose	Not fermented	Not fermented
Mannitol	Fermented with no gas	Fermented with no gas
Maltose	Usually not fermented	Fermented with no gas
Dulcitol	Not fermented	Fermented with no gas
Ornithine	Fermented	Not fermented
Indole	Not produced	Not produced
Urea	Not hydrolyzed	Not hydrolyzed
Motility	Nonmotile	Nonmotile
Agglutination	Positive with group D	Positive with group D

Gallinarum과 유사한 저항성을 보이거나 또는 배양속도 등의 차이로 인하여 동일한 조건에서 좀 더 빨리 사멸될 수 있다.

항원 구조

S. Pullorum과 *S.* Gallinarum 모두 O 항원구조 중 1, 9, 12를 가지고 있다. *S.* Gallinarum은 항원구조 12와 관련된 변이가 없지만, *S.* Pullorum은 항원구조 12에서 변이를 나타낸다. 즉, *S.* Pullorum은 O형 항원구조 9, 12_1, 12_2 및 12_3을 함유하고 있는 것으로 나타났으며, 항원 12_2와 12_3의 양은 *S.* Pullorum에 따라 다양하다. *S.* Pullorum 표준 균주(standard strains)는 많은 양의 12_3과 매우 적은 양의 12_2를 포함하지만, 변이형 균주(variant strains)는 적은 양의 12_3과 많은 양의 12_2를 가진다. 중간형 균주(intermediate strains)는 이들 두 구조가 보통 균일하게 분포되어 있다.

독력(virulence) 인자

S. Pullorum과 *S.* Gallinarum은 그람 음성세균으로 내독소(endotoxin)를 가지고 있다. 내독소에 대한 다양한 연구는 신행되고 있지 않지만, 이들의 내독소를 병아리에 정맥 주사 할 경우, 몇 시간 이내에 임상 징후를 유발할 수 있다. 그러나 대부분의 병원성 미생물과 마찬가지로, *S.* Gallinarum과 *S.* Pullorum 또한 인공 배지에서 지속적으로 배양하면 독력(virulence)을 급속하게 잃어버릴 수 있다. 따라서 이들 균주에 대한 병원성(pathogenicity) 시험을 실시하기 위해서는 배양액은 반드시 자연 숙주인 닭에서 계대배양(serially passage)시켜야 하며, 이 후 배양액을 동결건조나 동결상태로 유지하는 것이 가장 좋다.

S. Pullorum과 *S.* Gallinarum의 독력에 85-kb 플라스미드(plasmid)는 또한 중요한 역할을 한다. 그러나 85-kb plasmid 이외의 plasmid가 있거나 또는 다른 plasmid와 85-kb plasmid가 조합, 혹은 plasmid가 전혀 없는 *S.* Gallinarum이 발견되기도 한다. 더 나아가, *Salmonella* Pathogenicity Island(SPI) 2는 비특이적 식세포(nonprofessional phagocytes)의 침습(invasion)에 필요한 SPI 1 암호 유전자에 어떻게 기여하는지는 분명하지 않으나, 독력과 생존(survival)에 필수적이며, 아직 완전히 밝혀지진 않았지만 다른 여러 독력 유전자(virulence genes)들과 함께 관여하고 있다. 특히, 특정 유전자는 *Salmonella*가 상피세포 내로 유입 및 부착(adherence)하는 역할을 하는 것으로 보고되고 있다.

역학

발생률 및 분포

PD와 FT는 전 세계적으로 분포되어 있다. 그러나, PD는 미국, 캐나다, 오스트레일리아, 일본 및 서유럽과 같은 나라의 실용계(commercial poultry)에서는 거의 발생하지 않는다. 미국에서는 1990~1991년 사이 육용종계군(broiler breeder flocks)과 육계(broiler)에서의 PD 발생을 마지막으로 최근까지 보고되지 않고 있다.

FT 또한 1980년 이후 미국에서는 실용계에서 발생이 보고된 바 없으며, 캐나다와 여러 유럽 국가에서도 거의 발생하지 않는 것으로 알려져 있다. 그러나 멕시코, 중남미, 아프리카 및 인도에서는 PD와 FT가 계속 발생하고 있으며, 최근에는 동유럽에서 수입된 실용계에 의하여 덴마크와 독일에서 FT 발생이 보고되기도 하였다.

국내 발생

국내에서 PD는 1924년에 최초 확인이 보고된 이후 지속적으로 가금산업에 큰 손실을 유발하였으나, 법정전염병으로 지정하여 체계적인 방역대책과 아울러 종계 및 원종계에 대한 양성계 살처분 정책(test and slaughter)을 실시함으로써 최근에는 거의 발생하지 않고 있다.

그러나 FT는 산란용 실용계(commercial layers)에서 첫 발생이 보고된 이후 전국적으로 확산되어 국내 양계산업에 막대한 피해를 가져 왔으며, 2000년대 중반에 *S.* Gallinarum 9R strain을 이용한 생백신(live vaccine)의 도입으로 발생률이 감소하기는 하였으나 현재까지도 많은 농장에서 발생하여 경제적 손실을 유발하고 있다.

자연감염 숙주

닭은 *S.* Pullorum과 *S.* Gallinarum의 자연감염 숙주(natural host)로, 칠면조, 메추라기, 꿩, 참새 및 앵무새에도 발생한다. 오리, 거위 및 비둘기는 *S.* Gallinarum에 대한 감수성이 가변적이긴 하지만 현재 통용되는 품종들은 *S.* Gallinarum에 저항성을 나타내는 것으로 보인다. 특히 오리의 경우, *S.* Pullorum과 *S.* Gallinarum의 실험실적 감염에도 저항성을 나타냄이 확인되었다.

닭의 종(breeds)에 따라 PD에 대한 감수성에도 중요한 차이를 보인다. 즉, 레그혼(Leghorn)과 같은 백색계통의 종이 로드 아일랜드 레드(Rhode Island Reds)와 같은 갈색계통의 종에 비해 감수성이 떨어지며, 이는 백색계통의 종이 *S.* Pullorum을 포함한 대부분의 *Salmonella*에 대하여 유전적인 저항성을 가지기 때문이다. 또한 부화 첫 6일 동안의 체온 차이에 따라서도 감수성에 차이를 보인다. 즉, 높은 체온을 유지하는 계통은 대체적으로 우세한 체온조절기전을 가지기에 낮은 체온을 나타내는 계통보다 인공감염 시 폐사에 좀 더 저항성을 나타내는 경향이 있다. 따라서 PD에 의한 폐사는 주로 부화 2~3주에 국한되어 잘 나타나며, 이후 혈중의 임파구와 체온의 상승에 따라 저항성은 증가된다.

연령별 숙주 감수성

PD와 FT는 주로 종계로부터 난계대전염(egg transmission)되어 부화 후 3~4일경에 발생하기 시작하며, 이후 직 · 간접적인 수평전파로 전염이 이루어져 대개 1~2주령 전후에 피크를 이룬다. 특히, PD에 의한 폐사는 일반적으로 생후 2~3주 이내에 발생한다. 물론, 성숙한 닭(성계)에서 급성 감염, 특히 갈색 란을 생산하는 성계에서 가끔 PD로 인한 폐사가 보고되는 경우가 있긴 하지만 일반적이지는 않다. 그러나 FT는 난계대전염에 의한 어린 일령에 발생 시는 추백리와 유사한 양상을 나타내지만, 모든 일령의 닭과 칠면조에서 패혈증에 의한 높은 폐사를 유발하는 점에서 PD와는 발생 일령에 차이를 나타낸다.

전파

다른 많은 세균성 질병과 마찬가지로 PD와 FT도 여러 가지 방법으로 전파될 수 있다. 감염된 조류는 질병 확산의 가장 중요한 수단으로, 수평전염(horizontal transmission)과 함께 난계대전염을 유발한다. 난계대전염의 경우, 배란 후 난자가 오염되어 발생할 수도 있으나 난소에 *S.* Pullorum 또는 *S.* Gallinarum이 오염되어 발생하는 것이 일반적이다. 또한 난계대전염은 난황(yolk)의 항체 수준에 영향을 받으며, 모체이행항체가 높을 경우 종란내에서의 계태아(embryo) 폐사율을 낮추어 더욱더 높은 비율의 난계대전염이 유발될 수 있다. 일반적으로 난계대전염은 *S.* Pullorum이 *S.* Gallinarum 보다 쉽게 이루어질 수 있는 것으로 보고되고 있다. 생식기관으로의 감염 기전은 아직까지 불분명하지만, *S.* Pullorum 및 *S.* Gallinarum은 비장의 대식세포에서 균수는 감소하지만 지속적으로 살아남을 수 있는 능력이 있으며, 감염된 닭의 성 성숙 후 항원에 특이적 및 비특이적으로 반응하는 T 세포의 활성이 감소되면 *S.* Pullorum

및 *S.* Gallinarum의 수는 더욱더 증가하게 되어 생식기관으로까지 전파되는 것으로 알려져 있다.

일반적으로 *S.* Pullorum 및 *S.* Gallinarum에 감염된 종계 암탉의 최대 33% 정도의 종란이 난계대 전염을 일으킬 수 있다고 보고되었으며, 이렇게 감염된 병아리와의 접촉전파(contact transmission)는 이 질병의 중요한 전염 경로가 된다. 부화장은 접촉전파가 이루어질 가능성이 매우 큰 공간으로, 종란의 오염이 의심되는 경우에는 반드시 포르말린 훈증소독(formaldehyde fumigation)을 실시해 주어야 한다. 부화장의 포르말린 훈증소독으로 *S.* Pullorum 및 *S.* Gallinarum의 부분적인 예방이 가능함은 이미 보고된 바 있다.

수평전염(horizontal transmission)은 감염된 조류의 섭취, 감염된 계란의 섭취 및 피부의 상처를 통해서도 무리 내에서 이루어질 수 있으며, 감염된 조류의 분변, 오염된 사료와 물, 쓰레기도 전파를 일으키는 원인이 될 수 있다. 또한 트럭, 상자, 사료봉지에 의한 전파도 가능하며, 사람, 야생조류, 포유류, 설치류 및 곤충도 생물학적 매개체로 작용할 수 있다.

그림 16-2 감염 병아리의 허약과 조는 모습

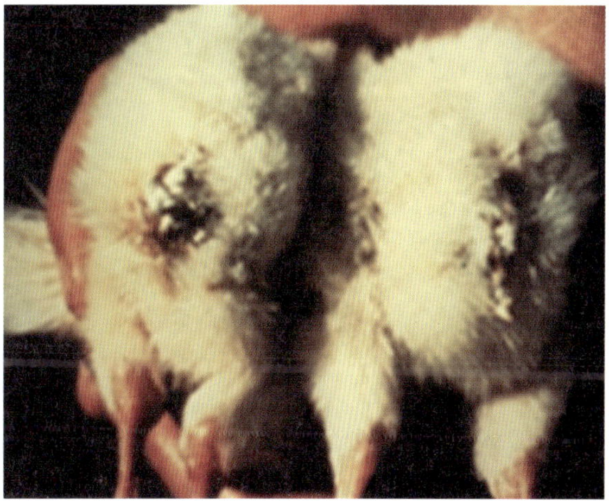

그림 16-3 감염병아리 항문에 붙은 석고모양 분변

임상증상

난계대전염으로 인한 어린 병아리에서의 발생 양상은 PD, FT 및 파라티푸스 감염증(paratyphoid infection) 모두에서 유사하게 나타난다. 그러나 PD나 파라티푸스 감염증이 주로 어린 병아리에만 증상을 유발시키는 것과는 달리, FT는 성장 중이거나 성숙한 닭과 칠면조에도 심각한 임상증상을 야기시킨다.

어린 병아리

S. Pullorum이나 *S.* Gallinarum에 감염된 종란에서 부화한 병아리의 경우, 부화 후 짧은 시간 안에 임상증상 출현과 함께 폐사가 나타난다. 어떤 경우에는 부화 후 5~10일까지 폐사가 보이지 않는 경우도 있으나 이는 소수의 종란만 오염되었기 때문일 가능성이 크며, 이 후 7~10일 이후가 경과되면 급속도로 폐사가 출현하게 되고 이때는 보통 2~3주째 정점에 이르게 된다.

감염된 병아리는 열원(熱源, heater) 가까이 모여들고, 졸림, 허약, 성장부전, 식욕감소와 함께 항문 주위에 석고 모양의 흰색 분변이 부착되어 있으며(그림 16-2 및 그림 16-3), 이후 곧 폐사한다. 호흡곤란과 헐떡거림은 균체가 폐로 광범위하게 퍼질 때 발생하며, 살아남은 닭들은 대개 크기가 균일하지 못하며 성장지연, 위축 및 깃털형성 불량 등을 보이고 이들 중 다수는 보균계(carrier)로 병원체를 전파시킨다. 특히 PD의 감염 시, 윤활막염(synovitis)에 의해 무릎관절의 종창 및 비대와 파행이 다수 나타날 수 있으며, 시력상실도 수반될 수 있다.

중추 또는 성계

PD의 경우에는 일반적으로 감염 개체에서 어떠한 증상도 발견할 수 없고 외형적으로도 구분하기 어렵다. 그러나 감염계가 많을 경우는 산란율, 수정률 및 부화율 감소가 나타날 수 있으며, 간혹 미성숙 또는 성숙 계군에서 급성감염이 일어나 설사, 탈수, 원기소실 등의 일시적 증상이 출현하거나 증상을 나타내지 않는 건강 보균계로 남아 일부의 알에 난계대전염을 유발할 수도 있다.

급성 FT의 발생은 중추와 성계에서 급격한 사료 섭취량 저하로 시작한다. 축 처지고 헝클어진 깃털과 창백하고 위축된 볏이 보이기도 한다. 폐사는 감염 4일째부터 나타날 수 있지만, 보통 5~10일 후 발생하며, 감염 2~3일 후에는 1~3℃ 정도 체온이 상승할 수 있다. 두드러진 임상증상으로는 식욕부진, 설사, 우울 및 탈수가 있다.

칠면조에서 PD와 FT의 임상증상은 갈증, 식욕부진, 무기력, 건강한 개체와 떨어지려는 경향, 초록빛이 도는 노란 설사가 나타나는 것이다. 감염 초기에 체온상승이 다양한 수준으로 일어날 수 있으며, 한 농장에서 첫 발생이 확인될 때에는 높은 폐사율을 나타내지만 그 후 간헐적으로 재발이 되었을 때는 처음보다는 폐사가 낮아지는 경향을 보인다.

이병률(Morbidity)과 폐사율(Mortality)

닭에서는 PD 및 FT 모두 나이(age), 조류 종(strain of bird), 영양상태(nutrition), 계군 관리(flock management), 동시 발생하는 질병의 유무, 감염 경로 및 감염 균량에 영향을 받는다. PD가 병아리에 감염 시 폐사율은 0~100%까지로 다양하며, 최대 폐사는 부화 후 2주 동안 발생하고 3~4주 사이에 급격히 감소한다. FT의 폐사율은 병아리에서는 10~93%까지로 보고되기도 하였지만, 1일령의 육계에 CFU/mL의 *S.* Gallinarum을 접종시 11일 안에 폐사율 100%를 나타내었다는 보고도 있다. 칠면조에서도 닭과 유사한 폐사율 및 이병률을 보인다.

병변

어린 병아리

부화 후 일주일 이전에 PD와 FT로 인하여 급성 패혈증으로 폐사한 경우 뚜렷한 병변이 출현하지 않는 경우가 많다. 일반적으로 간, 비장 및 신장의 종대나 충혈 소견이 나타나며, 특히 간은 창백 또는 변색되거나 직경 2~4mm의 백색 괴사소가 나타난다(**그림 16-4**). 일령이 많아지면서 난황흡수가 불량하여 난황낭 내용물이 크림의 질감이나 건락성의 점조성을 보이며, 호흡기 증상이 출현한 개체에서는 폐나 심장에 회백색의 결절이 관찰된다. 결절은 근위나, 맹장 및 직장에서도 관찰되며, 복강내 삼출물, 장벽 비후, 눈의 삼출물, 비장비대증, 폐의 점상 출혈을 동반한 회백색 괴사 병소가 나타나기도 하며, 이러한 병아리는 후에 관절이 종창하기도 한다(**그림 16-5**).

어린 꿩에서는 난황낭 감염, 폐렴, 간염 및 맹장 결장염이 PD로 인한 흔한 육안소견으로 나타난다.

성계

PD의 육안소견은 거의 발견할 수 없으나, 가끔 결절이나 난포퇴행 같은 최소한의 병변은 관찰될 수 있다. PD와 FT에 의한 만성 보균계에서 가장 흔하게 발견되는 병변은 정상 난포 사이에 존재하

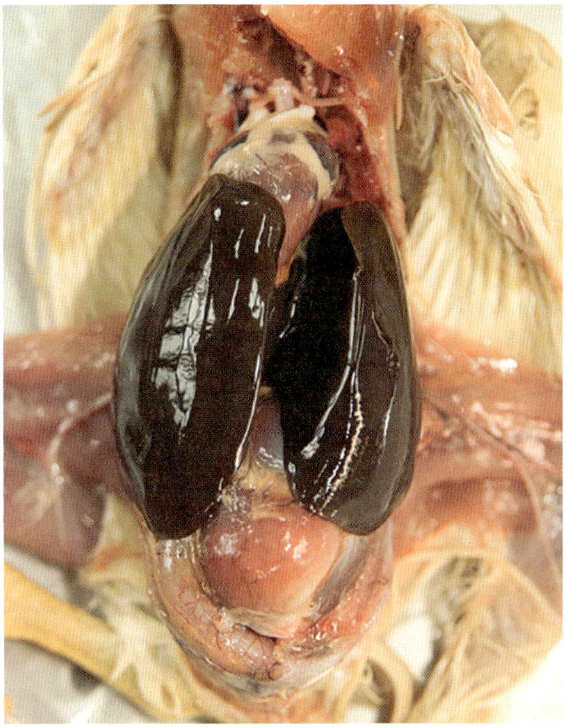

그림 16-4 간의 종대 및 괴사소

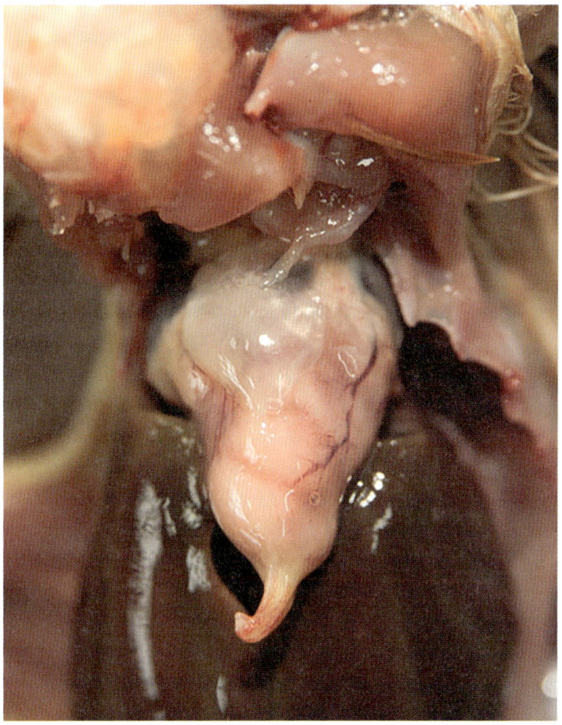

그림 16-6 심근염 및 심장결절

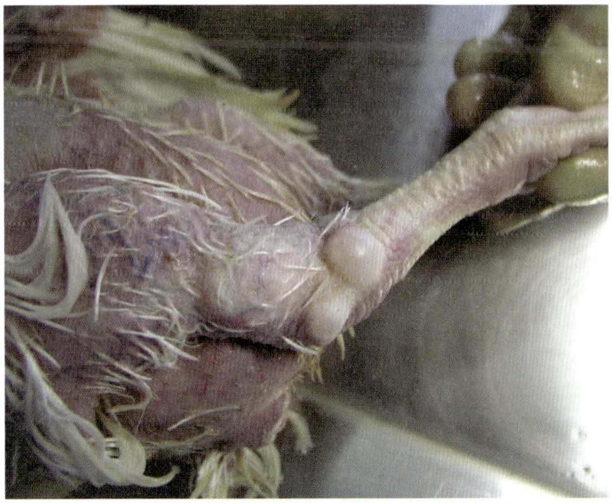

그림 16-5 무릎 부위 다발성 수포성 관절염

는 기형 난포로 건락성 물질을 포함하고 있다. 이러한 퇴행성 난포는 보통 난소에 가깝게 부착되어 있지만 종종 떨어져 나가기도 하며 이 경우에는 복막강의 안쪽에서 보일 수 있다. 종종, 난소와 난관의 기능이상으로 복막 배란이나 난관 경색이 유발되어 복부장기에 광범위한 복막염과 유착을 일으킬 수 있다. 그러나 생식기관 감염과 관계없이도 섬유성 복막염과 간주위염은 종종 나타날 수 있다.

급성으로 죽은 가금의 사체는 피하 혈관의 충혈, 골격근의 충혈과 흑 변화 등 패혈증의 병변을 나타낸다. 간과 비장의 종대, 발적 및 회백색의 괴사반점이 출현되며, 심장의 회백색 결절과 궤양(그림 16-6)을 동반한 소장의 카타르성 장염이 관찰될 수 있다. 특히 산란계의 경우 산란율의 감소와 난포 내 출혈 및 난황파열이 나타나기도 하며, 선위출혈을 동반하는 경우도 있다.

칠면조

PD와 FT로 인한 병변은 닭과 비슷하다. 간 및 비장의 종대, 심장의 괴사병변, 그리고 회색빛의 폐는 어린 칠면조에서 FT로 인한 특이 병변이다. 닭과는 달리 소장 및 맹장에서의 궤양은 칠면조에서는 흔히 나타난다. 성숙 보균체는 닭과 유사하게 생식기관의 감염이 잘 관찰된다.

진단

원인병원체의 분리와 동정

급성 PD와 FT는 전신 감염이 이루어지기에 원인균은 대부분의 내장 기관으로부터 분리될 수 있다. 간, 비장 및 맹장에서 원인균 분리가 쉽게 이루어질 수 있으며, 성숙한 개체의 생식기관에 병변이 있을 경우에는 난포와 정소에서도 배양이 가능하다. 그 외에 복막(peritoneum), 활액(synovial fluid) 및 눈의 내부에서도 균 분리를 할 수 있다.

Brain Heart Infusion(BHI) 또는 tryptose agar에 내부 장기를 직접 도말하여 균 분리를 할 수 있다. 이러한 비선택 배지의 사용시에는 섬세한 무균조작이 반드시 필요하지만, *S.* Pullorum과 *S.* Gallinarum의 분리를 보다 쉽게 할 수 있는 장점은 있다.

혈청학적 검사로 진단된 만성 PD 또는 FT 개체는 육안소견을 보일 수도, 그렇지 않을 수도 있다. 이들 개체의 내부 장기에서 원인균을 분리하기 위해서는 미국의 NPIP(National Poultry Improvement Plan, 국가가금발전계획)에 나와 있는 절차에 따라 진행할 수 있다. 즉, veal infusion(VI) agar와 brilliant green(BG) agar에 장기 내용물을 직접 도말하여 37℃에서 48시간 배양한다. 이때 장기의 일부분은 10배 용량의 VI broth에 넣어 분쇄한 후, 현탁액 10 mL을 100 mL VI broth와 100 mL tetrathionate BG(TBG) broth에 각각 넣어 37℃에서 24시간 배양한 다음 VI agar 및 BG agar에 도말하고 24시간 및 48시간 배양하여 검사한다. 만약 *Proteus* 또는 *Pseudomonas* 오염이 걱정된다면 BG sulfapyridine(BGS) agar를 사용할 수 있다. 소화관에서 균 분리를 실시하고자 할 경우, 맹장, 직장 및 총배설강 영역을 포함하여 소화관을 상부, 중부 및 하부로 나누어 각각 개별 면봉을 사용하여 내용물을 채취한다. 면봉을 10mL TBG broth에 넣고 배양한 다음 내부 장기에서의 균 분리와 동일한 방법대로 진행한다. 이때, 소화관의 일부를 10배 용량의 TBG broth에 넣어 분쇄한 후, 현탁액 10mL을 100mL TBG broth에 옮기고 42℃ 또는 37℃에서 24시간 동안 배양한다. TBG broth의 배양 온도가 높을수록 장 조직에서 흔히 볼 수 있는 정상세균총의 균종들이 감소한다. 의심되는 집락(colony)을 triple sugar-iron (TSI) agar 및 lysine-iron(LI) agar에 옮기고 37℃에서 24시간 동안 배양하며, TSI 또는 LI agar 사면배지(slant medium)에서 전형적인 반응이 나타나는 경우 적절한 생화학 시험 및 기타 시험을 통해 확인한다. 모든 *Salmonella*는 혈청형 동정이 이루어져야만 한다.

혈청학적 검사

S. Pullorum과 *S.* Gallinarum은 항원구조가 유사하기에 PD 검사에 이용되는 동일한 진단액을 사용하여 시험관 응집반응(tube agglutination test), 혈청평판응집반응(serum plate agglutination test) 및 전혈평판응집반응(whole blood plate agglutination test)이 실시된다. 최근에는 *Salmonella* D group의 lipopolysaccharide를 이용한 효소면역측정법(ELISA)으로 *S.* Pullorum 및 *S.* Gallinarum 항체를 검출할 수 있으나, 동일한 O-group인 *S.* Enteritidis의 항체도 동시 검출될 수 있기에 양성 혈청에 대하여는 *S.* Enteritidis만이 검출될 수 있는 편모(flagella) 항원을 이용한 ELISA법을 재실시하여 감염항체를 구분한다.

감별진단

PD 또는 FT에 의해 발생하는 간, 비장 및 내장에서의 임상증상은 paratyphoid salmonellae의 감염 시에도 육안적 및 현미경적 소견으로 구별되지 않을 정도로 비슷한 병변을 일으킬 수 있다.

또한, Aspergillus 또는 다른 곰팡이류도 폐에서 비슷한 병변을 일으킬 수 있다. *S.* Pullorum과 *S.* Gallinarum은 병아리의 주요 관절에 병변을 야기시킬 수 있으며, 이러한 증상 및 병변은 *Mycoplasma synoviae*, *Staphylococcus aureus*, 또는 *Pasteurella multocida*의 감염 시 나타날 수 있는 증상과 비슷하다. 가끔 어린 병아리의 심장에 있는 흰색 결절이 마렉병(Marek' s disease)에 걸렸을 때 생기는 종양과 유사할 수 있으며, 간에서의 결절은 *Yersinia pseudotuberculosis*에 감염되었을 때와 유사하다.

보균 성계에서, 특히 난소의 *S.* Pullorum과 *S.* Gallinarum의 국소 감염은 coliforms, staphylococci, *Pasteurella multocida*, streptococci 및 다른 *Salmonella*의 감염에 의해 나타나는 증상과 유사하다. 따라서, PD와 FT의 최종 진단은 각각 *S.* Pullorum과 *S.* Gallinarum의 균 분리 동정으로만 확진할 수 있다.

예방 및 치료

면역

4일령에 경구감염된 병아리는 20~40일령까지 검출 가능한 응집 항체를 생산하지 않았고, 또한 감염 100일까지도 최대 항체를 생산하지 못한 반면, 성계의 경우 감염 후 3~10일 이내에 응집항체의 생산이 가능하였다고 보고된 바 있다. 면역기전에 대하여 아직 완전히 밝혀지진 않았지만, PD 및 FT는 세포매개성 면역이 치료에 중요한 역할을 할 것으로 추측하고 있다. *S.* Pullorum과 *S.* Gallinarum에 관한 정보는 거의 없지만, *S.* Typhimurium의 경우 IFN-γ 수준과 강한 T세포 반응이 치료에 매우 중요하다고 보고되고 있으며, FT 예방을 위하여 *S.* Gallinarum 9R strain을 이용한 생백신(live vaccine)의 접종 시 높은 IFN-γ 수준을 나타내었음이 보고된 바 있다.

백신접종

PD는 전 세계적으로 수년간 시행되어 온 박멸 프로그램으로 거의 근절되었기 때문에 PD를 통제하기 위한 백신접종은 이루어지지 않으나, FT는 한국을 포함한 일부 지역에서 계속 문제를 일으키고 있기에 적절한 백신접종이 요구된다.

국내에서 판매하고 있는 백신은 산란용 실용계에 접종이 허가되어 있으며, 생백신(live vaccine)과 불활화백신(inactivated vaccine)으로 나눈다. 불활화백신은 *S.* Gallinarum을 화학물질로 사멸시켰기 때문에 백신균의 병원성으로 유발될 수 있는 안전성 문제는 배제될 수 있으나 FT의 중요한 면역반응인 세포성 면역을 유도할 수 없는 단점이 있다. 생백신은 FT 방어에 중요한 세포성 면역을 유발시킬 수 있으며, 오일(oil)이나 겔(gel)이 포함된 불활화백신보다 상대적으로 접종 부작용은 미약하다. 그러나 현재 시판 중인 9R 균주를 이용한 생백신의 경우 병원성이 완전히 소멸된 균주가 아니기 때문에 보균계에 접종 시 폐사가 발생할 수 있는 위험은 있다. '세계동물보건기구(OIE)'에서는 가금티푸스 생백신의 백신균주는 접종된 닭에서 수개월간 생존은 가능하지만 제대로 된 면역반응을 유발하기 위하여는 반드시 2회 접종이 이루어져야 함을 언급하고 있으며, 또한 감염된 닭에 접종 시 폐사가 일어날 수 있음을 경고하고 있다. 최근 들어, 국내·외에서 *S.* Gallinarum의 돌연변이 균주 및 *S.* Gallinarum의 독성 플라스미드 제거 균주 등을 이용한 백신균주 또한 새롭게 보고되고 있다.

불활화백신이나 생백신의 접종은 FT의 감염이 이루어지기 전에 실시하여 체내에 방어력을 형성할 수 있도록 유도하는 것이 중요하며, 백신 종류별로 주의사항이나 권고사항을 반드시 확인하고 이에 따라 접종하는 것이 가장 효과적인 면역반응을 유발시킬 수 있다. 그러나 이러한 백신들도 계군 내의 손실을 감소시킬 수는 있으나 야외 균주(field strain)에 대한 감염을 완전히 방어할 수는 없다.

치료

PD와 FT는 국내에서는 종계와 원종계에 대하여는 살처분 정책(test and slaughter)을 실시하고 있으며, 주기적인 검사를 통하여 감염계의 발생 시 그 계군 전체를 도살하여야 하기에 원칙적으로 치료를 할 수 없다. 실용계는 적절한 항생제 사용으로 피해를 상당히 줄일 수 있으나, 무분별하게 사용된 항생제로 인하여 많은 야외 분리주(field strains)가 여러 항생제에 대한 내성을 형성하고 있기에 적절한 항생제를 선발하기 위한 약제내성 검사를 실시한 후 적용하는 것이 바람직하다.

일반적으로 설파제(sulfonamides), 테트라사이클린(tetracyclines), 아미노배당체(aminoglycosides)가 PD 및 FT로 인한 폐사율을 감소시키는 데 효과적이라고 알려져 있지만, 감염된 균을 완전히 제거할 수 있는 치료약제는 없다. 또한 종란을 부화하기 전에 neomycin sulfate로 도포하거나, 400~800 ppm의 gentamicin이 들어간 항생제 용액에 담그면 *S.* Pullorum 또는 *S.* Gallinarum을 제거하는 데 도움이 될 수 있다고 보고되기도 하였다.

예방

PD와 FT는 난계대전염의 위험성이 있기 때문에, PD와 FT가 발생하지 않은 종계로부터 생산된 종란을 부화장에서 부화시키는 것이 매우 중요하다. 따라서 PD와 FT가 없는 종계장 유래 병아리가 반드시 농장에 입식되어야 하며, 농장 입식 후에도 *S.* Pullorum, *S.* Gallinarum 및 paratyphoid salmonellae의 오염을 최소화하기 위하여 펠렛(pellet)화 또는 크럼블(crumble)화된 사료를 공급하여야 한다. 이때 사료 성분 중에 *Salmonella*가 없어야 하는 것은 필수요건이다. 일반적으로 기타 조류 종들은 *S.* Pullorum과 *S.* Gallinarum을 보균하지 않지만 paratyphoid salmonellae 균종은 쉽게 보균할 수 있기에 기타 조류 종들의 농장 내 유입을 방지하여야 한다. 농장 내 사용하는 물은 음용수이거나 또는 염소 처리된 물이어야 하며, 기계적 매개체가 되는 사람의 신발과 의복, 농장에 필요한 장비, 운송 트럭 및 상자 등에 대한 방역 조치 및 병원성 미생물들을 지속적으로 옮길 수 있는 파리, 진드기 등의 곤충의 구제도 필요하다. 사체의 올바른 처리 또한 필수적이다.

파라티푸스 감염증
Paratyphoid infection

개요

S. Pullorum 및 *S.* Gallinarum과 같이 숙주특이성(host-specific) *Salmonella* 이외의 숙주 비의존성(non-host-adapted) *Salmonella*에 의해 가금에서 발병되는 급성 및 만성의 질병이다. 가장 대표적인 원인균으로 *S.* Enteritidis와 *S.* Typhimurium이 포함되며 이들 두 원인체는 사람에게도 식중독을 유발하기에 조류에서의 파라티푸스 감염증은 공중보건상 매우 중요하다.

역사

1950년대에 *S.* Typhimurium이 닭 및 칠면조에서 발견되어 보고된 이후, 1970년대에 미국의 닭고기 및 칠면조 고기의 약 75%가 1종 이상의 숙주 비의존성(non-host-adapted)의 *Salmonella*에 오염되어 있음이 조류의 살모넬라 감염증 심포지움에서 보고된 이후 전 세계적으로 가금에서의 파라티푸스 감염에 대한 문제점이 대두되었다. 특히 가금 생산물은 사람의 중요한 식량자원이기에 가금에서의 *Salmonella* 오염은 사람의 건강에 크게 위협이 될 수 있다.

원인체 특성

숙주 비의존성 *Salmonella*인 *S.* Enteritidis와 *S.* Typhimurium에 의하여 어린 일령의 가금류에 장염과 패혈증을 유발할 수 있으며, 간혹 임상증상을 유발할 수 있는 *S.* Heidelberg 및 임상증상은 발현되지 않는 *S.* Derby, *S.* Newport, *S.* Montevideo, *S.* Anatum, *S.* Bredeney, *S.* Kentucky, *S.* Saintpaul 등이 가금류에 오염이 되면 *S.* Enteritidis와 *S.* Typhimurium와 같이 공중보건학적으로 중요한 문제를 유발할 수 있다. 약 2,500종 이상의 *Salmonella* 균종 중 파라티푸스 감염증을 유발하는 주요 균종은 과거에는 약 10~20여 종이 주로 알려졌으나, 최근에는 *S.* Agona, *S.* Blockley, *S.* Bareilly, *S.* Hadar 및 *S.* Senftenberg 등을 포함하여 100여 종 이상의 많은 *Salmonella* 균이 가금류에서 분리되어 공중보건학적 측면에서 그 위험성이 보고되고 있다. 이들 *Salmonella*는 자연 환경에서의 저항성은 크지만, 소독제와 포르말린 훈증가스에 쉽게 불활화된다.

역학

자연감염 숙주 및 발생 상황

대부분의 온혈 및 냉혈동물은 숙주 비의존성 *Salmonella*에 감수성을 나타낸다. 가금류에서는 닭, 칠면조, 거위, 오리, 앵무새 및 카나리아 등에서 주로 분리되나, 이들 *Salmonella* 균종 중 *S.* Enteritidis와 *S.* Typhimurium의 감염시에만 2주령 이하의 어린 병아리에서 문제가 유발되며, 다른 *Salmonella* 균종의 경우에는 가금류에는 피해를 거의 일으키지 않고 다만 공중보건학적 측면에서 사람에게 식중독을 유발할 뿐이다. 국내에서도 *S.* Enteritidis와 *S.* Typhimurium에 의한 임상증상 발현에 의한 경제적 손실뿐 아니라, 공중보건학적 위해가 되는 다른 *Salmonella* 균종이 지속적으로 분리, 보고되고 있다.

잠복기

대부분의 숙주 비의존성 *Salmonella*의 감염시 임상증상은 나타나지 않지만, *S.* Enteritidis와 *S.* Typhimurium이 종계로부터 난계대에 의해 전염되거나 또는 발생 후 난각에 묻어있는 분변으로 인한 오염이 있을 경우에는 PD 및 FT처럼 부화 후 3~4일경에 임상증상 발생을 시작하여 2주까지 지속적인 폐사를 유발한다.

전파

어린 일령의 병아리는 난각에 묻어있는 분변 오염으로 인하여 부화 후 곧바로 감염이 이루어질 수 있다. 무증상의 보균계들은 장이나 담낭에 국소적으로 이들 *Salmonella* 균을 보유하다가 분변, 난각, 사료 및 물 등을 포함한 환경에 지속적인 오염을 유발하며, 부화장 환경을 통해서도 난각 오염이 가능하다. 특히 *S.* Enteritidis와 *S.* Typhimurium의 경우는 난각 오염시 난황까지 균의 침습이 가능하며 따라서 난황 오염에 의한 난계대전염이 이루어질 수도 있다.

임상증상

주로 2주령 이하의 어린 병아리에서 문제가 된다. 급성인 경우 폐사율이 10~20%까지 되며, 특징적인 임상증상 없이 허약, 식욕부진, 탈수에 이은 폐사가 일반적으로 나타난다. 어린 일령에서는 PD 및 FT와 유사하게 회백색 설사가 출현하며 움직임을 싫어하고 웅크리고 있으며, 정상 닭들에 비해 왜소하고 깃털 상태가 불량하다. 때때로 PD나 FT처럼 실명이나 관절의 염증, 발바닥의 종대 및 염증 등이 출현할 수 있다. 성계의 경우는 대부분 불현성 감염으로 보균하기에 여러 경로를 통해서 식중독을 유발시킬 수 있어 이 질병의 중요성이 크다.

병변

급성 패혈증으로 폐사한 경우 뚜렷한 병변이 출현하지 않는 경우가 있으나 일반적으로 괴사반점을 동반한 장염과 탈수가 관찰된다. 간의 괴사반점, 난황 미흡수 및 제대염이 출현할 수 있으며, 관절 또는 발바닥에서 흰색 또는 노란색의 화농성 삼출물이 관찰될 수 있다. 성계의 경우는 PD나 FT가 동반될 경우 실질장기의 괴사반점, 심근염 및 생식기의 이상 등이 출현할 수 있다.

진단

원인균 분리 및 동정

실제적으로 2주령 이하의 병아리에서 높은 폐사가 발생 시 세균성 질병으로 대장균증과 살모넬라 감염증을 의심하게 된다. 이들 두 균종 모두 일반적인 장내 세균용 배지에 쉽게 배양되고 배양된 균락의 형태에 따라 구분이 가능하지만, *Salmonella* 속균의 경우 현재 2,500여 종 이상의 혈청형이 존재하기에 혈청형을 동정하기에는 시간과 비용이 많이 소요되는 단점이 있다. 즉, PD 및 FT와 동일한 방법으로 실질 장기에서 *Salmonella* 속균의 분리는 가능하나 생화학적 성상이 너무나 다양하기에 표준 항혈청을 이용한 균체항원 및 편모항원에 대한 응집반응이 이루어져야만 혈청형의 동정이 가능하다. *S.* Enteritidis와 *S.* Typhimurium 등 주요 *Salmonella* 속균의 경우 PCR로 동정할 수 있으나, 현재까지는 대부분의 *Salmonella* 균은 응집반응으로만 혈청형이 동정된다.

혈청학적 검사

어린 일령의 가금에서 경제적으로 큰 피해를 유발할 수 있는 *S.* Enteritidis와 *S.* Typhimurium의 종계 또는 원종계군에서의 감염 유무의 확인은 시판 ELISA kit를 이용하는 것이 가장 효과적이다. 기타 대부분의 혈청형에 대해서는 혈청학적 검사방법은 없으며 균 분리 동정으로만 진단이 가능하다.

감별진단

PD, FT, 대장균증 및 파라티푸스 감염증 모두 내부 장기의 증상이 유사하기에 반드시 원인균의 분리 및 동정이 필요하다. 또한 닭에서 발생되는 다리질병에는 바이러스성 관절염, *Mycoplasma synoviae* 감염증, 대장균증, 파라티푸스 감염증 및 포도상구균증 등에 의한 전염성 근골격계 질병과 영양소 불균형에 의한 구루병, 경골연골발육부전증, 비절증 등 비전염성 근골격계 질병이 있으므로 이들의 감별을 위해서는 관절에 발생된 농(pus) 등에서 원인균 분리가 필요하다.

예방 및 치료

예방

PD 및 FT와 동일하게 난계대전염이 가능하기에 종계군 및 원종계군에서는 보균계를 없애기 위해 양성계군은 도태시키는 것이 좋다. 농장과 부화장 수준에서 철저한 위생관리와 아울러 주위 환경에서 감염될 수 있는 기회를 최대한 차단시키는 것이 필요하며, 실용계의 경우 공중보건학적 측면에서 모든 생산단계에서 정기적인 미생물 검사를 실시하는 것이 좋다. 외국의 경우 *S.* Enteritidis와 *S.* Typhimurium에 대한 생백신 및 사백신이 적용되고 있으나 국내의 경우는 현재 사백신만이 도입되어 있다.

치료

항생제 감수성 검사를 실시하여 효과적인 항생제를 선발, 투여하는 것이 최적의 방법이다.

참고문헌

Filho, R.A.C.P., S.J.A. Diaz, T. da Silva Medina, Y.-F. Chang, J.*S.* da Silva, and A. Berchieri Jr. 2016. Evaluation of protective immune response against fowl typhoid in chickens vaccinated with the attenuated strain *Salmonella* Gallinarum ΔcobSΔcbiA. Res Vet Sci. 107:220-227.

Kim, J.J., K.W. Seo, I.P. Mo, and Y.J. Lee. 2019. Genetic characterization of fluoroquinolone resistance in *Salmonella enterica serovar* Gallinarum isolates from chicken in Korea. Avian Dis. 63:584-590.

Kwon, Y.-K., A. Kim, M.-*S.* Kang, M. Her, B.-Y. Jung, K.-M. Lee, W. Jeong, B.-K. An, and J.-H. Kwon. 2010. Prevalence and characterization of *Salmonella* Gallinarum in the chicken in Korea during 2000 to 2008. Poult Sci. 89:236-242.

Lee, S.-K., J.-W. Chon, K.-Y. Song, J.-Y. Hyeon, J.-*S.* Moon, and K.-H. Seo. 2013. Prevalence, characterization, and antimicrobial susceptibility of *Salmonella* Gallinarum isolated from eggs produced in conventional or organic farms in South Korea. Poult Sci. 92:2789-2797.

Seo, K.W., J.J. Kim, I.P. Mo, and Y.J. Lee. 2019. Molecular characteristic of antimicrobial resistance of *Salmonella* Gallinarum isolates from chickens in Korea, 2014 to 2018. Poult Sci. 98:5416-5423.

17 CHAPTER

대장균증

Colibacillosis

제주대학교 손원근

개요

조류 병원성 대장균(avian pathogenic *E. coli*; APEC)은 국소 또는 전신 감염을 일으키는 질병으로서 대장균성 패혈증(colisepticemia), 대장균성 육아종(coligranuloma: Hjarre's disease), 기낭염(airsaculitis), 만성호흡기병(chronic respiratory disease; CRD), 두부종창증후군(swollen head syndrome), 생식기 감염증(venereal colibacillosis), 봉와식염(colicelulitis), 복막염(peritonitis), 난관염(salpingitis), 골수염과 활액낭염(osteomyclitis/synovitis), 전안구염(panophthalmitis), 제대염과 난황낭 감염(omphalitis/yolk sac infection) 등을 일으킨다. 대장균은 포유류에서는 보통 장관계나 비뇨기관에서 질환을 일으키지만 가금류에서는 전신성 질환을 일으킬 수 있다. 장관이 아니라 다른 기관에서 질환을 일으키는 대장균을 장관외 병원성대장균(extraintestinal pathogenic *E. coli.*; ExPEC)이라 하며 대부분 APEC이 여기에 속한다. 대장균증은 가금류의 가장 흔한 전염성 세균성 질병 중의 하나이며, 다양한 유형의 대장균 감염증으로 인해 심각한 경제적 손실을 일으킨다.

가금에서 분리되는 대부분의 APEC는 가금에서만 주로 병원성을 나타내며, 사람이나 다른 동물에 질병을 유발하지 않는 것으로 알려져 있다. 그러나 인수공통 감염병으로 사람에게 중요한 장출혈성 대장균인 *E. coli* O157:H7을 포함하여 shigatoxin을 생성하는 대장균(Shiga-toxigenic *E. coli*; STEC)이 닭에 자연감염될 수 있음이 알려져 지속적인 감시가 필요하지만 여전히 APEC는 인수공통 감염증의 개념으로 접근하기는 어렵다.

역사

대장균증은 1894년 폐사한 닭의 심장, 간, 비장에서 대장균이 분리되면서 처음으로 보고되었으며, 대장균성 패혈증이 1907년에 콜레라 유사 질병으로 폐사한 닭에서 보고되었다. 이후 1922년까지 대장균 감염이 뇌조(grouse), 비둘기, 백조, 칠면조, 메추라기 등 다양한 조류에서 기록되어 있으며, 1965년까지 심낭염(pericarditis), 간주위염(perihepatitis) 및 간의 괴사소 등 조류의 각종 병변에서 분리되었고, 현재까지도 가금산업에 막대한 경제적 피해를 초래하는 중요한 질병이다.

원인체 특성

분류

대장균(*Escherichia coli*)은 통성혐기성 간균으로서 lactose를 분해하여 산과 가스를 생성할 수 있는 장내세균과(*Enterobacteriaceae*)의 속(species)이다. *Escherichia*(*E.*) 속에는 *E. coli*, *E. fergusonii* 및 *E. albertii*가 있고, 그 중 *E. coli*가 병원체로 가장 중요하다. *E. fergusonii* 및 *E. albertii*는 조류에서 분리되었으며, 질병을 일으킬 수 있거나 공중보건학적 중요성은 있겠지만 발병률은 낮다.

대장균은 정상적으로 포유동물의 장관계에 상존하는 상재(commensal) 대장균, 설사유발 대장균(diarrheagenic *E. coli*; DEC), 장관외 병원성 대장균(ExPEC)으로 분류한다.

DEC는 장병원성 대장균(enteropathogenic *E. coli*; EPEC), 장출혈성 대장균(enterohemorrhagic *E. coli*; EHEC), 장독소원성 대장균(enterotoxigenic *E. coli*; ETEC), 장침입성 대장균(enteroinvasive *E. coli*; EIEC), 베로독소생성 대장균(verotoxigenic *E. coli*; VTEC) 등으로 세분화된다.

ExPEC는 요로병원성 대장균(uropathogenic *E. coli*; UPEC), 신생아 뇌수막염대장균(neonatal meningitis *E. coli*; NMEC). 패혈증 연관 병원성 대장균(sepsis-associated pathogenic *E. coli*; SePEC), 유방병원성 대장균(mammary pathogenic *E. coli*; MPEC), 조류병원성 대장균(avian pathogenic *E. coli*; APEC) 등으로 분류한다.

형태학 및 염색법

대장균은 그람 음성, 비 항산성, 무아포 형성균으로 보통 1.0~0.6 μm이다. 대부분의 균주는 운동성이 있으며 주모성 편모가 있다. 한천 배지에서 37℃, 24시간 동안 배양된 집락은 낮고 볼록하고 매끄러우며 무색이다. 집락 형태는 다양할 수 있지만, 일반적으로 지름이 1~3 mm이다. 조면형 집락(rough colony), 점액성 집락(mucoid colony)을 나타내는 경우도 있다. 혈액 배지에서 APEC는 대개 용혈을 일으키지는 않는다.

배양

대장균은 18~44℃의 일반 영양배지에서 증식하며 탄수화물을 발효시켜 종종 가스를 생성한다. MacConkey 배지에서 집락은 밝은 분홍색이며 침전물로 둘러싸여 있다. 에오신-메틸렌 블루(EMB) 배지에서는 짙은 녹색-검은색 금속광택이 있으며, tergitol-7 배지에서 노란색이다.

생화학적 특성

장내세균과에 속하는 세균들은 oxidase 음성이며, nitrate를 nitrite로 환원시키기 때문에 대장균의 특성도 동일하다. MacConkey agar에서 lactose를 sorbitol로 대체하는 것은 *E. coli* O157:H7을 다른 *E. coli*와 구별하는 데 유용하다. 왜냐하면, O157:H7은 일반적으로 sorbitol을 발효시키지 않으므로 분홍색으로 보이는 전형적인 *E. coli*와 비교하여 무색에서 짙은 노란색으로 나타난다.

대장균은 Kligler's iron agar 또는 triple sugar iron agar에서 H2S를 생성하지 않으며, IMViC(indole 생산능, methyl red 시험, Voges-Proskauer 반응, citrate 이용) test에서 앞 두 개는 양성, 뒤 두 개는 음성을 나타낸다.

화학적 및 물리적 요인에 대한 저항성

대장균의 화학 및 물리적 인자에 대한 감수성은 다른 그람 음성 세균들과 유사하다. 대부분의 균주는 60℃에서 30분, 70℃에서 2분 동안 처리에서 불활화된다. 대부분의 균주는 pH 4.5 미만과 9 이상에서 증식이 억제되지만 사멸되지는 않는다. 유기산(organic acid)은 무기산(inorganic acid)보다 성장 억제에 더 효과적이며, 구연산(citric acid), 타르타르산(tartaric acid) 또는 살리실산(salicylic acid)을 깔짚에 처리시 대장균수를 많이 줄일 수 있다. 안정화된 염소 유도체들(chlorine dioxide, chlorate)이 음용수나 사료 내에 있는 대장균 수를 감소시킬 수 있다. 그러나 대장균은 광범위한 중금속 및 소독제에 대한 내성을 얻을 수 있다. 특히, 플라스미드(plasmid)에 위치한 항생제 내성 유전자는 접합(conjugation)에 의해 다른 세균으로 쉽게 전달된다. 이와 같은 APEC의 내성 유전자는 조류의 상재 대장균이나 살모넬라 균종뿐만이 아니라 사람의 요로감염 병원성 대장균으로도 옮겨질 수 있다. 따라서 APEC의 R-plasmid는 다른 동물과 인간의 건강까지도 위협할 수 있다.

항원구조

대장균 혈청형은 약 150~200개 사이의 혈청형(serotype)이 있고, 혈청군(serogroup)이 O:H:K 항원성에 따라 분류되어 약 180개 O-항원, 60개 H-항원 및 80개 K-항원이 있다.

O-항원은 세포벽에 있는 lipopolysaccharide(LPS)의 항원성 부분이며 APEC 균주는 O1, O2, O3, O4, O6, O8, O11, O15, O18, O21, O35, O36, O50, O64, O71, O74, O75, O78, O87, O88, O95, O100, O103, O109, O115, O119, O132, O141 및 O152가 가장 흔한 O 혈청군이다. H-항원은 flagellin의 연결체인 편모 단백질로서 세균의 운동성에 관여하며, 대장균의 병원성과는 관계가 없다. K-항원은 APEC 균주에 흔히 존재하는 협막으로서 이들 균주의 독력과 관련이 있다. 또한 장관외 감염이 이 항원과 직접적인 연관이 있다. F 항원은 감염 세포에 부착할 때 관여하는 fimbria 성분이며, APEC에서 가장 자주 발견되는 것은 type 1과 *curli* fimbria이다. 대부분의 경우 O-와 H-항원만으로 혈청형을 나타내며, K-항원은 일반적인 혈청형에 포함시키지는 않지만 때때로 F-항원은 혈청형에 포함되기도 한다.

균주의 분류

E. coli 균주의 분류는 전통적으로 표현형과 항원성에 기초를 두었으나 여기에 부가하여 항균제 내성 유형, 독소 생성능(다양한 독력 인자, 세포 부착, 침습성, 적혈구 응집, phage 유형, 플라스미드 profile, 계통발생학적 유형 및 독성 유전자의 존재 등)에 의해 추가로 특성화할 수 있다.

유전학의 발전으로 분자생물학적 방법에 의한 분류법이 다양하게 개발되어 있지만, 항원성을 기본으로 하는 혈청형이 여전히 역학적으로 중요하다. 가금류 대장균증에 관여하는 혈청형으로 O1, O2, O18, O35, O36, O78 및 O111이 잘 알려져 있고, 때로는 새로운 혈청형에 의한 질병도 발생하지만, 질병에 걸린 조류에서 분리한 대장균의 혈청형은 건강한 조류에서 분리한 것과는 차이를 보인다. 국내에서 알려진 APEC의 혈청형은 30종 이상이고, 분리균주 중 약 20%가 O78 혈청형으로서 가장 높은 비중을 차지하며, O1, O2, O3, O18, O21, O53, O86, O115, O174 등의 혈청형이 대장균증에 관여하는 것으로 알려져 있다.

DNA 탐침(probe)법과 PCR을 이용하여 독성 관련 유전자의 검출이 가능하며, 특히 multiplex PCR에 의해 APEC 및 상재 균주의 다양한 특성을 효율적으로 동시에 동정할 수 있다. 그 외 간헐 영역 젤 전기영동(pulsed field gel electrophoresis; PFGE), 유전자 증폭산물 길이 다형성(amplified fragment length polymorphism; AFLP), 제한효소절편 길이 다형성(restriction fragment length polymorphism; RFLP) 등의 다양한 분자생물학적 기법들이 분리균주들의 역학연구에 활용된다.

APEC의 병원성 여부는 계태아 폐사율 시험법으로 확인하는데, 100 CFU의 대장균을 12일령된 계태아의 요막강 내에 접종한 후 2일 째에 나타나는 치사율로 평가한다. 상재 대장균에 비하여 APEC는 계태아 또는 병아리에서 높은 폐사율을 보인다.

독력 인자(Virulence factors)

조류 대장균증은 일반적으로 전염성기관지염 등과 같은 바이러스성 또는 *Mycoplasma gallinarum*에 의한 호흡기성 질병에 뒤따르는 2차 감염(secondary infection)이 주로 이루어진다. 그러나 최근에는 APEC에 의한 원발적인 감염(primary infection)도 많이 보고되고 있다. 다른 축종의 대장균증과는 달리 가금에서의 대장균증은 장외 질환을 유발하기 때문에 extraintestinal pathogenic *E. coli*(ExPEC)로 표현되며, ExPEC pathotype에는 사람에서 질병을 유발하는 요로 병원성 대장균(UPEC) 및 신생아 수막염 대장균(NMEC)이 포함된다. 대부분의 APEC이 장외 감염을 일으키지만 일부 APEC은 EPEC, ETEC, EIEC, EHEC 등 장관계 대장균 병원성 형들과 연관된 특성도 있다.

부착인자(Adhesins)

부착인자는 숙주 상피세포와 세균의 밀접한 결합에 관여하기 때문에 대장균 감염의 중요한 단계 중의 하나이다. 조류 대장균증의 발병 기전에서 fimbria의 역할은 불분명하지만, APEC가 숙주에 정착하기 위해서는 fimbria의 역할이 중요할 것으로 보인다. 다양한 종류의 fimbria가 *E. coli*에 존재하며, 이들이 APEC에서 확인된 경우도 있지만 모든 APEC이 특정 fimbria를 보유하지는 않는다.

Type 1 fimbria는 상부 호흡기관 상피 세포의 초기 정착에 관여하는 반면, P fimbria는 하부 호흡 기관 또는 신체 기관에 대장균이 정착할 때 관계한다. 또한, 대장균과 살모넬라를 포함한 수 종의 장내세균에 존재하는 독력 유전자인 *Curli* fimbria는 세포 외 매트릭스에 있는 단백질과 세균이 결합하는 데 관여 한다.

기타 APEC에서 알려진 부착인자에는 AC/1 fimbria 및 type 1 유사 fimbria가 있다.

온도민감성 혈구응집소(TSH)

temperature-sensitive hemagglutin(TSH)은 26℃에서는 닭 적혈구를 응집시키지만, 42℃에서는 활력이 억제되는 단백질이다. TSH는 세균의 세포질 주위공간에서 두 개의 subunit로 나누어지는 serine-protease autotransporter 단백질이다. 이 중 33 kDa의 단백질은 외막에 삽입된 상태로 남고, 106 kDa의 단백질은 외부로 분비되기 전 외막에 일시적으로 남아서 감염초기에 부착인자로서의 역할을 하며, 외부로 분비되면 단백분해효소로서의 역할을 한다. TSH는 주로 ColV 플라스미드에 유전자가 위치하며 APEC 균주에서 더 자주 발견된다. 연구자에 따른 차이는 있으나 패혈증과 두부종창 증후군에서 분리된 APEC에서는 20~50%가, 상재 대장균에서는 0~6%가 이 유전자를 가지고 있는 것으로 알려져 APEC 균주를 검출하기 위한 분자지표로 활용될 수는 있으나 APEC 병원성에서 TSH가 큰 역할을 하는 것 같지는 않다.

독소(Toxins)

내독소 이외에도 APEC는 질병에 중요한 여러 독소를 생성할 수 있지만 조류 병원성 대장균은 포유동물 병원성 대장균보다 독소 생성능이 약한 경향이 있다. 이러한 차이는 독소생성의 결여 때문일 수 있거나 조류 균주에 의해 생성된 독소를 포유동물 유래 균의 검사법으로 검출할 수 없기 때문일 수 있다. 일부 APEC는 이열성 독소(heat-labile enterotoxin; LT), 내열성 독소(heat-stable enterotoxin; ST) 및 verotoxins와 같은 독소를 생성할 수 있다. 또한 봉와직염, 패혈증, 두부종창 증후군에 걸린 닭으로부터 분리한 대장균에서 Stx 유전자가 증명되는 등 병원성에 관여하는 APEC의 독소에 관한 추가적인 연구가 필요하다.

철분 획득 기전(Iron acquisition mechanisms)

대장균의 철분 획득 기전은 숙주의 이온 chelant 로서의 역할을 하는 siderophore의 생성과 관련이 있다. fenolates와 hidroxamate라는 두 종류의 siderophore가 알려져 있으며, siderophore의 오페론 유전자는 병원성 APEC에서 빈번하지만 상재 대장균에서는 잘 발견되지 않는다.

APEC의 철분 획득 능력은 다양한 철분 획득 기전(aerobactin, yersiniabactin, *iuc*A, *fep*C, *sit* 및 *iro* 시스템) 때문에 가능하다. APEC 균주들의 이와 같은 철분 획득 시스템의 광범위한 분포는 철분을 얻는 능력이 조류 대장균증의 발병 기전에 중요하다는 것을 시사한다. 또한 *Salmonella enterica* serovar Typhimurium에서 밝혀진 철분과 망간 수송 시스템인 *sit* operon도 APEC에서 확인되었다.

역학

발생률 및 분포

대장균은 정상세균총 중의 하나로 다양한 혈청형이 존재하며, 사람을 포함한 대부분의 동물에 분포하고 있다. 가금류의 장에서 검출되는 약 10^9 CFU/g의 생균수 중 최대 10^6 CFU/g의 균이 대장균이다. 그러나 가금에서 대장균증을 유발하는 원인체는 상부 호흡기에서 일반적으로 분리되며, 종종 닭 깃털과 피부에서 분리되기도 한다. 그러나 건강한 닭의 총배설강(cloaca)에 있는 대장균의 약 10~15%가 대장균증에서 분리된 대장균과 동일한 혈청형인 것으로 보고되고 있다.

병아리는 부화하자마자 정상세균총이 될 수 있는 대장균을 환경, 다른 조류, 분변, 물, 사료로부터 획득하며, 종종 설치류 배설물에 의하여 병원성 대장균이 전파되기도 한다.

계사의 먼지 등 환경 유래 대장균의 경우 종종 조류에서 질병을 일으키는 APEC과는 분명한 차이가 있다.

자연 및 실험 숙주

대부분의 조류 종이 대장균에 감수성을 보인다. 특히, 육계와 칠면조에서는 가장 흔하게 발생되는 세균성 전염성 질병으로 간주되며, 기타, 메추라기, 꿩, 비둘기, 뿔닭(quinea fowl), 물새, 타조, 에뮤(emu), 공작새를 포함한 조류 종에서도 발생하지만 특히 한정된 조건에서 집단적으로 사육되는 경우 자연감염되는 것이 일반적이다. 대장균증은 야생조류에서는 일반적이지 않다.

연령별 숙주 감수성

모든 연령에서 대장균증이 발생되지만, 특히 어린 조류가 더 민감하고 더 심각하게 발병된다. 산란계에서도 자주 발병하며, 종계에서는 대장균성 난관염 및 복막염의 형태로 흔히 나타난다. 주령이 높은 조류에서의 대장균증은 종종 급성 패혈증을 일으킬 수 있다.

전파

대장균은 대부분의 동물의 장에 존재하며 분변과 함께 많은 수가 배출된다. 따라서 다른 동물이나 분변과의 직접 또는 간접 접촉으로 가금류 무리에 새로운 균주가 들어올 수 있다.

일반적으로 종란표면의 분변오염에 의해 *E. coli*가 난각을 통해 침입하여 난황감염을 유발할 수 있다. 이 경우에는 부화 직전에 대부분의 계태아가 폐사하며, 특히 부화말기에 죽는 경향이 크다. 그렇지만 일부 생존한 계태아는 부화 직후 폐사하거나, 일부는 농장에 분양된 후 3주령까지 지속적인 폐사가 유발된다.

딱정벌레(darkling beetles; *Alphitobius diaperinus*)의 유충과 성충이 대장균을 전파하는 데

관여하는 것으로 알려져 있으며, 성충보다는 유충을 먹었을 때 감염된 병아리의 수가 더 많았다고 보고되기도 하였다. 또한, 집파리(*Musca domestica*) 성충은 대장균 전파에 있어 기계적인 벡터 역할을 하며 파리 유충의 섭취 시에는 소화관 내 대장균 감염이 유발될 수 있다. 따라서 파리는 번데기부터 성충 단계에 이르기까지 병원성 대장균의 전염원 역할을 한다.

계사 내의 먼지 속에도 약 10^5~10^6 cfu/g의 균이 존재하며, 습한 조건에서보다 건조한 조건에서 비교적 장기간 생존하면서 전파될 수 있고, 사료 또한 병원성 대장균에 오염되어 전파원이 될 수 있다.

임상증상 및 병변

임상증상

임상증상은 불현성 감염에서 폐사 직전의 임상 징후인 무반응성까지 다양하게 나타난다. 국소 감염은 일반적으로 전신 질환보다 임상증상이 적고 미약하며, 대장균성 봉와직염의 경우 도계 처리될 때까지 감지되지 않을 수 있다. 대장균성 패혈증을 가진 조류는 종종 빈사상태를 보이거나 무기력한 모습을 보이며, 음수량 감소가 있는 경우에는 예후가 불량하다. 중증의 경우 자극에 대한 반응도 없고 사람이 접근하여도 아무런 반응을 보이지 않으며, 머리, 목, 날개가 처진 상태로 눈을 감고 앉아 있다. 또한, 탈수로 피부가 검고 건조해지며, 특히 다리와 발에서 두드러지게 나타난다.

패혈증의 후유증으로 인한 다양한 골격 병변 때문에 파행과 성장 지연이 출현할 수 있는데, 이런 개체는 일반적으로 무리에 비해 크기가 작고, 측벽을 따라 계사의 끝부분 또는 사료 통이나 음수 장치 아래에서 발견되며, cannibalism에 의해 피해를 받을 수 있다. 한쪽 다리의 관절이나 뼈에 문제가 있을 경우, 다른 쪽 다리로 체중을 유지하려 하며, 양쪽 다리에 병변이 있는 경우에는 보행불량이거나 서고 걷기에 큰 어려움을 보인다. 또한 흉·요추에 문제가 있으면 아치형 등과 같은 모양을 보이거나, 통증으로 인하여 발에 체중을 싣지 않는다. 식욕부진 및 탈수가 심할 경우, 흰색이 아닌 노란색의 배뇨로 분변은 녹색을 띈다. 제대염과 난황낭 감염이 된 어린 조류의 경우, 복부팽창으로 인해 걷기에 어려움이 있을 수 있다.

이병률과 폐사율

이병률과 폐사율은 대장균에 의한 질병의 유형에 따라 매우 다양하다. 때때로 고병원성 대장균성 패혈증이 있는 경우, 무리 내에서 수 시간 내에 아프거나 폐사한 조류를 확인할 수 있다. 또한, 농장에서 낮에 검사했을 때 임상적으로 정상으로 보이지만 다음날 아침에 폐사가 많이 발생한 경우는 대장균에 경증으로 감염되었을 때 흔히 나타난다.

병리소견

대장균증이 국소적인지 혹은 전신성인지에 따라 병리학적 소견은 다양하다. 국소 감염에는 제대염(omphalitis)과 난황낭 감염(yolksacculitis), 봉와직염(cellulitis), 두부종창증후군(swollen head syndrome), 설사병, 생식기 대장균증(급성 질염), 난관염과 복막염(salpingitis/peritonitis/salpingoperitonitis), 고환염과 부고환염(orchitis/epididymitis) 등이 있다. 전신감염은 패혈증이 대표적이며, 패혈증에 따른 후유증과 대장균성 육아종(coligranuloma)이 나타날 수 있다. 패혈증은 기낭 질병과 만성 호흡기 질병(chronic respiratory disease)과 같은 호흡기관 유래와 장관계 유래 및 출혈성 패혈증 등이 있다. 후유증으로 수막염(meningitis)과 수막뇌염(meningoencephalitis), 범안구염(panophthalmitis), 골수염(osteoarthritis), 척수염, 관절염과 다발성 관절염(polyarthritis), 활액막염과 건초염, sternal bursitis(흉골 활액낭염), 만성 섬유소성 심막염, 난관염 등이 있다.

국소형

대장균성 제대염과 난황낭 감염

(*Coliform omphalitis/Yolk sac infection*)

제대염은 부화 1일령의 병아리에 발생하는 폐사의 가장 일반적인 원인 중에 하나이다. 난각의 분변오염이나 장관 혈류를 통해 감염이 가능하고 아직 아물지 않은 배꼽을 통해 난황낭으로 상행성 감염이 될 수 있다. 암탉이 난소염이나 난관염을 가진다면 난계대 감염이 될 수 있다. 장이나 혈류를 통해 대장균이 난황낭에 염증을 일으키면 제대염은 발생하지 않으나 복막염이 발생할 수 있다.

배꼽의 급성 염증 시 부종, 발적 및 작은 농양이 특징적으로 관찰된다. 복부는 종종 팽창되고 혈관은 충혈되며(그림 17-1), 심한 경우 체벽과 피부는 용해되고 병아리는 젖어 있으며 더러워 보인다. 탈수, 내장 통풍(visceral gout), 악액질, 담낭 종대와 같은 다른 비특이적 변화가 나타날 수도 있다. 난황낭은 일반적으로 난황이 흡수되지 않고 염증 산물 때문에 팽창되며, 난황의 색, 경도 및 냄새가 비정상적이고 난황낭의 혈관은 종종 두드러져 보인다. 4일 이상 생존한 병아리는 복막염(peritonitis), 심낭염(pericarditis) 또는 간주위염(perihepatitis)이 있을 수 있으며, 이는 대장균이 난황낭부터 전신적으로 확산되었기 때문이다.

현미경적 관찰 시, 염증이 있는 영역 및 울혈된 혈관에서 이염색백혈구(heterophil) 및 대식세포(macrophage)들이 현저히 관찰된다. 그 외 거대세포층(giant cell layer), 괴사성 이염색백혈구(necrotic heterophils) 영역 및 세균 덩어리에 인접한 외부 결합 조직 영역이 있고, 그 다음 내부에

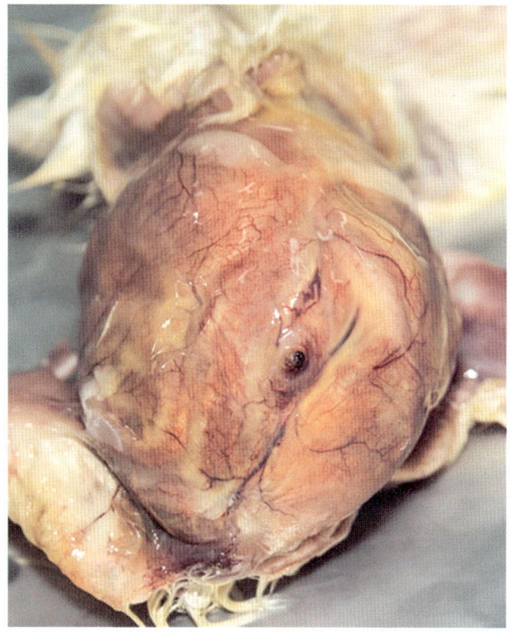

그림 17-1 대장균증 감염계의 제대염

비정상적인 난황 내용물이 발견된다. 일부 난황낭에서 몇몇 형질세포(plasma cell)가 발견될 수 있다.

대장균성 봉와직염(*Coliform cellulitis*)

하복부 및 허벅지 부위의 피하조직에 생기는 염증을 봉와직염이라 한다. 조류의 봉와직염에서 여러 종류의 세균이 분리되고 있으나 대부분은 중요하지 않고 가장 자주 분리되는 대장균성 봉와직염이 문제가 된다. 다른 대장균증 병변과 함께 봉와직염이 관찰되기도 하지만 일반적으로 도계 검사 과정 중에 확인되는 경향이 많으며, 일반적으로 정상에 비해 두껍고 노란 복벽이 관찰된다.

invasin, *ibe*A와 *gim*B 및 group II 협막인 KpsMTII에 대한 유전자가 있는 APEC이 봉와직염을 유발할 가능성이 더 크다. 봉와직염 *E. coli* 분리주에 의해 생성된 공포성 세포독소(vacuolating cytotoxin)는 대장균성 패혈증과 두부종창증후군을 유발한 닭의 분리주에 의해서도 생성되지만 건강한 닭으로부터 분리된 분리주에서는 생성되지 않는다. 이와 같이 봉와직염 대장균의 특성을 파악한

보고들이 있으나 대부분의 균주는 대장균성 패혈증과 정상 조류에서 분리되는 것과 큰 차이를 보이지는 않는다. 그러나 봉와직염에서 분리된 균주가 기낭염이나 건강한 닭에서 분리된 균주보다 실험적으로는 봉와직염을 훨씬 더 잘 일으킨다.

봉와직염의 발생가능성이 높은 원인을 분석하여 보면 1) 계사 환경에 대장균의 분포가 높은 경우 봉와직염에 많이 걸린다고 할 수는 없으나 특정 봉와직염 관련 대장균이 풍토성으로 존재할 경우가 있으며, 2) 빠르게 성장하는 육중한 육계는 사육 중 피부 상처의 가능성이 높고, 3) 마찬가지로 유전적으로 깃털의 성장이 느린 수컷이 피부의 물리적 손상을 받을 기회가 많으며, 4) 품종, 공격성, 신경질 정도, 깃털의 정도, 사육밀도와 환경적 영향도 원인이 되고, 5) 뾰족하고 습기를 많이 함유할 수 있는 깔짚이 봉와직염을 일으킬 가능성이 높다. 또한 6) 나이 든 닭이 긁힘이나 피하주사 접종 후 봉와직염 병변이 생길 가능성이 높으며, 이 경우는 전신 질환을 일으키고 높은 사망률을 나타내는 경향이 있다.

봉와직염 병변은 주로 편측성이며 복부 또는 허벅지에서 잘 나타난다. 피부색은 정상에서 노랑 또는 적갈색으로 다양하게 출현하며, 염증 부위의 피부에 부종이 관찰된다. 병변 부위에는 상처와 딱지가 보이며, 피하 부종, 삼출물 및 근육 출혈도 나타난다. 근육과 피하 조직 사이에 섬유소성에서 치즈양 플라크가 특징적인 병변으로 관찰된다. 대장균성 봉와직염을 위한 치료법은 없으며 질병의 박멸도 가능하지 않다. 특히, 빠르게 성장하는 육계의 경우 환경과 영양을 신중하게 관리함으로써 질병의 발생과 영향을 실질적으로 줄일 수 있다.

두부종창증후군(*Swollen head syndrome, SHS*)

SHS는 두부의 안와주위부 및 인접 피하 조직과 관련된 급성 또는 아급성 봉와직염이다(그림 17-2). SHS는 대장균이 반복적으로 복강 내에 감염되거나 coronavirus와 함께 감염된 경우, 모세혈관의 손상으로 육용계의 두부에 부종성 종창이 출현한다. 계사 내 높은 암모니아 농도가 질병을 악화시키며, 결막 또는 부비동이나 비강의 염증성 점막을 통해 감염이 이루어지는 것이 일반적이나, 유스타키오관(eustachian tube)을 통한 감염 가능성도 있다.

머리 부종은 avian metapneumovirus나 infectious bronchitis virus와 같은 상부 호흡기 바이러스 감염 이후에 대장균이 피부아래에 축적되어 염증성 삼출물을 생성하여 발생한다.

현미경적으로는, 두개골, 중이 및 안면 피부의 공기 공간에 있는 섬유소성 이염성 염증(fibrino-heterophilic inflammation) 및 이염성 육아종(heterophilic granulomas)이 관찰된다. 또한 결막염(conjunctivitis)과 기관염(tracheitis)이 출현할 수도 있다.

과증식 림프조직에 대장균이 침입함으로써 안와주위 염증은 대개 질병의 초기에 나타난다.

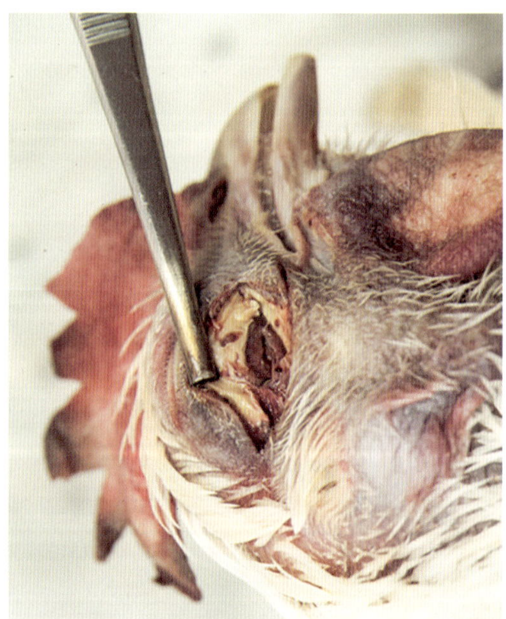

그림 17-2 대장균증 감염계 두부의 부종성 종창 및 결막염

SHS 유발 대장균은 일반적으로 fimbrial adhesins, colicin 생성, aerobactin, 보체 저항성 등의 독력 인자를 보유하며, 이들 인자들은 다른 질병을 일으키는 대장균에서는 보유 정도에 차이를 보인다. 특히 P-fimbrial adhesin factor는 난관염, 제대염 또는 호흡기 질환의 사례와 비교하였을 때, SHS 분리주에서 더 흔히 나타난다. 또한, shigatoxin(VT2y)도 SHS를 유발하는 대장균에서 더 자주 검출되는 것으로 보고되고 있다.

대장균성 수란관염과 복막염

(*Coliform salphingitis/peritonitis, Salpingoperitonitis*)

복강기낭이 감염되거나 계사환경이 열악할 경우 총배설강을 통하여 대장균이 수란관염을 일으킨다. 많은 종류의 세균이 생식기관을 통해 질병이 일어날 수 있으며, infectious bronchitis virus나 *Mycoplasma*에 의한 점막 감염 또한 난관염의 발병소인일 수 있다. 특히, *M. synoviae* 감염은 대장균성 복막염의 발생을 증가시킨다. 또한, 과도한 계란 생산과 연관된 에스트로겐 활성화는 질과 총배설강 사이의 괄약근을 이완시켜 난관염의 발병소인이 될 수 있다. 기낭염에서 난관으로 대장균이 전파될 수 있지만, 일반적으로 난관염은 전신감염의 일환으로 어린 조류에서 더 자주 발생하는 경향이 있다.

대장균성 수란관염은 산란율을 감소시키고 산란계와 육계에서 발생하는 폐사의 가장 흔한 원인 중의 하나이다. 그 외 오리, 거위 및 메추라기의 암컷에도 발생할 수 있다.

만성 수란관염에서는 난관 전체의 벽이 얇아져 난관이 눈에 띄게 확장되고 일반적인 형태의 난관 내에 단일 또는 다수의 덩어리가 있는 치즈양 삼출물이 차있다. 난관이 파열이 될 수 있고 삼출물은 적층되며, 종종 난, 난각, 난막을 함유하며 악취가 난다. 손상된 난관 벽을 통해 세균이 체강 내로 퍼져 복막염이 유발됨으로써 난관복막염(salpingoperitonitis)이 나타나기도 한다. 난관염이 없이 복막염만 발생하는 경우는 흔하지 않다. 급성 사례의 경우, 난관에 치즈양이 아닌 약간의 삼출물이 보이면서 복막이 부드러워 보이기도 한다(그림 17-3). 감염된 닭은 일반적으로 계속 배란은 하지만 계란을 생산할 수는 없으며, 반복 배란과 알부민 분비물이 적층되어 만들어진 난황덩어리가 형성된다.

뚜렷한 육안병변에 비해 현미경적인 난관의 조직변화는 아주 경미하다. 주로 상피에 인접한 heterophilic 축적물과 내강(lumen) 내의 치즈양 삼출물이 확산된 병소성으로 보이며, 종종 세균 덩어리가 관찰된다. 림프성 병소는 시간이 지남에 따라 점막에서 발생하며 만성을 나타낸다.

체강 내 치즈양 삼출물의 축적은 응고된 난황과 유사하며 이것이 일반적으로 알려진 난황 복막염(egg peritonitis)이다. 난황 복막염은 체강 내 유리 난황에서 생긴 응고된 난황과 유사하며, 삼출물이 없는 경증에서 중등도의 미만성 복막염이다. 난황 복막염은 일반적으로 난소의 빠른 복귀 중에

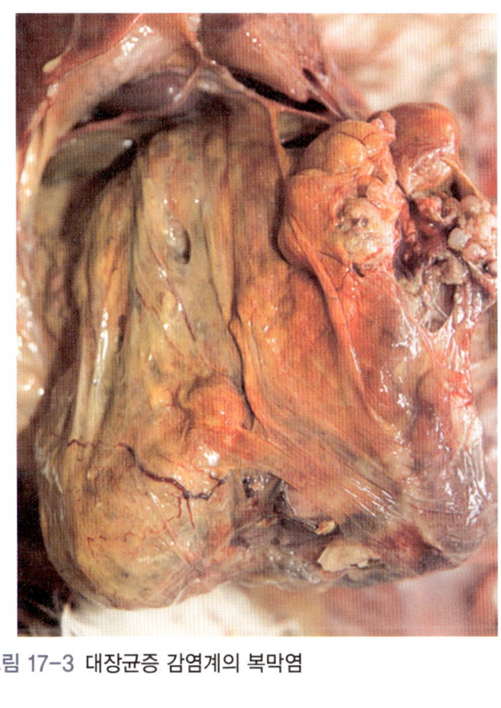

그림 17-3 대장균증 감염계의 복막염

발생하는 파열성 폐쇄증과 관련이 있다. 현저한 삼출물, 광범위한 염증 및 배양시 균 분리 양성은 대장균성 복막염의 특징으로서 난황 복막염과는 구별된다. 수란관염과 알 막힘증이 동시에 발생할 수 있으며, 이로 인해 난관 내부에 폐쇄 덩어리가 생겨 혼동될 수 있다. 만약 계란이 육안으로 보이지 않는다면, 난관에 있는 덩어리(mass)를 절단해서 중앙에 난각이 있는 계란이 있으면 알 막힘증으로 판단할 수 있다.

대장균성 고환염과 부고환염

(*Coliform orchitis/epididymitis, epididymo-orchitis*)

암탉에서 수란관염이 발생하는 것처럼 드물게 수컷 생식기관의 대장균 감염 시 고환의 부종(swollen), 경결(firm), 염증(inflammation)이 있고 불규칙하며, 절개 시 진한 색과 밝은 색이 반복되는 모자이크 모양의 괴사 조직이 관찰된다.

설사병

(*Diarrheal disease*)

원발성 장염은 사람을 포함한 포유류에서 대장균 감염의 흔한 증상이지만 가금류에서는 드문 것으로 간주된다. ETEC(enterotoxigenic *E. coli*), EHEC(enterohemorrhagic *E. coli*) 및 EIEV(enteroinvasive *E. coli*) 등 여러 가지 유형의 설사유발 대장균이 있지만 가금류에서는 잘 알려져 있지 않다.

전신성 대장균증

대장균성 패혈증

(*Colisepticemia*)

대장균성 패혈증은 육계와 산란계에서 높은 이환율과 폐사율을 나타낸다. 폐사는 바이러스나 Mycoplama와 같은 질병의 2차감염과 밀접한 관련이 있다. 대장균성 패혈증은 급성 패혈증(acute septicemia), 아급성 다발성 장막염(subacute polyserositis) 및 만성 육아종성 염증(chronic granulomatous inflammation)의 단계로 진행된다.

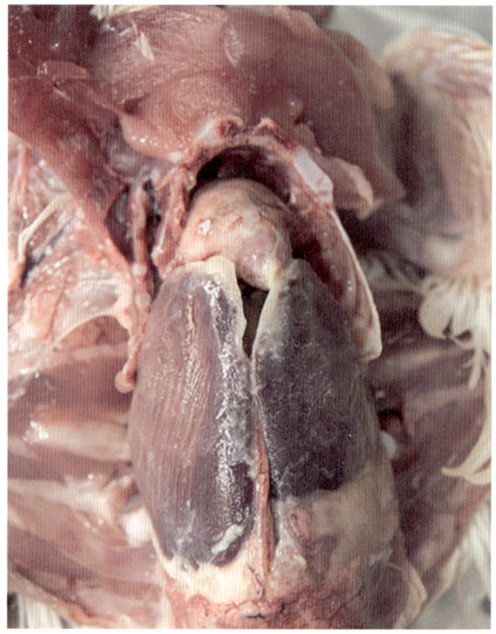

그림 17-4 대장균증 감염계의 심낭염 및 간포막염

대장균성 패혈증은 호흡기 유래가 가장 흔하지만, 장관 유래 대장균성 패혈증도 관찰된다. 일반적인 육안 소견으로는 심근의 혈관 충혈로 인한 심근염(myocarditis)이 두드러지고 심낭은 혼탁하고 부종되는 심낭염(pericarditis)이 특징이다(그림 17-4). 심낭을 절개하면 삼출물이 심외막에 느슨하게 붙어있는 것이 관찰되며, 질병이 계속 진행됨에 따라 삼출물은 증가하고 섬유소성 이염성 백혈구(fibrinoheterophil)가 많아지면서 치즈양으로 진행된다. 만성화되면 심낭은 심장 외막에 부착된다.

일반적인 조직 소견으로는 장액 및 장액섬유소성 삼출물에 heterophil의 수가 증가하고 이어서 대식세포가 관찰된다. 심근 내, 특히 심외막 근처에는 림프구 세포가 축적되며 7~10일까지 많은 형질세포가 존재한다. 결과적으로, 심낭의 삼출물은 조직화되고, 결국 만성 수동성 울혈에 의해 수축성 심낭염과 간 섬유증을 일으킨다.

호흡기 유래 대장균성 패혈증

(Respiratory-origin colisepticemia)

닭과 칠면조에서 잘 발생되는 가장 흔한 유형의 대장균성 패혈증이다. 특히, 만성호흡기성질병(chronic respiratory disease)이 있을 경우 잘 발생하며, 4~9주령 사이의 병아리의 경우는 패혈증으로 발전하기 쉽다. 대장균은 주로 감염성 또는 비감염성 인자에 의한 호흡기 점막의 손상 이후 전신 순환으로 침입한다. 대장균에 오염된 먼지의 흡입은 감수성 조류의 기낭을 감염시키는 가장 중요한 원인 중의 하나이며, 계사 먼지와 암모니아에 노출시 조류의 상부 호흡 기관의 섬모가 손상됨으로써 흡입된 대장균이 정착하고 호흡기 감염을 유발할 수 있다. 백신 균주, *Mycoplasma*, 암모니아, 전염성기관지염 바이러스(infectious bronchitis virus) 및 뉴캣슬병 바이러스(Newcastle disease virus)가 가장 일반적인 2차감염 유발요인이 된다.

호흡기 질환의 병변은 일반적으로 호흡기계(기관, 폐 및 기낭), 심낭, 복강에 잘 나타나며, 감염된 기낭은 두꺼워지고 종종 호흡기 표면에서 삼출물이 관찰된다(그림 17-5). 복부 기낭에서 난관으로 질병 진행이 일어날 수 있고 육성중인 조류의 경우 수란관염이 발생할 수도 있으며, 아급성의 다발성 장막염 출현한다.

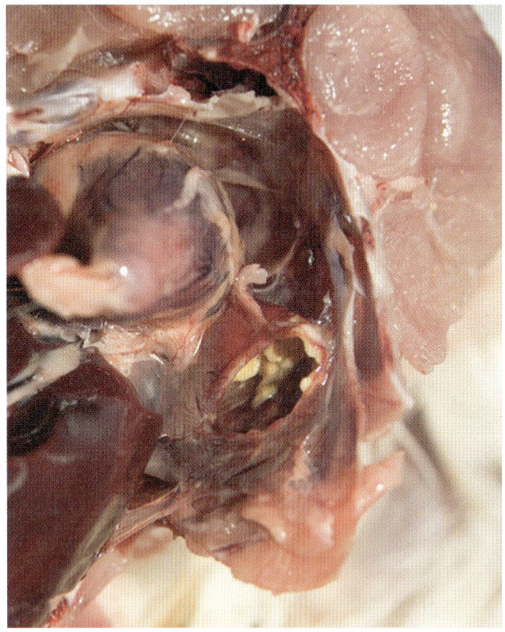

그림 17-5 대장균증 감염계의 기낭염

현미경적으로는 부종과 heterophil의 침윤을 쉽게 관찰할 수 있다. 단핵성 식세포는 감염 후 12시간에 빈번하게 관찰되고, 이 후 대식세포는 괴사 영역의 가장자리를 따라 출현하며 섬유모세포 증생, 치즈양 삼출물에 많은 수의 괴사성 heterophil의 축적이 관찰된다.

기타 대장균성 패혈증

장관 유래 대장균성 패혈증은 칠면조에서 가장 흔하다. 장점막 손상 후 순환계 및 조직으로 대장균이 전파하여 발생하며, 출혈성 장염 바이러스(hemorrhagic enteritis virus) 감염 후 잘 발생하는 경향이 있다.

신생 병아리 대장균성 패혈증은 부화 후 처음 24~48시간 내에 주로 감염되어 2~3주 동안 폐사율이 계속 증가하며 대개 10~20%의 폐사율을 보인다. 계군의 최대 5%가 위축되어 도태될 수 있다. 초기에는 폐울혈, 장막부종, 비장종대가 관찰되며, 질병 후반에는 때때로 관절염 또는 골수염이 관찰된다. 병아리의 대장균성 패혈증은 주로 난황낭 농양이나 제대감염 또는 *in ovo* 감염으로 자주 발생한다.

대장균성 패혈증은 일반적으로 어린 조류의 질병으로 알려져 있지만, 가금티푸스(fowl typhoid) 또는 가금콜레라(fowl cholera)가 감염된 성계 또는 칠면조에서도 복합감염으로 자주 발생한다. 특히, 산란계의 급성 대장균증은 산란 빈도가 증가함에 따라 산란 스트레스로 인하여 나타나는 경향이 크며, 주당 폐사율이 뚜렷하게 증가하고 누적 폐사율은 최대 10% 정도로, 2~20주 동안 폐사는 계속 증가할 수 있다. 복강 내 다발성 장막염(간주위염,

심막염) 및 복막염이 대부분 관찰되는 반면, 난소염과 난관염의 발생빈도는 낮다.

오리의 대장균 패혈증은 심낭염, 간주위염 및 기낭염이 관찰되며, 오리 리메렐라 감염증(*Riemerella anatipestifer* infection)과 비슷한 병변을 유발하지만 균배양 및 분리법으로 두 균종의 동정은 쉽게 이루어진다. 오리의 대장균 패혈증은 육성기간 동안 계절에 관계없이 연중 발생하는 경향은 있지만, 늦가을과 겨울에 좀 더 흔히 발생되며 모든 연령의 오리가 감수성이 있다.

대장균성 패혈증 후유증

대장균성 패혈증이 발생한 조류는 폐사하거나 일부는 후유증이 있다. 감염 이후 폐사하지 않은 조류는 면역계가 쉽게 작용하지 못하는 눈, 뇌, 활액 조직 및 뼈와 같은 장기로 대장균이 감염될 수 있으며, 특히, 뼈와 활액 조직에 대장균이 감염하여 발생하는 골관절염(osteroarthritis)과 골수염은 colisepticemia의 일반적인 후유증으로 잘 알려져 있다. 또한 다리 관절, 고관절, 날개 관절 등에서 다발성 관절염이 발생하며, 대개 건막염(tenosynovitis)은 동반하지만 인접 조직의 염증은 거의 관찰되지 않는다.

뇌에 대장균이 침입할 가능성은 낮지만 드물게 발생하여 수막염을 일으키거나 뇌염 및 뇌실염이 관찰되기도 한다.

대장균성 육아종(*Hjarre's Disease*)

coligranuloma는 전신성 대장균증으로 드물지만 육계, 산란계 및 칠면조에서 발생할 수 있다. 대개 계군 내에서 산발적으로 발생하지만 전 계군으로 전파되었을 때에는 75%까지의 폐사율이 있을 수 있다. 간, 십이지장, 맹장 및 장간막과 같은 여러 장기에 육아종을 형성하는 것이 특징으로, 장막 병변은 백혈병성 종양과 유사하게 보일 수 있다.

진단

원인병원체의 분리와 동정

대장균은 환경이나 장관계 내에 정상적으로 존재하기 때문에 시료 채취 과정에서 오염될 가능성이 높아 전형적인 병변으로부터 분리하여야 한다. 특히 폐사 후 장관계에서 주변 조직으로 빠르게 대장균이 퍼지기 때문에 대장균의 분리는 신중하게 해석되어야 한다. 골수와 뇌에서는 일반적으로 오염되기 어려워 원인균을 쉽게 분리할 수 있지만 뇌는 골수에 비해 채취하기가 쉽지 않다.

역학조사를 위하여 항원 동정, 독력 인자, 유전자형 등이 도움이 될 수 있으며, 주요 APEC의 병원성 유전자를 분석하기 위한 분자생물학적 방법들이 최근 보고되었지만 조류 대장균증을 유발할 수 있는 모든 대장균을 동정할 수 있기를 기대하기는 어렵다.

시료는 혈액 배지와 같은 비선택 배지와 EMB agar, MacConkey agar 또는 tergitol-7 agar 등의 선택 배지에 접종하여야 한다. 각 배지에서 대장균의 특성에 대해서는 잘 밝혀져 있기 때문에 그 동정방법에 따라 진행한다.

혈청학

혈청학적 진단은 대장균 진단 방법에 사용되지 않는다.

감별진단

급성 패혈증은 가금콜레라(fowl cholrea), 가금티푸스(fowl typhoid) 등 여러 세균성 질병에 의해서도 발생될 수 있기에 감별이 필요하며, 심낭염 또는 복막염은 *Chlamydophila*, *Pasteurellae* 또는 Streptococci(*Streptococcus*, *Enterococcus*)에 의해, 기낭염은 *Mycoplasma* 및 *Chlamydophila*에 의해서도 관찰될 수 있다. 관절의 병변은 레오바이러스 감염증(Reovirus infection)이나 *Mycoplasma synoviae*에 의해서도 발생하기에 이들 원인체와의 감별도 요구된다.

예방과 치료

위생적 사양관리

물, 사료 및 환경 위생을 강화하여 대장균 수를 줄이고, 숙주 저항성을 감소시킬 수 있는 여러 질병들로부터 계군을 보호하는 것이 가장 중요하다. 또한, 부화란의 분변 오염은 대장균이 계군 사이에 전염되는 가장 중요한 감염 방법이기 때문에 청결한 산란장의 관리 및 계란 수집이 요구되며, 산란 후 2시간 이내에 계란을 소독하면 전염을 줄일 수 있다. 난각 표면은 살균제, 정전기 스프레이, 자외선 소독 등이 효과적이다. 또한, 펠릿 사료의 급여, 설치류의 방제, 음용수의 청결한 관리(염소화 및 자동 급수 시스템), 유용 미생물(*Bacillus subtilis* 등) 등을 통하여 대장균 발병 및 폐기 발생률을 감소시킬 수 있다.

호흡기 손상을 최소화하고 공기 내 세균과 독소 노출 수준을 줄이기 위하여 적절한 관리와 환기로 암모니아의 발생량 및 축적량을 줄여야 한다. 젖은 깔짚 또한 대장균이 지속적으로 대량 증식할 수 있는 환경을 제공한다.

백신접종

불활화백신 및 생백신을 포함하여 다양한 대장균 백신 및 예방 접종 방법이 알려져 있기는 하지만, 현재 현장에서는 자주 발생하는 대장균의 혈청형을 혼합한 다가혈청형 불활화백신을 사용하는 것이 일반적이다. 이는 대장균의 경우 동종의 혈청형에 대하여는 방어가 가능하지만, 이종 혈청에 대하여는 교차방어가 불가능하기 때문이다.

치료

조류의 대장균증 치료를 위하여 다양한 항생제들이 사용되고 있으며 내성균, 특히 다제 내성균의 증가로 치료 효과가 낮아지고 있다. 특히 국내에서 분리된 79 균주의 APEC은 ampicillin, nalidixic acid, tetracycline, cephalothin, ciprofloxacin에 각각 83.5%, 65.8%, 64.6%, 46.8% 및 46.8%의 높은 내성률을 나타내었고, 3세대 cephalosporin인 cefotaxime과 ceftazidime 및 4세대인 cefepime에 대해서도 20%이상의 균이 내성을 나타내었다는 보고도 있었다. 따라서 조류 대장균증의 치료를 위해서는 원인균의 항생제감수성 검사를 통하여 효과적인 약제를 선발하는 것이 무엇보다 중요하다.

참고문헌

Abbott, O' Connor J. Robin T. Zimmer B.L. and Janda J.M. 2003. Biochemical properties of a newly described *Escherichia* species, *Escherichia albertii*. *J Clin Microbiol*. 41:4852-4854.

Dziva F, Stevens MP. Colibacillosis in poultry: unravelling the molecular basis of virulence of avian pathogenic *Escherichia coli* in their natural hosts. *Avian Pathol*. 2008;37(4):355-366.

Guabiraba R, Schouler C. Avian colibacillosis: still many black holes. *FEMS Microbiol Lett*. 2015;362(15)fnv118. doi:10.1093/femsle/fnv118

Jeong YW, Kim TE, Kim JH, Kwon HJ. Pathotyping avian pathogenic *Escherichia coli* strains in Korea. *J Vet Sci*. 2012;13(2):145-152.

Lutful Kabir SM. 2010 Avian colibacillosis and salmonellosis: a closer look at epidemiology, pathogenesis, diagnosis, control and public health concerns. *Int J Environ Res Public Health*. 7(1):89-114.

Kim YB, Yoon MY, Ha JS, Seo KW, Noh EB, Son SH, Lee YJ. Molecular characterization of avian pathogenic *Escherichia coli* from broiler chickens with colibacillosis. *Poult Sci*. 2020, 99(2): 1088-1095.

Kunert Filho H.C., Brito K.C.T., Cavalli L.S. and Brito B.G. 2015 Avian Pathogenic *Escherichia coli* (APEC)-an update on the control. In The Battle Against Microbial Pathogens: Basic Science, Technological Advances and Educational Programs. A. Méndez-Vilas. Formatex. Spain. 598-618.

Mohamed L, Ge Z, Yuehua L, et al. Virulence traits of avian pathogenic (APEC) and fecal (AFEC) *E. coli* isolated from broiler chickens in Algeria. *Trop Anim Health Prod*. 2018;50(3):547–553.

Wang H, Liang K, Kong Q, Liu Q. Immunization with outer membrane vesicles of avian pathogenic *Escherichia coli* O78 induces protective immunity in chickens. *Vet Microbiol*. 2019;236:108367.

Nolan LK, Vaillancourt J-P, Barbieri NL and Logue CM. 2019. Colibacillosis. In Diseases of Poultry. 14th ed. D.*E*. Swayn*E*. Wiley-Black Well. Iowa. 798–858.

18

CHAPTER

가금콜레라

Fowl Cholera; Pasteurellosis

전남대학교 조경오

개요

가금콜레라는 그람 음성의 양단염색 간균인 *Pasteurella multocida*(*P. multocida*)균에 의해 조류에서 발생하는 급성 혹은 만성 패혈증성 전염병으로서 급성으로 발병 시 발병률과 폐사율이 높다. 가금콜레라는 칠면조, 닭, 거위, 오리, 메추라기, 카나리아, 야생 및 동물원 조류에서 발생하고 있으며, 조건만 맞는다면 모든 조류에 감염될 수 있다. 가금류 중에서는 칠면조에서 다발하여 막대한 피해를 일으키고 있지만, 닭에서는 드물게 발생한다. 발생연령은 대부분 반성숙 혹은 성숙한 개체에서 발생하며, 그 외의 연령에서도 발생할 수 있다. 가금콜레라는 열악한 위생, 기생충 감염, 영양실조 등이 있을 경우에 더욱 잘 발생하고 피해도 심하다. 가금콜레라는 국내는 물론 전 세계적으로 발생하고 있다.

가금콜레라는 조류 콜레라(avian cholera), 조류 파스튜렐라증(avian pasteurellosis) 혹은 조류 출혈성 패혈증(avian hemorrhagic septicemia)으로도 불린다.

가금콜레라는 사람에게서 *Vibrio cholerae*에 의해 발생하는 콜레라와 이름이 유사하지만, 사람의 콜레라와는 전혀 무관한 질병이다. 가금콜레라 원인체는 사람에서 분리될 수 있지만 사람에게는 전혀 무해한 것으로 알려져 있다.

역사

1782년 Chabert 및 1836년 Mailet에 의해 프랑스에서 가금콜레라는 이름으로 처음 사용되었으며, 1886년 Huppe에 의해 출혈성 패혈증이라 명명되었고, 1900년에 Lignieres에 의해 조류 파스튜렐라증으로 명명되었다. 1879년에는 Toussaint가 가금콜레라균을 처음으로 분리하여, 이 균이 가금콜레라의 원인체임을 증명하였다. 파스테르는 가금콜레라균을 분리한 후 chicken broth에서 배양하였으며, 면역반응을 유도하기 위해 가금콜레라균의 약독화 연구를 하였다. 국내에서도 가금콜레라는 2000년 천수만에서 철새인 가창오리에서 대규모로 발생하여 집단 폐사가 보고되었으며, 가금류에서는 토종닭에서 보고되었다.

원인체 특성

형태 및 염색성

가금콜레라의 원인체인 *P. multocida*는 Pasteurellacease 과(family)에 속해있는 그람 음성의 비운동성의 양단염색성의 간균이다. 이 균은 포자(spore)를 형성하지 않지만 전자현미경으로 관찰하면 협막(capsule)에 의해 둘러싸여 있는 것과 그렇지 않은 것이 있다. 균의 크기는 0.2~0.4×0.6.~2.5 ㎛로서 단독, 쌍 혹은 사슬모양으로 연결되어 있다. 하지만 반복된 배양에 의해 형태가 다형태성을 보일 수 있다.

분류

가금콜레라의 원인체인 *P. multocida*는 핵산 상동성에 의해 *P. multocida* subspecies *multocida*, *P. multocida* subspecies *septica*, *P. multocida* subspecies *gallicida*라는 세 가지 아종으로 분류된다. 이러한 세 가지 아종에 속해 있는 균들에 대해 표현형을 조사한 결과 총 10개의 생물형(biotype)이 보고되었다. 또한 이러한 세 가지 아종 중에서 *P. multocida* subspecies *multocida*와 *P. multocida* subspecies *gallicida*는 계통학적으로 같은 계통에 속하지만, *P. multocida* subspecies *septica*는 상이하였다. 닭, 칠면조, 맹금류, 꿩과 같이 야외 농가 및 자연 생태계에서는 *P. multocida* subspecies *multocida* 아종이 다른 아종에 비해 우세하게 발생하는 것으로 보고되었다. 반면에 *P. multocida* subspecies *gallicida*는 물갈퀴발이 있는 수조류에서 주로 관찰된다고 한다.

가금콜레라균의 분류는 기존의 전통적인 혈청학적 방법과 최근 자주 사용되고 있는 유전자 분석방법으로 한다. 혈청학적 방법인 *P. multocida*의 협막항원에 대한 혈구응집반응으로 *P. multocida*는 5개(A, B, D, E, F)의 협막 혈청형(capsular serotypes)으로 분류된다. 또한 균체항원 혈청형 분석 방법인 튜브 응집반응 검사 및 겔 확산 침강반응 검사가 사용되고 있지만, 이 중 하나의 방법에 의해 얻어진 결과가 다른 방법에 의해 얻어진 결과와 완벽히 일치하지 않은 경우도 있다. 하지만 미국의 경우 겔 확산 침강반응이 자주 사용되며, 많은 나라에서 이 방법을 사용하고 있다. 하지만 이러한 혈청학적 방법들은 많은 노동력과 낮은 민감도가 문제이다. 최근에는 중합효소연쇄반응(polymerase chain reaction; PCR)을 기본으로 하는 다양한 분자생물학적 분석 방법이 개발되어 사용되고 있다. 즉, *P. multocida* 세 가지 아종의 16S rRNA 및 하우스키핑(housekeeping) 유전자에 대하여 다좌위 유전자 서열 유형(multi-locus sequence typing) 및 단일 유전자 염기서열 분석(single gene sequences analysis)을 한 결과 바로 위에서 기술한 것과 같이 계통학적 유사성을 밝혀낼 수 있다고 한다.

세균배양

가금콜레라균의 최적 배양 조건은 37℃에서 pH 7.2~7.8이며, 호기 및 혐기 상태 모두에서 자란다. 하지만 배양액의 종류에 따라 pH 6.2~9.0에서도 자랄 수 있다. 액체배지에서는 16~24시간 이내에 최대로 자라 배양액은 혼탁해지며, 배양 2~3일 이내에 점성의 침전물이 발생한다. 이 세균은 배지 내에 고기, 펩톤, 카제인 가수분해물, 조류 혈청이 들어 있는 경우 균의 증식이 촉진된다. 5% 조류 혈청이 들어있는 덱스트로스 전분 한천(dextrose starch agar)은 이 세균의 분리 및 증식에 좋다.

화학적, 물리적 요인에 대한 저항성

가금콜레라균은 일반적인 소독제, 고온(56℃ 15분, 60℃ 10분), 건조, 햇볕에 의해 쉽게 사멸된다. 가성소다, 베타프로이오락톤, 석탄산, 1%의 포름알데하이드, 글루탈알데하이드, 0.1% 염화벤즈알코늄 용액은 4.4×10^8균체를 5분 이내에 사멸시킬 수 있다. 가금콜레라균은 3℃에서 50%의 습도와 pH 7.15인 토양에서 113일간 병원성을 유지하면서 생존할 수 있다고 한다.

병원성

가금콜레라 원인체인 *P. multocida*의 병원성 또는 독력은 균주의 종류, 숙주의 종류, 변이균주, 감염조건에 따라 달라진다. 특히 병원성 혹은 독력은 세균체를 둘러싸고 있는 협막에 달려있는데, 인공배지 혹은 돌연변이에 의해 협막을 상실하게 되면 독력도 상실하게 된다. 하지만 협막이 있는 경우에도 병원성이 낮은 경우도 있어, 협막의 특정 화학물질이 병원성과 관련되어 있다고 추정된다. 가금콜레라균은 인두, 상부기도, 결막의 점막 혹은 상처 부위를 통해 생체 내로 침입한다. 일반적으로 칠면조가 닭에 비해 가금콜레라에 감수성이 높으며, 성숙한 닭이 어린 닭에 비해 더욱 감수성이 높다.

가금콜레라균은 다른 그람 음성균과 유사한 지질다당류(lipopolysaccharide; LPS)로 구성된 내독소(endotoxin)를 생산한다. 이러한 내독소는 혈관 내피를 손상시키고 혈관을 확장시켜 전신성 울혈성 충혈을 일으킨 결과, 개체는 패혈증성 쇼크로 폐사한다. 또한 혈청형 A 및 D 균주들은 이열성 단백질(heat-labile protein)독소를 생산한다.

역학

발병현황

가금콜레라는 국내는 물론 전 세계적으로 조류가 서식하고 있는 곳이면 산발적 혹은 지방 유행성으로 발생되고 있는 것으로 추정되며, 늦여름에서 겨울에 걸쳐 다발한다. 가금콜레라는 높은 폐사율을 일으킬 수 있지만, 그렇지 않는 경우도 있다. 가금콜레라 균이 감염된 농장 내 52개월령의 칠면조들이 발생 6일 이내에 68%가 폐사하였다는 보고도 있으며, 하룻밤 사이에 1,000마리 이상의 야생거위가 폐사하였다고 한다. 닭의 폐사율은 낮지만, 최소 4년 이상 감염을 유지할 수 있다. 특히 국내에서도 천수만에서 가창오리에서 가금콜레라가 대규모로 발생하여 높은 폐사율이 보고되었다.

숙주

가금콜레라는 가금류, 동물원 조류, 사육조류 뿐만 아니라 야생조류 등 다양한 조류에 감염된다. 가금류에서는 특히 칠면조가 감수성이 높아, 감염 후 2~3일 이내에 대부분 폐사한다. 특히 성숙 칠면조가 병원성이 강한 균주에 인공적으로 감염된 경우 48시간 이내에 90~100%가 폐사한다고 한다. 거위와 오리도 가금콜레라에 감수성이 높다. 닭에서는 연령이 높을수록 감수성이 증가하기 때문에 16주령 이하의 닭은 가금콜레라에 저항성을 보이며, 높은 폐사율은 대부분 19주령 이상의 산란을 하고 있는 산란계에서 관찰된다. 하지만 닭은 칠면조에 비해 감수성이 낮아 자연적으로 감염된 닭의 폐사율은 0~20%이지만, 이보다 높은 폐사율도 있을 수 있다. 특히 닭에 사료 및 음수를 주지 않거나 급작스럽게 사료를 바꿀 경우 폐사율이 높아진다. 실험동물로서 토끼와 쥐는 가금콜레라균에 의해 폐사할 수 있지만, 그 외의 포유류는 저항성을 갖고 있다.

전파, 보균체(carrier) 및 매개체

가금콜레라의 전파 주요 원인으로는 만성 감염된 조류로 추정되고 있지만, 가금콜레라가 발생한 농장으로 원인체가 어떻게 유입되었는지를 규명하는 것은 거의 불가능하다. 사육중인 칠면조, 오리, 닭과 같은 가금류는 야생조류와 접촉함으로써 이 질병이 발생할 수 있다. 만성 가금콜레라에 감염된 닭의 계란을 통한 감염은 실험적으로 일어나지 않아, 계란을 통한 감염은 일반적으로 매우 드물다고 추정된다. 대부분의 가축은 가금콜레라의 보균체로 작용할 수 있으며, 돼지와 고양이를 제외한 가축의 *P. multocida*균은 가금류에 비병원성이다. 돼지에서 분리한 *P. multocida*균은 일반적으로 닭에 높은 병원성이 있다고 보고되었다. 야생 동물 중에서 너구리에서 분리한 *P. multocida*균은 칠면조에 병원성이 높아서 너구리가 가금콜레라의 보균체로 작용할 수 있다.

농장 내에서의 가금콜레라 확산은 감염된 가금의 구강, 코 및 결막을 통해 배출된 균이 사료나 음수를 오염시켜 발생한다. 가금콜레라균에 오염된 사료 포대, 기구 등도 가금콜레라 전파원으로 작용할 수 있다. 또한 가금은 사체를 먹는 경향이 있어, 감염된 사체도 감염원이 될 수 있다. 비둘기와 참새는 감염된 농장에 들어가 감염될 수 있지만, 임상증상이 발생하지 않는다. 하지만, 무증상 감염된 비둘기와 참새는 동일한 농장 내 다른 축사 혹은 타 농장에 가금콜레라균을 전파시킬 수 있다. 쥐도 감염된 농장에 들어가 감염되어 10% 정도의 급성 파스튜렐라증 임상증상을 일으킨다. 이 외에도 파리, 진드기 등도 가금콜레라를 전파시킬 수 있지만 그 가능성은 낮다. 사람의 호흡기에서 분리한 *P. multocida*균은 칠면조에 병원성이 없다.

임상증상

가금콜레라의 임상증상은 급성형 및 만성형에 따라 차이가 크며 숙주의 종류, 나이, 성별, 면역상태, 환경 등에 의해 영향을 받는다.

급성형

급성형 가금콜레라가 발생한 경우 처음에는 아무런 임상증상 없이 폐사가 발생하는 것이 특징이다. 이후 동거중인 조류를 자세히 검사하면 고열, 식욕부진, 거칠어진 깃털, 구강의 점액성 분비물, 설사, 거친 호흡 등이 관찰된다. 청색증(cyanosis)은 폐사 직전에 종종 벼슬이나 육수에서 관찰된다. 설사분변은 초기 백색의 수양성에서 후기 점액이 섞여있는 청색 설사로 바뀐다. 급성 감염증에서 살아남은 닭들은 수척해지고 탈수되며, 만성형으로 전환되거나 회복되기도 한다.

만성형

만성형은 급성 감염 후 혹은 저병원성에 감염되어 발생한다. 임상증상으로는 육수, 안와하동(infraorbital sinus), 다리 및 날개 관절, 발바닥, 흉골 점액낭 등이 부어있다. 결막이나 인두는 삼출성 물질이 있으며, 머리가 비틀어진 사경(torticollis)도 종종 관찰된다. 호흡기 감염에 의한 기관성 수포음과 호흡곤란 증상도 관찰된다. 만성적으로 감염된 조류는 회복되어 보균체로서 오랫동안 남을 수 있다.

병변

가금콜레라에 의해 발생한 병변은 일정하지 않으며, 병변의 정도도 다양하다. 이러한 차이는 급성형 및 만성형에 따라 다양하다. 또한 임상증상 및 병변의 정도가 두 유형의 중간에 속해 급성형 및 만성형을 구별할 수 없는 경우도 있다.

급성형

급성형의 특징적 소견은 출혈과 괴사이며, 이는 균체가 분비하는 내독소인 지질다당류(LPS)에 의해 혈관 내피가 손상되고 혈관이 확장되어 순환기 장애가 발생한 결과이다(그림 18-1). 일반적으로 복강 내 장기(특히 십이지장)의 작은 혈관이 충혈되어 있으며, 이러한 혈관 내를 현미경으로 관찰하면 많은 수의 균체들이 보인다. 또한 이 균의 내독소에 의해 전신의 혈관 내피가 파괴된 결과 전신 혈관 내에 혈전자(thrombus)가 들어 있는 파종성 혈관 내 응고(disseminated intravacular clotting)가 발생하여, 결과적으로 점상 및 반상 출혈이 소장 및 대장 점막과 장막, 심외막, 폐 등 다양

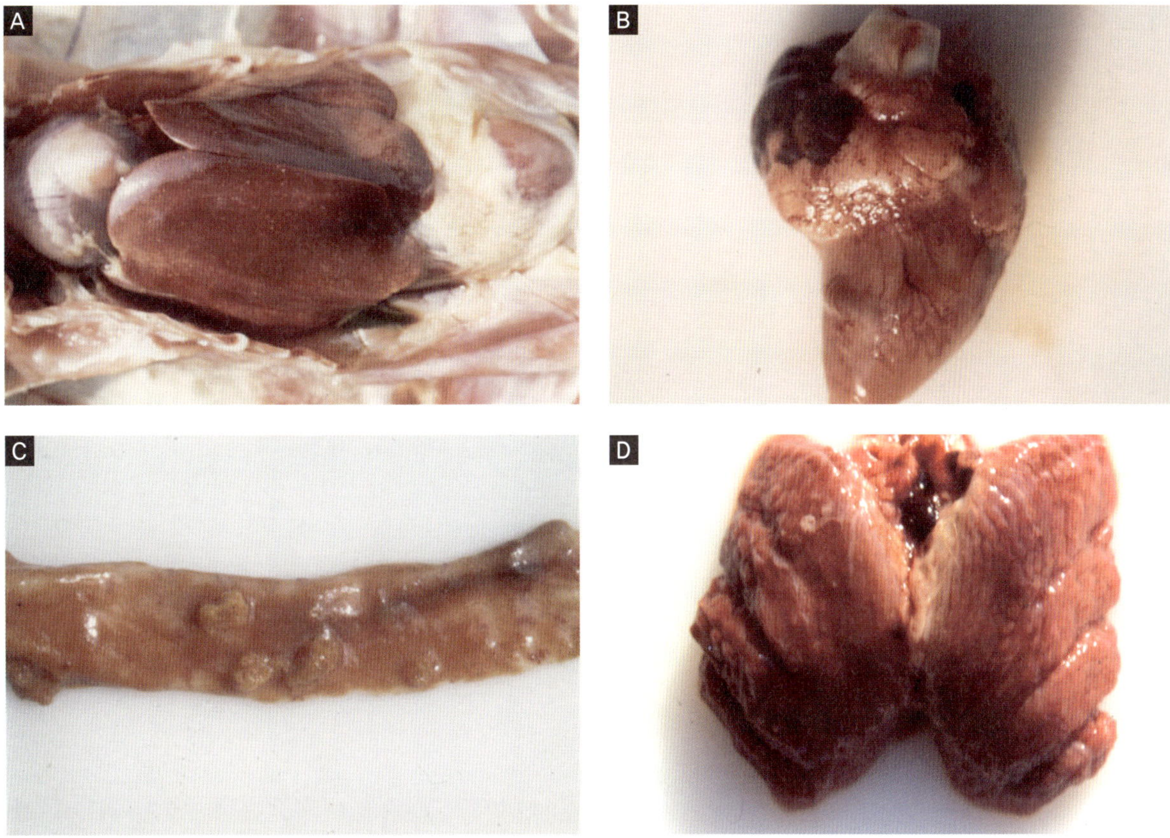

그림 18-1 국내 가창오리에서 분리한 가금콜레라 균을 실험접종한 닭의 육안소견. (A) 간. 다수의 백색 괴사소가 간 표면에 산재되어 있음. (B) 심장. 다수의 점상 출혈이 심근 및 관상고랑의 지방 표면에 산재되어 있음. (C) 소장. 다수의 궤양 부위에 염증성 삼출물이 덮고 있음. (D) 폐. 급성 화농성 폐렴에 의해 폐가 전반적으로 충혈되어 있고 습윤한 소견을 보임.
출처: 농림축산검역본부 권용국 연구관 제공

한 장기와 조직에서 기속화된다. 간은 육안적으로 종대되어 있으며 다수의 백색 괴사소가 있다. 이러한 괴사소는 조직학적으로 응고성 괴사를 보이며 위호중구가 침윤되어 있다(그림 18-2). 조직학적으로 폐 모세혈관은 충혈되어 있으며, 방기관지 등에는 수종, 출혈, 위호중구 등이 단독 혹은 섞여 있을 수 있다(그림 18-2). 난포는 충혈 혹은 출혈되어 있으며 간혹 난황이 파괴되어 복강 내로 퍼져 있을 수 있다.

만성형

만성형 가금콜레라의 육안적 및 조직학적 특징은 앞서 설명한 패혈증성 급성형에 비해 국소 병변을 일으킨다는 것이다. 황색의 치즈양 화농성 염증이 호흡기계를 비롯하여 안와하동, 관절, 건초, 육수, 결막낭, 코곁동굴(부비강)비개골, 가운데귀(중이), 머리뼈(두개골)에서 관찰된다. 칠면조에서 사경(목 비틀림)은 가운데귀, 머리뼈, 뇌막에서 발생한 화농성 염증에 의한다. 조직학적으로 이러한 화농성 염증 부위에서는 위호중구가 침윤되어 있으며, 다형핵의 거대세포도 관찰된다. 폐렴은 칠면조에서 매우 흔하게 발생하며, 결막 및 인근 조직 감염과 안면 부종이 관찰될 수 있다.

진단

가금콜레라의 예방, 치료, 방역을 위해서는 신속·정확한 진단은 필수적이다. 가금콜레라의 진단을

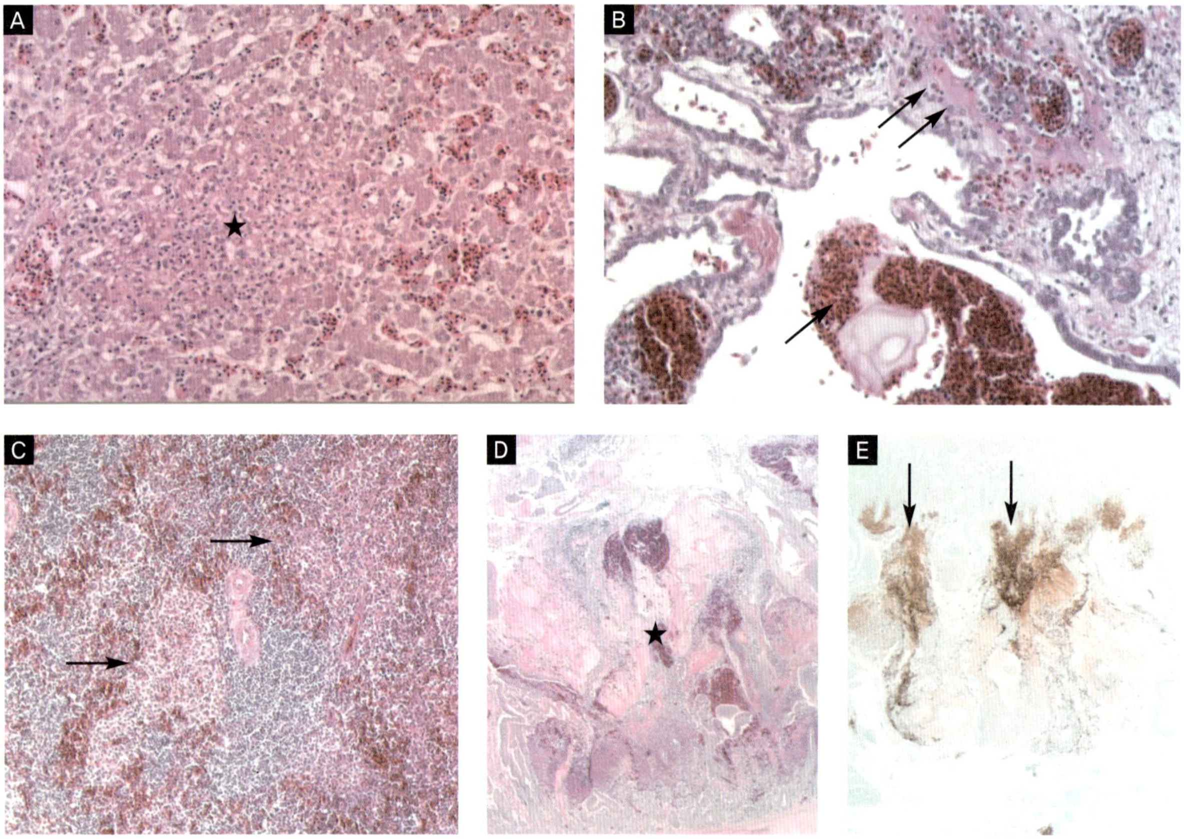

그림 18-2 국내 가창오리에서 분리한 가금콜레라균을 실험접종한 닭의 병리조직학적 소견. (A) 간. 괴사 병소 내에 다수의 위호산구가 침윤되어 있음(별표). (B) 폐. 방기관지 내에 출혈(화살표)이 관찰되며, 폐 모세혈관은 충혈되어 있고, 괴사성 혈관염(2개 화살표) 주위에 염증세포가 침윤되어 있음. (C) 비장. 백수(white pulp) 내에 다수의 림프구 괴사소견이 관찰됨(화살표). (D) 소장. 괴사, 출혈 및 염증세포 침윤소견이 동반된 소장 점막의 미란(별표). (E) 소장. 가금콜레라 특이 항체를 이용한 면역조직화학적 염색에 의해 다수의 균체들이 갈색으로 궤양 부위에서 관찰됨(화살표).

출처: 농림축산검역본부 권용국 연구관 제공

위해 임상증상의 관찰, 병리소견 및 원인체의 분리가 사용되고 있다.

원인병원체의 분리와 동정

가금콜레라의 원인체인 *P. multocida* 균은 급성형에 걸려 폐사한 사체의 복강장기 및 만성형에 이환된 개체의 국소병변에서 쉽게 분리된다. 급성형 가금콜레라의 잠정적인 진단은 간 도말을 Wright 염색을 통해 양단염색 간균을 확인하여 할 수 있다. 이 균에 특이적인 항체를 이용한 면역형광염색법도 조직이나 삼출물 내의 세균을 검사하는 데 유용하다.

골수, 심장혈액, 간, 뇌막 및 국소병변이 세균 분리를 위해 좋다. 살아있는 개체에서는 비강 삼출물이나 비강 내에 면봉을 삽입하여 균 분리를 한다. 균 분리 재료는 peptone broth로 보관하여 운송한 후 5% 닭 혈청이 들어있는 덱스트로스 전분 한천(dextrose starch agar)에서 배양한다. 1% 포도당, 젖당, 자당, 마니톨, 말토스가 들어있는 phenol red broth tube 내에서 *P. multocida* 균은 가스 생성 없이 포도당, 자당, 마니톨을 특징적으로 발효시킨다. *P. multocida* 균은 거의 대부분 인돌을 배지 내에서 생성한다. 가금콜레라균은 혈액 평판배지에서 적혈구를 용혈시키지 않으며,

MacConkey 평판배지에서 자라지 않는다. 시료가 오염되었을 경우에는 토끼, 햄스터, 쥐에 시료를 피하 혹은 복강 내에 접종한 후, 심장, 혈액, 간 등에서 *P. multocida* 균을 순수 분리할 수 있다.

감별진단

급성형 가금콜레라의 경우 전신 장기 및 조직의 충출혈 및 괴사가 특징이지만, 이와 유사한 병변을 일으킬 수 있는 것이 고병원성 조류 인플루엔자와 뉴캣슬병이 있어 이와의 감별진단이 필요하다. 또한 가금콜레라를 잠정 진단하기 위해 병변 혹은 삼출물의 Wright 염색을 사용하지만, 전염성코라이자의 원인체인 *Avibacterium paragallinarum* 균체도 양단염색 간균이어서 이와의 감별이 필요하다. 전염성코라이자는 상부 호흡기에 국한되어 발생하고 있는 반면에 급성형 가금콜레라는 전신 장기에 출혈 및 괴사를 일으키기 때문에 병리학적으로 쉽게 감별이 된다. 따라서 이러한 병리학적 소견과 간이나 복강 장기에서 양단염색 간균이 검출되면 가금콜레라로 잠정 진단할 수 있다. 이 외에도 *P. multocida*와 매우 유사한 *Avibacterium gallinarum*과 *Gallibacterium anatis* biovar *haemolytica*가 닭, 칠면조, 오리 환축에서 검출될 수 있어 감별이 필요하다.

예방 및 치료

가금콜레라를 예방하기 위해서는 *P. multocida* 균을 보균하고 있는 보균체들을 제거하거나 농장으로의 접근을 차단하는 것이 필요하다. 또한 다른 세균성 감염증과 달리 가금콜레라는 부화장이나 난계대 감염이 거의 일어나지 않기 때문에 칠면조, 닭, 오리 등을 사육하는 농장에서 가금콜레라의 발생 여부는 이를 예방하기 위한 농장주의 의지에 달려 있다. 전파의 1차적인 원인으로는 가금콜레라에 감염되었거나 회복된 개체 혹은 야생동물과 같은 보균체들이다. 따라서 새로 입식된 개체들은 기존의 가금류들과 별도로 사육되어야 하며, 야생조류, 돼지, 개, 고양이, 쥐들이 축사에 접근하지 못하도록 하여야 한다. 또한 음수 및 사료에 가금콜레라균이 오염되지 않도록 소독 및 저장에 주의를 하여야 한다.

백신접종

가금콜레라가 유행하고 있는 지역에서는 농장의 환경 및 위생의 개선과 더불어 백신의 사용이 권장된다. 현재 판매되고 있는 가금콜레라 백신으로는 박테린 및 생백신이 있다. 박테린 백신은 오일 백신보조제(adjuvant) 내에 혈청형 1, 3, 4 균체가 들어있다. 박테린 백신의 경우 백신 내에 들어 있는 혈청형과 다른 혈청형을 보이는 균에 대해서는 교차방어가 되지 않기 때문에, 지역에 따라 혈청형 1, 3, 4 외에도 해당 지역에서 발생하고 있는 혈청형을 포함시켜야 한다. 백신에 사용되는 백신보조제는 오일 유제(water-in-oil emulsion)와 수산화알루미늄(alumium hydroxide)이 있다. 오일 유제 백신의 경우, 백신접종 시 산란용 가금에 심한 조직 반응을 일으켜 백신접종 후 산란율이 급격히 떨어질 수 있으므로 이러한 부작용이 없는 수산화알루미늄 보조제가 들어있는 박테린 백신이 산란용 칠면조에 좋다. 오일 유제백신과 마찬가지로 수산화알루미늄 박테린 백신도 충분한 면역반응을 유도하지 못하기 때문에, 산란용 가금에서는 산란기간 동안 반복하여 백신을 투여하여야 한다. 미국에서 판매되고 있는 생백신은 가금콜레라 저병원성 CU 주로서 이를 돌연변이시켜 더욱 약독화시킨 것도 있다. 생백신은 혈청형이 다른 가금콜레라균을 교차방어할 수 있는 장점이 있지만, 백신접종 시 부작용으로 폐사를 유발하거나 만성형으로 전환될 수 있는 단점이 있다.

가금콜레라에 대한 적절한 백신 프로그램을 만들 때 고려해야 할 사항으로는 지역 내 가금콜레라 발병률, 우점하고 있는 혈청형, 백신을 투여할 가금 연령, 종란 생산용 칠면조와 식육 판매용 칠면조 혹은 종계 및 원종계와 같이 백신을 할 개체의 가치 등이 있다. 종계 농가에서는 박테린, 생백신 혹은 두 백신의 혼용으로 8~10주령 및 18~20주령에 2회에 걸쳐 접종 시 성공적으로 면역반응을 일으킨다고 한다. 보다 성공적인 백신 프로그램으로는 10~12주령에 날개에 생백신을 접종 후 18~20 주령에 생백신 혹은 박테린 백신을 투여하는 것이다. 또한 산란 직전의 닭을 산란계사로 이동시키기 전에 박테린 백신을 10~12주령에 접종 후, 생백신을 18~20주령에 접종하면 다수의 혈청형에 방어능이 생길뿐만 아니라 생백신에 의해 발생할 수 있는 만성형 가금콜레라를 최소화시킬 수 있다고 한다. 종란 생산용 및 식육 생산용 칠면조에서 가장 성공적인 백신 프로그램 중 하나는 6~8주령부터 4주 간격으로 생백신을 음수를 통해 지속적으로 투여하는 것이다. 박테린 백신도 종란 생산용 칠면조에 6~8주령부터 2~5회 정도 투여할 수 있다.

치료

가금콜레라를 치료하기 위해서 설파제나 항생제가 광범위하게 사용되었다. 가금콜레라 원인체인 *P. multocida* 균은 이러한 항균제에 내성을 보일 수 있어 항생제 감수성 검사가 필요하다. 설파제의 경우 살균효과가 아닌 세균의 발육을 저지하고, 국소 농양을 치료할 수 없으며, 생체 유독성이 있는 단점이 있다. 항생제로는 streptomycin, penicillin, oxytetracycline, chlortetracycline, novobiocin, chloramphenicol 등이 사용되고 있다.

참고문헌

이종진, 김환희, 변철섭, 이은정, 육민정, 박재명. 토종닭에서 가금콜레라(Fowl Cholera) 발생. 한국가축위생학회지, 2007, 30(1), 33-42.

Alberts J. O., and Graham R. Fowl cholera in turkeys. *North American Veterinary*, 1948, 29, 24-26.

Fegan N, Blackall P. J., Pahoff J. L. Phenotypic characterization of Pasteurella Multocida isolates from Austalian poultry. *Veterinary Microbiology*, 1995, 47, 281-286.

Glisson J. R., Hofacre C. L., and Christensen J. P. Fowl Cholera. In: *Diseases of Poultry*, pp 807-823, 13th Ed. WILEY-BLACKWELL, 2013.

Gregg D. A., Olson L. O., and McCune E. L. Experimental transmission of *Pasteurella multocida* from raccoons to turkeys via bite wounds. *Avian Diseases*, 1974, 18, 559-564.

Hall W. J., Heddleston K. L., Legenhausen D. H., Hughes R. W. Studies on pasteruellosis: I. a new speciesof Pasteurella encountered in chronic fowl cholera. *American Journal of Veterinary Research*, 1955, 16, 598-604.

Harper M, Boyce J. D., Adler B. *Pasteurella multocida* pathogenesis: 125 years after Pasteur. FEMS Microbiology Letter, 2006, 265(1), 1-10.

Iliev T., Arsov R., Iovcev E., and Girginov G. role of swine in t도 epidemiology of fowl cholear. *Nauchni Tr Vissh Vet Med Inst Sofia*, 1963a, 11, 289-293.

Iliev T, Arsov R, Dimov I, Girginov G., and Iovcev E. Swine, cattle, and as carriers and latent sources of pasteurella infection for fowl. *Nauchni Tr Vissh Vet Me Inst Sofia*, 1963b, 11, 281-288.

Kwon Y. K. and Kang M. I. Outbreak of fowl cholera in baikal teals in Korea. *Avian Diseases*, 2003, 47(4), 1491-1495.

Mutters R, Ihm P, Pohl S, Frederiksen W, Mannheim W. Reclassification of the genus Pasteurella Trevisan 1887 on the basis of deoxyribonucleic acid homology, with proposals for the new species Pasteurella dagmatis, Pasteurella canis, Pasteurella stomatis, Pasteurella anatis, and Pasteurella langaa. *International Journal of Systemic Bacteriology*, 1985, 35, 309-322.

Pasteur L. Sur les maladies virulents et en particulier sur la maladie appelee vulgairement cholera des poules. *CR Acad Sci* 1880, 90, 239-248.

Vaught R. W., McDougle H. C., and Burgess H. H. Fowl cholera in waterfowl at Squaw Creek Natinal Wildlife Refuge, Missouri. Journal of Wildlife Manage, 1967, 31, 248-253.

19

CHAPTER

전염성코라이자

Infectious Coryza

전남대학교 조경오

개요

전염성코라이자는 *Avibacterium paragallinarum*(*Av. paragallinarum*)에 의해 주로 닭의 비강 및 비강 주위의 동(sinus)과 같은 상부 호흡기에 감염되여 급성 혹은 아급성의 염증을 특징으로 하는 전염병이다. 전염성코라이자는 모든 연령의 닭에서 발생할 수 있지만 특히 밀집사육하고 있는 반성숙 혹은 성숙한 닭에서 다발한다. 전염성코라이자는 전 세계적으로 발병하고 있을 것으로 추정되며, 국내에서도 산발적으로 발생되고 있다.

전염성코라이자는 육계 및 산란계 모두에서 발생하지만, 일반적으로 폐사율은 매우 낮다. 하지만 육계에서는 심한 성장률 저하를, 산란계에서는 10~40%의 산란감소를 일으킬 수 있다. 특히 육계에서는 *Av. paragallinarum*이 단독 혹은 *Mycoplasma synoviae* 등과 혼합감염되어 기낭염을 일으켜 도계장에서 높은 폐기율을 일으킬 수 있다. 특히 개발도상국에서는 *Av. paragallinarum*이 다른 감염성 질환과 복합감염 혹은 고온, 절수 등 다양한 스트레스 인자와 복합되었을 경우 전염성코라이자에 의해 더욱 심한 경제적 피해가 발생한다.

전염성코라이자는 사람에게는 완전히 무해한 것으로 알려져 있다.

역사

1920년 초에 들어와서야 전염성코라이자는 계두와 같은 전염성 질환들과는 다른 질병으로 인식되었으며, 1932년에 원인체가 *Bacillus hemoglobinophilus coryzae gallinarum*으로 보고되었다. 이후 전염성코라이자의 원인체는 *Haemophilus paragallinarum*으로 분류되었다가 최근에 *Av. paragallinarum*으로 재분류되었다. 전염성코라이자는 전 세계적인 분포를 보이며, 국내에서도 1978년에 병원체의 분리가 보고되었다.

원인체 특성

병원체

전염성코라이자의 원인체인 *Av. paragallinarum*는 Pasteurellacease 과(family)에 속해있는 그람 음성의 간균이다. *Avibacterium* 속(genus)에는 *Av. paragallinarum*, *Av. gallinarum*(예전에는 *Pasteurella gallinarum*으로 분류되었음), *Av. avium*, *Av. endocarditidis*, *Av. volantium* 등 5개의 종이 현재 알려져 있지만, 전염성코라이자의 주요 원인은 *Av. paragallinarum*이다. 즉, *Av. gallinarum*과 *Av. endocarditidis*는 가금류에 기회 감염을 일으키며, *Av. avium*과 *Av. volantium*

은 병원성이 없는 것으로 알려져 있다. 또한 최근 계통학적 분석에 따르면 *Avibacterium* 속(genus)에는 오직 2~3개의 종(species)만 있는 것으로 밝혀져, 향후 *Avibacterium* 속 내에 있는 종들의 재분류가 필요하다. 또한 Pasteurellacease 과의 세균동정에 사용되는 X-인자(hemin)와 V-인자(nicotinamide adenine dinucleotide; NAD)가 *Av. paragallinarum*의 동정에 필요한지에 대하여 오랫동안 논란이 있었지만, 현재에는 최소한 V-인자가 필요한 *Av. paragallinarum*과 불필요한 *Av. paragallinarum*이 있다고 규명되었다.

형태

전염성코라이자 균은 가금콜레라균과 유사하게 그람 음성의 비운동성으로 단독, 쌍 혹은 짧은 연결모양의 양단염색성의 간균이다. 균 배양 24시간 후에는 균체가 1~3×0.4~0.8 ㎛ 단간균의 형태로 전환되며, 필라멘트를 형성하는 경향이 있다. 병원성 균은 협막(capsule)을 가지고 있을 수 있다. 배양 후 48~60시간에는 균이 변성되어, 분절화되고 형태가 불분명하게 될 수 있지만, 이때 새로운 배지에서 세균을 다시 배양하면 특징적인 간균의 형태로 변한다.

세균배양 및 균락의 형태

앞서 병원체 항에서 기술한 바와 같이 *Av. paragallinarum*이 증식하기 위해 V-인자가 필요한 것과 필요하지 않는 것이 있어, V-인자 즉 NAD가 필요한 *Av. paragallinarum* 균주 배양에는 NAD (1.56~25 ㎍/mL 배지) 혹은 산화 형태의 NAD (20~100 ㎍/mL 배지)를 넣어 주어야 한다. 또한 배지에는 1.0~1.5%의 염화나트륨(NaCl)을 넣어 주어야 한다. *Av. paragallinarum* 특정 균주를 배양할 때 배지에 1%의 닭 혈청을 꼭 넣어 주어야 하지만, 어떤 균주들은 단지 증식만을 좋게 하기 때문에 넣지 않아도 된다. V-인자가 필요한 *Av. paragallinarum* 균주를 분리 혹은 배양하기 위해서는 V-인자를 생산하는 황색포도상구균(*Staphylococcus aureus*)과 같은 세균과 혈액한천배지에서 혼합배양을 하면 *Av. paragallinarum*이 포도상구균 주변에 증식하여 균락을 형성하는 위성현상(satellite phenomenon)이 관찰된다. 배지에 자란 균체는 쉽게 사멸하는 경향이 있으며, 5℃에서 12~14일이면 계대가 불가능하다. 따라서 균을 장기간 보존하기 위해서는 냉동 혹은 동결건조시켜 보관하여야 한다. 균 배양온도는 25~45℃이며, 최적온도는 34~42℃이다.

Av. paragallinarum 균주를 혈청 혹은 덱스트로스 전분 한천(dextrose starch agar) 배지에서 24시간 배양하면 원형의 매끄러운 1.5 mm 크기의 집락(colony)을 형성하며, 비스듬한 광선에서 광학현미경으로 보면 균락은 무지갯빛(iridescent)을 띤다. 특히 이 세균이 잘 자라는 배지에서 배양 시 생성된 이슬방울 모양의 아주 작은 집락을 비스듬한 광선에서 광학현미경으로 보면, 활면형(smooth) 집락은 무지갯빛을 띠지만 조면형(rough) 집락은 그렇지 않다. 이 외에도 다양한 형태의 집락이 있으며, 무지갯빛을 띠는 것도 있다.

분류

항원성에 따른 분류

*Av. paragallinarum*는 혈구응집억제반응에 의한 Page 혈청형에 의해 A, B, C 3종의 혈청형으로 분류된다. A 혈청형은 중국과 말레이시아, C 형은 타이완, A형과 B형은 독일, A형, B형, C형은 페루, 타이, 우간다, 미국, 브라질, 아르헨티나, 멕시코 등에서 보고되는 등, *Av. paragallinarum*의 혈청형은 나라별로 각기 다르다. 이외에 혈구응집억제반응을 이용한 Kume 혈청형에 의해 9가지(A-1, A-2, A-3, A-4, B-1, C-1, C-2, C-3, C-4)

혈청형도 보고되었으며, Page 혈청형 방법에 의해 분류되지 않는 균주들은 Kume 혈청형 방법에 의해 쉽게 분류될 수 있다.

면역원성 혹은 방어능에 의한 분류

동일한 혈청형에 속하는 균주에서 생산한 박테린 백신은 동종의 세균 감염을 예방할 수 있지만, 혈청형이 다른 균주에 대해서는 방어능이 없다. 하지만 Page 혈청형 B는 같은 혈청형 균주에 대해서 부분적인 방어능만 있다. 특히 Kume 혈청형 내에서 A-1, A-2, A-3 혈청형은 상호간에 교차방어능이 강하며, A-1과 A-4도 교차방어능이 좋다.

유전자형

DNA fingerprinting, Ribotyping, ERIC-PCR 등 분자생물학적 방법을 통해 전염성코라이자의 유전자형이 보고되었다. 특히 ribotyping이 남아프리카에서 보고된 NAD 비의존성 전염성코라이자의 분류를 위해 유용하게 사용되었다. 이러한 분자생물학적 방법은 기존의 방법에 비해 신속 정확하게 균의 동정 및 분류를 할 수 있게 하는 장점이 있어, 점차 기존의 고전적인 방법을 대체해 나가고 있다.

병원성에 따른 분류

*Av. paragallinarum*의 병원성 또는 독력은 균의 배양조건, 계대내력, 숙주의 건강 상태에 따라 달라진다. 최근에는 균의 혈청형에 따른 병원성이 규명되고 있다. 즉, Kume 혈청형인 A-1, A-4, C-1, C-2, C-3는 A-2, A-3, B-1, C-4보다 병원성이 높다고 한다. 하지만, 같은 혈청형에 속해 있지만 자연감염 및 인공감염에 따른 병원성의 차이가 보고되었으며, 나라별로도 같은 혈청형에 대한 병원성이 차이가 있어, 향후 이에 대한 자세한 연구가 필요하다.

*Av. paragallinarum*의 병원성에 영향을 미치는 다양한 인자가 보고되었다. *Av. paragallinarum*균의 협막은 정상 닭 혈청에 의한 살균작용을 방어할 수 있게 하여 감염된 닭의 병변 발생에 영향을 미친다. 또한 이 균의 협막에서 분비되는 독소는 임상증상의 발현에 영향을 준다. 혈구응집반응을 일으키는 *Av. paragallinarum*균 항원은 세균의 집락 형성에 영향을 미치며, 이 균에서 추출한 다당류(polysaccharide)는 독소로서 감염된 닭에 병변을 일으킨다. 이 외에도 세균이 분비하는 금속단백질분해효소(metalloproteases), 헤모신, RTX 독소 유사단백질, 단백분해효소 등은 이 세균의 병원성에 영향을 미칠 수 있을 것으로 추정되고 있다.

물리적, 화학적 요인에 대한 저항성

*Av. paragallinarum*는 다양한 물리적 및 화학적 인자에 대하여 저항성이 약해 숙주의 밖에서는 2~3일 만에 사멸한다. 감염된 닭의 삼출물 속에 있는 균은 수돗물에서 4시간 안에 불활화되며, 45~55℃에서는 2~10분 이내에 사멸한다. 하지만 삼출물 내의 균들은 37℃에서는 24~48시간 생존 가능하며, 4℃에서는 수일 간 생존할 수 있다. 식염수 내에서는 22℃에서 24시간 생존할 수 있다. 이와 같이 *Av. paragallinarum*균은 쉽게 사멸하는 경향이 있기 때문에 장기간 보존하기 위해서는 -20~-70℃ 사이에서 냉동보관 혹은 동결건조 시켜야 한다. 일반소독제로는 쉽게 사멸되며, 화학제 또는 항생제에 대한 감수성이 높다.

Avibacterium 속(genus) 내의 모든 세균들은 산화 효소 활성, 인돌(indole)생성 부전(failure), 요소 및 젤라틴 가수분해, 기체 생성 없는 포도당 발효, 질산염(nitrate)을 아질산염으로 환원할 수 있는 특징을 가지고 있다. 하지만 *Av. paragalli-*

*narum*균은 *Avibacterium* 속 내의 다른 세균들과 달리 카탈라아제의 활성이 없고, 트레할로스 및 갈락토즈를 발효시킬 수 없는 특징이 있다.

역학

발병현황

전염성코라이자는 닭을 사육하는 곳에서는 어디에서든지 발생하며, 밀집사육을 하는 양계장에서는 매우 흔한 질병이다. 전염성코라이자는 가을과 겨울에 걸쳐 잘 발생한다. 모든 연령의 닭들이 감수성이 있지만, 어린 연령에서는 그 정도가 약하다. 산란중인 성계에서는 잠복기간이 짧으며 질병의 경과도 길다.

숙주

전염성코라이자는 닭이 주요 숙주이며, 이 외에 칠면조, 뿔닭, 까마기, 비둘기, 참새, 오리, 토끼, 기니아 피그, 쥐 등의 동물은 *Av. paragallinarum* 균에 저항성을 가지고 있다.

전파 및 매개체

전파의 주요 원인은 전염성코라이자의 만성감염 혹은 회복 후 보균체로 남은 닭들이다. 또한 전염성코라이자는 공기감염에 의해 전파될 수 있다. 전염성코라이자는 난계대 전파는 되지 않는다.

잠복기

*Av. paragallinarum*를 닭에 인공감염 시 24~48시간 이내에 질병이 발병하는 바와 같이, 전염성코라이자는 짧은 잠복기간이 특징이다. 따라서 전염성코라이자에 감염된 닭과 접촉감염에 의한 경우에도 24~72시간 내에 질병이 발생한다. 전염성코라이자가 양계장에 전파되면 질병은 2~3주간 지속된다.

임상증상

전염성코라이자의 가장 특징적인 임상증상은 비강 및 안와하동같이 상부 호흡기계의 급성염증이다. 상부 호흡기계에서 증식한 *Avibacterium paragallinarum*(*Av. paragallinarum*)에 의해 생성된 독소는 안면부의 종창, 비강의 장액성 및 점액성 염증을 유발하며, 심한 경우 기관에까지 도달한다. 수탉은 벼슬이 부종성으로 종창되어 있으며, 안검부도 종창되어 실명이 될 수 있다. 사료와 음수 소모량이 감소되어 발육이 지연되며, 산란계의 경우에는 생식기에 이상이 있어 산란 저하 혹은 정지된다. 또한 연변이나 녹변 등의 설사를 일으킬 수 있다. 이 질병에 단독 감염된 경우에는 폐사율이 아주 낮지만, 타 질병과 혼합감염된 경우에는 폐사율이 높다. 혼합감염이 잘 되는 세균으로는 마이코플라즈마, 대장균, 파스튜레라균, 포도상구균, 연쇄상구균, 녹농균이며, 바이러스로는 전염성기관지염, 전염성후두기관염, 계두, 뉴캣슬병이 있다. 계사환경이 불량하고 밀집사육을 할 경우에는 폐사율이 높은 점으로 보아 사육환경과도 관계가 높다.

병변

부검 시 비강이나 안와하동은 충혈 및 종창되어 있으며, 이들 관 강 내에는 장액성 및 점액성 삼출물이 들어있다(그림 19-1). 안면이나 벼슬 등의 종창 부위를 절개하면 장액성 삼출물이 저류되어 있으며, 병세가 진행됨에 따라 점액성으로 변한다. 이러한 삼출물은 만성화되면 치즈모양으로 변한다. 결막은 점액성 결막염 소견을 보이며, 안검은 부종되어 있다. 조직학적으로 상부기도 점막상피세포는 종대와 증식 혹은 탈락되어 있으며, 점막고유층에서부터 점막하 조직까지 현저한 부종과 위호산구의 침윤이 관찰된다. 혼합감염 시에는 급성 점액성

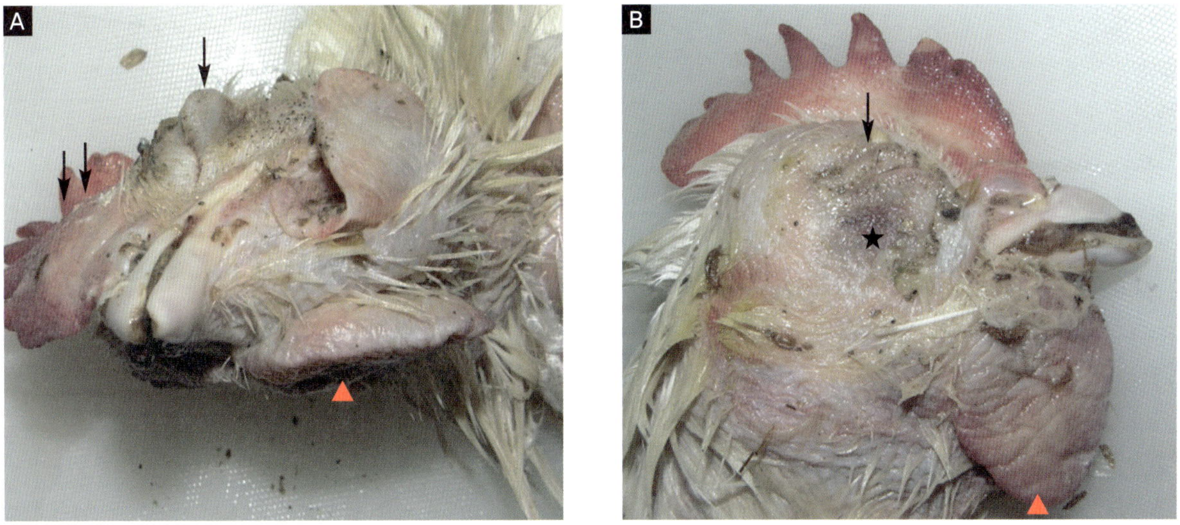

그림 19-1 전염성코라이자에 의한 육안소견. (A) 안면부. 육수(삼각형), 안검(화살표), 벼슬(2개 화살표)이 심하게 종창되어 있음. (B) 안검 및 안와하동. 안검 (화살표), 안와하동(별표) 및 육수(삼각형)가 종창되어 있음.
출처: 충북대학교 수의과대학 모인필 교수 제공

폐렴이 관찰되며, 기관지 또는 방세기관지에는 위호산구들로 충만되어 있다. 기낭은 점액성에서 화농성으로 변할 수 있다. 산란계에서는 난황이 복강내로 분리되어 복막염이 발생할 수 있으며, 연란 또는 혈종난포가 관찰될 수 있다.

진단

전염성코라이자의 예방, 치료, 방역을 위해서는 신속·정확한 진단은 필수적이다. 전염성코라이자의 진단을 위해 원인체의 분리 · 동정 및 혈청학적 방법이 사용되고 있다.

병원체의 분리와 동정

전염성코라이자의 원인체인 *Av. paragallinarum*를 분리하기 위해서 질병에 이환된 2~3마리 닭의 안검 피하, 안와하동, 기관, 기낭에서 무균적으로 채취(swab)하여 혈청 평판배지에서 도말한 후 배양한다. 이때 *Staphylococcus epidermidis*, *Staphylococcus hyicus*와 같이 V-인자를 분비하는 세균을 함께 도말하면, *Av. paragallinarum* 균이 V-인자를 분비하는 균락 주위에 세균 집락을 형성하는 위성현상이 관찰된다. 최근에는 PCR 기법을 근간으로 하는 다양한 분자생물학적 방법이 NAD 의존성 및 비의존성 *Av. paragallinarum*를 진단하고 동정하는 데 폭 넓게 사용되고 있다.

혈청검사

전염성코라이자를 진단 혹은 항체가를 검사하기 위한 혈청학적 방법이 사용되고 있지만, 완벽한 진단을 내릴 수 없다. 혈청검사로 가장 빈번히 사용되고 있는 혈구응집억제반응은 Page 혈청형 및 Kume 혈청형을 검사 및 진단하는 데 사용되고 있다. 백신이 투여된 닭의 혈청에서 혈구응집억제능이 1:5 이상이면 동종의 혈청형에 의해 발생하는 질병을 예방할 수 있다고 한다.

감별진단

전염성코라이자는 특징적으로 상부 호흡기와 벼슬 등에 급성에서 만성의 염증성 병변을 일으키기 때문에, 이러한 부위에 염증성 질환을 일으키는 만성형 가금콜레라, 만성 호흡기 질병(chronic respiratory disease), 계두, 두부종창증후군, 비타민 A 결핍증과 감별진단하여야 한다. 또한 전염성코라이자는 상부 호흡기에 질병을 유발하는 여러 원인체들과 혼합감염되는 경우가 있기 때문에 진단에 신중을 기하여야 한다.

예방 및 치료

전염성코라이자에 걸려 회복된 닭은 약 2개월간 보균체로 남아 있는 특징이 있기 때문에 전염성코라이자를 예방 또는 차단을 위해서는 이러한 보균체들을 제거하거나 혹은 농장으로의 접근을 차단하는 것이 가장 좋다. 이외에도 전염성코라이자의 감염 경로를 차단하기 위해서는 양계 기자재, 매개동물인 설치류, 관리인, 사료차, 양계상인, 보균계 등의 이동 및 출입을 엄격히 통제하여야 한다.

면역기전

전염성코라이자에 걸린 닭은 다양한 정도의 면역능을 가지고 있으며, 특히 감염 후 2주가 지나면 재감염에 어느 정도 저항성을 가진다. 박테린의 경우 동일 혈청형에 대해서는 방어능을 가지며 혈청형이 다른 경우에 있어서는 교차방어능이 없다. 반면에 생백신접종 시에는 교차방어능이 있는데, 이는 in vitro에서는 발현되지 않다가 in vivo 상태에서는 교차방어에 필요한 항원이 발현되기 때문인 것으로 추정된다. 비록 방어항원에 대해서는 확실하지 않지만, 협막에 있는 항원이 방어항원으로 작용될 것으로 생각되고 있다.

백신접종

전염성코라이자가 자주 발생하고 있는 양계농가에서는 백신의 사용이 권장된다. 백신은 병원체의 침입을 최소화시키고 전 계군을 집단면역화 시킴으로써 전염병을 차단하는 데 그 의의가 있다. 전염성코라이자 예방용 박테린 백신이 상품화되어 있지만, 상술한 바와 같이 같은 혈청형만을 예방할 수 있고 혈청형이 다른 균에 대해서는 교차방어능이 없다. 따라서 박테린 백신을 할 경우에는 백신 내의 Page 혈청형과 양계농장 내에서 발생하고 있는 Page 혈청형이 일치하여야 한다. 박테린 백신의 제조에 있어서는 포르말린보다는 티메로살(thimerosal)에 의해 불활화된 것이 면역능이 우수하다고 한다. 백신보조제로 사용되는 수산화알루미늄(aluminum hydroxide), 미네랄 오일, 사포닌(saponin)이 백신의 효과를 증가시키며, 이 중에서도 수산화알루미늄이 미네랄 오일보다는 효과가 좋다고 알려졌다. 백신접종은 산란개시 4주 전인 16주령부터 2회에 걸쳐 피하 혹은 근육 접종하면, 단독 접종에 비해 더 우수한 방어능을 보인다고 한다. 하지만 비강 내 백신접종은 효력이 없다. 구강 내 백신접종도 효력은 있지만, 피하나 근육 접종에 비해 100배 이상의 균체가 필요하다. 이러한 백신접종은 9개월간의 방어효력을 보인다.

치료

전염성코라이자를 치료하기 위해서 설파제나 항생제가 광범위하게 사용되었다. 전염성코라이자의 원인체인 *Av. paragallinarum* 균은 이러한 항균제에 내성을 보일 수 있어 항생제 감수성 검사가 필요하다. erythromycin과 oxytetracycline이 자주 사용되고 있는 항생제이다.

참고문헌

Beach J. R. the diagnosis, therpeutic, and prophylaxis of chicken-pox(contagious epithelioma) of fowls. *Journal of American Veterinary Medical Association*, 1920, 58, 301-312.

Blackall P. J., and Soriano-Vargas E. Infectious Coryza. In: Diseases of Poultry, pp 859-873, 13th Ed. WILEY-BLACKWELL, 2013.

Chen X., Miflin J. K., Zhang P., and Blackall P. J. Development and application of DNA probes and PCR tests for *Haemophilus paragallinarum*. Avian Diseases, 1996, 40, 398-407.

Chen X., Chen Q., Zhang P., Feng W., and Blackall P. J. Evaluation of a PCR test for the detection of *Haemophilus paragallinarum* in China. Avian Pathology, 1998a, 27, 296-300.

Chen X., Song C., Gong Y., and Blackall P. J. Further studies on the use of a polymerase chain reaction test for the diagnosis of infectious coryza. *Avian Pathology*, 1998b, 27, 618-624.

De Blieck L. A haemoglobinophilic bacterium as the cause of contaious cattarh of the fowl(coryza infectiosa gallinarum). *Veterinary Journal*, 1932, 88, 9-13.

Horner R. F. Bishop G. C. Jarvis C. J., and Coetzer T. H. T. NAD(V-factor)-independent and typical *Haemophilus paragallinarum* infection in commercial chickens: a five year field study. *Avian Pathology*, 1995, 24, 453-463.

Yamaguchi T. Blackall P. J., Takigami S., Iritani Y., and Hayashi Y. Pathogenicity and serovar-specific hemagglutinating antigens of *Haemophilus paragallinarum* serovar B strains. *Avian Diseases*, 1990, 34, 964-968.

20
CHAPTER

마이코플라즈마 감염증

Mycoplasmosis

전북대학교 강민

개요

마이코플라즈마(*Mycoplasmas*)는 세포벽이 없는 원핵생물(prokaryotes)로 인공배지로 배양할 수 있고, 사람, 동물, 곤충 및 식물에서 발견된다. 유두상의 집락, 고사양 배지 요구성, 세포벽 합성 억제 항생제 내성 및 강한 숙주 특이성이 특징이다. *Mycoplasma(M.) gallisepticum*, *M. synoviae* 및 일부 종은 세포에 침입하는 능력이 있으나 대부분의 종은 비침습적이다. 가금의 병원성 마이코플라즈마 종으로는 *M. gallisepticum*, *M. synoviae*, *M. iowae*, *M. meleagridis* 등이 있다.

원인체 특성

분류

마이코플라즈마 속(genus)은 *Mycoplasmataceae* 과(family)에 속하며 120개 이상의 종이 있다. 게놈 DNA의 크기는 580~1,350 kb이고, 구아닌과 시토신(G+C) 함량은 23~40%이다.

형태학 및 염색법

Giemsa 염색법으로 염색하고, 암시야현미경으로 관찰하면 *M. gallisepticum*, *M. synoviae*, *M. meleagridis* 및 *M. iowae*는 직경 0.2~0.5 μm의 다형태성(pleomorphism)이고, 0.45 μm 여과막을 통과한다.

배양

조류의 마이코플라즈마 종은 인공배지 배양이 까다로와 콜레스테롤을 함유한 10~15%의 동물 혈청을 첨가한 배지에서 증식한다. 즉, *M. gallisepticum*과 *M. meleagridis*를 배양하기 위해서는 말 또는 돼지 혈청이 필요하지만, *M. synoviae*는 돼지 혈청뿐만 아니라 NAD(nicotinamide adenine dinucleotide)도 필요하다. 보통 마이코플라즈마는 다소 느린 성장속도를 보이며, 최적온도는 보통 37~38℃, 호기성 또는 통성혐기성으로 5~10% CO_2가 존재하는 환경에서 잘 증식된다.

포도당을 발효시키는 마이코플라즈마 종의 경우, 증식과정에서 pH가 낮아지므로 배지의 페놀레드 지시약이 적색에서 주황색 또는 황색으로 변색되어 세균 증식 여부를 알 수 있다. 하지만, *M. synoviae*는 낮은 pH에 민감하므로 배양 시 주의해야 한다. 마이코플라즈마를 한천배지에 접종하여 37℃에서 3~7일간 배양하면 작은 구형의 집락이 형성되며, 집락의 형태는 균종에 따라 다양하지만, 공통적으로 유두상의 독특한 집락을 형성한다 (그림 20-1). 육안으로 집락을 관찰하기는 어렵고 현미경(100배)으로 관찰할 수 있다. 탈륨 아세테이트

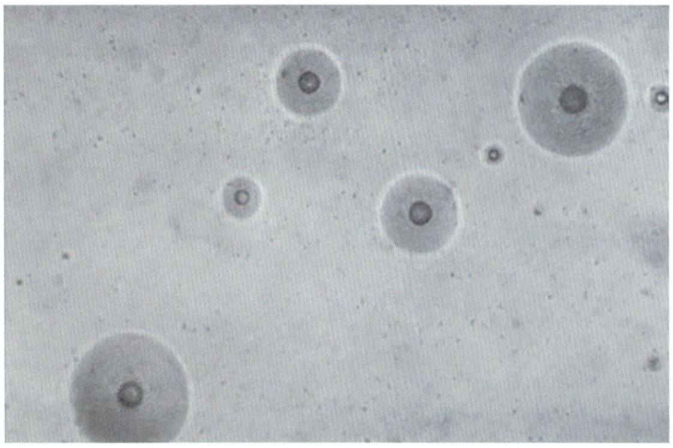

그림 20-1 *Mycoplasma* spp.의 유두상의 집락

(thallous acetate)와 페니실린에 내성이 있어 배지오염을 방지하기 위해 사용된다.

생화학적 특성

대부분의 마이코플라즈마는 포도당 또는 아르기닌(arginine)을 에너지원으로 사용한다.

M. gallisepticum, *M. meleagridis* 및 *M. synoviae*는 닭이나 칠면조의 적혈구를 응집시키므로 진단법에 이용될 수 있다.

화학적 및 물리적 요인에 대한 저항성

마이코플라스마는 페놀, 포르말린, β-propiolactone 및 thimerosal에 감수성이 있고, -70℃의 액체배지와 4℃의 동결건조 상태에서 수년간 생존하며, 실온의 신선한 영양한천배지에서는 수일 동안만 생존가능하다. 체외로 배출된 마이코플라즈마는 오염된 깃털, 먼지, 사료, 및 식수에서 단기간(6시간~5일) 동안만 생존가능하다.

Mycoplasma gallisepticum 감염증

개요

Mycoplasma gallisepticum(MG) 감염은 일반적으로 닭의 만성 호흡기질환(chronic respiratory disease; CRD) 또는 칠면조의 감염성 부비강염(infectious sinusitis)으로 알려져 있다. MG 감염은 기관지수포음, 기침, 콧물 및 결막염을 일으킨다. 질병의 발병속도가 느려 만성적으로 진행되며 단독감염 시 무증상으로 경과하는 경우가 많으나 호흡기바이러스(전염성기관지염, 뉴캣슬병)나 대장균과 복합감염 시에는 중증의 기낭염으로 악화되어 복합만성호흡기질환(complicated CRD; CCRD)을 유발한다. 난계대전파와 수평전파 모두 가능하며 산란율, 사료효율, 부화율 감소, 도체 오염 및 품질 저하로 인한 경제적 손실로 인해 전 세계 가금농장에서 관리되는 주요한 질병 중의 하나이다. 그러나 공중보건학적 위험성은 없다.

역사

1905년 칠면조에서 처음 발생 보고되었으며, 1935년 Nelson이 닭에서 느리게 발병하는 전염성 코라이자와 관련된 구균체를 보고하였다. 이후 1952년 Markham은 인공배지에서 원인체를 분리 동정하였다. 전 세계적으로 발생하고 있으나, 국가방제 프로그램을 운영하는 나라에서는 종계단계에서 종식되었다. 우리나라에서는 1967년에 처음으로 발생 보고되었으며 이후로 종계와 실용계 모두에서 흔히 발생되고 있다.

원인체 특성

분류

MG는 과거에는 혈청형 A 조류 마이코플라즈마로 분류되었으나 사람 병원체인 *M. pneumoniae*의 종명으로 명명한 마이코플라즈마의 *Pneumoniae* 하위 군으로 계통 분류학상 분류된다. 16S rRNA 유전자의 서열 분석을 통해 분류학적 분류, 계통 발생 연구 및 마이코플라즈마의 종 동정이 가능하다.

독력(virulence) 인자

MG와 관련된 독성 인자에는 운동성, 세포 부착성, 표현형 변이, 영양소 획득, 숙주세포 침투 능력 및 감염에 대한 숙주의 면역 반응 조절 등이 있다. MG는 활주 운동(gliding motility)으로 숙주의 조직에 접근한 후, 호흡기 점액 및 섬모 운동 등 숙주 방어체계를 뚫고 호흡기 심부 감염 및 전신감염이 가능하다. MG의 숙주세포 부착능(cytadhesion)은 성공적인 집락화 및 후속 발병 기전에 중요한 역할을 한다. MG가 숙주의 면역 반응을 조절(자극 또는 억제)하여 만성감염을 유도한다는 보고가 있다.

역학

발생률 및 분포

MG 감염은 전 세계적으로 발생한다. 국가 모니터링 및 제어 프로그램[예: 미국의 국가가금위생발전계획(NPIP) 및 네덜란드의 *M. gallisepticum* 제어 및 근절 프로그램]을 적용한 일부 국가에서는 원종계 및 종계에서 MG 발생이 거의 종식되었다. 가금산업 선진국에서는 종계에서의 감염이 흔하지 않고, 만약 발생하면 감염군은 도태시킨다. 일부 실용계에서만 드물게 발생하며 발생 시 강력한 방역 정책을 실시한다. 하지만 그 외의 국가에서는 원종계부터 실용계까지 MG 감염이 만연하고 있다. 우리나라는 1967년에 최초 보고된 이후로 전국적으로 발생하고 있으며 종계, 실용계에서 높은 양성률이 보고되고 있다.

자연감염 숙주

MG의 자연감염은 주로 닭과 칠면조에서 발생한다. 꿩, 메추리, 유럽 자고새(Perdix perdix), 공작, 콜린메추리, 일본 메추리도 감수성이 있다. 또한 자연적으로 감염된 오리와 거위, 큰 홍학, 송골매 및 아마존 앵무새에서도 분리 동정되었다.

연령별 숙주 감수성

MG 감염은 모든 연령에서 일어나지만, 아주 어린 새의 자연감염은 거의 발생하지 않는다. 대부분의 농장발병은 4주령 이후에 발생한다. 산란 개시기의 생리적인 변화가 스트레스 요인으로 작용하여 준임상형 감염이 임상형 감염으로 악화되기도 한다.

전파

MG의 수평감염은 감수성 조류가 임상 또는 준임상형 조류와 직접 또는 간접 접촉할 때 쉽게 발생한다. 감염성 비말은 상부 호흡기도 흡입 및 결막 부착을 통해서 감염을 초래하며, 균주마다 수평전파 속도의 차이가 있으나 사육밀도가 높을수록 전파 속도는 빠르다. MG는 숙주 밖에서 오래 생존하지 못하므로 임상 또는 준임상형 감염 조류가 수평전파의 주요한 요인이다. 공기 중 먼지, 비말 또는 깃털 등 MG에 오염된 매개체는 간접적인 접촉감염으로 보다 광범위한 질병 발생에 중요한 역할을 한다. MG는 닭 분변에서 1~3일 동안 생존하였고, 계란의 난황에서 20℃에서 6~7주 동안 생존했으며 사람의 비강에선 24시간 동안 생존했다. 빨대, 면 및 고무에선 2일, 사람의 모발에서 3일, 깃털에서 4일 동안 생존하였다. MG는 감염된 암탉에서 후대병아리로 수직전파된다.

잠복기

닭 또는 칠면조의 인공감염 시 MG 잠복기는 6일에서 21일까지 다양하다. 임상증상 발현은 MG 균주별 병원성, 복합감염 여부, 조류 나이, 스트레스 및 환경 요인에 따라 달라진다.

임상증상

닭

MG 단독감염에서는 무증상으로 경과하는 경우가 많고, 임상증상도 계군 내에서 서서히 나타난다. 계군에서 자연적으로 발생하는 MG 감염의 주요 임상증상은 기관지 수포음, 콧물 및 기침이다. 식욕부진으로 사료 섭취량 감소와 증체율이 감소하고, 다른 병원체와 복합감염되거나 환경적 스트레스 요인이 있는 경우 높은 이병률과 폐사율이 관찰된다. 산란계에서는 육성률 및 산란율 저하 등을 보인다. 결막염으로 인한 안점막 충혈, 눈물 과다, 눈꺼풀 및 안면 종창 등도 관찰된다.

칠면조

칠면조는 닭보다 MG에 더 취약하며, 일반적으로 편측 또는 양측성 부비강염, 안와하동염, 콧물, 눈물 과다, 수포음, 기침, 호흡 곤란, 결막염, 사료 섭취 감소 및 체중 감소, 산란률 감소를 보인다. 닭과 마찬가지로 혼합감염 및 환경 스트레스 요인들에 의해서 이병률과 폐사율이 상승한다. 안와하동 종대 및 염증으로 인한 안구폐쇄가 유발될 수 있다. 뇌척수증 형태의 MG는 8~16주령의 칠면조에서 사경 및 후궁반장을 나타내는 것으로 보고되었다.

이병률(morbidity)과 폐사율(mortality)

계태아

MG의 종란 감염으로 인해 부화율이 감소된다. 실험적으로 난황(yolk sac)경로로 MG를 7일령 부화란에 접종하였을 때 일반적으로 5~7일 이내에 발육저하, 부종, 간괴사 및 비장 종대와 함께 배아사(embryonic death)가 유발되었다.

닭

MG는 대부분의 닭을 감염시키지만 이병률과 폐사율은 시기 및 연령에 따라 다양하다. 계절적으로는 저온 환경, 연령상으로는 어린 일령에서 심한 경향을 보인다.

MG는 CRD의 주요 원인으로 알려져 있지만 다른 질병과 동시감염으로 중증 기낭염을 동반한 복합호흡기질환(CCRD)을 유발한다. 뉴캣슬병 또는 전염성기관지염 바이러스의 야외주 감염 또는 생백신주 접종은 MG 감염을 악화시킬 수 있으며, 세균(주로 대장균)과 혼합감염 시 이병률과 폐사율이 높아질 수 있다. 저병원성 조류 인플루엔자 바이러스와 복합감염으로 증상이 심화된 사례도 보고되었다. 성체 산란계에서 폐사율은 무시할 정도이지만 산란율 감소는 있다. 폐사율은 합병증이 없을 때는 낮지만 복합감염 시, 특히 추운 계절엔 30%에 이르는 경우도 있다. 사료 효율저하 및 성장저하, 도체 오염율 증가로 인한 경제적인 손실이 크다.

칠면조

칠면조의 MG 감염은 집단사육 시 대부분 감염이 되고 적극적인 치료가 부재한 상황이면 수개월 동안 감염이 지속될 수 있다. 칠면조에서의 MG 감염과 관련된 임상증상, 이병률 및 폐사율은 다양하다. 일반적으로 8~15주 사이에 발생하며 경증 호흡기 증상은 2~7일 안에 80~90%에서 심한 기침으로 경과될 수 있으며, 감염된 칠면조의 1~70%에서 콧물과 부비동 부종이 발생되었다.

병변

육안병변

육안병변은 비강, 부비동, 기관, 기관지 및 기낭에서 주로 점막충혈 및 카타르성 삼출액이 관찰된다. 점액성 삼출물 또는 치즈양 삼출물이 있는 부비강염은 칠면조에서 가장 두드러지지만 닭 및 기타 감염된 조류에서도 관찰된다. 기낭에도 치즈양 삼출물이 관찰된다. 폐렴이 관찰될 수도 있다. 닭이나 칠면조의 복합감염에 의한 중증 및 만성 호흡기감염이 있는 경우에는 치즈양 삼출물이 있는 기낭염, 섬유소성 심낭염 및 간주위염 병변을 보이며 높은 폐사율과 도체 오염률이 높다. 산란율 감소는 수란관염과 관련이 있다.

조직학적 소견

조직학적으로는 호흡기 점막의 현저한 비대, 부종이 확인되며 섬모 탈락과 림프구, 형질세포의 침윤이 현저하다. 또한 호흡기 전체에 걸쳐 림프구 여포의 과형성이 확인된다. 산란계에서 산란율 저하와 관련된 수란관염에서는 난관점막의 현저한 비후와 림프구 침윤이 관찰된다.

진단

원인병원체의 분리와 동정

안와하동, 기관, 폐 및 기낭에서 채취한 시료를 10~15%의 말 또는 돼지 혈청을 첨가한 마이코플라즈마 배지에 배양한다. 초대 분리시에는 발육이 늦으며, 배지의 색이 변하지 않는 경우에도 4~7일마다 맹목계대(blind passage)를 할 필요가 있다. 한천배지에서 현미경으로 특이 집락을 확인할 수 있다. 마이코플라즈마는 인공배지상에서 분리·배양하는 것이 용이하지 않고 시간이 많이 소요되어 중합효소연쇄반응(polymerase chain reaction; PCR)을 이용한 특이 유전자를 검출하는 방법이 널리 사용되고 있다.

혈청학적 검사

혈청학적 검사는 MG 방제 모니터링 프로그램에서 질병 진단에 유용하게 사용된다. 혈청 검사에는 혈청평판응집(serum plate agglutination; SPA) 반응 또는 ELISA(enzyme-linked immunosorbent assay), 혈구응집억제(hemagglutination inhibition; HI) 반응 검사가 사용된다. 주로 HI 검사는 SPA 또는 ELISA에 양성 시료를 재확인하는 데 사용된다. SPA 검사는 IgM 항체를 검출하는 데 매우 효율적이며, 감염된 조류는 개체마다 차이는 있지만 감염 후 7~10일에 양성 반응이 관찰된다. SPA 검사는 질병 모니터링 및 혈청 진단을 위한 초기 검사로 널리 사용된다(그림 20-2). SPA의 비특이 반응은 일반적이지 않지만, *M. synoviae*에 감염된 계군 또는 오일백신을 한 계군에서 비특이반응이 있을 수 있다. ELISA는 혈청 스크리닝에 일반적으로 사용되며 상용화된 키트로 다수의 병원체에 대한 항체를 동시에 진단할 수 있는 장점도 있다. SPA 및 ELISA 위양성 반응은 HI 검사로 확인한다. HI 검사는 매우 특이도가 높지만 SPA 및 ELISA 검사보다 덜 민감하고 시간이 많이 소요된다. 감염된 조류는 감염 후 2~3주에 HI 검사에서 양성을 보이며 이는 IgG(또는 IgY) 항체를 검출하는 것이다.

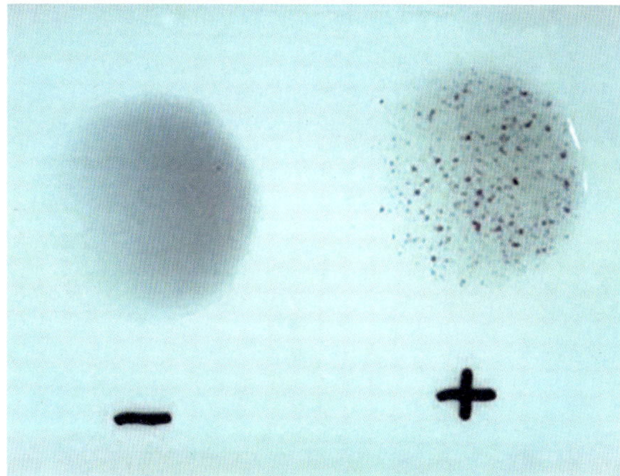

그림 20-2 *Mycoplasma gallisepticum*의 혈청평판응집 반응검사(−: 항체음성, +: 항체양성)

감별진단

MG 감염은 다른 호흡기질환과 감별해야 한다.

닭에서 MG는 뉴캣슬병, 전염성기관지염 및 대장균증 단독 감염 또는 복합만성호흡기질병의 원인체로서 구별되어야 한다. 또한 전염성코라이자 감염증, 가금콜레라 감염증, OR 감염증, 뉴모바이러스 감염증, 전염성후두기관염 및 저병원성 조류 인플루엔자 감염증에 의한 호흡기질환들과 감별해야 한다.

예방 및 치료

예방

모니터링 프로그램에 따른 지속적인 검사는 MG 감염의 조기 발견 및 수평·수직 감염을 예방하는데 중요하다. 종계에서의 주기적인 혈청 모니터링은 종계 감염과 수직감염을 예방하는 방법이다(닭은 2~3주간격; 칠면조는 3~4주간격). 감염조류에 의한 수직 및 수평감염의 위험성이 크므로 감염된 종계는 도태시키고 감염된 부화란은 폐기시키는 것이 확실한 방법이지만, 경제적인 부담 등도 고려해야 할 사항이다. 오염된 계사는 세척과 소독을 한 다음 수주일간 비워두는 것이 예방에 효과적이다.

백신접종

MG 백신으로는 생백신, 불활화백신, 재조합백신이 개발되어 전 세계적으로 상용화되어 있다. 불활화백신은 근육 또는 피하경로로 접종하며, 산란율 감소 및 난계대 감염을 예방하지만 호흡기증상을 예방하는 것은 한계가 있다고 알려져 있다. 백신의 병원성 복귀 위험은 없지만 백신접종 비용부담과 부분적인 방어효능으로 한계가 있다.

전 세계적으로 널리 사용되는 생백신주(strain)는 F, ts-11 및 6/85주가 있다. 생백신은 점안, 분무 또는 음수로 접종 가능하다. F strain은 닭에서 경증의 병원성을 보이면서 보균계로 남게 되는 단점이 있지만, 산란기간 동안 면역이 유지되고 호흡기질환 및 산란율 저하를 예방하는 효과가 있다. ts-11과 6/85주는 비병원성으로 안전하지만 F주보다는 다소 약한 방어능이 보고되었다. 최근에는 재조합 fowlpox-MG 백신에 대한 안전성과 효능이 입증되어 상용화되어 있다. 농장의 상황에 적합한 백신의 선택이 추천된다.

치료

MG는 세포벽 합성을 억제하는 페니실린 및 세팔로스포린과 같은 베타락탐계 항생제에 내성이 있다. MG는 마크로라이드계(macrolides), 플루로뮤틸린계(pleuromutilins), 테트라사이클린계(tetracyclines) 및 플루오로퀴놀론계(fluoroquinolones) 등 여러 항생제에 대해 감수성을 보인다. 타이로신(tylosin) 및 테트라사이클린계 항생제는 전 세계적으로 MG 질환의 치료에 사용된다. 다른 마크로라이드 항생제 및 플루로뮤틸린(예: tiamulin)은 가금류 사용이 승인된 국가에서 MG 관리에 유용한 것으로 알려져 있다.

Mycoplasma synoviae 감염증

개요

Mycoplasma synoviae(MS) 감염은 준임상형으로 상부 호흡기에 감염되고 뉴캣슬병, 전염성기관지염과 같은 바이러스와 복합감염되면 기낭염을 유발할 수 있다. MS는 전신적으로 감염될 수 있으며 닭과 칠면조에서 급성 또는 만성형 삼출성 활막염(exudative synovitis), 건활막염(tendovaginitis 또는 tenosynovitis) 또는 활액낭염(bursitis)을 일으킨다.

역사

MS 감염증은 1954년에 Olson 등이 전염성활막염으로 최초로 보고하였고, 1960년 Lecce가 전염성활막염의 원인으로 고형배지 내에 위성집락으로 발육하는 마이코플라즈마를 관찰하였다. 전염성활막염에 걸린 닭에서 MG와는 다른 마이코플라즈마를 분리동정 하였으며, 1964년에 Olson에 의해 *Mycoplasma synoviae*라고 명명하였다. 전 세계적으로 발생하며, 우리나라에서는 1984년에 최초 보고되어 현재까지도 발생하고 있다.

원인체 특성

분류

MS은 MG와 동일하게 마이코플라즈마 속(genus)에 속하며 크기는 300~500 nm이다. 집락은 원형이며 집락의 중심부가 유두상으로 관찰된다. 세포벽이 없기에 세포벽에 영향을 주는 항생제에 영향을 받지 않는다. 성장발육을 위해서 MG와는 다르게 NAD(nicotinamide adenine dinucleotide)가 필요하다.

역학

발생 및 분포

MS는 전염성활막염으로 주로 1950년대와 1960년대 미국에서 4~12주령의 실용계에서 보고되었다. 그러나 1970년 이후로 활막염보다는 호흡기질환이 빈번하게 관찰되었지만, 대부분 뚜렷한 임상증상을 보이지는 않는다. MS 감염은 주로 다일령을 동시 사육하는 농장에서 발생하며, 전 세계적으로 발생이 보고되고 있다. 칠면조에서는 10~20주령에 일반적으로 전염성활막염이 발생되고 있다.

자연감염 숙주

MS의 주된 자연감염 숙주는 닭과 칠면조이다. 오리, 거위, 뿔닭, 비둘기, 일본 메추리, 꿩, 붉은다리 자고새, 타조, 홍학, 비둘기, 참새 및 기타 야생조류도 자연적으로 감염되는 것으로 보고된다.

연령에 따른 감수성

전 연령에서 감수성이 있지만 닭은 주로 4~16주령, 칠면조는 10~24주령에서 급성 감염이 발생한다. 일반적으로 만성 감염은 급성 감염 이후 전 연령 동안 지속될 수 있다. 만성형은 전 연령에서 관찰되며 일부에서는 급성감염 없이 만성형으로 이환될 수도 있다.

전파

수평전파는 직접접촉으로 쉽게 발생한다. 감염된 조류는 일생동안 보균체(carrier)가 될 수 있다. 전파 속도가 빠르다는 점을 제외하면 MG의 전파양상과 유사하다. 감염은 호흡기를 통해 이루어지며 MS에 오염된 환경시료에 의한 간접전파도 발생한다. MS 감염에는 난계대 감염에 의한 수직전파가 중요하다. 실험적으로 종계에 감염시켰을 때 병아리에 기관지 감염, 부화율 감소 및 배아사(감염 후 6~31일)를 유발하였다. 산란시기에 감염되면 감염 후 4~6주째에 최고치의 난계대전염률을 보였으며, 이후 지속적으로 전파될 수 있다.

잠복기

난계대전염이 일어나는 경우, 6일령 병아리에서도 전염성활막염이 관찰되므로 잠복기가 비교적 짧을 수 있으나, 접촉 감염에 의한 경우는 일반적으로 잠복기는 1~21일이다. 임상증상이 나타나기 전에 항체가 검출될 수도 있다. 3~6주령의 닭에 실험적으로 감염시켰을 때 잠복기는 감염 경로

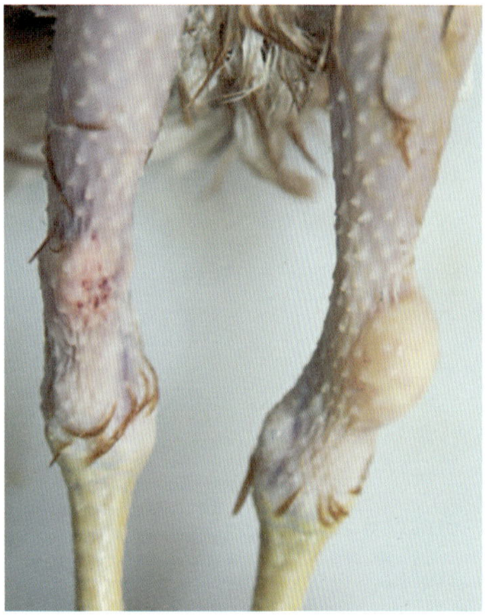

그림 20-3 *Mycoplasma synoviae* 감염계의 관절종대

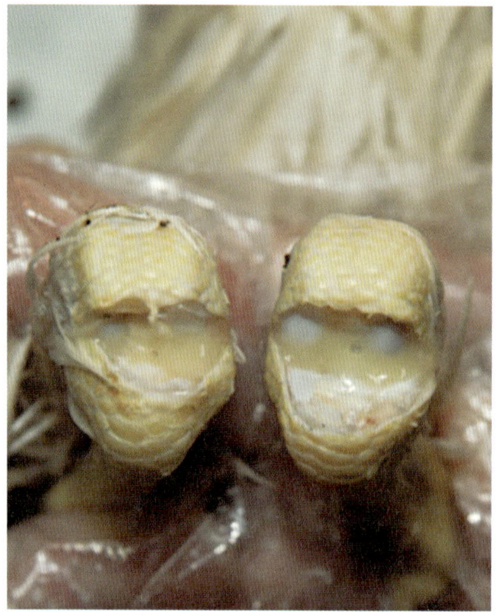

그림 20-4 *Mycoplasma synoviae* 감염계의 관절내 점조성 삼출물

에 따라 2일에서 20일까지 다양하였다. 기관 내 접종은 4일째에 기관 및 부비동의 감염을 유발하고 쉽게 전파되었다. 에어로졸(aerosol)로 인공감염 시 최대 17~21일 후에 기낭병변이 나타났다. 잠복기는 감염균의 양 및 병원성에 따라 다양할 수 있다.

임상증상

닭

전염성활막염에 걸린 닭은 초기엔 창백한 볏, 파행, 성장지연이 나타난다. 질병이 진행됨에 따라 거친 깃털과 위축된 볏이 관찰되며, 때때로 푸르스름한 적색을 띤 볏이 관찰된다. 관절주위 부종과 관절염(**그림 20-3, 20-4**) 및 흉부수포(breast blisters, **그림 20-5**)가 관찰된다. 비관절과 발바닥에 주로 종창이 있지만 일부에서는 모든 관절부가 영향을 받기도 한다. 감염이 되었지만 관절 종창이 없는 경우도 있다. 활력저하, 탈수 및 쇠약이 관찰되며, 보행장애로 인한 증체불량이 발생되나 사료와 물근처에 놓아주면 섭식에는 문제가 없다. 전염성활막염의 회복은 느리며 장기간 지속될 수 있다. MS에 감염된 닭에서는 4~6일안에 호흡기에서 약한 수포음이 들리거나 무증상 감염을 보인다. MS에 감염된 종계에서 생산된 병아리는 기낭염 증가, 증체율 감소 및 사료효율 감소 등이 유발될 수 있다. 암탉

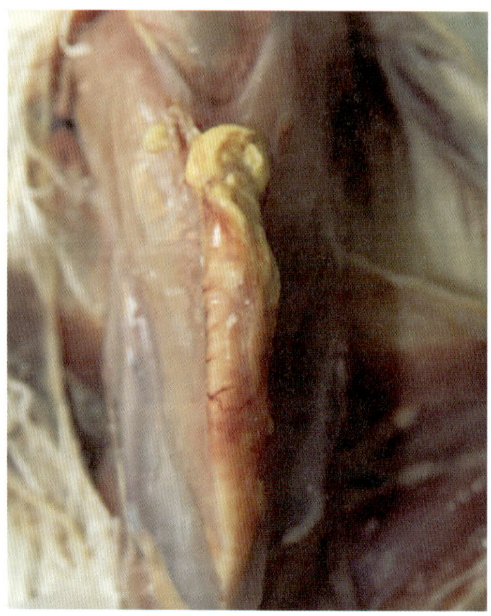

그림 20-5 *Mycoplasma synoviae* 감염계의 흉골낭염

에 MS를 감염시켰을 때 감염 후 1주일째에 산란율이 감소되었으며 2주째엔 18%까지 감소된 후 4주 후엔 정상으로 회복되었다. 자연적인 감염사례에서는 산란율과 난질에 심각한 수준으로 영향을 끼치지는 않는다. MS 감염시 난각의 첨부가 약간 돌출되면서 얇아지는 난각첨부이상(eggshell apex abnormality)을 유발한다고 알려져 있다.

칠면조

칠면조의 임상증상은 닭과 유사하다. 파행이 가장 주요한 임상증상이다. 주로 관절주위 부종이 관찰된다. 호흡기증상은 일반적으로 관찰되지 않는다. 하지만 부비강염이 있는 칠면조에서 임상증상은 일반적으로 관찰되지 않지만 부비동 삼출물 및 폐렴을 보이는 칠면조에서 기관과 뒷콧구멍 틈새(choanal clefts)에서 MS가 분리되었다.

이병률과 폐사율

닭

전염성활막염의 이병률은 2~75%까지 다양하며 일반적으로 5~15% 정도이다. 호흡기 감염은 거의 무증상이지만 90~100%가 감염될 수 있다. 폐사율은 보통 1% 미만이며 최대 10%이다.

칠면조

이병률은 일반적으로 낮지만(1~20%), 폐사율은 잘 걷지 못하는 개체가 짓밟히거나(trampling) 카니발리즘(cannibalism) 대상이 되는 경우에는 높을 수도 있다.

병변

육안병변

닭 전염성활막염 감염 초기에는 관절, 건초 등 윤활막(그림 20-4)과 흉골에 점성이 있는 크림색의 삼출액 또는 회색의 삼출물이 존재하며 간과 비장 종대가 관찰된다. 신장은 종대되고 반점 및 창백한 성상이 일반적으로 관찰된다. 질병이 진행됨에 따라 건락성 삼출물로 이환되며 건초, 관절, 근육 및 기낭으로 염증이 확장된다. 일반적으로 상부 호흡기관에는 육안적인 병변이 관찰되지 않는다. 일부 호흡기 감염 시 기낭염이 관찰될 수도 있다.

칠면조

관절 종대는 닭에서처럼 눈에 띄지 않을 수 있지만, 관절을 절개하면 섬유소성 삼출물이 관찰될 수 있다. 호흡기의 병변은 다양하다.

조직학적 소견

조직학적으로 이염색백혈구과 섬유소의 관절강내 침윤과 윤활막의 과형성 및 림프구와 대식세포 침윤이 관찰된다. 연골 표면은 시간이 지남에 따라 변색되고 얇아지거나 움푹 패인 양상을 보인다. 기낭에는 부종, 모세관 증식, 이염색백혈구 및 괴사물 침윤이 관찰될 수 있다.

진단

원인병원체의 분리와 동정

MS의 분리 및 동정에 의해 진단된다. MS는 주로 병변에서 분리된다. 상부 호흡기 감염 시에는 전 감염기간에 분리가 가능하다. 만성 감염에서는 더 이상 병변이 없을 수도 있기에 상부 기도에서 분리·동정이 적합할 수 있다. MS는 10~15%의 돼지 혈청을 첨가한 마이코플라즈마배지에 NAD를 추가하여 배양한다. 많은 실험실에서 PCR 기반 기술을 적용하여 진단한다.

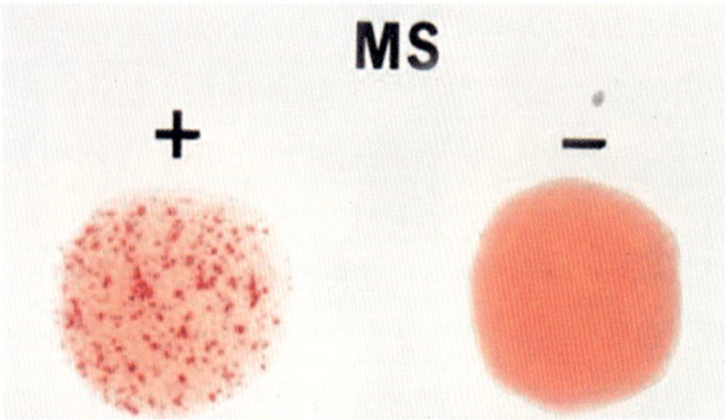

그림 20-6 *Mycoplasma synoviae*의 혈청평판응집반응(+: 항체양성, –: 항체음성)

혈청학적 검사

혈청 검사에는 혈청평판응집(serum plate agglutination; SPA)반응 검사가 일반적이다(그림 20-6). 보통 감염된 조류에서 항체 생성은 약 2~4주가 소요된다. SPA 반응검사는 MG 오일 불활화백신을 접종한 개체의 혈청에서 일부 비특이적인 반응이 있을 수 있다. 이때 반응은 다소 지연되고 역가는 낮다. 반응의 특이성을 확인하기 위해서 혈구응집억제(HI) 반응을 검사하여 확인한다. ELISA 검사는 일반적인 검사법으로 이용되며 1차적인 검사법인 SPA 방법을 대체하여 적용할 수 있다. ELISA 검사 키트는 상업적으로 구입 가능하다. ELISA 검사 키트의 성능(특이성 및 민감도)은 키트 제작에 사용된 항원 또는 항체의 특성 및 품질에 크게 의존한다는 점에 유의해야 한다.

감별진단

전염성활막염이나 관절염을 유발하는 세균성 질병의 원인체인 *Staphylococcus aureus*, *Escherichia coli*, *Pasteurella*, *Salmonella* 속의 세균 감염증 및 바이러스성 건초염과 감별이 필요하다. 호흡기질환을 유발하는 MG, *Pasteurella multocida* 및 기타 호흡기 질병 원인체와도 감별해야 한다.

예방 및 치료

예방

MS는 난계대전염이 일어나므로 가장 효과적인 예방법은 청정 종계군의 유지관리이며 효율적인 차단방역을 수행하는 것이다. 감염된 종계군에서 항생제 처치로 MS 감염을 근절시킬 수는 없지만 일부 난계대 감염을 감소시키는 효과는 있다.

백신접종

불활화백신이 상용화되어 있지만 MS 방어 관련해서는 충분한 연구가 이루어지지 않았다. 온도-민감성 MS 생백신주 MS-H의 안전성과 효능이 실험실과 현장에서 입증되어 제한적으로 사용되고 있다. 방어능은 백신접종 후 3~4주 후에 관찰되었고 40주 이상 지속되었다. 이 백신은 MS 감염으로 인한 난각 이상란을 줄이는 데 효과적인 것으로 보고되었다. 이 백신은 호주와 많은 주요 가금류 생산 국가에서 널리 사용되었지만 미국에서 등록은 보류 중이다. 우리나라에서도 허가되어 사용되고 있다.

치료

MS는 시험관내 평가에서 chlortetracycline, danofloxacin, enrofloxacin, lincomycin, oxytetracycline, spectinomycin, spiromycin, tetracycline, tiamulin, tilmicosin, aivlosin 및 tylosin을 포함한 여러 항생제에 감수성이 있다. 일반적으로 적절한 약물 치료는 기낭염 또는 전염성활막염을 예방하는 데는 효과가 있지만 기존 병변의 치료에는 덜 효과적이다. MG와 달리, MS 분리균들은 erythromycin에 내성이 있는 것으로 보고되었다. tylosin 항생제를 이용한 종란 침지,

tylosin 및 gentamycin 종란접종, 부화란 열처리 등의 방법도 MS의 종란 오염을 방지하기 위해 사용되기도 한다.

참고문헌

Avian Diseases. 2016. In: Mo IP, editor. 2nd ed. Hanmi Medical Publishig Co.

Naola Ferguson-Noel. 2020. Mycoplasmosis. In: Swayne DE, editor. Diseases of poultry. 14th ed. Oxford, UK: Wiley-Blackwell; pp. 907-965.

OIE. 2019. Manual of Diagnostic Tests and Vaccines for Terrestrial Animals 2019.

21
CHAPTER

클로스트리디움 질병

Clostidial Diseases

경상대학교 민원기

개요

클로스트리디움 균은 그람 양성, 혐기성, 아포를 형성하는 간균으로 환경에 생존성이 높아 근절하기가 어렵다(**그림 21-1**). 클로스트리디움 균에 의한 가금 질병은 일반적으로 4종류로 구분된다. 보툴리즘(botulism), 궤양성장염(ulcerative enteritis; UE), 괴사성장염(necrotic enteritis; NE), 괴저성피부염(gangrenous dermatitis; GD)이다.

보툴리즘(botulism)은 *Clostridium(C.) botulinum*이 생산하는 신경독을 섭취함으로써 일어나는 급성 신경성 질병이다. 독소에 의한 마비 증상은 다리, 날개, 목, 눈꺼풀에 주로 나타나며 limberneck으로 불리는 것과 같이 목을 앞으로 길게 내밀고 있는 상태가 지속된다. 숙주 범위는 조류와 포유류 등 상당히 넓다. 조류에는 오리, 거위, 닭, 야생조류 등 다양한 숙주를 가지고 있으며 가장 흔하게 분리되는 독소는 C형 독소이다. 발생은 고온과 습도가 높은 계절에 주로 발생한다. 오염된 분변, 사료, 물, 깔짚, 사체를 통하여 감염 및 전파된다. 폐사율은 육계에서 40% 정도까지 나타난다. 원인체는 아포를 형성하므로 농장에서 근절하기가 어렵지만 항생제와 백신은 일반적으로 효과가 있다.

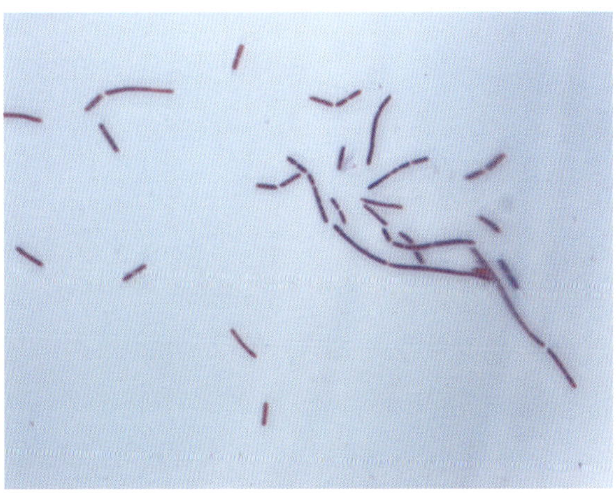

그림 21-1 그람 염색한 *Clostridium perfringens*

궤양성장염(UE)은 처음에는 메추리 질병으로 알려졌으나 메추리를 포함하여 닭, 칠면조, 자고 등 가금 및 야생조류에서도 발생한다. *C. colinum*에 의한 궤양성장염은 전형적으로 어린 일령의 가금에서 발생하며 오염된 분변, 사료, 물, 깔짚을 통하여 감염 및 전파된다. 아포를 형성하는 세균은 발생한 농장에 오랫동안 존재하며, 회복한 가금은 보균동물로 남아 있을 수 있다. 닭에서 궤양성장염의 발생에 스트레스, 콕시듐, 전염성F낭병(infectious bursal disease; IBD) 그리고 닭 전염성빈혈(chicken infectious anemia; CIA)이 영향을 준다. 사람이 원인체에 감염되었다는 보고는 없다.

괴사성장염(NE)은 *C. perfringens*의 감염과 이 균이 분비하는 독소에 의한 질병으로 주로 어린 닭과 칠면조에서 발병하며 급작스런 발병, 높은 폐사율, 소장 점막의 괴사를 특징으로 한다. 증상은 균과 독소에 의하여 발생한다. 사료에 포함되어 있는 사료성분과 급여상태는 계군에서 괴사성장염의 발생에 중요한 요소이다. 사료에 의한 장 내 세균총의 변화나 면역억제성 질병에 감염 시 괴사성장염이 흔히 발생한다. 가금 질병과 관계있는 *C. perfringens*는 사람에게 식중독을 유발할 수 있다. NE 예방은 사료 위생을 통하여 원인체 노출을 줄이는 방법이 효과가 있다.

괴저성피부염(GD)은 *C. perfringens* type A와 type C, *C. septicum* 및 *Staphylococcus aureus*가 원인체이다. 질병 발생은 한 종류의 균 또는 혼합된 균들에 의하여 발생한다. 닭과 칠면조가 가장 감수성이 높다. 괴사성피부염, 괴저성봉와직염, 날개 부위의 부패, 악성부종 등을 특징으로 한다. 증상은 피부와 피하조직의 괴사를 특징으로 하며 병변은 주로 가슴, 복부, 날개, 넙적다리(대퇴부) 등에 나타난다. 괴저성피부염은 과도한 더위와 높은 습도에서 주로 발생한다. 포자를 형성하는 원인체는 흙, 먼지, 분변 등에 존재하므로 일반적으로 원인체를 근절하기가 어렵다. 농장의 기구 세척, 백신 및 항생제의 사용은 질병 발생을 줄일 수 있다. 숙주가 바이러스와 동시에 감염되었을 경우에는 항생제를 이용한 질병억제가 실패할 수 있다.

기타 클로스트리디움 질병으로 *C. chauvoei*는 가금의 벼슬과 간에 병변을, 타조에서는 내장과 간에 감염하여 신경마비를 일으킨다. *C. difficile* 및 *C. sordelli*는 타조에서 발생이 보고되었다. *C. novyi* 및 *C. sporogenes*는 닭에서 질병을 일으킨다.

보툴리누스중독증(보툴리즘)

Botulism
(Limberneck, Western duck sickness)

개요

보툴리즘(botulism)은 클로스트리디움 보툴리눔균(*Clostridium botulinum*)이 생산하는 균체외독소인 신경독을 섭취함으로써 일어나는 마비성 질병으로 급성 신경성 질병이다. limberneck 또는 western duck sickness라고 불리며 신경증상과 폐사율이 높은 것이 특징이다. 조류는 주로 *C. botulinum* C형 혹은 혼합된 C/D형에 의하여 주로 발생한다.

역사

닭에서 보툴리즘은 1917년 미국에서 처음 보고되었으며, 1923년 Lucilia fly 섭취에 의한 발생 보고 후 그 유충에서 처음으로 *C. botulinum* C형 독소가 분리되었다. 보툴리즘은 닭, 칠면조, 물새에서 종종 발생한다. 관리가 잘 되는 양계장에서는 거의 발생하지 않으나 오리에서는 중요한 질병이다.

원인체 특성

병원체는 *C. botulinum*으로 혐기성, 그람 양성, 아포를 형성하는 간균으로서 강한 균체외 독소를 생산하여 중독을 일으킨다. 원인체의 크기는 폭 1~1.2 μm, 길이는 4~7 μm이다. 토양이나 계분 등 환경적인 저항성이 강하여 언제든지 오염된 사료나 물에 의하여 섭취될 수 있다. *C. botulinum* 자체는 병원성이 없으며 균의 자가분해로 인하여 생산된 독소는 항원적으로 8종류(A, B, C alpha, C beta, D, E, F, G)로 분류할 수 있다. 항원적으로 다른 형태의 보툴리즘 신경독을 생산하는 *C. botulinum* 들은 유전적 차이로 4개 그룹(I–IV)으로 구분된다. 조류에서 독성을 일으키는 독소는 A형, B형, C형, E형이며 그 중 가장 흔하게 분리되는 독소는 C형이다. C형 독소는 매우 강력한 독소로 기니픽의 최소치사량(minimal lethal dose; MLD)은 0.00012 mg/kg이며 열에 비교적 안정적인 특성을 나타낸다. *C. botulinum*의 신경독은 약 3.8 kb 유전자에서 무독성 단백질과 독성 단백질의 혼합체인 전구물질 형태로 만들어진다. 무독성 단백질 부분이 산과 단백질 분해효소에 저항성을 높여주는 것으로 알려져 있다. 장의 약 알카리 상태에서는 전구물질이 단백질 분해효소에 의하여 100 kD과 50 kD의 단백질로 절단되어서 활성을 가지게 된다. *C. botulinum*은 균주 및 혈청형에 따라서 pH 4.7~5.6에서도 증식할 수 있다. C형 포자는 A 및 B형 포자보다 열에 잘 파괴된다. C형 독소는 35~37℃ 온도조건에서 독소 생산이 가장 활발하며 생산된 신경독소는 콜린성 신경말단에 작용한다. 신경말단에 작용한 독소는 세포막과 결합하여 아세틸콜린의 방출을 억제하여 근육 마비를 일으킨다. 포자는 차아 염소산 나트륨염(sodium hypochlorite) 0.1%에서 5분 안에 죽는다. 과산화수소수 증기(hydrogen peroxide vapor)는 아포를 형성한 균체를 효과적으로 제거할 수 있다.

역학

자연감염 숙주 및 발생 상황

C형 보툴리즘은 대머리 독수리를 제외한 닭, 칠면조, 오리, 꿩, 타조, 갈매기 등을 포함한 대다수의 조류에서 발생한다. 사람을 포함한 소, 돼지, 말, 밍크, 설치류 등에서도 발생한다. 계절적으로는 겨울보다 여름에 더 많이 발생한다. 설치류의 경우, C형 독소에 높은 감수성을 나타내기 때문에 독소의 분류와 검출에 중요한 실험동물로 이용된다. 독소를 포함한 사체를 먹은 구더기 및 무척추 동물들 또한 중독될 수 있다.

잠복기

닭과 오리의 독소 접종 실험에서 투여 경로와 관계없이 동일한 임상증상을 나타내며 이환율과 폐사율은 용량에 비례함이 밝혀졌다. 고농도의 독소를 접종하였을 때는 수 시간 내에 발병하며, 저농도 접종 시에는 1~2일 내에 마비가 시작된다. 이환율과 폐사율은 독소량과 관련이 있다. 심한 경우에는 브로일러에서 폐사율이 40%까지 높아지기도 한다. 닭은 100개 이상의 C형 아포를 섭취하면 6~13일 사이에 임상증상을 나타낸다. 10^7의 아포를 섭취하면 약 3일 전후에 폐사한다.

전파

C. botulinum C형은 전 세계적으로 분포한다. 비록 토양, 늪지대, 퇴적물 등에 정상 세균으로 존재하지만 발생은 제한적으로 일어나고 있다. C형 포자는 보툴리즘이 발생한 닭 및 꿩 농장과 주변환경에서 일반적으로 발견된다. *C. botulinum*과 독소를 가지고 있는 사체 및 분변이 전파의 주요한 역할을 한다. 균 또는 독소에 오염된 사료 및 동물의 사체를 섭취하면 소화관에서 균이 증식하면서 독소가 흡수되어 발생한다. 닭의 소화관 중 C형 독소가 생산되는 주요 부위는 맹장이며 흡수가 가장 많이 되는 부위는 소장 상부이다. 맹장에서 생산된 독소는 생균, 아포와 함께 배설되어 재섭취된다. 동물의 사체를 물에 폐기하면 독소가 발생하여 감염원이 되기도 한다. 살균이 제대로 안된 통조림, 과일, 채소, 폐기된 동물사료, 폐사된 조류에도 독소가 함유되어 있을 수 있다. 스트레스나 면역이 억압된 상태에서는 질병의 발생이 잘 일어난다.

임상증상

특징적인 임상증상은 근육 마비로서 닭, 칠면조, 오리, 꿩에서 임상증상은 매우 비슷하며 수 시간에서 수일 내에 나타난다. 마비 증상은 다리, 날개, 목, 눈꺼풀에서 주로 나타나며 limberneck으로 불리는 목을 앞으로 길게 내밀고 있는 상태가 지속된다. 초기에 감염된 닭은 주저앉으면서 조는 모습을 보이며 더 진행되면 마비 증상이 나타난다. 눈꺼풀의 마비는 혼수상태나 죽은 것처럼 보이기도 한다. 깃털은 헝클어지고 진전을 보이며 숨을 헐떡이기도 한다. 육계에서는 많은 양의 요산염을 함유한 설사가 나타나기도 한다. 심한 증상일 경우 곧 폐사하며, 폐사의 직접적인 원인은 심장 및 호흡부전이다. 매년 십만 수 이상의 새들이 보툴리즘 감염으로 폐사한다.

병변

보툴리즘의 육안적, 현미경적 병변은 거의 나타나지 않는다. 드물게 약한 장점막의 충혈을 동반한 장염이 관찰되기도 한다. 때때로 부검 시 상부소화기관 내에서 구더기, 변질된 사료 등을 발견할 수 있다. 면역억제제(cyclophosphamide)를 투여한 닭 및 스트레스 상태에 있는 닭은 감염에 쉽게 발병한다.

진단

보툴리즘독소 분리 및 동정

*C. botulinum*은 자연에 일반적으로 존재하는 균이기 때문에 임상시료, 사료, 주변토양 등에서 *C. botulinum*을 분리하더라도 질병 원인으로 진단하기는 어렵다. 원인체는 혐기성 증균 배지로 30~42℃ 사이에서 배양할 수 있다. 증균 배지는 주로 cooked-meat medium 또는 trypticase-peptone-glucose-yeast(TPGY) 배지를 이용한다. 보툴리즘에 걸린 닭의 혈청, 맹장 및 근위 세척액에서 C형 독소를 검출할 수 있다. *C. botulinum*은 정상적인 닭의 소화관 내에 존재하며, 부패한 조직에서 독소가 생성되기 때문에 조직에서의 독소 검출로는 보툴리즘을 확진할 수 없지만 진단의 보조적 수단으로 이용될 수 있다. *C. botulinum*이 생성하는 독소는 중합효소연쇄반응법(polymerase chain reaction)으로 확인할 수 있다.

혈청검사

혈청 내 존재하는 독소는 마우스 접종이 가장 유용한 진단법이다. 의심되는 혈청을 주사한 마우스 그룹과 혈청 및 항독소혈청을 함께 주사한 마우스 그룹을 비교하여 진단한다. 독소가 존재하는 혈청을 주사한 그룹은 48시간 이내에 임상증상을 나타내며, 항혈청을 함께 주사한 그룹은 항독소 혈청과의 중화반응으로 임상증상을 발현하지 않는다. 오리 감염 또는 저농도 독소 감염의 경우에는 혈청을 농축하거나 반복접종을 통하여 보툴리즘을 진단할 수 있다.

감별진단

보툴리즘의 감별진단은 마비증상을 포함한 임상증상은 있지만 육안적, 병리조직학적 병변이 없음을 우선적으로 확인한다. 최종적인 진단은 혈청, 근위, 소화관 세척액에서의 독소 검출로 이루어진다. 보툴리즘은 닭의 마렉병, 오리 가금콜레라, 납 중독, 칠면조의 monensin 중독과 감별진단하여야 한다.

예방 및 치료

독소에 오염된 물질을 닭이 섭취하지 못하도록 하며 독소물을 제거하는 것이 중요하다. 계사 내의 닭을 수시로 관찰하여 이환계와 폐사계, 쥐, 곤충, 벌레 등의 사체는 즉시 제거하여 감염되지 않도록 한다. 계사 내는 건조하도록 통풍이 잘 되게 하며, 보툴리즘이 발생된 계사는 차아염소산칼슘, 포르말린, 요오드 등으로 소독하여 포자 형성을 억제한다. 구연산으로 음수를 산성화시켜 주는 것은 소화관 내의 *C. botulinum*의 성장을 억제하는 데 도움을 준다. 임상증상이 심하지 않은 경우 격리하여 충분한 사료와 물을 공급하면 회복되는 예가 있지만 심한 경우 치료가 쉽지 않다. 셀레늄과 비타민 A, D, E의 공급이 폐사율을 감소시키는 것으로 알려져 있으며 항생제는 bacitracin, streptomycin, chlorotetracycline이 효과적이다. 항혈청의 투여는 타조 등과 같은 동물원의 조류에서 실시할 수 있다.

참고문헌

Blandford T. B., Roberts T. A. 1970. An outbreak of botulism in broiler chickens. *Vet Rec* 87:258-261.

Dickinson E. C. 1917. Botulism, a case of limberneck in chickens. *J. Am Vet Med Assoc* 50:612-613

Dohms J. E. 1987. Laboratory investigation of botulism in poultry. In M. W. Eklund and V. R. Dowell, Jr. Avian Botulism: An International Perspective. Charles C. Thomas, Springerfield, IL, 295-314.

McNulty M. S. 2002. Circoviridae. Pages 352-355 In: Poultry Diseases, 5th edition. W. B. Saunders, London.

Skarin H., Blomqvist G., Baverud V. 2013. Botulism. In: Swayne, D.E., Glisson, J.R., McDougald, L.R., Nolan L.K., Suarez, D.L., Nair, V. (Eds), Diseases of poultry, Wiley-Blackwell, Iowa, pp. 953-957.

Smith L. D. S. 1975. The pathogenic anerobic bacteria, 2nd ed. Charles C. Thomas, Springerfield, IL, 203-209

궤양성장염
Ulcerative enteritis (UE)

개요

어린 병아리, 칠면조 등에 갑작스럽게 발병하는 궤양성장염(ulcerative enteritis)은 클로스트리디움 콜리넘(*Clostridium colinum*)에 의한 급성 질병으로 장관의 궤양과 급격한 폐사율의 증가를 나타낸다. 궤양성장염은 미국, 일본, 캐나다, 독일, 인도 등을 포함하여 전 세계적으로 발생하고 있으며 특히 양계산업이 집중된 지역에서 중요한 질병이다. 사람에 감염이 보고된 사례가 없으므로 공중보건학상 관심이 적다.

역사

1907년 미국 내 메추리에서 처음 보고된 이후 메추리 질병(quail disease)으로 여겨져 왔으나 다양한 조류에서도 감수성이 확인되어 현재는 궤양성장염으로 통일시켜 부르고 있다. 칠면조에서 발생 보고 이후 여러 조류에서 수년 동안 발생되었음에도 불구하고 *C. perfringens*로 오인되었다. 닭에서는 1934년, 칠면조에서는 1944년에 그 발생이 파악되었다.

원인체 특성

*C. colinum*은 자연계에 널리 존재하며, 1×3~4 ㎛ 크기의 혐기성, 그람 양성, 아포형성 간균으로 일반적인 배지에서 배양이 어렵다. 계대배양 과정에서 세균의 독력은 빠르게 상실한다. 감염된 개체의 간과 장에 존재하는 세균은 thioglycollate broth에 배양하거나 메추리에 접종하여 분리 및 배양할 수 있다. 또한 닭 태아의 난황낭에 접종하여 분리할 수 있다. 세균에 가장 적합한 배지는 0.2% glucose, 0.5% yeast extract, 8% horse plasma을 함유하는 tryptose-phosphate agar이다. 간 조직을 고형 배지에 접종 한 후, 35~42℃에서 24~48시간 배양하면 콜로니 성상은 주변이 실처럼(filamentous margin)되어 있으며, 희고 원형인 반투명의 1~2 mm 크기이다. 배양에서는 *C. colinum*은 *C. difficile*와 유사하지만 당을 분해하는 능력에서는 차이가 있다.

아포형성은 인공배지에서는 잘 일어나지 않는다. 아포를 형성한 세균은 비아포 세균에 비하여 길이와 두께가 더 길고 두껍다. 아포를 형성하기 때문에 화학물질과 물리적 변화에 저항성이 매우 강하다. *C. colinum*이 형성하는 아포는 octanol, chloroform에 저항성이 있으며, 난황낭 배양 시 −20℃에서 16년간, 70℃에서 3시간, 80℃에서 1시간 생존하며 100℃에서도 3분 동안 생존한다.

역학

자연감염 숙주 및 발생 상황

닭, 메추리, 칠면조, 꿩, 야생조류를 포함한 다양한 조류에 감염되며 메추리가 가장 감수성이 높다. 닭은 4~12주, 메추리 4~12주, 칠면조 3~8주의 어린 조류에서 감수성이 높으며 성숙한 메추리에서도 감염이 보고되었다. 전 세계적으로 자연 발생하며 닭의 경우 콕시듐증, 닭 전염성빈혈(chicken infectious anemia), 전염성F낭병(infectious bursal disease)이나 스트레스 상태에서 발생이 종종 증가한다. 닭에 *Eimeria brunetti* 및 *Eimeria necatrix* 감염은 궤양성장염 발생에 주요한 영향을 미친다. 인공적인 실험 감염의 경우 메추리는 즉시 발병하지만 닭에서는 감염이 잘 되지 않는다. 메추리 인공감염을 위해서는 *C. colinum*을 10^7 정도 구강으로 접종하면 궤양성장염을 유발한다. 균은 장의 융모에 부착하여 소장 및 대장에서 염증과 궤양을 유발한다. 이어서 균은 간으로 이동하여 간에 병변을 유발한다. 궤양성장염은 밀집 사육하는 환경에서 종종 발생한다.

잠복기

메추리의 인공감염 실험에서 급성형의 경우 1~3일 이내 폐사하며 평균적으로 3주간 진행된다. 감염 후 5~14일에 폐사율이 가장 높다. 자연감염에서 회복한 숙주는 면역성을 회득하여 재감염에 저항성을 보인다. 그러나 항생제로 치료한 숙주는 자연감염에 매우 민감하다.

전파

전파는 주로 *C. colinum*에 오염된 분변, 사료, 물, 깔집 등에 의해 이루어진다. 균이 아포를 형성하므로 발생지역의 토양에서 반영구적인 생존이 가능하다. 파리에 의한 전파도 가능하며 감염에서 회복된 조류 또한 감염원 역할을 한다. 메추리에서 특히 전염성이 강하다.

임상증상

급성으로 감염된 개체는 아무런 임상증상 없이 폐사한다. 메추리에서 흰 수양성 설사가 관찰되기도 한다. 감염된 개체는 무기력하고 몸을 움츠리며 우모는 거칠어진다. 감염 후 1주 이상이 지난 개체는 가슴근육이 위축되고 매우 쇠약해진다. 어린 메추리의 폐사율은 수일 이내 100%에 달하고 닭에서는 2~10%의 폐사율을 나타낸다.

병변

메추리의 급성간염에서는 현저한 십이지장 출혈이 특징적이다. 맹장을 포함한 장의 전반적인 궤양이 나타나고 유착되어 있다. 질병이 진행되면서 점막의 궤양은 점막 아래까지 확장되며, 궤양은 탈각된 상피세포, 세포 부스러기, 염증반응에 관련된 각종 세포 그리고 세균 등으로 덮이게 된다. 궤양 주변에는 림파구와 대핵백혈구의 침윤이 일어난다. 궤양은 둥글거나 렌즈상이며 상부소화기에서는 렌즈상의 궤양이 많이 관찰된다. 장막에서 심한 궤양이 관찰되기도 하며 복막으로 침투하면 복막염을 일으키기도 한다. 장의 출혈은 콕시듐증과 혼동을 가져오기도 한다. 간은 황색, 검은색의 큰 병변을 나타내며 비장은 비대해지고 출혈이 관찰되기도 한다.

진단

임상 및 실험실 진단

육안적으로 간의 괴사와 비장의 출혈 및 비대를 동반한 장의 특징적인 궤양으로 진단할 수 있다. 소장과 대장에서는 출혈을 동반한 크고 둥글며 노란색의 궤양이 나타난다. 궤양의 크기는 증가하면서 출혈성 반점의 경계가 사라진다. 장 궤양에 의한 천공으로 복막염 및 장 유착이 자주 발생하다. *C. colinum*은 간과 비장에 존재하기 때문에 병변이 관찰되는 장관보다 간과 비장에서 분리하기 쉽다. 한천겔침강반응으로 진단이 가능하나 클로스트리듐균들 사이에 교차반응이 있으며, 특히 *C. perfringens* type A와 C에 교차반응이 있으므로 주의하여야 한다. 형광항체법과 병용하면 100% 진단할 수 있다.

감별진단

콕시듐증, *C. perfringens*에 의한 괴사성장염(necrotic enteritis), 흑두병(histomoniasis)과 감별진단을 실시하여야 한다. 콕시듐에 감염된 닭, 칠면조, 비둘기 등에서 흔히 장내에서 궤양을 볼 수 있으므로 감별에 어려움이 따른다.

콕시듐과 궤양성장염의 치료에는 다른 약제가 사용되므로 감별진단은 매우 중요하다. 궤양성장염과 괴사성장염의 병변 차이가 때때로 적을지라도 임상증상 및 병변에서는 차이가 존재한다. 흑두병(histomoniasis)은 맹장에 치즈모양 손상(caseous core)과 간에 다양한 크기의 괴사성 반점을 유발한다. 흑두병에 의한 닭, 칠면조 및 다양한 가금에서의 간과 맹장 병변들은 궤양성장염의 맹장궤양 및 간 괴사와 구별이 필요하다. 궤양성장염은 비후되고 비장과 장의 출혈성 궤양이 특징이다. 흑두병이 있는 가금의 맹장과 간 조직검사에서 원인체를 감별할 수 있다. 콕시듐증은 감염하는 콕시듐 종들에 따라서 내장에 침입하는 부위가 다르다. 조직검사와 분변에서 충란 검사를 통하여 구별할 수 있다.

예방 및 치료

병원균이 계사 및 주변에 오랜 기간 존재할 수 있기 때문에 계사 청결을 유지하고 밀사 등으로 인한 스트레스를 최소화한다. 감염에서 회복된 개체는 격리 사육한다. 치료는 메추리에서 streptomycin, bacitracin을 사료나 음수에 섞어 먹이는 것이 효과적이며, furazolidone, chlortetracycline, penicillin, ampicillin, tylosin의 효능도 보고되어 있다.

참고문헌

Barger E. H., Park S. E., Graham R. 1934. A note on so-called quail disease. *J Am Med Assoc* 84:776-783.

Bass C. C. 1939. Observation on the specific cause and the nature of "quail disease" or ulcerative enteritis in quail. *Proc Soc Exp Biol Med* 46:250-252.

Glenn Songer J., Uzal F. 2013. Ulcerative enteritis. In: Swayne, D.E., Glisson, J.R., McDougald, L.R., Nolan L.K., Suarez, D.L., Nair, V. (Eds), Diseases of poultry, Wiley-Blackwell, Iowa, pp. 944-949.

Graubmann H. D., G. Grafner G. 1971. Ulcerative enteritis in the chicken(quail disease). Occurrence and pathology. Monatsh Veterinarmed 26:903-907.

Katiyar A. L., Pillai A. G. R., Awadhiya R. P., Vegad J. L. 1986. An outbreak of ulcerative enteritis in chickens. *Indian J Anim Sci* 56:859-862.

Peckham M. C. 1960. Further studies on the causative organism of ulcerative enteritis. *Avian Dis* 4:449-456.

괴사성장염
Necrotic enteritis (NE)

개요

괴사성장염(necrotic enteritis)은 클로스트리디움 퍼프린젠스 타입 A, C(*Clostridium perfringens* type A, C)의 감염과 세균이 분비하는 독소에 의해 일어나는 질병으로서 주로 어린 닭과 칠면조에서 발병하며 급작스런 발병, 높은 폐사율, 소장 점막의 괴사를 특징으로 한다. 괴사성장염은 클로스트리디움성 장염, 장 부패(rot gut), 장 중독증으로 알려져 왔다. 괴사성장염에 의한 손실은 전 세계적으로 약 2조원 정도로 추정된다. 괴사성장염의 원인균은 독소 이외에도 엔테로톡신(enterotoxins)을 생산하여 식품에 잔류함으로써 질병을 유발한다. 사람에게 *C. perfringens* type A는 설사를, *C. perfringens* type C는 괴사성장염을 유발한다.

역사

괴사성장염의 원인체인 *C. porfringens*는 1930년대에 장병변에서 분리되었으며 가금을 폐사시킬 수 있는 것으로 알려졌다. 괴사성장염은 전 세계적으로 발생이 보고되었다. 1일령의 닭 위장으로 *C. perfringens*를 접종하면 세균은 장점막에 침입하여 감염, 즉 "six-day disease"를 유발한다.

원인체 특성

병원체는 *C. perfringens* A, C형으로 혐기성, 그람 양성, 아포를 형성하는 간균으로서 다양한 독소와 효소를 생산한다. 운동은 4형 편모에 의한다. 특히 *C. perfringens* A, C형에서 생산되는 알파 톡신과 *C. perfringens* C형에서 생산되는 베타 톡신은 장점막의 괴사를 일으키는 데 중요한 역할을 한다. *C. perfringens*는 17종 이상의 다양한 외독소를 생산하는데, 특히 4종류의 독소 [alpha(α), beta(β), epsilon(ε), Iota(ι)]의 생산 여부에 따라서 A, B, C, D, E형으로 구분한다. *C. perfringens*의 독성과 장염의 유발은 균주 및 장의 상태에 따라서 다양하게 나타난다. 괴사성장염은 가금에서 세균성 장염을 유발하는 가장 흔한 세균으로 간주된다. 일반적으로 척추동물의 장에서 공생하며 분변과 오염된 환경에서 종종 분리된다. *C. perfringens*는 괴저성피부염(GD), 근위손상(gizzard erosion)을 유발할 수도 있다.

*C. perfringens*가 조류에서 병원성을 일으키는 정확한 기전은 잘 밝혀지지 않았다. 조류 분변에서 많은 양의 *C. perfringens alpha*(CPA) 독소가 검출된다.

괴사성장염의 감염에서 회복한 닭에서는 높은 역가의 CPA 항체가 검출되고, 정상적인 닭에서는 검출되지 않는다. CPA는 모든 *C. perfringens* 형에서 생산되며 다른 독소에 비하여 독성이 강하다. 따라서 CPA가 괴사성장염을 일으키는 요인으로 생각된다.

아미노산 서열 분석에서 새로운 *C. perfringens* 톡신(novel toxin; NetB)은 *C. perfringens bata*(CPB)에 38% 유사성, *Staphylococcus aureus alpha* 독소에는 31% 유사성을 나타내었다. NetB는 닭 간세포를 융해시킬 수 있으며 alpha-haemolysin 속에 속한다. NetB는 닭에 독력을 보이는 *C. perfringens* 균주들의 약 25% 정도에서 발견된다. 그러므로 NetB가 절대적으로 중요한 독성 인자로 생각되기는 어렵다.

역학

자연감염 숙주 및 발생 상황

닭에서 자연적 발생은 2주~6개월령에서 나타나지만 주로 2~5주령의 어린 닭에서 발병한다. 칠면조에서는 주로 7~12주령에 발병하며 회충증, 콕시듐증과 같이 발병하기도 한다. 장 내 세균총의 변화나 전염성F낭병에 의한 면역억압 시 괴사성장염이 흔히 발생한다. 폐사율은 생산된 독소의 양과 관련이 있으며 독소 생산은 스트레스, 질병상태 등의 영향을 받는다. *C. perfringens*는 대장과 맹장에서 증식하여 소장으로 이동하며, 독소를 생산함으로써 괴사성장염을 유발한다. *C. perfringens* 독소를 항원으로 이용한 백신은 강력한 면역반응을 유도하며 산란계의 경우는 계란으로 항체가 이행되어 수동면역에 관여한다.

전파

*C. perfringens*는 자연에 일반적으로 존재하며, 분변, 흙, 먼지 오염된 사료에 의하여 감염된다. 또한 적은 수의 *C. perfringens*는 조류의 정상적인 장내세균으로서 일시적 혹은 영구적으로 존재한다. 파리도 기계적 매개체가 될 수 있다. 깔짚의 재사용 또는 사용한 깔짚 상부를 5~10 cm 정도 부분적으로 교체하는 경우에는 콕시듐, 대장균 및 *C. perfringens*의 감염을 증가시킨다.

임상증상

괴사성장염이 있는 조류는 움직이기 싫어하며 심한 우울, 식욕 부진, 설사, 탈수, 거친 우모 등이 관찰된다. 심급성은 임상증상 없이 1~2시간 이내에 폐사하기도 한다. 폐사율은 10~50%까지 일어날 수 있다.

병변

장내의 병변은 소장에 한정되며 주로 공장과 회장에서 나타난다. 장은 가스가 차서 부풀어 있으며 파열되기 쉽다. 점막에는 "turkish towel"로 불리는 황색 또는 녹색의 다양한 형태의 막이 관찰된다. 간의 비대, 괴사가 보이며 담낭염이 관찰되기도 한다. *C. perfringens*의 인공감염 시 3시간 이내에 십이지장과 공장에 회색의 두꺼운 점막이 관찰되며, 시간이 지날수록 점막이 괴사되고 디프테리아성 막이 형성되는 섬유괴사성장염으로 발달한다. 현미경 소견으로는 광범위한 융모의 괴사, 세포변성 그리고 단핵구의 침윤이 관찰된다. 일반적으로 *C. perfringens*는 살아 있는 세포 내로는 침입하지 않는다. *C. perfringens*는 문맥순환계와 담관(bile ducts)을 통하여 이동하여 담관염을 일으킨다. 간과 담관에 광범위한 응고괴사를 나타내는 회백색의 국소적인 간 손상을 일으킨다. 담낭과 간의 담즙 운반관은 확장되어 있고 농축된 물질이 있다. 괴사성 부위에서는 그람 양성 간균이 검출된다.

괴사성장염은 *Eimeria brunetti* 또는 *Eimeria maxima* 등의 콕시듐과 혼합감염으로 때때로 악화된다. 콕시듐 감염으로 장 점막의 손상은 *C. perfringens*의 증식을 용이하게 한다. 정상적인 조류에 비하여 *C. perfringens* 수는 콕시듐이 감염된 조류에서 훨씬 많다. *C. perfringens*는 닭이 콕시듐에 감염될 경우 그렇지 않은 닭보다 맹장점막에 더 쉽게 부착한다. 일반적으로 콕시듐과 혼합감염은 단독감염보다 25% 이상 폐사율이 높다. 발효가 잘 되는 탄수화물 또는 단백질을 포함하는 사료는 괴사성장염을 일으키는 장내환경을 만든다. 장운동 저하, 장점막 손상, 장폐쇄는 *C. perfringens* 증식을 도와서 괴사성장염을 유발한다.

진단

임상 및 실험실 진단

감염개체의 장 내용물, 장벽 탈락 조직, 충혈된 림프절에서 채취한 샘플을 혈액배지에 혐기배양하여 분리할 수 있다. 질병 스크리닝을 위하여 sandwich ELISA가 사용될 수 있으며 *C. perfringens* 알파(CPA) 톡신 유전자를 PCR을 통하여 진단할 수도 있다.

감별진단

궤양성장염, 콕시듐증과 감별진단을 실시한다. 궤양성장염은 원위소장부와 맹장, 간 등에 병변이 나타나지만 괴사성장염은 주로 공장, 회장에 병변이 존재한다. 콕시듐증은 괴사성장염과 함께 발병하는 경우가 많으므로 두 질병에 대한 진단이 동시에 이루어져야 한다.

예방 및 치료

아포를 제거할 수 있는 소독을 철저히 하고 청결을 유지한다. 알파톡신 백신접종이 예방에 효과적인 것으로 보고되었다. 사료에 penicillin을 첨가하거나 음수에 streptomycin을 첨가하는 것이 예방 및 치료에 효과적이다. 닭은 부화 후 면역적으로 성숙하기 위해서는 약 3~4주가 필요한 반면에 모체이행CPA항체는 약 3주 정도 유지된다. 따라서 육계에서 괴사성장염은 2~3주 후에 주로 발생한다. 암탉에 *C. perfringens* A 및 C형 백신을 접종하면 CPA에 강한 면역 항체를 생산하며 항체는 계란으로 이행한다.

참고문헌

Ficken M..D., Berkhoff H.A. 1989. Clostridial infection. In H. G. Purchase, L. H. Arp, C. H. Domermuth and J. E. Pearson(eds). Isolation and Identification of Avian Pathogens. American Association of Avian Pathologists: Kennett Square, PA, 47-51.

Long J. R., Pettit J.R., Barnum D. A. 1974. Necrotic enteritis in broiler chickens. II. Pathology and proposed pathogenesis. *Can J Comp Med* 38:467-474.

Oh S.T., Lillehoj H.S. 2016. The role of host genetic factors and host immunity in necrotic enteritis. *Avian Pathol* 45:313-316.

Opengart K., Glenn songer J. 2013. Necrotic enteritis. In: Swayne, D.E., Glisson, J.R., McDougald, L.R., Nolan L.K., Suarez, D.L., Nair, V. (Eds), Diseases of poultry, Wiley-Blackwell, Iowa, pp. 949-953.

Parish W. E. 1961. Necrotic enteritis in the fowl(Gallus gallus domesticus). I. Histopathology of the disease and isolation of a strain of Clostridium welchii. *J Comp Pathol* 71; 405-413.

Wihewanta E. A., Seneviratna P. 1971. Bacteriological studies of fatal Clostridium perfringens type-A infection in chicken. *Avian Dis* 15:654-661.

Zahoor I., Ghayas A., Basheer A. 2018. Genetics and genomics of susceptibility and immune response to necrotic enteritis in chicken: a review. *Mol Biol Rep* 45:31-37.

괴저성피부염

Gangrenous dermatitis (GD)

개요

악성부종(malignant edema), 봉와직염(cellulitis)으로 불리는 괴저성피부염(gangrenous dermatitis)은 클로스트리디움 퍼프린젠스 A, C형(*Clostridium perfringens* type A, C), 클로스트리디움 셉티컴(*Clostridium septicum*) 및 *Staphylococcus aureus*에 의해 일어나는 닭과 칠면조의 전염성 질병이다. 피부와 피하조직의 괴사를 특징으로 하며 병변은 주로 가슴, 복부, 날개, 넓적다리 등에 나타난다. 괴저성피부염은 과도한 더위와 높은 습도에서 주로 발생한다.

역사

1930년 *C. perfringens*를 주사한 닭에서 심각한 근육의 괴사가 최초로 보고되었지만 본격적인 발생은 1963년 이후 보고되기 시작하였다. 칠면조에서는 1939년에 교배 과정에서 상처에 의한 *C. perfingens*, *C. septicum*, *C. sordellii* 감염으로 폐사가 보고되었다. 면역이 결핍된 계군과 괴저성피부염의 발생 사이에도 연관 관계가 있다.

원인체

C. perfrigens type A와 *C. septicum*에 의하여 일어나는 질병으로서 단독으로 발병 가능하나 중복감염이나 포도상구균과 복합감염의 경우 더욱 심각한 임상증상을 야기한다. 혐기성 세균으로 정상적으로 공기가 있는 조직에서는 잘 증식하지 못한다. 또한 아포를 형성하여 외부 환경에서 장기간 생존 가능하며 독소를 생산하여 독소에 의한 폐사를 야기하기도 한다. 괴저성피부염에 의한 폐사는 균주와, 균주가 생산하는 독소에 영향을 받는다. 균주는 혐기성 상태에서 혈액배지를 사용하여 37℃에서 24~48시간 배양한다. *C. septicum*의 경우는 독특한 기능을 가진 4종류의 독소(alpha, beta, delta, gamma)를 생산한다. 혈액배지에서 *C. septicum*의 집락은 다소 불규칙한 경계를 나타내는 1~5 mm의 크기로서 회색이며 윤이 있는 β-용혈성을 나타낸다. *C. perfrigens*의 집락은 부드럽고 원형을 보인다. 주로 *C. septicum*이 괴저성피부염을 일으키는 원인체이다.

역학

자연감염 숙주 및 발생 상황

기타 조류들도 감염 가능성은 있지만 닭과 칠면조가 가장 감수성이 높다. 질병 발생에 의한 폐사는 빠르게 나타나며, 육계에서는 4~8주령, 산란계에서는 6~20주령에 빈발하여 경제적으로 피해가 크다. 비위생적 깔짚 상태, 부적절한 음수 관리, 환기 불량에 의한 계사 내 습도의 증가와 같은 계사 내 조건에 따라 1~60%까지 광범위한 발생을 보이며, 전염성F낭병과 같은 면역억압성 질병에 걸린 닭에서 주로 발생한다. 괴저성피부염은 산발적으로 닭과 칠면조에서 발생하며 또한 전 세계적으로 발생하고 있다. 갑작스런 발생과 함께 폐사율은 1~60%를 나타낼 수 있다.

전염성F낭병이 감염되어 있는 경우에는 면역억제의 결과로 F낭의 괴사 및 위축이 관찰되기도 한다. 전염성F낭병, 닭 전염성빈혈, 세망내피증, 레오바이러스 감염증, 아데노바이러스 감염증, 봉입체성간염 등에 감염되면 그 결과로 괴저성피부염이 자주 발생한다.

잠복기

창상 또는 상처로 인한 피부로 균이 침입한 후 조직으로 침투한다. 균의 독소 및 대사산물들은 조직에서 봉와직염, 폐혈증 및 중독증을 유발하여 폐사를 일으킨다. 감염 경로에 따라서 잠복기는 다양하며, 창상감염의 경우 병원균이 혈류를 따라 순환하기 때문에 수 시간 사이에 발병한다. 괴저성피부염의 원인체를 실험적으로 근육 또는 피하에 접종하면 자연감염과 유사한 병변이 나타난다.

전파

클로스트리디아는 흙, 분변, 먼지, 깔짚, 사료 등에 존재하여 상처나 카니발리즘에 의하여 침입한다. 혈류를 따라 전신을 순환하여 패혈증, 중독증 및 폐사를 일으킨다. 아데노바이러스 감염증, 출혈성증후군, 빈혈증, 아플라톡신 중독증, 영양장애 등 각종 감염요인으로 인하여 감염되어 전파된다. 특히 전염성F낭병(infectious bursal disease) 및 닭 전염성빈혈(chicken infectious anemia)과 같은 면역억제성 질병은 이 질병 발생의 감수성을 증가시킨다.

임상증상

균들이 독소를 생산하는 능력과 매우 다양한 독소의 유전적 차이에 의하여 병원성의 정도에 상당한 차이를 보인다. 임상증상은 갑자기 발병하며 우울, 보행성 운동실조, 식욕부진, 고온 등이 나타난다. 날개, 넓적다리, 가슴, 다리 등의 부위에 붉은 빛의 종창과 괴저, 피하조직에서의 봉와직염이 관찰된다. 괴저가 생긴 피부는 털이 빠지고 삼출액을 수반하는 염증이 나타나며 클로스트리디움균이 생산한 가스로 인하여 부풀어 있다. 손가락으로 압박하면 염발음을 나타내기도 한다. 꼬리 깃털대는 혈액이 차 있으며 부드러워지거나 부러진다. 현미경하에서 피하조직 내 기종과 종창이 관찰되며, 하층의 근육은 충 · 출혈, 괴사가 나타난다. 때때로 신장, 심장, 간의 종창이 관찰되며 특히 간에서 산재성 응고성 괴사가 관찰되기도 한다.

진단

임상 및 실험실 진단

괴저성피부염은 전형적인 육안적, 조직학적 병변을 관찰하고 병원균을 분리함으로써 확진할 수 있다. 균의 분리를 위해서는 혐기성 배양검사를 실시하며 피부, 피하조직, 근육 등의 괴사부위를 도말, 염색하여 검경하면 병원체를 관찰할 수 있다.

감별진단

괴저성피부염은 대장균, 포도상구균 등에 의한 피부염, avian keratoacanthoma와 같은 편평상피세포암종, 영양결핍성피부염, candida, aspergillus 등에 의한 진균성피부염, 물리적 외상 등과의 감별진단이 필요하다.

예방 및 치료

괴저성피부염은 습한 환경에서 다발하므로 계사내의 환기와 계사바닥을 건조하게 해주며 pH를 낮게 유지하는 것이 도움이 된다. 주로 상처에 의한 감염이 많으므로 상처 입은 개체나 카니발리즘 발견 시 즉시 격리사육하고 구충을 철저히 한다. 면역억제제 사용제한은 예방에 효과적이다. 1일령 병아리에 불활화 혼합백신을 접종하면 질병 예방에 효과적이라는 보고가 있으며, chlorotetracycline, oxytetracycline, erythromycin, penicillin, copper sulfate를 음수에 첨가하거나 chlorotetracycline, furoxone을 사료에 첨가하는 항생제 요법이 효과적이다. 괴저성피부염은 합병증형태로 2차 감염이 일어나므로 한 종류의 항생제만으로는 치료가 어려우며 면역억제성 바이러스성 질병에 대한 백신접종이 권장된다.

참고문헌

Allen S. D. 1985. Clostridium. In E. H. Lennette, A. Baloes, W. J. Hausler, Jr. and H. H. Shadomy(eds). Manual of clinical microbiology, 4th ed. *American Society of Microbiologists*: Washington, DC, 434-444.

Clarke W. E. 1974. Dermatitis in broiler chickens, Pract Nutr 8:5-7.

Frazier M. N., W. J. Parizek and E. Garner. 1964. Gangrenous dermatitis of chickens. *Avian Dis* 8:269-273.

Niemann K. W. 1930. Clostridium welchii infection in the domesticated fowl. *J Am Vet Med Assoc* 77:604-606.

Opengart K. 2013. Gangrenous dermatitis. In: Swayne, D.E., Glisson, J.R., McDougald, L.R., Nolan L.K., Suarez, D.L., Nair, V. (Eds), Diseases of poultry, Wiley-Blackwell, Iowa, pp. 957-960.

Saunders J. R. and A. A. Bickford. 1965. Clostridial infections of growing chickens. *Avian Dis* 9:317-326.

22 CHAPTER 포도상구균 감염증

Staphylococcosis

충북대학교 모인필

개요

포도상구균 감염증은 황색포도상구균(*Staphylococcus aureus*)의 감염에 의하여 가금류에서 주로 나타나는 기회감염성 질병으로서 임상증상은 감염이 시작된 부위에 따라 다르게 나타날 수 있다. 이 균은 대장균과 함께 자연계에 가장 흔히 분포되어 있는 균이기 때문에 기회감염이 매우 쉽게 일어난다. 포도상구균 감염증에 의한 경제적 피해는 골수염 및 패혈증에 의한 폐사, 도축장에서의 폐기율 증가, 다리 이상에 의한 운동성 저하, 체중감소 및 산란율 감소로 인한 것이다. 일반적으로 포도상구균 감염증은 만성적이고 항생제에 내성을 가지고 있으며 면역이 잘 되지 않는 특징을 가지고 있다.

뼈, 힘줄집(건초, tendon sheath), 관절 등에 증상이 주로 나타나며, 특히 무릎관절이나 발목관절에서 관절염이나 활액막염(synovitis)의 형태로 흔히 관찰된다. 이때 염증세포의 증가로 주로 힘줄집이나 관절활막에서의 이염성 백혈구(heterophil)의 집중적인 침윤을 관찰할 수 있다. 때로 복장뼈주머니(흉골낭, sternal bursa), 난황, 심장, 척추, 눈꺼풀(안검), 고환(정소)에도 감염이 일어날 수 있으며, 간과 폐에서 육아종의 형태로 나타나기도 한다. 결과적으로 증체율 저하나 파행(lameness)으로 인한 경제적 피해를 유발할 뿐만 아니라 도축장에서 도체 폐기율을 증가시키는 원인 중의 하나가 되고 있다. 산란 중인 닭에서 나타나는 갑작스런 폐사는 주로 여름철에 발생을 하며 임상증상 등 발생 형태가 가금콜레라(fowl cholera)와 매우 유사하다.

또한, 황색포도상구균은 사람의 공중보건 측면에서 매우 중요시되고 있다. 즉, 정형, 비정형 포도상구균의 약 50%가 장독소(enterotoxin)를 분비하는데, 이 독소가 오염된 음식을 먹은 사람에게 식중독 장염을 유발한다. 생 닭고기에 대한 황색포도상구균의 오염은 닭 도축장의 도계과정에서 흔히 발생하고 있으며, 이 균은 대부분 사람으로부터 유래된 것이 많다. 이와 함께 황색포도상구균은 항생제 내성면에서 공중보건학적으로 심각한 문제를 일으키고 있다. 즉, 베타락탐계 반합성 페니실린 항생제인 메치실린에 대하여 내성을 보이는 MRSA (Methicillin Resistant *Staphylococcus aureus*)가 많이 분리되고 있고 주로 계육과 연관되어 있는 것으로 알려져 있다. 이 세균은 또한, 퀴놀론계 항생제(fluorquinolone)를 위시한 다양한 항생제에도 내성을 가지고 있는 것으로 여러 나라에서 보고된 바 있다. 실질적으로 MRSA와 관련이 있는 mec A 유전자는 사람과 동물에서 분리되는 황색포도상구균 간에 서로 전달이 가능하기 때문에 더욱 위험한 것이다. 이러한 수퍼박테리아(super bacteria)는 사람의 황색포도상구균 감염 시 유효 항생제의 선택과 치료에 있어서 매우 심각한 사태를 초래하고 있다.

역사

황색포도상구균은 자연환경에 매우 광범위하게 오염된 기회감염균으로서 100년 전부터 알려져 왔고, 그만큼 양계장에서 흔하게 다발하는 질병으로 인식되어 왔다. 과거에는 철사로 만든 병아리 사육 배터리(battery)가 조악하여 마무리가 덜 된 배터리 내의 철사에 찔린 병아리에서 흔하게 발생하였기 때문에 "빠다리병"이라고 불리기도 하였다. 그러나 현대적인 사육시설에서는 이와 같은 발생요인은 더 이상 없고, 따라서 빠다리병이란 이름은 사용되지 않는다. 국내에서는 1957년에 첫 발생기록이 있으며 전국 어디서나 발생할 수 있다.

원인체 특성

황색포도상구균은 Family *Staphylococcaceae*에 속하는 그람 양성균으로서 구형의 균체가 포도알과 같이 뭉쳐 있는 모양을 하고 있고, 호기성 및 통성혐기성 균의 특성을 나타낸다. *Staphylococcus* (*S*) 속에서는 황색포도상구균이 닭에서 질병을 일으키는 원인균으로서 가장 중요하며, 현재 45종(species)과 24아종(subspecies)이 보고되어 있다. 그러나 이 외에도 다양한 포도상구균이 닭의 병변으로부터 분리되고 있고, 피부나 비강에서 분리되는 *S. epidermidis* 등 많은 종류의 균들이 자연환경에 존재하고 있기 때문에 감별진단에 있어서 균의 정확한 동정이 필요하다.

5% 혈액한천배지에서 매우 잘 자라며, 배양 후 18~24시간 내에 황백색 또는 황색의 활면형(smooth) 집락이 확인된다. 이 집락은 원형의 β-용혈성 집락으로서 1~3 mm 크기를 보인다. 일반적으로 coagulase 및 catalase 양성이고, glucose와 mannitol, gelatinase 분해효소를 가진다. 가금에서 분리되는 포도상구균 중 *S. aureus*를 제외한 대부분의 포도상구균은 coagulase 음성균이다. *S. aureus* 중에서도 coagulase 양성균은 가금류에 병원성을 나타내고, 음성균은 병원성이 없는 것으로 알려져 있다. 황색포도상구균을 구분하기 위하여 바이오타이핑(biotyping), 파지타이핑(phagetyping) 및 다양한 유전자 기술을 이용하고 있다. 바이오타이핑은 분리된 황색포도상구균들의 원천과 분리균 간의 역학적 관련성을 설명할 수 있다. 파지타이핑은 닭에서 국가 및 지역 간의 역학적 관련성을 위하여 사용된 적이 있다. 또한, PFGE(pulsed field gel electrophoresis)와 같은 유전자 분석도 황색포도상구균 분류에 매우 중요한 기술로서 유용하게 사용되고 있다. 이 방법을 응용하면 대부분의 *S. aureus*를 분류할 수 있으며 특히 파지타이핑이 되지 않는 *S. aureus*에 대한 subtyping도 가능하다. 또한, MLST(multilocus sequence typing)에 의해서도 *S. aureus*의 유전적 분류가 가능한 것으로 알려져 있으며, MLST type ST5는 특히 가금류의 *S. aureus*와 매우 연관이 깊은 것으로 밝혀져 있다.

황색포도상구균은 외부 환경에 대한 저항성이 비교적 강할 뿐만 아니라 일부 균들은 소독제와 열에 대한 저항성도 매우 강한 것으로 보고되고 있다.

역학

자연감염 숙주 및 발생 상황

닭, 오리, 메추리, 칠면조 등 모든 조류가 포도상구균 감염증에 감수성을 가진다. *S. aureus*를 포함한 모든 포도상구균은 자연계에 광범위하게 분포하고 있고, 대다수의 균종은 피부나 점막 등에 정상세균총으로 존재하고 있지만, 이것 중 일부는 피부의 창상감염이나 점막감염 등 체내로 침투하는 감염 경로가 이루어질 경우 질병을 유발할 수 있는 잠재적 병원성을 가지고 있다. 따라서 전 세계적으로 광범위하게 발생하고 있다.

최근의 연구결과에 따르면, 육계에서 분리된 다수의 *S. aureus*의 유래는 30~60년 전의 사람의 것과 동일한 MLST(ST5) clone에서 시작되어 닭에 적응하는 과정에서 변화가 나타난 것으로 보고되고 있다.

잠복기

잠복기는 매우 짧으며, 실험적으로 정맥 내로 감염시켰을 때는 48~72시간 내에 임상증상을 나타낸다. 그러나 기관 내 감염이나 에어로졸 감염으로는 쉽게 질병이 재현되지 않는 특성을 보인다.

전파 및 매개체

감염 후의 발병과정은 완전히 밝혀져 있지 않다. 그러나 숙주의 질병 방어 체계가 무너졌을 때 황색포도상구균 감염증이 발생한다.

대부분의 경우, 피부의 창상이나 염증으로 인한 점막의 손상 등으로 인하여 자연적 방어막이 손상되었을 때 감염이 이루어진다. 골수염과 같이 감염부위로부터의 혈행성 전이에 의해서도 감염이 발생할 수 있다. 병아리 때 부리 자르기 등의 작업과 같이 인위적으로 창상을 발생시킬 수 있는 작업에 의해서 감염이 일어나기 쉽고, 갓 부화된 병아리에서 배꼽염(omphalitis)의 형태로 질병이 발생하기도 한다. 비경구적 백신접종에 의해서도 발생할 수 있다. 일반적으로 잠복기간은 짧고, 실험실적으로 접종을 하면 혈관 내로 접종 후 48~72시간 후에 임상증상의 관찰이 가능하며, 이때 임상증상과 병변의 정도는 여러 원인에 의하여 달라질 수 있다.

창상감염과는 별도로 숙주의 면역체계가 손상되기나 억제되었을 때에도 발생할 수 있다. 즉, 전염성F낭병, 닭 전염성빈혈, 마렉병 등에 감염되었을 경우, 질병에 따라서 F낭이나 흉선의 위축 등 면역체계에 다양한 손상을 일으키기 때문에 전신성 황색포도상구균 감염증이 발생할 수 있다. 어린 초생추에 전염성F낭병이 감염되어 체액성 면역체계가 파괴되었을 때에는 *S. aureus* 감염으로 인하여 괴저성피부염(gangrenous dermatitis)이 발생하기도 한다.

칠면조에서는 출혈성장염(hemorragic enteritis; HE) 바이러스에 감염 시 2주 후에 간에서 포도상구균이 많이 분리되는 것으로 보아 HE 감염이 포도상구균 감염증을 촉발하는 것으로 추정되고 있다.

임상증상 및 병변

임상증상

초기에는 다리를 절면서 깃털이 꺼칠해 보이고, 날개를 늘어뜨리고 있다. 이와 함께 열이 있고, 병변이 있는 관절의 통증 때문에 보행을 기피한다. 심해지면 심한 침울 증상을 보이다가 폐사하게 된다. 이때 주로 무릎관절이나 용골(keel bone) 부분의 활낭이 심하게 부으며, 보행은 물론 서 있기도 어렵게 된다. 따라서 엎드려 있는 경우가 많다. 최종적으로 패혈증이 나타나기도 하는데 건강한 닭에서 폐사율만 높아지는 단순한 형태를 보이기도 한다. 산란 중인 닭에서는 감염이 진행되면 패혈증으로 인하여 갑작스러운 폐사가 일어날 수도 있다. 이러한 병형은 날씨가 더운 지역에서 빈발한다. 가금류에서 일령에 따른 포도상구균의 호발 부위와 질병 발현 양상을 요약하면 표 22-1과 같다.

주로 창상감염이나 면역체계의 손상으로 감염이 성립되고, 환경으로부터 기회 감염되는 경우가 많기 때문에 다른 질병처럼 개체 간 전파나 계군 간 전파로 인하여 이환율이나 폐사율이 특정 시기에 집중적으로 높게 나타나지는 않는다.

표 22-1 가금류에서 일령에 따른 포도상구균의 질병 발현 양상

빈발 일령	발생 부위	질병 또는 병변	결과
전 일령	혈액 및 전신	전신성 괴사	균혈증에 의한 폐사
어린 병아리	난황	배꼽염	폐사
병아리	피부	괴저성피부염	
성계	다리	bumblefoot	운동 기피, 파행
주로 노계	뼈	골수염	
	관절	관절염, 관절활막염	

병변

골수염이 있는 경우에는 골수에 국소적으로 치즈양 물질 또는 골수세포 용해로 인하여 황색 병변이 나타나고 골절이 용이하게 일어난다. 이때 골절은 특히 proximal tibiotarsus과 proximal femur 부위에 잘 나타난다.

관절염, 관절주위염, 관절활막염이 가장 흔한 병변이며 감염된 부위는 부어 있으며 감염에 의한 염증성 삼출물을 쉽게 관찰할 수 있다(그림 22-1). 패혈증으로 진행되었을 때는 간, 폐, 비장, 신장 등 내부장기의 괴사, 맥관계의 충혈을 관찰할 수 있다(그림 22-2). 또한 괴저성피부염으로 나타난 경우에는 병변이 있는 피부 아래를 접촉하면 염발음을 들을 수 있으며, 닭 전염성빈혈(chicken infectious anemia)과 복합감염되었을 경우에는 특히 날개 끝에 병변이 형성되어 푸른색으로 변색되므로 blue wing disease라고 부르기도 한다. 조직학적으로 황색포도상구균에 감염이 되면 괴사병변이 있는 부위에서 그람 양성 황색포도상구균의 세균집락을 관찰할 수 있으며 주위에 이형백혈구의 침윤을 관찰할 수 있다.

병아리에서는 부화 직후 수일 내 폐사율이 급증하는 형태를 나타내기도 하는데, 이때 난황이 흑갈색 등의 비정상적인 색깔을 띠며, 난황의 종대, 난황염 및 배꼽염이 폐사의 주원인으로 작용한다. 성계에서는 때로 발바닥 감염에 의한 "bumblefoot"(그림 22-3)이 관찰되기도 한다.

그림 22-1 포도상구균 감염에 의한 무릎관절의 관절염과 종창 및 농양

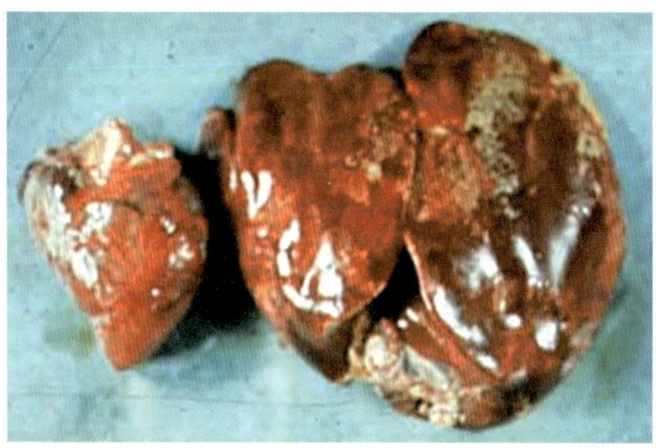

그림 22-2 포도상구균 패혈증의 전신감염에 따른 간의 괴사 병변

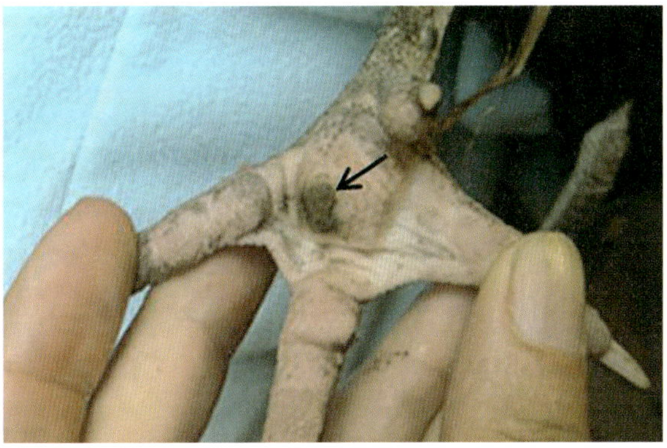

그림 22-3 포도상구균의 발바닥 감염에 의한 bumblefoot(화살표)

진단

균 분리 및 동정

관절이나 난황 등 병변이 나타난 부위에서 원인균을 분리하여 동정하는 방법이 가장 기본적인 진단법이다. 앞의 병원체 부분에서 기술한 대로 혈액한천배지에서 1차적으로 배양하여 분리하며, 피부 병변으로부터 분리할 경우에는 비병원성 *S. epidermidis*와 생화학적 성상에 의한 감별이 필요하다. *S. epidermidis*의 경우에는 혈액한천배지에서 집락의 색깔이 없고, 용혈이 일어나지 않으며, D-mannitol을 분해하지 못한다.

혈청학적 검사

혈청학적 진단은 특별한 경우가 아닌 한 의미가 별로 없으며 실제로도 사용되지 않는다.

감별진단

감별진단이 필요한 질병으로는 대장균, *Mycoplasma synoviae*(MS), *Salmonella gallinarum*, *Pasteurella multocida*, 레오바이러스 등 관절염을 일으킬 수 있는 여러 병원체의 감염을 들 수 있으며, 그 외 뼈나 관절에 영향을 미치는 다른 질병과도 감별되어야 한다. 일반적으로 세균 감염에 의한 관절염은 화농성의 짙은 농양을 보이며(그림 22-1), 바이러스성 관절염은 상대적으로 맑고 점도가 낮은 액체를 관찰할 수 있다. MS에 의한 관절염은 중간 정도의 형태를 취하지만 복합감염 등 다른 요인이 많기 때문에 반드시 균 분리 동정이 필요하다.

예방 및 치료

위생적 사양관리

날카로운 금속이나 가시, 철사 등 계사 내에서 창상을 유발할 수 있는 물체를 우선적으로 제거하여야 한다. 이와 함께 적절한 깔짚 관리와 부화기 위생관리 등 면역체계를 손상시킬 수 있는 여러 요인을 최소화하기 위한 위생적 사양관리가 필수적이다. 어린 병아리일수록 면역체계의 미발달로 인한 감염 피해가 크므로 특히 어린 병아리에서의 질병관리는 더욱 철저히 하여야 한다. 또한 닭 전염성F낭병이나 닭 전염성빈혈 등 면역억제성 질병의 감염을 예방하는 것도 이 질병의 감소에 효과적이다.

예방접종

황색포도상구균에 대한 면역은 항체역가 수준과 감염 방어 간의 상관성이 희박하기 때문에 능동 및 수동면역 모두 효과가 없는 것으로 알려져 있다. 다양한 형태의 황색포도상구균의 병원성 요인과 세포막 등의 항원이 포함된 백신이 개발되었으나 효과가 크지 않은 것으로 알려져 있다. 따라서, 일반적으로 포도상구균에 대한 불활화백신은 효과가 없고 사용되지도 않는다. 병원성이 없는 생백신이 감염 방어에 일부 효과를 발휘할 수 있다는 보고도 있으나 연구가 더 필요하며, 이 질병의 감염 특성상 매우 제한적으로 사용될 수 있으나 국내에서는 허가된 백신이 없고, 사용된 적도 없다.

치료

페니실린, 스트렙토마이신, 테트라사이클린 등 여러 항균성 약제가 효과를 발휘할 수 있으나 야외에서는 내성균 분포율이 매우 높기 때문에 반드시 항생제 감수성 검사를 실시한 후 그 결과에 따라서 치료 약제를 선택하여 사용하여야 한다. 또한 초기에 사용하면 치료효과가 좋지만 말기에는 거의 효과를 기대하기 어렵다.

참고문헌

Catherine M. Logue. 2013. Chapter 23. Other bacterial diseases. In: Diseases of Poultry, 13th edition. Wiley-Blackwell Publishing, Ames, Iowa. Pages 971-977

Daum, R.S., H. Davis, S. Shane, D. Mulvihill, R. Campeau, and B. Farris. 1990. Bacteremia and osteomyelitis in an avian model of *Staphylococcus aureus* infection. *Journal of Orthopaedic Research*. 8:804-813.

Harvey, J., J.T. Patterson, and P.A. Gibbs. 1982. Enterotoxigenicity of *Staphylococcus aureus* strains isolated from poultry: Raw poultry carcasses as a potential food-poisoning hazard. *Journal of Applied Bacteriology*. 52: 251-258.

강민수. 농업과학기술대전. 제19권 수의. 제4장 양계. 닭의 포도상구균증 예방대책. 2002. 농촌진흥청 발행. 384-387쪽.

김재홍. 농업과학기술발달사(중). 한국농업 근현대사 제7권. 제16장 가축질병 연구개발. 2008. 농촌진흥청 발행. 580쪽.

23 CHAPTER 조류결핵

Avian Tuberculosis

전남대학교 조경오

개요

조류결핵(avian tuberculosis 또는 avian mycobacteriosis)은 *Mycobacterium avium*(*M. avium*)에 의해 발생하는 만성 소모성 세균성 질병이다. 조류결핵은 축산 선진국에서는 거의 발생하지 않고, 단지 개인들이 소수로 장기 사육하는 닭에서 산발적으로 발생한다. 조류결핵은 인수공통전염병이지만, 건강한 인간에게는 거의 발생하지 않는다. 실제 조류결핵 인산 감염증례는 주로 후천성면역결핍증(acquired immune deficiency syndrome; AIDS)에 걸린 환자가 다수이며, 이 경우에도 조류에서 사람으로 전파보다는 인간에서 인간으로 전파된 경우가 많다. 우리나라에서는 제2종 법정가축전염병으로 관리되고 있다.

역사

닭에서 조류결핵이 1884년에 처음으로 보고된 후 다수의 연구를 통해 닭 결핵은 인간(*M. tuberculosis*) 및 소의 결핵(*M. bovis*)과 다른 병원체에 의해서 발생하는 것으로 밝혀졌다. 우리나라에서는 1961년 이후 발생 보고가 없다가, 지난 2011년 강원도 지역에서 발생한 적이 있다.

원인체 특성

조류결핵의 병원체는 *M. avium*이며 항산성(acid-fast), 항알코올성(alcohol-fat)의 그람 양성 간균이다. *M. avium*은 다시 *M. avium* subspecies(sbsps) *avium*, *M. avium* sbsps *paratuberculosis*, *M. avium* sbsps *silvaticum*이라는 세 가지 아종으로 나누며 이 중 가금류에서 주로 발생하는 아종은 *M. avium* sbsps *avium*이다. *M. avium* sbsps *avium*의 혈청형은 이 세균의 표면에 있는 극성의 glycopeptidolipids의 항원성에 따라 혈청형 1~3형이 있다. PCR 기법을 근간으로 하는 분자생물학적 방법이 혈청학적인 방법과 같은 고전적인 방법에 비해 더 정확히 조류결핵균을 분류 및 진단할 수 있다. 특히 모든 *M. avium* sbsps *avium* 아종은 IS1245와 IS901 유전자형 양성, IS1245 RFLP 조류 유전자형 양성, 혹은 이들이 혼합된 양상을 보인다. *M. avium* sbsps *avium*은 분리주의 97.8%가 IS901 유전자형 양성을 보이며, 이 유전자형은 기병론(pathogenicity)과 관련이 있다.

*M. avium*은 체외에서도 오랜 기간 생존할 수 있으며, 다른 mycobacteria에 비해 항생제 및 다양한 소독제에 내성을 갖지만, 이온계 계면활성제에 대해 감수성이 있다. *M. avium*은 24~45℃에

서 성장 가능하고, 39~45℃에서 가장 잘 자란다. 해당 균을 배양하기 위해 고안된 고체배지에서 배양이 가능하지만 증식속도가 매우 느려서 3~4주 정도 배양해야 최고 농도를 얻을 수 있다.

역학

발병현황 및 전파

조류결핵은 국내뿐만 아니라 전 세계적으로 발병하고 있지만, 주로 북반구 지역에서 보고가 많다. 그러나 최근 30년간 축산업의 발전으로 조류결핵의 발생빈도는 현저하게 줄었다. 계군에서 질병의 발병원인에 대해서는 자세히 알려져 있지 않지만, 주로 관리가 잘 되지 않은 나이 든 계군에서 발생보고가 많다. 따라서 질병을 예방하기 위해서는 위생적인 계군관리 등이 필요하다.

숙주

모든 종류의 조류는 *M. avium*에 감염이 가능한 것으로 추정되며, 가금류 중에서는 닭, 오리, 거위에 감수성이 있고 칠면조는 상대적으로 감수성이 낮은 것으로 알려져 있다. 주로 나이 든 개체에서 발생보고가 많은 것은 나이에 따른 감염 기회 증가와 *M. avium*의 긴 잠복기 때문으로 추정된다. 조류결핵은 기러기, 백조, 공작, 꿩, 메추리, 자고새, 비둘기 등의 조류에서도 감염보고가 있으며, *M. avium*에 감염된 야생조류와 사육 중인 가금류와의 접촉에 의한 발생도 보고되었다. 이 외에도 다양한 종류의 조류를 같이 사육하는 동물원에서의 발생보고도 있다. *M. avium*은 토끼, 돼지, 밍크 등과 같은 포유류에서 발생하지만, 전신적인 감염증보다는 국소적인 병변을 주로 일으킨다.

전파

조류결핵에 감염될 경우 감염 경로에 관계없이 주로 분변을 통해 *M. avium*균이 배출되는 것으로 알려져 있다. *M. avium*은 토양에서 4년 이상, 폐사체에서는 27개월 정도 생존할 수 있다. 이로 인해 분변에 오염된 환경, 특히 토양과 오물이 다른 동물들로 전파시키는 주요 원인으로 알려져 있다. 감염된 산란계에서 나온 달걀에도 *M. avium*이 존재하지만, 부화한 병아리에서는 조류결핵이 발생하지 않아서 난계대 감염의 가능성은 낮은 것으로 여겨진다.

임상증상

조류결핵에 감염된 닭의 식욕은 대체적으로 정상이나 체중의 점진적인 손실로 가슴근육이 심하게 위축되어 용골(keel)이 매우 부각된다. 정상개체에 비해 깃털은 거칠어져 있으며, 볏, 육수, 귓불은 종종 창백하고 얇고 건조해진다. 가끔 볏과 육수가 푸른빛의 색을 띠는데, 간의 손상에 따른 황달의 지표이다.

질병이 악화되더라도 체온은 정상범위에 있다. 많은 경우에서 뼈와 관절에 발생한 결핵병변으로 편측성 파행(lameness)과 마비가 보이기도 한다. 일부 건강하게 보이는 개체들이 간 또는 비장의 결핵결절과 이로 인한 종대에 의해 이들 장기가 파열되면 내부출혈로 급사하는 경우도 있다.

병변

조류결핵의 특징적인 병변은 수 센티미터의 회색빛 육아종성 결절이며, 이러한 결절성 병변은 간, 비장, 장, 골수에서 주로 관찰된다. 이 외에 심장, 난소, 정소, 피부 등 장기에서도 드물게 관찰된다. 칠면조, 오리, 비둘기에서는 간과 비장의 병변이 두드러지며, 다른 장기에서도 관찰된다. 간과 비장은 종대되어, 치명적인 출혈과 파열이 발생할 수 있다.

결절을 절단해 보면 섬유막으로 둘러싸인 수많은 노란색의 치즈양의 건락괴사 병소가 보인다. 이 섬유막은 작은 병변부에서는 거의 관찰되지 않으며 큰 결절에서는 1~2 mm 두께에 이른다. 야생조류의 경우 폐에서도 조류결핵에 의한 육아종성 결절이 나타나는 경우가 있다.

진단

병원체의 분리와 동정

가금에서 조류결핵은 부검을 통해 결절성 육아종성 병변을 확인한 후 병변 내 세균을 도말하여 항산성 및 항알코올성 염색을 통해 진단할 수 있다. 신생병변이나 골수 내의 병변에서는 매우 많은 결핵균이 존재하여 진단이 용이하며, 이러한 결절성 육아종성 병변의 조직검사 또한 진단에 도움이 될 수 있다. 결핵균이 많지 않을 경우 병아리에 원인균을 접종함으로써 진단할 수 있다. 또한 PCR 등의 분자생물학적 방법을 이용하여 병원체를 쉽게 진단할 수도 있다.

튜버쿨린검사

튜버쿨린검사는 *M. avium*으로부터 정제 분리한 튜버쿨린을 검사할 조류의 한쪽 육수에 0.05~0.1 mL 접종한 후 접종 부위의 반대편 육수와 비교 관찰하는 방법이다. 즉, 접종 48시간 후 양쪽 육수를 손으로 촉진하여, 접종 부위에서 열감, 부종 등이 나타나고 접종하지 않은 부위에 비해 2배 이상 커졌을 경우 양성으로 판정한다. 감염 개체가 지나치게 감염 초기이거나 감염 후기인 경우와 면역력이 소실된 경우에서는 양성반응이 관찰되지 않아 약 80% 정도의 정확성을 나타낸다.

혈청검사

*M. avium*에 대한 혈청검사로 ELISA를 이용할 수 있지만 위양성이 나오는 경우가 많고 튜버쿨린검사에 비해 민감도도 떨어진다. 가금에서는 혈구응집반응을 이용한 검사가 더욱 효과적이고 유용하다.

감별진단

추백리, 가금티푸스와 같은 다양한 살모넬라증, 아스퍼질러스증 등의 곰팡이 감염증 때 나타나는 육아종성 병변 및 마렉병과 백혈병에서 나타나는 종양성 질병과의 감별진단이 필요하다. 그러나 조류결핵의 육아종성 결절 부위를 도말하여 항산성 염색을 하면 조류결핵을 쉽게 확진할 수 있다.

예방 및 치료

예방을 위해서는 나이 든 가금류에 대한 관리와 야생조류와의 접촉을 차단하는 것이 필요하다. 실험적으로 개발된 백신은 있으나 현재 가금에서 사용되고 있지 않다. 이는 백신 및 치료제의 사용이 차단방역에 비해 경제적이지 않기 때문이다. *M. avium*이 상재화된 농장에서는 이온성 계면활성제로 농가 소독을 철저히 한 후 동시입식-동시출하(all-in all-out)를 통해 질병의 피해를 줄여야 한다.

참고문헌

Crawford JP. 1994. Development of rapid techniques for identification of *M. avium* infections. Res. Microbiol. 145:177-180.

Dhama K, Mahendran M, Tiwari R, Singh SD, Kumar D, Singh S, Sawani PM. 2011. Tuberculosis in birds: insights into the *Mycobacterium avium* infections. Vet. Med. Int. 2011:712369.

Dvorska L, Bull TJ, Bartos M, Maltova L, Svastova P, Weston RT, Kintr J, Parmova I, Soolingen DV, Pavlik I. 2003. A standardized restriction fragment length polymorphism(RFLP) method for typing *Mycobacterium avium* isolates links IS901 with virulence for birds. *J. Microbiol. Methods* 55, 11-27.

Fulton R.M., and Sanchez S. Tuberculosis. In: Diseases of Poultry, pp 1008-1017. 13th Ed. WILEY-BLACKWELL, 2013.

Hoop RK, Böttger EC, Phyffer GE. 1996. Etiological agents of mycobacteroses in pet birds between 1986 and 1995. *J. Clin. Microbiol.* 34:991-992.

Lambert PA. 2002. Cellular impermeability and uptake of biocides and antibiotics in Gram-positive bacteria and mycobacteria. *J. Appl. Microbiol.* Symp Sppl 92:46S-54S.

Radomski N, thibault VC, Karoui C, deCruz K, Chochard T, Gutierrez C, Supply P, Biet F, Boschiroli ML. 2010. Determination of genotpic diversity of *Mycobacterium avium* subspecies from human and animal origins by mycobacterial interspersed repetitive-unit-variable-number tandem-repeat and IS1311 restriction fragment length polymorphism typing methods. *J. Clin. Microbio.* 48:1026-1034.

Rozanska M. 1965. Preparation of antigen for whole blood rapid agglutination test and its specificity for diagnosis of avian tuberculosis. Bull. Vet. Inst. Pulaway 9:20-25.

Tell LA, Woods L, Cromie RL. 2001. Mycobacteriosis in birds. Rev. Sci. Tech. Off. Int. Epiz. 20:180-203.

Wayne LG, Good RC, Tsang A, Bulter R, Dawson D, Schröder KH, Silcox VA, Smith C, Thorel MF, Woodley C, Yarkus MA. 1993. Serovar determination and molecular taxonomic correlation in *Mycobacterium avium*, Mycobacterium intracellulare, and Mycobacterium scrofulaceum: A cooperative study of the international working group on mycobacterial taxonomy. Int. *J. Syst. Bacteriol.* 43:482-489.

24 CHAPTER

ORT 감염증

Ornithobacterium Rhinotracheale Infection

전남대학교 조경오

개요

Ornithobacterium rhinotracheale(ORT) 감염증은 닭과 칠면조에 흔한 전염병으로서 폐렴, 흉막염, 기낭염과 같은 호흡기 병변을 일으켜 발육부진, 산란 저하, 증체량 저하, 폐사는 물론 도축장에서 폐기율을 증가시킨다. 하지만 임상증상의 발현 정도, 질병 경과 및 폐사율은 균주의 병원성뿐만 아니라 환경 요인이나 사양관리 등에 의해 다양하다. 이에 실제 농상에서는 무증상에서 폐사까지 매우 심한 차이를 나타내며, 이로 인한 경제적 피해도 임상증상의 발현 정도에 따라 다양하다. ORT는 공중보건학적으로 아직까지 문제가 되지 않는 것으로 알려져 있다.

역사

과거 ORT 감염증은 *Pasteurella* 또는 *Kingella* 감염증의 일종으로 알려졌으나, 1981년에 독일에서 콧물(nasal discharge)과 안면부종, 기낭염 등을 나타내는 5주령 칠면조로부터 ORT 균이 분리되었다. 이후, 1993년에야 비로소 ORT 균의 특성이 처음으로 밝혀졌으며, 이후 많은 나라에서 ORT 균이 분리, 보고되었다. 인체에 대한 영향은 아직 보고된 것이 없다.

원인체 특성

원인체

ORT 균은 *Cythophaga-Flavobacerium-Bacteriides* 문 내의 rRNA superfamily V에 속하며, 다형태성이지만 기본적으로 간균 형태의 운동성이 없고 포자를 형성하지 않는다. ORT 균은 오리의 *Riemerella anatipestifer* 균과 오리와 거위의 *Coenonia anatina* 균과 항원적으로 연관성이 매우 높은 것으로 알려져 있다.

배양조건 및 형태

ORT균은 호기성과 혐기성 상태에서 모두 잘 자라며, 5~10%의 면양 적혈구 배지(sheep blood agar)에서 증식이 특히 잘 된다. ORT 균은 트립토스 소이 배지(trypose soy agar) 및 초콜릿 배지에서도 자라지만, 맥콩키 배지(MacCongkey agar), 엔도 배지(Endo agar), 가스너 배지(Gassner agar) 등에서는 전혀 자라지 않는다. 이 균의 최적 배양 온도는 37℃이며, 30~42℃의 온도에서도 자란다. 균주의 종류에 따라 Pasteurella broth 혹은 Todd Hewitt broth와 같은 액체 배지를 선택적으로 사용하여야 한다.

한천 배지에서 ORT균을 48시간 동안 최초 배양 시 1~3 mm의 다양한 집락이 관찰되지만, 2차

배양 때부터는 집락은 균일하게 바뀐다. 일반적으로 집락은 원형의 회색 내지 회백색을 띠며 비용혈성이지만, 면양 혈액 배지에서 오랫동안 배양 시 용혈성을 보이기도 한다. 한천 배지에서 배양한 ORT 균은 폭 0.2~0.9 μm에 길이는 0.6~5 μm 정도의 크기를 보이며, 액체 배지에서 배양한 균은 15 μm 길이로 자랄 수 있다.

화학적, 물리적 요인에 대한 저항성

ORT균은 포름알데하이드, 글루탈알데하이드(glutaraldehyde)와 같은 0.5% 알데히드계 화학물질이 들어 있는 용액과 포름산과 글리옥실산이 0.5% 들어 있는 용액에 의해 15분 이내에 사멸할 정도로 소독제에 대한 저항성이 낮은 편이다. 온도 저항성은 37℃에서는 1일, 22℃에서는 6일, 4℃에서는 40일, −12℃에서는 150일간이나 생존하는 반면 42℃에서는 1일 이내에 사멸된다. 이러한 특성은 추운 지역일수록 ORT 감염증이 많이 발생하는 것과 연관성이 있다.

분류

ORT 균의 혈청형(serotype)은 현재까지 18종(A~R)이 알려져 있을 정도로 매우 다양하지만, 이 중 A형이 닭에서는 97%, 칠면조에서는 61%를 차지할 정도로 높은 빈도로 분리되고 있다. 하지만 국가별로 상이한 혈청형이 발생하는 경향이 있으며, 혈청형에 따른 숙주 특이성은 없는 것으로 알려져 있다. 면역학적 특성으로는 항체가 관여하는 체액성 면역이 ORT감염증의 방어에 결정적 역할을 하는 것으로 밝혀져 있다.

ORT 균은 다양한 혈청형을 보이고 있지만 닭에서 분리한 다양한 균체를 다좌위 효소 전기영동(multilocus enzyme electrophoresis), 16S rRNA 유전자 염기서열 분석과 같은 분자생물학적 방법으로 분석한 결과 유전학적 다양성은 관찰되지 않았기 때문에 ORT 균은 야생조류에서 가금으로의 전파가 최근에 이루어졌을 것으로 추정되고 있다.

ORT 균의 병원성은 혈청형보다는 분리주의 종류 및 지역별 분리주에 따라 많은 차이를 보인다. 각기 다른 연구 보고에 의하면, 11일령의 부화란에 500 *cfu*의 분리주를 요막강 내로 접종한 후 계태아 폐사율에 따라 ORT 균의 병원성을 분류하였던 결과, 10~20%는 비병원성, 21~60%는 중등도 병원성, 60% 이상은 병원성이 높은 균으로 분류되었다. 남아프리카공화국에서 분리한 각기 다른 ORT 균을 육용계에 접종한 결과 기낭염 및 관절염의 발생빈도가 각기 다르게 나왔다. 또한 네덜란드와 남아프리카공화국의 ORT 균이 미국의 ORT 균에 비해 병원성이 높다고 보고되었다.

역학

숙주 및 분포

ORT 균은 국내는 물론 전 세계적으로 닭, 오리, 메추리, 거위, 칠면조, 타조, 갈매기, 꿩, 비둘기 등 다양한 종류의 조류에서 분리되었다. 닭의 모든 일령이 ORT 균에 감수성을 보이지만, 특히 일령이 높은 닭에서 병원성이 더 높게 나타난다.

잠복기

실험적으로 5주령 닭에 ORT 균을 접종한 결과 감염 2일 후에 호흡기에 감염되어 감염 4일 후에는 뚜렷한 임상증상을 보였다. 또한 22주령 칠면조에 ORT 균을 인공접종한 결과 감염 24시간 후부터 침울, 기침, 사료섭취 감소와 같은 임상증상을 나타내었다. 즉 ORT 균의 잠복기는 다른 세균에 비해 상대적으로 짧다.

전파

ORT는 감염된 조류의 호흡기에서 배출된 에어

로졸(aerosol)이나 오염된 물을 통하여 직접 혹은 간접 방법을 통해 전파된다. 저온일수록 장기간 생존하는 균의 특성에 따라 겨울철일수록 발생이 많다. 또한 감염된 닭이나 칠면조의 난소, 수란관, 부화란, 부화 중 폐사된 계태아 등으로부터 ORT 균이 분리되어 수직감염 가능성이 추정된다. 하지만 실험적으로 부화란에 ORT 균을 감염시켰을 경우에는 부화 중에 감염란이 모두 폐사되지만, 실제로 ORT 균이 감염된 실험계에서 생산한 계란에서는 ORT 균이 분리되지 않아 부화 중에 계란을 통한 수직감염은 일어나지 않는 것으로 추정되고 있다.

임상증상

ORT 균의 병원성은 분리주와 지역에 따라 달라서 임상증상의 강도, 질병의 지속 기간 및 폐사는 다양하다. 또한 ORT 감염증의 피해 정도는 비위생적이거나 잘못된 사양관리, 환기 불량, 밀집 사육, 깔짚 상태 불량, 계사 내 암모니아 가스 농도, 바이러스 및 세균의 복합감염 등 환경적 요인에 따라 무증상 감염에서 폐사까지 다양하게 나타난다. 특히, 뉴캣슬병 바이러스, 닭 전염성기관지염 바이러스, 메타뉴모바이러스 및 대상균, 마이코플라즈마 등 호흡기에 감염을 일으키는 병원체와 혼합감염 시 임상증상 및 폐사율이 훨씬 더 높게 나타난다.

육계에 나타나는 임상증상으로는 침울, 사료섭취량 감소, 증체량 감소, 콧물 및 재채기가 있으며, 3~6주령의 병아리에서는 안면부종이 나타나기도 한다. 이런 경우 폐사율은 2~10%에 이른다. 뇌 내 감염이 일어났을 때는 폐사가 급격하게 일어나며, 20%의 폐사율을 보이기도 한다. 육용종계에서는 주로 산란피크 또는 산란기에 증상이 나타나는데, 폐사체가 약간 늘어나면서 사료섭취량 감소와 함께 가벼운 호흡기 증상, 산란 저하와 난각질의 저하, 계란 크기 감소가 나타날 수 있다. 수정률과 부화율에는 큰 변화가 나타나지 않는다. 산란계에서는 산란 저하 및 기형란의 증가와 함께 폐사율이 약간 높아지기도 한다. 노계나 늙은 칠면조에서는 신경증상이 나타날 수 있다.

병변

육계에서는 육안적으로 폐렴, 늑막염, 기낭염이 관찰된다(그림 24-1). 사후 부검 시 기낭, 특히 복부기낭(abdominal air sac)에서 거품 섞인(foamy) 흰색의 요구르트와 같은 삼출물이 관찰되기도 하며(그림 24-2), 이로 인하여 도축장 검사 때 폐기율

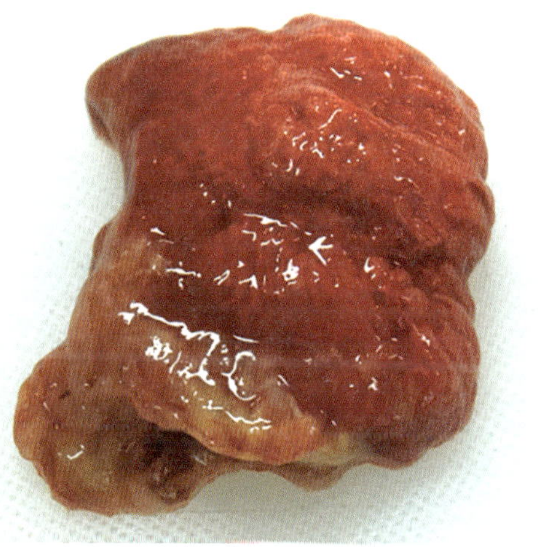

그림 24-1 육계에서 ORT 균에 감염된 기관지폐렴의 육안적 소견
사진: 충북대 모인필 교수

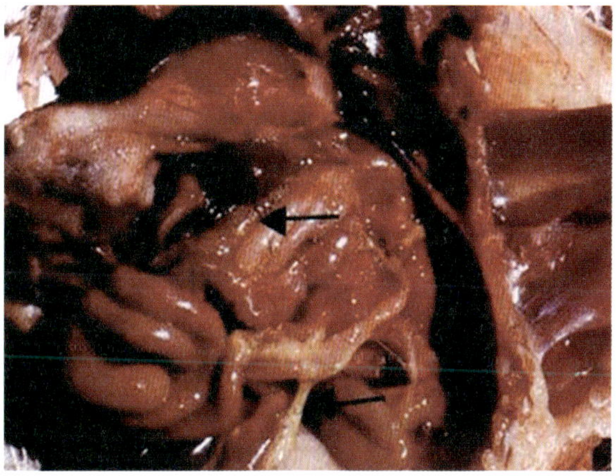

그림 24-2 30일령 육계의 복부기낭(abdominal air sac)에서 관찰되는 거품 섞인(foamy) 황색의 요구르트와 같은 삼출물
권용국 등, 대한수의학회지, 2003

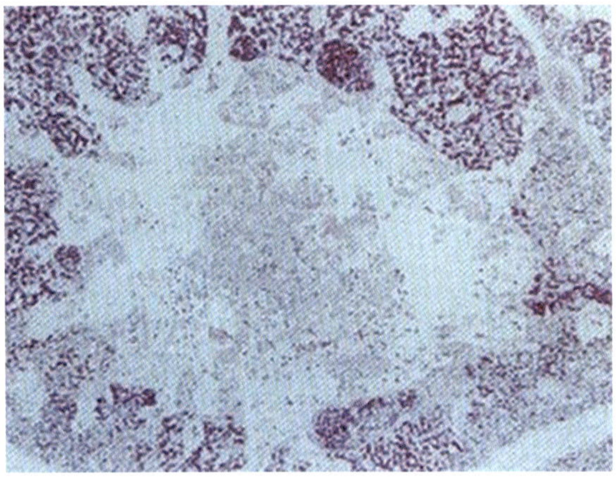

그림 24-3 육계에서 ORT 균에 감염된 폐의 조직학적 소견: 방기관지(parabronchus) 내에 장액성 삼출물과 염증성 세포 침윤에 의한 특징적 폐렴소견
권용국 등, 대한수의학회지, 2003

이 증가된다. 또한 두개골에서는 골염(osteitis), 골수염(osteomyelitis), 뇌염이 동반되는 피하부종이 발생할 수 있다. 칠면조에서는 부종과 폐의 경화(consolidation), 섬유화농성기낭염, 심낭염, 복막염 등이 나타나기도 한다.

ORT 감염증에 의한 병리조직학적인 소견도 주로 폐, 흉막 및 기낭에서 관찰된다. 감염된 폐는 울혈되어 있으며, 방기관지(parabronchus)는 장액성 삼출물과 대식세포, 위호중구, 섬유소가 섞여 있다(**그림 24-3**). 방기관지 및 폐포는 일부 괴사될 수 있으며, 여기에 ORT 균의 집락이 형성되어 있고, 대식세포와 약간의 위호산구가 침윤되어 있다. 폐모세혈관은 혈전자에 의해 확장되어 있을 수 있다. 기낭 및 흉막은 섬유소 침착, 위호산구 침윤, 섬유화 등에 의해 두꺼워져 있다.

진단

ORT 감염증은 다른 호흡기 질병과의 감별이 어려워서 임상증상이나 육안적 병변에 의한 임상진단은 쉽지 않다. 따라서 ORT 진단은 균 분리 및 동정과 항체 검출이 가장 확실한 방법이다. 이때 항체 검출만으로 진단할 때는 반드시 임상증상이 나타나기 전후의 항체 역가(paired serum sampling)를 비교 검사하여 항체역가의 유의적 증가가 확인될 때 확진이 가능하다.

원인병원체의 분리와 동정

ORT 균은 감염된 닭의 기관, 폐, 기낭, 안와하동(infraorbital sinus), 비강, 난소, 수란관 등으로부터 쉽게 분리되어 동정할 수 있다. 하지만 다른 균과 혼합감염 시 이들이 먼저 증식하여 ORT 균의 확인에 실패할 가능성도 있다. 증상이 심한 육계에서 채취한 검체를 ORT 균에 특이적인 프라이머를 이용한 PCR 법으로 유전자를 증폭하여 진단할 수 있으며, 면역형광항체법, 면역조직화학염색법(immunohistochemical staining) 등의 방법으로 감염된 조직에서 ORT 균체를 확인할 수 있다.

혈청학적 검사

혈청검사는 계군의 감염 상태의 모니터링과 감염 확인을 위한 보조적 진단 수단으로 이용되고 있다. 혈청평판응집반응(serum plate agglutination test)이 감수성과 특이성 면에서 가장 효과적인 혈청검사 방법으로 알려져 있지만, IgM 항체를 검출하기 때문에 감염 후 2주 이내에 검사를 해야만 정확도를 높일 수 있다. 또한 이 방법은 교차반응이 어느 정도 있지만 근본적으로 혈청형 특이적(serotype-specific) 반응에 의존하므로 동종의 항원에 반응하는 항체만 검출한다는 한계가 있다.

ELISA 검사법으로는 boiled extract antigen을 이용하여 혈청형 특이 항체를 검출하는 방법과 SDS로 추출한 균체 외부막 단백질(OMP) 항원을 이용한 교차반응으로써 혈청형에 상관없이 대부분의 ORT 균에 대한 항체를 검출하는 방법이 있다.

시중에 판매되는 일반적인 ELISA 검사 키트는 후자를 이용하기 때문에 계군의 ORT 균에 대한 면역상태를 모니터링하거나 혈청학적 진단에 있어 보조적 수단으로서 효과적으로 사용되고 있다.

감별진단

ORT 감염증은 호흡기 증상을 일으킬 수 있는 대장균증이나 가금콜레라 감염증, 전염성코라이자 등과 감별해야 한다. 대장균증은 호흡기와 산란장기 감염 외에 섬유소성간포막염, 심낭염, 기낭염 등이 매우 심하게 나타나고 대장균패혈증까지 진행되므로 증상이나 병변 면에서 감염 시기에 따라서는 감별이 비교적 용이하다. 가금콜레라는 급성형에서 전신 장기의 충출혈, 괴사가 특징이어서 ORT 감염과 감별할 수 있으며, 만성형에서는 황색의 치즈양 화농성 염증이 상부호흡기, 관절 등 다양한 장기 및 조직에서 관찰되어 이 또한 ORT와 감별할 수 있게 한다. 또한 국내에서 가금콜레라는 발생이 극히 드물기 때문에 특별한 상황이 없는 한 배제할 수 있다. 전염성코라이사는 ORT 감염증과 달리 폐렴과 기낭염을 드물게 일으키지만, 상부 호흡기에서는 여러 면에서 임상증상이 유사하고, 야외에서는 복합감염된 경우가 많기 때문에 임상증상이나 육안적 병변만으로는 감별이 어렵다.

예방 및 치료

ORT 균은 전염력이 높기 때문에 원인균이 농장 내로 유입되지 않도록 철저한 차단방역이 필요하지만, 일단 농장 내로 유입되었을 경우에는 철저한 소독과 동시입식-동시출하(all-in all out) 방법을 적용하지 않으면 농장 내에서 쉽게 상재화된다.

백신접종

백신접종에 의한 방어력은 주로 항체와 연관된 체액성 면역에 의하여 나타난다. 따라서 실험적으로는 종계에 대하여 불활화백신을 접종하면 모체이행항체에 의하여 3~4주령까지 병아리를 야외감염으로부터 방어해 줄 수 있다. 그러나 불활화백신은 혈청형 특이 면역을 유발하므로 혈청형이 다를 경우 효력을 발휘할 수 없는 단점이 있다. 육계에 대한 생백신접종방법은 교차면역을 유발하는 것으로 보고되고 있다. 국내에는 허가된 백신은 현재 없으며, 심한 임상증상이나 폐사에 의한 피해보다는 생산성 저하와 같은 경제적 손실을 유발하는 질병이므로 실제 야외농가에서는 백신을 사용하고 있지 않다.

치료

균주에 따라서 다양한 항생제 감수성을 나타내므로 항생제를 이용한 치료는 매우 어렵다. 앰피실린, 테트라사이클린, 엔로프록사신, 겐타마이신 등 다양한 항균성 약제가 사용되기도 하지만 지역 또는 농장별로 사용한 항생제 종류와 기간에 따라서 특정한 항균약제에 저항성을 가진 균들이 많기 때문이다. 따라서 항생제 감수성 검사를 실시하여 유효한 항균약제를 선택하여 치료를 하는 것이 바람직하다.

참고문헌

Cauwerts, K., P. De Herdz, F. Haesebrouck, J., Vervloesem, and R. Ducatelle. 2002. The effect of *Ornithobacterium rhinotracheale* vaccination of broiler breeder chickens on the performance of their progeny. *Avian Pathology*. 31:619-624.

Richard P. Chin, Paul C.M. van Empel, and Hafez M Hafez. 2013. *Ornithobacterium rhinotracheale* Infection. In: Diseases of Poultry, 13th edition, Wiley-Blackwell Publishing, Ames, Iowa. Pages 828-834 .

Vandamme, P., P. Segers, M. Vancanneyt, K. van Hove, R. Mutters, J. Hommez, F. Dewhirst, B. Paster, K. Kersters, E. Falsen, L.A. Devriese, M. Bisgaard, K.H. Hinz, and W. Mannheim. 1994. *Ornithobacterium rhinotracheale* gen. nov., sp. nov., isolated from the avian respiratory tract. Int. *J. System Bacteriology*. 44:24-37.

van Empel, P., H. van den Bosch, P. Loeffen, and P. Storm. 1997. Identification and serotyping of *Ornithobacterium rhinotracheale*. *Journal of Clinical Microbiology*. 35:418-421.

권용국, 전우진, 김재홍. 닭에서 *Ornithobacterium rhinotracheale* 감염증에 관한 연구. 대한수의학회지(2003) 43(1), 121-127.

III

SECTION

곰팡이성 질병

25 CHAPTER

아스퍼질러스증

Aspergillosis

충북대학교 모인필

개요

일반적으로 가금류에서 관찰되는 곰팡이병은 aspergillosis, candidiasis, zygomycosis, histoplasmosis 및 cryptococcosis가 있으며, 이 중에서 aspergillosis는 닭과 오리의 가금류에서 발생되는 곰팡이에 의한 질병 중 가장 대표적인 질병이다.

aspergillosis는 약 600종 이상으로 구성된 *Aspergillus spp.*의 감염에 의하여 발생되는 전염성 질병이며 일반적으로 국소 감염 혹은 전신 감염으로 구별할 수 있다. 조류에 있어서는 주로 기낭과 폐에서 노란색 결절을 형성하지만 드문 경우 눈, 귀, 피부, 관절 및 내부 장기에서도 확인할 수 있다. aspergillosis는 어린 일령, 특히 부화 직후에 발생되는 경우에는 부화기 폐렴(brooder pneumonia)이라고 부르지만 곰팡이성 폐렴(mycotic pneumonia), 폐진균증(pneumomycosis) 및 기관지진균증(bronchomycosis)이라는 다른 이름으로 불리기도 한다.

Aspergillosis는 닭, 칠면조와 같은 가금류를 위시하여 야생조류 및 애완조류 등과 같이 내부분의 조류종에서 발생할 수 있으나 가장 경제적으로 피해가 큰 조류종은 칠면조 및 닭과 같은 가금류이다. 가금류 중에서는 닭보다는 칠면조에서 경제적 피해가 더 크며 그 이유는 육용 칠면조에서 출하 막바지에 주로 발생하기 때문이다. 칠면조를 대량으로 사육하는 미국의 경우를 예로 들면, 아이오와주에서는 1985년부터 10년 동안 매년 13~18주령의 칠면조에서 평균 8.3%가 보고되었으며, 평균 폐사율은 4.5%에 이를 정도였다. 국내의 경우 칠면조의 사육이 없기 때문에 주로 닭에서 보고가 있었으며, 특히 어린 병아리에서의 발생이 많았다. 그 이유는 닭 부화장의 시설이 매우 열악하였기 때문에 부화장에서 자체감염 후 농장에 배부된 1주령 이내에서 임상증상이 발현되는 경우가 많았다. 그러나 최근에는 과거에 비하여 닭 부화장의 위생이 매우 개선되었기 때문에 부화장에서의 감염에 의한 어린 병아리에서의 발생은 상당히 줄어든 상태이다.

aspergillosis는 인수공통전염병은 아니지만 사람에게는 알레르기성 폐렴(allergic pneumonia)을 유발시킬 수 있다. *Aspergillus spp.*나 기타 알레르기(allergy) 유발성 물질이 많은 건초, 퇴비 또는 농장의 부패된 물질에 자주 접촉을 하는 농장 종사자는 항상 주의를 하여야 한다. 특히, 면역억제 상태에 있는 사람에 있어서 *Aspergillus spp.* 감염은 치명적일 수 있다.

역사

Aspergillus 종에 속한 곰팡이는 1800년대 초 오리, 어치(참새목으로 주변에 흔히 발견됨), 백조와 같은 야생조류에서 처음 발생된 것으로 보고되었다. 하지만 실질적으로 aspergillus의 최초 발생시점은 조류의 일종인 멋쟁이새(bullfinch)의 기낭에서 *Aspergillus candidus*를 분리한 시점으로 하는 것이 맞을 것으로 판단된다. 조류의 aspergillosis에서 가장 많이 관찰되는 *Aspergillus fumigatus*(*A. fumigatus*)는 1863년 조류의 일종인 능에(Siberian bustad)에서 처음 분리되었으며, 이때부터 폐에 육아종성병변이 관찰되는 질병에 대하여 aspergillosis라는 명칭을 부여하게 되었다. 초기의 연구자들은 *Aspergillus spp.*는 외부에서의 감염보다 병적인 상태의 몸 안의 여러 물질에 의하여 발생되는 것으로 생각하였다.

국내의 경우, 앞에서도 언급되었듯이 주로 부화장의 오염상태와 관련되어 어린 병아리에서 발생을 하였다. 2000년대 이전에는 종종 부화장의 위생상태가 좋지 않을 때 발생보고가 있었으나 최근에는 급격히 줄어든 상태이다. 하지만 최근에도 농장의 깔짚으로 사용하는 목재 부스러기를 소독을 하지 않았거나 부적절한 소독을 하였을 때 가끔 발생보고가 되고 있다. 특히, 버섯 등을 재배한 목재를 농장의 깔짚으로 사용할 때는 소독을 매우 철저히 하여야 한다.

원인체 특성

조류에서 aspergillosis를 유발하는 병원체는 매우 다양하지만 양계산업에 있어서는 주로 *Aspergillus fumigatus*가 분리된다. *A. terreus*, *A. glaucus*, *A.nidulans*, *A.niger*, *A. amstelodami*, *A. nigrescens* 및 *A. flavus*는 닭에서는 매우 드물게 분리된다.

*Aspergillus fumigatus*의 적합 온도는 25~37℃이며 사브로드 아가(Sabouraud dextrose agar; SDA)에 쉽게 배양된다. 세균보다 낮은 온도에서도 잘 자라 실온에서 키우기도 하지만 실험실에서는 곰팡이 특화 배지를 사용한다. 곰팡이균 집락(colony)은 7일 이내에 3~4cm 크기로 자라며, 처음에는 흰색이지만 배양 후기에는 청녹색으로 변한다. 이러한 변화는 곰팡이균의 분생자(conidia)가 발달하면서 생기는 현상으로 특히 집락의 가운데 색이 청녹색으로 변하는 특징을 가지고 있다. 시간이 더 경과하면 집락의 중앙부는 짙은 녹색과 회색이 혼합된 형태로 나타나며, 바깥가장자리는 흰색을 띠고 있어 발광을 하고 있는 듯한 모양을 보인다. 현미경상으로는 다세포로 된 균사(hyphae)와 균사체(mycelium)를 확인할 수 있으며, 균사에는 격막(septum)이 있어 이러한 격막은 균동정에 매우 도움이 된다. 인공배양 시 기질 속으로 성장하는 영양균사와 배지표면에서 공기 속으로 성장하는 분생자병(conidiophore)이 있다. 분생자병 끝에 플라스크 모양의 소포(vesicle)가 있고 그 가장자리에 1~2층의 소병자(phialide)가 있으며, 각 소병자속에서 포자(spore)가 형성되어 세포 밖으로 사슬 모양으로 포자를 생성한다. 이때 무성생식에 의해 생성된 포자를 분생자라 하고 유성생식에 의한 포자를 아포(spore)라 한다. 곰팡이 구조물을 파악하기 위하여 methylene blue 혹은 lactophenol cotton blue 염색을 하며 조직 내에서 확인하기 위해서는 periodic acid-Schiff(PAS) 혹은 Gomori' s methenamine silver(GMS) 염색을 하면 매우 쉽게 관찰할 수 있다.

일반적인 소독제에 대하여 저항성을 가지지만 농장에서는 기본적으로 페놀계통의 소독제를 방제에 사용한다.

Aspergillus는 독소(toxin)를 분비한다. 특히,

*Aspergillus flavus*는 널리 알려진 대로 매우 강력한 독성과 종양을 유발시키는 aflatoxin을 분비한다. Aflatoxin 중 B1은 조류에서 가장 강력한 독성을 가지고 있고 주로 간에 영향을 주며, 만성적으로 진행이 되었을 경우에는 간을 포함한 여러 장기에서 종양을 발생시킨다. Aflatoxin에 의한 질병을 aflatoxicosis라 하는데, 가금류에서는 전 세계적으로 발생보고가 되고 있으며 간혹 aspergillosis와 동시에 발생을 하는 경우도 있다. 가금류 중에서 오리는 다른 조류에 비하여 aflatoxin에 감수성이 높은 것으로 알려져 있다.

역학

자연감염 숙주

앞에서도 언급이 되었듯이 aspergillosis는 가금류, 야생조류, 애완조류 모두에서 발생할 수 있다. 물론 포유류나 사람에서도 발생할 수 있으며 사람의 경우 주로 면역억제에 의한 감염으로 나타난다. aspergillosis는 모든 연령의 조류에서 감염이 일어나지만 닭과 칠면조의 경우 어린 일령에서의 발생빈도가 높다. 가장 흔한 질병의 형태는 페에 발생을 하는 것이지만 전신감염도 가능하며, 피부염, 난황염, 안염, 뇌염 등 다양하게 발생하고 있다. 안염의 경우 결막이나 눈외부 주위에 발생하며 이 경우 안염병변에서 쉽게 원인 곰팡이균을 분리할 수 있다. 일반적으로 이러한 안염은 폐에서의 병변과 동시에 발견되는 사례가 많으며, 눈의 내부에 감염이 되었을 경우에는 폐렴으로부터 혈행성으로 눈으로 감염된 것으로 추정을 하고 있다. 또한, 뇌염도 흔히 발생되고 있는 형태로 주로 칠면조와 닭에서 대뇌와 소뇌에 괴사소를 형성한다고 보고되고 있다. 일반적으로 뇌염의 형태는 육아종성병변을 기본으로 하지만 치즈양 형태의 괴사소를 특징으로 하는 병변도 관찰할 수 있다.

Aspergillosis는 급성과 만성의 두 가지 형태로 가금에서 발생을 한다. 급성의 경우에는 주로 어린 병아리에서 발생을 하여 매우 높은 이병률과 폐사율을 보인다. 만성의 경우에는 성계에서 주로 발생을 하여 급성보다는 낮은 폐사율을 보이며 계군단위 발병보다는 개체발병의 형태를 띠게 된다. 하지만 칠면조의 경우 방목을 주로 하기 때문에 성숙한 칠면조에서 발생을 하면 집단적 폐사가 나타날 수 있어 심각한 경제적 피해를 줄 수 있다. 닭의 경우, 성계는 주로 실내계사에서 위생적으로 관리하기 때문에 집단발생을 하는 경우는 거의 없다. 간혹 밀사를 하는 등 계사 내 환경이 좋지 않거나 스트레스가 많은 환경의 경우에는 발생을 할 수 있다.

aspergillosis는 조류뿐만 아니라 포유류에서도 흔히 발생하는 질병이다. 포유류의 경우 가축이나 야생동물 모두에서 발생을 하고 있으며, 소의 경우 *A. fumigatus*에 의한 진균성 유산은 중요한 증상 중의 하나이다. 말에서도 장내 진균증은 대표적인 진균성 질병이다. 사람에게는 면역결핍성 질병에 의한 기회감염의 형태로 진행되기 때문에 면역억제가 있는 환자의 경우에는 매우 주의해야 한다. 포유류의 경우, 조류와는 달리 일시에 다량의 *Aspergillus spp.*에 노출되지 않는다면 일반적으로 폐렴의 형태로 발전하지 않는다. 그러나 다른 질병의 감염 혹은 스트레스가 유발되는 환경에 노출되어 면역억제가 있을 경우에는 폐렴으로 진행이 된다. 이러한 현상은 생쥐에 코티손(cortisone)과 같은 면역억제제를 처리했을 때 aspergillosis가 쉽게 유발된다는 연구에 의하여 증명이 된 바 있다. 반면에, 닭, 칠면조와 같은 조류의 경우에는 면역억제가 특별히 없어도 다량의 aspergillosis에 노출이 된다면 쉽게 폐렴을 유발한다.

질병 발생

조류에서의 aspergillosis 발생은 감염된 개체에 의한 수평전파로 발생하는 것이 아니고 주로 주위 환경으로부터 다량의 aspergillus에 노출되었을 때 발생한다. 특히, 조류가 환경적 스트레스가 많은 상태에서 사육이 되거나 사양관리가 열악한 때나 면역억제가 되었을 경우에는 더욱 쉽게 발생한다. 물론 전염성F낭병(infectious bursal disease) 등 면역억제를 일으키는 질병에 1차 감염이 되었을 때에도 쉽게 발생을 한다.

어린 병아리에서 가장 흔하게 분리되는 것은 *A. fumigutus*이지만 모두 병원성이 있는 것은 아니다. 16개의 *A. fumigutus* 야외 분리주를 칠면조의 기낭에 접종하여 병원성을 비교한 결과, 야외 분리주에 따라 폐사율이 서로 다르며 대부분 높은 폐사율을 나타내지 않은 것으로 확인되었다. 따라서 *A. fumigutus*의 발생은 원인체의 독성뿐만 아니라 기타 사육환경, 면역억제 질병 감염 등 다양한 환경 요인에 따라 영향을 받는 것으로 판단된다.

임상증상 및 병변

임상증상

닭 등 조류에서의 임상증상은 폐렴의 형태로 발전하기 때문에 호흡곤란이 주로 나타난다. 목을 위로 길게 빼고 입을 벌리고 호흡을 하지만 특별한 소리는 들리지는 않는다. 일반적으로 전염성기관지염(infectious bronchitis), 전염성후두기관염(infectious laryngotracheitis) 등 기관에서 병변이 발생하는 경우의 호흡음은 기관에서의 호흡이 원활하지 않기 때문에 매우 힘든 헐떡거림, 좁은 구멍을 통과할 때 나타나는 높은 음 등의 다양한 이상 호흡기음으로 나타난다. 하지만 aspergillosis는 폐에 병변을 형성하기 때문에 기관에서 통과할 때 나타나는 이상음은 관찰되지 않으며 단지 호흡곤란의 모습을 보인다.

호흡기 이외의 임상증상으로는 일반적인 전염성 질병에서 나타나는 졸림, 식욕부진, 여윔, 음수 증가(갈증)와 함께 설사 등의 증상도 나타날 수 있다. 물론 이러한 증상들은 병의 진행속도, 감염된 장기 등에 따라 다양하게 나타날 수 있으며, 간혹 식도 점막에 감염되었을 때는 호흡곤란보다는 연하곤란이 나타난다. 어린 병아리가 집단으로 감염되었을 경우 50%까지의 폐사율이 나타날 수 있지만, 성계에서는 발병률, 발생률이 낮으며 일반적으로 야생 조류는 가금류보다는 저항성을 보이고 있다. 애완 조류인 카나리아의 경우에는 발병 시에 극심한 호흡곤란이 있다는 보고가 있었으며, 감염된 조류에 따라 비강과 안구점막에서의 분비물 증가가 있다는 보고도 있다. aspergillosis에 감염된 닭에서 전염성후두기관염과 같이 심각한 호흡곤란을 보이는 경우도 있었으며, 성계에서는 폐사율의 증가는 없이 산란율 감소만 관찰되었음이 보고된 바 있다. 뇌 등 신경계에 감염이 될 경우, 사경(torticollis)과 평형감각의 이상도 임상증상의 일부가 될 수 있으나 이러한 임상증상은 다른 전염성 질병 혹은 곰팡이성 질병에 의해서도 발생될 수 있기 때문에 특징적이라 할 수 없다.

육안병변

육안적인 병변은 폐에서 주로 나타난다. 처음에는 좁쌀 모양의 노란색 반점들이 기낭의 여러 곳에서 나타나기 시작하며, 이때 폐에서는 젤라틴 모양의 부종을 관찰할 수 있다. 이러한 좁쌀 모양의 병변은 며칠 혹은 몇 주 동안 진행이 되며, 시간이 지날수록 기낭은 점진적으로 두터워지면서 불투명해지고 커지기 시작한다. 좁쌀모양의 병변이 점차 노란색 결절 형태로 진행되면 최소한 감염이 된 지 72시간이 진행되었다는 것을 의미한다. 이때 폐에서도 이러한 결절(**그림 25-1A, B**)을 발견할 수 있으며, 염증성 반응으로 인하여 폐의 색조가 원래의 선홍색에서 탈색된 형태로 변한다. 어린 병아리에 있어서 이러한 기낭과 폐의 병변은 더욱 뚜렷하게 나타나며 병의 경과가 매우 빠르게 진행된다.

임상증상으로 개구호흡 등이 관찰될 경우, 부검 소견을 보면 기낭과 폐에 좁쌀 모양의 노란색 결절이 전반적으로 흩뿌려진 상태로 보인다. aspergillosis에 감염된 개체는 건락성 병변의 표면에 포자를 형성하기 때문에 감염된 숙주의 염증반응으로 삼출물을 형성하게 된다. 삼출물은 건락성(caseous), 젤라틴성(gelatinous) 및 화농성(mucosal) 등 감염된 부위에 따라 다양하게 나타난다. *Aspergillus falvus*에 감염된 경우 기관에서 노란색 건락성 플러그(yellow caseous plaques)가 관찰되기도 하므로 전염성후두기관염, 습성계두 혹은 전염성기관지염과의 감별이 필요하다. 대부분의 이러한 플러그는 점막표면에 나타나며 결절 형태이기 때문에 정확한 진단을 위하여 조직학적 관찰이 요구된다.

간혹 뇌에서의 감염도 보고되고 있다. 뇌에서의 병변(**그림 25-1D**)은 결절을 형성하지 않고 괴사의 형태로 진행되기 때문에 다른 질병과의 감별진단을 필요로 한다. 소뇌, 대뇌 모두에서 발견될 수 있으며, 육안병변으로는 정상조직과 달리 중심부는 흰색이며 주변 경계 부위는 노란색인 괴사 부위를 관찰할 수 있다.

닭, 칠면조와 같은 가금류가 아닌 야생 혹은 애완조류의 경우, 감염된 조류에 따라 다양한 병변이 관찰될 수 있다. 그 중 몇 가지 예를 들면, 감염된 플라밍고에서는 기관에서의 위막(pseudomembrane)과 함께 폐 결절이 관찰된 바 있으며, 카나리아에서는 혀, 구개와 더불어 기관, 후두에서 병변이 관찰된 사례도 있다. 비둘기에서는 피부병 형태로 발전

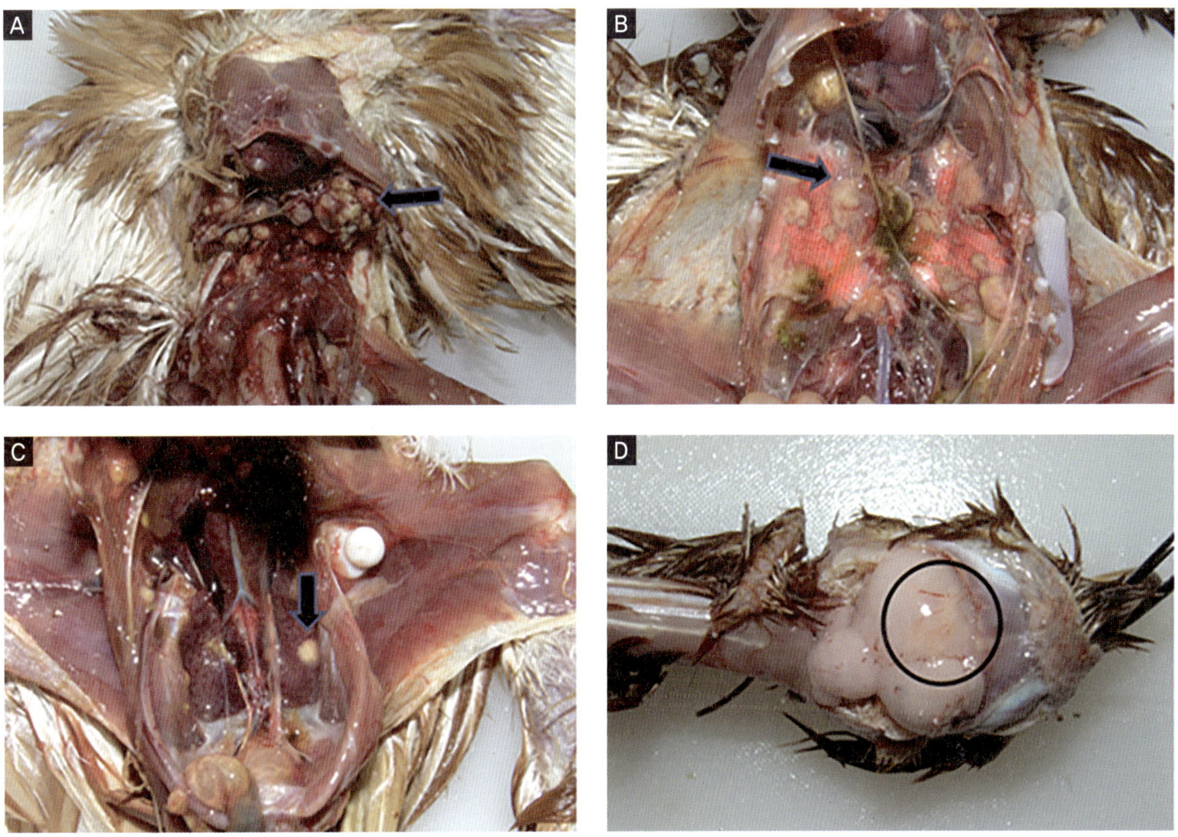

그림 25-1 Aspergillosis에 감염된 39일령의 신리계 부검 소견으로서 노란색 결절(직경 1~5 mm)이 기낭과 폐(A, B), 신장(C)에서 관찰되며 대뇌(D)에서는 노란색의 괴사소가 확인된다.

을 하여 몸에 노란색 반점이 관찰되며, 특히 날개는 이러한 감염으로 인하여 쉽게 부러지는 경향이 있다고 보고된 바 있다.

조직학적 병변

조직학적 병변은 육안병변의 모양에 따라 동일하게 관찰된다. 육안병변에서 주로 기낭염과 폐렴에 결절성 병변(육아종)이 관찰되기 때문에 조직학적 소견도 이에 대응한다. 초기 기낭염의 경우에는 결절이 형성되기보다는 염증성 반응이 나타난다. 즉, 기낭은 염증성 삼출물에 의하여 두꺼워지고 가장 특징적인 거대세포와 임파구의 침윤을 쉽게 관찰할 수 있다. 물론 이때 염증성 삼출물의 유입을 주도하는 혈관의 주위에서도 동일한 염증세포가 관찰된다. 병변이 진행되어 육아종성병변으로 진행이 되면 더욱 특징적인 병변이 형성된다. 즉, 결절의 내부에는 괴사된 조직과 염증성 삼출물이 혼재되어 있으며 주위에 거대세포, 백혈구의 침윤을 관찰할 수 있다. 이때 괴사된 조직에 특징적인 곰팡이 균사가 관찰되며 이를 확인하기 위해서는 PAS 혹은 GMS 등과 같은 특수 염색이 필요하다. 하지만 대부분의 경우, 조직이 두껍지 않은 부위를 관찰

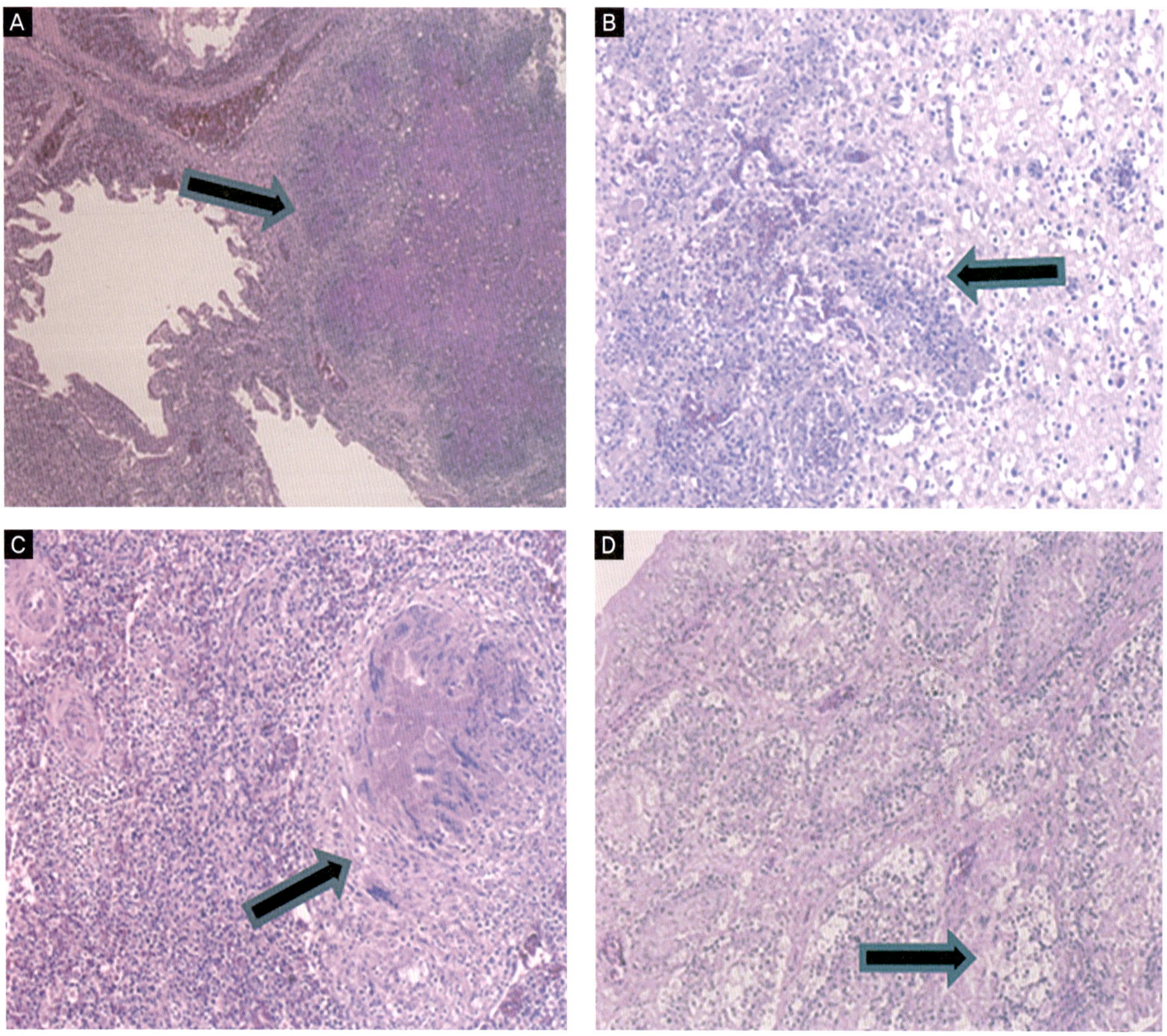

그림 25-2 Aspergillosis에 감염된 39일령 산란계의 조직 소견으로 폐(A), 소뇌(B), 비장(C)에서의 거대세포와 섬유아세포(화살표)의 증식을 확인할 수 있다. Fabricius 낭(D)에서도 임파구의 심한 결손이 관찰된다. Hematoxylin & Eosin 염색

하면 H&E 염색에서도 곰팡이 균사는 쉽게 관찰할 수 있다. 이때 곰팡이 균사가 대나무 모양으로 마디가 있으며 곁가지를 형성한다면 aspergillosis로 진단을 하여도 큰 무리는 없지만 정확한 진단을 위해서는 곰팡이배지를 이용하여 동정을 하여야 한다.

어느 부위에서나 곰팡이성 결절이 나타나면 위에서 설명한 기낭 결절의 조직학적 병변과 크게 다르지 않게 나타난다. 폐의 경우(그림 25-2A)에도 초기에는 광범위한 부종과 출혈이 나타나지만 시간이 경과하면 특징적인 곰팡이성 결절이 형성된다. *A. flavus*의 경우에도 실질적으로 육안병변과 조직학적 병변은 크게 다르지 않다. 대부분 조직학적 소견은 임파구 등의 염증세포의 출현, 거대세포의 탐식으로 이루어지며 시간이 지나면 섬유세포의 증식을 관찰할 수 있다. 뇌에서는 육아종이 형성되지 않기 때문에 섬유세포의 침윤은 관찰할 수 없으나 중앙 부위의 괴사와 거대세포의 출현(그림 25-2B)을 관찰할 수 있다. 때에 따라서는 눈에서 곰팡이성 감염을 관찰할 수 있으며 육아종과 함께 이염색 백혈구(heterophil)의 침윤이 확인된다. 기관의 점막에서 병변이 관찰될 경우에는 육아종으로 인하여 기관폐쇄가 나타날 수 있으며 점막의 괴사와 함께 거대세포 혹은 대식세포의 침윤이 나타난다.

병원성 발현기전

A. funigatus 분생자는 직경이 3 um이고 흡입할 때, 기도 내에 축적이 된다. 이후 분생자는 기관지를 따라 이동을 하며 폐에서 평활근 세포에 부착이 된다. 이때 분생자가 증식을 하게 되며, 조직에서는 이에 대한 염증반응이 시작된다. 기낭에 침투하였을 경우에는 1시간 이내에 기낭에 부착이 되고 기낭막 안쪽으로 이동을 하게 된다. 숙주는 염증반응을 이염색백혈구를 기본으로 하여 시작하며 이때 조직의 괴사도 함께 진행이 되는 것으로 판단된다. 조직의 괴사는 단백분해효소에 의하여 진행이 되며 폐의 연조직(soft tissue)에서 처음으로 시작된다. 일반적으로 조류에서는 호흡기계에 국한되어 나타나지만 질병이 진행되면 혈액을 타고 전신성 질병으로 진전될 수 있다.

진단

원인균의 분리동정

aspergillosis에 감염된 개체에서는 쉽게 기낭 또는 폐에서 하얀색 건락성 결절을 관찰할 수 있으며 이 결절에서 곰팡이 포자를 쉽게 확인할 수 있다. 그러나 본 질병을 확진하기 위해서는 원인체의 분리가 반드시 필요하다. 이러한 원인체에 대한 분리와 동정은 명확한 진단을 위한 것도 되지만 미래의 연구를 위한 원인체 확보의 의미도 있다. 결절 등에서 무균적으로 채취한 시료는 곰팡이 선택배지를 이용하여 주로 27℃와 37℃ 두 가지 온도에서 배양을 한다. 배양 시 나타나는 선택배지의 변화와 표면에 증식한 균체를 채취하여 현미경 검사를 함으로써 진단을 할 수 있다. 이때 사용하는 배지로는 Sabouraud dextrose agar, Cazpek' s solution agar, potato dextrose agar를 예로 들 수 있다.

혈청학적 검사

혈청학적 검사는 곰팡이의 경우 비특이적 반응이 많기 때문에 크게 의미가 없다. 한천겔침강반응(agar gel precipitation test)이 곰팡이균 동정에 사용되었으며, ELISA(enzyme linked immuno sorbent assay) 검사도 개발되었으나 실제 야생조류 및 양계산업현장에서는 사용되고 있지 않다.

조직학적 검사

가장 현실적이면서 진단의 오류를 최소화할 수

있는 검사법이 조직학적 검사이다. 감염된 조직의 결절을 채취하여 현미경 검사를 하면 대부분 곰팡이 균사(그림 25-3A~D)가 관찰되며 때에 따라서는 균사가 대나무 마디(septated) 또는 곁가지(branched)를 형성하고 있다면 aspergillosis로 진단해도 된다. 병변이 가장 흔하게 발견되는 곳이 기낭과 폐이며 육아종성(granulomatous)병변을 특징으로 하고 있다(그림 25-2A). 기낭염(airsacculitis)의 경우, 기낭은 매우 두꺼워져 있으며 heterophils, 임파구, 거대식세포 등 염증세포의 침윤을 관찰할 수 있다. 이때 Gomori's methenamine silver 염색을 하면 분생자(conidia)와 균사(hyphae)를 쉽게 관찰할 수 있다. 폐에서의 병변도 기낭과 마찬가지로 육아종성병변을 기본으로 하면서 거대식세포를 포함한 다양한 염증세포들의 침윤을 관찰할 수 있으며 특수염색에 의하여 균사를 거대식세포 등에서 쉽게 관찰할 수 있다. 이때 균사에서 격막 곁가지 등을 관찰할 수 있다면 aspergillus로 확진할 수 있다.

감별진단

가금산업에서의 감별진단은 매우 중요하다. 특히 어린 일령에서의 갑작스런 폐사와 함께 호흡곤란은 본 질병을 진단하는 데 도움이 된다. 그러나 어린 일령에서의 이러한 폐사는 추백리(pullorum

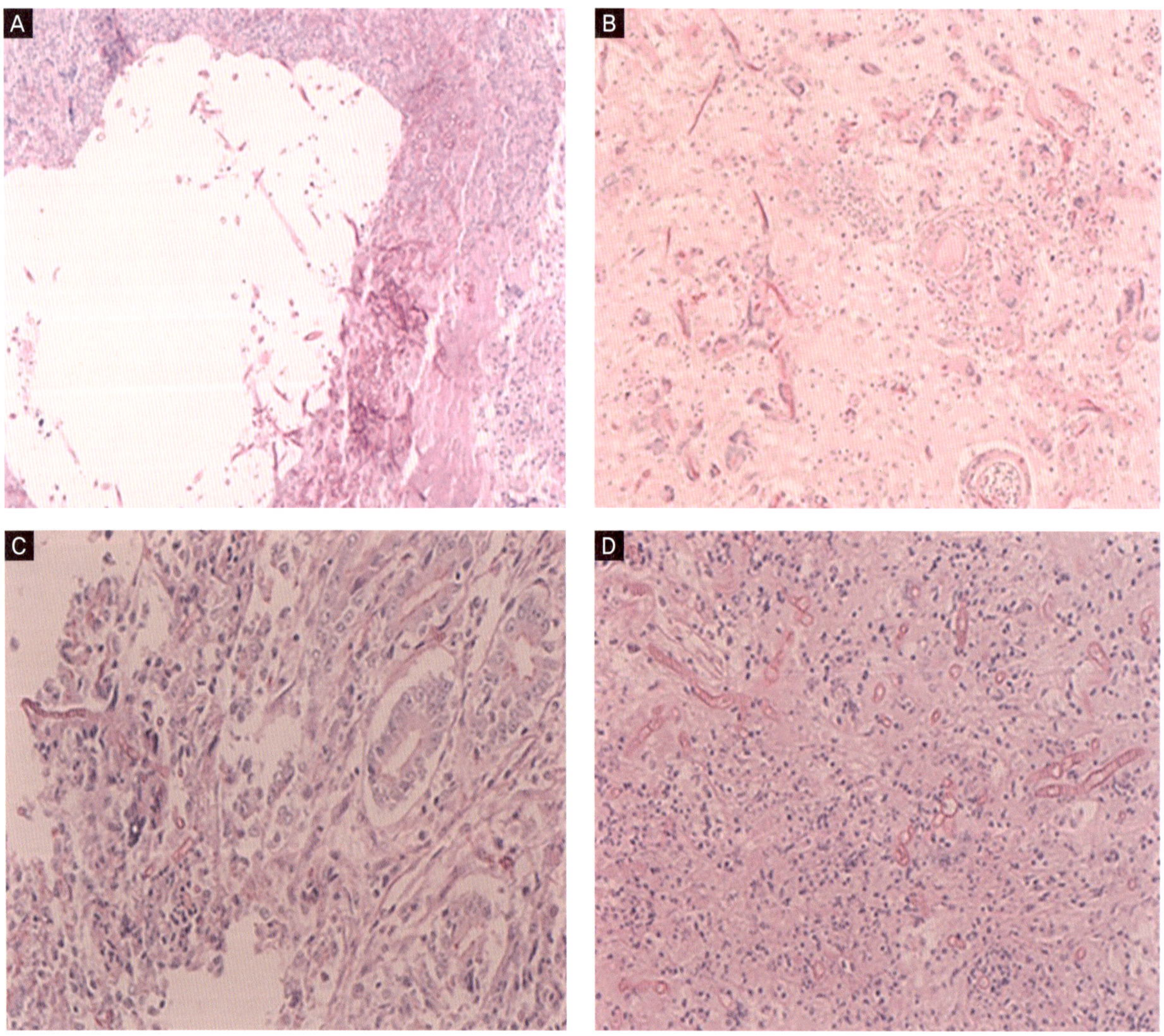

그림 25-3 곰팡이 균사(*Aspergillus spp.*) 감염된 폐(A, ×100), 대뇌(B), 선위(C)와 신장(D)에서 관찰된다. PAS. ×200

disease), 아데노바이러스 감염증(adenovirus infection) 등 난계대 질병에 의하여 발생될 수 있기 때문에 반드시 감별을 하여야 한다. 임상적으로는 어린 병아리에 있어서 특징적인 개구호흡이 도움이 되며, 부검 소견으로 기낭과 폐에서의 결절형성은 진단에 결정적 도움이 된다. 그러나 대장균이나 살모넬라에 의해서도 폐 등에서 이와 비슷한 결절이 나타날 수 있기 때문에 반드시 조직학적 검사를 실시하여 aspergillus의 균사를 확인하는 것이 중요하다.

예방 및 치료

일반적으로 조류에 있어서 aspergillosis에 대한 예방은 사육환경과 연계가 된다. 특히, 닭의 경우 어린 일령에 있어서 aspergillosis의 감염은 대부분 부화장과 관련이 있다. 위생적으로 불결한 부화장의 경우 병아리에서 곰팡이성 감염, 대장균감염 등의 질병이 발생한다. 이는 부화장에서 병아리를 부화시키는 21일 동안 위생상태를 청결히 하는 것이 쉽지 않기 때문이다. 부화장은 병아리를 부화시키기 위하여 적절한 습도와 온도를 유지하고 있지만 이러한 환경이 각종 병원체에 대해서도 증식하기에 매우 좋은 조건이 되기 때문에 항상 병원체의 오염이 문제가 된다. 특히, 습도가 많을 경우에는 곰팡이의 증식이 용이하기 때문에 부화장에서는 항상 곰팡이 퇴치에 많은 노력을 기울이고 있다. 부화장에서 오염된 곰팡이에 의하여 어린 병아리에 발생되었을 경우에는 특별한 치료법이 없다. 가능한 한 환경오염에 의한 지속적인 감염을 막기 위하여 감염된 개체에 대하여 노태를 진행하여야 한다.

농장에서의 감염은 앞에서 기술하였듯이 대부분 농장의 사육환경과 면역억제 질병의 감염에 의한 것이다. 버섯 등을 키웠던 나무를 분쇄해서 깔짚으로 사용하는 경우에는 반드시 사전에 나무에 대한 소독을 실시하여야 한다. 소독을 실시한 후에는 가능하면 소독약제가 병아리에 영향을 주지 않도록 반드시 일정 기간이 지난 후 계사로 반입을 하여야 한다. 깔짚이나 사료를 공급할 때는 직접 검사를 하고 곰팡이 냄새 등 품질을 확인하여야 한다. 또한, 사료빈, 사료통 등과 급수기 주변은 곰팡이가 증식하기에 적합한 장소이므로 정기적인 관리가 필요하다. 농장 안과 농장 주변을 꼼꼼히 확인하여 빗물이 고이는 곳은 없는지 점검하고 적절한 배수시설을 설치하여야 한다. 사료와 물이 공급되는 사료통과 급수기는 aspergillus의 증식을 억제하기 위하여 매일 청결히 세척하여야 하며 주기적으로 소독도 실시한다.

성계의 경우에는 이러한 사육환경보다는 면역억제성 질병의 감염에 의하여 쉽게 발생할 수 있다. 닭에서의 면역억제 질병으로는 전염성F낭병(infectious bursal disease), 닭 전염성빈혈(chicken infectious anemia), 마렉병(Marek' s disease), 세망내피증(reticuloendotheliosis) 등 다양하게 존재하고 있기 때문에 이에 대한 예방을 철저히 하여야 한다. 거꾸로 곰팡이성 질병이 계군 내에서 관찰될 경우 위의 면역억제성 질병의 감염을 추정하는 데 오히려 도움이 될 수도 있다.

일반적으로 aspergillosis 치료를 효과적으로 하는 방법은 없다. 개체질병으로서 포유류에서는 특정한 약물을 사용할 수 있지만 조류에서는 계군으로서 치료를 하기 때문에 비용측면에서 효율적이지 않다. 따라서 조류, 특히 가금에서는 치료보다는 예방에 총력을 기울여야 하는 이유가 여기에 있다. 연구목적으로 실험백신이 개발되어 폐사를 줄이거나 임상증상 약화가 확인되기도 했지만, 실제 현장에서 사용하기는 적절하지 않으며 예방으로 방제를 할 수 있기 때문에 백신접종이 필요하지 않은 것으로 판단된다.

참고문헌

Arne, P., S. Thierry, D. Wang, M. Deville, G. Le Loc'h, A. Desoutter, F. Femenia, A. Nieguitsila, W. Huang, R. Chermette, and J. Guillot. 2011. Aspergillus fumigatus in poultry. *Int J Microbiol.* 2011:746356.

Beckman, B.J., C.W. Howe, D.W. Trampel, M.C. DeBey, J.L. Richard, and Y. Niyo. 1994. Aspergillus fumigatus keratitis with intraocular invasion in 15-day-old chicks. *Avian Dis.* 38:660-665.

Julian, R.J. and M. Goryo. Pulmonary aspergillosis causing right ventricular failure and ascite

Van Veen, L., R. Dwars, and T. Fabri. 1999. Mycotic spondylitis in broilers caused by Aspergillus fumigatus resulting in partial anterior and posterior paralysis. *Avian Pathol.* 28:487-490.

26 CHAPTER 칸디다증

Candidiasis

강원대학교 성환우

개요

칸디다증(candidiasis)은 균사체(mycellium)를 형성하는 *Candida* 속(genus)의 효모(yeast) 감염으로 구강, 식도, 소낭(crop), 선위(proventriculus) 등 상부 소화기관에 괴사와 위막(pseudomembrane)이 형성되는 곰팡이성 질병이다. 칸디다증은 닭, 오리, 칠면조, 비둘기 등 조류뿐만 아니라 사람을 포함하는 포유류에서도 발생된다. 닭에서는 부적절한 위생관리, 과밀사육, 영양소 결핍, 면역능력 저하, 지속적인 항생제 사용 등의 유발요인에 의해 발병된다. 닭의 칸디다증은 내부분 *Candida albicans*에 의해 유발되며 소낭과 선위 등 상부 소화기 점막조직에서 괴사가 동반되는 위막 형성이 특징적으로 나타나는 질병이다.

역사

효모 감염은 1859년 Langenbeck에 의해 사람의 소화기관 내 감염이 확인되면서 알려지게 되었다. 1939년 이전에서는 *Monilia* 속 감염의 모닐리아증(moniliasis)으로 불리다가 이후 칸디다증(candidiasis)으로 병명이 바뀌게 되었다. Jungherr는 닭에서 분리되는 *Monilia albicans*는 토끼와 다른 조류에게도 병원성이 있으며 사람에게서 분리되는 주(strain)와도 차이를 보이지 않는다고 하였다. Hinshaw, Gierke 등은 칸디다증은 닭뿐만 아니라 칠면조에서도 닭과 유사한 병변이 발생함을 보고하였다.

원인체 특성

칸디다증은 *Candia* 속에 속하는 다양한 종(species)에 의해 발병될 수 있으나 *Candida albicans*(*C. albicans*)가 가장 흔한 병원체로 알려져 있다. 건강한 육계 소낭에서도 *C. albicans*, *C. ravautii*, *C. salmonicola*, *C. parapsilosis*, *C. brumptti* 등 다양한 *Candida* 종이 분리되지만 약 95% 정도가 *C. albicans*로 분류된다. 이 중

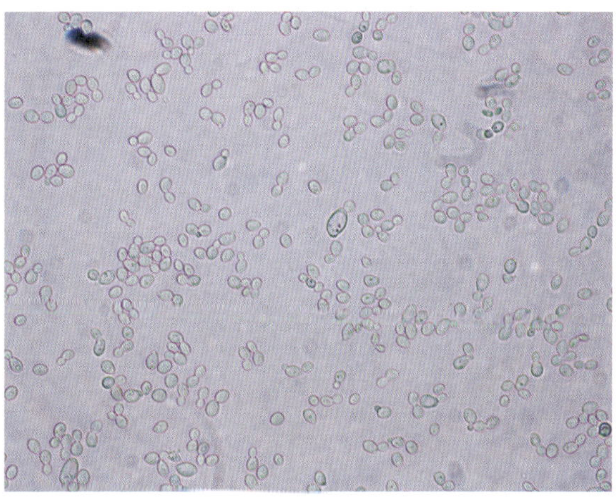

그림 26-1 출아 중인 효모 모양이 관찰되는 *C. albicans*

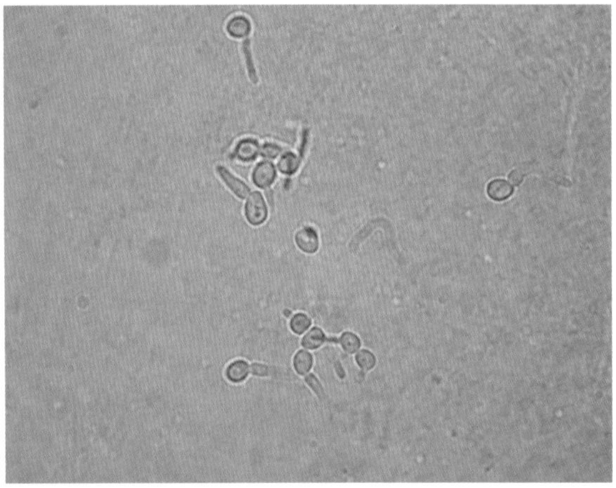

그림 26-2 *C. albicans*를 포유류 혈청으로 배양할 경우 관찰되는 germ tube

*C. albicans*와 *C. parapsilosis*만 닭에서 칸디다증을 유발하는 것으로 알려져 있다. *C. albicans*는 Sabouraud dextrose agar나 potato dextrose agar에서 37℃, 24~48시간 배양하면 백색조의 크림양 집락(colony) 확인이 가능하며, 신선한 배양액에서는 3.5~5.5 ㎛ 크기의 난원형의 발아(budding) 중인 효모가 관찰된다(**그림 26-1**). 또한 *C. albicans*는 송아지 혈청과 같은 포유류 혈청으로 배양할 경우 germ tube가 형성되는 것을 관찰할 수 있다(**그림 26-2**). *Candia*는 소낭 등 상부 소화기관에 정상적으로 존재하는 효모이기 때문에 칸디다증은 병원체의 감염으로 발생하는 것보다는 숙주 방어능력 저하 혹은 정상 미생물총의 변화로 말미암아 *C. albicans* 등이 과증식되면서 발병되는 것으로 알려져 있다.

역학

칸디다증은 전 세계적으로 발생하고 있으며, 닭, 칠면조, 거위, 비둘기, 호로조(guinea fowl), 꿩, 메추라기 등 가금류뿐만 아니라 다른 조류에서도 발생된다. 칸디다증은 산발적으로 발생하며 경우에 따라 경제적 피해가 크게 나타나기도 한다. 6주령 칠면조에서 칸디다증으로 40%의 폐사가 보고된 경우도 있으며 60일령 닭에서 20%가 폐사한 사례도 보고된 바 있다. 닭의 *Candida*는 상부 소화기관에 정상적으로 존재하는 미생물총이지만 부적절한 위생관리, 과밀사육, 영양소 결핍, 면역능력 저하, 지속적인 항생제 치료 등의 유발요인이 있을 경우 과증식되어 발병된다.

임상증상

닭에서 칸디다증의 특이 임상증상은 뚜렷하지 않다. 발병된 닭은 활력이 없고 증체율이 저하되며 깃털이 거칠어지는 정도의 임상증상이 나타난다. 2차 감염이 생기면 이러한 증상은 더욱 심해진다. 호흡기 증상이나 소화기 증상 등의 다른 임상증상은 나타나지 않는다. 일반적으로 임상증상은 어린 닭이 큰 닭보다 더 심하며 감염 후 일령이 증가할수록 쉽게 회복하는 경향이 있다.

병변

병변은 주로 소낭에서 관찰된다. 소낭 점막이 비후되면서 괴사되고 흰색의 위막(pseudomembrane)이 형성된다(**그림 26-3**). 괴사로 인해 형성된 위막은 점막과 쉽게 박리되는 소견을 보인다(**그림 26-4**). 위막 형성 병변은 구강, 식도에서도 관찰될 수 있으며 심할 경우에는 선위 점막에서도 나타날 수 있다(**그림 26-5**). 선위에 병변이 나타나면 선위가 종대되고 장막 면이 반들반들하며 점막 면은 출혈이나 괴사성 삼출물로 덮혀 있을 수도 있다. 이러한 병변들은 근위 미란(erosion), 콕시듐증 등과 같은 다른 장 손상 요인들과 같이 나타나는 경우가 많다. 병변은 피부나 닭볏(comb)에 나타나기도 하며, 18개월령의 산란계에서 피부형 칸디다증(cutaneous candidiasis)이 발병하여 약 70%에서

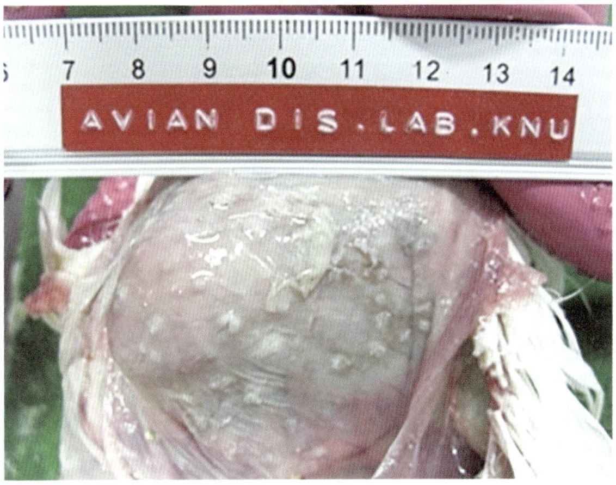

그림 26-3 소낭에서의 위막 형성소견

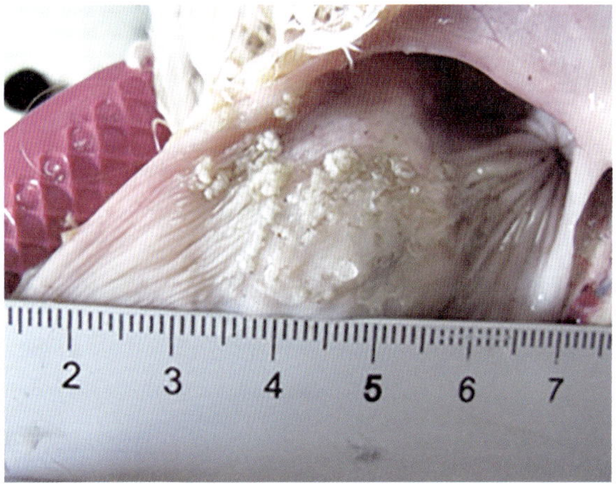

그림 26-4 소낭 위막의 박리소견

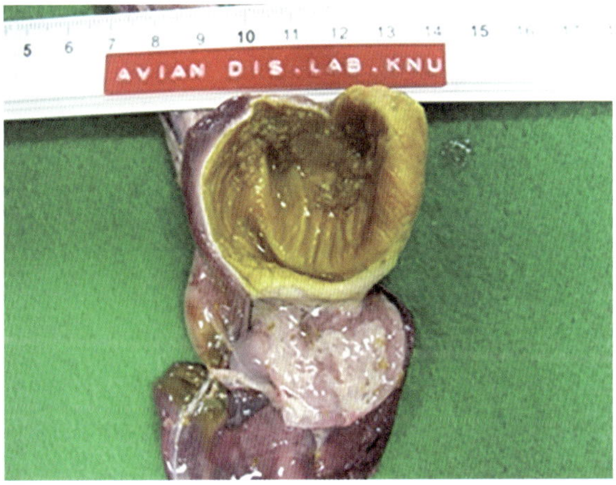

그림 26-5 선위 점막에 형성된 위막소견

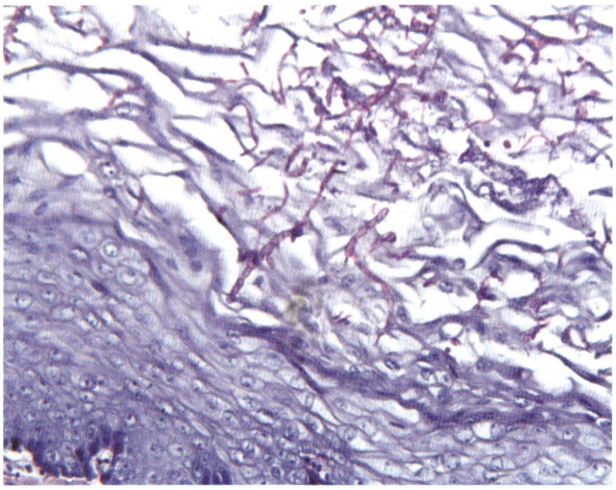

그림 26-6 소낭 상피조직에서 관찰되는 *Candida*의 hyphae 혹은 pseudohyphae(PAS 염색)

깃털이 빠지고 피부염이 발생한 사례가 보고된 경우도 있다.

병변 조직을 현미경으로 관찰하면 *Candida*는 균사형(mycelial form)과 효모형(yeast form)이 함께 관찰되기도 한다. 효모는 난원형으로 직경이 3~6 μm 정도이다. 균사는 hyphae나 pseudohyphae로 구성되어 있다. pseudohyphae는 길죽한 효모유사 모양들이 사슬을 이루어 연결되어 있는 모양을 보이며, hyphae는 같은 방향으로 뻗어 있고 미디(septa)가 관찰되며 폭은 3~5 μm 정도이다. periodic acid Schiff(PAS) 염색을 하면 조직에서 *Candida* 형태를 잘 관찰할 수 있다(그림 26-6).

진단

부검 시 식도, 소낭 등에서 흰색 위막이 형성되는 특징적인 병변이 관찰되고 병변 부위를 1차 배양하였을 때 효모균이 고농도로 자랄 경우 칸디다증으로 진단할 수 있다. 정상적인 조직에서도 *C. albicans*가 분리될 수 있기 때문에 병변 부위에서 고농도의 *Candida*가 분리될 경우에만 칸디다증으로 진단하여야 한다. 신선한 병변조직을 현미경으로 직접 검경하여 pseudohyphae나 발아 중인 효모를 관찰하는 방법도 진단에 유용하게 활용될 수 있다. 점막병변을 무균적으로 수집하여 50 µg 클로람페니콜이 첨가된 Sabouraud's dextrose agar 배지를 이용하여 37℃ 배양하면 병원체를 쉽게 분리할 수 있다. 신선한 배양액에서는 3.5×5.5 µm의 발아 중인 난원형의 효모를 관찰할 수 있다. 오래된 배양액에서는 hyphae가 관찰되기도 하며 간혹 세포벽이 비후되고 구형 모양으로 관찰되는 chlamydospore들도 관찰되기도 한다. Chlamydospore는 cornmeal-Tween 80 agar 혹은 다른 chlamydospore agar에 배양할 경우 더 잘 관찰할 수 있다.

예방 및 치료

칸디다증은 부적절한 위생관리, 과밀사육, 영양소 결핍, 면역능력저하, 지속적인 항생제 치료 등의 유발요인이 있을 경우 발생하기 때문에 예방을 위해서는 이러한 유발요인을 제거하는 것이 중요하다. 발생할 경우 nystatin 같은 항곰팡이 약제를 투약하면 어느 정도 치료가 되기도 한다. 감염된 닭들은 사료소비가 감소하고 음수량이 증가하기 때문에 치료 약제는 사료첨가보다는 음용수 첨가가 더 유용하다. 닭의 경우 음용수 물에 62.6~250 mg/L 농도의 nystatin을 7.8~25 mg/L의 lauryl sulfate와 함께 5일간 투약할 경우 칸디다증 치료가 가능하며 황산동(copper sulfate; $CuSO_4$) 음수투여도 치료방법으로 이용되고 있다.

참고문헌

Arne P. and M. D. Lee. 2020. Fungal infections. Pages 1111-1133 In: Diseases of Poultry, 14th edition. John Wiley & Sons, Inc. Hoboken, NJ, USA.

Brown T. and F. T.W. Jordan with A. M. Wood. 2008. Fungal diseases. Pages 428-442 In: Poultry Diseases, 6th edition. Saunders, London.

Mendoza L and E. Fonseca. Dual mycotic infection in a chicken. *Avian Dis*, 29:514-517, 1985.

Wyatt R. D, D. C. Simmons, P. B. Hamilton. *Candida* species and crop mycosis in broiler chickens. Poult Sci 54:1663-1664, 1975.

IV

SECTION

기생충성 질병

27 CHAPTER

닭 콕시듐증(닭 구포자충증)

Avian Coccidiosis

경상대학교 민원기

개요

콕시디아강은 척추동물에서 발생하는 기생충이다. 콕시디아강은 포자충 과와 주육포자충 과로 이루어지며 수의학/축산학에서 중요하다. 닭에서 *Eimeria* 감염은 기생충의 감염 중 가장 일반적이며 닭 콕시듐증(avian coccidiosis) 혹은 구포자충증(*Eimeria* 감염증)으로 부른다.

닭 구포자충증(닭 콕시듐증)은 *Eimeria* 속의 원충이 원인체이며, *Eimeria*는 분류상 첨복포자충문(*Apicomplexa*), 포자충강(*Sporozoasida*), 구포자충아강(*Coccidia*), 진구포자충문(*Eucoccidiidae*)에 속하는 원충류(protozoa)로 지금까지 발견된 6만 5천여 종의 원충들 중 한 부분을 차지하는 기생충이다.

닭에 감염하여 닭 콕시듐증을 유발하는 *Eimeria(E)* 종류에는 *E. acervulina*, *E. maxima*, *E. tenella*, *E. brunetti*, *E. mitis*, *E. praecox*, *E. necatrix*, *E. mivati*, *E. hagani* 등의 9종이 알려져 있다. 9종의 *Eimeria* 중에서 *E. acervulina*, *E. maxima*, *E. tenella*, *E. brunetti*, *E. mitis*, *E. praecox*, *E. necatrix* 등의 7종이 닭에 발생빈도가 가장 높다. 일반적으로 심한 장내 병변을 보이는 *Eimeria*는 *E. tenella*, *E. brunetti*, *E. necatrix*이다. 중등도의 병변을 보이는 *Eimeria*는 *E. maxima*, *E. acervulina*이다. 병변이 미약한 *Eimeria*는 *E. mitis*, *E. praecox*이다. 특히 *E. mivati*, *E. hagani*는 다른 종에 비하여 연구가 부족하며 분류학상에도 다양한 의견이 존재하고 있다.

닭 콕시듐증은 종에 따라서 소장과 대장의 상피세포 내에 침입하여 증식함으로써 장관 내의 조직 손상을 일으켜서 영양섭취장애, 탈수, 설사, 장염, 혈변, 그리고 2차 질병에 대한 감수성 증가를 특징으로 하며, 심하게 감염되는 경우는 폐사를 유발하기도 한다(그림 27-1). *Eimeria* 감염과 더불어 2차 감염으로 인하여 체중감소, 폐사 등이 나타나며, 세계적으로 양계산업에 심각한 경제적 손실을 가져오는 원충성 질병이다. 국내에서도 닭 사육농가에 지속적으로 발병하여 양계산업에 심각한 경제적 손실을 초래하고 있으며, 닭 살모넬라균증 등과 함께 만성적으로 계군에 감염하여 양계의 생산성을 저하시키고 있다. 또한 감염 예방과 치료를 위하여 백신을 사용하고 항콕시듐제를 사료에 첨가함으로써 추가 비용 발생에 따른 경제적 피해를 유발하고 있다.

역사

1900년대 초에 *E. tenella*의 발견을 시작으로 1920년대에는 *E. acervulina*, *E. maxima*, *E. mitis*가 발견되었다. 1930년대는 *E. necatrix*, *E. praecox*,

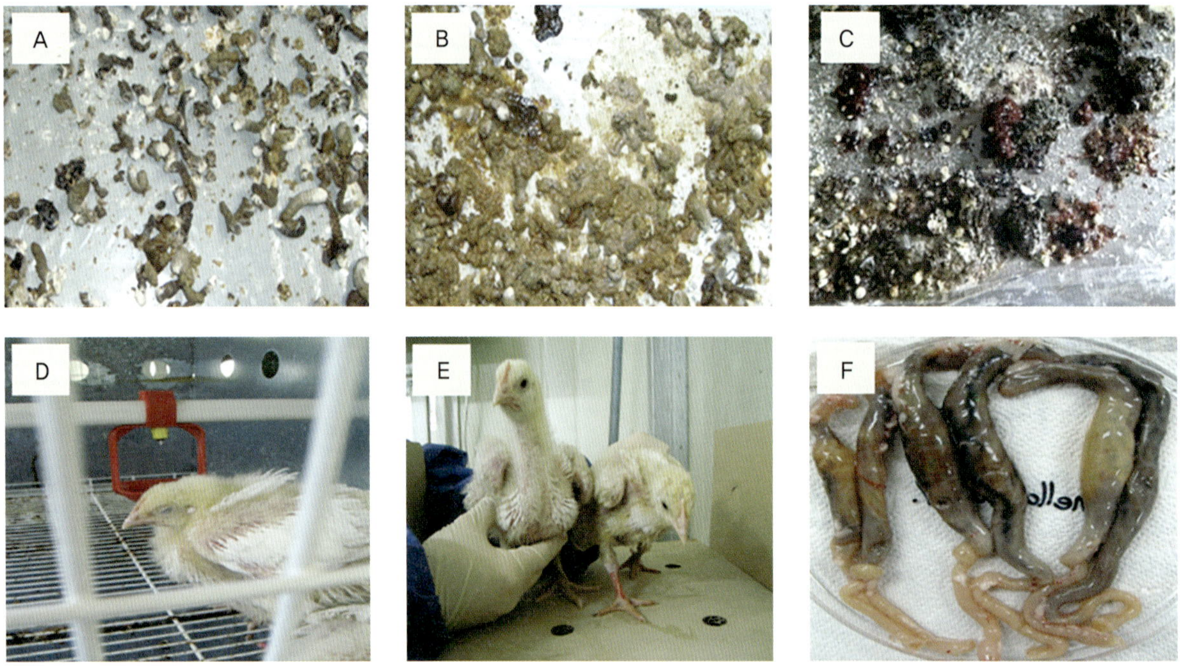

그림 27-1 닭 콕시듐에 인공감염된 임상증상. (A) 정상적인 분변, (B) *E. maxima* 감염으로 인한 설사 증상, (C) *E. tenella* 감염으로 인한 혈변, (D) *E. tenella* 감염으로 인한 꺼칠한 우모 및 침울, (E) *E. tenella* 감염으로 인한 체중 감소 현상. 오른쪽은 감염된 닭이며 왼쪽은 정상적인 닭. (F) *E. tenella* 감염으로 인한 맹장 부위의 충혈과 가스 생성에 의한 팽창 증상.

E. hagani, 1942년에 *E. brunetti*, 1964년에 *E. mivati*가 발견되었다.

콕시듐증은 1930년대에 연구가 시작되었으며, 현재는 항콕시듐제가 개발되어서 발생을 줄이고 있으나 콕시듐 원충이 약제에 대한 내성을 쉽게 획득하여 공중보건에 문제가 되고 있다. 새로운 항콕시듐제 개발은 많은 시간과 비용이 필요하지만 콕시듐 원충이 약제에 대한 내성을 쉽게 획득하므로 새로운 항콕시듐제의 개발에 어려움이 있다.

Eimeria 감염을 예방하기 위한 콕시듐백신은 1952년에 처음 생백신으로 개발되어 사용되었으며 이후에 콕시듐 원충의 병원성을 순화시킨 약독화 백신 등이 개발되었다. 최근에는 재조합 DNA 기술을 이용한 subunit 백신에 대한 연구가 수행되어 실험실 차원에서 사용되고 있지만, Eimera 원충의 생활사에 따른 항원의 변화, 원충체 항원의 복합성 및 높은 종 특이적인 면역원성으로 인하여 효과 측면에서 어려움이 있다. 콕시듐백신은 어린 일령의 병아리의 구강 또는 18일령 발육란에 접종하고 있다. 일반적으로 생백신과 약독화 백신이 주로 사용되며 불활화백신은 효과가 적은 것으로 알려져 있다.

Eimeria 충란(oocyst)의 외막은 자연환경, 외부 환경 및 각종 소독제에 저항성이 있는 물질로 구성되어 있고, 생존력이 매우 강하여 *Eimeria*는 세계적으로 거의 모든 양계장에서 검출되고 있다. 최근에는 항콕시듐제 사용을 점점 제한하고 있으므로 백신접종, 양계장 관리 개선, 면역성을 증가시키는 천연물질의 첨가와 같은 방법을 이용하여 콕시듐 감염을 억제하고 있다.

원인체 특성

분류

콕시디아 강(order)은 척추동물에서 발생하는 기생충이며 포자충 과(family)와 주육포자충 과로 구분한다. 닭 구포자충증(닭 콕시듐증, avian coccidiosis)은 *Eimeria* 속의 원충이 원인체이며, *Eimeria*는 분류상 첨복포자충 문(*Apicomplexa*), 포자충 강(*Sporozoasida*), 구포자충 아강(*Coccidia*), 진구포자충 과(*Eucoccidiidae*)에 속하는 원충류(protozoa)이다.

닭에 감염하여 구포자충증을 유발하는 *Eimeria* species에는 *E. acervulina*, *E. maxima*, *E. tenella*, *E. brunetti*, *E. mitis*, *E. praecox*, *E. necatrix*, *E. mivati*, *E. hagani* 등의 9종이 알려져 있다. *E. mivati*, *E. hagani*는 다른 종에 비하여 정보가 부족하며 분류학상에 다양한 의견이 존재하고 있다.

형태

충란(oocyst)은 자연상태에서 숙주의 분변으로 나온다. 충란의 보편적인 형태는 아구형(subspherical) 또는 난형(ovoid)이며 적당한 조건에서 감염성 있는 포자형성 난포낭(sporulated oocyst)이 된다. 성숙한 충란은 4개의 스포로시스트(sporocysts)를 포함하고 있으며 각각의 스포로시스트는 2개의 스포로조이트(sporozoites)를 가지고 있어서 하나의 성숙한 충란은 8개의 스포로조이트를 포함하고 있다.

Eimeria 증식과 생활사

*Eimeria*는 종에 따라 단계별 증식 기간의 차이가 있으나 숙주 체내 생활사와 숙주체외 생활사로 크게 나누며 숙주 체내에서는 장관에 기생한다. 숙주동물인 닭의 체내에서 증식 과정은 무성 및 유성 생식 과정을 거쳐야 하는 복잡한 생활사를 가진다.

*Eimeria*의 생활사에는 분열생식, 유성생식, 포자생식의 세 단계가 있다. *Eimeria*는 장점막의 상피세포에 침입하여 장관 내 상피조직의 손상과 기능장애를 유발하는 기생충으로서 닭이 4개의 스포로시스트(sporocyst)를 가진 난포낭(sporulated oocyst)을 섭취하면 24시간 내에 근위내에서 강력한 기계적 작용과 몇 가지 소화효소에 의하여 난포낭이 파열된다. 그로부터 4개의 스포로시스트가 탈항되어 십이지장내로 들어가게 되며, 이곳에서 담즙과 췌장효소 등의 도움으로 감염 가능한 스포로조이트(sporozoite)를 방출한다. 방출된 스포조이트는 *Eimeria* 종에 따라 장관내의 특정부위 상피세포에 침입한다. 스포로조이트는 장상피에 침입한 후 성장하여 무성생식기인 미성숙 분열체(schizont) 또는 메론트(meronts)가 형성된다. 분열체는 무성생식인 다중 세포분열에 의하여 많은 수의 분열소체(merozoites)를 형성하고, 성숙 분열체가 파괴되면서 분열소체를 방출한다. 방출된 분열소체는 다시 세포에 감염하여 재차 많은 수의 분열소체(merozoites)를 형성하고 성숙 분열체가 파괴된 다음 메로조이트를 방출한다. 방출된 분열소체는 세포에 침입한 후 웅성생식모체(microgametocytes) 또는 자성생식모체(macrogametocytes)로 발달한다. 웅성생식모체는 성숙한 후 수많은 웅성생식체(microgametes)를 방출하게 되며 자성생식체(macrogamtes)가 포함된 세포에 침입하여 수정이 일어난다. 수정된 자성생식체를 접합체(zygote)라 하며, 수정 후에 난포낭은 벽이 형성되고 성숙된 다음 숙주의 세포벽을 파괴하면서 장관의 관강내로 방출된다. 난포낭은 숙주의 분변과 함께 외부로 배설되면 포자형성 난포낭(spoulated oocyst)이 되고(그림 27-2), 오랫동안 토양 중에 생존해 있으며, 닭에 섭취되었을 때 다시 장관 내 생활사를 시작하게 된다. 이와 같은 과정을 거치면서 포자를 형성한 한 개의 콕시듐 충란(sporulated oocyst)은 약 10만 개의 많은 수로 증식할 수 있다.

화학적, 물리적 요인에 대한 저항성

충란의 벽은 2중으로 구성되어 있으며 외막은

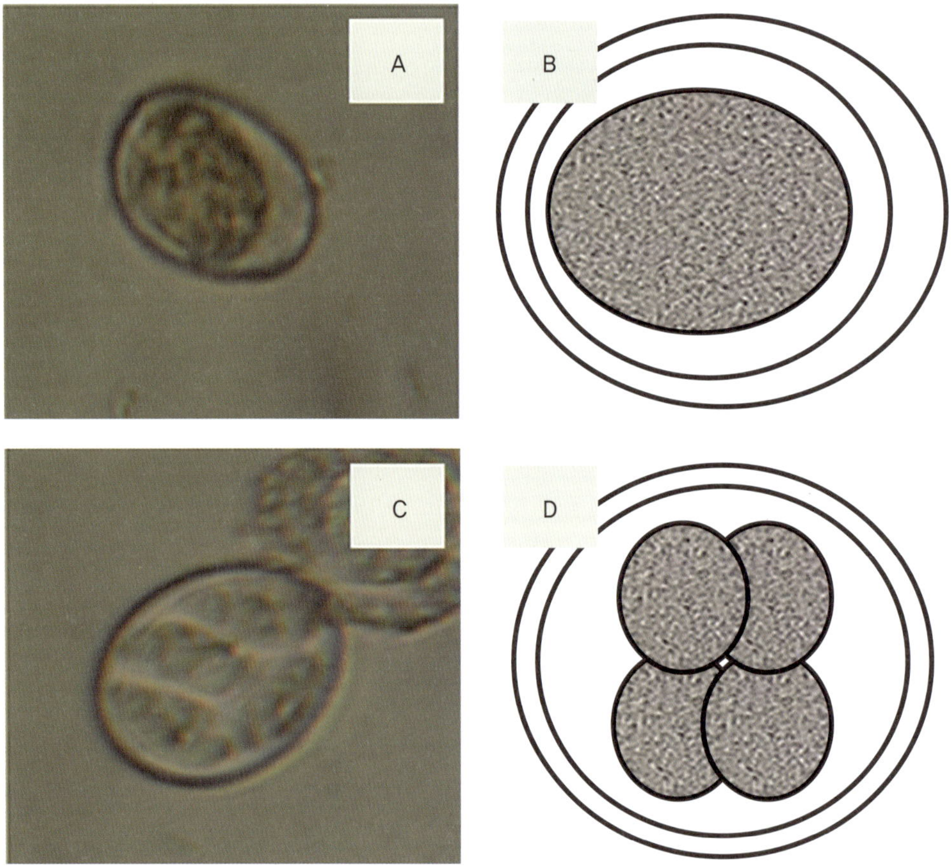

그림 27-2 *E. maxima*의 충란의 포자형성. (A), (B)포자가 형성되지 않은 *E. maxima*의 충란. (C), (D) 포자가 형성된(sporulated oocyst) *E. maxima*의 충란.

각종 화학약품 및 소독제에 대해서 강한 저항성을 가지고 있어 쉽게 사멸되지 않는다. 포자가 형성되지 않은 충란(그림 27-2)은 조건이 좋은 자연 상태에서 약 1개월 생존할 수 있다. 보존은 포자형성(난포낭, sporulated oocyst)이 끝난 것은 5℃에 잘 보관하면 최대 2년까지 생존할 수 있다. 37℃에서는 2~3일간 생존할 수 있다. 55℃ 이상 혹은 냉동은 충란을 빠르게 사멸시킨다. 열에 대해서는 100℃에서 1분 이내, 75℃에서 3분 이내에 완전히 사멸하며, 암모니아가스에 대해서는 상온에서도 약하여 쉽게 사멸한다. 충란의 막은 단단하여 일반적으로 물리적 충격에 잘 견딘다.

*Eimeria*의 병원성

닭에 감염하여 닭 콕시듐증을 유발하는 *Eimeria* 종에는 9종이 알려져 있다. 9종의 *Eimeria* 중에서 *E. acervulina*, *E. maxima*, *E. tenella*, *E. brunetti*, *E. mitis*, *E. praecox*, *E. necatrix* 등의 7종이 닭에 발생빈도가 가장 높다. 일반적으로 심한 장 내 병변을 보이는 *Eimeria*는 *E. tenella*, *E. brunetti*, *E. necatrix*이다. 중등도의 병변을 보이는 *Eimeria*는 *E. maxima*, *E. acervulina*이다. 병변이 미약한 *Eimeria*는 *E. mitis*, *E. praecox*이다. 병원성은 다양한 원인으로 차이가 있을 수 있다. 닭 장관 내에 감염하여 닭 콕시듐증을 일으킨다는 점에서는 공통적이지만, 감염된 *Eimeria*의 종류, 혼합감염의 정도, 표준균주에 대한 면역원성, 닭의 연령, 닭의 건강상태, 사양관리의 상태에 따라서 임상증상에 차이가 있다. 일반적으로 닭은 2종 이상의(평균 3.4종) *Eimeria*에 혼합감염이 이루어진다.

닭 콕시듐증의 원인체인 *Eimeria* 원충들은 장점막에 침입하여 점막상피세포 손상과 이로 인한 식욕부진, 고개를 떨구는 증상, 꺼칠한 깃털, 침울, 수양성 또는 혈액이 함유된 설사, 탈수, 체중 감소, 탈장 및 폐사 등 다양한 임상증상을 일으킨다. 닭 콕시듐 감염의 증상은 *Eimeria*의 종에 따라 다양하며, 주 증상은 설사증으로서 병원성이 가장 강하고 중요한 종류는 *E. tenella*, *E. necatrix*와 *E. brunetti*이다. 이들 감염은 출혈을 동반한 설사증상으로 높은 폐사율을 특징으로 한다. *E. maxima* 감염 닭에서는 소장 벽의 팽창 및 비후와 소장 내에 염증성 점액 충만 소견이 관찰되며, 중등도의 폐사율을 보인다. 그리고 *E. acervulina* 감염에서는 수양성 설사, 빈혈, 영양결핍 등이 나타난다. *E. mitis*와 *E. praecox* 감염의 경우는 사료효율 감소 및 영양결핍 소견이 적고 폐사율도 낮다. 일반적으로 어린 동물은 닭 콕시듐에 민감하고 쉽게 임상증상을 나타내는 반면에 나이든 닭에서는 자연감염에 의한 면역으로 상내적으로 저힝성이 강하다.

발병은 감염된 *Eimcria* 종류와 감염량에 따라 달라지지만 병변의 정도가 심한 것은 병아리에서 주로 볼 수 있고 급성 감염의 경우에는 폐사율도 높다. 일반적으로 처음 감염된 경우, 급성감염에서 회복하면 점막면역이 성립되어 재감염에는 저항성이 있다. 성계 감염은 만성경과를 취하는 것이 많다. 주로 급성 콕시듐증은 *E. tenella*가, 급성 소장 콕시듐증은 *E. necatrix*가 원인이다. 감염 후 4~5일에 임상증상을 나타내며, 신선한 혈변 또는 점액성 변을 함유한 혈변성의 실사가 있고, 식욕부진, 침울, 빈혈, 체온저하 등이 나타나며 폐사를 일으킨다. 만성 콕시듐증은 *E. acervulina* 등 병원성이 약한 종류의 감염에서 볼 수 있다. 증상은 소화불량성 설사를 보이는 정도로 나타날 수 있지만 증상이 진행되면 점액성의 설사도 있고, 식욕부진, 침울한 상태, 발육불량, 빈혈 등이 관찰된다. *Eimeria* 원충은 거의 모든 동물에 기생하여 콕시듐증을 일으키지만 조류에서 특히 피해가 크다.

혼합감염의 경우, 분자생물학적 기법을 이용한 *Eimeria* 동정방법은 충란에 존재하는 효소들의 종류와 크기의 차이를 전기영동으로 분석하는 방법과 genomic DNA 유전자상에 존재하는 polymorphism을 이용하는 방법 등이 있다. 최근에는 신속하고 정확하게 *Eimeria* DNA를 이용하여 종을 진단할 수 있는 방법으로서 종 특이 프라이머(internal transcribed spacer 1 등)를 사용하고 있다.

E. acervulina

*E. acervulina*는 *E. tenella*나 *E. necatrix*보다 병원성이 낮으며, 성계와 산란초기의 닭에서 아급성 또는 만성 장콕시듐증의 원인이 된다. 기생 부위는 소장 전반부의 상피세포이고, 소장의 만성염증의 원인으로 작용하며, 심한 감염의 경우 소장 점막면에 아주 작은 흰점으로부터 직경 1~2 mm 정도 크기의 사다리 모양의 병변을 나타내며 점액성 설사를 동반한다. 또한 증체량 및 사료효율이 불량하고 산란계에서는 산란 감소가 있을 수 있다. 국내를 포함하여 세계적으로 감염률이 매우 높고 이로 인한 피해가 많으나 혈변이 거의 보이지 않기 때문에 야외농장에서는 이 원충의 감염을 오진하는 경우가 있다. 충란은 난원형으로 18.3×14.6 μm이며 충란의 끝부분은 더욱 얇다. 포자 형성 기간은 실온에서 25시간이며 28℃에서 17시간이다.

E. brunetti

E. brunetti 기생 부위는 소장하부와 대장이지만 심한 감염 시에는 소장의 전부분과 맹장의 경부에도 발생한다. 발육형은 소장, 맹장 및 총배설강에서 발견된다. *E. brunetti*는 보통 4~9주령 병아

리의 질병의 원인이다. 병소는 소장 후반부와 맹장 사이에 한정되어 있는 것이 특징이며 전형적인 직장 콕시듐증이다. 중감염의 경우에 장벽은 비후되고 출혈성 카타르성 삼출물이 있다. 변은 액체상이며 혈액을 포함하는 경우도 있다. *E. brunetti*는 상피세포, 상피하 조직과 점막에서 증식하므로 출혈과 괴사를 유발하기도 한다. 충란은 난형이고, 24.6×18.8 μm이다. 포자 형성 기간은 실온에서 1~2일이며 24℃에서 18시간이다.

E. hagani

*E. hagani*는 *E. acervulina*와 같이 소장 상부에서 증식한다. *E. hagani*의 정확한 성상과 특성에 대해서는 연구가 많이 필요하다. 상피세포에서 증식하며 장관 내 점상 출현을 보이는 경우도 있지만 일반적으로 혈변은 관찰되지 않는다. 병원성이 없거나 약하다. 충란은 18.0×14.7 μm이며 포자 형성 기간은 23.5℃에서 17~44시간이다.

E. maxima

*E. maxima*는 장의 중앙 부위에 침입하여 상피세포와 상피하 조직(subepithelial cells)에서 증식한다. *E. maxima*는 고등도 혹은 중등도의 병원성이 있으며 가장 현저한 병인작용은 유성생식형에 의하여 일어난다. 감염 후 5일째까지는 소장에 현저한 변화가 거의 일어나지 않으나 그 후 감염에서 많은 점상 출혈이 소장벽에 나타난다. 점액이 많이 생산되며 점막이 비후된다. 활력이 소실될 때도 있고 장은 이완 확장된다. 점막 표면은 염증성이며 장 내용물은 연분홍색의 점액성 삼출물로 되어 있다. 점막 조직을 현미경으로 검사하면 다수의 충란이 검출된다. *E. maxima*는 중추이상의 산란계 농장에서 때때로 발병되고 있으나 출혈성혈변을 보이지 않는 설사 증상 때문에 오진하는 경우가 있다. 충란은 큰 난형으로 30.5×20.7 μm이고 담황색이며 포자 형성 기간은 30시간이다. 면역원성이 매우 강한 원충으로 약 100개 원충이 감염되어도 숙주는 면역을 획득한다.

E. mitis

*E. mitis*는 *E. brunetti*와 같이 소장 후반부에 주로 감염한다. *E. mitis*가 감염된 닭에서 체중 감소, 식욕부진, 산란 저하를 관찰할 수 있지만 병리학적 변화는 경미하며 어떠한 출혈도 볼 수 없다. 때로는 맹장에도 기생한다. 충란은 거의 구형이고 끝으로 갈수록 약간 가늘어지며 크기는 15.6×14.2 μm이다. 포자 형성 기간은 실온에서 2일이며 29℃에서 15시간이다. *E. brunetti*와 같은 소장하부에서 발육하지만 *E. brunetti* 충란이 상대적으로 커서 구별을 쉽게 할 수 있다.

E. mivati

*E. mivati*는 소장상부에서 볼 수 있지만 기생부위는 시간이 경과됨에 따라 십이지장에서 직장까지 확대된다. *E. mivati*의 주 감염 부위는 *E. acervulina*와 매우 유사하다. 소장 전반부의 현저한 변화는 병아리에 원기 소진, 식욕부진 및 수양성 하리를 일으킨다. 심한 감염 시 장의 감염 부위는 종창되고 수종성이며 점상 출혈점이 산재한다. 육계와 산란계에서 성장 저하, 산란율 감소 및 소화 흡수 장애의 증상이 나타난다. 충란은 타원형 혹은 넓은 난원형이고 충란의 크기는 15.6×13.4 μm으로 *E. acervulina*보다 작다. 포자 형성 기간은 29℃에서 11~12시간이다.

E. necatrix

*E. necatrix*는 *E. maxima*와 같이 소장 중앙부에 감염하며 상피하 조직에도 침입한다. *E. necatrix*의 무성생식은 소장에서, 유성생식은 맹장에서 일어난다. 병원성은 *E. tenella*와 같이 가장 강하다.

급성의 경우에 고도의 점막하 출혈을 볼 수 있다. 소장벽은 약 2배 종창되어 있고 출혈성이며 내용물은 응고가 되지 않은 혈액으로 차 있다. 과도한 출혈이 있을 경우에 혈액은 맹장에서 발견되므로 *E. tenella* 감염과 혼동될 때도 있다. 또한 충란의 크기가 *E. necatrix*와 *E. tenellar*가 유사하여 더욱 혼동하기 쉽다. 감염된 닭에서 충란의 증폭성이 낮으므로 주로 9~14주령의 닭에서 발견된다. 일반적으로 체중감소, 식욕부진, 혈변을 보이고, 산란계에서는 산란 저하 등의 소견이 보인다. 자연감염 상태에서는 약 25%의 폐사를 유발할 수 있다. 충란은 난원형이며 크기는 20.4×17.2 μm이다. 포자 형성 기간은 2일이지만, 29℃에서는 18시간이다.

E. praecox

*E. praecox*는 *E. acervulina*와 같이 소장상부에서 증식한다. 일반적으로 병원성은 낮으며 비병원성으로 생각되기도 한다. 심하게 감염되면 체중감소, 식욕부진, 수양성 실사, 탈수, 탈색 등을 일으킬 수 있다. 충란은 난원형이고 크기는 21.3×17.1 μm이다. 포자 형성 기간은 29℃에서는 12시간이다. *E. praecox* 충란의 크기는 *E. mitis*, *E. mivati*, *E. acervulina*보다는 크며 *E. maxima*보다는 작다.

E. tenella

*E. tenella*는 닭의 맹장에 서식하며 콕시듐증 중 병원성이 가장 높은 가금의 병원성 콕시듐이다. 일반적으로 양계장에 널리 분포하고 있으며 감염된 닭은 맹장 내 혈액이 충만하고 폐사가 시작된다. 기생 부위는 맹장의 상피세포와 점막하 조직으로 출혈, 괴사, 혈변, 식욕부진, 사료효율 저하, 산란율 저하, 탈색, 폐사 등의 임상증상을 보인다. *E. tenella*에 기인하는 급성 맹장콕시듐증은 어린 닭에서 매우 빈번히 발생한다. 대부분의 폐사는 감염 후 5~6일 사이에 발생하며, 급성의 경우 감염 후 몇 시간 이내에 폐사가 나타난다. 일반적으로 감염 후 10일 이내에 완전히 회복된다. *E. tenella* 충란은 난원형이고 크기는 22.0×19.0 μm이다. 포자 형성 기간은 29℃에서 18시간, 26~28℃에서 20~24시간, 실온에서 24~48시간, 8℃ 이하에서는 포자를 형성하지 않는다.

항원성 및 면역원성, 항원적 변이, 병원성 등

*Eimeria*는 숙주 특이성이 매우 강하며 일반적으로 면역원성이 좋다. *Eimeria*는 닭 체내에서 복잡한 증식 과정 중에 발생하는 다양한 충체 항원으로 인해 복잡하고 다양한 특이적 및 비특이적 면역반응을 유발한다. 비특이적 면역반응에는 장관 내 상피세포의 물리적 방어, 탐식세포 역할, 백혈구, 보체계의 역할, 장 내에 서식하는 각종 정상 세균총과의 경쟁 등이 있다. 특이적 면역반응 요소에는 림프구, 항체반응, 사이토카인, 림포카인, 인터루킨 등과 같은 면역세포의 활동과 세포 대사산물이 있다.

면역학적 측면에서 Eimera는 종 특이성이 강하다. 즉, 한 종류의 *Eimeria*에 대해 면역이 되었다 하더라도 다른 종류의 *Eimeria*에 대해서는 일반적으로 감수성을 보인다. 따라서 *Eimeria* 종 간 특이성, 숙주와 기생충 항원과의 복잡한 상호작용 및 충란(oocyst)의 외부 환경에 대한 높은 저항성은 닭 콕시듐 방역을 위한 예방약 개발과 백신 개발을 어렵게 하는 요소들로 작용하고 있다. 생백신이 효과적이며 불활화백신은 효과가 미미한 것으로 알려져 있다. 특히 *E. maxima*에는 다양한 strain이 존재하여 백신에 2종류의 *E. maxima*를 포함하는 경우가 있다.

병원체 배양

*Eimeria*는 종 특이성이 매우 높아서 닭의 *Eimeria*

는 닭을 이용하여 증폭할 수 있다. 숙주를 감염시키기 위해서는 우선적으로 감염성 있는 포자 형성 난포낭(sporulated oocyst)을 형성하여야 한다. 난포낭 형성은 분변을 수거하여 2~4%의 중크롬산가리(potassium dichromate) 용액에 부유시킨 다음, 거즈 혹은 망을 통하여 이물질을 제거한다. 25~28℃에서 공기가 충분히 공급되도록 흔들면서 약 72시간 동안 배양한다. 배양 시간은 *Eimeria*의 종에 따라서 차이가 있다. 배양 후 난포낭 여부를 확인하고, 시료를 원심 침전하여 상층액을 버린 후 이에 새로운 중크롬산가리 용액을 첨가하여 부유시키고 5℃ 냉장고에 보관한다. 충란의 생존 기간은 약 12개월 정도이다. 따라서 균을 보관하려면 1년에 최소 1회 계대하여야 한다.

스포로조이트 및 메로조이트 배양은 계태아 신장세포, 장뇨막세포, 8~10일령의 부화란을 이용하여 배양할 수 있다.

역학

질병의 발생 및 분포

닭 질병 중에 가장 보편적인 질병으로 세계적으로 널리 분포하고 있으며 양계장이 있는 곳이면 대부분 존재한다. 2008년 국내 356 농가를 분석한 결과 콕시듐 감염률은 78.7%이었다. 국내 농가에서 존재하는 콕시듐균의 종류는 평균 3.4종류이며 호주의 경우는 3.6종류이었다. *Eimeria* 종 특이 프라이머(internal transcribed spacer 1)를 이용한 PCR 검사에서 *E. acervulina*가 검출빈도가 가장 높았다.

숙주

*Eimeria*는 종 특이성이 매우 높아 숙주는 닭에 국한된다. 특히 어린 병아리가 감염되면 피해가 크다. 성계는 일반적으로 감염되어 면역성을 가지고 있으므로 같은 종류의 *Eimeria*에 다시 감염되면 저항을 보인다.

전염과 매개체

닭은 분변에 존재하는 충란(oocyst)을 구강으로 섭취하여 감염된다. 분변의 충란은 먼지에 오염되어 주위 계사로 바람에 의하여 전파될 수 있다. 관리인의 옷, 장화, 차량, 계사에 사용되는 각종 도구에 오염되어 이동할 수도 있다. 야생조류, 개, 고양이, 쥐, 곤충 등에 의하여도 전파될 수 있다. 계사 내의 깔짚에 있는 미성숙 충란은 온도가 25℃ 전후에서 습도가 높으면 감염성 있는 난포낭 형성을 쉽게 한다.

잠복기

*Eimeria*의 종에 따라서 잠복기에 약간의 차이가 있으나 약 5일 정도이다. 5일 동안의 잠복기를 거친 후 6~10일 사이에 분변으로 다량의 충란을 배출한다. 10일 이후에는 매우 적은 양의 충란을 배출한다.

임상증상 및 병변

임상증상

닭 콕시듐증은 감염된 *Eimeria* 종에 따라서 임상증상에 차이가 있다. 또한 양계장에서는 일반적으로 혼합감염이 있으므로 임상증상은 다양하다. 닭 콕시듐증은 종에 따라서 소장과 대장의 상피세포 및 상피하조직에 침입하여 증식함으로써 장관 내의 조직손상을 일으켜서 영양섭취장애, 탈수, 점액성 설사, 장염, 혈변 및 2차 질병에 대한 감수성 증가를 특징으로 한다. 심하게 감염되는 경우는 폐사를 유발하기도 한다. 닭에 있어서 임상증상은 감염된 콕시듐의 종류에 따라서 다양한 형태로 나타난다. 병원성이 적은 콕시듐에 감염된 닭은 증상이 미약하거나 무증상을 보인다. 병원성이 강한 콕시듐은 설사, 혈변과 탈수증을 동반하며 때로는 폐사를 일으킨다. 머리와 목을 움츠리고 졸고 있는 상태는 흔히 볼 수 있다. 깃털은 꺼칠하고 빈혈과 탈수증을 보이며 허약한 상태로 활기가 없다. 콕시듐증은 주로 발육 단계에 있는 육계에 감염되면 피해가 크다. 산란계에 있어서 폐사율은 거의 없고 산란율이 저하된다. 일반적으로 어린 동물은 콕시듐증에 좀 더 민감하고 쉽게 임상증상을 나타낸다. 닭 사료에 첨가된 항콕시듐제에 의하여 감염된 닭은 상대적으로 감염에 저항성을 보이는 경우가 있다. 그러나 항콕시듐제가 첨가되지 않은 사료가 공급되면 콕시듐에 의한 피해가 나타날 수 있다.

국제적으로 항생제의 오남용을 줄이기 위하여 사료 내 항생제 첨가를 점진적으로 줄여나가고 있는 실정이며 우리나라도 이에 동참하고 있다. 국내에서도 사료 내에 첨가 할 수 있는 항균성 약제의 종류가 2005년 44종에서 점진적으로 감소하여 2011년에는 9종류만이 사용할 수 있게 되었다. 즉, 항콕시듐제 8종과 구충제 1종을 제외하고는 사료 내 항균약제 첨가가 금지되어 있고, 사료 첨가가 허용된 항콕시듐제는 살리노마이신, 모넨신나트륨, 라살로시드나트륨, 나라신, 마두라마이신암모늄, 샘두라마이신, 크로피돌, 디클라주릴이다.

병리소견

감염된 장관 부위에 충혈, 출혈 및 괴사를 일으킨다. 피부가 퇴색하는 경우가 있다. 장 점막의 탈락 및 염증반응을 유발하며 장관을 비후하게 만든다. 호중구의 침윤이 관찰된다.

면역

*Eimeria*는 면역성이 좋아서 숙주는 빠르게 면역을 형성한다. 닭은 *Eimeria*에 감염되면 감염된 *Eimeria*에 대해서만 장기적인 방어면역을 가진다. *Eimeria*에 대한 면역반응을 일으키기 위해서는 일반적으로 많은 낭포낭이 필요하다. 가금의 콕시듐 중에서 *E. maxima*는 면역형성 능력이 큰 것으로 알려져 있어 *E. maxima*의 경우는 약 100개 정도의 난포낭만 가지고도 거의 완벽한 면역을 유도시킬 수 있다. *E. tenella*에 대한 획득 면역은 제2세대 분열체가 중요한 형이다. 면역의 형성 정도는 최초 감염의 강도에 비례하며, *E. tenella* 충란의 반복된 소량접종은 만족할 만한 면역을 형성시키며, 실제 야외에서 이러한 소량 감염이 반복될 경우 닭에 평생면역을 형성시킨다. *E. necatrix*와 *E. acervulina*도 반복 감염되면 면역이 형성된다. 콕시듐의 면역에 있어서는 세포성 면역이 중요하며 체액성 면역은 부분적인 역할을 한다.

콕시듐 감염에 비특이적 숙주방어에 관여하는 장관 림프조직의 다양한 역할에 대하여 광범위하게 연구되어 왔다. *Eimeria*에 노출되었을 때 장관 점막 내부는 투과성의 증가, 면역세포의 침습, 대식 세포의 증식, mucin, 각종 효소, 면역글로블린의 증가, 장관 내에 서식하는 정상 세균총들과의 경쟁 등이 일어나는 것으로 알려져 있다.

항원에 대한 특이 면역반응에는 B 및 T 림프구가 관련된다. 즉, 항원에 대한 특이성이 있으며 표면 면역글로불린 분자들을 가지는 B 림프구와 항원 제시 세포(antigen presenting cells; APCs)로부터 항원을 감지하는 T 림프구이다. B 세포에 항원이 결합하면 표면 면역글로불린이 발현되고 세포분화와 클론의 팽창이 이어진다. 이어서 항원 특이성을 갖는 면역글로불린이 분화된 plasma 세포로부터 분비된다. T cell과 콕시듐의 항원을 제공하는 항원제시세포(APCs)와 서로 결합하면 T cell은 활성화되어 각종 cytokine을 분비하면서 특이면역, 즉 세포성 면역을 유도한다.

장 관련 림프조직(GALT)

점막면역계는 비강, 기관 및 유선의 점막 관련 림프조직(mucosal-associated lymphoid tissue; MALT)과 내장 관련 림프조직(gut-associated lymphoid tissue; GALT)으로 크게 구성된다. MALT의 가장 중요한 역할은 병원체가 숙주에서 확산 및 전신감염을 차단하기 위하여 체계적으로 숙주의 일선에서 병원균 침입을 막는 것이며, 이는 다양한 방법으로 이루어진다. 위분비물, 라이소자임과 담즙산, 연동운동 등의 비특이 장벽들과 더불어 장관 내 정상세균총에 의한 경쟁적 배제가 MALT에서 가장 중요한 1차 방어수단이다. 특이 방어기전은 항체와 림프구에 의해 매개되며, 기생체를 제거하기 위하여 침입한 기생체를 감지하고 중화시키는 항원특이성 및 항원 비의존성 과정 모두를 이용하는 체액성 및 세포성 면역사이의 복잡한 상호작용을 포함한다.

MALT의 총 림프구 수의 반 이상은 GALT 내에 포함되는데, 조직학적으로 GALT 외층은 상피세포와 기저막 위에 위치한 림프구로 구성된다. 기저막(basement membrane) 아래의 점막고유층(lamina propria)은 림파구와 점막하조직을 포함하고 있다. 닭에서는 매우 특이한 림프기관인 Peyer's patches(PP), 맹장편도(cecal tonsil), F낭(bursa of Fabricius)이 있다. GALT에 포함되어 있는 상피세포, 항원제시세포 및 자연살해세포(natural killer(NK) cells)도 방어에 중요한 세포이다. 또한 GALT에는 대식세포, 비만세포, 섬유아세포 및 수상돌기세포가 있다. 이들 세포들은 세포조절인자인 사이토카인(cytokines)을 분비하고 사이토카인에 반응한다고 알려져 있다.

점막면역계는 방어면역의 일선으로 독특한 많은 수의 세포형태를 가지고 있다. T 림프구, B 림프구와 형질세포는 소장과 대장의 점막에 위치해 있다. T 세포는 CD4 T 세포가 대부분이지만 B 세포와 형질세포는 IgA를 분비하는 세포가 대부분을 차지한다. 장점막 내에서 림프구는 장상피 림프구(intestinal intraepithelial lymphocytes; IEL)와 lamina propria 림프구로 존재한다. 닭의 IEL T 세포는 포유동물에서와 같이 CD4+와 CD8+ 아형의 표현형으로 분리될 수 있다. 또한 닭 IELs에서 사람과 설치류의 CD3, CD4 및 CD8 항원과 유사한 분자 복합체가 확인되었다.

*Eimeria*의 획득면역

GALT는 일반적으로 장 내 병원체에 대하여 항원 처리와 제시(processing과 presentation) 과정을 통하여 항체의 형성 및 세포매개, 면역반응의 활성화를 주도하고 숙주방어 기전에 작용한다. 혈청과 점막분비물에 존재하는 기생충 특이항체의 역할은 닭 콕시듐증에서 광범위하게 연구되어 왔다. 콕시듐증에 감염된 닭에서 특이항체(IgA, IgM)의 생성은 기생충이 없는 지역과 비교할 때 기생충에 많이 감염된 지역에서 사육된 계군에서 항상 유의할 만한 수준으로 높게 나타났다. 점막조직에서의 면역반응에 주로 관계되는 항체 IgA는 원충의 표면에 결합하여 *Eimeria*의 장상피 부착방해, 구조적 변형유도 등을 통하여 운동성을 약화시킴으로써 콕시듐 원충의 감염을 억제하는 역할을 한다. 때로는 장관 내에서의 sporozoite 파괴를 증진시켜 주지만 항체에 의한 방어는 크지 않다.

화학적/호르몬 처리나 외과적 시술에 의해 F낭을 제거하여 저감마글로불린 닭(agammaglobulinemic chicken)을 유도한 후 *Eimeria*를 감염시켜 면역을 형성한 후 2차 감염을 시켰을 때 닭은 저항성을 보였다. 이 결과로 콕시듐 감염 억제기전에 B 세포에서 만들어지는 항체보다 세포매개면역의 작용이 중요하다는 점이 입증되었다. 콕시듐 방어를 위한 세포매개성 면역반응에 T 림파구, 대식세포 및 natural killer(NK) 세포의 활성화가 중요한 역할을 한다. 또한 콕시듐에 대한 획득면역에서 사이토카인(cytokine) 생산과 감염된 세포에 대한 직접적인 세포독성 공격으로 콕시듐증에 반응하는 T 림파구의 중요성이 인정되고 있다.

숙주 방어기전

숙주의 면역세포 특히 대식세포는 interferon-γ (IFN-γ) 또는 다른 사이토카인에 의해 자극되면 탐식작용의 생성물로서 peroxynitrate뿐만 아니라 superoxide와 nitric oxide(NO)를 생산하며, 이 물질은 기생충에 독성을 가지고 있다. 기생충들은 생존하기 위하여 이들 활성산소(reactive oxygen)와 nitrogen의 물질을 해독하지만, 어떤 기생충들은 superoxide dismutase(SOD), catalase와 glutathione peroxidase와 같은 항산화 효소(antioxidant enzymes)를 이용한다. 조류의 *Eimeria* 중에서 *E. tenella*의 비포자형성 낭포낭(unsporulated oocyst)만이 높은 수준의 SOD를 가지고 있는 반면에 스포로조이트는 낮은 SOD를 가지고 있다. glutathione에 기초한 방어기전은 조류 *Eimeria*에서는 아직 잘 연구되지 않았지만 trypanosome에서는 연구가 되어 있다. *E. tenella*와 같은 닭 *Eimeria* 종은 산하환경으로부터 기생충을 보호하기 위하여 mannitol cycle을 갖고 있다.

Alpha-1-acid glycoprotein, hemopexin과 ovotransferrin 등이 닭 구포자충의 급성기 반응 단백질로 알려져 있다. 이들 단백질들은 감염된 *Eimeria* 종에 따라 다양한 특이성을 나타내고 저항과 감수성의 생체지표(biomarker)로서 이용되고 있다. 철결합단백질(metallothionein과 ceruloplasmin)은 *E. acervulina*와 *E. tenella*가 감염된 닭에서 명백한 상승효과를 나타낸다. superoxide와 nitric oxide 등의 외적 또는 내적으로 생성된 free radical은 항산화 인자의 활성을 위해 상위조절 유전자인 전사인자의 생성을 유발할 수 있다. 이와 같은 free radical은 설치류 구포자충과 모든 종류의 닭 구포자충 감염에서 발생한다. 그러므로 생체 방어기전의 진행 과정에서 산화 스트레스(oxidative stress)는 면역을 조절하는 데 관여하고, 숙주-기생충 상호작용의 중요한 역할을 한다.

진단

시료의 채취와 보존

신선한 분변시료를 채취하여 2~4%의 중크롬산가리 용액에 희석하여 약 25℃에서 배양하면 충란은 포자가 형성된 난포낭(sporulated oocyst)을 형성하게 된다. 난포낭을 형성한 충란을 5℃에 냉장 보관하면 최대 1~2년까지 보관할 수 있다. 그러나 일반 분변 시료에 존재하는 난포낭을 형성하지 않은 충란은 약 1개월간 보관할 수 있다.

병원체 직접 검출: 단백질 또는 유전자

포화식염수를 이용한 부유법으로 분변 속의 충란을 분리할 수 있다. 포화식염수에 분변을 넣고서 실온에서 약 5분간 방치한 후, 상층 부위에 모인 충란을 수거하여 생리식염수로 세척하여 병원체를 검출할 수 있다. 그러나 일반적으로 분변 속에는 2종류 이상의 *Eimeria*가 있으므로 정확한 병원체를 확인하기 위해서는 충란에서 총유전체를 분리하고, 종 특이 유전자를 이용하여 PCR을 수행하여 확인할 수 있다.

병원체 분리

병원체는 분변 시료에서 분리를 하고 있으나 분변에는 여러 종류의 *Eimeria*가 혼합되어 있으므로 순수 분리는 쉽지 않다(**그림 27-3**). 순수 분리의 방법은 여러 가지가 있다. 주로 사용되는 방법은

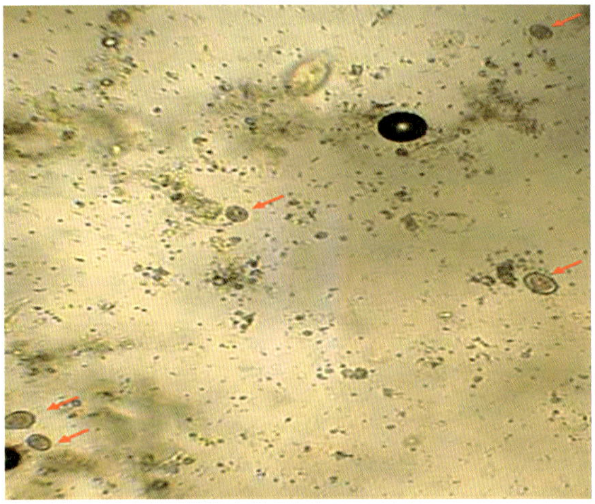

그림 27-3 2종류의 *Eimeria*가 포함된 분변시료. 크기가 다른 충란들을 볼 수가 있다.

분변에 있는 *Eimeria*를 생리식염수를 이용하여 단계 희석함으로써 일정량의 생리식염수에 하나의 충란이 있도록 한 후에 닭에 감염시켜 분리하는 방법이 있다. *Eimeria* 종에 따라서 감염된 숙주의 분변으로 충란이 배출되는 시간적 차이를 이용하여 분리할 수 있다. 그러나 *Eimeria*가 균주가 섞일 수 있으므로 주의하여야 한다.

병원체 동정

콕시듐 종의 구별에는 충란 크기, 형태와 색깔, 감염 부위, 낭형성 기간, 감염 후 충란의 배출 시기, PCR 통한 유전자 분석, 단클론항체 등의 다양한 방법이 사용된다. 그러나 숙주의 분변은 약 3종류 이상의 *Eimeria* 원충이 포함되어 있어 충란의 크기(그림 27-3), 형태와 색깔로 구분하는 방법은 *Eimeria* 종 간에 혼동하기 쉽기 때문에 PCR 등의 방법과 같이 사용하는 것이 좋다.

혈청학적 검사

현재까지는 9종의 *Eimeria*를 구별하는 항체나 항원이 현실화되지 않았으므로 혈청학적 검사로는 *Eimeria* 감염 여부를 판단하기 어렵다.

감별진단

콕시듐 감염의 경우 설사 및 혈변을 일으킬 수도 있으므로 유사한 증상을 일으키는 괴사성장염(necrotic enteritis)과 감별진단이 필요하다.

예방 및 치료

소독, 위생과 농장 경영

비록 위생과 소독이 콕시듐의 발생에 영향을 줄 수 있으나 콕시듐의 충란은 물리적 및 화학적 처리에 저항성이 매우 커서 발생을 억제할 수 없으므로 주의해야 한다.

항콕시듐제 사용

닭 콕시듐증 예방을 위한 각종 약제의 개발 및 보급은 1939년 설파제(sulfa제)를 시작으로 항콕시듐약제에 대한 효과시험은 여러 나라에서 지속적으로 수행되어 왔다. 최근까지의 약제들로는 sulfa-quinoxaline, sulfadimethoxine와 같은 설파제를 비롯하여 amprolium, clopidol, decoquinate, dicrazuril, zoalene, nicarbazine, robenisine등의 합성콕시듐제와 lasalocid, maduramycin, monensin, narasin, salinomycin, semduramycin 등의 ionophores 계열의 제제를 포함한 90여 품목의 항콕시듐제가 출시되어 있다.

항콕시듐제는 작용방식에 따라 coccidiostatic drug와 coccidiocidal drug으로 구분된다. sulfonamide제는 콕시듐에 대한 살충효과보다 folic acid의 대사장애에 의한 증식억제작용이 있어 직접적인 치료는 없지만 같은 계군 중 다른 개체의 질병 발생을 정지시키는 작용이 있다. amprolium은 thiamine의 흡수를 방해함으로써, quinolone계 항콕시듐제와 clopitol은 콕시듐의 cytochrome계의 에너지 대사를 방해하여 증식을 억제한다. polyether ionophore계 항콕시듐제는 세포막의 투과성을 변화시켜 삼투압 불균형을 일으킨다.

항콕시듐제는 콕시듐의 발달 과정의 다양한 단계에 작용한다. quinolone계와 inophore계 항콕시듐제는 sporozoite 또는 초기 tropozoite를 죽이거나 발육을 정시시킨다. nicarbazin, robenidine 및 zoalene은 schizont의 1세대와 2세대에 작용하며, sulfonamide는 schizont의 발달 과정과 유성생식 단계 작용한다. dicrazuril은 *E. tenella*의 초기 schizogony 단계와 *E. acervulina*의 후기 schozogony 그리고 *E. maxima*의 성숙 macrogamete에 작용한다.

콕시듐 발생 후에 치료약제에만 의존해서 병의 발생을 근절하려고 시도하는 것은 피해가 크게 발생할 수 있다. 충란에 오염된 양계장이 너무 광범위하게 분포하고 있기 때문에 필요시 감수성이 있는 항콕시듐제를 사료에 배합하여 일정 시간 지속적으로 투약하는 방법을 많이 사용하고 있다. 그러나 내성 획득의 문제가 제기됨에 따라 약제 투여시기를 조절함으로써 약제 내성을 지연시키는 방법이 오랫동안 사용되어 왔다. 즉, 여러 세대가 지난 후 약제를 바꾸는 방법과 한 세대에 여러 콕시듐제를 돌아가며 쓰는 방법이 있다. 이 프로그램에 사용되고 있는 항콕시듐제로는 현재 clopidol, salinomycin, semduramycin, lasalocid, diclazuril, maduramycin, monensin, narasin 등이 허용되어 있다.

계군에 만연되어 있는 닭 콕시듐을 예방하기 위하여 양계사료 특히 육용계 사료에는 항콕시듐제가 첨가되어 닭에 급여할 수 있다. 현재까지 소개된 항콕시듐제는 polyether ionophorous 계열의 항콕시듐제인 salinomycin, samduramycin, lasalocid, monensin, maduramycin, narasin과 합성항콕시듐제인 dicrazuril, clopitol, amprolium 등을 포함한 약 90여 품목이 유통되고 있다. 국내에서는 콕시듐증을 예방하고자 2011년 현재 clopidol, salinomycin, semduramicin, lasalocid, diclazuril, maduramycin, monensin, narasin 등을 사료첨가제로 허용하고 있으나 점진적으로 줄여나가고 있는 실정이다. 그러나 최근에 항콕시듐제의 남용에 따른 약제내성 *Eimeria*의 출현과 식육 내 항콕시듐제의 잔류에 따른 여러 문제가 대두되고 있어 사용을 더 줄이는 노력이 필요해 보인다.

예방접종 (Vaccination)

Eimeria 감염을 예방하기 위해 항콕시듐 백신이 1950년대 최초로 개발되어 상용화되었다. 백신에는 *Eimeria* 야외주를 분리하여 난포낭 형성을 유도한 후 숙주 구강 접종을 통하여 면역을 형성시키는 생백신과 콕시듐 원충의 병원성을 순화시킨 약독화 백신이 있다. 재조합 유전자 기술을 이용한 subunit 백신에 대한 연구가 수행되어 실험실 차원에서 사용되고 있으나 현재 기술로는 실용화가 쉽지 않다. 재조합 유전자 백신은 *Eimeria* 원충의 생활사에 따른 항원의 변화, 원충체 항원의 복합성, 그리고 높은 종 특이적인 면역원성 등 다양한 문제로 백신 개발에 어려움이 있다. 백신은 일반적으로 양계장에 널리 퍼져 있는 *E. acervulina*, *E. maxima*, *E. tenella*를 혼합하여 제조하는 추세이다. 백신의 접종은 공기 중에 뿌리는 방법, 눈의 점막에 접종하는 방법, 음수나 사료에 첨가하는 방법, 발생 수정란에 접종하는 in ovo 접종법 및 젤라틴에 백신을 섞어서 양계장에 놓아두는 방법 등이 있다.

생백신

야외주 혹은 실험실에서 관리하고 있는 균주를 직접 이용한다. 야외주인 *E. tenella*의 난포낭(sporulated oocyst)을 이용한 최초의 항콕시듐

백신이 Edgar(1952)에 의해 개발되었다. 처음에는 한 종류의 *Eimeria* 균주를 이용하여 만들었으나 1990년대에는 산란계, 종계 및 육계 등 목적동물에 따라 *Eimeria* 종을 다르게 혼합한 항콕시듐 백신이 출시되고 있다. 또한 지역과 나라에 따라서 빈번하게 발생하는 콕시듐의 종류가 다르므로 백신의 개발에 지역적인 면을 고려하여야 한다.

일반적으로 콕시듐이 발생하는 기간에는 항콕시듐 약제를 사료에 배합하여 일정 기간 지속적으로 투여하는 방법이 있다. 이시기에 백신을 접종하여 면역을 형성시키는 방법은 약제 내성균의 출현과 같은 문제점을 일으킨다.

약독화 백신

약독화 백신 개발 초기에는 충란을 열처리하거나 X-선 조사 등의 방법을 사용하였지만 성공하지 못했다. Dr. Jeffer(1975)는 콕시듐 원충에서 조숙원충(precocious line)의 선발에 대한 연구를 발표하면서 콕시듐증 연구에 새로운 장을 열었다. 조숙원충의 특징은 생활사의 주기, 증식력 및 병원성은 감소하지만 면역원성은 유지된다. 이후 *Eimeria* 7종의 조숙원충을 이용한 콕시듐 혼합 백신이 개발되었다.

콕시듐 균주를 약독화하는 방법으로서 1965년 *E. tenella*를 발육란의 장뇨막(chorioallantoic membrane)에 접종하여 순화시킨 *E. tenella* 원충이 개발되었다. 그러나 발육란에서 *E. acervulina*, *E. maxima* 및 *E. praecox*는 생활사를 완성할 수 없기 때문에 발육란 계대를 통한 약독화 균주를 얻는 데 어려움이 있다.

Subunit vaccine

재조합 생식체, 소포로조이트 및 난포낭 관련 항원을 사용하여 인위적으로 닭을 면역시키면 이들 항원에 대한 부분적인 방어면역이 형성된다고 알려져 있다. 1990년대에 *E. maxima*에서 분리한 정제된 gametocyte 항원으로 백신을 개발하였다. 최근 콕시듐증에 대한 보다 완전한 방어면역을 유도할 수 있는 재조합 항원물질을 개발하기 위해 새로운 항원 생산기법 개발과 면역력을 높이는 각종 보조제 개발에 박차를 가하고 있다. 현재는 재조합 유전자 백신은 효과가 약하고 생산 비용이 높아서 실용화를 위해서는 많은 시간과 노력이 필요하다.

참고문헌

Charlton et al., 2006. Avain Disease manual(6th). *American Association of Avian Pathologists.*

Conway D.P. Elizabeth Mckenzie M. 2007. Poultry Coccidiosis: Diagnostic and testing procedures(3rd). Blackwell publishing.

McDougald L.R., Fitz-coy S.H. 2013. Coccidiosis In: Swayne, D.E., Glisson, J.R., McDougald, L.R., Nolan L.K., Suarez, D.L., Nair, V. (Eds), Diseases of poultry, Wiley-Blackwell, Iowa, pp. 1148-1163.

Min W, Dalloul R.A., Lillehoj H.S. 2004. Application of biotechnological tools for coccidia vaccine development. *J. Vet. Sci.* 5:279-288.

Min W, Kim W.H, Lillehoj E.P, Lillehoj H.S. 2013. Recent progress in host immunity to avian coccidiosis: IL-17 family cytokines as sentinels of the intestinal mucosa. *Development and Comparative Immunology.* 41:418-428.

Quiroz-Castañeda R.E, Dantán-González E. 2015. Control of avian coccidiosis: future and present natural alternatives. Biomed Research International. 430610.

김순재. 1997년. 조류질병학. 선진문화사.

이병형. 2009년. 국내 양계농장의 닭 콕시듐 원충분포 및 *E. acervulina*에 대한 Humic natural complex의 항콕시듐효과(박사학위논문).

28 CHAPTER

히스토모나스증(흑두병)

Histomoniasis

경상대학교 민원기

개요

*Histomonas(H.) meleagridis*는 닭, 칠면조와 같은 순계류(gallinaceous birds, Galliformes)의 다양한 장기에 존재하지만, 주로 맹장과 간에 기생하며 전염성 장간염(infectious hepatoenteritis)이라 불리거나, 벼슬과 육수는 퇴색되고 청색증이 보인다고 하여 흑두병(blackhead disease)이라 불린다. 감염된 조류는 맹장벽의 궤양과 염증, 다량의 가스로 인한 맹상 종내, 장간막 염증, 그리고 간의 심한 괴사를 나타낸다. 질병과 폐사는 간 손상의 결과로서 나타난다. 닭 또는 소류 맹장충(*Heterakis gallinarum*)이 중간숙주로, 지렁이는 부숙주(accessory host)의 역할을 한다.

역사

히스토모나스증은 1985년 처음 칠면조에서 발견되었다. 닭은 질병의 경과가 심하지 않고 보균계(carrier)가 된다. 따라서 닭과 칠면조를 같은 장소에 사육하는 것은 바람직하지 않다. 또한 *H. meleagridis*는 맹장충과 지렁이에서 오래 생존하므로 닭을 사육하였던 지역에 칠면조 사육을 피하는 것이 좋다. 일반적으로 히스토모나스 단독으로는 칠면조에서 질병을 일으키지는 않는다. 히스토모나스는 여러 세균(대장균, 클로스트리디움, 바실러스균 등)과 상호작용으로 질병이 발생하는 등 복잡한 병인론을 보인다. 맹장 콕시듐을 유발하는 *Eimeria tenella*가 간병변 발생에 중요한 역할을 하는 것으로 밝혀졌다. 분변에 존재하는 히스토모나스는 조류의 총배설강을 통하여 직접 감염될 수 있다.

원인체 특성

분류 및 증식

편모충류의 세모편모충목에 속하는 *Histomonas meleagridis*가 원인체이며, 특히 아메바형 단계(amoeboid stage)에서 다양한 형태를 나타낸다. 충체의 형태에 따라 내강형(cecal lumen form)과 조직형(tissue form)으로 분류할 수 있다.

맹장에서 발견되는 내강형 *H. meleagridis*에는 6~11 μm 길이의 하나의 편모가 존재한다. 핵은 구형, 타원형, 난형 등 다양하며 2.2×1.7 μm 크기이다. 조직형은 편모가 없고 형태는 다양하여 세 단계로 구분하여 설명할 수 있다. 병변 주위에 존재하는 침입 단계(invasive stage)의 원충은 8~17 μm의 크기이고 아메바형으로 위족을 가지며 아메바운동을 한다. 성장기(vegetative stage)에서 형태는 더 다양하며 크기는 12~21 μm이고, 변성 조직 액포에 모여 있다. 마지막 단계에서는 오래된 병소에서 발견되고 호산성이며, 크기는 작다. *H. meleagridis*는 미토콘드리아가 없다.

증식은 2분법으로 하며, 분변으로 배설되는 원충은 자연환경에 저항력이 약하여 수 시간밖에 생존하지 못한다. *H. meleagridis*는 소독제, 건조상태에서 쉽게 사멸된다. 그러나 중간숙주인 맹장충에서는 2년 동안 생존할 수 있어 전파에 중간숙주가 중요한 역할을 한다.

H. meleagridis 생활사

조류 맹장충으로 알려진 *Heterakis gallinarum*이 중간숙주 역할을 한다. 칠면조 맹장에 존재하는 맹장충이 히스토모나스 원충을 섭취하면, 히스토모나스 원충은 여러 번 분열한 후 이 과정에서 매우 작게 형성되어 맹장충의 생식기관에 침입하게 된다. 맹장충은 히스토모나스 원충을 함유한 충란을 배설하고, 닭 및 칠면조 등의 숙주는 맹장충 충란을 섭취하여 동시에 맹장충과 히스토모나스에 감염된다. 숙주 맹장에서 *Heterakis* 유충이 형성되어 맹장내강으로 침입하며, 맹장에 괴사가 유발된다. 이때 유충은 편모를 가지고 운동성을 갖게 된다. 편모가 있는 유충은 맹장벽을 통과하고 간문맥을 경유하여 결국은 간에 도달하게 되어 간병변(bull-eye liver)을 유발한다. *H. meleagridis*는 간, 맹장과 함께 십이지장, 비장, 폐, 심장, 뇌, F낭(bursa of Fabricius) 등에서도 발견된다.

부숙주(accessory host)인 지렁이는 맹장충 유충을 오랜 기간 동안 가지고 있을 수 있어 매개체(vector) 역할을 한다.

역학

자연감염 숙주 및 발생 상황

미국, 유럽, 아시아 등 가금을 사육하는 모든 나라에서 발생하고 있다. 원인체는 닭, 오리, 기러기, 칠면조 등 광범위한 조류에 감염한다. 일반적으로 칠면조와 닭이 주요 감염 숙주이며, 칠면조가 감수성이 특히 높아 100%까지 폐사율을 나타낼 수 있어 칠면조 산업에 많은 경제적 피해를 주고 있다. 닭은 유병률이나 치사율이 칠면조보다는 낮지만 양계산업의 규모가 크기 때문에 그 피해 또한 상당하다. *H. meleagridis*는 연중 발생하나 여름철에 발생빈도가 더 높다. 질병의 발생은 산발적이며 유병률은 10~100% 범위이다. 사람에게는 전파되지 않는다.

히스토모나스증은 닭 농장에서 높은 빈도로 나타나고 있다. 최근(2010년)에 네덜란드 닭 농장(116개)에서 채혈한 혈청을 분석한 결과 87% 농장에서 혈청양성을 나타내었으며, 사육형태[유기농 농장, 케이지형 계사, 계방형 계사(floor housing), 방사형 계사(free-ranging type)]에 따라 양성률 차이는 없었다. 히스토모나스증은 육계, 종계, 산란계, 방사한 닭에서 발견되며, 최근에 사료 내 항생제 첨가 제한으로 히스토모나스증 발생이 증가하고 있다.

잠복기 및 전파

히스토모나드(histomonads)는 가금의 맹장벽에 침투하고 맹장 내에서 증폭한 후 간문맥을 통해 간으로 이동한다. 감염 후 7~12일에 임상증상이 나타나지만, 대부분 11일에 임상증상이 나타난다. 비록 감염량에 따라서 차이가 있을 수 있지만, 감염 후 3일 이내에 숙주의 맹장점막은 비후되고 붉게 변한다. 칠면조에서는 3일 만에 간과 맹장에서 병변관찰이 가능하다. 숙주는 구강 및 총배설강을 통하여 감염되며, 감염 경로에 따라서 잠복기에 차이가 있다. 총배설강을 통한 감염이 구강 감염보다 일반적으로 임상증상이 빠르게 나타난다.

닭은 맹장충의 가장 중요한 숙주이며 보균 동물이다. *H. meleagridis*의 전파는 두 가지 방법에 의하여 주로 전파된다. 첫째는 중간숙주인 맹장충에 의하여 전파된다. 둘째는 조류 사이에 구강을 통하여 또는 총배설강을 통하여 직접전파된다. 일반적으로 가금의 60~90% 정도는 맹장충에 감염된다.

대부분의 순계류는 맹장충의 숙주이고, 야생조류는 보균 동물로 역할을 할 수 있다. 맹장충은 *H. meleagridis*의 중간숙주로 작용한다. 맹장충 충란은 자연환경에 저항성이 있으며 2~3년 동안 감염력이 있다. 지렁이는 맹장충 유충을 보유하고 있을 수 있어 매개체로 작용한다. 파리, 메뚜기, 쥐며느리, 귀뚜라미와 같은 곤충들도 때로는 기계적인 전파를 한다.

임상증상

순계류는 *H. meleagridis*의 숙주로 알려져 있다. 칠면조, 닭, 꿩, 메추라기, 닭은 감수성이 크다. 반면에 호로새(뿔닭), 메추라기, 타조는 중등도의 감수성을 보인다. 오리는 감수성이 미약하고, 무증상을 나타낸다.

닭 및 다른 순계류들의 치사율은 다양하지만, 칠면조는 감수성이 더욱 높아서 치사율이 80~100%에 이르며, 6~8주에 종종 임상증상을 나타낸다. 유황색 변의 배설, 졸음, 날개 처짐, 뒤뚱뒤뚱 돌아다님, 식욕부진, 체중 감소, 침울 등의 증상을 보인다. 감염된 가금들은 군집을 이루며, 머리 부분에 청색증을 띠는 경우도 있어 흑두병(blackhead)으로 알려져 있다. 심한 경우에는 질병의 말기에 간기능이 심하게 손상되고, 담즙의 배설로 유황색 변을 배설하기도 한다. 칠면조에서는 감염 후 6~12일이 경과하면서 수척해진다. 닭은 칠면조보다 임상증상이 덜하다. 닭은 처진 날개, 눈을 감는 등의 주 증상을 보인다. 혈변을 배설하기도 하여 콕시듐증과 감별이 필요하다.

병변

히스토모나스증의 주요 병변은 맹장과 간에서 보인다. 비장, F낭, 췌장, 신장에서의 병변도 보고되어 있다. 초기 병변은 맹장에서 보이며, 맹장벽은 종대 및 비후되어 있다. 맹장점막은 궤양을 형성하고 치즈양 삼출물이 차 있으며 황색, 회색, 청색을 보인다. 또한 맹장벽이 천공되어 복막염을 보이는 경우도 있다.

간 병변은 원형으로 함몰되어 있는 괴사를 나타낸다. 괴사의 크기는 다양하며 직경이 1~2 cm인 경우도 있다. 또한 간 표면에 많은 수의 작은 괴사가 나타나는 경우도 있다. 간은 종대되고 색깔은 녹색 및 황갈색을 나타내기도 한다. 때로는 폐, 신장, 비장, 장간막은 흰 원형의 괴사가 보인다.

*H. meleagridis*의 맹장벽 침입은 염증성 반응을 유발한다. 현미경 소견으로는 충혈, 백혈구의 침윤, 세균, 맹장충(*Heterakis gallinarum*), 히스토모나드(histomonads)가 관찰된다. 침입 후 5~6일에 많은 히스토모나드가 기저층, 점막근막(muscularis mucosa)에서 관찰되며 백혈구와 더불어 단핵구와 림파구가 관찰된다. 맹장에는 사료, 탈락한 상피세포, 섬유소, 적혈구, 백혈구 등이 함께 존재하며 결국에는 맹장의 영구적인 손상을 보인다.

감염 후 6~7일에 간문맥 주위에 림프구, 단핵구, 이염색백혈구(heterophils)가 나타난다. 10~14일에는 병변이 커지고 병변끼리 융합되기도 한다. 림프구, 단핵구, 이염색백혈구는 더욱 많아지며 간세포에는 괴사 및 붕괴가 나타난다. 히스토모나드가 괴사 주변에서 관찰되며 결국 괴사 크기는 점점 확대된다.

진단

임상 및 실험실 진단

간과 맹장의 육안적 병변으로 확인할 수 있다. 맹장과 간에 병변이 있는 salmonellosis, coccidiosis, aspergillosis와 감별진단이 필요하다. 맹장과 간의 특이적 병변을 확인하고 조직검사로 원충검출을 실시한다. 감염된 검체를 위상차현미경을 통해서 검출이 가능하며, PAS(periodic acid Schiff) 염색을 통해서도 확인할 수 있다. 최근에는 *H. meleagridis*의 small-subunit RNA를 확인하는 PCR 진단이 이용된다.

예방 및 치료

예방법은 원충이 숙주 체외에서 약하고 수 시간 내에 사멸되지만 맹장충 충란 내에서는 장기간 감염력이 없어지지 않아 맹장충에 대한 구충이 효과가 크다. 맹장충의 매개체인 지렁이에 대한 구제도 필요하다. 닭을 사용하였던 계사에 칠면조를 사육하지 않는 것이 예방상 안전하다. *H. meleagridis*에 대한 유용한 상업용 백신은 아직 없다. 많은 종류의 약품 즉 Arsenicals, Nitrofurans, Nitroimidazoles, Benzimidazoles, Nitrothiazoles, Benzothiazoles, Nithiazide, quinolines, Carbamates 등 다양한 계열의 약품이 치료제 및 예방제로 사용된다.

참고문헌

Clark S, Kimminau E. Critical Review: Future Control of Blackhead Disease(Histomoniasis) in Poultry. 2017. *Avian Diseases*. 2017 61:281-288.

Hess M, McDougald L.R. 2013. Histomoniasis(Blackhead) and other protozoan diseases of intestinal tract. In: Swayne, D.E., Glisson, J.R., McDougald, L.R., Nolan L.K., Suarez, D.L., Nair, V. (Eds), Diseases of poultry, Wiley-Blackwell, Iowa, pp. 1172-1179.

Hauck R, Hafez HM. 2013. Experimental infections with the protozoan parasite *Histomonas meleagridis*: a review. Parasitology Research. 112:19-34.

Hussain I, Jaskulska B, Hess M, Bilic I. 2015. Detection and quantification of *Histomonas meleagridis* by real-time PCR targeting single copy genes. *Veterinary Parasitology*. 212:382-388.

Liebhart D, Ganas P, Sulejmanovic T, Hess M. 2017. Histomonosis in poultry: previous and current strategies for prevention and therapy. *Avian Pathology*. 46:1-18.

McDougald LR. 2005. Blackhead disease(histomoniasis) in poultry: a critical review. *Avian Diseases*. 49:462-476.

van der Heijden HM, Landman WJ. 2011. High seroprevalence of *Histomonas meleagridis* in Dutch layer chickens. *Avian Diseases*. 55:324-327.

한국수의기생충학교수협의회. 2013. 수의기생충학. 도서출판 농경애니텍. pp. 244-247.

29 CHAPTER 류코사이토준병

Leucocytozoonosis

경상대학교 민원기

개요

조류 주혈포자충 목(*Haemosporidia*) 내에는 열원충 과(*Plasmodiidae*), 헤모프로테우스 과(*Haemo-proteidae*)와 류코사이토준 과(*Leucocytozoidae*)가 있다. 이들은 곤충매개 원충성 기생충(insect-vector parasites)으로서 전 세계적으로 야생조류, 오리, 닭, 칠면조 등 다양한 조류를 감염시켜 무증상에서 폐사에 이르기까지 다양한 임상증상을 일으킨다. 폐사율은 기생충의 종, 노출 정도, 연령, 면역 상태 및 기타 요인에 따라 크게 차이가 있다.

약 100여 종의 류코사이토준이 조류에서 알려져 있으며, 혈액 및 내부장기에 감염한다. 류코사이토준 매개체는 흑파리(black flies)에 속하는 *Simulium* spp.와 등에모기(biting midges)에 속하는 *Culicoides* spp.가 있다. 류코사이토준은 곤충에 의해서 전파되므로 여름과 초가을까지 유행하며, 가을 이후에도 산발적으로 발생하는 경우가 있다. 유행은 사육환경, 기후조건, 전년도의 유행 상황 등에 따라 다르나.

생활사에는 2종류의 숙주가 필요하다. 포자생식(sporogony)은 곤충에서, 분열생식(schizogony)과 유성생식(gamctogony)은 조류의 혈액 및 조직에서 일어난다. 닭, 오리, 칠면조, 거위 등의 가금에서 경제적 손실을 일으키는 주요 류코사이토준 종은 *Leucocytozoon*(*L.*) *caulleryi*, *L. simondi*, *L. smithi*이다.

원인체 특성

병원체는 *Apicomplexa* 문(phylum), *Heamospororina* 목(order)에 속하는 류코사이토준이다. Vasily Danilewsky는 1884년 올빼미에서 처음으로 기생충을 발견하였다. 현재는 100여 종의 류코사이토준이 조류에서 보고되었다. 닭에서는 *L. caulleryi*, *L. sabrazesi*, *L. andrewsi*, *L. schouteedeni*가 보고되었으며, 이 중 *L. caulleryi*가 고병원성으로 치명적인 출혈을 일으킨다. 칠면조에서는 *L. smithi*가 주요 원인체이고, 오리와 거위에서는 *L. simondi*가 주요 원인체로서 오리와 거위에 사망을 일으킨다. 또한 많은 류코사이토준 종들이 야생조류에 감염을 일으킨다.

생활사

감염된 파리 타액선에 존재하는 포자소체(sporozoites)는 파리가 흡혈할 때 조류에게 전파된다. 조류에 감염한 포자소체는 간으로 이동하여 간세포에 감염한다. 간세포에서 영양체(trophozoite) 및 분열체(schizont)로 발달한 후 4~6일 후에 분열소체(merozoite)로 분열한다. 이 단계의 지속 기간은 부분적으로 류코사이토준 종에 달려 있다. 일부 종에서는 분열이 간 대신에 내피세포(endothelial cells)에서 일어난다. 세포를 탈출한 분열소체(merozoite)는 적혈구, 백혈구, 대식세포 또는 내피세포에 감염한다. 대식세포 또는 내피세포에 감염한 분열소체는 megaloschizont로 발전하며, megaloschizont는 분열과 성숙을 거쳐서 다량의 분열소체(merozoite)가 된다.

적혈구 및 백혈구에서 분열소체는 12~14 μm 크기의 생식모세포(또는 배우자세포, gametocyte)로 발전한다. 큰 생식모세포에 감염된 숙주세포는 심하게 왜곡되어 세포를 식별하기 어렵다.

생식모세포는 곤충의 내장에서 자성생식체(macrogametocyte) 및 웅성생식체(microgametocyte)로 성숙한다. 이 두 생식체는 융합되어 ookinete(운동접합체, 단상접합자)를 형성한다. 자성생식체의 핵은 적색으로 염색되고, 웅성생식체의 핵은 희미하고 넓게 염색된다. 운동접합체는 파리 장세포에서 충란(oocyst)으로 성숙하며, 충란은 며칠이 지나면 100개 이상의 포자소체(sporozoites)를 생산한다. 포자소체는 파리의 타액선으로 이동하여 파리가 흡혈할 때 조류에 전파된다.

역학

L. caulleryi

닭에 주로 감염되어 산란율 저하를 일으키고 어린 병아리를 폐사시킨다. *L. caulleryi*는 베트남에서 1909년에 발견되었으며, 우리나라와 아시아 전역에서 보고되었다. 계절적으로는 특히 여름철에, 지역별로는 열대지방에서 많이 발생한다. 동남아시아에서는 고질적인 질병이다. 우리나라는 1959년 발견 이후로 지속적으로 발생하고 있다.

Culicoides arakawae(닭겨모기), *C. circumscriptus*, *C. odibilis*가 매개체 역할을 한다. 매개체의 타액선액이 있는 포자소체는 매개체가 흡혈하면서 숙주인 조류에 감염된다. 초기 분열체는 폐, 비장, 흉선에 발생한다. megaloschizont는 육안적으로 확인할 수 있으며 신장, 간, 폐, 심장, 비장, 췌장, 흉선, 근육, 기관지, 난소, 뇌 조직에서도 종종 발견된다. 성숙한 생식세포(gamont)는 둥근 형태로 직경은 약 20 μm이며 적혈구 및 백혈구에서 발견된다. 생식세포(gamont)는 말초혈액에서 감염 후 14일째에 나타나며, 아적혈구(erythroblast)는 찌그러진 형태로 분화한다. 적혈구 내에서 성숙한 생식세포는 적혈구를 파괴하고 혈장으로 빠져나온다.

닭에서 심한 경우는 복막강 출혈, 신장출혈 및 경막하 출혈이 관찰된다. 산란계는 분열체 발달과 더불어 난관에서 부종, 염증, 육아종이 관찰된다. 감염된 조류는 벼슬의 창백, 빈혈증상, 침울, 푸른 설사, 산란율 저하 및 발육지연이 일어난다.

L. simondi

오리, 거위에서 많이 발생하며 숙주로서 역할을 한다. 미국, 캐나다, 유럽, 베트남에서 발생하였으며, 오리에서는 *L. anatis*, 거위에서는 *L. anseri*가 별칭이다. 미국 동부 연안의 14~20%의 오리 및 거위가 원인체를 가지고 있다.

중간숙주인 흑파리(blackfly)에서 포자생식(sporogony)은 3~4일 안에 일어난다. 파리의 위(stomach)에 존재하는 운동접합체로부터 형성된 충란은 포자소체(sporozoites)를 생산하고, 포자소체는 파리 타액선으로 이동하여 파리가 흡혈할 때 조류에 전파된다.

감염된 오리 농가에서는 때로는 35% 정도 폐사율이 나타나며, 어린 오리는 피해가 더욱 심하여 70%가 넘는 폐사율이 보일 수 있다. 그러나 오리 인공감염 실험에서는 폐사율은 없었으며, 성장률에도 차이가 없었다.

임상증상은 연령, 숙주 상태에 따라서 다양하다. 어린 오리는 식욕부진, 무기력, 호흡곤란을 보이다가 24시간 내에 폐사할 수 있다. 성체는 감염 후 11~19일 사이에 폐사가 나타나지만, 폐사율은 낮다. 병리학적 소견은 빈혈, 백혈구 증가, 비장 종대, 간 변성 및 간 종대가 있으며, megaloschizont가 증식하는 오리 비장과 심장은 광범위한 조직손상을 나타낸다.

L. smithi

칠면조가 주요 감염동물로서 미국 칠면조에서 처음으로 *L. smithi*가 발견되었다. 이후로 북미, 유럽 등 많은 나라에서 발견되었다. 흑파리(*Simulium* spp.)가 매개체로서, 이들 매개체가 잘 서식하는 지역의 집오리 및 방사형 오리가 감염률이 높다. 양성률은 다양하지만 방사형 농장의 성숙한 칠면조에서는 100% 양성률을 나타내기도 한다. *L. smithi*는 실험적으로는 닭 및 오리에 전파되지 않는다.

생활사는 *L. simondi*와 비슷하지만 상세히 알려져 있지 않다. 잠복기는 약 9일이다. *L. smithi*는 원형의 생식모세포(gametocyte) 형태로 혈액에서 발견되며, 처음에는 둥글지만 나중에는 길이가 20~22 μm 정도로 길어지게 된다. 숙주세포도 45×15 μm로 길며, 원충의 양쪽을 따라서 가늘고 긴 검은 줄을 형성한다.

칠면조에서 치명적이며, 주로 어린 칠면조가 감수성이 높다. 심한 감염은 성숙한 오리에서는 드물다. 감수성 있는 칠면조에서 질병의 진행은 빠르고 치명적이다. 임상증상은 식욕부진, 심한 갈증, 침울, 무기력, 운동실조 등이 나타난다. 칠면조는 폐, 소장, 간, 비장에서 충혈이 나타날 수 있으며, 간과 비장이 종대되어 있다. 폐사는 급성에서 갑자기 나타난다.

정상적인 닭에 비하여 *L. smithi*에 감염된 닭은 산란 저하, 계란 무게 감소, 부화율 저하, 높은 폐사율을 보인다. 수탉은 교미 능력의 감소가 나타난다. 회복된 조류는 혈액에 1년 이상 기생충을 보균할 수 있다.

임상증상

어린 오리 또는 칠면조들은 무기력하며 빈혈, 백혈구 증가, 빈맥, 식욕부진, 녹색 설사 등의 다양한 임상증상이 나타난다. 어린 오리는 사망률이 70%까지 나타난다. 성체 오리와 성체 칠면조에서는 폐사율이 낮으며, 산란 저하 및 부화율 감소가 보인다. 감염된 조류는 7~20일 후에 사망하거나, 회복된 조류는 성장지연 및 산란율 저하 등의 후유증을 보일 수 있다.

*L. caulleryi*에 감염된 닭은 창백한 벼슬, 빈혈증상과 활기가 없으며, 복강, 폐, 간, 신장에 출혈증상이 있다. 이러한 증상은 megaloschizont가 파열될 때의 출혈에 의한 것이다. 산란계는 산란율의 감소, 산란정지, 연란을 산란하는 경우가 있다. 말초혈액에 분열소체 출현과 기생충혈증(parasitemia)으로 적혈구 감소, 심한 빈혈과 각혈을 동반하며 갑자기 폐사한다.

*L. simondi*에 감염된 새끼 오리는 아침에 정상이지만 오후부터 앓기 시작하여 다음 날 아침이면 폐사한다. 감염된 어린 오리는 활기가 없고 먹지 않으며 증원생식체(meront)에 의해 폐 모세혈관이 폐쇄되어 호흡곤란을 보인다. 성숙한 오리는 만성적으로 진행이 되며 감염 10~12일 후 말초혈관에 원충이 만연되어 폐사한다.

*L. smithi*에 감염된 어린 칠면조는 질병 경과가 빠르고 피해가 심하며 빈혈증상과 함께 쇠약해진다. 병이 진행되면서 호흡곤란 및 혼수상태로 폐사한다.

병변

기생충 감염의 전형적인 병리소견은 빈혈, 간 종대(hepatomegaly), 간 변성(liver degeneration) 및 비장 종대(splenomegaly)이다. 폐사한 조류의 전신 장기에서는 점상 출혈이, 그리고 폐와 신장에서는 현저한 출혈이 관찰된다. 복강, 기관 및 소낭에 출혈이 있는 경우도 있다. 조직 소견은 소혈관이나 모세혈관의 전색 및 압박 등에 인한 울혈, 수종, 파열성 출혈이 특징적이다.

megaloschizonts로 인한 회백색 결절은 심장, 간, 폐, 비장 및 기타 장기에서 나타날 수 있다. megaloschizonts에 의해 혈관이 막혀서 허혈성 괴사 및 염증이 심장, 뇌, 비장 및 간에서 관찰된다.

진단

계절적으로 여름과 초가을에 많이 발생하므로 계절을 참고하며 직접 현미경을 통해서 진단할 수 있다. 특히 말초혈액 및 폐, 비장, 골수, 간 등의 도말 표본을 Giemsa 염색하여 생식모세포(gametocyte)를 관찰할 수 있다.

항체를 검출하는 다양한 혈청학적 진단법으로 한천겔침강반응, 간접형광항체법, ELISA, Latex 응집반응 등이 있다. 또한 류코사이토준의 특정 유전자를 중합효소연쇄반응(PCR)을 통해 확인하여 진단할 수 있다.

예방 및 치료

중간숙주인 흡혈곤충, 즉 흑파리(black flies)와 등에모기(biting midges) 방제가 중요하다. 예방을 위해서는 양계장 주위의 논 등의 물에 서식하는 등에모기를 제거하고, 해충 기피제(repellent)를 이용하여 매개곤충들이 동물에 가까이 오지 못하도록 하는 방법이 있다. *L. caulleryi*의 항원을 이용한 재조합 R7 백신(oil-adjuvanted rR7)이 실험실 및 농장 감염 실험에서 효과가 있었다. 항생제를 통한 치료는 효과가 있으나 제한적이다. 산란 및 출하 시 항생제 투여는 공중보건상 매우 중요하기 때문에 주의가 필요하다.

참고문헌

Argilla LS, Howe L, Gartrell BD, Alley MR. 2013. High prevalence of *Leucocytozoon spp.* in the endangered yellow-eyed penguin(Megadyptes antipodes) in the sub-Antarctic regions of New Zealand. *Parasitology*. 140:672-682.

Bermudez, A.J. 2013. Histomoniasis(Blackhead) and other protozoan diseases of intestinal tract. In: Swayne, D.E., Glisson, J.R., McDougald, L.R., Nolan L.K., Suarez, D.L., Nair, V. (Eds), Diseases of poultry, Wiley-Blackwell, Iowa, pp. 1185-1188.

Lee HR, Koo BS, Jeon EO, Han MS, Min KCh, Lee SB, Bae Y, Mo IP. 2016. Pathology and molecular characterization of recent Leucocytozoon caulleryi cases in layer flocks. *The Journal of Biomedical Research*. 30:517-524.

Lotta IA, Pacheco MA, Escalante AA, González AD, Mantilla JS, Moncada LI, Adler PH, Matta NE. 2016. Leucocytozoon Diversity and Possible Vectors in the Neotropical highlands of Colombia. Protist. 167:185-204.

Murdock CC, Adler PH, Frank J, Perkins SL. 2015. Molecular analyses on host-seeking black flies(Diptera: Simuliidae) reveal a diverse assemblage of Leucocytozoon(*Apicomplexa*: Haemospororida) parasites in an alpine ecosystem. *Parasit Vectors*. 25:343.

Suprihati E, Yuniarti WM. 2017. The phylogenetics of Leucocytozoon caulleryi infecting broiler chickens in endemic areas in Indonesia. *Veterinary World*. 10:1324-1328.

Shutler D, Lowe AG, Robinson SR. 2010. Relationships between circulating leucocytes and Leucocytozoon simondi in mallard, Anas platyrhynchos, ducklings. *Comparative Biochemistry and Physiology*. 156:46-49.

한국수의기생충학교수협의회. 2013. 수의기생충학. 도서출판 농경애니텍. pp. 336-338.

V
SECTION

오리 질병

30 CHAPTER 오리 간염

Duck Hepatitis

전북대학교 차세연

개요

오리 간염(duck hepatitis; DH) 또는 오리 바이러스간염(duck viral hepatitis; DVH)은 간염이 특징이며 어린 오리에서 매우 치명적이고 빠르게 전파된다. 오리 간염은 적어도 5가지 다른 바이러스에 의해 유발될 수 있다. 일반적으로 DH를 유발하는 바이러스는 세 가지 혈청형(DHV 1형, DHV 2형 및 DHV 3형)으로 분류된다. 병원성이 가장 높고 널리 퍼져 있는 것은 DHV 1형이다. 국제바이러스분류위원회의 9번째 보고서에 따르면, DHV 1형은 오리 간염 A형 바이러스 1형(duck hepatitis A virus type 1; DHAV-1)으로 개칭되었으며 *Picornaviridae* 과(family) *Avihepatovirus* 속(genus)으로 분류되었다. 이후 새롭게 기술된 DHAV 유전자형(또는 혈청형)으로 대만에서 분리된 DHAV-2와 한국, 중국에서 분리된 DHAV-3도 *Avihepatovirus* 속에 속한다.

DHV 2형, DHV 3형 바이러스는 모두 *Astroviridae* 과의 *Avastrovirus* 속에 속하며, 각각 오리 아스트로바이러스 1형(duck astrovirus type 1, DAstV-1), 오리 아스트로바이러스 2형(DAstV-2)이라고도 한다. Hepadnavirus group의 duck hepatitis B virus(DHBV)도 야생 오리와 사육 오리에서 발견될 수 있다.

오리 간염은 폐사율이 매우 높기 때문에 모든 오리 사육 농장에서 경제적으로 중요하지만 사람에게는 감염되지 않는다. 여기에서는 한국에서 발생보고가 있는 DHAV(DHV 1형)에 대해 기술하였다.

역사

DHV 1형은 1945년 미국의 롱아일랜드에서 어린 화이트 베이징오리에서 처음 보고되었다. 이후로 DHV 1형은 전 세계적으로 발생하였다. DHAV-1은 1950년에 계태아에서 처음으로 분리되었으며, 2006년에 전체 게놈을 분석하여 *Picornaviridae* 과 *Avihepatovirus* 속으로 분류되었다. 2007년에 항원구조 및 유전자 염기서열로 구별되는 바이러스가 확인되었는데, 대만에서 분리된 DHAV-2와 한국에서 분리된 DHAV-3이다. 국내에서는 1985년에 전남지역에서 처음 발생 보고된 이후에 오리농가에서 발생하고 있다. 우리나라에서는 DHAV-1과 DHAV-3이 발생 보고되었다.

원인체 특성

분류

DHV 1형 바이러스(오리 간염 A형 바이러스: DHAV)는 *Picornaviridae* 과의 *Avihepatovirus* 속에

속한다. DHAV는 서로 다른 3개의 유전자형 또는 혈청형의 바이러스들(DHAV-1, DHAV-2, DHAV-3)로 구성된다.

형태학 및 화학적 구성

DHV 1형 바이러스는 전형적인 picornavirus 형태로 외피가 없는 정이십면체 형태이며, 크기는 20~40 nm이다. 한국, 대만, 중국에서 분리된 DHAV-1 분리주의 전체 게놈 크기는 약 7,800개의 뉴클레오티드로 구성되어 있으며, positive-sense, single-stranded ribonucleic acid(RNA), 3′ 말단에 poly(A) tail이 있는 특성이 있다. DHAV-1의 유전자 구성은 전형적으로 picornavirus와 동일하며, 5′과 3′ untranslated regions(UTRs) 측면에 긴 open reading frame(ORF)이 있다. ORF는 약 2,220개의 아미노산으로 이루어진 거대 다단백질(large polyprotein)로 번역되고, 12개의 구조단백질(VP0, VP3, VP1)과 비구조단백질(2A1, 2A2, 2A3, 2B, 2C, 3A, 3B, 3C, 3D)로 형성된다. VP0, VP1, VP3는 캡시드 단백질로 바이러스 입자를 형성하며 특이적 항원성을 부여해준다. 특히 VP1 단백질은 수용체 결합, 병원성, 면역원성, DHAV에 대한 방어항원으로서 중요한 역할을 하는 것으로 알려져 있다. 주로 VP1을 인코딩하는 유전자 부위에 돌연변이가 발생된다. DHAV-1의 VP1 단백질이 중화항체의 표적이며 수용체-결합 활성에 관여하는 것으로 알려져 있다. 바이러스 RNA의 합성을 담당하는 RNA-의존성 RNA 중합효소(RNA-dependent RNA polymeras)를 인코딩하는 3D 유전자는 DHV-1의 유전자 중에서 고도로 보존되어 있다.

바이러스 증식

6일령 어린 오리에 DHAV-1을 비강 내, 근육 내로 감염시켰을 때 14~24시간 이후에 폐사가 발생하며 감염 후 1시간부터 18~20시간까지 간에서 바이러스가 확인되었다. 1일령 어린 오리에 DHAV-1을 피하로 감염시켰을 때 36시간 후에 폐사하였고, 간, 비장, 장에서 바이러스가 확인되었다.

화학적 및 물리적 요인에 대한 저항성

DHAV-1은 에테르(ether), 클로로포름(chloroform)과 같은 지질 용매에 저항성이 있다. 비교적 열 안정성이 있으며 일반적인 환경 조건에서 장기간 생존할 수 있다. DHAV-1는 fluorocarbon, pH3(산성조건), trypsin, 30% methanol, ammonium sulfate, 2% lysol, 0.037% formaldehyde에 저항성이 있다. DHAV-1은 15~20℃에서 1% formaldehyde 또는 2% 가성 소다에 2시간 이내에, 2% 차아염소산 칼슘(calcium hypochlorite)에서 3시간 이내에 완전히 불활화된다. 대부분의 DHVA-1는 56℃에서 30분 후에 불활화된다. DHAV-1는 37℃에서 21일 동안 생존할 수 있으며, 부화기에서는 적어도 10주 동안, 습윤한 분변에서는 37일 이상 생존하였다. 또한 4℃에서는 2년 이상, -20℃에서는 9년 동안 생존한 것으로 보고되었다. DHAV-2의 물리적, 화학적 특성은 DHAV-1와 유사하다.

바이러스 분류

DH 감염은 임상증상과 병리병변으로 바이러스 type을 구분할 수 없다. 그러나 DHV 1형, 2형 및 3형은 유전자적, 혈청학적으로 서로 구별된다. DHV 1형 중에서 DHAV-2와 DHAV-3 모두 DHAV-1과 유전적 및 혈청학적으로 구별할 수 있다. 하지만 DHAV-2와 DHAV-3 간의 혈청학적 구별에 대해서는 아직 연구되지 않았다.

실험실 내 바이러스 증식 시스템

DHAV-1은 닭과 오리 태아에서 쉽게 증식된다.

9일령 계태아의 요막강(allantoic cavity)에서 증식된다. 감염 후 5일째 또는 6일째에 10~60% 계태아가 폐사하며 발육부진 또는 부종이 나타난다. 10일령 계태아에서 연속적으로 계대하면 병원성이 낮아지게 된다. 또한 계태아에서 증식시킨 바이러스는 어린 오리에서 증식한 바이러스와 비교할 때 바이러스 역가가 1~3 log_{10} 낮았다. 계태아에 적응된 DHAV-1을 오리태아 섬유아세포(duck embryo fibroblasts)에서 접종하면 광범위한 세포변성효과(cytopathic effect; CPE)를 관찰할 수 있다. 오리태아 간(duck embryo liver; DEL)세포가 DHAV-1에 특히 민감하며, CPE는 세포 라운딩 및 괴사를 특징으로 한다. 오리태아 신장(duck embryo kidney; DEK)세포에서도 CPE를 형성한다.

병원성

DHAV-1 감염은 어린 오리에서 급성 간염을 유발하며 최근에 머스코비 오리에서 췌장염과 뇌염을 일으키는 것으로 보고되었다. DHAV-1은 계태아에서 20회 이상 계대 시 어린 오리에서 병원성을 잃어버린 것으로 보고되었다.

역학

발생률 및 분포

DHAV-1은 전 세계적으로 발생한다. DHAV-2는 대만에서 보고되었고, DHAV-3는 한국, 중국, 베트남에서 보고되었다. 최근 연구에서는 한국, 베트남, 중국 오리농장에서 DHAV-1 감염보다 DHAV-3 감염의 유병률이 더 높다고 보고되었다.

자연감염 숙주

어린 오리와 거위는 DHAV-1 감염에 취약하다. 어린 거위와 어린 청둥오리의 실험적 감염이 보고되었다. 실험적으로 감염시킨 병아리, 머스코비 어린 오리나 새끼 비둘기는 폐사가 거의 없었다. 어린 칠면조와 메추리에서는 폐사율이 낮았고, 어린 꿩, 거위, 뿔닭에서는 폐사율이 높았다. 대부분의 오리 품종은 DHAV-1 감염에 취약하지만, 닭과 칠면조는 저항력이 있는 것으로 나타났다. DHAV-2는 2004년 대만에서 폐사율이 70%가 넘는 white Roman goose flock의 1주령된 어린 거위로부터 분리되었다. 감염된 어린 거위는 DH의 전형적인 간 출혈을 보였다. DHAV-3는 출혈성 간염이 특징으로 중국의 거위에서 발견되었으며 한국에서는 베이징오리에서 확인되었다.

연령별 숙주 감수성

자연적으로 발생하는 경우 세 가지 DHV 유형은 모두 어린 오리에서만 발견되었다. 어린 오리는 나이가 들면서 점차 저항성이 생기는 것으로 밝혀졌다. 감염된 종오리에서는 임상증상은 없지만 바이러스는 지속적으로 배출될 수 있다.

전파

바이러스는 감염된 어린 오리에서 분변으로 배출되며 조류 사이의 직접적인 접촉이나 부화기, 물, 사료, 장비와 같은 오염된 매개체를 통해서 수평으로 전파된다. DHAV는 감수성 있는 어린 오리에서 빠르게 전파된다. 높은 폐사율과 빠른 질병 확산으로 심각한 전염성을 보인다. 난계대전염은 이루어지지 않는다. 어린 오리들은 호흡기 또는 구강 경로로도 감염될 수 있다. 회복된 오리는 감염 후 최대 8주 동안 분변으로 바이러스를 배출할 수 있다. 야생조류와 갈색쥐(*Rattus norvegicus*)에 의한 기계적 전파 가능성도 있다. DHAV-1의 잠복기는 18~48시간이다.

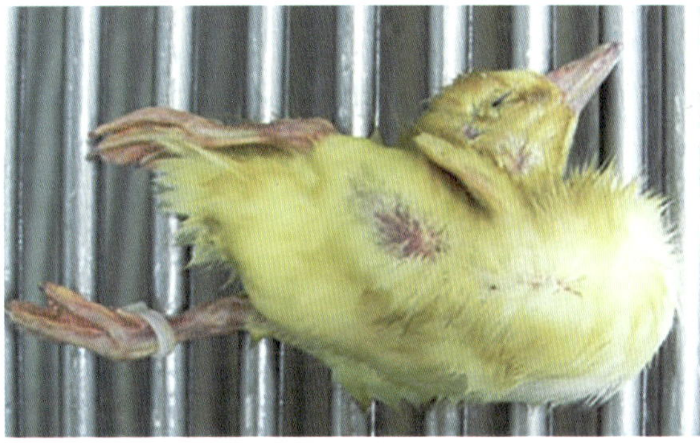

그림 30-1 DHAV에 감염되어 폐사한 어린 오리. 특징적인 후궁반장의 모습을 보임

임상증상

DHAV-1의 발병과 확산은 매우 빠르며, 실제로 모든 폐사가 3~4일 이내에 발생한다. 감염된 어린 오리들은 처음에는 무리와 떨어져 있으며, 움직임이 없고 일부는 눈을 감은 채 쪼그리고 앉는다. 옆으로 쓰러지면서 양쪽 다리를 경련적으로 차며, 머리를 뒤로 젖힌 채(opisthotonos, 후궁반장) 폐사한다(그림 30-1). 보통 폐사는 임상증상이 나타난 후 약 1시간 이내에 발생한다. 높은 발병률과 함께 많은 어린 오리들이 매우 빠르게 폐사할 수 있다. 세 가지 DHAV 유전자형에 의한 임상증상은 유사하다.

이병률과 폐사율

DHAV-1의 이병률은 100%이며 감염된 어린 오리의 폐사율은 연령에 따라 다르다. 1주령 미만인 어린 오리들은 폐사율이 95% 이상이며, 1~3주령 어린 오리의 경우 폐사율이 50% 이하일 수 있다. 4~5주령 어린 오리에서는 이병률과 폐사율은 경미한 수준이다.

병변

육안병변

DHAV로 인한 주요 병변은 간에서 발견된다. 즉, 종대된 간에는 점상 또는 반상 출혈이 있다(그림 30-2). 비장은 종대되거나 반점이 있다. 많은 경우 신장이 붓고 신장혈관이 충혈된다. 세 가지 DHAV 유전자형에 의한 병변은 유사하다.

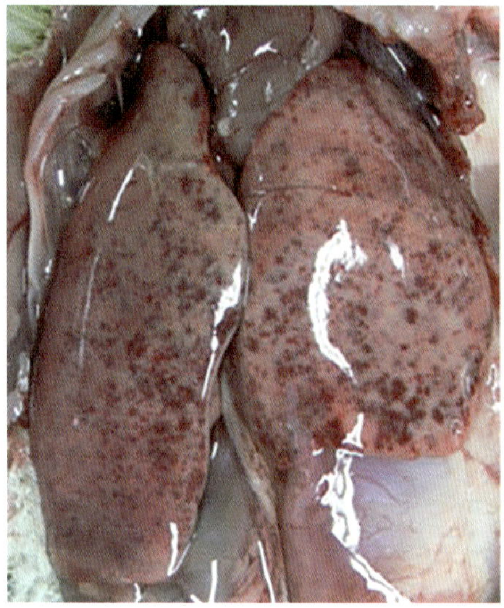

그림 30-2 DHAV 감염에 의한 간의 점상·반상 출혈소견

조직학적 소견

DHAV 감염의 병리 조직학적 병변은 간세포괴사, 염증세포 침윤, 출혈이다(그림 30-3). 만성질병에서 회복한 오리의 간은 광범위한 담관 증식이 있다(그림 30-4). 간, 비장, 신장, 췌장에 부종, 출혈, 괴사가 있다. 감염된 어린 오리에서 중추신경계와 F낭(bursa of Fabricius)에서도 병리학적 병변이 관찰된다.

면역

DHAV-1 감염에서 회복된 개체는 면역을 형성하며 혈청에서 중화항체가 발견된다. 바이러스를 접종하여 능동면역을 유도할 수 있다. 바이러스 중화항체는 면역 글로불린 M(IgM)과 IgG이다. 보통 2일령 어린 오리에 백신접종 후 4일째부터 중화항체가 형성되며, 45일 동안 높은 수준의 중화항체가 유지된다는 보고가 있다. 수동면역은 질병에서

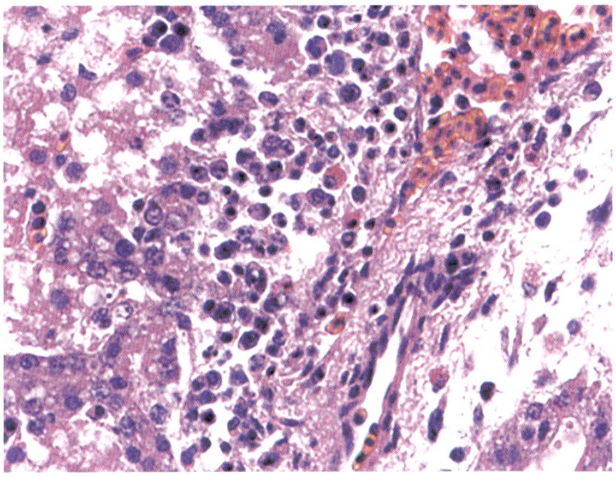

그림 30-3 DHAV 감염에 의한 간세포 괴사, 염증세포 침윤 및 울혈

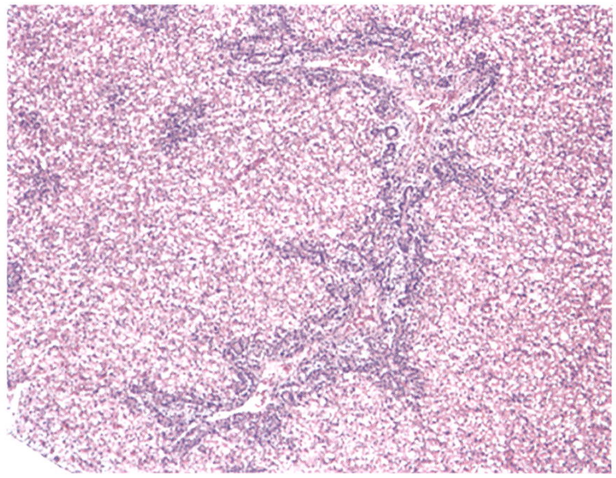

그림 30-4 DHAV 감염에 담관상피세포의 과증식

회복되거나 면역된 개체의 혈청을 주입함으로써 어린 오리에게 부여할 수 있다. 모체이행항체는 난황을 통해 부화한 어린 오리로 전달될 수 있다. 이때 전달되는 항체는 IgG이다.

진단

원인병원체의 분리와 동정

특징적인 질병패턴과 간의 병리학적 병변을 근긴으로 진단할 수도 있지만 확신을 위해서는 원인체의 분리·동정이 필요하다. 사후 바이러스 검사를 위해 간 시료가 주로 이용된다.

DHAV의 진단은 분자생물학적 진단방법 또는 다음 절차 중에서 하나 이상 확인하여 확진할 수 있다.

- DHAV에 감수성 있는 1~7일령 어린 오리에 분리주를 피하 또는 근육 내로 접종: 특징적인 임상증상과 24시간 이내에 폐사가 유발되어야 한다. 감염된 어린 오리는 DHAV에서 기인하는 병리학적 소견을 보여야 한다. 진단을 확증하기 위해서는 간에서 감염시킨 바이러스가 다시 분리되어야 한다.
- 간 유제 희석액을 닭종란(8~10일령) 또는 오리종란(10~14일령)의 요막강에 접종: DHAV에 감염된 오리태아는 24~72시간 이내에 폐사해야 한다. 닭종란에서의 폐사 패턴은 불규칙적이지만 보통 5~8일 이내에 폐사를 보인다. 요막액(allantoic fluid)은 유백색 또는 옅은 녹색이 도는 황색이다. 태아의 병리학적 병변은 성장지연과 부종, 전신출혈이 있다. 태아의 간은 부어 있으며 붉고 황색을 띠며, 괴사성 병소를 보인다. 조직학적 병변으로 다양한 기관에서 과립구의 증식, 간괴사, 담관 과형성, 부종이 관찰된다. 봉입체는 찾을 수 없다.
- DEL 세포에 접종: DHAV-1이 있는 희석된 간 유제액은 세포의 경계면을 둥글게(rounding)하면서 배양접시에서 탈락하게 하고 괴사를 특징으로 하는 CPE를 유발한다. 1% agarose (wt/vol)를 오버레이(overlaying)하면 CPE는 직경 약 1 mm 정도의 플라크를 형성한다.

의심되는 개체의 간 또는 유제액을 접종한 오리태아의 간에서 직접형광항체법(FA)을 사용하여 DHAV-1를 빠르고 정확하게 진단할 수 있다.

분자진단법

역전사 중합효소연쇄반응(RT-PCR)법이 개발되었으며 진단에 유용하다. RT-PCR법은 ELISA 및 바이러스 분리법과 비교하여 가장 민감한 방법이다. 이 외에도 reverse transcriptase-loop-mediated isothermal amplification(RT-LAMP) 분석법이 개발되었으며, RT-PCR만큼 민감하다고 알려졌다. DHAV type별 동시 진단과 감별을 위한 동시 진단 RT-PCR법이 개발되었다.

혈청학적 검사

혈청검사는 DHAV-1의 질병의 경과가 짧기 때문에 질병을 진단하기에는 유용하지 않다. 혈청중화시험은 바이러스 감별 및 백신접종에 대한 항체역가 측정과 역학 조사에 유용하다. *in vivo* 및 *in vitro* 혈청중화 시험방법이 개발되었는데 혈청으로 중화시킨 바이러스를 계태아, 오리태아 및 어린 오리, 조직세포에 접종하여 검사한다. ELISA 방법도 사용된다.

감별진단

갑작스런 발병, 빠른 확산과 급성 질병 경과 및 어린 오리 간의 출혈성 병변이 특징적이지만, 3종의 DHAV 모두 유사한 질병 경과를 보이므로 혈청형에 특이적인 면역반응을 이용한 감별이 필요하다.

어린 오리의 급성 폐사의 원인에는 조류 인플루엔자(avian influenza), 오리 바이러스장염(duck viral enteritis), *Pasteurella anatipestifer* 감염증, 살모넬라증(salmonellosis), 콕시듐증(coccidiosis), 아플라톡신 중독(aflatoxicosis) 등이 있으며 이러한 질병들과 감별해야 한다. 아플라톡신 중독은 운동실조증, 경련, 후궁반장, 담관의 병리조직학적 병변이 있지만, 특징적인 간 출혈은 유발하지 않아 감별하기 용이하다.

예방 및 치료

위생적 사양관리

생후부터 4~5주령까지 엄격한 분리 사육으로 예방할 수 있다. 야생 물새와의 접촉을 피해야 하며, 쥐가 바이러스의 숙주 역할을 할 수 있기 때문에 방제가 필요하다.

백신접종

어린 오리에게 DHAV에 대한 예방은 세 가지 방법으로 부여할 수 있다.

1) 면역 혈청 또는 난황을 주입한다.
2) 종오리를 면역시켜서 어린 후대 오리에게 높은 모체이행항체 수준을 유지하게 한다.
3) 어린 오리에 생백신을 접종하여 능동면역을 유발한다.

계태아 또는 오리태아에서 병원성 바이러스의 연속계대를 통해 약독화된 백신주를 생산할 수 있다. 우리나라는 DHAV-1과 DHAV-3 혼합 생백신이 상용화되어 오리농장에 적용되고 있다.

종오리(breeders)

후대 어린 오리에게 면역을 부여하기 위해서는 약 2회 또는 3회 약독화 생백신을 접종하는 것이 일반적인 권장사항이다. 불활화백신은 수회 접종이 필요하다. 산란하기 전의 시점에 약독화 생백신을 접종한 후 불활화백신을 접종하면 산란 주기 동안 어린 후대 오리에 모체이행항체를 전달할 수 있다.

어린 오리(ducklings)

약독화 DHAV-1 생백신을 피하, 근육, 비강 또는 foot-web 경로로 접종한 1일령 오리에서 방어면역이 유도된다. 어린 오리에서는 대량 예방접종

방법으로 에어로졸과 음수 경로가 효과적이다. 갓 부화한 어린 오리에게 약독화 DHAV-1을 근육 내 접종했을 때 3일만에 방어면역을 형성하였으며, 경구 투여 시에는 6일째에 방어면역을 형성하였다. 어린 오리 백신접종의 성공 여부는 모체이행항체 부재 여부와 병원성 바이러스의 노출 정도와 시간에 영향을 받는다.

치료

면역된 오리에서 채취한 혈청을 어린 오리에 주입하면 치료가 가능하다. 폐사 초기에 DHAV-1 항혈청 0.5 mL를 어린 오리에게 근육주사하는 것은 효과적인 방법으로 알려져 있다.

참고문헌

Hsiang-Jung Tsai. 2020. Duck hepatitis. In: Swayne DE, editor. Diseases of poultry. 14th ed. Oxford, UK: Wiley-Blackwell; pp. 450-460.

Avian Diseases. 2016. In: Mo IP, editor. 2nd ed. Hanmi Medical Publishig Co.

Cha S. Y, J. H. Roh, M. Kang, B. S. Kim, and H. K. Jang. 2013. Isolation and characterization of a low pathogenic duck hepatitis A virus 3 from South Korea. *Vet Microbiol*, 162:254-258

OIE. 2019. Manual of Diagnostic Tests and Vaccines for Terrestrial Animals 2019.

31

CHAPTER

오리 바이러스장염

Duck Virus Enteritis

전북대학교 차세연

개요

오리 바이러스장염(duck virus enteritis; DVE)은 오리 페스트(duck plague)라고도 불리며, 오리, 거위, 백조에서 발생하는 매우 치명적인 질병 중에 하나로 수평 또는 수직으로 전파된다. 특히, 폐사, 심한 설사, 혈관 손상, 내부 출혈, 소화성 점막 및 림프 기관의 병변과 실질 기관의 퇴행성 변화를 특징으로 하며, 높은 이병률과 폐사율, 산란율 감소 및 부화율 감소로 큰 경제적 손실을 초래한다. 오리 바이러스장염은 주로 물새류의 질병으로 알려져 있으며, 사람에게 감염되지 않는다.

역사

1923년 네덜란드에서 오리의 급성, 출혈성 질병이 처음 발생되어 오리 페스트(duck plague)로 불리었으나 조류 페스트(fowl plague)와의 구분을 위해 현재에는 주로 오리 바이러스장염(duck virus enteritis)으로 명명된다. 물새류에도 심각한 피해를 유발한다고 보고되어 있으며, 2007년에는 독일에서 고병원성 조류 인플루엔자(H5N1)의 확산을 방지하기 위해 격리한 오리와 거위에서 보고되기도 하였다. 우리나라에서 현재까지 발생 보고는 없다.

원인체 특성

분류

DVE의 원인체는 *Herpesviridae* 과(family), *Alphaherpesvirinae* 아과(subfamily)의 *Mardivirus* 속(species)에 속하는 미분류 허피스바이러스(*Anatid herpesvirus 1*)이다. 오리 장염바이러스는 혈구비응집성(non-hemagglutination) 및 혈구비흡착성(non-hemadsorption) 특징이 있다.

형태학

DVE 바이러스(DVEV)의 핵산(nucleic acid)은 직경 35~45 nm이고, 뉴클레오캡시드(nucleo capsid)는 직경 90~100 nm의 원형으로서 오리 태아 섬유아세포(duck embryo fibroblasts; DEF)에 감염 시 핵과 세포질 모두에서 관찰할 수 있다. 또한, 외막(envelop)을 가진 성숙한 DEV는 직경이 150~300 nm인 구형으로 세포질 공포에 위치한다.

바이러스 증식

DVEV는 감수성 있는 숙주에 감염 시 초기에는 소화관의 점막(특히 식도)에서 증식하며, 이후 총배설강, F낭, 흉선, 비장 및 간 등으로 확산된다. 특히, 감염된 기관(organs)들의 상피세포, 림프구 및 대식세포는 바이러스 복제의 주요 장소이고, DVEV는 다양한 기관(organs)에 병리학적 병변을 일으키는 범장기친화성 바이러스(pantropic virus)로 여겨진다.

화학적 및 물리적 요인에 대한 저항성

DVEV는 에테르(ether)와 클로로포름(chloroform)에 감수성이 있는 것으로 알려져 있으며, 37℃에서 18시간 동안 트립신(trypsin), 키모트립신(chymotrypsin) 및 췌장 리파아제(pancreatic lipase)에 노출 시에도 DVEV가 현저하게 감소되거나 불활화된다. 그러나 파파인(papain), 리소자임(lysozyme), 셀룰라아제(cellulase), DNA분해효소(DNase) 및 RNA분해효소(RNase)에는 저항성을 보인다. 가열, 염화칼슘을 이용한 건조 및 극단의 pH 환경에 바이러스를 노출시켜도 불활화된다.

균주 분류

DVEV는 각 균주별 병원성에서 차이를 보이지만, 단일 항원구조로 동일한 면역원성을 보인다. 그러나 오리 간염(duck hepatitis) 바이러스나 조류의 다른 herpesviruses와는 면역학적으로 구별된다.

실험실 내 바이러스 증식 시스템

DVEV는 오리태아 섬유아세포(duck embryo fibroblasts), 오리태아 간 초대배양세포(duck embryo liver primary cells), 오리태아 신장 초대배양세포(duck embryo kidney primary cells) 및 9~15일령 오리 종란의 장뇨막(chorioallantoic membrane; CAM)에서 증식될 수 있다. 또한, 계태아 발육란(embryonating chicken eggs)과 계태아세포(chicken embryo cell)에서 배양할 수도 있다. CCL-141 cell 및 Vero cell에서도 증식되지만, 바이러스의 1차 분리·동정에는 적합하지 않다. 바이러스는 접종된 세포에서 세포변성효과(cytopathic effect; CPE)를 보이며, 플라크 분석(plaque assay)은 바이러스 및 중화항체 역가를 측정하는 데 사용된다.

역학

발생률 및 분포

DVE는 네덜란드, 중국, 프랑스, 캐나다, 이집트, 방글라데시 등 여러 나라에서 발생이 보고되고 있다. 야생조류로부터 DVE가 농장 내로 유입된다는 보고도 있으며, 농장 내 고밀집 사육 또한 DVE의 주요 발생 원인이 되고 있다. DVE는 8월과 9월의 한여름을 제외하고는 1년 내내 정기적으로 발생하고 있으며, 특히 생리적 변화와 번식으로 인해 3월에서 6월까지의 발병률이 약 86%인 것으로 보고되었다.

DVE에 대한 자연감염 숙주는 기러기 목(*Anseri formes*)의 *Anatidae* 과(family)에 속하는 오리, 거위 및 백조 등으로 제한되어 있으며, 계태아 발육란 또는 2주령 이전의 병아리에 계대배양(serial passage) 시 바이러스가 증식될 수 있다.

전파

DVE는 감염된 조류와 감수성이 있는 조류 사이에 직접적인 접촉 또는 오염된 환경에 의해 간접적으로 전파될 수 있다. 특히, 물새류는 수생환경에 의존하기 때문에 물을 통한 전염이 주요 감염 경로로 추정된다. 실험적으로는 경구(oral), 비강 내(intranasal), 정맥 내(intravenous), 복강 내(intraperitoneal), 근육 내(intramuscular) 및 총배설강(cloacal) 경로로 전파될 수 있음이 확인되었다. 수직전파도 감염된 물새류에서 보고된 바 있으나, 수평전파가 이 병의 주요 전파 경로이다.

특히, 사육개체의 밀집도가 높을수록 질병 발생률이 높게 나타나며, 회복되었다 하더라도 삼차 신경절(trigeminal ganglion), 림프 조직 및 말초혈액 림프구(peripheral blood lymphocytes)에 DVEV가 잠복하여 보균체가 되어서 지속적인 전파가 이루어질 수 있다.

잠복기

오리에서 잠복기는 3~7일이다. 뚜렷한 임상증상이 나타난 후 폐사는 보통 1~5일 이내에 발생한다.

임상증상

성체 종오리에서는 급성으로 높고 지속적인 폐사가 관찰된다. 폐사체의 상태는 양호하며, 폐사한 수컷에서 음경노출을 확인할 수 있다. 산란오리에서는 폐사율이 가장 높은 시기에 산란율이 현저하게 떨어진다. 감염 시 다양한 임상증상이 관찰되는데, 눈부심 현상(photophobia)과 반쯤 감겨진 눈꺼풀, 식욕 부진, 극심한 갈증, 원기소실, 운동실조, 꺼칠한 깃털, 콧물, 지저분한 항문, 수양성 및 출혈성 설사 등이 관찰된다(그림 31-1, 31-2). 또한, 제대로 서 있을 수 없으며 날개를 외측으로 늘어뜨리면서 머리를 숙이고 허약함과 침울함을 보인다. 감염된 오리를 강제로 움직일 경우 머리, 목, 몸체의 떨림(tremor)이 보일 수 있다. 2~7주령의 어린 오리에서는 탈수(dehydration), 체중 감소, 푸른색을 띠는 부리(blue beaks), 결막염(conjunctivitis), 눈물 흘림(lacrimation), 콧물 및 피 묻은 항문(blood-stained vent) 등이 관찰된다.

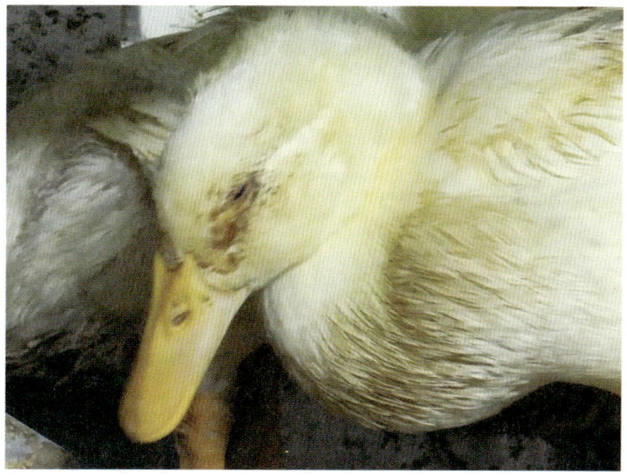

그림 31-1 DVE 감염에 의한 원기소실 및 안검이상

그림 31-2 DVE 감염에 의한 출혈성 설사

이병률과 폐사율

오리의 폐사율은 5~100%이다. 임상증상을 보이는 조류들은 대부분 폐사하기 때문에 이병률은 폐사율과 유사하다. 종오리는 어린 오리보다 폐사율이 높은 경향이 있다. 면역이 억제된 어린 오리에서는 DVE 바이러스 감염으로 인하여 *Pasteurella multocida*, *Riemerella anatipestifer*, *E. coli*에 의한 2차 세균 감염이 종종 발생한다.

병변

DVE에 대한 특이적 병리학적 병변은 감염된 종, 연령, 성별, 감염 단계, 균주의 병원성 및 바이러스 노출의 정도에 따라 달라진다.

육안병변

DVE에 감염 시 림프계 및 실질기관의 점막과

점막하 조직에 파종성 혈관 내 응고장애(disseminated intravascular coagulopathy) 및 괴사성 퇴행성 변화(necrotic degenerative changes)가 보인다. 심근 및 다른 내장 기관의 장간막 및 장막 등에서 점상 및 반상 출혈 또는 큰 혈관출혈이 관찰될 수 있다. 특히 심외막의 방실사이고랑(coronary groove) 내에 점상 출혈이 집중되어 있다. 이러한 병변은 어린 오리보다 성체 종오리에서 더 자주 관찰된다. 심장의 심방과 심실을 노출시키면 심내막 및 판막에서도 출혈이 관찰될 수 있다. 간, 췌장, 내장, 폐, 신장 표면은 점상 출혈이 관찰된다(그림 31-3). 특히, 암컷 종오리의 난소에서 변형되고 변색된 난포와 출혈이 관찰될 수 있으며, 난소에서의 대량 출혈이 복강을 채울 수도 있다. 내장과 근위의 내강 또한 종종 혈액으로 채워진다(그림 31-4). 식도와 선위 괄약근(esophageal-proventricular sphincter)은 출혈성 고리(hemorrhagic ring)처럼 보인다. 소화기계 점막의 병변은 구강, 식도, 맹장, 직장 및 총배설강에서 관찰된다. 이러한 병변은 질병이 진행되는 동안 점진적으로 변화된다. 처음에는 황반성 표층 출혈(macular surface hemorrhages)이 나타나고 나중에는 황백색의 두껍고 딱딱한 플라크(yellow-white crusty plaques)로 덮이게 된다. 이후에 출혈성 병변은 녹색의 표층 가피를 형성한다. 병변의 크기는 약 1~10 mm이다. 식도에서 황반(macules)은 세로 주름과 평행하게 발생한다. 다수의 황반 및 작은 병변들이 합쳐져 디프테리아성 막(diphtheritic membrane)으로 덮인 큰 병변이 된다. 어린 오리에서는 식도의 전형적인 병변 발생은 적고 전반적으로 점막 전체가 허는 증상(sloughing)이 더 흔하게 관찰되며, 내강에는 두꺼운 황백색 막이 형성된다. 만성적으로 감염된 물새류의 설하 침샘관(sublingual salivary gland ducts)의 개구부에서 구강 미란(erosions)이 발견된다. 메켈게실(Meckel' s diverticulum)은 섬유소성 물질로 채워진 출혈성 병변이 보인다. 맹장의 점막 주름 사이에는 뚜렷한 황반 병변이 관찰되며, 외부 표면은 충혈되어 보인다. 직장의 병변은 일반적으로 잘 관찰되지 않으나 총배설강에 인접한 직장 후부에 밀집되어 나타난다. 총배설강에서는 황반 병변이 다수 관찰되며 처음에는 점막 전체가 붉게 보이지만, 이후 플라크처럼 생긴 병변들이 장기의 내강을 감싸는 연속적인 밴드를 형성한다.

DVE에 감염 시 모든 림프 기관이 영향을 받는다. 비장은 정상 또는 위축되고 짙은 색의 얼룩이 생길 수 있다. F낭(bursa of Fabricius)은 초기 감염시점에 심한 출혈소견을 보이며, 외관은 골반

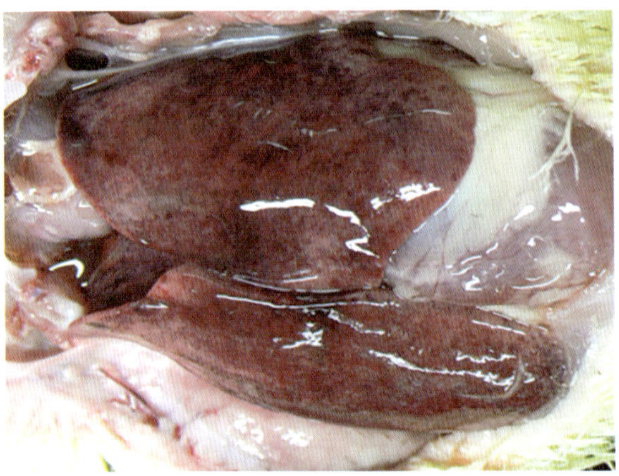

그림 31-3 DVE 감염에 의한 오리의 간출혈

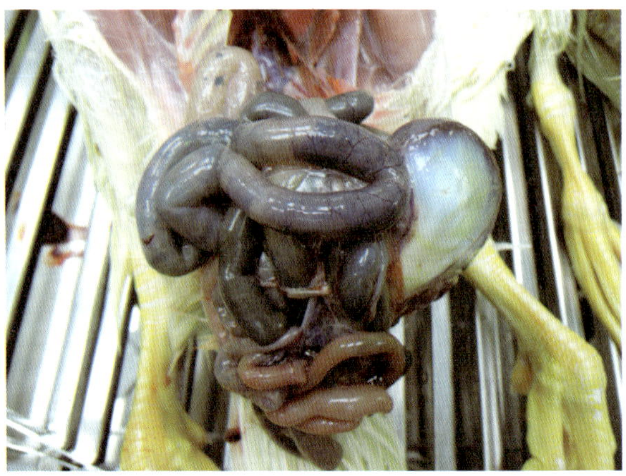

그림 31-4 DVE 감염에 의한 오리의 장출혈

강의 인접한 조직을 변색시키는 투명한 황색 액체로 둘러싸여 있다. 또한, F낭의 내강을 열면 출혈성 점막에 작은 황색 반점들이 관찰되고, 점차 F낭의 막이 얇아지면서 어두운 색으로 변색되며 내강에는 흰색의 응고된 삼출물로 채워지게 된다.

장 림프조직의 다발성 괴사로 섬유소성 궤양(fibrinous ulceration)이 유발되어 장의 외부와 내부에 적색고리가 관찰된다. 처음에는 점막 표면에서 작고 미세한 황색 반점이 관찰되다가 짙은 갈색이 된다.

흉선(thymus)은 위축되면서 다수의 점상 출혈이 관찰되며(그림 31-5), 괴사부위는 맑고 노란 액체로 둘러싸여 있고 흉부에서부터 목의 상단 1/3까지 인접한 경부의 피하조직은 변색된다. 이 병변은 오리의 도축검사 과정 중 폐사한 개체의 목에서 쉽게 관찰될 수 있다.

감염 초기 단계에서는 간 표면 전체가 불규칙한 작은 출혈과 흰색 병소가 혼합되어 창백한 구리빛을 띠며, 얼룩덜룩한 외관을 보인다. 감염 후기 단계에는 출혈이 없는 짙은 청농색 또는 담즙으로 염색된 간이 특징이며, 흰색 병소는 더 크고 또렷이 관찰된다.

어린 오리는 조직의 출혈은 잘 관찰되지 않으나, 림프조직에서의 병변은 확인할 수 있다. 또한 자연적으로 F낭과 흉선이 퇴행된 성체 종오리에서는 조직에서의 출혈과 생식계 병변이 더 특징적으로 관찰된다.

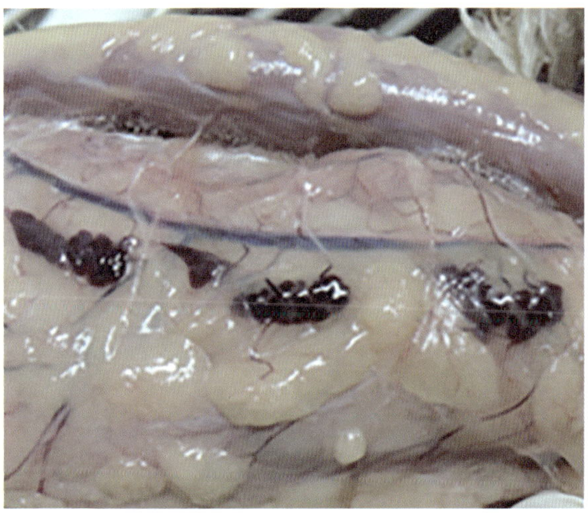

그림 31-5 DVE 감염에 의한 오리의 흉선 위축 및 출혈

조직학적 소견

초기 병변은 혈관벽에서 관찰되며, 큰 혈관보다는 작은 혈관, 정맥, 모세혈관에서 병변이 더 잘 나타난다. 내피의 내벽이 붕괴되고, 결합 조직이 느슨해져 내강의 파열된 얇은 벽을 통해 누출된 혈액이 주변 조직으로 퍼져나간 모습이 관찰된다. 출혈은 전위의 소엽 정맥(interlobular venules), 간과 간엽 가장자리의 문맥정맥(portal venules), 폐 방기관지사이(lung parabronchi)의 공간에 있는 정맥, 장 융모 내의 모세혈관 및 신장 소엽 내 출혈(intralobular renal hemorrhages) 등이 두드러지게 관찰된다. 혈관 손상으로 영향을 받은 조직은 점진적인 퇴행성 변화를 보인다.

소화기관 병변은 처음에는 점막하 돌기(submucosal papillae) 또는 주름(folds)의 모세혈관궁(capillary arcades) 출혈로 시작되며, 출혈이 커지고 융합되면서 점막을 분리시킨다. 출혈이 있는 상피는 부종과 함께 괴사되며, 인접한 정상 점막 위의 내강으로 침범하고 괴사된 상피의 가장자리가 분리되면서 플라크를 형성한다. 식도와 총배설강의 중층 편평상피(stratified squamous epithelium) 괴사 및 퇴화, 호산구성 핵내봉입체 및 세포질내봉입체가 상피세포에서 관찰된다.

장 고리모양 밴드(intestinal annular band) 내의 림프 조직 또는 식도-선위 괄약근 및 비장의 림프 조직에서 정맥 및 모세혈관 출혈이 관찰된다. 림프구에서는 핵붕괴 및 핵농축이 보인다. 장 림프절에서 큰 출혈성 경색(hemorrhagic infarcts)이 관찰될 수 있으며, 소장 융모의 상피세포층이 붕괴되어 내강이 다량의 혈액과 세포 파괴물질로 채워질 수 있다.

총배설강의 점막하(submucosal) 및 여포사이(interfollicular)에서 모세혈관 출혈이 발견되며, 림프구가 심하게 고갈되어 있고 수질에서는 다수의 공포가 관찰된다.

흉선에서는 여포사이의 공간에 혈액이 관찰되고, 수질 망상세포의 응집 괴사 및 피질 림프구의 파괴가 현저하게 관찰된다.

암컷 종오리는 난관에서 울혈성, 출혈성 및 괴사성 병변이 관찰되며, 여포는 손상되고 혈액으로 차 있을 수 있다. 수컷 종오리는 국소 모세혈관 출혈이 정세관 사이의 간질 조직에서 관찰된다.

간, 췌장, 신장과 같은 실질장기에서도 출혈과 국소 괴사가 발견된다.

면역

생백신, 불활화백신 및 2가 재조합 약독화 생백신을 사용하여 능동면역을 유도할 수 있다. 체액성 및 세포성 면역이 DVE의 방어와 관련이 있으며, 감염 후 회복된 개체들은 재감염 시 저항성을 보인다. 모체로부터 이행된 면역항체는 어린 오리에서 빠르게 감소되는 경향을 보이며, 생백신에 대하여 간섭현상을 보인다고 보고되기도 하였다.

진단

원인병원체의 분리와 동정

DVEV는 주로 면역기관을 공격하기에 바이러스의 분리를 위한 샘플로는 간, 비장, F낭, 신장, 말초혈액림프구(peripheral blood lymphocytes) 및 총배설강 시료가 권장된다. 바이러스 분리는 감수성이 있는 1일령 어린 오리, 또는 9~14일령 오리 종란의 CAM에 접종한다. 또한, 감수성 있는 오리 계태아 섬유아세포(duck embryo fibroblasts)나 간 및 신장의 초대배양세포(primary cell culture) 또는 vero cell lines에서도 DVEV가 분리 및 증식될 수 있다. 그러나 감수성 있는 어린 오리에 감염된 조직을 접종하는 것이 세포 배양으로 바이러스를 분리하는 것보다 더 효과적이다. 육안 및 조직 병리학적 병변에 기초해서 추정적인 진단을 할 수 있지만 전형적인 임상증상이 없더라도 혈청학적 진단과 분자적인 진단을 바탕으로 DVE바이러스를 확진할 수 있다.

혈청학적 검사

바이러스 중화 시험법(virus neutralization test; VN)은 DVE를 진단하는 가장 고전적인 방법이며, 면역형광항체검사(immunofluorescence test)는 세포 배양이나 조직 절편에서 바이러스 항원을 검출하는 데 사용될 수 있다.

항체검사를 위한 혈청학적 검사법으로 한천겔면역확산시험(agar gel immunodiffusion test), ELISA 등이 사용될 수 있으며, 최근에는 면역크로마토그래피 스트립 검사(immunochromatographic strip test)가 개발되어 쉽고 빠르게(15분) 진단에 적용되고 있다.

분자진단법

감염된 세포 배양 상층액 또는 식도, 간, 신장 및 비장 조직에 대한 중합효소연쇄반응(PCR)법으로 DVEV의 특이적 DNA 단편을 증폭시킬 수 있다. in situ hybridization 방법은 다양한 기관의 조직절편에 특이적인 올리고 뉴클레오티드 probe를 처리함으로써 DVEV DNA를 검출함과 동시에 감염 위치에 대한 정보제공도 가능하다.

감별진단

기러기 목(*Anseriformes*)에서 출혈성 및 괴사성 병변을 일으키는 다른 질병들과 감별진단이 필요하며 특히, 농장에서 사육되는 오리의 경우 유사한 임상증상을 보이는 오리 바이러스간염(duck virus hepatitis), 가금콜레라(fowl cholera), 괴사성장염(necrotic enteritis), 콕시듐증(coccidiosis) 및 특정 중독증 등과 감별하여야 한다. 비록, 뉴캣슬병(Newcastle disease), 계두(fowl pox), 가금페스트(fowl plague)도 기러기 류에서 비슷한 증상을 나타내기도 하지만, 이러한 질병은 드물게 보고되고 있다.

예방 및 치료

위생적 사양관리

바이러스에 노출되지 않은 환경에서 사양하는 것이 최선의 방법으로 야생 기러기 목과 오염된 수생 환경에 의한 질병 유입을 방지해야 한다. DVEV가 농장에 유입되었다면 오염된 환경으로부터 감수성 있는 조류를 격리한 후 철저한 소독과 위생적 관리를 실시하여야 하며, 격리된 모든 감수성 있는 어린 오리에는 예방접종을 실시함으로써 질병 발생을 방지할 수 있다.

발생국에서 수입되는 조류 및 기러기 목에 대해서는 확실한 검역이 수행되어야 한다.

백신접종

백신은 예방 및 질병 제어를 위해 사용할 수 있다. 약독화 생백신과 불활화백신이 사용되고 있으며, 2주령 이상의 오리에 접종하고 있다. 백신은 질병 발생 후 즉시 적용될 수도 있으며, 이는 백신 바이러스와 감염 바이러스 간의 간섭현상(interference phenomenon)으로 감염 바이러스의 제거가 가능하기 때문이다.

치료

DEV 감염 시 구체적인 치료법은 없다.

참고문헌

Avian Diseases. 2016. In: Mo IP, editor. 2nd ed. Hanmi Medical Publishig Co.

OIE. 2019. Manual of Diagnostic Tests and Vaccines for Terrestrial Animals 2019.

Samia A. Metwally and Anchun Cheng. 2020. Duck virus enteritis(Duck plague). In: Swayne DE, editor. Diseases of poultry. 14th ed. Oxford, UK: Wiley-Blackwell; pp. 460-470.

32 CHAPTER

리메렐라 아나티페스티퍼 감염증

Riemerella anatipestifer Infection

전북대학교 차세연

개요

Riemerella anatipestifer(*R. anatipestifer*) 감염은 오리 패혈증(duck septicemia), 아나티페스티퍼증후군(anatipestifer syndrome), 아나티페스티퍼 패혈증(anatipestifer septicemia) 및 전염성 장막염(infectious serositis)으로도 알려져 있으며, 거위에 감염 시 거위독감(goose influenza)으로 불리기도 한다. 오리와 거위에서 섬유소성 심막염(fibrinous pericarditis), 간주위염증(perihepatitis), 기낭염(airsacculitis), 건락성 난관염(caseous salpingitis), 뇌막염(meningitis)을 특징으로 하는 급성 및 만성 패혈증이다. 전 세계적으로 발생하는 질병으로 높은 폐사율, 체중 감소, 도체 오염 및 등급 저하 등의 문제로 심각한 경제적 손실을 유발한다.

역사

R. anatipestifer 감염은 미국 New York주 Long Island의 베이징오리(Pekin duck) 농장에서 1932년 처음 보고되었다. 처음에는 7~10주령 오리에서 약 10%의 폐사율을 보였으며, 약 3주령의 어린 오리에게까지 확산되었다. 이후에 유럽, 중국, 동남아시아 등 전 세계적으로 발병하고 있다. 국내에서는 1993년도에 전남 강진의 육용오리 농장에서 처음으로 보고되었으며 최근까지도 지속적으로 발생되고 있다.

원인체 특성

분류

이 균은 1954년 *Moraxella* 속으로 분류되었다가 그람 음성균 중 *Pasteurella* 균과 성상이 가장 유사하여 *Pasteurella* 속으로 분류되기도 하였다. DNA 염기서열 분석, DNA 상동성 비교, 세포 지방산 profiling에 대한 비교를 통해 *Flavobacteriaceae* 과(family)로 분류하였다. 1993년에는 유전적 특성의 차이를 근간으로 *Flavobacteriaceae* 과 *Riemerella* 속(species)으로 분류하였고, 표현형 특징을 기반으로 *Riemerella anatipestifer*로 최종 명명하였다.

형태학 및 염색법

*R. anatipestifer*는 그람 음성의 비운동성(non-motile) 및 무아포(nonspore)를 특징으로 하는 간균으로 크기는 폭이 0.2~0.4 μm, 길이 1~5 μm로 다양하다. Wright's stain으로 양극성 염색성이 있고, India ink 염색 시 협막을 확인할 수 있다.

배양

*R. anatipestifer*는 초콜릿한천배지(chocolate agar), 혈액한천배지(blood agar) 및 trypticase soy agar에서 잘 자란다. 잘 자라지 않을 경우에는 0.05% 효모 추출물(yeast extract)과 5% 송아지 혈청(newborn calf serum)을 추가하고 이산화탄소를 공급해 주면 증식력이 더 향상된다. 4℃ 이하 또는 55℃ 이상에서는 증식되지 않는다. 일반적으로 이산화탄소를 공급하고 습윤한 37℃ 온도 환경에서는 48~72시간 안에 집락을 형성한다. 혈액배지에서 24~48시간 배양 시 집락은 지름 1~2 mm이며, 볼록하고 투명하며 반짝이는 버터와 같은 모양을 띤다(그림 32-1). 일부 균주는 점액질양 집락을 형성하기도 한다.

생화학적 특성

*R. anatipestifer*는 일반배지에서는 당(sugars)을 발효하지 않지만, 단일 기질 배지(single substrate medium)에서 배양 시 dextrin, glucose, maltose, inositol, trahalose, mannose 및 fructose를 발효시키면서 산(acid)을 생산한다. 또한 oxidase, catalase, phosphatase, gelatinase, hippuricase 및 arginase 등의 효소는 생산하나 H_2S와 indol은 생산하지 않는다. 대부분의 균주들은 용혈(hemolysis)을 일으키지 않으며 MacConkey agar에서 증식되지 않는다.

그림 32-1 *R. anatipestifer*의 혈액한천배지상 균집락(colony)

화학적 및 물리적 요인에 대한 저항성

37℃ 또는 상온에서 3~4일 이상 두었을 때 대부분의 *R. anatipestifer* 균주는 한천배지에서 생존하지 못한다. 반대로, 액체 배지에서는 4℃에서 보관하면 2~3주 동안 생존 가능하다. 55℃에서 12~16시간 방치하면 생존이 불가능하며, 수돗물과 칠면조 깔짚에서는 각각 13일, 27일간 생존했다는 보고가 있다. 또한, penicillin, novobiocin, chloramphenicol, lincomycin, enrofloxacin, ceftiofur, streptomycin, erythromycin, ampicillin, bacitracin, neomycin 및 tetracycline에 민감하지만, kanamycin과 polymyxin B, gentamicin에는 저항성이 있다.

균주 분류

R. anatipestifer 야외 분리주는 평판응집시험과 한천겔침강(agar gel precipitation; AGP)반응을 이용하여 혈청형을 결정한다(그림 32-2). 이 두 가지 시험은 다당류로 추정되는 표면 항원과 관련이 있다. 평판 응집(plate agglutination) 반응은 빠르고 편리하며 시험관 내 응집반응은 항체 역가를 정량적으로 측정 가능하여 AGP보다 더 선호된다. 응집반응을 기반으로 현재까지 21가지 혈청형이 보고되었다. 폴리아크릴아마이드 겔 전기영동

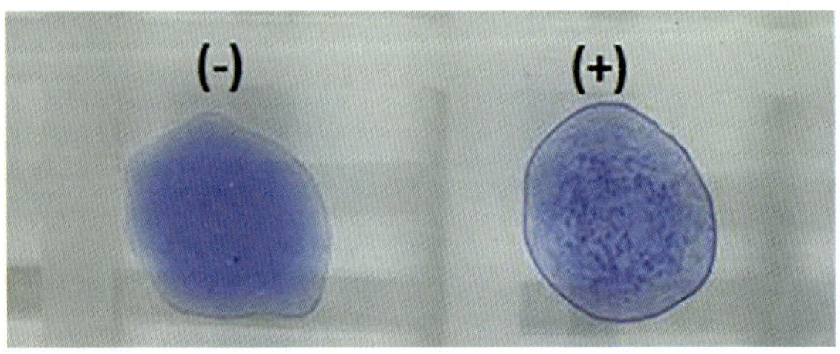

그림 32-2 *R. anatipestifer* 평판응집반응

(polyacrylamide gel electrophoresis) 방법으로 혈청형마다 특이밴드를 확인하여 균주를 구분하기도 한다. 42 kDa의 주요 항원성 외막 단백질 유전자인 *OmpA*는 모든 *R. anatipestifer* 표준 균주에서 발견되며, 병원성과 관련이 있는 것으로 알려져 있다. 16S rRNA 유전자를 확인하는 중합효소연쇄반응(polymerase chain reaction; PCR)이 *R. anatipestifer* 감염을 진단하는 데 이용된다. 최근, 대부분의 *R. anatipestifer*균주에서 플라스미드가 확인되었으며, 이 중에서 3.9b 플라스미드는 다른 박테리아의 독력 관련 유전자(virulence-associated genes)와 유사한 단백질 유전자를 운반하는 것으로 보고되어 병원성과 관련이 있을 것으로 예상된다.

독력(virulence) 인자

VapD, CAMP cohemolysin, 외막 단백질 A (*OmpA*), *P45*, nicotinamidase PncA 및 lipopolysaccharide(LPS) 합성과 관련 유전자들이 독성인자들로 밝혀졌다.

역학

발생률 및 분포

R. anatipestifer 감염은 전 세계적으로 발생하고 오리 산업이 발달한 중국, 태국, 싱가포르 등 아시아권을 중심으로 발생률이 높으며 미국, 캐나다, 덴마크, 독일 등 북미권과 유럽에서도 보고되고 있다. 국내에서는 1993년 처음으로 보고된 이후, 오리산업의 급격한 성장과 함께 질병 발생이 증가하여 현재까지 발생하고 있다. *R. anatipestifer*의 균주(strain) 종류나 숙주의 나이 및 노출 경로에 따라 질병의 발병 정도가 다양하며 한 농장 안에서 한 종류 이상의 *R. anatipestifer* 혈청형이 분리·동정되기도 하였다.

자연감염 숙주

R. anatipestifer 감염은 주로 집오리와 거위에서 발병된다. 하지만 칠면조에서 자연감염도 보고되었다. *R. anatipestifer*는 꿩, 닭, 뿔닭, 메추라기, 자고새 및 다른 물새류, 갈매기, 작은 앵무새, 바다오리, 돼지에서도 분리되었으며, 야생조류에서도 확인되었다. 닭, 비둘기, 토끼 및 쥐는 *R. anatipestifer* 감염 시 무증상이다.

연령별 숙주 감수성

대부분 1~8주령 오리들이 감수성이 높다. 5주령 미만의 어린 오리들은 임상증상이 나타난 후 보통 1~2일 안에 폐사한다. 연령이 높을수록 생존율이 높으며, 종오리에서는 드물게 발병한다.

전파

R. anatipestifer 감염은 조류의 호흡기 또는 피부 상처(특히 발)를 통해 이루어지지만, 임상증상을 보이지 않는 오리의 인후두 점막에서도 분리된다. 정맥, 피하, 복강, 근육, 발바닥, 안와하동(infraorbital sinus)으로 *R. anatipestifer*를 감염시키면 질병을 발생시킬 수 있다. 피하 및 정맥 경로로 실험 감염 시 높은 폐사를 유발하지만, 구강 또는 비강으로 감염 시에는 폐사율이 없거나 낮은 폐사율이 관찰되었다.

잠복기

잠복기는 보통 2~5일이다. 그러나 피하, 정맥, 안와하동을 통해 어린 오리에 실험 감염 시 감염 후 24시간 내 임상증상과 폐사가 발생하였다.

임상증상

가장 흔하게 관찰되는 임상증상은 무기력함, 눈물, 콧물, 가벼운 기침 및 재채기, 녹색 설사, 운동실조, 사경(torticollis), 머리와 목의 떨림(tremor) 및 혼수상태이다(그림 32-3, 32-4). 감염된 어린 오리는 누워서 다리를 들고 발버둥을 치며, 움직이지 못한다. 살아남은 오리는 성장이 지연될 수 있다. 불리한 환경 조건과 기저질병은 조류가 *R. anatipestifer*에 쉽게 감염되게 만든다. 폐사율은 5~75%로 다양하게 나타나며, 이병률은 폐사율보다 더 높다.

그림 32-3 *R. anatipestifer*에 감염된 오리의 무기력증 및 운동실조 증상

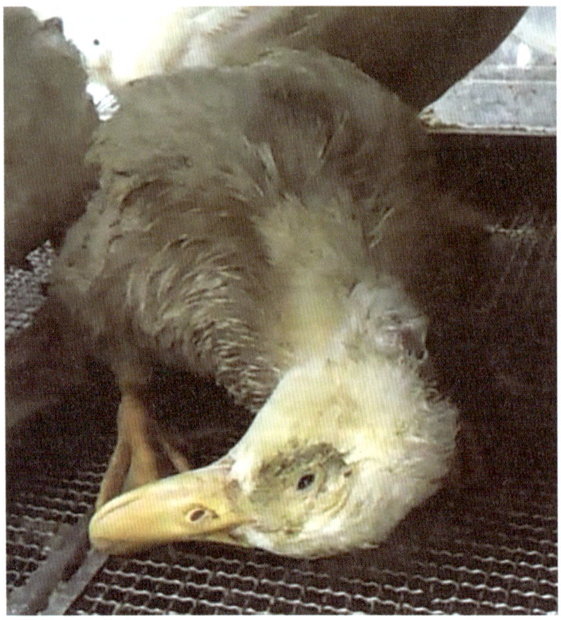

그림 32-4 *R. anatipestifer*에 감염된 오리의 사경증상

병변

육안병변

오리에서 가장 확실한 육안병변은 섬유소성 삼출물(fibrinous exudate)이다. 일반적으로 장막(serosal surfaces)이 있는 장기에서 확인되며, 특히 심막과 기낭에 가장 뚜렷하게 나타난다(그림 32-5, 32-6). 유사한 병변이 칠면조와 다른 조류에서도 관찰되었다. 섬유소성 기낭염(fibrinous airsacculitis)이 일반적이며 복강과 흉강에도 발견된다. 비장 종대 및 반점이 생길 수 있다. 부비강 내 점액화농성 삼출물(mucopurulent exudate)과 난관 내 건락성 삼출물(caseous exudate)이 관찰된다.

만성형의 국소적인 감염은 피부 아래조직에서 발생하며, 가끔 관절에서도 발생한다. 피부병변으로는 보통 괴사성피부염(necrotic dermatitis)이 있다. 노란색을 띠는 삼출물이 피부층과 지방층 사이에서 관찰된다.

조직학적 소견

심장의 섬유소성 삼출물에는 주로 단핵세포(mononuclear cells) 및 이염색백혈구(heterophils)들이 포함된 염증세포들이 있다. 급성형에서는 심근육에 심한 국소괴사가 나타난다. 급성 단계에서 발견되는 간병변에서는 문맥 주위의 경미한 단핵백혈구 침윤, 혼탁팽창 및 실질세포의 수포성 변성이 관찰된다. 기낭의 삼출물에서 주로 단핵세포가 관찰된다. 다핵 거대세포(multinuclear giant cells)와 섬유아세포(fibroblasts)는 만성형에서 관찰된다. 어린 오리의 중추신경계 병변 시, 뇌막 혈관벽 내 및 혈관벽 주위에서 광범위하게 백혈구가 침윤된 범발성 섬유소성 수막염(diffuse fibrinous meningitis)이 관찰된다. 다량의 삼출물이 뇌실계(ventricular system)에서 관찰된다. 피막하 뇌실 주위 뇌조직에서 백혈구와 소교세포 침윤

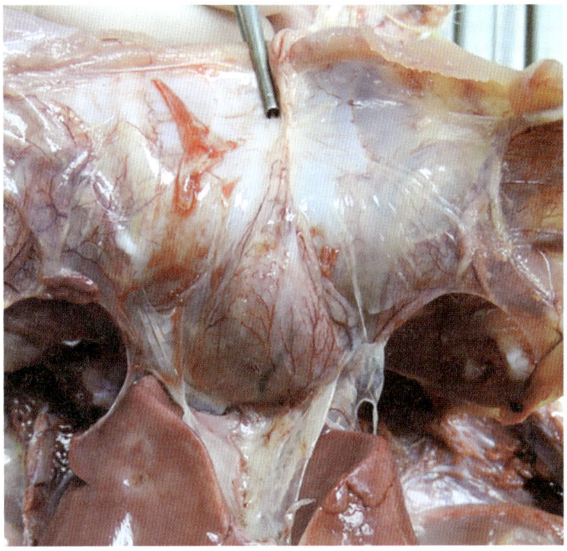

그림 32-5 *R. anatipestifer* 감염에 의한 오리의 심낭염

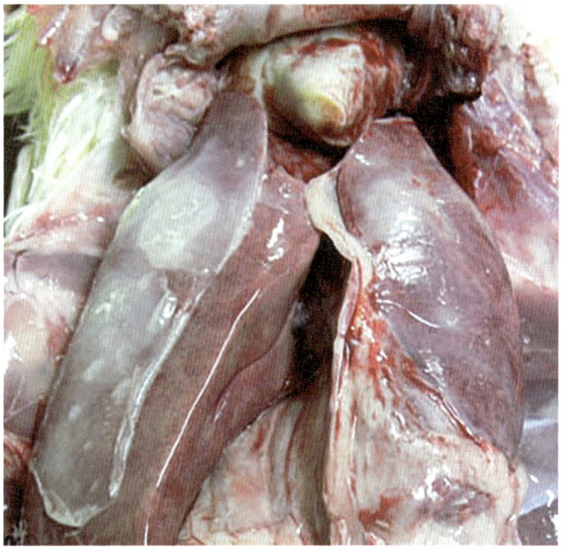

그림 32-6 *R. anatipestifer* 감염에 의한 오리의 건락성 간포막염

(microglial infiltrates)이 관찰된다. 비장과 총배설강에서 림프구 괴사와 림프구 소실이 관찰된다.

면역

R. anatipestifer 감염에서 회복된 오리는 이후 *R. anatipestifer* 감염에 저항성을 보인다. 그러나 *R. anatipestifer* 감염을 예방하기 위한 포르말린 불활화백신(formalin-inactivated bacterins)의 접종 시 동종의 혈청형에는 방어가 되었지만 이종의 혈청형에는 불완전한 방어능과 함께 방어 지속시간도 짧았다. 생백신(live avirulent strains)을 1일령 어린 오리에 접종한 후 동일한 혈청형의 *R. anatipestifer*를 3~6주령에 실험감염시켰을 때 방어가 되었다. 종오리의 면역력이 어린 오리에게 전달되어 수동면역이 형성될 수 있으며, 이때 면역력은 2~3주간 지속된다.

진단

원인병원체의 분리와 동정

임상증상과 부검을 통해 진단할 수도 있지만 *R. anatipestifer*의 분리·동정을 통해 확진이 이루어져야 한다. *R. anatipestifer*는 질병 급성기에 가장 쉽게 분리되며, 분리·동정에 적합한 시료는 뇌, 심장의 혈액, 기낭, 골수, 폐, 간 및 병변 주위의 삼출물 등이다. 시료는 병변이 있는 조직으로부터 무균적으로 채취하여 혈액배지 또는 trypticase soy agar(0.05% yeast extract)에 도말한 후 미호기 환경의(또는 5% CO_2) 37℃에서 24~72시간 배양한다. 이때 newborn calf serum(5%)과 gentamicin(5 mg/1,000 mL)을 배지에 첨가하면 오염된 시료에서 *R. anatipestifer*를 분리할 때 용이하다. 분리한 집락은 감별배지에 접종하고 생화학적 특성을 확인해야 한다. *R. anatipestifer*는 MacConkey agar에서는 증식하지 않기 때문에 다른 그람 음성세균들과 감별이 가능하다. 혈청형 동정은 특정 면역혈청과 AGP 반응을 이용하여 가능하다. restriction endonuclease analysis 및 핑거프린트법(molecular fingerprinting), 16S rDNA PCR 방법은 *R. anatipestifer* 균주를 구분하는 데에 유용하며 역학 연구에 도움이 된다.

혈청학적 검사

응집시험(agglutination tests)과 ELISA(enzyme-linked immunosorbent assay)는 혈청 항체를 검출하는 데 사용될 수 있다. ELISA는 응집시험보다 더 민감하지만 혈청형을 구분할 수는 없다.

감별진단

R. anatipestifer 감염은 *Pasteurella multocida*, *Escherichia coli*, *Streptococcus faecium*, salmonellae로 유발되는 패혈증과 감별해야 한다. 이러한 질병들은 *R. anatipestifer*로 인해 유발되는 육안병변과 유사하므로 원인체를 분리·동정하는 것이 필요하다. 칠면조에서 발생하는 클라미디아증(chlamydiosis), *Ornithobacterium rhinotracheale* 감염증과도 감별해야 한다.

예방 및 치료

위생적 사양관리

*R. anatipestifer*를 예방하는 가장 중요한 방법은 방역 및 위생적인 관리이다. 적절한 환기가 중요하며 밀집사육 및 온도 스트레스와 같은 취약 요소에 대한 노출은 피해야 한다. 바닥은 정기적으로 청소하고 소독하는 것이 좋다.

백신접종

불활화백신(inactivated bacterins)은 *R. anatipestifer* 감염에 의해 유발된 폐사를 예방하거나 줄일 수 있다. 혈청형 특이적이기 때문에 효율적으로 방어하기 위해서는 문제가 되는 혈청형이 포함된 백신을 사용해야 한다. 미국과 캐나다에서는 혈청형 1형, 2형 및 5형이 포함된 3가 백신을 사용한다. 2~3주령에 백신하면 출하시점까지 방어능을 가질 수 있다. 혈청형 1형, 2형 및 5형에 대한 생백신(live vaccine)을 1일령 어린 오리에 에어로졸(aerosol) 또는 음수로 접종 시 실험실 내 평가와 현장평가 모두에서 병원성 *R. anatipestifer*에 방어능을 보였다. 단회 접종(single vaccination)으로 어린 오리들은 최소 42일령까지 방어되었으며, 생백신 균주는 상기도(upper respiratory tract)에서 증식하면서 체액성 항체 반응(humoral antibody response)을 유도하였다. 종오리에 불활화백신 또는 생백신의 접종 시 어린 오리에 생후 2~3주령까지 면역이 지속될 수 있다. 우리나라는 1형과 7형의 불활화백신이 있다.

치료

*R. anatipestifer*의 항생제 내성양상은 검사시기에 따라 차이가 있지만, 일반적으로 sulfamethazine, sulfaquinoxaline, novobiocin, lincomycin, lincomycin-spectinomycin, penicillin, penicillin+dihydrostreptomycin 혼합제, enrofloxacin 및 ceftiofur 등이 *R. anatipestifer* 감염증에 효능이 있다고 보고되고 있다. 그러나 aminoglycoside 계열의 항생제인 gentamicin 및 kanamycin 등에는 내성을 보이며, tetracyclines은 치료효과가 거의 없는 것으로 보고되고 있다. 그 이외에도 균주 특성에 따라 항생제 내성은 다양하게 나타나므로 항생제 선택에 유의하여야 한다.

참고문헌

Avian Diseases. 2016. In: Mo IP, editor. 2nd ed. Hanmi Medical Publishig Co.

Jaime A. Ruiz and Tirath S. Sandhu. 2020. *Riemerella anatipestifer* Infection. In: Swayne DE, editor. Diseases of poultry. 14th ed. Oxford, UK: Wiley-Blackwell; pp. 846-853.

찾아보기

Index